新工科暨卓越工程师教育培养计划电子信息类专业系列教材

丛书顾问/郝 跃

DIANCICHANG LILUN JICHU

电磁场理论基础

（第三版）

■ 编著/柯亨玉 龚子平 张云华 单 欣

華中科技大學出版社
http://www.hustp.com
中国·武汉

内 容 简 介

本书为国家精品课程“电磁场理论”配套教材的修订版，也是国家精品在线开放课程“电磁场与电磁波”的配套教材。本书主要介绍宏观电磁场的基本实验定律、基本概念、基础理论、基本方法，以及基于基本概念和理论发展而来的若干新技术及其应用。全书共分10章，内容包括矢量分析与场论基础、电磁场基本定律与方程、静态电磁场、电磁场解析方法、时变电磁场、平面电磁波、电磁波传播、电磁波辐射与散射、导行电磁波和电磁场的数值方法导论。此外，为使读者对电磁场理论的应用有进一步了解，分别介绍了若干由基本概念发展而来的新技术及其应用，如雷达散射截面、雷达原理、相控阵天线概念、全球定位系统(GPS)中信号传播误差、电离层电波传播模式及应用和光纤等内容。

本书可作为高等学校电子与信息类本科专业的教材，亦可作为从事相关领域科技工作者的参考书。

图书在版编目(CIP)数据

电磁场理论基础/柯亨玉等编著.—3版.—武汉：华中科技大学出版社，2020.4
新工科暨卓越工程师教育培养计划电子信息类专业系列教材
ISBN 978-7-5680-2890-5

Ⅰ.①电… Ⅱ.①柯… Ⅲ.①电磁场-高等学校-教材 Ⅳ.①O441.4

中国版本图书馆CIP数据核字(2020)第013532号

电磁场理论基础(第三版)
Diancichang Lilun Jichu(Di-san Ban)

柯亨玉 龚子平 张云华 单 欣 编著

策划编辑：祖 鹏
责任编辑：余 涛
封面设计：秦 茹
责任监印：徐 露
出版发行：华中科技大学出版社(中国·武汉) 电话：(027)81321913
武汉市东湖新技术开发区华工科技园 邮编：430223
录 排：武汉市洪山区佳年华文印部
印 刷：武汉华工鑫宏印务有限公司
开 本：787mm×1092mm 1/16
印 张：21.25
字 数：508千字
版 次：2020年4月第3版第1次印刷
定 价：52.80元

编　委　会

前言

本书为国家精品课程配套教材和普通高等教育“十一五”国家级规划教材《电磁场理论基础》(第2版)的修订版。第2版自2011年修订出版以来,全国各相关高等院校的教师和学生在教学实践中对本书提出了不少的意见和建议;特别是武汉大学“电磁场理论”课程教学组的同仁,针对当今教育教学方法与手段的深刻变革,围绕知识综合运用能力和创新意识培养,如何优化课程知识体系、精选课程教学内容、更好与新技术相结合,以及更方便组织教学和自学等提出了许多教学实践经验。同时,作者也深感第2版中部分章节内容与课程教学目标不适应,加之教材中还存在不少的错误,因此,我们在收集和听取意见的基础上进行了第三版的编著。

第三版继续保持了第2版“实验一概念一理论一技术一应用”框架结构;以宏观电磁场基础理论为主线,介绍电磁场理论的基本问题、基本分析方法,以及电磁波辐射、传播、导行若干技术问题及其应用。与《电磁场理论基础》(第2版)相比,第三版在如下几个方面进行了修订和改进。

(1) 进一步体现“实验一概念一理论一技术一应用”的编著思路。针对第2版时变电磁场知识点内在衔接不够紧密的问题,第三版对其进行了较大修订和补充,将第2版中时变电磁场及其辐射与传播内容,更新为时变电磁场、平面电磁波、电磁波传播及电磁波辐射与散射四章。在整合基础上增加了平面电磁波相关知识,突出了时变电磁场问题的基本分析方法及其应用。

(2) 进一步强化基本概念到高新技术的创新过程。例如,增加了电磁散射与雷达散射截面内容,卫星定位内容中引入了电磁波信号传播与定位误差关系,在电离层电波传播中引入天波雷达等新概念和新技术等,更好地突出了基本概念与高新技术的紧密联系。

(3) 进一步突出知识点内在的融会贯通。与第2版相比,第三版更加注重不同知识点之间、同一知识点在不同学科领域之间的内在联系,特别是对一些基础概念问题,包括由概念发展的新技术,其中较大篇幅的内容进行了重新改写,更改了论述表达方法,希望有助于学生举一反三的能力培养。

(4) 精选了若干有代表性的例题。特别是新吸收了部分国内外教材中好的例题,更有助于对概念与知识点的理解和自学。

全书共分10章。第1章为数学预备知识,介绍矢量分析和场论基础;第2章介绍电磁场的基本实验和基本理论;第3章介绍静态电磁场及其基本问题;第4章介绍电磁场的解析方法;第5章讨论时变电磁场及其基本问题,第6、7、8、9章分别介绍平面电磁波、电磁波传播、电磁波辐射与散射、导行电磁波,以及由其概念发展而来的新技术及应用;第10章为电磁场的数值方法导论。本书适合用于电子与信息类本科专业“电磁场理论”“电磁场与电磁波”课程54至76学时的教学。带有“*”的部分章节内容供不同教学计划取舍。

“电磁场理论”或“电磁场与电磁波”作为电子与信息类本科专业最重要的理论基础课程之一，其重要性不仅在于该学科在经济、国防、文化、社会、民生各个领域应用的广泛性和影响的深远性，更在于该学科对培养学习者的科学自然观、理性思维与穷究真理方法、创新意识和科学美学素养有不可替代的作用。作者深感一本好的教材需要在教学实践中打磨，更需要各高等院校的同行一如既往的帮助、关心和批评指正。武汉大学王慧、何思远两位教授参与了此次教材修订大纲的讨论，提出了许多宝贵意见，在此对两位同仁的帮助表示衷心感谢。尽管本次改版修订了第 2 版中许多缺点和错误，但是作者的学术水平和知识结构有限，欢迎广大读者与同行专家批评指正。

作者于武昌珞珈山

2019 年 10 月

教学计划及学时安排参考建议

章节	参考学时	重点教学内容摘要
序论	1	学科发展简史与启示，研究对象与应用领域，目的与要求、参考书
第1章	3	场概念、梯度及性质，通量与散度、散度性质、散度与通量源关系 环量与旋度、旋度性质，旋度与旋涡源关系，矢量场亥姆霍兹定理
第2章	9	电磁场基本实验定律及电场、磁场概念，静电场、磁场特性及定理 介质电磁特性、电磁场辅助量、介质中静电场、磁场的相关定理 法拉第电磁感应定律、电磁场相关定理的矛盾与麦克斯韦推广与假设 麦克斯韦方程组及意义，电磁场的边界条件，习题与讨论课(1)
第3章	6	静电场的定解问题，静电场的能量，静电体系的相互作用力 恒定磁场的定解问题，电感概念与磁场能量，载流体系作用力
	2 *	导体系的电容、恒定电流电场及其基本问题
第4章	7	静态电磁场的唯一性定理，分离变量方法思想、原理及其应用 镜像方法的基本思想、原理及其应用，习题与讨论课(2)
	2 *	格林函数方法思想、原理及其应用，多极矩概念及其应用
第5章	6	时变电磁场的波动性及波方程，势函数与规范变换，推迟势及物理诠释 时变电磁场能量与坡印廷定理，时变电磁场唯一性定理及面临的问题 时谐电磁场基本问题与方程，时变电磁场的时谐电磁场分解展开 电磁波的频谱构建、不同频率电磁波主要特点及主要应用领域
第6章	7	平面电磁波概念、均匀介质平面电磁波及其基本性质，电磁波极化 均匀导电媒质中平面波、趋肤效应，电磁波速度概念与媒质色散概念
	2 *	各向异性均匀媒质中的平面电磁波及主要特点
第7章	7	行波、驻波与波阻抗概念，界面对入射平面波的反射、折射及其应用 良导体界面对入射平面波的反射、透射及其应用，习题与讨论课(3)
	2 *	电磁波的衍射——基尔霍夫公式，分层介质(电离层)中电磁波的传播
第8章	8	天线辐射电磁波概念、特点及计算公式，偶极子天线的辐射及其特点 广义麦克斯韦方程组及应用——缝隙天线，时变电磁场的镜像原理及应用 接收天线概念与工作原理、多普勒效应，习题与讨论课(4)
	3 *	天线一般概念、天线基本参数及意义、相控阵天线概念 电磁散射概念、雷达散射截面、雷达概念与雷达方程，卫星定位概念
第9章	7 *	导行电磁波系统基本模型及特性，同轴线系统、波导系统 光纤工作原理简介、电磁波激发简介，习题与讨论课(5)
第10章	4 *	数值分析仿真概述、原理及应用与发展概况，差分法原理简介

注：带 * 为选讲内容

目录

1

矢量分析与场论基础

矢量分析和场论是电磁场理论分析和应用的数学工具。本章简要复习矢量分析与场论的基本概念和基础理论，内容包括空间正交曲线坐标系及其变换、矢量及其代数运算、场的概念与标量场梯度、矢量场散度和旋度，以及矢量场构成的亥姆霍兹（Hermann von Helmholtz，1821—1894 年，德国科学家）定理。

1.1 正交曲线坐标系

1.1.1 正交曲线坐标系

为确定空间任意点 M 的位置，通过参考点 O，选择 3 组相交于 M 点的正交曲面（即曲面法矢量相互正交），则 M 点的位置被唯一确定，如图 1-1 所示。3 组正交曲面两两相交，形成过 M 点的 3 条相互正交（即曲线的切线方向矢量相互正交）曲线，空间任意点 M 则位于 3 条相互正交曲线的交点位置。因此，空间 M 点的位置又可以通过 3 条相互正交曲线的交点来确定。3 条确定空间任意点位置的正交曲线构成的系统为正交曲线坐标系。3 条互相正交曲线称为正交曲线坐标系的坐标轴，交点相对于参考点 O 的 3 个坐标参量称为坐标变量，记为 (q_1, q_2, q_3)；交点处 3 坐标轴的单位切矢量称为该坐标轴的单位方向矢量，记为 $(\hat{e}_{q_1}, \hat{e}_{q_2}, \hat{e}_{q_3})$，且构成右手系。

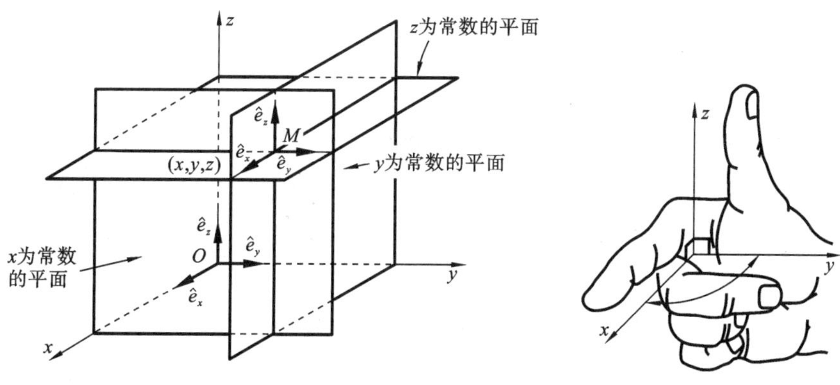

图 1-1 直角坐标系

实际应用的正交曲线坐标系包括直角坐标系、圆柱坐标系、球坐标系、抛物面坐标系、抛物柱面坐标系、椭圆柱坐标系、椭球坐标系、圆锥坐标系等坐标系。最常使用的是直角坐标系、圆柱坐标系和球坐标系。直角坐标系是使用最广泛的坐标系，其 3 个坐标轴为相交于参考点 O 的 3 条相互垂直的直线，即 3 组相互正交平面两两相交所形成直线的平行线，称 x 轴、y 轴和 z 轴，标记为

$$\begin{cases} q_1 = x \\ q_2 = y, \quad -\infty < x, y, z < \infty \\ q_3 = z \end{cases} \tag{1-1-1}$$

3 坐标轴的单位方向矢量则是平面 $q_1 = x = c_1$，$q_2 = y = c_2$，$q_3 = z = c_3$ 的单位法矢量，记为($\hat{e}_x$，$\hat{e}_y$，$\hat{e}_z$)，如图 1-1 所示。直角坐标系的坐标轴方向矢量为恒矢量。

图 1-2 所示的为圆柱坐标系，分别是径向 ρ 轴、周向 φ 轴和 z 轴。以直角坐标系作为参考，其坐标轴分别是以 z 轴为圆柱轴且半径为 ρ 的柱面、距离参考点为 z 的平面、相对 x 轴正向夹角为 φ 的半平面两两相交的曲线，其坐标变量是

$$\begin{cases} q_1 = \rho \\ q_2 = \varphi, \quad 0 \leqslant \rho < \infty, \quad 0 \leqslant \varphi \leqslant 2\pi, \quad -\infty < z < \infty \\ q_3 = z \end{cases} \tag{1-1-2}$$

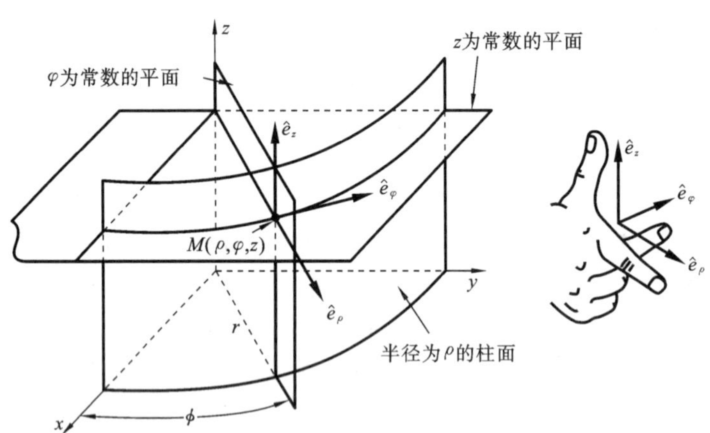

图 1-2 圆柱坐标系及坐标轴方向矢量

3 坐标轴的单位方向矢量分别是柱面 $q_1 = \rho = c_1$、平面 $q_2 = \varphi = c_2$、$q_3 = z = c_3$ 的单位法矢量，记为($\hat{e}_\rho$，$\hat{e}_\varphi$，$\hat{e}_z$)。圆柱坐标系中，z 轴的方向矢量 $\hat{e}_z$ 为恒矢量，ρ、φ 的方向矢量 $\hat{e}_\rho$、$\hat{e}_\varphi$ 随 M 点的位置不同而改变。

图 1-3 所示的为球坐标系，其坐标变量分别是径向坐标 r、纬度坐标 θ 和经度坐标 φ。以直角坐标系作为参考，3 坐标轴分别是以参考点 O 为球心且半径为 $q_1 = r$ 的球面、纬度角 $q_2 = \theta$ 的锥面和经度角 $q_3 = \varphi$ 的平面两两之间相交的曲线，其坐标变量为

$$\begin{cases} q_1 = r \\ q_2 = \theta, \quad 0 \leqslant r < \infty, \quad 0 \leqslant \theta \leqslant \pi, \quad 0 \leqslant \varphi \leqslant 2\pi \\ q_3 = \varphi \end{cases} \tag{1-1-3}$$

3 坐标轴的单位方向矢量记为($\hat{e}_r$，$\hat{e}_\theta$，$\hat{e}_\varphi$)，分别是球面 $q_1 = r = c_1$、锥面 $q_2 = \theta = c_2$ 和平面 $q_3 = \varphi = c_3$ 的单位法矢量。很明显，它们随空间坐标位置的不同而变化。

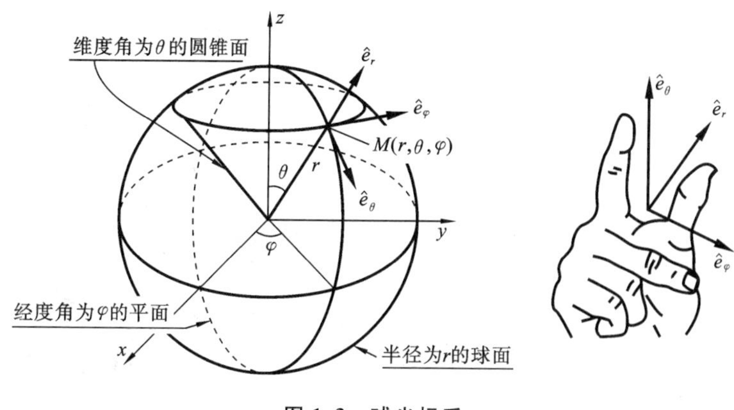

图 1-3 球坐标系

1.1.2 正交曲线坐标系的变换

空间同一点的位置可用不同的正交曲线坐标系表示。因此,表示同一空间的不同坐标系之间必然存在相互变换关系。由于直角坐标系几何上简单直观,坐标轴方向矢量恒定不变,人们经常通过任意正交曲线坐标系与直角坐标系之间的关系来描述该正交曲线坐标系的特点。

设同一空间中,某一正交曲线坐标系与直角坐标系有

$$\begin{cases} q_1=q_1(x,y,z) \\ q_2=q_2(x,y,z) \\ q_3=q_3(x,y,z) \end{cases} \tag{1-1-4a}$$

的变换关系。反之亦然,即

$$\begin{cases} x=x(q_1,q_2,q_3) \\ y=y(q_1,q_2,q_3) \\ z=z(q_1,q_2,q_3) \end{cases} \tag{1-1-4b}$$

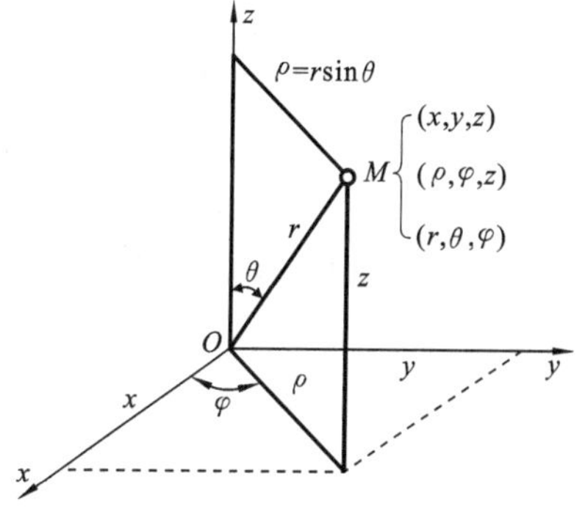

图 1-4 直角坐标系、柱坐标系和球坐标系的关系

因此,式(1-1-4a)和式(1-1-4b)给出了同一空间中任意正交曲线坐标系与直角坐标系之间的变换关系,其具体表示式可根据坐标系之间的几何结构关系获得。利用图 1-4 所示的几何关系,容易得到圆柱坐标系与直角坐标系的变换关系为

$$\begin{cases} \rho=\sqrt{x^2+y^2} \\ \varphi=\arctan\dfrac{y}{x}=\arcsin\dfrac{y}{\sqrt{x^2+y^2}} \\ z=z \end{cases} \Leftrightarrow \begin{cases} x=\rho\cos\varphi \\ y=\rho\sin\varphi \\ z=z \end{cases} \tag{1-1-5}$$

球坐标系与直角坐标系的变换关系为

$$\begin{cases} r=\sqrt{x^2+y^2+z^2} \\ \theta=\arccos\dfrac{z}{\sqrt{x^2+y^2+z^2}} \\ \varphi=\arctan\dfrac{y}{x}=\arcsin\dfrac{y}{\sqrt{x^2+y^2}} \end{cases} \Leftrightarrow \begin{cases} x=r\sin\theta\cos\varphi \\ y=r\sin\theta\sin\varphi \\ z=r\cos\theta \end{cases} \tag{1-1-6}$$

圆柱坐标系与球坐标系的变换关系为

$$\begin{cases} r=\sqrt{\rho^2+z^2} \\ \theta=\arcsin\dfrac{\rho}{\sqrt{\rho^2+z^2}} \\ \varphi=\varphi \end{cases} \Leftrightarrow \begin{cases} \rho=r\sin\theta \\ \varphi=\varphi \\ z=r\cos\theta \end{cases} \tag{1-1-7}$$

任何正交曲线坐标系均有相应坐标变量的单位矢量，如直角坐标系中的$(\hat{e}_x,\hat{e}_y,\hat{e}_z)$、圆柱坐标系中的$(\hat{e}_\rho,\hat{e}_\varphi,\hat{e}_z)$、球坐标系中的$(\hat{e}_r,\hat{e}_\theta,\hat{e}_\varphi)$等。根据正交曲线坐标系的定义，空间某一点的正交曲线坐标分别为3组互相正交曲面，即

$$q_i=q_i(x,y,z)=C_i,\quad i=1,2,3 \tag{1-1-8}$$

相交点的数值。很明显，正交曲线坐标在该点处的单位矢量应是曲面$q_i(x,y,z)=C_i(i=1,2,3)$的单位法矢量，如图1-5所示。利用高等数学方法求得(q_1,q_2,q_3)点处正交曲线坐标的单位矢量为

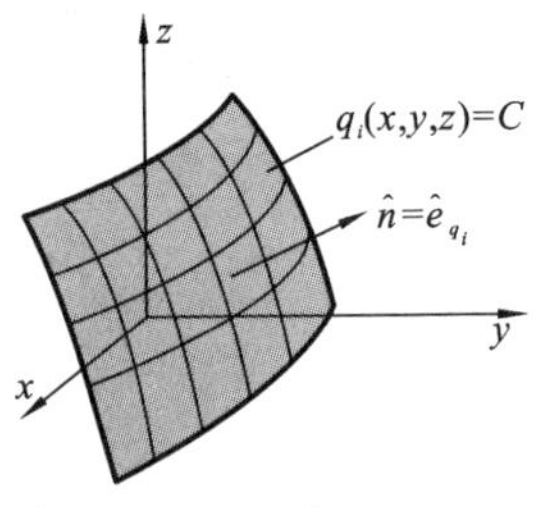

图1-5　曲面的法向矢量

$$\hat{e}_{q_i}=\frac{\hat{e}_x\dfrac{\partial q_i(x,y,z)}{\partial x}+\hat{e}_y\dfrac{\partial q_i(x,y,z)}{\partial y}+\hat{e}_z\dfrac{\partial q_i(x,y,z)}{\partial z}}{\sqrt{\left(\dfrac{\partial q_i(x,y,z)}{\partial x}\right)^2+\left(\dfrac{\partial q_i(x,y,z)}{\partial y}\right)^2+\left(\dfrac{\partial q_i(x,y,z)}{\partial z}\right)^2}},\quad i=1,2,3 \tag{1-1-9}$$

一般情况下，坐标轴q_i的单位矢量的方向并不恒定，将随坐标变量的不同而变化。

事实上，式(1-1-9)不仅给出了正交曲线坐标系中坐标变量变化方向单位矢量的表示式，同时给出了正交曲线坐标系与直角坐标系坐标轴方向矢量之间的变换关系，即

$$\begin{bmatrix} \hat{e}_{q_1} \\ \hat{e}_{q_2} \\ \hat{e}_{q_3} \end{bmatrix}=\begin{bmatrix} \dfrac{\partial q_1(x,y,z)}{\kappa_1\partial x} & \dfrac{\partial q_1(x,y,z)}{\kappa_1\partial y} & \dfrac{\partial q_1(x,y,z)}{\kappa_1\partial z} \\ \dfrac{\partial q_2(x,y,z)}{\kappa_2\partial x} & \dfrac{\partial q_2(x,y,z)}{\kappa_2\partial y} & \dfrac{\partial q_2(x,y,z)}{\kappa_2\partial z} \\ \dfrac{\partial q_3(x,y,z)}{\kappa_3\partial x} & \dfrac{\partial q_3(x,y,z)}{\kappa_3\partial y} & \dfrac{\partial q_3(x,y,z)}{\kappa_3\partial z} \end{bmatrix}\begin{bmatrix} \hat{e}_x \\ \hat{e}_y \\ \hat{e}_z \end{bmatrix} \tag{1-1-10}$$

式中：

$$\kappa_i=\sqrt{\left[\frac{\partial q_i(x,y,z)}{\partial x}\right]^2+\left[\frac{\partial q_i(x,y,z)}{\partial y}\right]^2+\left[\frac{\partial q_i(x,y,z)}{\partial z}\right]^2},\quad i=1,2,3 \tag{1-1-11}$$

为坐标轴方向单位矢量的归一化系数。

【例1.1】　球坐标系中3个坐标变量为(r,θ,φ)，求球坐标系中3坐标轴的单位方向矢量在直角坐标系中的表示式。

解　利用式(1-1-6)给出的球坐标与直角坐标之间的关系，直接求微分得

$$\begin{cases} \dfrac{\partial r}{\partial x}=\sin\theta\cos\varphi \\ \dfrac{\partial\theta}{\partial x}=\dfrac{1}{r}\cos\theta\cos\varphi \\ \dfrac{\partial\varphi}{\partial x}=-\dfrac{1}{r\sin\theta}\sin\varphi \end{cases}\quad \begin{cases} \dfrac{\partial r}{\partial y}=\sin\theta\sin\varphi \\ \dfrac{\partial\theta}{\partial y}=\dfrac{1}{r}\cos\theta\sin\varphi \\ \dfrac{\partial\varphi}{\partial y}=\dfrac{1}{r\sin\theta}\cos\varphi \end{cases}\quad \begin{cases} \dfrac{\partial r}{\partial z}=\cos\theta \\ \dfrac{\partial\theta}{\partial z}=-\dfrac{1}{r}\sin\theta \\ \dfrac{\partial\varphi}{\partial z}=0 \end{cases}$$

将上述结果代入式(1-1-11)，求得

$$\begin{cases}\kappa_1=\sqrt{(\sin\theta\cos\varphi)^2+(\sin\theta\sin\varphi)^2+(\cos\theta)^2}=1\\ \kappa_2=\dfrac{1}{r}\sqrt{(\cos\theta\cos\varphi)^2+(\cos\theta\sin\varphi)^2+(-\sin\theta)^2}=\dfrac{1}{r}\\ \kappa_3=\dfrac{1}{r\sin\theta}\sqrt{(-\sin\varphi)^2+(\cos\varphi)^2}=\dfrac{1}{r\sin\theta}\end{cases}$$

球坐标系中 3 坐标轴方向的单位矢量为

$$\begin{pmatrix}\hat{e}_r\\ \hat{e}_\theta\\ \hat{e}_\varphi\end{pmatrix}=\begin{pmatrix}\sin\theta\cos\varphi & \sin\theta\sin\varphi & \cos\theta\\ \cos\theta\cos\varphi & \cos\theta\sin\varphi & -\sin\theta\\ -\sin\varphi & \cos\varphi & 0\end{pmatrix}\begin{pmatrix}\hat{e}_x\\ \hat{e}_y\\ \hat{e}_z\end{pmatrix} \tag{1-1-12}$$

式(1-1-12)也是球坐标系与直角坐标系坐标轴方向单位矢量变换关系式。采用同样方法，可以求得圆柱坐标系与直角坐标系坐标轴方向单位矢量的变换关系，即

$$\begin{pmatrix}\hat{e}_\rho\\ \hat{e}_\varphi\\ \hat{e}_z\end{pmatrix}=\begin{pmatrix}\cos\varphi & \sin\varphi & 0\\ -\sin\varphi & \cos\varphi & 0\\ 0 & 0 & 1\end{pmatrix}\begin{pmatrix}\hat{e}_x\\ \hat{e}_y\\ \hat{e}_z\end{pmatrix} \tag{1-1-13}$$

1.1.3　空间线段微元的弧长

直角坐标系中，空间相邻两点线段微元的弧长为

$$\mathrm{d}l=\sqrt{\mathrm{d}x^2+\mathrm{d}y^2+\mathrm{d}z^2} \tag{1-1-14}$$

式中：$\mathrm{d}x$、$\mathrm{d}y$、$\mathrm{d}z$ 分别是空间线段微元两端点各坐标变量的改变量，同时也是各坐标变量微小改变量所对应的弧长。正交曲线坐标系中相邻两点线段微元弧长也有类似于直角坐标系的表示式。但必须注意的是，正交曲线坐标系中坐标变量的改变量不一定表示变化前后相邻两点线段微元弧长。如圆柱坐标系中，坐标变量 φ 的微小改变量 $\mathrm{d}\varphi$，所对应的弧长不是 $\mathrm{d}\varphi$，而是 $\rho\mathrm{d}\varphi$。

为了获得任意正交曲线坐标系中相邻两点线段微元弧长的表示式，需求出任意正交曲线坐标变量 q_i 发生 $\mathrm{d}q_i$ 的改变所对应的弧长。设 $\mathrm{d}x$、$\mathrm{d}y$、$\mathrm{d}z$ 为正交曲线坐标变量 q_i 发生 $\mathrm{d}q_i$ 改变时所对应的直角坐标的改变量，其值为

$$\mathrm{d}x=\left(\frac{\partial x}{\partial q_i}\right)\mathrm{d}q_i,\quad \mathrm{d}y=\left(\frac{\partial y}{\partial q_i}\right)\mathrm{d}q_i,\quad \mathrm{d}z=\left(\frac{\partial z}{\partial q_i}\right)\mathrm{d}q_i$$

将其代入式(1-1-14)，得到坐标变量 q_i 发生 $\mathrm{d}q_i$ 改变所对应的弧长为

$$\mathrm{d}l_i=\sqrt{\mathrm{d}x^2+\mathrm{d}y^2+\mathrm{d}z^2}\,\Big|_{\mathrm{d}q_i}=\sqrt{\left(\frac{\partial x}{\partial q_i}\right)^2+\left(\frac{\partial y}{\partial q_i}\right)^2+\left(\frac{\partial z}{\partial q_i}\right)^2}\,\mathrm{d}q_i=h_i\mathrm{d}q_i \tag{1-1-15}$$

式中：

$$h_i=\sqrt{\left(\frac{\partial x}{\partial q_i}\right)^2+\left(\frac{\partial y}{\partial q_i}\right)^2+\left(\frac{\partial z}{\partial q_i}\right)^2},\quad i=1,2,3 \tag{1-1-16}$$

称为拉梅(G. Lame，1795—1870 年，法国数学家、工程师)系数。如果正交曲线坐标系中坐标变量的改变量为 $\mathrm{d}q_1$、$\mathrm{d}q_2$、$\mathrm{d}q_3$，如图 1-6 所示，变化前后空间相邻两点 $A(q_1,q_2,q_3)$、$B(q_1+\mathrm{d}q_1,q_2+\mathrm{d}q_2,q_3+\mathrm{d}q_3)$之间线段微元弧长为

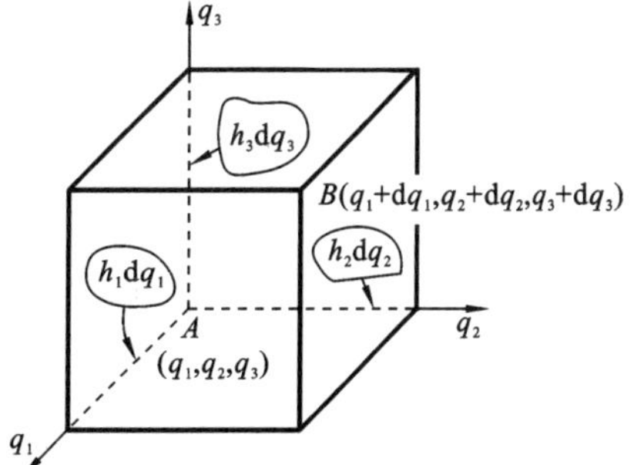

图 1-6　相邻两点的弧长微元

$$dl=\sqrt{\sum_{i=1}^{3}dl_i^2}=\sqrt{(h_1dq_1)^2+(h_2dq_2)^2+(h_3dq_3)^2} \tag{1-1-17}$$

根据正交曲线坐标系任意坐标变量的微分变化(dq_1,dq_2,dq_3)所对应的空间线段微元弧长,可以得到其所对应小六面体单元的体积为

$$dV=dl_1dl_2dl_3=h_1dq_1h_2dq_2h_3dq_3 \tag{1-1-18}$$

可见,正交曲线坐标系坐标变量 q_i 的微小变化 dq_i,变化前后相邻两点弧长的表示式与直角坐标系的不同,这种不同源于正交曲线坐标系的坐标值变化量并不一定都等于弧长变化量所致。

为方便查询,表 1-1 列出了直角坐标系、圆柱坐标系、球坐标系坐标变量及单位方向矢量之间的变换关系。

表 1-1　直角坐标系、圆柱坐标系、球坐标坐标系坐标变量及单位方向矢量之间的变换关系

直角坐标系	圆柱坐标系	球坐标系
x	$\rho\cos\varphi$	$r\sin\theta\cos\varphi$
y	$\rho\sin\varphi$	$r\sin\theta\sin\varphi$
z	z	$r\cos\theta$
$\hat{e}_x$	$\cos\varphi\hat{e}_\rho-\sin\varphi\hat{e}_\varphi$	$\sin\theta\cos\varphi\hat{e}_r+\cos\theta\cos\varphi\hat{e}_\theta-\sin\varphi\hat{e}_\varphi$
$\hat{e}_y$	$\sin\varphi\hat{e}_\rho+\cos\varphi\hat{e}_\varphi$	$\sin\theta\sin\varphi\hat{e}_r+\cos\theta\sin\varphi\hat{e}_\theta+\cos\varphi\hat{e}_\varphi$
$\hat{e}_z$	$\hat{e}_z$	$\cos\theta\hat{e}_r$-$\sin\theta\hat{e}_\theta$
圆柱坐标系	**直角坐标系**	**球坐标系**
ρ	$\sqrt{x^2+y^2}$	$r\sin\theta$
φ	$\arctan\dfrac{y}{x}$	φ
z	z	$r\cos\theta$
$\hat{e}_\rho$	$\cos\varphi\hat{e}_x+\sin\varphi\hat{e}_y$	$\sin\theta\hat{e}_r+\cos\theta\hat{e}_\theta$
$\hat{e}_\varphi$	$-\sin\varphi\hat{e}_x+\cos\varphi\hat{e}_y$	$\hat{e}_\varphi$
$\hat{e}_z$	$\hat{e}_z$	$\cos\theta\hat{e}_r-\sin\theta\hat{e}_\theta$
球坐标系	**直角坐标系**	**圆柱坐标系**
r	$\sqrt{x^2+y^2+z^2}$	$\sqrt{\rho^2+z^2}$
θ	$\arccos\dfrac{z}{\sqrt{x^2+y^2+z^2}}$	$\arccos\dfrac{z}{\sqrt{\rho^2+z^2}}$
φ	$\arctan\dfrac{y}{x}$	φ
$\hat{e}_r$	$\sin\theta\cos\varphi\hat{e}_x+\sin\theta\sin\varphi\hat{e}_y+\cos\theta\hat{e}_z$	$\sin\theta\hat{e}_\rho+\cos\theta\hat{e}_z$
$\hat{e}_\theta$	$\cos\theta\cos\varphi\hat{e}_x+\cos\theta\sin\varphi\hat{e}_y-\sin\theta\hat{e}_z$	$\cos\theta\hat{e}_\rho$-$\sin\theta\hat{e}_z$
$\hat{e}_\varphi$	$-\sin\varphi\hat{e}_x+\cos\varphi\hat{e}_y$	$\hat{e}_\varphi$

【例 1.2】 求圆柱坐标系中点 $P_1(\rho,\varphi,z)$ 至点 $P_2(\rho+d\rho,\varphi+d\varphi,z+dz)$ 的弧长和小六面体的体积,如图 1-7 所示。

解 利用圆柱坐标与直角坐标的关系式(1-1-5)，求得拉梅系数为

$$\frac{\partial x}{\partial \rho}=\cos\varphi,\quad \frac{\partial y}{\partial \rho}=\sin\varphi,\quad \frac{\partial z}{\partial \rho}=0 \Rightarrow h_1=\sqrt{(\cos\varphi)^2+(\sin\varphi)^2}=1$$

$$\frac{\partial x}{\partial \varphi}=-\rho\sin\varphi,\quad \frac{\partial y}{\partial \varphi}=\rho\cos\varphi,\quad \frac{\partial z}{\partial \varphi}=0 \Rightarrow h_2=\rho\sqrt{\sin^2\varphi+\cos^2\varphi}=\rho$$

$$\frac{\partial x}{\partial z}=0,\quad \frac{\partial y}{\partial z}=0,\quad \frac{\partial z}{\partial z}=1 \Rightarrow h_3=1$$

$$\mathrm{d}l_{P_1P_2}=\sqrt{(\mathrm{d}\rho)^2+(\rho\mathrm{d}\varphi)^2+(\mathrm{d}z)^2},\quad \mathrm{d}V=\mathrm{d}l_1\mathrm{d}l_2\mathrm{d}l_3=\mathrm{d}\rho\rho\mathrm{d}\varphi\mathrm{d}z$$

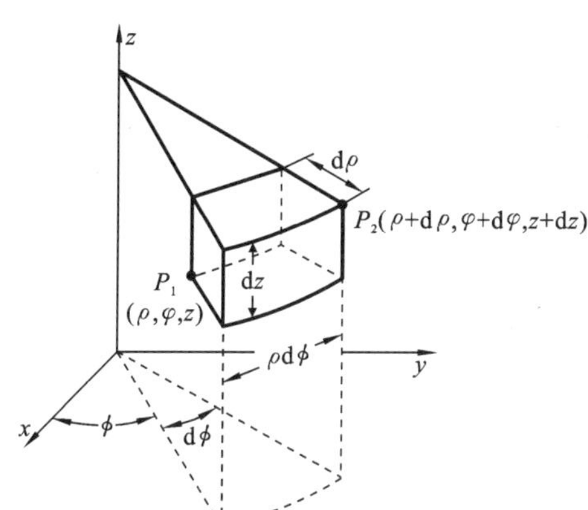

图 1-7 圆柱坐标系小六面体

1.2 矢量及其代数运算

1.2.1 矢量的分量表示

既有数值又有方向的量为矢量；反之，只有数值而无方向的量为标量。如物体受到的作用力 $\boldsymbol{f}$、运动的速度 $\boldsymbol{v}$、电场强度 $\boldsymbol{E}$ 和磁场强度 $\boldsymbol{H}$ 等都是矢量；温度 T、气体密度 ρ、电流强度 I 等为标量。

在直角坐标系中，矢量 $\boldsymbol{F}$ 可用 3 个独立分矢量的叠加表示：

$$\boldsymbol{F}=\hat{e}_xF_x+\hat{e}_yF_y+\hat{e}_zF_z \tag{1-2-1}$$

其中，$(\hat{e}_x,\hat{e}_y,\hat{e}_z)$为直角坐标系中 3 坐标轴单位方向矢量；$(F_x,F_y,F_z)$为矢量 $\boldsymbol{F}$ 在 3 坐标轴上的分量或投影，如图 1-8 所示。如用(α,β,γ)分别表示矢量 $\boldsymbol{F}$ 与坐标轴 x,y,z 的夹角，直接从图中的几何关系，容易得到

$$\begin{cases} F_x=|\boldsymbol{F}|\cos\alpha \\ F_y=|\boldsymbol{F}|\cos\beta \\ F_z=|\boldsymbol{F}|\cos\gamma \\ |\boldsymbol{F}|=\sqrt{F_x^2+F_y^2+F_z^2} \end{cases} \tag{1-2-2}$$

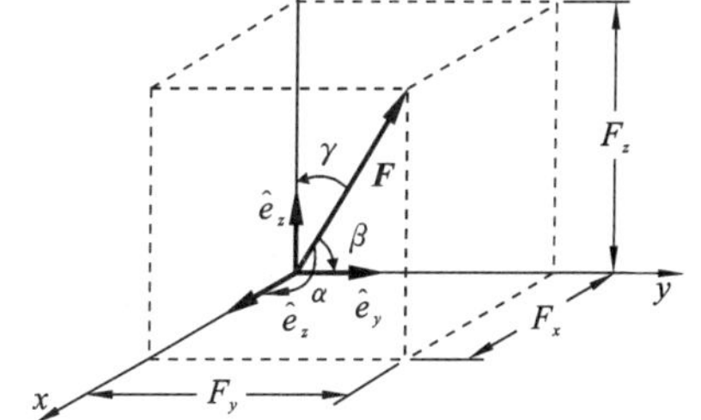

图 1-8 矢量在直角坐标系中的分解

其中，$\cos\alpha$、$\cos\beta$、$\cos\gamma$ 又称为矢量 $\boldsymbol{F}$ 的方向余弦，决定着矢量 $\boldsymbol{F}$ 的方向，且满足如下关系：

$$\cos^2\alpha+\cos^2\beta+\cos^2\gamma=1 \tag{1-2-3}$$

1.2.2 矢量的代数运算

矢量代数运算包括两矢量的和(差)运算、乘法运算,以及矢量与数的数乘运算。两矢量的乘法又分标量积、矢量积,下面分别予以介绍。

1. 矢量的和差与数乘运算

设矢量 $\boldsymbol{A}$ 与矢量 $\boldsymbol{B}$ 分别为

$$\begin{cases}\boldsymbol{A}=\hat{e}_xA_x+\hat{e}_yA_y+\hat{e}_zA_z\\ \boldsymbol{B}=\hat{e}_xB_x+\hat{e}_yB_y+\hat{e}_zB_z\end{cases}\tag{1-2-4}$$

其和差运算定义为

$$\begin{aligned}\boldsymbol{A}\pm\boldsymbol{B}&=(\hat{e}_xA_x+\hat{e}_yA_y+\hat{e}_zA_z)\pm(\hat{e}_xB_x+\hat{e}_yB_y+\hat{e}_zB_z)\\&=\hat{e}_x(A_x\pm B_x)+\hat{e}_y(A_y\pm B_y)+\hat{e}_z(A_z\pm B_z)\end{aligned}\tag{1-2-5}$$

上式括号内的和差运算具有交换不变性,说明两矢量和差运算具有交换不变性。几何上,矢量和差运算可以通过平行四边形法则获得。

矢量的数乘定义为数值 a 与矢量 $\boldsymbol{F}$ 的乘积,即

$$a\boldsymbol{F}=\hat{e}_xaF_x+\hat{e}_yaF_y+\hat{e}_zaF_z\tag{1-2-6}$$

当 a 为正数时,上式相当于原矢量 $\boldsymbol{F}$ 放大 a 倍;当 a 为负数时,即原矢量 $\boldsymbol{F}$ 反向放大 a 倍。

2. 矢量的标量积与矢量积

矢量 $\boldsymbol{A}$ 与矢量 $\boldsymbol{B}$ 的标量积(或称内积、点积、数量积)是一标量,定义为

$$\boldsymbol{A}\cdot\boldsymbol{B}=|\boldsymbol{A}||\boldsymbol{B}|\cos\theta_{AB}\tag{1-2-7}$$

其中,θ_{AB} 为矢量 $\boldsymbol{A}$ 与 $\boldsymbol{B}$ 的夹角。根据定义,当两矢量相互平行时,其标量积为两矢量模的乘积;当两矢量相互垂直时,其标量积为零。因此,在直角坐标系中 3 坐标单位方向矢量之间的内积有如下关系:

$$(\hat{e}_i\cdot\hat{e}_j)=\delta_{ij},\quad i,j=1,2,3\tag{1-2-8}$$

式中:$i,j=1,2,3$ 分别与 x、y、z 轴对应。根据式(1-2-8),直角坐标系中矢量 $\boldsymbol{A}$ 与矢量 $\boldsymbol{B}$ 的标量积为

$$\begin{aligned}\boldsymbol{A}\cdot\boldsymbol{B}&=(\hat{e}_xA_x+\hat{e}_yA_y+\hat{e}_zA_z)\cdot(\hat{e}_xB_x+\hat{e}_yB_y+\hat{e}_zB_z)\\&=A_xB_x+A_yB_y+A_zB_z\end{aligned}\tag{1-2-9}$$

上式还表明矢量的标量积具有交换不变性,即

$$\boldsymbol{A}\cdot\boldsymbol{B}=\boldsymbol{B}\cdot\boldsymbol{A}\tag{1-2-10}$$

矢量 $\boldsymbol{A}$ 与矢量 $\boldsymbol{B}$ 的矢量积(又称叉积)为一新矢量,定义为

$$\boldsymbol{C}=\boldsymbol{A}\times\boldsymbol{B}=|\boldsymbol{A}||\boldsymbol{B}|\sin\theta_{AB}\hat{n}\tag{1-2-11}$$

新矢量 $\boldsymbol{C}$ 的大小为矢量 $\boldsymbol{A}$ 与 $\boldsymbol{B}$ 构成的平行四边形之面积,其方向为矢量 $\boldsymbol{A}$ 与 $\boldsymbol{B}$ 构成平面的法矢量,且 $\boldsymbol{A}$、$\boldsymbol{B}$、$\boldsymbol{C}$ 之间满足右手螺旋关系,如图 1-9 所示。由于 $\boldsymbol{A}$ 与 $\boldsymbol{B}$ 的矢量积所得到的新矢量 $\boldsymbol{C}$ 的方向与矢量 $\boldsymbol{A}$ 与 $\boldsymbol{B}$ 的矢量积的顺序有关,且 $\sin\theta_{AB}=-\sin\theta_{BA}$,所以两矢量积不满足交换律,即 $\boldsymbol{A}\times\boldsymbol{B}\neq\boldsymbol{B}\times\boldsymbol{A}$。

根据矢量积的定义,容易得到直角坐标系中 3 坐标轴单位矢量的矢量积为

$$\begin{cases}\hat{e}_x\times\hat{e}_y=\hat{e}_z\\ \hat{e}_y\times\hat{e}_z=\hat{e}_x\\ \hat{e}_z\times\hat{e}_x=\hat{e}_y\end{cases},\quad\begin{cases}\hat{e}_x\times\hat{e}_x=\boldsymbol{0}\\ \hat{e}_y\times\hat{e}_y=\boldsymbol{0}\\ \hat{e}_z\times\hat{e}_z=\boldsymbol{0}\end{cases}\tag{1-2-12}$$

容易证明两矢量 **A** 与 **B** 的矢量积为

$$\boldsymbol{C}=\boldsymbol{A}\times\boldsymbol{B}=\left(\sum_{i=1}^{3}\hat{e}_iA_i\right)\times\left(\sum_{i=1}^{3}\hat{e}_iB_i\right)=\begin{bmatrix}\hat{e}_1 & \hat{e}_2 & \hat{e}_3\\ A_1 & A_2 & A_3\\ B_1 & B_2 & B_3\end{bmatrix}$$

$$=\hat{e}_1(A_2B_3-A_3B_2)+\hat{e}_2(A_3B_1-A_1B_3)+\hat{e}_3(A_1B_2-A_2B_1) \tag{1-2-13}$$

其中,下标 $i=1,2,3$ 分别与坐标轴 x、y、z 对应。

3. 矢量混合积与矢量三重积

矢量 **A**、**B**、**C** 的混合积为一标量,定义为矢量 **B**、**C** 的矢量积所得新矢量与矢量 **A** 的标量积,记为 **A**·(**B**×**C**)。由于 **A**·(**B**×**C**)数值上等于矢量 **A**、**B**、**C** 所构成的平行六面体之体积,容易证明,**B**·(**C**×**A**)、**C**·(**A**×**B**)同样是该平行六面体之体积,如图 1-10 所示。因此,关系式

$$\boldsymbol{A}\cdot(\boldsymbol{B}\times\boldsymbol{C})=\boldsymbol{B}\cdot(\boldsymbol{C}\times\boldsymbol{A})=\boldsymbol{C}\cdot(\boldsymbol{A}\times\boldsymbol{B}) \tag{1-2-14}$$

成立。

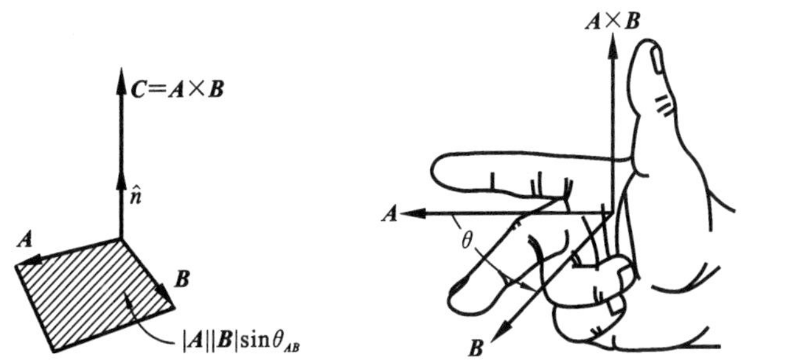

图 1-9 矢量 **A** 与矢量 **B** 的叉积

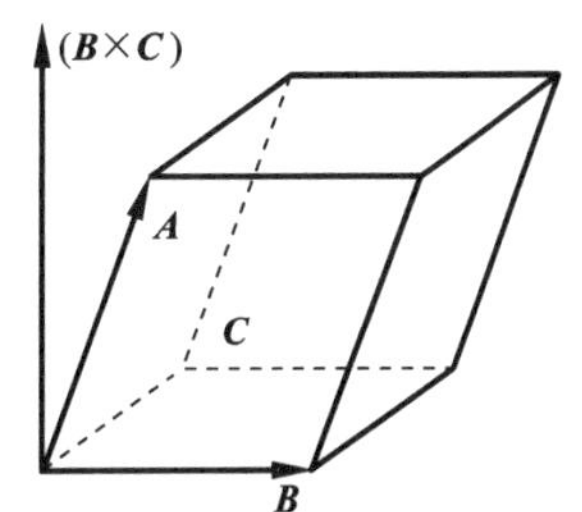

图 1-10 矢量 **A**、**B**、**C** 构成的平行六面体

A、**B** 和 **C** 的三重矢量积为一新矢量,定义为矢量 **B**、**C** 的矢量积所得新矢量与矢量 **A** 的矢量积,记为 **A**×(**B**×**C**)。在直角坐标系中,可以证明 3 矢量的矢量积有如下关系:

$$\boldsymbol{A}\times(\boldsymbol{B}\times\boldsymbol{C})=\boldsymbol{B}(\boldsymbol{A}\cdot\boldsymbol{C})-\boldsymbol{C}(\boldsymbol{A}\cdot\boldsymbol{B})=\begin{vmatrix}\hat{e}_x & \hat{e}_y & \hat{e}_z\\ \begin{vmatrix}A_2 & A_3\\ B_2 & B_3\end{vmatrix} & \begin{vmatrix}A_3 & A_1\\ B_3 & B_1\end{vmatrix} & \begin{vmatrix}A_1 & A_2\\ B_1 & B_2\end{vmatrix}\\ C_1 & C_2 & C_3\end{vmatrix} \tag{1-2-15}$$

1.2.3 矢量的微分运算

矢量的模和方向保持不变的矢量称为常矢量;反之,模或方向变化的矢量称为变矢量,即矢量函数。如果对于定义区间 $t\in[t_1,t_2]$中每一个 t 值,有唯一确定的矢量 $\boldsymbol{F}(t)$ 与之对应,则称在该区域上定义了一个矢量函数。因此,可以应用数学分析的方法来研究矢量函数在所定义区域中变化的有关性质。

对于矢量函数 $\boldsymbol{F}(t)$,$t\in[t_1,t_2]$,如果

$$\frac{\mathrm{d}\boldsymbol{F}}{\mathrm{d}t}=\lim_{\Delta t\to 0}\frac{\Delta\boldsymbol{F}}{\Delta t}=\lim_{\Delta t\to 0}\frac{\boldsymbol{F}(t+\Delta t)-\boldsymbol{F}(t)}{\Delta t} \tag{1-2-16}$$

极限存在,则称此矢量函数 $\boldsymbol{F}(t),t\in[t_1,t_2]$在 t 处可导,$\frac{\mathrm{d}\boldsymbol{F}}{\mathrm{d}t}$为该点的导矢量。一般而言,矢量增量 $\Delta\boldsymbol{F}$ 不一定与矢量 $\boldsymbol{F}$ 同向,如图 1-11 所示。当 $\boldsymbol{F}$ 为常矢量,则$\frac{\mathrm{d}\boldsymbol{F}}{\mathrm{d}t}=0$。如果$\frac{\mathrm{d}\boldsymbol{F}}{\mathrm{d}t}$仍是变量$t$ 的函数,可以求出高阶导矢量。从几何上不难发现,一阶导矢量$\frac{\mathrm{d}\boldsymbol{F}}{\mathrm{d}t}$为矢量末端轨迹曲线在$t$ 处切向矢量。

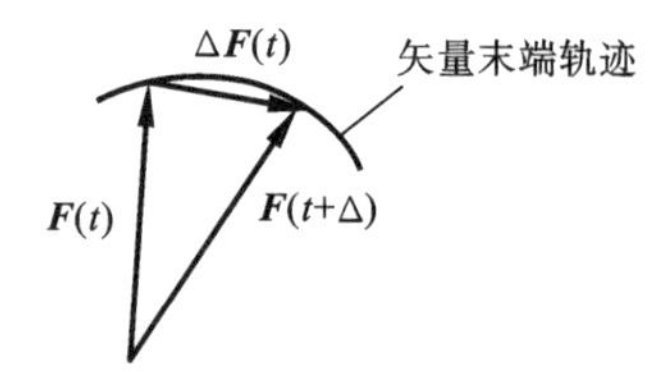

图 1-11　变矢量的微分及意义

有了矢量函数微分的定义,可以直接得到矢量函数微分运算的有关公式。为了方便查阅,这里给出经常使用的一部分公式。

$$\begin{cases}\dfrac{\mathrm{d}\boldsymbol{C}}{\mathrm{d}t}=0 \quad (\boldsymbol{C}\text{ 为常矢量}) \\ \dfrac{\mathrm{d}\kappa\boldsymbol{F}}{\mathrm{d}t}=\kappa\dfrac{\mathrm{d}\boldsymbol{F}}{\mathrm{d}t} \quad (\kappa\text{ 为常数}) \\ \dfrac{\mathrm{d}f\boldsymbol{F}}{\mathrm{d}t}=f\dfrac{\mathrm{d}\boldsymbol{F}}{\mathrm{d}t}+\boldsymbol{F}\dfrac{\mathrm{d}f}{\mathrm{d}t} \quad (f\text{ 为标量函数}) \\ \dfrac{\mathrm{d}(\boldsymbol{u}\cdot\boldsymbol{v})}{\mathrm{d}t}=\dfrac{\mathrm{d}\boldsymbol{u}}{\mathrm{d}t}\cdot\boldsymbol{v}+\boldsymbol{u}\cdot\dfrac{\mathrm{d}\boldsymbol{v}}{\mathrm{d}t} \\ \dfrac{\mathrm{d}(\boldsymbol{u}\times\boldsymbol{v})}{\mathrm{d}t}=\dfrac{\mathrm{d}\boldsymbol{u}}{\mathrm{d}t}\times\boldsymbol{v}+\boldsymbol{u}\times\dfrac{\mathrm{d}\boldsymbol{v}}{\mathrm{d}t}\end{cases} \tag{1-2-17}$$

1.3　标量场及其梯度

1.3.1　场的概念

自然界中各种物理现象均发生并存在于一定的空间区域,该空间区域中的每一点都有确定的物理量与之对应,称该空间区域上定义了该物理量的场。例如,电荷在其周围空间激发的电场,电流在其周围空间激发的磁场等。如果空间区域定义的物理量为标量,则称为标量场,物理量为矢量,则称为矢量场;如果定义的物理量与时间无关,称为静态场,反之则称为时变场。由于某个确定时刻时变场的空间分布亦为静态场,因此本章后续对于场的分析与讨论只针对静态场,所得结果同样可以应用于时变场。

数学上,空间区域中物理场可用表示该物理量的函数描述。一般地,静态标量场和静态矢量场分别用函数 $u(x,y,z)$和 $\boldsymbol{F}(x,y,z)$表示,时变标量场和时变矢量场可分别用 $u(x,y,z,t)$和 $\boldsymbol{F}(x,y,z,t)$表示。在直角坐标系中,矢量场可以表示为

$$\boldsymbol{F}(x,y,z,t)=\sum_{i=1}^{3}\hat{e}_iF_i(x,y,z,t),\quad i=1,2,3 \tag{1-3-1}$$

其中,$F_i(x,y,z,t)$为 $\boldsymbol{F}(x,y,z,t)$在第 i 坐标轴(i=1、2、3 分别与 x、y、z 轴对应)的分量(或投影),即

$$F_i(x,y,z,t)=|\boldsymbol{F}(x,y,z,t)|\cos\theta_i \tag{1-3-2}$$

θ_i 为 $\boldsymbol{F}(x,y,z,t)$与坐标轴 i 的夹角。因此,一个矢量场实际上包含了 3 个标量场。

1.3.2 标量场的等值面

为了直观地描述标量场数值的空间分布及变化，常用标量场等值面来表示场在空间的分布。所谓标量场等值面是同一数值的标量场在空间描绘出的曲面，可表示如下：

$$u(x,y,z)=C,\quad C\text{ 为任意常数} \tag{1-3-3}$$

随着 C 的不同取值，式(1-3-3)在空间给出一系列标量场不同取值的等值面。

【例 1.3】 点电荷 Q 位于直角坐标系的原点，它在空间中产生的电位是

$$\phi(x,y,z)=\frac{Q}{4\pi\varepsilon_0\sqrt{x^2+y^2+z^2}}$$

求空间电位的等值面方程。

解 根据等值面的定义，令 $\phi(x,y,z)=C$(C 常数)，得到等电位面方程

$$C=\frac{Q}{4\pi\varepsilon_0\sqrt{x^2+y^2+z^2}}=\frac{Q}{4\pi\varepsilon_0 r}$$

这是一个球面方程，表示一簇以电荷所在点为球心，半径为$\frac{Q}{4\pi\varepsilon_0 C}$的球面。$C$(电位值)越大，球面半径越小；$C$(电位值)越小，球面半径越大；$C$ 值等于零，对应的是一个半径为无限大的球面。

1.3.3 标量场的梯度

等值面直观地描述了标量场在空间的分布，但不能描述场在空间不同方向上的数值变化情况。为此引入标量场方向导数，定义为点 $M(x,y,z)$处沿 $\Delta\boldsymbol{l}$ 方向上场对弧长的变化率，即

$$\begin{aligned}\frac{\partial u(x,y,z)}{\partial l}&=\lim_{\Delta l\to 0}\frac{u(x+\Delta x,y+\Delta y,z+\Delta z)-u(x,y,z)}{\Delta l}\\&=\frac{\partial u(x,y,z)}{\partial x}\frac{\mathrm{d}x}{\mathrm{d}l}+\frac{\partial u(x,y,z)}{\partial y}\frac{\mathrm{d}y}{\mathrm{d}l}+\frac{\partial u(x,y,z)}{\partial z}\frac{\mathrm{d}z}{\mathrm{d}l}\end{aligned} \tag{1-3-4}$$

其中，Δx、Δy、Δz 分别是弧长 Δl 在 x、y 和 z 轴的投影。

方向导数为标量场空间变化特性提供了定量描述方法。为便于分析，将方向导数定义式(1-3-4)变形为如下形式：

$$\begin{aligned}\frac{\partial u(x,y,z)}{\partial l}&=\left[\hat{e}_x\frac{\partial u}{\partial x}+\hat{e}_y\frac{\partial u}{\partial y}+\hat{e}_z\frac{\partial u}{\partial z}\right]\cdot\left[\hat{e}_x\frac{\mathrm{d}x}{\mathrm{d}l}+\hat{e}_y\frac{\mathrm{d}y}{\mathrm{d}l}+\hat{e}_z\frac{\mathrm{d}z}{\mathrm{d}l}\right]\\&=\left[\hat{e}_x\frac{\partial u}{\partial x}+\hat{e}_y\frac{\partial u}{\partial y}+\hat{e}_z\frac{\partial u}{\partial z}\right]\cdot\frac{\mathrm{d}\boldsymbol{l}}{|\mathrm{d}\boldsymbol{l}|}\end{aligned} \tag{1-3-5}$$

这说明点 M 处标量场的方向导数为矢量场$\left[\hat{e}_x\frac{\partial u}{\partial x}+\hat{e}_y\frac{\partial u}{\partial y}+\hat{e}_z\frac{\partial u}{\partial z}\right]$在 $\mathrm{d}\boldsymbol{l}$ 方向上的投影，当 $\mathrm{d}\boldsymbol{l}$ 与$\left[\hat{e}_x\frac{\partial u}{\partial x}+\hat{e}_y\frac{\partial u}{\partial y}+\hat{e}_z\frac{\partial u}{\partial z}\right]$夹角为零时，其方向导数取得最大值，即点 M 处沿该方向场的空间变化率最大。定义点 M 标量场 $u(x,y,z)$的梯度为方向导数取最大值的方向及数值，记为 **grad**u。直接从式(1-3-5)得到标量场的梯度为

$$\mathbf{grad}\,u=\hat{n}\max\left(\frac{\partial u}{\partial l}\right)_M=\hat{e}_x\frac{\partial u}{\partial x}+\hat{e}_y\frac{\partial u}{\partial y}+\hat{e}_z\frac{\partial u}{\partial z}=\nabla u \tag{1-3-6}$$

显然,标量场的梯度为矢量。式(1-3-6)中微分算符“∇”(或称 Hamilton 算符)作为梯度算符引入,在直角坐标系中定义为式(1-3-6)右边的运算,即

$$\nabla=\hat{e}_x\frac{\partial}{\partial x}+\hat{e}_y\frac{\partial}{\partial y}+\hat{e}_z\frac{\partial}{\partial z} \tag{1-3-7}$$

需要注意的是,算符“∇”不仅有微分运算特性,同时也有矢量特点,但它只有通过作用在具体的函数(如标量场)上才有意义,并且上述定义表示式仅限于直角坐标系,对于其他坐标系并不成立。

从梯度定义出发,容易得到标量场梯度有如下的基本性质:

(1) 标量场的梯度为一矢量场。对于给定点,梯度方向表示该点处标量场变化最快的方向,其数值为变化最快方向上场的空间变化率。

(2) 空间某点处标量场在 $\Delta \boldsymbol{l}$ 方向的方向导数,是其梯度在该方向的投影,即

$$\left(\frac{\partial u}{\partial l}\right)_M=\left[\hat{e}_x\frac{\partial u}{\partial x}+\hat{e}_y\frac{\partial u}{\partial y}+\hat{e}_z\frac{\partial u}{\partial z}\right]\cdot\left[\frac{\hat{e}_x\mathrm{d}x+\hat{e}_y\mathrm{d}y+\hat{e}_z\mathrm{d}z}{\mathrm{d}l}\right]=\nabla u\cdot\frac{\Delta\boldsymbol{l}}{|\Delta\boldsymbol{l}|}$$

(3) 空间某点标量场的梯度垂直于过该点标量场的等值面(或切平面)。因此,空间任意点标量场梯度的方向为过该点场的等值面的法向,如图 1-12 所示。所以等值面 $u(x,y,z)=C$ 的单位法向矢量又可表示为

$$\hat{n}=\frac{\nabla u}{|\nabla u|} \tag{1-3-8}$$

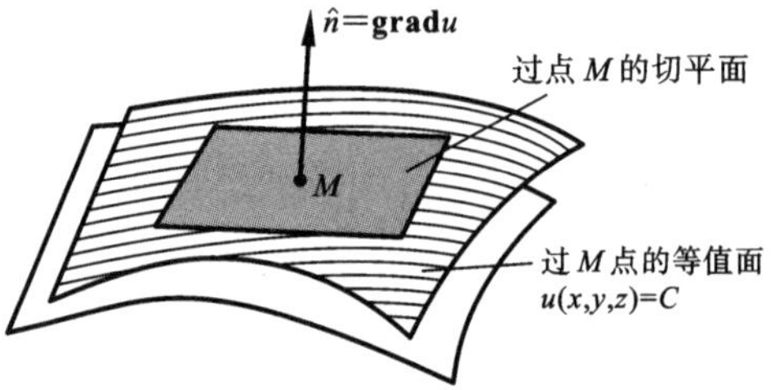

图 1-12 梯度方向与等值面法向矢量关系

标量场的梯度建立了标量场与矢量场之间的联系,这一联系使得某一类矢量场可以通过标量场来研究,或者说标量场可以通过矢量场来研究。例如,静电场中,电场可以表示为电位(势)的负梯度,通过电位可以实现电场的分析与求解,使得矢量场问题得以简化为标量场问题进行处理。

1.3.4 梯度运算的基本公式

为方便查阅和应用,现将标量场梯度运算总结如下:

$$\begin{cases}\nabla C=0\\ \nabla Cu=C\nabla u\\ \nabla(u\pm v)=\nabla u\pm\nabla v\quad, & C\text{为常数}\\ \nabla(uv)=u\nabla v+v\nabla u\\ \nabla f(u)=f'(u)\nabla u\end{cases} \tag{1-3-9}$$

只要考虑到梯度算符的线性微分运算特性,非常容易证明上述公式。

【例 1.4】 证明:$\nabla f(u)=f'(u)\nabla u$。

证 根据梯度定义得

$$\begin{aligned}\nabla f(u)&=\hat{e}_x\frac{\partial f}{\partial x}+\hat{e}_y\frac{\partial f}{\partial y}+\hat{e}_z\frac{\partial f}{\partial z}=\hat{e}_x\frac{\mathrm{d}f}{\mathrm{d}u}\frac{\partial u}{\partial x}+\hat{e}_y\frac{\mathrm{d}f}{\mathrm{d}u}\frac{\partial u}{\partial y}+\hat{e}_z\frac{\mathrm{d}f}{\mathrm{d}u}\frac{\partial u}{\partial z}\\&=f'(u)\left[\hat{e}_x\frac{\partial u}{\partial x}+\hat{e}_y\frac{\partial u}{\partial y}+\hat{e}_z\frac{\partial u}{\partial z}\right]=f'(u)\nabla u\end{aligned}$$

1.3.5 正交曲线坐标系中梯度算符

空间某点处标量场梯度值的意义是该点处的场在变化最快方向相对空间弧长的变化率。在正交曲线坐标系中，坐标变量 q_i 的微小变化所对应的弧长为 $h_i \mathrm{d}q_i$，故梯度算符的表示式应为

$$\nabla u=\frac{\hat{e}_{q_1}\partial u}{h_1\partial q_1}+\frac{\hat{e}_{q_2}\partial u}{h_2\partial q_2}+\frac{\hat{e}_{q_3}\partial u}{h_3\partial q_3} \tag{1-3-10}$$

若在圆柱坐标系、球坐标系中，则标量场梯度的表示式为

$$\begin{cases}\nabla u=\hat{e}_\rho\dfrac{\partial u}{\partial\rho}+\hat{e}_\varphi\dfrac{\partial u}{\rho\partial\varphi}+\hat{e}_z\dfrac{\partial u}{\partial z} & (\text{圆柱坐标系})\\ \nabla u=\hat{e}_r\dfrac{\partial u}{\partial r}+\hat{e}_\theta\dfrac{\partial u}{r\partial\theta}+\hat{e}_\varphi\dfrac{\partial u}{r\sin\theta\partial\varphi} & (\text{球坐标系})\end{cases} \tag{1-3-11}$$

1.4 矢量场的散度

1.4.1 矢量场与矢量线

矢量场是定义在空间某个确定区域上既有大小又有方向的量。为了同时描述矢量场的大小和方向，除了直接用矢量的数值和方向表示矢量场外，人们引入有向曲线来形象地描述矢量场分布。如电磁学中，用电力线、磁力线来表示空间电场和磁场。

所谓矢量线是这样的有向曲线，其上每一点处的切向代表该点矢量场的方向。这类矢量线一般为连续光滑曲线，在矢量场绝对值大的空间区域，矢量线密集；反之，则疏松。图 1-13 所示的是 3 个单位正电荷和 1 个单位负电荷在空间激发的电场力线，在电荷周围电场强度绝对值大，电场力线密集；远离电荷的区域，电场强度绝对值小，电场力线疏松。正电荷周围电场力线呈发散状，而负电荷周围电场力线呈聚集状。

矢量线的方程可以由矢量线的定义得到。由于矢量线上任意点的切线与该点处矢量场 $\boldsymbol{F}(x,y,z)$ 平行，因此有

$$\boldsymbol{F}(x,y,z)\times\boldsymbol{l}_M=\boldsymbol{0} \tag{1-4-1}$$

其中，$\boldsymbol{l}_M$ 为矢量线上点 $M(x,y,z)$ 处的单位切向矢量。在直角坐标系中，参考图 1-14，点 $M(x,y,z)$ 处的矢量场和矢量线的切向矢量分别为

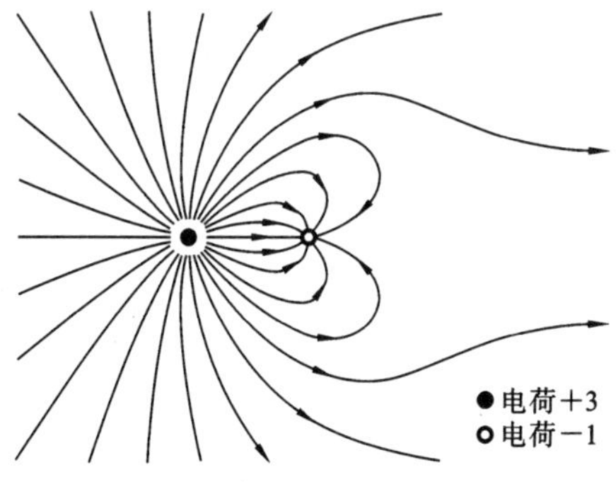

图 1-13 $q_1=3$ 和 $q_2=-1$ 周围电场力线图

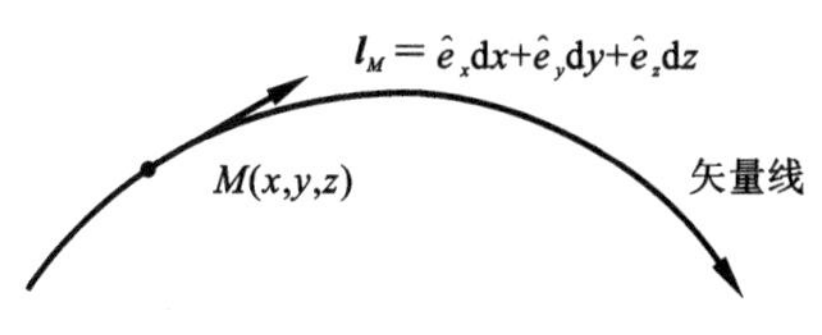

图 1-14 矢量线

$$\begin{cases}\boldsymbol{F}(x,y,z)=\hat{e}_x F_x(x,y,z)+\hat{e}_y F_y(x,y,z)+\hat{e}_z F_z(x,y,z)\\ \boldsymbol{l}_M=\hat{e}_x \mathrm{d}x+\hat{e}_y \mathrm{d}y+\hat{e}_z \mathrm{d}z\end{cases}$$

将上述表示式代入式(1-4-1),得到矢量线的方程为

$$\frac{\mathrm{d}x}{F_x(x,y,z)}=\frac{\mathrm{d}y}{F_y(x,y,z)}=\frac{\mathrm{d}z}{F_z(x,y,z)} \tag{1-4-2}$$

$$\boldsymbol{l}_M=\hat{e}_x \mathrm{d}x+\hat{e}_y \mathrm{d}y+\hat{e}_z \mathrm{d}z$$

1.4.2　矢量场的通量

矢量线能够形象地描述矢量场 $\boldsymbol{F}(x,y,z)$ 的方向分布,但不能描述空间矢量场数值的变化。为了在描述矢量场方向同时又能描述矢量场的大小,引入矢量场的通量概念。所谓通量,即通过空间某曲面矢量线的数量。具体而言,矢量场 $\boldsymbol{F}(x,y,z)$ 对于含点 $M(x,y,z)$ 在内的矢量面元 $\Delta\boldsymbol{S}$ 的通量定义为

$$\Delta\psi=\boldsymbol{F}(x,y,z)\cdot\Delta\boldsymbol{S}=F(x,y,z)\Delta S\cos\theta \tag{1-4-3}$$

其中矢量面元为含点 $M(x,y,z)$ 的有向面元 $\Delta\boldsymbol{S}=\hat{n}\Delta S$,$\hat{n}$ 为该面元的单位法矢量,如图 1-15 所示。必须注意,关于面元法向的选取,一般约定其中一侧为面元的正侧,即面元法向;另一侧为负侧,即面元的负法向。但对于封闭区域,如没有明确所在区域,一般约定闭合曲面的外侧为正侧;如明确指出研究问题的空间区域,面元法矢指向所研究的闭合空间区域外侧。

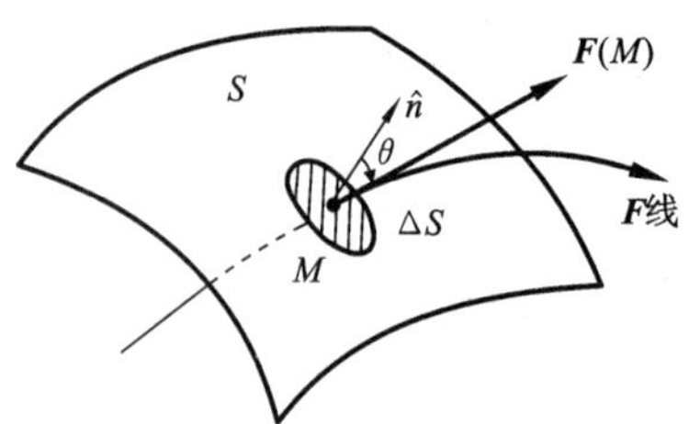

图 1-15　矢量场的通量

对式(1-4-3)稍作分析,不难发现矢量场 $\boldsymbol{F}(x,y,z)$ 对于过点 $M(x,y,z)$ 的矢量面元的通量随面元法矢取向、面元大小的不同而变化。但对于面积确定的矢量面元而言,矢量场过该点矢量面元的通量随面元法矢的取向不同而变化,且在面元法向与矢量场的夹角为零时达到最大。当面元法向与矢量线之间的夹角为零时,比值 $\left(\frac{\Delta\psi}{\Delta S}\right)$ 为该点处与矢量场垂直方向上单位面积通过的矢量线数量,其极限为点 M 处矢量场 $\boldsymbol{F}(x,y,z)$ 的数值,面元 ΔS 的法向即该点矢量场的方向。于是点 M 处矢量场 $\boldsymbol{F}(M)$ 又可定义为该点通量密度取得最大的数值及方向,即

$$\boldsymbol{F}(x,y,z)=\mathrm{Max}\left[\lim_{\Delta S\to 0}\left(\hat{n}\,\frac{\Delta\psi}{\Delta S}\right)\right] \tag{1-4-4}$$

基于矢量场对于面元的通量的定义,不难得到矢量场 $\boldsymbol{F}(x,y,z)$ 对于曲面 $\boldsymbol{S}$ 的通量为

$$\psi=\int\mathrm{d}\psi=\iint_S \boldsymbol{F}(x,y,z)\cdot\mathrm{d}\boldsymbol{S} \tag{1-4-5a}$$

如果曲面闭合,并约定面元法向为由闭合曲面内指向外。为了以示区别,用 Q 表示矢量场对闭合曲面的通量

$$Q=\oint\!\!\!\oint_S \boldsymbol{F}(x,y,z)\cdot\mathrm{d}\boldsymbol{S} \tag{1-4-5b}$$

矢量场对于闭合曲面通量有 3 种可能的结果,即 $Q>0$、$Q=0$ 和 $Q<0$,如图 1-16 所示。根据通量的意义,$Q>0$ 表明闭合曲面内有净余矢量线流出;$Q=0$ 表明流入和流出闭

合曲面的矢量线相等，或无矢量线流入(出)闭合曲面；$Q<0$ 表明有净余矢量线流入闭合曲面。

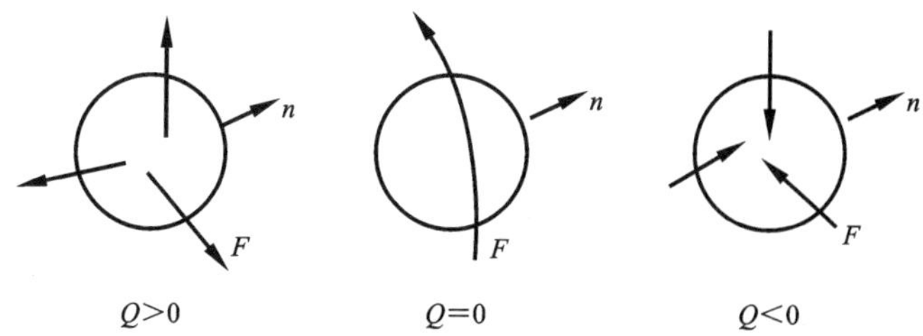

图 1-16 闭合曲面矢量场通量的 3 种情况

1.4.3 矢量场的散度与通量源

从数学上看，式(1-4-5b)的积分结果非常容易理解。但从物理上又该如何理解其意义呢？为此，首先回顾电磁学中电荷激发静电场的情形，正电荷激发出向周围空间发散的电场(力线)，负电荷激发汇集于电荷的电场(力线)。电场对于闭合曲面的通量 Q 与闭合曲面内包含电荷的代数和成正比，$Q>0$、$Q<0$ 和 $Q=0$ 分别与闭合曲面内电荷代数和为正、为负和为零对应。基于闭合曲面电场通量的意义，式(1-4-5b)给出了场对于任意闭合曲面的通量(结果)与该曲面内所拥有场的激励源(原因)代数和之间的联系。

从物理学的因果关系看，表征物理量空间分布的场(无论是矢量场还是标量场)均源于相应的物理原因(源)激发的结果，如电荷激发电场、电流激发磁场、质量激发万有引力场等。因此，表征某个物理量的矢量场对于闭合曲面的通量必然与产生该物理量场的激励源相联系。通常称能够激发闭合曲面通量不为零的源为通量源，正的通量源激发出向四周发散的矢量场(线)，负的通量源激发出自周围向源点汇聚的矢量场(线)。如果矢量场 $\boldsymbol{F}(x,y,z)$ 对于任何闭合曲面的通量不为零，则称该矢量场为有散矢量场。

为了定量考察空间任意点矢量场的发散(或汇聚)程度，引入矢量场的散度概念。简单而言，所谓空间某点的散度即该点(的源)向周围发散矢量场的强弱程度，定义为包含点 $M(x,y,z)$ 单位体积闭合曲面矢量场通量的极限，记为

$$\mathrm{div}\boldsymbol{F}(x,y,z)=\lim_{\Delta V\to 0}\frac{\oint\!\!\!\oint_S \boldsymbol{F}(x,y,z)\cdot \mathrm{d}\boldsymbol{S}}{\Delta V} \tag{1-4-6}$$

定义式中，$\Delta V\to 0$ 的极限应与体积元收缩至点 $M(x,y,z)$ 的方式无关。

对于线性物理系统，空间点 $M(x,y,z)$ 处通量源密度与激发的矢量场之间应满足线性关系，因此，点 $M(x,y,z)$ 处矢量场的散度与该点通量源密度之间有如下的线性关系：

$$\mathrm{div}\boldsymbol{F}=\kappa\rho(x,y,z) \tag{1-4-7}$$

其中，$\rho(x,y,z)$ 为通量源密度，κ 是比例常数，一般由相关的物理实验及其推论获得。如真空中静电场的 $\kappa=\varepsilon_0^{-1}$，$\varepsilon_0$ 为真空介电常数。

应用散度的定义计算矢量场的散度比较复杂，有必要建立散度简洁的计算式。以直角坐标系为例，过点 $M(x,y,z)$ 作包含该点在内的小六面体，如图 1-17 所示，矢量场 $\boldsymbol{F}(x,y,z)$ 对小六面体的通量为

$$\oiint_S \boldsymbol{F}(x,y,z)\cdot \mathrm{d}\boldsymbol{S} = \left[F_x\left(x+\frac{\Delta x}{2},y,z\right)-F_x\left(x-\frac{\Delta x}{2},y,z\right)\right]\Delta y\Delta z$$
$$+\left[F_y\left(x,y+\frac{\Delta y}{2},z\right)-F_y\left(x,y-\frac{\Delta y}{2},z\right)\right]\Delta x\Delta z$$
$$+\left[F_z\left(x,y,z+\frac{\Delta z}{2}\right)-F_z\left(x,y,z-\frac{\Delta z}{2}\right)\right]\Delta x\Delta y$$
$$=\left(\frac{\partial F_x}{\partial x}+\frac{\partial F_y}{\partial y}+\frac{\partial F_z}{\partial z}\right)\Delta x\Delta y\Delta z=\left(\frac{\partial F_x}{\partial x}+\frac{\partial F_y}{\partial y}+\frac{\partial F_z}{\partial z}\right)\Delta V$$

将上述结果直接代入式(1-4-6),得到直角坐标系中矢量场散度的表示式为

$$\mathrm{div}\boldsymbol{F}(x,y,z)=\frac{\partial F_x}{\partial x}+\frac{\partial F_y}{\partial y}+\frac{\partial F_z}{\partial z} \quad (1\text{-}4\text{-}8)$$

另外,将式(1-3-7)定义的矢量微分算符∇直接点乘矢量场,亦可得到

$$\nabla\cdot\boldsymbol{F}(x,y,z)=\frac{\partial F_x}{\partial x}+\frac{\partial F_y}{\partial y}+\frac{\partial F_z}{\partial z} \quad (1\text{-}4\text{-}9)$$

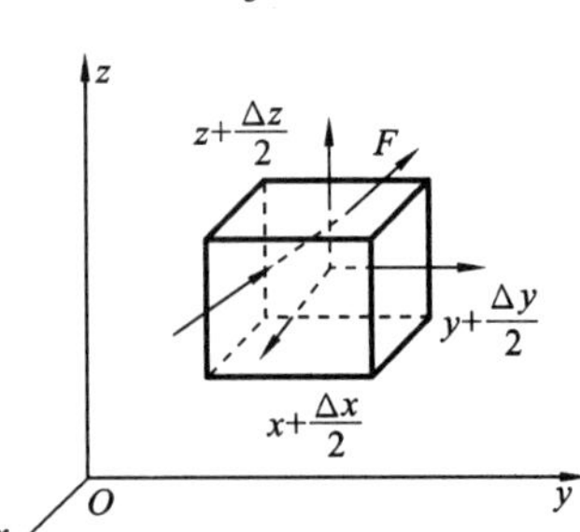

图 1-17 小六面体的通量

这正好与式(1-4-8)结果一致。因此,式(1-4-9)作为直角坐标系中矢量场散度的计算式,给散度的计算带来了极大的方便,上式中(F_x,F_y,F_z)为矢量场$\boldsymbol{F}(x,y,z)$在各直角坐标轴上的投影或分量。但必须注意,对于其他正交曲线坐标系式(1-4-9)不一定成立。

1.4.4 高斯定理

直接从散度定义出发,不难得到矢量场对于任意闭合曲面的通量等于该闭合曲面所包含体积中矢量场散度的体积分,即

$$\oiint_S \boldsymbol{F}\cdot\mathrm{d}\boldsymbol{S}=\iiint_V \nabla\cdot\boldsymbol{F}\mathrm{d}V \quad (1\text{-}4\text{-}10)$$

上式称为散度定理,又称高斯(C. F. Gauss,1777—1855 年,德国数学家)定理。其证明不难,只需将闭合曲面积分所包含的空间区域 V 划分为足够多的小体积元堆砌,对每一小体积元应用散度定义,求和叠加得到

$$\sum_i \oiint_{S_i}\boldsymbol{F}\cdot\mathrm{d}\boldsymbol{S}=\sum_i(\nabla\cdot F)_i\Delta v_i$$

考虑到闭合曲面内所有相邻小体积元的公共界面的面元大小相等、法向相反,其通量叠加相互抵消;只有以区域 V 边界作为小体积元边界的那部分小体积元的通量叠加不被抵消,如图 1-18 所示。左边求和叠加为矢量场对于闭合曲面 $\boldsymbol{S}$ 的通量;右边为矢量场散度的体积分,即式(1-4-10)。

将式(1-4-7)代入式(1-4-10),应用高斯定理得到矢量场对于闭合曲面的通量与通量源的关系满足如下积分方程:

$$\oiint_S \boldsymbol{F}\cdot\mathrm{d}\boldsymbol{S}=\iiint_V \nabla\cdot\boldsymbol{F}\mathrm{d}V=\kappa\iiint_V \rho\mathrm{d}V \quad (1\text{-}4\text{-}11)$$

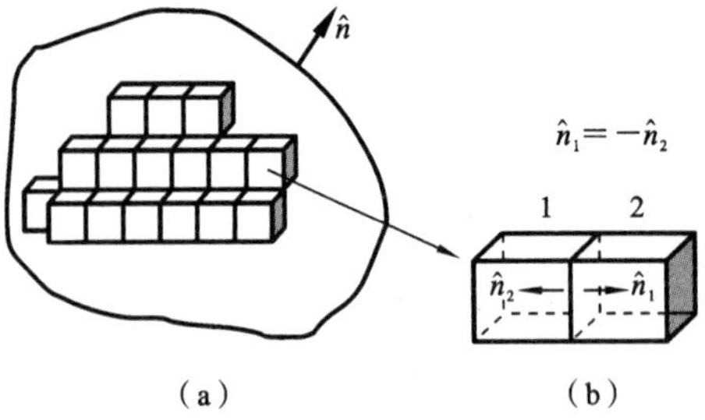

电荷与静电场之间关系就是一个典型实例。

(a) (b)

图 1-18 体积分的高斯定理证明

如自由空间中静电场对于其定义空间区域内任意点的散度正比于该点的电荷密度，即电场满足微分方程

$$\nabla\cdot\boldsymbol{E}(x,y,z)=\frac{\rho(x,y,z)}{\varepsilon_0} \tag{1-4-12}$$

另一方面，静电场对任意闭合曲面的通量正比于曲面内电荷的代数和，即静电场满足积分方程

$$\oiint_S E(x,y,z)\cdot\mathrm{d}\boldsymbol{S}=\frac{1}{\varepsilon_0}\iiint_V\rho(x,y,z)\mathrm{d}V \tag{1-4-13}$$

读者可根据静电场的定义直接证明(或参考教材第 2 章)静电场的有关性质。

【例 1.5】 求标量场 $f(x,y,z)=r$ 的梯度、矢量 $\boldsymbol{F}(x,y,z)=\boldsymbol{r}$ 的散度。

解 在直角坐标系中

$$r=\sqrt{x^2+y^2+z^2},\quad \boldsymbol{r}=\hat{e}_x x+\hat{e}_y y+\hat{e}_z z$$

标量场 $f(x,y,z)=r$ 的等位面为球面，球面的法向为 $\hat{e}_r$。其梯度为

$$\nabla f(x,y,z)=\nabla r=\nabla\sqrt{x^2+y^2+z^2}=\frac{\hat{e}_x x+\hat{e}_y y+\hat{e}_z z}{\sqrt{x^2+y^2+z^2}}=\hat{e}_r$$

梯度即等位面的法矢量。

矢量场 $\boldsymbol{F}(x,y,z)=\boldsymbol{r}$ 的散度为

$$\nabla\cdot\boldsymbol{F}(x,y,z)=\nabla\cdot\boldsymbol{r}=\left(\hat{e}_x\frac{\partial}{\partial x}+\hat{e}_y\frac{\partial}{\partial y}+\hat{e}_z\frac{\partial}{\partial z}\right)\cdot(\hat{e}_x x+\hat{e}_y y+\hat{e}_z z)=3$$

1.4.5 散度有关公式

直角坐标系中散度计算公式不能直接推广到任意正交曲线坐标系。其原因在于任意正交曲线坐标变量不一定代表空间的弧长，且坐标轴单位方向矢量一般为坐标变量的函数。为此，选取如图 1-19 所示的任意正交曲线坐标系，对小六面体求 $\boldsymbol{F}$ 的通量，得到

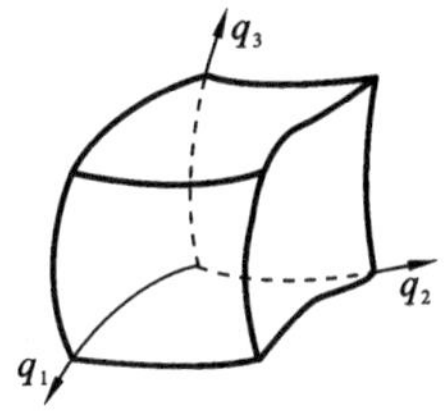

$$\begin{aligned}&\oiint_S\boldsymbol{F}(q_1,q_2,q_3)\cdot\mathrm{d}\boldsymbol{S}\\&=[F_{q_1}(q_1+\Delta q_1,q_2,q_3)-F_{q_1}(q_1,q_2,q_3)]h_2\Delta q_2 h_3\Delta q_3\\&\quad+[F_{q_2}(q_1,q_2+\Delta q_2,q_3)-F_{q_2}(q_1,q_2,q_3)]h_1\Delta q_1 h_3\Delta q_3\\&\quad+[F_{q_3}(q_1,q_2,q_3+\Delta q_3)-F_{q_3}(q_1,q_2,q_3)]h_1\Delta q_1 h_2\Delta q_2\\&=\frac{1}{h_1h_2h_3}\left[\frac{\partial(h_2h_3F_{q_1})}{\partial q_1}+\frac{\partial(h_1h_3F_{q_2})}{\partial q_2}+\frac{\partial(h_1h_2F_{q_3})}{\partial q_3}\right]h_1\Delta q_1h_2\Delta q_2h_3\Delta q_3\end{aligned}$$

图 1-19 正交曲线坐标系小六面体

应用矢量场散度的定义式(1-4-6)，得到正交曲线坐标系矢量场散度的公式为

$$\nabla\cdot\boldsymbol{F}=\frac{1}{h_1h_2h_3}\left[\frac{\partial}{\partial q_1}(h_2h_3F_{q_1})+\frac{\partial}{\partial q_2}(h_1h_3F_{q_2})+\frac{\partial}{\partial q_3}(h_1h_2F_{q_3})\right] \tag{1-4-14}$$

例如，圆柱坐标系和球坐标系中散度表示式分别为

$$\nabla\cdot\boldsymbol{F}=\frac{1}{\rho}\frac{\partial}{\partial\rho}(\rho F_\rho)+\frac{1}{\rho}\frac{\partial F_\varphi}{\partial\varphi}+\frac{\partial F_z}{\partial z} \tag{1-4-15a}$$

$$\nabla\cdot\boldsymbol{F}=\frac{1}{r^2}\frac{\partial}{\partial r}(r^2F_r)+\frac{1}{r\sin\theta}\frac{\partial}{\partial\theta}(\sin\theta F_\theta)+\frac{1}{r\sin\theta}\frac{\partial F_\varphi}{\partial\varphi} \tag{1-4-15b}$$

这里仍然用$\nabla\cdot\boldsymbol{F}$ 作为矢量场散度的标记。在其他正交曲线坐标系中，算符“∇”的

运算式不能直接推广直角坐标系运算式(1-4-9)获得。例如,在圆柱坐标系中,矢量场散度表示式为式(1-4-15a),这并不表示算符"∇"在圆柱坐标系中有如下表示:

$$\nabla=\frac{1}{\rho}\frac{\partial}{\partial\rho}(\rho\quad)\hat{e}_\rho+\frac{1}{\rho}\frac{\partial(\quad)}{\partial\varphi}\hat{e}_\varphi+\frac{\partial(\quad)}{\partial z}\hat{e}_z$$

同样,在后续旋度运算中(见式(1-5-12))也有类似的问题。因此,除直角坐标系外,其他正交曲线坐标系中散度(包括旋度)表示式应从定义式出发来导出。

利用式(1-4-8),非常容易得到关于矢量场散度的有关公式,即

$$\begin{cases}\mathrm{div}\boldsymbol{C}=\nabla\cdot\boldsymbol{C}=0 \quad (\boldsymbol{C}\text{ 为常矢量})\\ \mathrm{div}\boldsymbol{C}f=\boldsymbol{C}\cdot\nabla f\\ \mathrm{div}\alpha\boldsymbol{F}=\alpha\nabla\cdot\boldsymbol{F} \quad (\alpha\text{ 为常量})\\ \mathrm{div}f\boldsymbol{F}=f\nabla\cdot\boldsymbol{F}+\boldsymbol{F}\cdot\nabla f\\ \mathrm{div}(\boldsymbol{F}\pm\boldsymbol{G})=\nabla\cdot\boldsymbol{F}\pm\nabla\cdot\boldsymbol{G}\end{cases} \tag{1-4-16}$$

【例 1.6】 求任意正交曲线坐标系中$\nabla^2u(q_1,q_2,q_3)$的表示式。

解 因$\nabla^2u(q_1,q_2,q_3)=\nabla\cdot\nabla u(q_1,q_2,q_3)$,由式(1-3-10)得

$$\nabla u(q_1,q_2,q_3)=\hat{e}_{q_1}\frac{\partial u(q_1,q_2,q_3)}{h_1\partial q_1}+\hat{e}_{q_2}\frac{\partial u(q_1,q_2,q_3)}{h_2\partial q_2}+\hat{e}_{q_3}\frac{\partial u(q_1,q_2,q_3)}{h_3\partial q_3}$$

将上式直接代入式(1-4-14)得

$$\nabla^2u=\frac{1}{h_1h_2h_3}\left[\frac{\partial}{\partial q_1}\left(\frac{h_2h_3\partial u}{h_1\partial q_1}\right)+\frac{\partial}{\partial q_2}\left(\frac{h_1h_3\partial u}{h_2\partial q_2}\right)+\frac{\partial}{\partial q_3}\left(\frac{h_1h_2\partial u}{h_3\partial q_3}\right)\right] \tag{1-4-17}$$

对于球坐标系,$h_1=1,h_2=r,h_3=r\sin\theta$,则

$$\nabla^2u(r,\theta,\varphi)=\frac{1}{r^2}\left[\frac{\partial}{\partial r}\left(r^2\frac{\partial u}{\partial r}\right)+\frac{1}{\sin\theta}\frac{\partial}{\partial\theta}\left(\sin\theta\frac{\partial u}{\partial\theta}\right)+\frac{1}{\sin^2\theta}\frac{\partial^2u}{\partial\varphi^2}\right] \tag{1-4-18}$$

对于圆柱坐标系,$h_1=1,h_2=\rho,h_3=1$,则

$$\nabla^2u(r,\theta,\varphi)=\frac{1}{\rho}\frac{\partial}{\partial\rho}\left(\rho\frac{\partial u}{\partial\rho}\right)+\frac{1}{\rho^2}\frac{\partial^2u}{\partial\varphi^2}+\frac{\partial^2u}{\partial z^2} \tag{1-4-19}$$

1.5 矢量场的旋度

1.5.1 矢量场的环量

通量源激发有散矢量场,但并非所有矢量场都由通量源激发。如电流密度矢量激发的磁场,其力线为既没有起点也没有终点的闭合曲线。对任意闭合曲面,磁场力线要么不与闭合曲面相交,要么既穿入又穿出闭合曲面,其通量恒为零,如图 1-20 所示。这说明自然界存在一类不同于通量源激发的矢量场,该矢量场的散度恒为零。

如何建立这类矢量场与其激励源的关系?安培(A. M. Ampere,1775—1836 年,法国物理学家、化学家和数学家)环路定律指出,载流导线激发的磁场对于任意闭合路径的积分与穿过以该路径为边界的曲面的电流强度成正比(参见第 2 章),即

$$\oint_L\boldsymbol{B}(x,y,z)\cdot\mathrm{d}\boldsymbol{L}=\mu_0\iint_S\boldsymbol{J}(x,y,z)\cdot\mathrm{d}\boldsymbol{S}$$

很明显,安培环路定律建立了磁场与其激励它的电流密度矢量之间的联系。

将磁场的安培环路定律推广到一般矢量场,并引入矢量场的环量。矢量场对空间

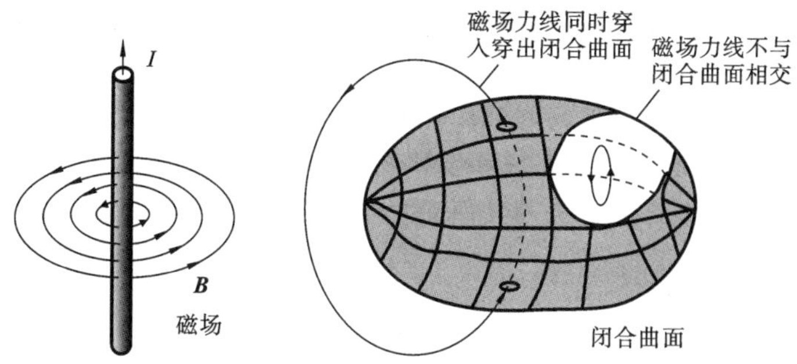

图 1-20 磁场力线为闭合曲线

闭合曲线 L 的环量定义为该矢量场对闭合曲线 L 的路径积分，记为

$$\Gamma = \oint_L \boldsymbol{F}(x,y,z) \cdot \mathrm{d}\boldsymbol{L} = \oint_L F(x,y,z)\cos\theta \mathrm{d}L \tag{1-5-1}$$

式中：θ 为路径积分上任意点矢量场与该点切向长度微元 $\mathrm{d}\boldsymbol{L}$ 的夹角。环量 Γ 是一个标量。对于空间确定的闭合曲线，环量的大小不仅与矢量场 $\boldsymbol{F}(x,y,z)$ 特性有关，还与积分绕行的方向有关。通常约定积分路径绕行方向左边为闭合路径环绕的曲面。一旦路径绕行方向确定，环量也就只与矢量场特性有关。

环量描述了矢量场属性的另一重要特征量。图 1-21 是高频地波雷达监测得到东海某海域表面流场分布图，有向线段的长短和方向与表面流场的大小和方向相对应。监测海洋表面流图显示 A 处海域表面流场有涡旋分布特点，其流场对于包含 A 在内的环量不为零，所谓涡旋场也正是由此得名。如果矢量场对区域内任意闭合路径的环量不恒为零，则称该矢量场为有旋矢量场或涡旋场；反之，则称该矢量场为无旋场，无旋场又称为保守场。如万有引力场和静电场，空间任意闭合路径的环量恒为零，所以它们是保守场。

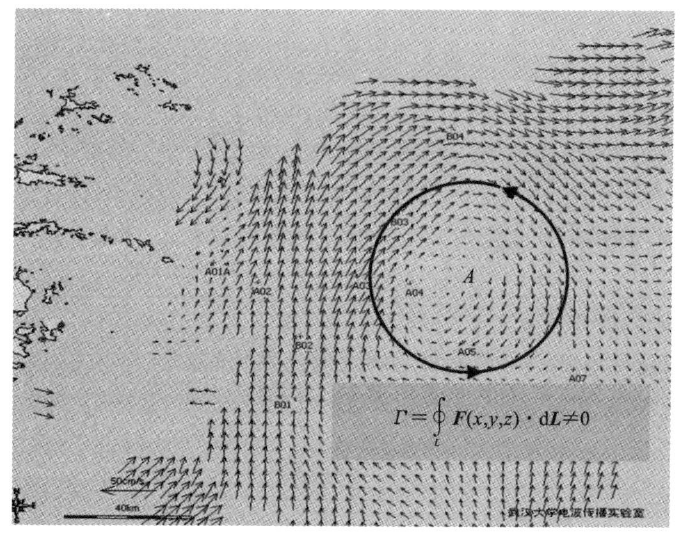

图 1-21 地波雷达监测得某海域海洋表面涡旋流场

1.5.2 矢量场的旋度与旋涡源

闭合路径的环量宏观上反映了矢量场沿闭合路径的旋转特性，但它无法反映空间

任意点矢量场的旋转特性。借助极限概念,可以通过空间某点单位面元边界环量的极限来描述该点矢量场的旋转特性。然而,过某点的单位面元有无穷多种选取方法,该面元边界环量之极限也有无穷多的取值。但必然存在一个单位面元,矢量场对过该面元边界环量之极限取得最大。引入矢量场的旋度,定义为 $\boldsymbol{F}(x,y,z)$ 过点 $M(x,y,z)$ 的单位面元周界环量极限之最大值及其面元之法向,即

$$\mathbf{rot}\,\boldsymbol{F} = \left[\hat{n}\lim_{\Delta s\to 0}\frac{\oint_l \boldsymbol{F}\cdot \mathrm{d}\boldsymbol{l}}{\Delta s}\right]_{\max} \tag{1-5-2}$$

其中,极限意味着面元 ΔS 以任何方式趋于零而缩至点 $M(x,y,z)$,回路 l 的绕行方向确保其包围的面积在左侧,用右手法则确定面元法向 $\hat{n}$,如图 1-22 所示。显然,矢量场的旋度为一矢量。根据线积分的计算式,不难得到旋度在直角坐标系中的表示式为

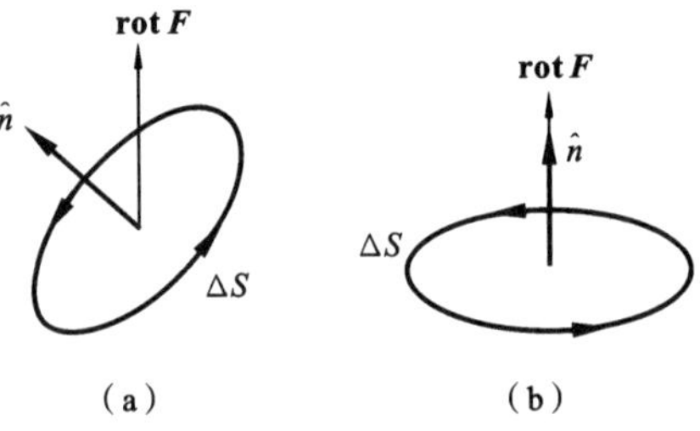

图 1-22 旋度定义中回路走向与面元法向

$$\begin{aligned}\mathbf{rot}\,\boldsymbol{F} &= \hat{e}_x(\mathbf{rot}\,\boldsymbol{F}\cdot\hat{e}_x)+\hat{e}_y(\mathbf{rot}\,\boldsymbol{F}\cdot\hat{e}_y)+\hat{e}_z(\mathbf{rot}\,\boldsymbol{F}\cdot\hat{e}_z)\\ &= \hat{e}_x\lim_{\Delta s_{yz}\to 0}\frac{\oint_{l_{yz}}\boldsymbol{F}\cdot\mathrm{d}\boldsymbol{l}}{\Delta s_{yz}}+\hat{e}_y\lim_{\Delta s_{xz}\to 0}\frac{\oint_{l_{xz}}\boldsymbol{F}\cdot\mathrm{d}\boldsymbol{l}}{\Delta s_{xz}}+\hat{e}_z\lim_{\Delta s_{xy}\to 0}\frac{\oint_{l_{xy}}\boldsymbol{F}\cdot\mathrm{d}\boldsymbol{l}}{\Delta s_{xy}}\end{aligned} \tag{1-5-3}$$

其中,Δs_{yz}、Δs_{xz} 和 Δs_{xy} 为矢量面元 $\Delta\boldsymbol{S}=\hat{n}\Delta S$ 在 yOz、xOz 和 xOy 平面上的投影。

为了获得便于计算的旋度公式,我们以直角坐标系中旋度的 x 分量为例作示范讨论。设包含点 $M(x,y,z)$ 在内的小面元 $\hat{n}\Delta S$ 在 yOz 平面的投影为小矩形面元 ΔS_{yz},法向为 $\hat{e}_x$,如图 1-23 所示。矢量场对于闭合回路(面元 ΔS_{yz} 形成)的环量为

$$\begin{aligned}\oint_{l_{yz}}\boldsymbol{F}\cdot\mathrm{d}\boldsymbol{l} &= \left[F_y\left(x,y,z-\frac{\Delta z}{2}\right)-F_y\left(x,y,z+\frac{\Delta z}{2}\right)\right]\Delta y\\ &\quad+\left[F_z\left(x,y+\frac{\Delta y}{2},z\right)-F_z\left(x,y-\frac{\Delta y}{2},z\right)\right]\Delta z\\ &= \left(\frac{\partial F_z}{\partial y}-\frac{\partial F_y}{\partial z}\right)\Delta y\Delta z\end{aligned}$$

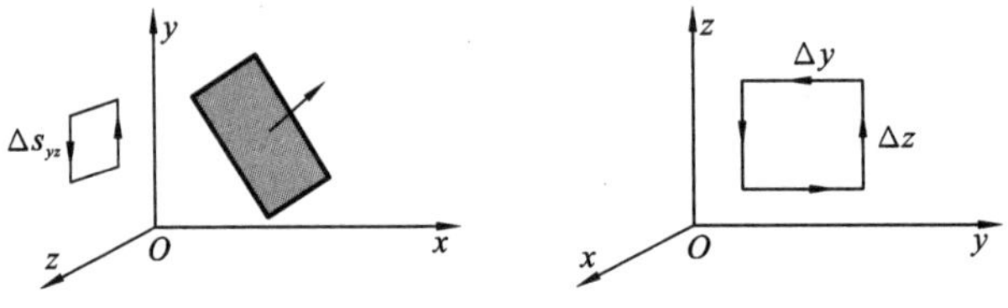

图 1-23 旋度在 x 方向的分量

求极限得到旋度的 x 分量为

$$\mathbf{rot}\,\boldsymbol{F}\cdot\hat{e}_x = \lim_{\Delta s_{yz}\to 0}\frac{\oint_{l_{yz}}\boldsymbol{F}\cdot\mathrm{d}\boldsymbol{l}}{\Delta s_{yz}} = \frac{\partial F_z}{\partial y}-\frac{\partial F_y}{\partial z} \tag{1-5-4a}$$

采用同样的方法可以得到旋度的 y 分量和 z 分量分别为

$$\mathbf{rot}\,\boldsymbol{F}\cdot\hat{e}_y = \lim_{\Delta S_{xz}\to 0}\frac{\oint_{l_{xz}}\boldsymbol{F}\cdot\mathrm{d}\boldsymbol{l}}{\Delta S_{xz}} = \frac{\partial F_x}{\partial z}-\frac{\partial F_z}{\partial x} \tag{1-5-4b}$$

$$\mathbf{rot}\,\boldsymbol{F}\cdot\hat{e}_z=\lim_{\Delta S_{xy}\to 0}\frac{\oint_{l_{xy}}\boldsymbol{F}\cdot\mathrm{d}\boldsymbol{l}}{\Delta s_{xy}}=\frac{\partial F_y}{\partial x}-\frac{\partial F_x}{\partial y} \tag{1-5-4c}$$

至此得到直角坐标系中矢量场 $\boldsymbol{F}(x,y,z)$旋度的表示式为

$$\mathbf{rot}\,\boldsymbol{F}=\hat{e}_x\left(\frac{\partial F_z}{\partial y}-\frac{\partial F_y}{\partial z}\right)+\hat{e}_y\left(\frac{\partial F_x}{\partial z}-\frac{\partial F_z}{\partial x}\right)+\hat{e}_z\left(\frac{\partial F_y}{\partial x}-\frac{\partial F_x}{\partial y}\right) \tag{1-5-5}$$

有意思的是,上述结果正好是算符∇与矢量场 $\boldsymbol{F}(x,y,z)$的叉积

$$\begin{aligned}\mathbf{rot}\,\boldsymbol{F}&=\hat{e}_x\left(\frac{\partial F_z}{\partial y}-\frac{\partial F_y}{\partial z}\right)+\hat{e}_y\left(\frac{\partial F_x}{\partial z}-\frac{\partial F_z}{\partial x}\right)+\hat{e}_z\left(\frac{\partial F_y}{\partial x}-\frac{\partial F_x}{\partial y}\right)\\&=\nabla\times\boldsymbol{F}=\begin{vmatrix}\hat{e}_x & \hat{e}_y & \hat{e}_z\\ \dfrac{\partial}{\partial x} & \dfrac{\partial}{\partial y} & \dfrac{\partial}{\partial z}\\ F_x & F_y & F_z\end{vmatrix}\end{aligned} \tag{1-5-6}$$

这不仅有利于实际的计算,同时也方便记忆。在实际应用中,并不区分 $\mathbf{rot}\,\boldsymbol{F}$ 与$\nabla\times\boldsymbol{F}$ 在定义上的差别。但必须注意,只有在直角坐标系中,$\nabla\times\boldsymbol{F}$ 才有上述的表示式。在其他正交曲线坐标系中,$\nabla\times\boldsymbol{F}$ 仅是矢量场旋度的标记,具体表达内涵必须由旋度定义式求出。

从旋度定义出发,容易得到空间某点处 $\boldsymbol{F}(x,y,z)$的旋度在 $\hat{e}_l$ 方向的投影为

$$\mathbf{rot}\,\boldsymbol{F}\cdot\hat{e}_l=\lim_{\Delta s_l\to 0}\frac{\oint_l\boldsymbol{F}\cdot\mathrm{d}\boldsymbol{l}}{\Delta S_l} \tag{1-5-7}$$

其中,$\hat{e}_l$ 为面元 ΔS_l 的单位法矢量,ΔS_l 包含点 $M(x,y,z)$在内,积分回路 l 为 ΔS_l 的边界,其绕向使 l 和 $\hat{e}_l$ 符合右手螺旋法则。这意味着当 ΔS_l 足够小时,表示式

$$\oint_l\boldsymbol{F}\cdot\mathrm{d}\boldsymbol{l}=\mathbf{rot}\,\boldsymbol{F}\cdot\hat{e}_l\Delta S_l \tag{1-5-8}$$

成立。

旋度为一矢量,也可以理解为环量密度矢量。矢量场的旋转特性源于产生矢量场旋转的原因,能够产生矢量场旋转特性的源称为旋涡源。因此,空间某点矢量场的旋度必与该点的旋涡源相联系。如电流密度激发的磁感应强度就是有旋矢量场,电流密度是旋涡源。直接推广安培环路定律至任意线性系统,可以预期矢量场与旋涡之间满足如下方程:

$$\mathbf{rot}\,\boldsymbol{F}=\nabla\times\boldsymbol{F}=\kappa\boldsymbol{J} \tag{1-5-9}$$

其中,$\boldsymbol{J}$ 为旋涡源密度,κ 为常系数,需要由相关的物理实验确定。

1.5.3 斯托克斯定理

利用旋度的定义式,还可以得到一般曲线和曲面积分之间的变换关系,即斯托克斯(George Gabriel Stokes,1819—1903 年,英国数学家、力学家)定理。这里不准备对该定理进行详细的数学证明,仅通过适当分析予以说明。由于以该曲线为边界的任意曲面 $\boldsymbol{S}$ 可以分成足够多的小面片的组合,如图 1-24 所示。分别对小面片边界求环量并叠加,考虑到相邻小面片边界线上的线积分大小相等,符号相反,其环量相互抵消。因此,只有曲面 $\boldsymbol{S}$ 的边界线上的线积分存在,此即矢量场对曲面 $\boldsymbol{S}$ 边界线 $\boldsymbol{l}$ 的环量。另一方面,利用式(1-5-8),全体小面片环量之和应等于旋度在各个小面片上的通量的叠加,从

而得到矢量场积分的斯托克斯定理,即

$$\sum_i \oint_{l_i} \boldsymbol{F} \cdot \mathrm{d}\boldsymbol{l}_i = \sum_i \mathbf{rot}\,\boldsymbol{F} \cdot \hat{n}_i \Delta S_i$$

$$\Rightarrow \oint_{l_S} \boldsymbol{F} \cdot \mathrm{d}\boldsymbol{l}_S = \iint_S \mathbf{rot}\,\boldsymbol{F} \cdot \mathrm{d}\boldsymbol{S} \qquad (1\text{-}5\text{-}10)$$

将式(1-5-9)代入斯托克斯定理,得到有旋矢量场与旋涡源满足

$$\oint_{l_S} \boldsymbol{F} \cdot \mathrm{d}\boldsymbol{l}_S = \kappa \iint_S \boldsymbol{J}(x,y,z) \cdot \mathrm{d}\boldsymbol{S} \qquad (1\text{-}5\text{-}11)$$

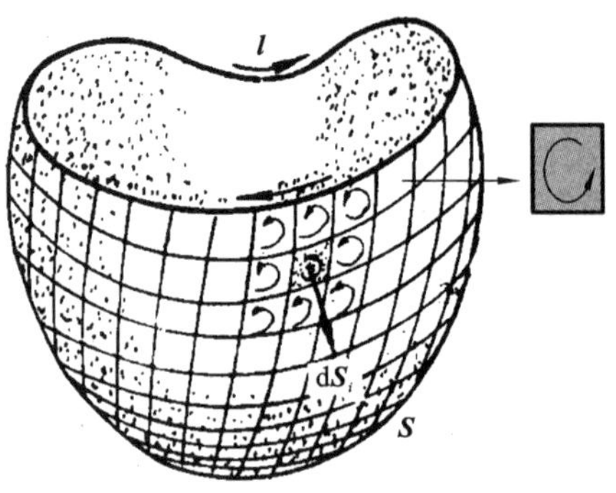

图 1-24 曲面可以分成足够多的小面片的组合

1.5.4 旋度的有关公式

在任意正交曲线坐标系中,可以证明矢量场的旋度的表示式为

$$\begin{aligned}\mathbf{rot}\,\boldsymbol{F} &= \frac{\hat{e}_{q_1}}{h_2 h_3}\left[\frac{\partial(h_3F_3)}{\partial q_2} - \frac{\partial(h_2F_2)}{\partial q_3}\right] + \frac{\hat{e}_{q_2}}{h_1 h_3}\left[\frac{\partial(h_1F_1)}{\partial q_3} - \frac{\partial(h_3F_3)}{\partial q_1}\right] \\ &\quad + \frac{\hat{e}_{q_3}}{h_1 h_2}\left[\frac{\partial(h_2F_2)}{\partial q_1} - \frac{\partial(h_1F_1)}{\partial q_1}\right] \\ &= \nabla\times\boldsymbol{F} = \frac{1}{h_1h_2h_3}\begin{bmatrix} \hat{e}_{q_1}h_1 & \hat{e}_{q_2}h_2 & \hat{e}_{q_3}h_3 \\ \dfrac{\partial}{\partial q_1} & \dfrac{\partial}{\partial q_2} & \dfrac{\partial}{\partial q_3} \\ h_1F_1 & h_2F_2 & h_3F_3 \end{bmatrix}\end{aligned} \qquad (1\text{-}5\text{-}12)$$

利用式(1-5-6),非常容易得到关于矢量场散度的有关公式,即

$$\begin{cases} \nabla\times\boldsymbol{C}=\mathbf{0} \quad (\boldsymbol{C}\text{ 为常矢量}) \\ \nabla\times(\boldsymbol{C}f)=\nabla f\times\boldsymbol{C} \\ \nabla\times(f\boldsymbol{F})=f\,\nabla\times\boldsymbol{F}+\nabla f\times\boldsymbol{F} \\ \nabla\times(\boldsymbol{F}\pm\boldsymbol{G})=\nabla\times\boldsymbol{F}\pm\nabla\times\boldsymbol{G} \\ \nabla\cdot(\boldsymbol{F}\times\boldsymbol{G})=\boldsymbol{G}\cdot\nabla\times\boldsymbol{F}-\boldsymbol{F}\cdot\nabla\times\boldsymbol{G} \end{cases} \qquad (1\text{-}5\text{-}13)$$

【例 1.7】 对直角坐标系、球坐标系,分别求矢径 $\boldsymbol{r}$ 的旋度。

解 在直角坐标系中,$\boldsymbol{r}=\hat{e}_x x+\hat{e}_y y+\hat{e}_z z$,直接应用旋度定义得

$$\nabla\times\boldsymbol{r}=\hat{e}_x\left(\frac{\partial z}{\partial y}-\frac{\partial y}{\partial z}\right)+\hat{e}_y\left(\frac{\partial x}{\partial z}-\frac{\partial z}{\partial x}\right)+\hat{e}_z\left(\frac{\partial y}{\partial x}-\frac{\partial x}{\partial y}\right)=\mathbf{0}$$

在球坐标系中,$\boldsymbol{r}=\hat{e}_r r$,应用旋度定义得

$$\nabla\times\boldsymbol{r}=\frac{\hat{e}_r}{r\sin\theta}\frac{\partial r}{\partial\varphi}-\frac{\hat{e}_\varphi}{r}\frac{\partial r}{\partial\theta}=\mathbf{0}$$

1.6 矢量场的亥姆霍兹定理

1.6.1 亥姆霍兹定理

通过对矢量场散度和旋度的讨论,我们知道对任意闭合曲面通量不恒为零的矢量

场为有散矢量场，其对闭合曲面的通量与曲面内包含的通量源的代数和成正比，通量源激励有散矢量场。而对于任意闭合回路的环量不恒为零的矢量场称为有旋矢量场，其对于闭合路径的环量与旋涡源对以该闭合路径为边界曲面的通量成正比，旋涡源激励有旋矢量场。现在我们必须回答如下问题：

(1) 矢量场除有散和有旋特性外，是否还有别的特性？

(2) 是否存在不同于通量源和旋涡源的其他矢量场的激励源？

(3) 如何唯一地确定空间区域上的矢量场？

亥姆霍兹定理回答了上述问题，表述如下：空间区域 V 上的任意矢量场 $\boldsymbol{F}(\boldsymbol{r})$，如果它的散度、旋度和边界条件已知，则该区域内的矢量场唯一确定，且可表示为一无旋场矢量和一无散矢量场的叠加，即

$$\boldsymbol{F}(\boldsymbol{r})=\boldsymbol{F}_e(\boldsymbol{r})+\boldsymbol{F}_l(\boldsymbol{r}) \tag{1-6-1}$$

其中，$\boldsymbol{F}_e(\boldsymbol{r})$为无散矢量场，满足$\nabla\cdot\boldsymbol{F}_e(\boldsymbol{r})\equiv 0$；$\boldsymbol{F}_l(\boldsymbol{r})$为无旋矢量场，即$\nabla\times\boldsymbol{F}_l(\boldsymbol{r})\equiv\boldsymbol{0}$。

亥姆霍兹定理是关于矢量场构成的重要定理，它明确回答了上述 3 个问题。即任何一个矢量场由两个部分构成，其中一部分为无散场，由旋涡源激发；另一部分是无旋场，由通量源激发。因此，产生矢量场只有通量源和旋涡源，不存在其他类型的源。此外亥姆霍兹定理也回答了唯一确定矢量场的条件。

1.6.2　δ 函数及其性质

亥姆霍兹定理的证明需要利用 δ 函数的性质，为此我们首先介绍 δ 函数。δ 函数又称取样函数或冲激函数，由英国科学家狄拉克(P. Dirac，1902—1984 年)于 1926 年引入。它的定义为

$$\begin{cases}\delta(x-x')=0, & x\neq x'\\ \displaystyle\int_{-\infty}^{+\infty}\delta(x-x')\mathrm{d}x=1\end{cases} \tag{1-6-2}$$

上述定义说明 δ 函数没有通常意义下的函数定义，所以不是普通意义上的函数。因为只有当 δ 函数出现在积分号中时，才有意义并给出最后的数值。但 δ 函数可以理解为一系列运算过程的一种简化符号，比如高斯分布函数

$$\delta_a(x)=\frac{1}{a\sqrt{\pi}}\exp\left[-\left(\frac{x}{a}\right)^2\right]$$

在 $a\to 0$ 时

$$\lim_{a\to 0}\delta_a(x)=\lim_{a\to 0}\frac{1}{a\sqrt{\pi}}\exp\left[-\left(\frac{x}{a}\right)^2\right]=0,\quad x\neq 0$$

$$\int_{-\infty}^{\infty}\delta_a(x)\mathrm{d}x=\int_{-\infty}^{\infty}\frac{1}{a\sqrt{\pi}}\exp\left[-\left(\frac{x}{a}\right)^2\right]\mathrm{d}x=1,\quad \text{与 } a \text{ 无关}$$

积分主要的贡献来源于 $x=0$ 的邻域。因此用符号 δ 表示，即

$$\delta(x)=\lim_{a\to 0}\delta_a(x)=\lim_{a\to 0}\frac{1}{a\sqrt{\pi}}\exp\left[-\left(\frac{x}{a}\right)^2\right] \tag{1-6-3}$$

根据 δ 函数的定义，容易得到 δ 函数有如下两个最基本的性质。

性质 1　δ 函数为偶函数，即 $\delta(x)=\delta(-x)$。

性质 2　δ 函数具有取样性，即 $\displaystyle\int_{-\infty}^{\infty}f(x)\delta(x-a)\mathrm{d}x=f(a)$。

性质 1 是显然的。性质 2 的证明只要考虑到包含 δ 函数的积分主要来源于 $x-a=0$ 邻域的贡献即可得证。因为

$$\int_{-\infty}^{\infty} f(x)\delta(x-a)\mathrm{d}x = \lim_{\varepsilon\to 0}\int_{-\varepsilon+a}^{\varepsilon+a} f(x)\delta(x-a)\mathrm{d}x = f(a)\int_{-\varepsilon}^{\varepsilon}\delta(y)\mathrm{d}y = f(a)$$

根据一维空间 δ 函数的定义，容易写出 3 维空间中 δ 函数的定义式为

$$\begin{cases}\delta(\boldsymbol{r}-\boldsymbol{r}') = \delta(x-x')\delta(y-y')\delta(z-z') = 0, & \boldsymbol{r}\neq\boldsymbol{r}' \\ \iiint\limits_V \delta(\boldsymbol{r}-\boldsymbol{r}')\mathrm{d}x\mathrm{d}y\mathrm{d}z = \begin{cases}0, & r'\notin V\\ 1, & r'\in V\end{cases}\end{cases} \tag{1-6-4}$$

【例 1.8】 证明：$\nabla^2\left(\dfrac{1}{4\pi|\boldsymbol{r}-\boldsymbol{r}'|}\right) = -\delta(\boldsymbol{r}-\boldsymbol{r}')$。

证 直接进行微分运算得

$$\nabla^2\left(\frac{1}{4\pi|\boldsymbol{r}-\boldsymbol{r}'|}\right) = \frac{1}{4\pi}\nabla^2\left[\frac{1}{\sqrt{(x-x')^2+(y-y')^2+(z-z')^2}}\right] = 0,\quad \boldsymbol{r}\neq\boldsymbol{r}'$$

另一方面，将 $-\nabla^2\left(\dfrac{1}{4\pi|\boldsymbol{r}-\boldsymbol{r}'|}\right)$ 在空间区域 V 上求积分，得

$$-\iiint\limits_V \nabla^2\left(\frac{1}{4\pi|\boldsymbol{r}-\boldsymbol{r}'|}\right)\mathrm{d}V = -\iiint\limits_V \nabla\cdot\nabla\left(\frac{1}{4\pi|\boldsymbol{r}-\boldsymbol{r}'|}\right)\mathrm{d}V = \frac{1}{4\pi}\oint\limits_S\left(\frac{(\boldsymbol{r}-\boldsymbol{r}')\cdot\mathrm{d}\boldsymbol{S}}{|\boldsymbol{r}-\boldsymbol{r}'|^3}\right)$$

$$= \begin{cases}0, & \boldsymbol{r}' \text{ 在积分区 } V \text{ 外部}\\ 1, & \boldsymbol{r}' \text{ 在积分区 } V \text{ 内部}\end{cases}$$

根据 δ 函数的定义，得

$$\delta(\boldsymbol{r}-\boldsymbol{r}') = -\nabla^2\left(\frac{1}{4\pi|\boldsymbol{r}-\boldsymbol{r}'|}\right) \tag{1-6-5}$$

1.6.3 亥姆霍兹定理的证明

利用 δ 函数的取样性质，矢量场 $\boldsymbol{F}(\boldsymbol{r})$ 可以表示为如下的积分形式：

$$\boldsymbol{F}(\boldsymbol{r}) = \iiint\limits_V \boldsymbol{F}(\boldsymbol{r}')\delta(\boldsymbol{r}-\boldsymbol{r}')\mathrm{d}V' \tag{1-6-6}$$

积分区域 V 应包含 $\boldsymbol{r}$ 在内。将被积函数作如下变换

$$\begin{cases}\delta(\boldsymbol{r}-\boldsymbol{r}') = -\nabla^2\left[\dfrac{1}{4\pi|\boldsymbol{r}-\boldsymbol{r}'|}\right]\\ \boldsymbol{F}(\boldsymbol{r}')\delta(\boldsymbol{r}-\boldsymbol{r}') = \nabla\times\nabla\times\left[\dfrac{\boldsymbol{F}(\boldsymbol{r}')}{4\pi|\boldsymbol{r}-\boldsymbol{r}'|}\right] - \nabla\left[\nabla\cdot\dfrac{\boldsymbol{F}(\boldsymbol{r}')}{4\pi|\boldsymbol{r}-\boldsymbol{r}'|}\right]\end{cases} \tag{1-6-7}$$

并代入式(1-6-6)得

$$\begin{aligned}\boldsymbol{F}(\boldsymbol{r}) &= \nabla\times\nabla\times\frac{1}{4\pi}\iiint\limits_V \frac{\boldsymbol{F}(\boldsymbol{r}')}{|\boldsymbol{r}-\boldsymbol{r}'|}\mathrm{d}V' - \nabla\nabla\cdot\frac{1}{4\pi}\iiint\limits_V \frac{F(\boldsymbol{r}')}{|\boldsymbol{r}-\boldsymbol{r}'|}\mathrm{d}V'\\ &= \nabla\times\boldsymbol{A}(\boldsymbol{r}) - \nabla\phi(\boldsymbol{r})\end{aligned} \tag{1-6-8}$$

其中，

$$\begin{cases}\boldsymbol{A}(\boldsymbol{r}) = \nabla\times\dfrac{1}{4\pi}\iiint\limits_V \dfrac{\boldsymbol{F}(\boldsymbol{r}')}{|\boldsymbol{r}-\boldsymbol{r}'|}\mathrm{d}V'\\ \phi(\boldsymbol{r}) = \nabla\cdot\dfrac{1}{4\pi}\iiint\limits_V \dfrac{\boldsymbol{F}(\boldsymbol{r}')}{|\boldsymbol{r}-\boldsymbol{r}'|}\mathrm{d}V'\end{cases} \tag{1-6-9}$$

显然，$\phi(\boldsymbol{r})$ 是标量场，$\boldsymbol{A}(\boldsymbol{r})$ 是矢量场。经过适当的变换，还可进一步表示为

$$\begin{cases}\boldsymbol{A}(\boldsymbol{r})=\nabla\times\dfrac{1}{4\pi}\iiint\limits_V\dfrac{\boldsymbol{F}(\boldsymbol{r}')}{|\boldsymbol{r}-\boldsymbol{r}'|}\mathrm{d}V'=\dfrac{1}{4\pi}\iiint\limits_V\dfrac{\nabla'\times\boldsymbol{F}(\boldsymbol{r}')}{|\boldsymbol{r}-\boldsymbol{r}'|}\mathrm{d}V'+\dfrac{1}{4\pi}\oiint\limits_S\dfrac{\boldsymbol{F}(\boldsymbol{r}')}{|\boldsymbol{r}-\boldsymbol{r}'|}\times\mathrm{d}\boldsymbol{S}'\\ \phi(\boldsymbol{r})=\nabla\cdot\dfrac{1}{4\pi}\iiint\limits_V\dfrac{\boldsymbol{F}(\boldsymbol{r}')}{|\boldsymbol{r}-\boldsymbol{r}'|}\mathrm{d}V'=\dfrac{1}{4\pi}\iiint\limits_V\dfrac{\nabla'\cdot\boldsymbol{F}(\boldsymbol{r}')}{|\boldsymbol{r}-\boldsymbol{r}'|}\mathrm{d}V'-\dfrac{1}{4\pi}\oiint\limits_S\dfrac{\boldsymbol{F}(\boldsymbol{r}')}{|\boldsymbol{r}-\boldsymbol{r}'|}\cdot\mathrm{d}\boldsymbol{S}'\end{cases}$$

(1-6-10)

将式(1-6-10)代入式(1-6-8),即证明了亥姆霍兹定理的正确性。

在上述证明中分别应用了两个基本的结论,即标量场的梯度是无旋场,矢量场的旋度是无散场。因此,无散场 $\boldsymbol{F}_e(\boldsymbol{r})$ 可以表示为某一矢量场的旋度,而无旋场 $\boldsymbol{F}_l(\boldsymbol{r})$ 又可以表示为某一标量函数的梯度,即

$$\begin{cases}\boldsymbol{F}_l(\boldsymbol{r})=-\nabla\phi(\boldsymbol{r})\\ \boldsymbol{F}_e(\boldsymbol{r})=\nabla\times\boldsymbol{A}(\boldsymbol{r})\end{cases}\tag{1-6-11}$$

其中,$\phi(\boldsymbol{r})$为标量场,$\boldsymbol{A}(\boldsymbol{r})$为矢量场。

【例 1.9】 证明:一个标量场的梯度必无旋,一个矢量场的旋度必无散。

证 设标量场 $\phi(\boldsymbol{r})$和矢量场 $\boldsymbol{A}(\boldsymbol{r})$有连续二阶偏导数,直接利用梯度、散度和旋度公式,对标量场 $\phi(\boldsymbol{r})$求梯度再求旋度得

$$\nabla\times\nabla\phi(\boldsymbol{r})=\hat{e}_x\left(\frac{\partial^2\varphi}{\partial y\partial z}-\frac{\partial^2\varphi}{\partial z\partial y}\right)+\hat{e}_y\left(\frac{\partial^2\varphi}{\partial z\partial x}-\frac{\partial^2\varphi}{\partial x\partial z}\right)+\hat{e}_z\left(\frac{\partial^2\varphi}{\partial x\partial y}-\frac{\partial^2\varphi}{\partial y\partial x}\right)=0$$

对矢量场 $\boldsymbol{A}(\boldsymbol{r})$求旋度再求散度得

$$\nabla\cdot\nabla\times\boldsymbol{A}(\boldsymbol{r})=\frac{\partial}{\partial x}\left(\frac{\partial A_z}{\partial y}-\frac{\partial A_y}{\partial z}\right)+\frac{\partial}{\partial y}\left(\frac{\partial A_x}{\partial z}-\frac{\partial A_z}{\partial x}\right)+\frac{\partial}{\partial z}\left(\frac{\partial A_y}{\partial x}-\frac{\partial A_x}{\partial y}\right)=0$$

证明完毕。

本章主要内容要点

1. 正交曲线坐标系及其变换

(1) 正交曲线坐标系及其变换关系:

$$\begin{cases}q_1=q_1(x,y,x)\\ q_2=q_2(x,y,x)\\ q_3=q_3(x,y,x)\end{cases}\Leftrightarrow\begin{cases}x=x(q_1,q_2,q_3)\\ y=y(q_1,q_2,q_3)\\ z=z(q_1,q_2,q_3)\end{cases}$$

(2) 正交曲线坐标系坐标轴单位方向矢量:

$$\hat{e}_{q_i}=\frac{\hat{e}_x\dfrac{\partial q_i(x,y,x)}{\partial x}+\hat{e}_y\dfrac{\partial q_i(x,y,x)}{\partial y}+\hat{e}_z\dfrac{\partial q_i(x,y,x)}{\partial z}}{\sqrt{\left(\dfrac{\partial q_i(x,y,x)}{\partial x}\right)^2+\left(\dfrac{\partial q_i(x,y,x)}{\partial y}\right)^2+\left(\dfrac{\partial q_i(x,y,x)}{\partial z}\right)^2}},\quad i=1,2,3$$

此式即正交曲线坐标系与直角坐标系单位矢量的变换关系。

(3) 正交曲线坐标系中空间曲线元的弧长:

$$\mathrm{d}S=\sqrt{\mathrm{d}S_1^2+\mathrm{d}S_2^2+\mathrm{d}S_3^2}=\sqrt{(h_1\mathrm{d}q_1)^2+(h_2\mathrm{d}q_2)^2+(h_3\mathrm{d}q_3)^2}$$

其中,h_i 称为拉梅系数:

$$h_i=\sqrt{\left(\frac{\partial x}{\partial q_i}\right)^2+\left(\frac{\partial y}{\partial q_i}\right)^2+\left(\frac{\partial z}{\partial q_i}\right)^2},\quad i=1,2,3$$

2. 矢量及其代数运算

1）矢量与标量

有数值有方向的量为矢量，有数值无方向的量为标量。

2）矢量 $\boldsymbol{A}$ 与 $\boldsymbol{B}$ 的标积和叉积

标量积：

$$\boldsymbol{A}\cdot\boldsymbol{B}=\sum_{i=1}^{3}A_iB_i=\boldsymbol{B}\cdot\boldsymbol{A}=\sum_{i=1}^{3}B_iA_i$$

叉积：

$$\boldsymbol{C}=\boldsymbol{A}\times\boldsymbol{B}=|\boldsymbol{A}|\,|\boldsymbol{B}|\sin\theta_{AB}\hat{n}$$

其中，A_i、B_i（$i=1,2,3$）分别是矢量 $\boldsymbol{A}$ 和 $\boldsymbol{B}$ 在 x、y、z 坐标轴上的分量或投影，θ_{AB} 为矢量 $\boldsymbol{A}$ 与 $\boldsymbol{B}$ 的夹角。

3）三矢量的混合积和三重矢量积

三矢量的混合积：

$$(\boldsymbol{A},\boldsymbol{B},\boldsymbol{C})=(\boldsymbol{A}\times\boldsymbol{B})\cdot\boldsymbol{C}=\begin{vmatrix}A_1 & A_2 & A_3\\ B_1 & B_2 & B_3\\ C_1 & C_2 & C_3\end{vmatrix}$$

三重矢量积：

$$\boldsymbol{A}\times(\boldsymbol{B}\times\boldsymbol{C})=\boldsymbol{B}(\boldsymbol{A}\cdot\boldsymbol{C})-\boldsymbol{C}(\boldsymbol{A}\cdot\boldsymbol{B})=\begin{vmatrix}\hat{e}_x & \hat{e}_y & \hat{e}_z\\ \begin{vmatrix}A_2 & A_3\\ B_2 & B_3\end{vmatrix} & \begin{vmatrix}A_3 & A_1\\ B_3 & B_1\end{vmatrix} & \begin{vmatrix}A_1 & A_2\\ B_1 & B_2\end{vmatrix}\\ C_1 & C_2 & C_3\end{vmatrix}$$

其中，A_i、B_i、C_i（$i=1,2,3$）分别表示矢量 $\boldsymbol{A}$、$\boldsymbol{B}$、$\boldsymbol{C}$ 在 x、y、z 坐标轴上的分量。

3. 场论基础

1）场的概念

空间区域内每一点有确定的物理量与之对应，称在该空间区域定义了一个物理量的场。如果物理量为标量，则是标量场，如果物理量为矢量，则是矢量场。

2）标量场的梯度

标量场的梯度为一矢量场，定义为空间某点处场变化最大的方向及数值，记为

$$\mathbf{grad}u=\hat{n}\left.\frac{\partial u}{\partial l}\right|_{\max}=\hat{e}_x\frac{\partial u}{\partial x}+\hat{e}_y\frac{\partial u}{\partial y}+\hat{e}_z\frac{\partial u}{\partial z}=\nabla u$$

3）矢量场的散度

散度即空间某点(的源)向周围发散矢量场的强度，或空间某点处矢量场的通量密度；其数学定义式为矢量场对含点 M 在内的单位体积闭合曲面通量之极限，记为

$$\mathrm{div}\boldsymbol{F}(x,y,z)=\lim_{\Delta V\to 0}\frac{\oiint_S \boldsymbol{F}(x,y,z)\cdot\mathrm{d}\boldsymbol{S}}{\Delta V}=\nabla\cdot\boldsymbol{F}=\frac{\partial F_x}{\partial x}+\frac{\partial F_y}{\partial y}+\frac{\partial F_z}{\partial z}$$

4）矢量场的旋度

旋度即空间某点(的源)矢量场的旋转程度，矢量场对于含点 M 在内的单位面元边界环量之极限的最大值及最大值时面元之法向(回路绕行方向与面元法矢量为右手螺旋关系)，记为

$$\mathbf{rot}\,\boldsymbol{F}=\left(\hat{n}\lim_{\Delta s\to 0}\frac{\oint_l \boldsymbol{F}\cdot \mathrm{d}\boldsymbol{l}}{\Delta s}\right)_{\max}=\boldsymbol{\nabla}\times\boldsymbol{F}=\begin{vmatrix}\hat{e}_x & \hat{e}_y & \hat{e}_z\\ \dfrac{\partial}{\partial x} & \dfrac{\partial}{\partial y} & \dfrac{\partial}{\partial z}\\ F_x & F_y & F_z\end{vmatrix}$$

4. 矢量场的基本性质

1) 亥姆霍兹定理

空间区域 V 上的任意矢量场 $\boldsymbol{F}(\boldsymbol{r})$,如果它的散度、旋度和边界条件为已知,则该矢量场唯一确定,且可以表示为一无旋矢量场和一无散矢量场的叠加,即

$$\boldsymbol{F}(\boldsymbol{r})=\boldsymbol{F}_e(\boldsymbol{r})+\boldsymbol{F}_l(\boldsymbol{r})$$

其中,$\boldsymbol{F}_e(\boldsymbol{r})$为无散矢量场,即$\boldsymbol{\nabla}\cdot F_e(\boldsymbol{r})\equiv 0$;$F_l(\boldsymbol{r})$为无旋矢量场,即$\boldsymbol{\nabla}\times\boldsymbol{F}_l(\boldsymbol{r})\equiv\boldsymbol{0}$。

2) 矢量场与激励源关系

通量源激发有散矢量场,矢量场的散度与激发该矢量场的通量源密度成正比。旋涡源激发有旋矢量场,矢量场的旋度与激发该矢量场的旋涡源密度成正比。

3) 矢量场的有关性质

标量场的梯度必无旋,矢量场旋度必无散。因此,无旋矢量场可表示为某个标量场的梯度,无散矢量场可以表示为某个矢量场的旋度,即

$$\boldsymbol{\nabla}\times\boldsymbol{\nabla}\phi(\boldsymbol{r})=0,\quad \boldsymbol{\nabla}\cdot\boldsymbol{\nabla}\times\boldsymbol{A}(\boldsymbol{r})=0,\quad \boldsymbol{F}_l(\boldsymbol{r})=-\boldsymbol{\nabla}\phi(\boldsymbol{r}),\quad \boldsymbol{F}_e(\boldsymbol{r})=\boldsymbol{\nabla}\times A(\boldsymbol{r})$$

思考与练习题 1

1. 如果矢量 $\boldsymbol{A}\cdot\boldsymbol{B}=\boldsymbol{A}\cdot\boldsymbol{C}$,是否意味着 $\boldsymbol{B}=\boldsymbol{C}$? 为什么?

2. 如果矢量 $\boldsymbol{A}\times\boldsymbol{B}=\boldsymbol{A}\times\boldsymbol{C}$,是否意味着 $\boldsymbol{B}=\boldsymbol{C}$? 为什么?

3. 为什么不同的正交曲线坐标系之间存在唯一的相互变换关系?

4. 什么是拉梅系数? 其具体的意义是什么?

5. 什么是场? 物理和数学上如何定义场?

6. 什么是矢量场的通量和环量? 其值为正、负或零各代表什么意义?

7. 什么是标量场的梯度? 说明其几何意义与物理意义。

8. 什么是矢量的场散度、旋度? 说明其物理意义。

9. 矢量场的散度、旋度与产生矢量场的源有什么关系?

10. 矢量场由几个部分组成? 各有什么性质? 与激励源有何关系?

11. 证明:矢量 $\boldsymbol{A}=\hat{e}_x4-\hat{e}_y2-\hat{e}_z$ 和 $\boldsymbol{B}=\hat{e}_x+\hat{e}_y4-\hat{e}_z4$ 相互垂直。

12. 已知矢量 $\boldsymbol{A}=\hat{e}_y5.8+\hat{e}_z1.5$ 和 $\boldsymbol{B}=-\hat{e}_y6.93+\hat{e}_z4$,求两矢量的夹角。

13. 如果 $A_xB_x+A_yB_y+A_zB_z=0$,证明:矢量 $\boldsymbol{A}$ 和 $\boldsymbol{B}$ 处处垂直。

14. 导出正交曲线坐标系中相邻两点弧长的一般表示式。

15. 根据算符$\boldsymbol{\nabla}$的矢量特性,推导下列公式:

(1) $\boldsymbol{\nabla}(\boldsymbol{A}\cdot\boldsymbol{B})=\boldsymbol{B}\times(\boldsymbol{\nabla}\times\boldsymbol{A})+(\boldsymbol{B}\cdot\boldsymbol{\nabla})\boldsymbol{A}+\boldsymbol{A}\times(\boldsymbol{\nabla}\times\boldsymbol{B})+(\boldsymbol{A}\cdot\boldsymbol{\nabla})\boldsymbol{B}$

(2) $\boldsymbol{A}\times(\boldsymbol{\nabla}\times\boldsymbol{A})=\dfrac{1}{2}\boldsymbol{\nabla}\boldsymbol{A}^2-(\boldsymbol{A}\cdot\boldsymbol{\nabla})\boldsymbol{A}$

(3) $\boldsymbol{\nabla}\cdot[\boldsymbol{E}\times\boldsymbol{H}]=\boldsymbol{H}\cdot\boldsymbol{\nabla}\times\boldsymbol{E}-\boldsymbol{E}\cdot\boldsymbol{\nabla}\times\boldsymbol{H}$

16. 设 $R=|\boldsymbol{r}-\boldsymbol{r}'|=\sqrt{(x-x')^2+(y-y')^2+(z-z')^2}$,证明下列结果:

$$\nabla R=-\nabla' R=\frac{\boldsymbol{R}}{R},\quad \nabla\frac{1}{R}=-\nabla'\frac{1}{R}=-\frac{\boldsymbol{R}}{R^3}$$

$$\nabla\times\frac{\boldsymbol{R}}{R^3}=\boldsymbol{0},\quad \nabla\cdot\frac{\boldsymbol{R}}{R^3}=-\nabla'\cdot\frac{\boldsymbol{R}}{R^3}=0\quad (R\neq 0)$$

17. 设 u 是空间直角坐标 x、y、z 的函数,证明:

$$\nabla f(u)=\frac{\mathrm{d}f}{\mathrm{d}u}\nabla u,\quad \nabla\cdot\boldsymbol{A}(u)=\nabla u\cdot\frac{\mathrm{d}\boldsymbol{A}}{\mathrm{d}u},\quad \nabla\times\boldsymbol{A}(u)=\nabla u\times\frac{\mathrm{d}\boldsymbol{A}}{\mathrm{d}u}$$

18. 求$\nabla\cdot[\boldsymbol{E}_0\sin(\boldsymbol{k}\cdot\boldsymbol{r})]$及$\nabla\times[\boldsymbol{E}_0\sin(\boldsymbol{k}\cdot\boldsymbol{r})]$,其中 $\boldsymbol{E}_0$、$\boldsymbol{k}$ 为常矢量。

19. 应用高斯定理证明:$\iiint\limits_V(\nabla\times\boldsymbol{f})\mathrm{d}V=\oint\!\!\!\oint\limits_S \mathrm{d}\boldsymbol{S}\times\boldsymbol{f}$。

20. 应用斯托克斯定理证明:$\iint\limits_S \mathrm{d}\boldsymbol{S}\times\nabla\varphi=\oint\limits_L \mathrm{d}\boldsymbol{l}\varphi$。

21. 应用高斯积分公式证明:$\oint\!\!\!\oint\limits_S \phi\nabla\psi\cdot\mathrm{d}\boldsymbol{S}=\iiint\limits_V[\nabla\phi\cdot\nabla\psi+\phi\nabla^2\psi]\mathrm{d}V$。

22. 求出球坐标系中$\nabla\cdot\boldsymbol{F}(q_1,q_2,q_3)$、$\nabla[\nabla\cdot F(q_1,q_2,q_3)]$和$\nabla^2 F(q_1,q_2,q_3)$的表示式。

2

电磁场基本定律与方程

麦克斯韦(J. C. Maxwell,1831－1879 年,英国物理学家、数学家)在总结前人电磁场实验定律的基础上,将电磁场运动规律提炼、归纳,表述为由四个偏微分方程组成的方程组,从而创建了宏观电磁场的理论体系。本章作为后续各章内容的理论基础,主要讨论宏观电磁场的基本概念、基本实验定律和麦克斯韦方程组。内容包括电荷及其守恒定律;库仑定律与静电场、安培定律与磁场;媒质的电磁特性及媒质中电磁场的基本定律与方程;法拉第电磁感应定律、位移电流概念与宏观麦克斯韦方程组,以及电磁场在不同媒质边界满足的条件。

2.1 电荷与电荷守恒定律

2.1.1 电荷与电荷密度

人类很早就通过“摩擦起电”现象观察到电,并认识到电有正、负之分,同种相斥,异种相吸。由于受限于当时科学技术和认识水平,并没有认清电的本质,误将“电”视作荷载于物体之上的特殊物质,故而称其为“电荷”。

电荷是物质的基本属性之一,物体所带电荷的数量称为电荷量。现代物理学证明,物体所带电荷量为电子或质子电荷量的整倍数,电子和质子是物质的基本粒子,电子带负电,质子带正电,数量相等。因此,微观上物体所带电荷量并不连续,具有量子化特点,其最小基本单元为电子或质子的电荷量,数值为

$$e=1.602\times10^{-19}$$

在国际单位制中,其单位为库仑,缩写 C。对于尺度远大于原子尺度的宏观(如微米量级)电磁场问题,其最小观测尺度单元内包含着数量巨大的电子或质子。与宏观尺度内数量巨大的电荷量相比,单个电子或质子的电荷量实在太小,因而对于宏观电磁场问题仍可视电荷为连续变化的物理量。

根据电荷空间分布的特点,常用体电荷密度、面电荷密度和线电荷密度来描述电荷的空间分布。为了方便表述,约定 $\boldsymbol{r}$ 泛指空间中的变点,以直角坐标系为例,$\boldsymbol{r}$ 表示坐标变量(x,y,z)的坐标变点。空间 $\boldsymbol{r}$ 点的电荷密度定义为包含 $\boldsymbol{r}$ 点在内的单位体积中的电荷量,数学上表示为

$$\rho(\boldsymbol{r})=\lim_{\Delta V\to 0}\frac{\Delta q}{\Delta V}\quad(\mathrm{C/m^3})\tag{2-1-1}$$

m 为长度单位米的英文缩写。式(2-1-1)中 $\Delta V\to 0$ 意味着以任何方式收缩于 $\boldsymbol{r}$ 点,其极限存在。应该说明的是,$\Delta V\to 0$ 不同于数学上的无穷小,而应该理解为宏观上它足够小,小到能够精确反映电荷空间分布的不均匀性;而微观上它又足够的大,大到 ΔV 中包含有大量的带电基本粒子。从式(2-1-1)不难得到有限区域 V 内的总电荷量 Q 为

$$Q=\iiint_V\rho(\boldsymbol{r})\mathrm{d}V=\iiint_V\rho(x,y,z)\mathrm{d}x\mathrm{d}y\mathrm{d}z$$

特别地,当电荷分布在一个很薄的表面层内,且在表面层的法线(厚度)方向上电荷分布为常数或变化很小,可用面电荷密度

$$\rho_S(\boldsymbol{M})=\lim_{\Delta S\to 0}\frac{\Delta q}{\Delta S}\quad(\mathrm{C/m^2})\tag{2-1-2}$$

表示单位面积中的电荷量,其中 $\boldsymbol{M}$ 为曲面上的变点,ΔS 为包含 $\boldsymbol{M}$ 在内的面积元。当电荷分布在一条曲线棒上,且在曲线棒的横截面上电荷的分布接近或为常数,可用线电荷密度

$$\rho_l(\boldsymbol{L})=\lim_{\Delta l\to 0}\frac{\Delta q}{\Delta l}\quad(\mathrm{C/m})\tag{2-1-3}$$

表示单位曲线长度中的电荷量。其中 $\boldsymbol{L}$ 为曲线上的变点,Δl 为包含 $\boldsymbol{L}$ 在内的线元。

实际应用中经常用到点电荷概念。如果在所讨论的问题中,带电体的形状、大小可以忽略不计,则可将其视为一个几何点,称为点电荷。一个实际的带电体能否看作点电荷,不仅与带电体本身有关,还取决于问题的性质和精度要求。点电荷可以理解为一个体积很小而密度很大的带电球体的极限,数学上可用 δ 函数来表示。利用如下关系式

$$q=\lim_{\Delta V\to 0}\iiint_{\Delta V}\rho(\boldsymbol{r})\mathrm{d}V$$

和 δ 函数的性质,放置在 $\boldsymbol{r}'$ 点电荷量为 q 的点电荷的密度函数为

$$\rho(\boldsymbol{r})=q\delta(\boldsymbol{r}-\boldsymbol{r}')\tag{2-1-4}$$

为了表述方便,同样约定 $\boldsymbol{r}'$ 泛指空间区域中的源(如电荷所在)点,以直角坐标系为例,$\boldsymbol{r}'$ 的具体含义为 (x',y',z') 的空间坐标点。

2.1.2 电流与电流密度

电荷的定向运动形成电流。必须指出,这里的电荷运动指的是电荷宏观定向运动,不包含电荷微观无规则热运动。通常用单位时间通过某一截面 S 的电荷量来表示电流的大小,称为电流强度,即

$$I(t)=\lim_{\Delta t\to 0}\frac{\Delta q}{\Delta t}\tag{2-1-5}$$

电流强度的单位安培,具体含义是每秒库仑,缩写 A。

电流强度所描述的是单位时间通过某一截面电荷流动的情况,不能描述空间不同点处电荷运动速度变化情况。为了描述空间某点电荷运动速度的大小和方向,引入电流密度矢量 $\boldsymbol{J}$,其大小为包含该点在内的单位截面电流强度的最大值,方向为该点正电荷运动方向;也即单位面元电流强度最大值及面元之法向,定义为

$$\boldsymbol{J}(\boldsymbol{r},t)=\hat{n}\max\left[\lim_{\Delta S\to 0}\frac{\Delta \boldsymbol{I}}{\Delta S}\right]=\lim_{\Delta S\to 0}\frac{\rho\Delta l\Delta S}{\Delta S\Delta t}=\rho\boldsymbol{v}\tag{2-1-6}$$

式中：$\hat{n}$ 为面元之法向，单位为 $\mathrm{A/m^2}$。因此，通过某个截面的电流强度为电流密度对于该截面的通量，即

$$I = \iint_S \boldsymbol{J}(\boldsymbol{r}) \cdot \mathrm{d}\boldsymbol{S} \tag{2-1-7}$$

类似于面电荷密度和线电荷密度，电流密度矢量也有面电流密度矢量和线电流密度矢量。面电流密度矢量表示单位时间内通过垂直电荷运动方向上单位长度的电荷量，线电流密度矢量则表示单位时间内通过曲线横截面中的电荷量。两者的定义式如下：

$$\begin{cases} \boldsymbol{J}_s(t) = \rho_S \boldsymbol{v} \\ \boldsymbol{J}_l(t) = \rho_l \boldsymbol{v} \end{cases} \tag{2-1-8}$$

单位分别是 A/m 和 A。

2.1.3 电荷守恒定律

电荷守恒是物理学中公理性的重要定律之一，为大量实验规律的总结。大量实验证明电荷为守恒量，它既不能凭空产生，也不能凭空湮没，只能从一个物体转移到另一个物体，或者从物体的一部分转移到另一部分。对于孤立的系统，不论其内发生什么变化，系统内电荷的代数和保持不变，称之为电荷守恒定律。

电荷守恒定律表明，如果某一区域中的电荷增加或减少，必有等量的电荷进入或离开该区域；另一方面，如果在一个闭合系统内部的某个变化过程中产生或湮灭了某种符号电荷，必有等量异号电荷同时产生或湮灭。为了得到电荷守恒定律的数学表示，考虑如图 2-1 所示的空间区域 V 内电荷的变化情况。S 为区域 V 的边界，其法向由区域内指向外。单位时间内，通过界面 S 进入区域 V 的电荷量为

$$\frac{\Delta q}{\Delta t} = -\oint\!\!\!\oint_S \boldsymbol{J} \cdot \mathrm{d}\boldsymbol{S} \tag{2-1-9}$$

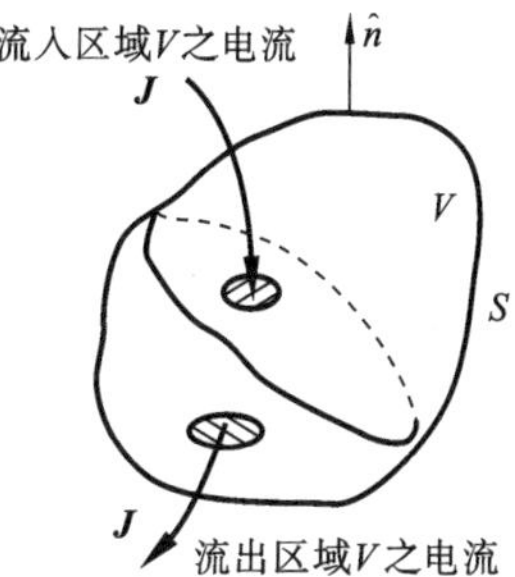

图 2-1 闭合区域电荷守恒

由于约定闭合曲面法向由内向外，负号表示闭合区域外部电荷进入内部。根据电荷守恒定律，该电荷量等于 V 内单位时间内的电荷增量，即

$$-\oint\!\!\!\oint_S \boldsymbol{J} \cdot \mathrm{d}\boldsymbol{S} = \lim_{\Delta t \to 0} \iiint_V \frac{\Delta \rho}{\Delta t} \mathrm{d}V = \iiint_V \frac{\partial \rho}{\partial t} \mathrm{d}V \tag{2-1-10}$$

成立，此即电荷守恒定律的积分表示式，描述的是空间区域 V 的电荷守恒。对区域边界不随时间变化、V 内媒质不运动的情形，利用积分高斯定理，容易得到区域内某点及其邻域内的电荷守恒定律微分表示式，即

$$\nabla \cdot \boldsymbol{J} + \frac{\partial \rho}{\partial t} = 0 \tag{2-1-11}$$

特别地，将电荷守恒定律应用于存在恒定电流的导体中，此时导体中任意点处的电荷密度恒定而不随时间变化，从而得到

$$\nabla \cdot \boldsymbol{J} = 0 \tag{2-1-12}$$

此即维持导体中恒定电流必须遵循的原则，称之为电流连续性原理。我们将在第 3 章用这一原理讨论导体中恒定电流的电场问题。

2.2 库仑定律与静电场

2.2.1 库仑定律

库仑(Charles-Augustin de Coulomb,1736—1806 年,法国工程师、物理学家)通过实验证实电荷之间有力的相互作用,建立了描述电荷间相互作用力的库仑定律,表述为:真空中两电荷 q_1 和 q_2 之间作用力的大小与两点电荷的电荷量成正比,与两点电荷距离的平方成反比;方向沿 q_1 至 q_2 连线方向,同性电荷相排斥,异性电荷相吸引;其数学表示式为

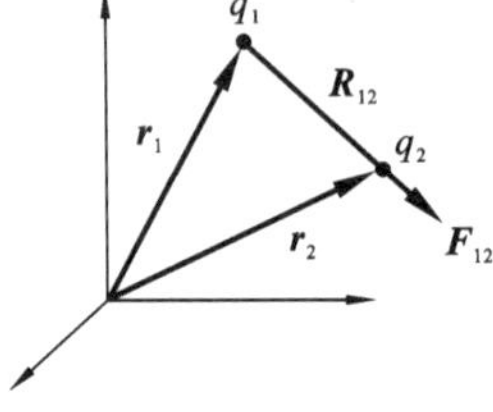

图 2-2 库仑定律

$$\boldsymbol{F}_{12}=\frac{q_1q_2\boldsymbol{R}_{12}}{4\pi\varepsilon_0R_{12}^3}=\frac{q_1q_2(\boldsymbol{r}_1-\boldsymbol{r}_2)}{4\pi\varepsilon_0\left|\boldsymbol{r}_1-\boldsymbol{r}_2\right|^3} \tag{2-2-1a}$$

式中:$\boldsymbol{F}_{12}$表示 q_1 对 q_2 的作用力,单位为牛顿,简称牛,缩写 N;$\boldsymbol{R}_{12}$为 q_1 指向 q_2 的矢径;ε_0 为真空介电常数(又称电容率),其值为

$$\varepsilon_0=8.854\times10^{-12}\ \text{F/m}$$

单位为法拉/米,缩写 F/m。

同样道理,电荷 q_2 同样对电荷 q_1 有力的作用,用 $\boldsymbol{F}_{21}$ 表示,只需将上式右边加上负号即得。

对于多个点电荷组成的系统,实验证明系统中任意两个电荷之间有力的作用,且不受系统中其他电荷存在的影响。系统中电荷 q_i 受到的作用力为除 q_i 外其余电荷对 q_i 的作用力的叠加,其数学表示式为

$$\boldsymbol{F}_i=\sum_{j\neq i}^{N}\frac{q_iq_j\boldsymbol{R}_{ji}}{4\pi\varepsilon_0R_{ji}^3}=q_i\sum_{j\neq i}^{N}\frac{q_j(\boldsymbol{r}_j-\boldsymbol{r}_i)}{4\pi\varepsilon_0\left|\boldsymbol{r}_j-\boldsymbol{r}_i\right|^3} \tag{2-2-1b}$$

式中:N 为系统中点电荷的个数;$\boldsymbol{R}_{ji}$ 为电荷 q_j 指向电荷 q_i 的矢径。该式表明电荷的作用力遵循线性叠加原则。

2.2.2 电场强度

库仑定律描述了真空中电荷之间相互作用力的大小和方向。然而,该定律没有指出电荷间相互作用力由何种途径传递和施加。现代物理学实验证明,电荷之间作用力为电荷在其所处空间激发出的一种特殊物质所传递和施加,称这种特殊物质为电场。对电荷有力的作用是电场的基本属性。人们也正是通过电场中电荷受力的特性来认识和研究电场。

凡电荷皆能激发出弥漫分布于其所处空间中的电场,不同点处的电场对置于该点的检验电荷所施加作用力的大小和方向不尽相同。这说明电荷激发的特殊物质"电场"为弥漫分布于空间中的矢量场。为了描述空间不同点处电场的强弱程度,引入电场强度概念,空间 $\boldsymbol{r}$ 点的电场强度定义为置于该点单位点电荷(或称试验电荷)所受的电场力。如果用 $\boldsymbol{F}(\boldsymbol{r})$表示 $\boldsymbol{r}$ 点处点电荷 q_0 所受到的作用力,则电场强度为

$$\boldsymbol{E}(\boldsymbol{r})=\lim_{q_0\to0}\frac{\boldsymbol{F}(\boldsymbol{r})}{q_0}\quad(\text{N/C}) \tag{2-2-2}$$

式中极限的确切含义是引入的试验电荷要足够小，小到不影响空间原有电场的分布，或试验电荷本身产生的电场可忽略不计。

需要指出的是，电场具有多重物理(如能量、动量等)属性。尽管应用单位点电荷所受作用力定义电场强度具有牛顿力学的历史烙印，但电场强度的这一定义准确且唯一地描述了电场空间的变化，反映了电场的最基本特性，因而是描述电场属性的基本物理量。也正因为如此，除特别说明外，我们并不严格区分电场与电场强度表述之间的差异。

根据电场强度定义，很容易求得真空中 $\boldsymbol{r}'$ 点处电荷 q 激发的电场强度为

$$\boldsymbol{E}(\boldsymbol{r})=\lim_{q_0\to 0}\frac{\boldsymbol{F}}{q_0}=\lim_{q_0\to 0}\left(\frac{qq_0\boldsymbol{R}}{4\pi\varepsilon_0R^3}\right)\frac{1}{q_0}=\frac{q\boldsymbol{R}}{4\pi\varepsilon_0R^3} \tag{2-2-3a}$$

其中，$\boldsymbol{R}$ 为电荷所在点至场(观测)点的矢径，直角坐标系中其表示式为

$$\boldsymbol{R}=\boldsymbol{r}-\boldsymbol{r}'=\hat{e}_x(x-x')+\hat{e}_y(y-y')+\hat{e}_z(z-z')$$

上式表明，电荷激发的电场与电荷至场点(观测点)距离的平方成反比。这一结果直接源自于电荷相互作用力的库仑定律。

基于多电荷体系中电荷相互作用力的式(2-2-1b)，容易证明，N 个点电荷系在空间任意点激发的电场强度，等于电荷系中全体单独在该点激发电场强度的叠加，其总的电场强度为

$$\boldsymbol{E}(\boldsymbol{r})=\sum_{i=1}^{N}\frac{q_i\boldsymbol{R}_i}{4\pi\varepsilon_0R_i^3}=\sum_{i=1}^{N}\frac{q_i(\boldsymbol{r}-\boldsymbol{r}_i)}{4\pi\varepsilon_0\left|\boldsymbol{r}-\boldsymbol{r}_i\right|^3} \tag{2-2-3b}$$

其中，$\boldsymbol{R}_i$ 为电荷 q_i 所在点 $\boldsymbol{r}_i$ 至场点 $\boldsymbol{r}$ 的矢径。上式的正确性直接源于电荷体系相互作用力的库仑定律。因此，电荷激发电场遵循线性叠加原理。

如果电荷连续分布于空间区域 V 中，密度为 $\rho(\boldsymbol{r})$，则该电荷体在空间产生的电场强度可借助多点电荷体的电场强度公式(见式(2-2-3b))，通过如下方法获得：将体电荷分割成大量小体积元 ΔV_i 的堆砌组合，则小体积元 ΔV_i 的电荷量近似为 $\rho(\boldsymbol{r}_i')\Delta V_i$，其中 $\boldsymbol{r}_i'$ 为小体积元 ΔV_i 内的一点，如图 2-3 所示。由于体积元很小，其所带电荷可视为点电荷，该点电荷在空间 $\boldsymbol{r}$ 产生的电场强度由式(2-2-3a)给出。体电荷在空间 $\boldsymbol{r}$ 产生的电场强度是所有小体积电荷元在 $\boldsymbol{r}$ 产生电场强度的叠加。很明显，剖分体积单元的数量越多、ΔV_i 体积越小，ΔV_i 体积内电荷近似为点电荷的程度越高。当小体积元数趋于无穷时，利用定积分定义得到

$$\boldsymbol{E}(\boldsymbol{r})=\lim_{n\to\infty}\sum_{i=1}^{n}\frac{\rho(\boldsymbol{r}_i')\Delta V_i\boldsymbol{R}_i}{4\pi\varepsilon_0R_i^3}=\frac{1}{4\pi\varepsilon_0}\iiint_V\frac{\rho(\boldsymbol{r}')(\boldsymbol{r}-\boldsymbol{r}')}{\left|\boldsymbol{r}-\boldsymbol{r}'\right|^3}\mathrm{d}V' \tag{2-2-3c}$$

式中：积分对带撇的电荷分布变量运算，即对电荷分布区域求体积分；场点 $\boldsymbol{r}$ 不在电荷分布区域 V 内。

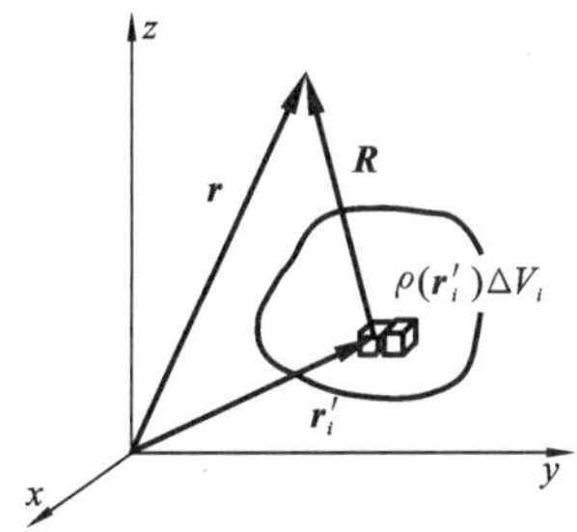

图 2-3　连续分布电荷的电场

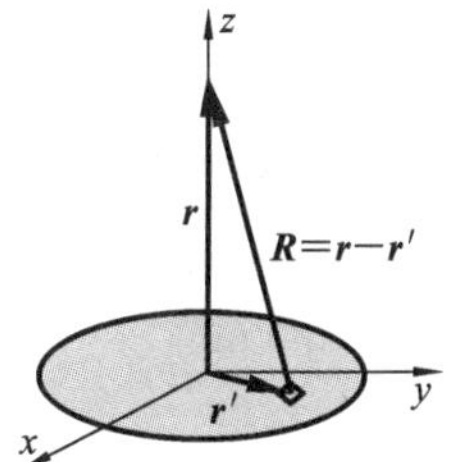

图 2-4　均匀带电圆盘

【例 2.1】 半径为 a 均匀带电圆盘,面电荷密度为 σ_0,如图 2-4 所示。求圆盘轴线上任意点的电场强度。

解 带电圆盘面元 $\mathrm{d}S'$处的面电荷在轴线 z 处产生的电场强度为

$$\mathrm{d}\boldsymbol{E}(\boldsymbol{r})=\frac{\sigma_0\boldsymbol{R}\mathrm{d}S'}{4\pi\varepsilon_0 R^3}$$

其中:

$$\begin{cases}\boldsymbol{R}=\boldsymbol{r}-\boldsymbol{r}'=\hat{e}_z z-\hat{e}_x\rho'\cos\varphi'-\hat{e}_y\rho'\sin\varphi'\\ R=\sqrt{z^2+\rho'^2}\\ \mathrm{d}S'=\rho'\mathrm{d}\rho'\mathrm{d}\varphi'\end{cases}$$

轴线上 z 处的总电场强度是圆盘上所有面电荷产生电场强度的叠加,即

$$\boldsymbol{E}(\boldsymbol{r})=\frac{\sigma_0}{4\pi\varepsilon_0}\int_0^a\rho'\mathrm{d}\rho'\int_0^{2\pi}\frac{\hat{e}_z z-\hat{e}_x\rho'\cos\varphi'-\hat{e}_y\rho'\sin\varphi'}{\sqrt{(z^2+\rho'^2)^3}}\mathrm{d}\varphi'=\hat{e}_z\frac{\sigma_0}{2\varepsilon_0}\left(1-\frac{z}{\sqrt{a^2+z^2}}\right)$$

计算结果表明,轴线上任意一点的电场强度仅有 z 分量。事实上,由于圆盘上面电荷分布具有轴对称性,任意面元及其相对称的面元上电荷在 z 向以外的电场强度分量相互抵消,只有在 z 向分量相互加强。

电场强度可用电场力线直观形象地表示。所谓电场力线是这样的有向曲线,其上每点的切线方向即该点电场强度方向。事实上,如果用小箭头表示空间区域上每一点的电场方向,电场力线即为空间小箭头之连线。根据电场力线绘制原则,容易得出电场力线起自于正电荷,终止于负电荷;在没有电荷的空间中,电场力线连续。图 2-5 是孤立正、负点电荷的电场力线示意图。

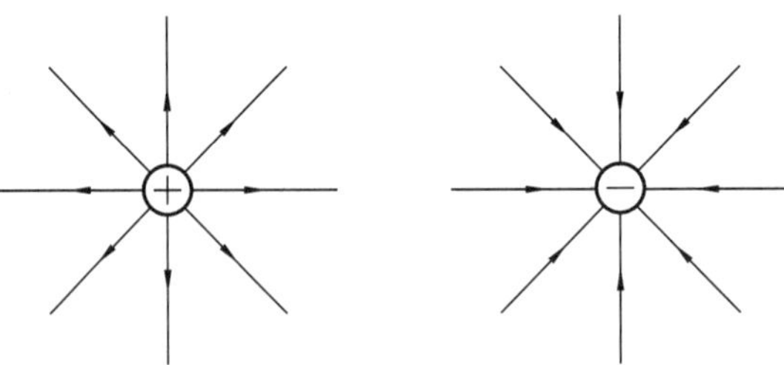

(a) 孤立正点电荷电场力线　　(b) 孤立负点电荷电场力线

图 2-5 孤立点电荷的电场力线

2.2.3 静电场的基本性质

在引入电场的定义时,我们称电场为一种特殊的物质,这种特殊物质与通常的实物不同,它不由分子或原子组成,但它客观存在,并具有通常物质所具有某些基本属性。下面我们讨论静电场的若干性质。

1. 静电场的散度与高斯定理

体电荷在空间激发的电场强度由式(2-2-3c)给出,其散度为

$$\nabla\cdot\boldsymbol{E}(\boldsymbol{r})=\frac{1}{4\pi\varepsilon_0}\iiint_V\rho(\boldsymbol{r}')\nabla\cdot\left(\frac{\boldsymbol{r}-\boldsymbol{r}'}{|\boldsymbol{r}-\boldsymbol{r}'|^3}\right)\mathrm{d}V'=\frac{-1}{4\pi\varepsilon_0}\iiint_V\rho(\boldsymbol{r}')\nabla^2\left(\frac{1}{|\boldsymbol{r}-\boldsymbol{r}'|}\right)\mathrm{d}V'$$

对上式引用关系式(参见例 1.8)

$$\nabla^2\left(\frac{1}{|\boldsymbol{r}-\boldsymbol{r}'|}\right)=-4\pi\delta(\boldsymbol{r}-\boldsymbol{r}')$$

得到电场强度的散度为

$$\nabla\cdot\boldsymbol{E}(\boldsymbol{r})=\frac{\rho(\boldsymbol{r})}{\varepsilon_0}\tag{2-2-4}$$

该式表明静电场为有散矢量场，电荷是其通量源。当 $\rho(\boldsymbol{r})>0$，则$\nabla\cdot\boldsymbol{E}(\boldsymbol{r})>0$，$\boldsymbol{r}$ 点处电荷激发向四周发散的电场力线；当 $\rho(\boldsymbol{r})<0$，则$\nabla\cdot\boldsymbol{E}(\boldsymbol{r})<0$，$\boldsymbol{r}$ 点处电荷激发向内汇聚的电场力线；当 $\rho(\boldsymbol{r})=0$，则$\nabla\cdot\boldsymbol{E}(\boldsymbol{r})=0$，$\boldsymbol{r}$ 点不存在电荷分布，该点既不产生向四周发散的电场力线，也不产生向内汇聚的电场力线。这一图像再一次说明静电场的力线发于正电荷，止于负电荷，没有电荷的空间中电场力线连续，如图 2-6 所示。

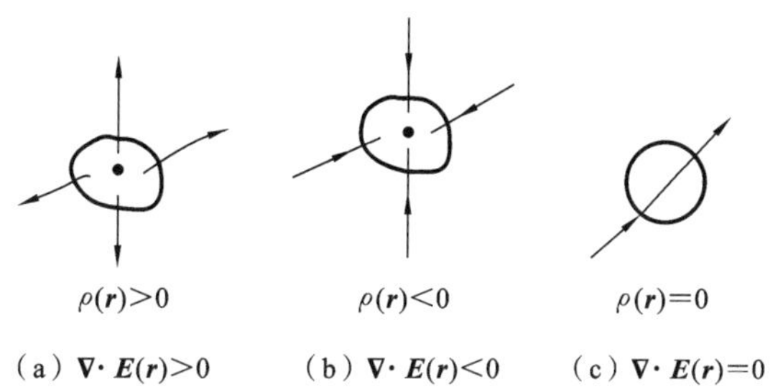

图 2-6　电荷是静电场的通量源

对式(2-2-4)两边求体积分，直接应用积分高斯定理，得

$$\iiint_V\nabla\cdot\boldsymbol{E}\mathrm{d}V=\oint_S\boldsymbol{E}(\boldsymbol{r})\cdot\mathrm{d}\boldsymbol{S}=\frac{1}{\varepsilon_0}\iiint_V\rho(\boldsymbol{r})\mathrm{d}V\tag{2-2-5}$$

称其为真空中静电场的高斯定理，其物理意义十分明确，即真空中闭合曲面电场的通量等于该曲面内电荷代数和的 ε_0^{-1} 倍。相应地，式(2-2-4)又被称为电场高斯定理的微分式。

毫无疑问，可以证明电场高斯定理是电场强度反比距离平方律的外推结果，而电场强度的距离平方成反比律源于库仑定律，没有库仑定律，也就没有电场高斯定理的成立。因此，电场高斯定理是库仑定律的间接推论。现代物理实验进一步证明了库仑定律的正确性，这从一个方面证明了高斯定理的正确性。

【例 2.2】 应用静电场的定义，证明：电荷均匀分布薄球壳内任意点的电场为零。

解　球内任一点的电场为球壳面电荷产生电场的叠加。为此，在球内任选一点 P，过点 P 作与球面相交的连线，以连线为轴线、$\mathrm{d}\Omega$ 为立体角的双锥与球面相交形成一对小面元，记为 $\mathrm{d}\sigma_1$ 和 $\mathrm{d}\sigma_2$，如图 2-7 所示。两面元电荷在 P 点产生的电场为

$$\mathrm{d}\boldsymbol{E}(\boldsymbol{r}_p)=\boldsymbol{r}_1\frac{\rho_s}{4\pi\varepsilon_0}\left(\frac{\mathrm{d}\sigma_1}{r_1^2}-\frac{\mathrm{d}\sigma_2}{r_2^2}\right)$$

因为

$$\frac{\mathrm{d}\Omega}{\cos\alpha}=\frac{\mathrm{d}\sigma_1}{r_1^2}=\frac{\mathrm{d}\sigma_2}{r_2^2}$$

所以

$$\mathrm{d}\boldsymbol{E}(\boldsymbol{r}_p)=\boldsymbol{r}\frac{\rho_s}{4\pi\varepsilon_0}\left(\frac{\mathrm{d}\sigma_1}{r_1^2}-\frac{\mathrm{d}\sigma_2}{r_2^2}\right)=0$$

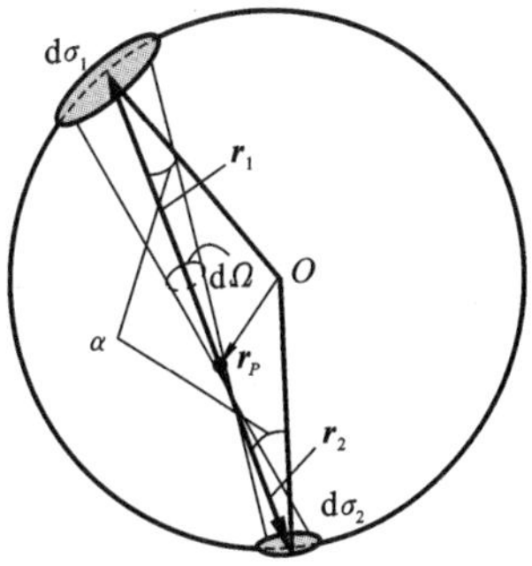

图 2-7　均匀带电球壳

另一方面，过点 P 可不重复作无穷多的连线，以这些连线为轴、$\mathrm{d}\Omega$ 为立体角的双锥与球面相交的面元对遍

布整个球面。带电球壳在点 P 产生的电场为众多面元对在点 P 产生电场的叠加,而每组面元对在点 P 产生电场为零,故

$$\boldsymbol{E}(\boldsymbol{r}_p)=\iint_S \mathrm{d}\boldsymbol{E}(\boldsymbol{r}_p)=\boldsymbol{0}$$

从而证明了均匀带电球壳内任意点的电场恒为零。

该例题可以作为库仑定律的间接验证实验。因为如果两电荷之间相互作用力不满足库仑定律,即电荷作用力不满足距离平方反比律,均匀带电球壳内的静电场不可能恒为零。反之,均匀带电球壳内静电场恒为零,库仑定律必成立。因此,只要通过探针测得均匀带电球壳内电场为零,即验证库仑定律的正确性。

2. 静电场旋度与电位

对连续分布体电荷产生电场表示式(2-2-3c)求旋度,利用标量函数梯度的旋度为零的结果,得

$$\nabla\times\boldsymbol{E}(\boldsymbol{r})=\frac{1}{4\pi\varepsilon_0}\iiint_V \nabla\times\left(\frac{\boldsymbol{R}}{R^3}\right)\rho(\boldsymbol{r}')\mathrm{d}V'=\frac{-1}{4\pi\varepsilon_0}\iiint_V \rho(\boldsymbol{r}')\nabla\times\nabla\left(\frac{1}{R}\right)\mathrm{d}V'=\boldsymbol{0} \tag{2-2-6}$$

表明静电场为无旋场。利用积分斯托克斯定理,得到静电场对于空间任意闭合回路的路径积分恒为零,即

$$\oint_L \boldsymbol{E}(\boldsymbol{r})\cdot\mathrm{d}\boldsymbol{l}=\iint_S \nabla\times\boldsymbol{E}(\boldsymbol{r})\cdot\mathrm{d}\boldsymbol{S}=0 \tag{2-2-7}$$

根据矢量场构成理论,标量场(函数)的梯度必无旋;反之,无旋场可表示为某个标量场的梯度。所以静电场又可以表示为某个标量场的梯度。为此,引入标量函数 $\phi(\boldsymbol{r})$,则静电场可表示为

$$\boldsymbol{E}(\boldsymbol{r})=-\nabla\phi(\boldsymbol{r}) \tag{2-2-8}$$

式中:$\phi(\boldsymbol{r})$称为电场 $\boldsymbol{E}$ 的电位(势)函数。由于习惯上将发散和汇集电场力线区域分别定义为电场中的高电位和低电位区,因此电场力线方向为电位降低方向,故电场为电位函数 $\phi(\boldsymbol{r})$梯度的负值。

3. 静电场能量与电场力

静电场对电荷(无论是静止电荷,还是运动电荷)有作用力,称为电场力。对正电荷而言,电场力的方向为电场的方向,对负电荷而言,电场力的方向与电场方向相反。电荷在静电场中从一点移到另一点时电场力做功,这说明静电场还具有能量的属性(进一步的讨论见第 3 章)。正电荷由高电位移向低电位,负电荷由低电位移向高电位,但电场力对电荷均做正功。

2.2.4 电偶极子

作为电荷产生电场实例,下面讨论电偶极子的电场。所谓电偶极子是由两个相距一定距离的等量异号点电荷构成。为讨论方便,设正、负电荷所带电荷量为 Q、相距为 L,中心位于坐标原点,沿 z 轴放置,如图 2-8(a)所示。电偶极子在空间产生的电场为电偶极子中的正、负电荷产生电场的叠加,即

$$\boldsymbol{E}(\boldsymbol{r})=\frac{Q}{4\pi\varepsilon_0}\left[\frac{\boldsymbol{R}_1}{R_1^3}-\frac{\boldsymbol{R}_2}{R_2^3}\right] \tag{2-2-9}$$

式中：$\boldsymbol{R}_1=\boldsymbol{r}-\frac{L}{2}\hat{e}_z$、$\boldsymbol{R}_2=\boldsymbol{r}+\frac{L}{2}\hat{e}_z$ 分别为正、负电荷至观测点 $\boldsymbol{r}$ 的矢径。特别地，当 $L\ll r$ 时，忽略 R_1、R_2 中高于二阶的无穷小量，则 R_1^{-3} 和 R_2^{-3} 可近似为

$$\begin{cases}|\boldsymbol{R}_1|^{-3}=\left[\left(\boldsymbol{r}-\frac{L}{2}\hat{e}_z\right)\cdot\left(\boldsymbol{r}-\frac{L}{2}\hat{e}_z\right)\right]^{-\frac{3}{2}}\approx r^{-3}\left(1+\frac{3}{2}\frac{L\cos\theta}{r}\right)\\|\boldsymbol{R}_2|^{3}=\left[\left(\boldsymbol{r}+\frac{L}{2}\hat{e}_z\right)\cdot\left(\boldsymbol{r}+\frac{L}{2}\hat{e}_z\right)\right]^{-\frac{3}{2}}\approx r^{-3}\left(1-\frac{3}{2}\frac{L\cos\theta}{r}\right)\end{cases}\tag{2-2-10}$$

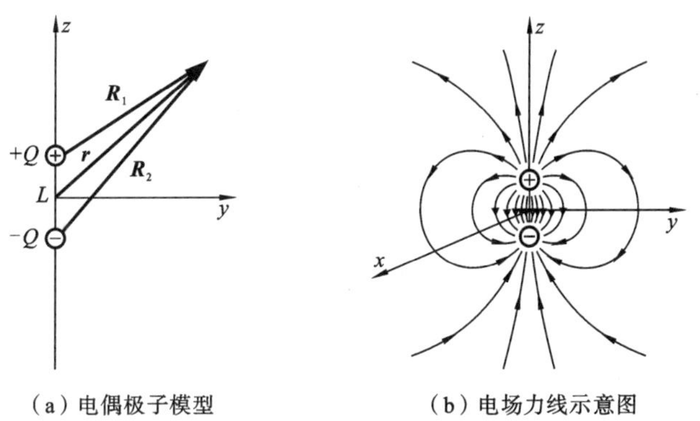

（a）电偶极子模型　　（b）电场力线示意图

图 2-8　电偶极子及其电场力线

将式(2-2-10)代入式(2-2-9)，引入电偶极矩 $\boldsymbol{P}$

$$\boldsymbol{P}=QL\hat{e}_z=P\hat{e}_z\tag{2-2-11}$$

化简电场强度表示式(2-2-9)，得

$$\boldsymbol{E}(\boldsymbol{r})=\frac{1}{4\pi\varepsilon_0 r^3}[3(\boldsymbol{P}\cdot\hat{e}_r)\hat{e}_r-\boldsymbol{P}]=\frac{P}{4\pi\varepsilon_0 r^3}(\hat{e}_r 2\cos\theta+\hat{e}_\theta\sin\theta)\tag{2-2-12}$$

上述结果表明，电偶极子在远场区激发的电场与距离的 3 次方成反比，其电场强度随距离增加而减弱的程度比点电荷的要快。因为当距离增加时，电偶极子中相距很近的正、负电荷所产生的电场几乎相抵消。图 2-8(b)为其电场力线示意图。

2.3　安培定律与电流的磁场

2.3.1　安培定律

在实验发现电、磁现象的相互联系之前，人们通常将电与磁视为两个不相联系的自然现象。然而，以康德(Immanuel Kant，1724—1804 年，德国作家、哲学家)和谢林(F. W. J. Schelling，1775—1854 年，德国哲学家)为代表的哲学家们认为电、磁、光、热不是孤立的，而是相互联系的自然现象。受他们的影响，奥斯特(Hans Christian Oersted，1777—1851 年，丹麦物理学家、化学家)坚信电磁是相互联系的自然现象，有着共同的根源。1820 年 4 月，他观察到通电导线扰动磁针的实验现象，从而发现了电流的磁效应。

法国物理学家安培同样坚信电磁是相互联系的自然现象，并对电流的磁效应进行了大量的实验研究。在 1821—1825 年，他设计并完成了四个关于电流相互作用的精巧实验，得到了载流导线相互作用力公式，称为安培定律。只是这些实验均通过闭合恒定

载流回路完成,故而定律表述为:真空中两载流线圈之间存在力的相互作用,线圈 l_1 对 l_2 的作用力为

$$\boldsymbol{F}_{12}=\frac{\mu_0}{4\pi}\oint_{l_1}\oint_{l_2}\frac{I_2\mathrm{d}\boldsymbol{l}_2\times(I_1\mathrm{d}\boldsymbol{l}_1\times\boldsymbol{R}_{12})}{R_{12}^3}\tag{2-3-1a}$$

式中:I_1 和 I_2 分别为线圈 l_1 和 l_2 上的恒定电流;R_{12} 是线圈 l_1 上积分微元(称为电流元)$I_1\boldsymbol{dl}_1$ 到线圈 l_2 上的积分微元 $I_2\boldsymbol{dl}_2$ 之间的距离,如图 2-9 所示;μ_0 为真空磁导率常数,其数值为

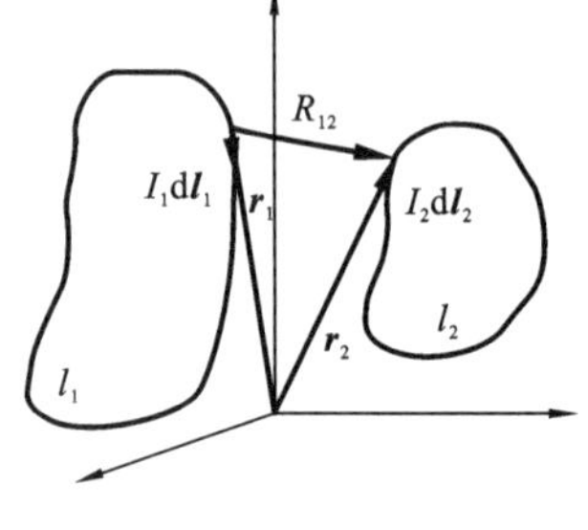

图 2-9　线圈 l_1 对线圈 l_2 的作用力

$$\mu_0=4\pi\times10^{-7}\ \mathrm{H/m}$$

单位为亨利/米,缩写 H/m,其中亨利为电感单位,简称亨,缩写 H。

同样,线圈 l_2 对线圈 l_1 的作用力也有类似的表示式,由式(2-3-1a)中的下标先后位置互换得到,即 $\boldsymbol{F}_{21}=-\boldsymbol{F}_{12}$。由此可见,两载流线圈相互作用力满足牛顿(I. Newton,1643—1727 年,英国著名科学家)第三定律。

类似于库仑定律与电场定义的关系,安培定律也是引入磁场定义的基础。因此,有必要建立电流元之间相互作用力的实验定律。尽管安培定律不针对独立电流元,但仍然可以导出空间两电流元之间的相互作用力的表示式。将线圈 l_2 和线圈 l_1 拆分为首尾相接的多电流元之叠加,则线圈 l_1 对 l_2 的作用力为

$$\boldsymbol{F}_{12}=\frac{\mu_0}{4\pi}\lim_{N,M\to\infty}\sum_{i=1}^{N}\sum_{j=1}^{M}\left[\frac{I_{2j}\mathrm{d}\boldsymbol{l}_{2j}\times(I_{1i}\mathrm{d}\boldsymbol{l}_{1i}\times\boldsymbol{R}_{1i,2j})}{R_{1i,2j}^3}\right]\tag{2-3-1b}$$

容易理解,右边求和式中级数项[　]表示的是电流元 $I_{1i}\mathrm{d}\boldsymbol{l}_{1i}$ 对于电流元 $I_{2j}\mathrm{d}\boldsymbol{l}_{2j}$ 的作用力,$R_{1i,2j}$ 为两电流元的距离。这说明多电流元系统中任意两电流元间存在作用力,且不受其他电流元存在的影响。多电流元系统中某一电流元所受的作用力,为除自身外的电流元与其作用力的线性叠加。

抽去式(2-3-1b)中求和下标的背景,得到电流元之间相互作用力的安培定律,其表述为:电流元 $I_1\mathrm{d}\boldsymbol{l}_1$ 对电流元 $I_2\mathrm{d}\boldsymbol{l}_2$ 有力的作用,作用力的大小与两电流元的强度成正比,与两电流元之间距离的平方成反比;方向为电流元 $\mathrm{d}\boldsymbol{l}_1$、$\mathrm{d}\boldsymbol{l}_2$ 以及它们之间距离矢径 $\boldsymbol{R}_{12}$ 的矢量积确定,其数学表示式为

$$\mathrm{d}\boldsymbol{F}_{12}=\frac{\mu_0}{4\pi}\frac{I_2\mathrm{d}\boldsymbol{l}_2\times(I_1\mathrm{d}\boldsymbol{l}_1\times\boldsymbol{R}_{12})}{R_{12}^3}\tag{2-3-2}$$

同理,电流元 $I_2\mathrm{d}\boldsymbol{l}_2$ 对电流元 $I_1\mathrm{d}\boldsymbol{l}_1$ 也有力作用,其表示式可仿照上式给出。但必须指出的是,式(2-3-2)并不是安培定律的表示,而是安培实验结果的推论。

2.3.2　毕奥-萨伐尔定律

如同电荷之间作用力通过电场传递并施加一样,现代物理学证明电流元之间的作用力是通过磁场传递和施加的。运动电荷(或电流元)在其周围空间激发出一种特殊物质,称为磁场。对运动电荷有力的作用是磁场的基本属性。因此,磁场是由电流元(或运动电荷)激发并弥散在其周围空间的矢量场。

为描述空间不同点处磁场的大小和方向,引入磁感应强度 $\boldsymbol{B}(\boldsymbol{r})$,其数值和方向分别表示该处磁场的大小和方向。与电场强度定义一样,可通过试验电流元在磁场空间所受到作用力的大小和方向来定义磁感应强度 $\boldsymbol{B}(\boldsymbol{r})$。然而历史上,在安培得到实验定

律的同时，毕奥(J. B. Biot，1774—1862 年，法国物理学家和数学家)和萨伐尔(F. Savart，1791—1841 年，法国物理学家)也获得相同的实验结果，他们在分析载流线圈相互作用力实验规律基础上，将载流线圈 l_1 对于电流元 $I_2\mathrm{d}\boldsymbol{l}_2$ 的作用力表示为载流线圈 l_1 产生的磁场对 $I_2\mathrm{d}\boldsymbol{l}_2$ 的作用力，即

$$\begin{cases} \mathrm{d}\boldsymbol{F}_{12} = I_2\mathrm{d}\boldsymbol{l}_2 \times \boldsymbol{B}_{12} \\ \boldsymbol{B}_{12} = \dfrac{\mu_0}{4\pi}\oint_{l_1} \dfrac{I_1\mathrm{d}\boldsymbol{l}_1 \times \boldsymbol{R}}{R^3} \end{cases} \tag{2-3-3}$$

式中：$\boldsymbol{B}_{12}$ 为载流线圈 l_1 在电流元 $I_2\mathrm{d}\boldsymbol{l}_2$ 所在点处产生的磁场；$\boldsymbol{R}$ 为线圈 l_1 上的积分微元 $\mathrm{d}\boldsymbol{l}_1$ 至电流元 $I_2\mathrm{d}\boldsymbol{l}_2$ 的矢径。抽去式(2-3-3)中载流线圈的下标，任意载流线圈 l 在其所处空间激发的磁感应强度为

$$\boldsymbol{B}(\boldsymbol{r}) = \frac{\mu_0}{4\pi}\oint_{l} \frac{I\mathrm{d}\boldsymbol{l} \times \boldsymbol{R}}{R^3} \tag{2-3-4}$$

式中：I 为载流线圈 l 上的电流强度；R 是线圈积分单元 $I\mathrm{d}\boldsymbol{l}$ 至观测(场)点间的距离，如图 2-10(a)所示。该结果作为磁感应强度定义式，由毕奥和萨伐尔于 1820 年首先提出，故称毕奥-萨伐尔定律。磁感应强度* 的单位是：

$$\left[\frac{\text{牛顿}}{\text{安培}\cdot\text{米}}\right] = \left[\frac{\text{韦伯}}{\text{米}^2}\right] = [\text{特斯拉}] = [\mathrm{T}],\quad 1\ \text{特斯拉} = 10^4\ \text{高斯}$$

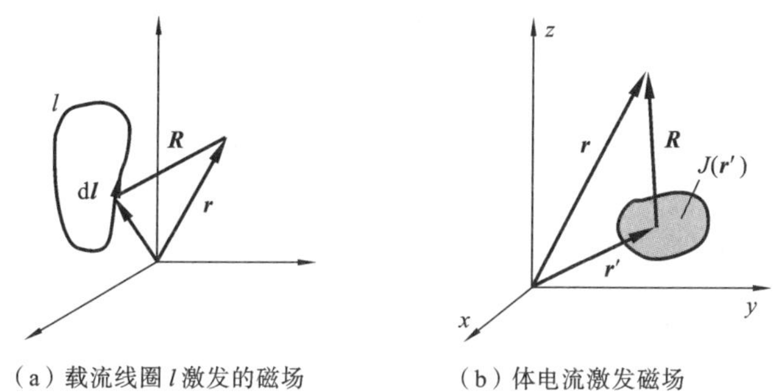

(a) 载流线圈 l 激发的磁场　　(b) 体电流激发磁场

图 2-10　电流激发磁场

对式(2-3-4)作进一步分析，利用定积分的定义，电流环所激发的磁场可以视为多个小电流元激发磁场的叠加。因此，电流激发磁场同样满足线性叠加原理。直接推广式(2-3-4)，得到体电流分布激发的磁感应强度为

$$\boldsymbol{B}(\boldsymbol{r}) = \frac{\mu_0}{4\pi}\iiint_V \frac{\boldsymbol{J}(\boldsymbol{r}') \times \boldsymbol{R}}{R^3}\mathrm{d}V' = \frac{\mu_0}{4\pi}\iiint_V \frac{\boldsymbol{J}(\boldsymbol{r}') \times (\boldsymbol{r} - \boldsymbol{r}')}{|\boldsymbol{r} - \boldsymbol{r}'|^3}\mathrm{d}V' \tag{2-3-5}$$

式中：$\boldsymbol{J}(\boldsymbol{r}')$ 为体电流密度矢量；$\boldsymbol{R}$ 为积分微元 $\boldsymbol{r}'$ 处至场点 $\boldsymbol{r}$ 的矢径，积分变量为带撇的空间变量 $\boldsymbol{r}'$，即电流分布的空间区域，如图 2-10(b)所示。

2.3.3　磁场的基本性质

电流产生的磁场是一类特殊的物质，它既不由分子或原子组成，也没有通常物质的

---

* 磁感应强度 $\boldsymbol{B}$ 类似电场中的电场强度，描述空间不同点处磁场的强度，即磁场的大小和方向。空间不同点处磁场本应以磁场强度来表述，但在历史上，术语磁场强度 $\boldsymbol{H}$(见媒质电磁特性)被用作磁场辅助物理量的定义。故而，空间磁场的强度引用术语磁感应强度 $\boldsymbol{B}$ 来表述。

形态,但它客观存在于自然界。磁感应强场是描述磁场的基本物理量。与电场与电场强度一样,如不作特别说明,不区分磁场与磁感应强度之间的差异。但请读者注意磁场、磁感应强度与辅助物理量磁场强度之间的不同意义。下面讨论磁场的基本属性。

1. 磁场的散度与磁场高斯定理

直接应用磁感应强度的定义,并利用公式

$$\nabla\times(\phi\boldsymbol{F})=\phi\nabla\times\boldsymbol{F}+\nabla\phi\times\boldsymbol{F}$$

考虑到矢量微分运算∇只对场点变量 $\boldsymbol{r}$ 有作用,对源点变量 $\boldsymbol{r}'$没有作用,从而得到磁感应强度的另一种表示式:

$$\boldsymbol{B}(\boldsymbol{r})=\frac{\mu_0}{4\pi}\iiint_V\nabla\left(\frac{1}{R}\right)\times\boldsymbol{J}(\boldsymbol{r}')\mathrm{d}V'=\nabla\times\frac{\mu_0}{4\pi}\iiint_V\frac{\boldsymbol{J}(\boldsymbol{r}')}{R}\mathrm{d}V' \tag{2-3-6}$$

引入辅助函数 $\boldsymbol{A}(\boldsymbol{r})$,记为

$$\boldsymbol{A}(\boldsymbol{r})=\frac{\mu_0}{4\pi}\iiint_V\frac{\boldsymbol{J}(\boldsymbol{r}')}{R}\mathrm{d}V'=\frac{\mu_0}{4\pi}\iiint_V\frac{\boldsymbol{J}(\boldsymbol{r}')}{|\boldsymbol{r}-\boldsymbol{r}'|}\mathrm{d}V' \tag{2-3-7}$$

则磁感应强度可以表示为辅助矢量函数 $\boldsymbol{A}(\boldsymbol{r})$的旋度,即

$$\boldsymbol{B}(\boldsymbol{r})=\nabla\times\boldsymbol{A}(\boldsymbol{r}) \tag{2-3-8}$$

关于辅助矢量函数 $\boldsymbol{A}(\boldsymbol{r})$,我们将在第 3 章作进一步讨论,这里仅仅将其作为辅助矢量函数引入。

对式(2-3-8)求散度,考虑到矢量场的旋度的散度恒为零,得

$$\nabla\cdot\boldsymbol{B}(\boldsymbol{r})=\nabla\cdot\nabla\times\boldsymbol{A}(\boldsymbol{r})=0 \tag{2-3-9}$$

可见恒定电流的磁场为无散矢量场,不存在激发磁场的通量源。这一结果也意味着自然界不存在类似于电荷的磁荷。然而,这毕竟是实验定律的推论,而非实验的结果。也正因为如此,这一推论极大地激发了科学家们寻找自然界磁荷存在的好奇心。但到目前为止,现有物理学实验尚未发现磁荷的存在。作为标记术语,上式通常称为磁场高斯定理的微分形式。

将积分高斯定理应用于式(2-3-9),得

$$\iiint_V\nabla\cdot\boldsymbol{B}(\boldsymbol{r})\mathrm{d}V=\oint_S\boldsymbol{B}(\boldsymbol{r})\cdot\mathrm{d}\boldsymbol{S}=0 \tag{2-3-10}$$

如果引用磁场力线(又称磁力线)来表征磁场,磁场高斯定理清楚表明了磁场力线为闭合曲线,既没有起点也没有终点。对于任意闭合曲面而言,磁场力线要么穿入、穿出曲面,要么既不穿入也不穿出曲面,磁场的通量恒为零。相应地,式(2-3-10)又称为磁场高斯定理的积分形式。

2. 磁场旋度与安培环路定理

对式(2-3-8)两边求旋度,应用公式

$$\nabla\times\nabla\times\boldsymbol{F}=\nabla(\nabla\cdot\boldsymbol{F})-\nabla^2\boldsymbol{F}$$

得

$$\nabla\times\boldsymbol{B}=\nabla\times\nabla\times\boldsymbol{A}=\nabla(\nabla\cdot\boldsymbol{A})-\nabla^2\boldsymbol{A} \tag{2-3-11}$$

对上式右边第一项应用恒定电流连续性原理,容易求得

$$\nabla\cdot\boldsymbol{A}(\boldsymbol{r})=\frac{\mu_0}{4\pi}\iiint_V\nabla\cdot\left(\frac{\boldsymbol{J}(\boldsymbol{r}')}{R}\right)\mathrm{d}V'=\frac{\mu_0}{4\pi}\iiint_V\left[\boldsymbol{J}(\boldsymbol{r}')\cdot\nabla\left(\frac{1}{R}\right)+\left(\frac{1}{R}\right)\nabla\cdot\boldsymbol{J}(\boldsymbol{r}')\right]\mathrm{d}V'$$

$$=-\frac{\mu_0}{4\pi}\iiint_V\left[\boldsymbol{J}(\boldsymbol{r}')\cdot\nabla'\left(\frac{1}{R}\right)+\left(\frac{1}{R}\right)\nabla'\cdot\boldsymbol{J}(\boldsymbol{r}')\right]\mathrm{d}V'$$

$$=-\frac{\mu_0}{4\pi}\iiint_V\nabla'\cdot\left(\frac{\boldsymbol{J}(\boldsymbol{r}')}{R}\right)\mathrm{d}V'=-\frac{\mu_0}{4\pi}\oiint_S\left(\frac{\boldsymbol{J}(\boldsymbol{r}')}{R}\right)\cdot\mathrm{d}\boldsymbol{S}'=0 \qquad (2\text{-}3\text{-}12)$$

式中闭合曲面积分为包含恒定电流空间区域，而包含电流分布区域的闭合曲面有许多可能的选择，但其结果只有一个。为计算简单，将此闭合面积分扩展至无穷远边界，在无穷远的闭合曲面边界上电流恒为零，故该闭合曲面积分结果为零。

对于式(2-3-11)第二项应用$\delta(\boldsymbol{r}-\boldsymbol{r}')$函数定义(见例1.8)，得

$$\nabla\times\boldsymbol{B}(\boldsymbol{r})=-\nabla^2\boldsymbol{A}(\boldsymbol{r})=-\frac{\mu_0}{4\pi}\iiint_V\nabla^2\left(\frac{\boldsymbol{J}(\boldsymbol{r}')}{R}\right)\mathrm{d}V'$$

$$=\mu_0\iiint_V\delta(\boldsymbol{r}-\boldsymbol{r}')\boldsymbol{J}(\boldsymbol{r}')\mathrm{d}V'=\mu_0\boldsymbol{J}(\boldsymbol{r}) \qquad (2\text{-}3\text{-}13)$$

结合式(2-3-9)可知磁场为有旋无散矢量场，电流密度是它的旋涡源。对磁场空间任意闭合曲线求磁场的环量，应用斯托克斯公式得

$$\oint_l\boldsymbol{B}\cdot\mathrm{d}\boldsymbol{l}=\iint_S\nabla\times\boldsymbol{B}\cdot\mathrm{d}\boldsymbol{S}=\mu_0\iint_S\boldsymbol{J}\cdot\mathrm{d}\boldsymbol{S}=\mu_0 I \qquad (2\text{-}3\text{-}14)$$

该式为安培于1823年通过实验获得，故称为磁场的安培环路定理，或称为安培环路定理的积分形式。尽管式(2-3-13)是从磁感应强度定义的毕奥-萨伐尔定律导出，但习惯上仍然将其称为安培环路定理的微分形式。

【例2.3】 求图2-11所示的一对平行载流直导线在自由空间产生的磁场。设两导线间距为$2b$，导线电流方向相反，电流强度为I。

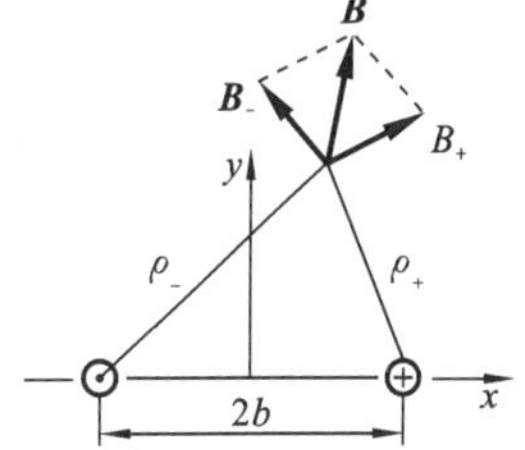

图2-11　平行载流直导线在空间产生的磁场

解法1　直接根据毕奥-萨伐尔定律求解。设左导线的电流流出，右导线的电流为流入。左右两导线的电流在自由空间产生的磁感应强度分别为

$$\begin{cases}\boldsymbol{B}_+(x,y)=\dfrac{\mu_0 I}{2\pi}\left[\hat{e}_x\dfrac{y}{(x-b)^2+y^2}-\hat{e}_y\dfrac{(x-b)}{(x-b)^2+y^2}\right]\\[2ex]\boldsymbol{B}_-(x,y)=\dfrac{\mu_0 I}{2\pi}\left[\hat{e}_y\dfrac{(x+b)}{(x+b)^2+y^2}-\hat{e}_x\dfrac{y}{(x+b)^2+y^2}\right]\end{cases}$$

$$\boldsymbol{B}(x,y)=\boldsymbol{B}_+(x,y)-\boldsymbol{B}_-(x,y)$$

$$=\hat{e}_x\frac{\mu_0 I}{2\pi}\left[\frac{y}{(x-b)^2+y^2}-\frac{y}{(x+b)^2+y^2}\right]-\hat{e}_y\frac{\mu_0 I}{2\pi}\left[\frac{x-b}{(x-b)^2+y^2}-\frac{x+b}{(x+b)^2+y^2}\right]$$

解法2　根据式(2-3-8)，磁感应强度可以表示为

$$\boldsymbol{B}(x,y)=\nabla\times\boldsymbol{A}(x,y)$$

其中矢量辅助函数$\boldsymbol{A}(\boldsymbol{r})$由式(2-3-7)定义，由于载流直导线自$-\infty$延伸至$+\infty$，辅助函数最终结果与$z$坐标无关，是一个二维平面问题，我们选择$z=0$平面内计算辅助函数，即

$$\boldsymbol{A}(x,y)=\hat{e}_z\frac{\mu_0 I}{4\pi}\int_{-\infty}^{\infty}\left[\frac{1}{\sqrt{(x-b)^2+y^2+z^2}}-\frac{1}{\sqrt{(x+b)^2+y^2+z^2}}\right]\mathrm{d}z$$

$$=\hat{e}_z\frac{\mu_0 I}{2\pi}\ln\left[\frac{(x-b)^2+y^2}{(x+b)^2+y^2}\right]^{\frac{1}{2}}$$

将上式代入式(2-3-8),得

$$\boldsymbol{B}(x,y)=\hat{e}_x\frac{\mu_0 I}{2\pi}\left[\frac{y}{(x-b)^2+y^2}-\frac{y}{(x+b)^2+y^2}\right]-\hat{e}_y\frac{\mu_0 I}{2\pi}\left[\frac{x-b}{(x-b)^2+y^2}-\frac{x+b}{(x+b)^2+y^2}\right]$$

3. 磁场力与磁场能量

磁场对电流元(或磁铁)的作用力称为磁场力,该作用力的实质是磁场对运动电荷的作用力。应用式(2-3-3),将电流密度矢量替代电流元,求得磁场对单位体积带电运动粒子的作用力是

$$\boldsymbol{F}=\boldsymbol{J}\times\boldsymbol{B}=\rho\boldsymbol{v}\times\boldsymbol{B} \tag{2-3-15}$$

式中:ρ 为单位体积的电荷量;$\boldsymbol{v}$ 为带电粒子平均定向运动速度。显而易见,磁场对带电粒子作用力的大小与粒子运动速度成正比,方向与粒子运动方向垂直。因此,磁场力对带电运动粒子不做功,只改变带电粒子的运动方向,不改变粒子运动速度,但这并不意味着磁场不具有能量属性。第 3 章将介绍载流线圈在磁场力的作用下产生运动,说明磁场具有能量。

2.3.4　磁偶极子——小电流环

磁偶极子是另一类结构简单而又广泛应用的电磁系统。严格意义上讲,不存在类似于电偶极子的磁偶极子,因为目前尚未发现类似于电荷的磁荷。研究发现小电流环产生的磁场与电偶极子产生的电场形态相同[*],故而将小电流环称为磁偶极子。所谓小电流环,在非时变情况下,其具体含义是指环的几何尺度远小于环中心至观测点的距离。在时变情形下,还需要另外附加条件,参考第 8 章电磁波辐射部分内容。

下面以电流圆环为例予以讨论。设小电流圆环的半径为 a,环上电流强度为 I,圆环中心位于坐标原点,圆环平面法向指向 z 轴,如图 2-12 所示。为了求得小电流环产生的磁场,直接应用式(2-3-7),得到矢量辅助函数为

$$\boldsymbol{A}(\boldsymbol{r})=\frac{\mu_0}{4\pi}\oint_l\frac{I\,\mathrm{d}\boldsymbol{l}}{|\boldsymbol{r}-\boldsymbol{r}'|} \tag{2-3-16}$$

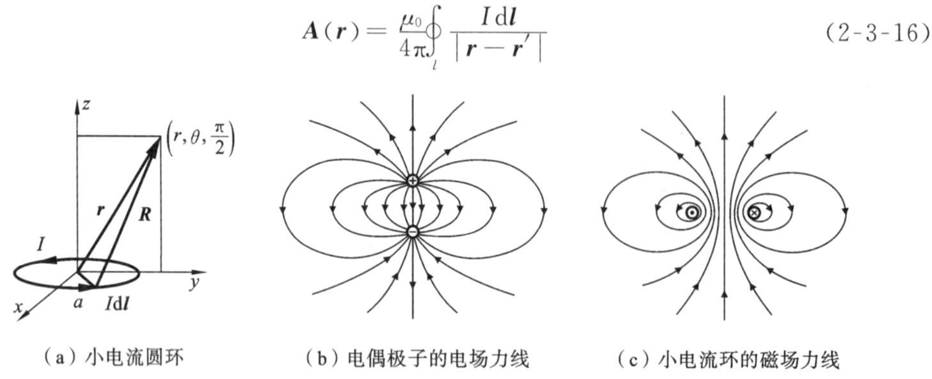

(a) 小电流圆环　(b) 电偶极子的电场力线　(c) 小电流环的磁场力线

图 2-12　小电流圆环产生的磁场及与电偶极子产生电场力线比较

由于电流分布以 z 为对称性,$\boldsymbol{A}(\boldsymbol{r})$必以 z 为对称轴,与 φ 无关。为简化计算,选择 $\varphi=90^\circ$平面上的观测点来计算 $\boldsymbol{A}(\boldsymbol{r})$。在球坐标系中,观察点坐标变量为$(r,\theta,90^\circ)$,此时 $\hat{e}_\varphi=-\hat{e}_x$,式中的积分路径沿小圆环进行,且有

---

[*] 对于时变电磁场问题,电偶极子不仅激发电场,同时也会激发出磁场;同样,电流环即所谓磁偶极子不仅激发磁场,同时也会激发出电场。

$$\begin{cases} I\mathrm{d}\boldsymbol{l}=(-\hat{e}_x\sin\varphi'+\hat{e}_y\cos\varphi')a\,\mathrm{d}\varphi' \\ R=|\boldsymbol{r}-\boldsymbol{r}'|=[r^2+a^2-2ar\sin\theta\sin\varphi']^{1/2} \end{cases} \tag{2-3-17}$$

对于小电流圆环，在 $r\gg a$ 的远场区，R 可以简化得到

$$R^{-1}=[r^2+a^2-2ar\sin\theta\sin\varphi']^{-1/2}\approx\frac{1}{r}\left(1+\frac{a}{r}\sin\theta\sin\varphi'\right) \tag{2-3-18}$$

将上述结果代入磁矢位，并引入磁偶极矩

$$\boldsymbol{P}_m=\mu_0 I\pi a^2\hat{e}_z=\mu_0 Is\hat{n}=P_m\hat{n} \tag{2-3-19}$$

得到小电流环在远场区($r\gg a$)的矢量辅助函数 $\boldsymbol{A}(\boldsymbol{r})$ 为

$$\begin{aligned}\boldsymbol{A}(\boldsymbol{r})&=\frac{\mu_0}{4\pi}\oint_l\frac{I\mathrm{d}\boldsymbol{l}}{|\boldsymbol{r}-\boldsymbol{r}'|}=\frac{I\mu_0}{4\pi}\int_0^{2\pi}\frac{1}{r}\left(1+\frac{a}{r}\sin\theta\sin\varphi'\right)(-\hat{e}_x\sin\varphi'+\hat{e}_y\cos\varphi')a\,\mathrm{d}\varphi' \\ &=\hat{e}_\varphi\frac{\mu_0 I\pi a^2}{4\pi r^2}\sin\theta=\hat{e}_\varphi\frac{P_m}{4\pi r^2}\sin\theta=\frac{\boldsymbol{P}_m\times\boldsymbol{r}}{4\pi r^3}\end{aligned} \tag{2-3-20}$$

利用磁场与磁矢位的关系，求得

$$\boldsymbol{B}(\boldsymbol{r})=\nabla\times\boldsymbol{A}(\boldsymbol{r})=\frac{1}{4\pi r^3}[(\boldsymbol{P}_m\cdot\hat{e}_r)\hat{e}_r+\boldsymbol{P}_m]=\frac{P_m}{4\pi r^3}(2\hat{e}_r\cos\theta+\hat{e}_\theta\sin\theta) \tag{2-3-21}$$

将式(2-3-21)与式(2-2-11)比较，不难发现小电流环产生的磁场与电偶极子产生的电场强度具有完全相同结构。正因为如此，尽管目前还没有发现类似于电偶极子的磁荷偶极系统，仍将小电流圆环视为假想磁荷组成的磁偶极子，其对应的磁偶极矩 $\boldsymbol{P}_m$ 由式(2-3-19)定义。在后续课程中我们还将进一步讨论两者的应用。

2.4 媒质电磁特性

2.4.1 媒质的基本概念

前面讨论了真空中的库仑定律与静电场、安培定律与恒定磁场。真空只是自然界一种特殊的环境状态，然而无论是科学实验，还是工程应用等人类自然活动，总是在特定的物质空间中进行。空间中的物质作为电磁系统的一部分，必然与电磁场发生相互作用，同样也影响电荷产生电场、电流产生磁场。

媒质是研究电磁现象时对物质的一种统称，由构成物质的原子或原子团、分子或分子团组成，而原子或分子内部有带正电的原子核和带负电的电子。媒质内部大量带电粒子的不规则的热运动，在微观尺度上产生变化电磁场，这些随机运动激发的电磁场呈现随机分布，宏观统计上相互抵消，媒质呈电中性。

当媒质处于外加电磁场中，媒质中的原子或分子除不规则的热运动外，受到外加电磁场的作用力，其中的带电粒子可能出现宏观规则的运动或排列，形成宏观上的电荷堆集或定向运动，从而产生宏观上的附加电磁场效应。因此，媒质中的电磁场是外加电磁场与其作用下产生的附加电磁场的叠加。

媒质中的带电粒子在外加电磁场作用下，除媒质被电离外，宏观上主要表现出三种形态：① 在外加电场力的作用下，媒质中的分子或原子的正负电荷中心分离形成定向排列的电偶极矩，或原子、分子固有电偶极矩形成定向排列，宏观上出现不为零的电偶极矩，称为媒质的极化(polarization)，如图 2-13(a)、(b)所示；② 媒质中的分子或原子核外的运动电子(包括自旋)不规则分布的磁偶极矩，在外磁场力的作用下定向排列，形

成宏观上的磁偶极矩,称为媒质的磁化(magnetization),如图 2-13(c)所示;③ 媒质中存在能够移动的带电粒子,在外加电磁场力的作用下,定向的运动形成传导电流(conduction current),如图 2-13(d)所示。

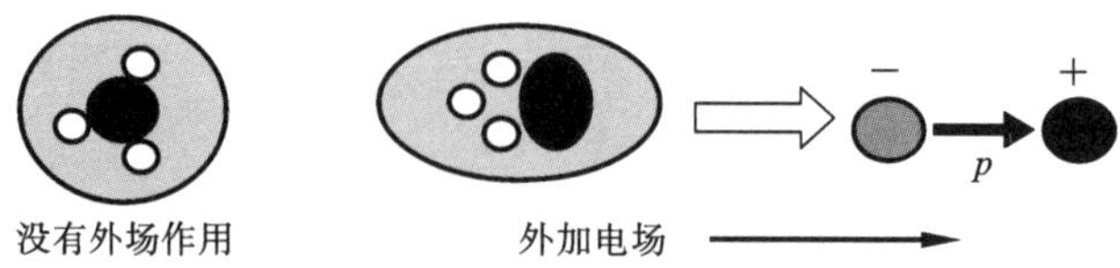

(a) 外场使正、负电荷中心发生位移,形成定向排列的电偶极矩

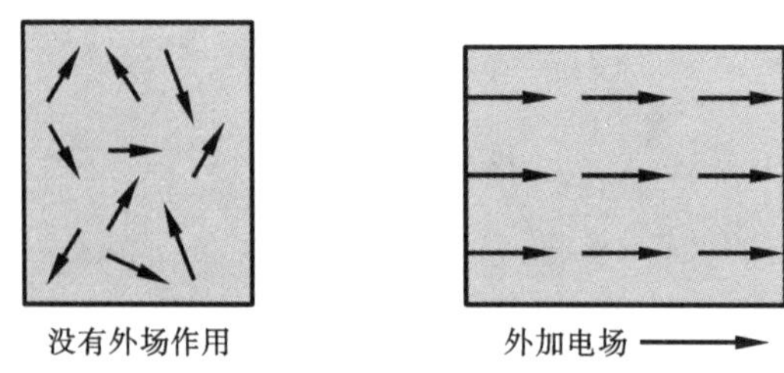

(b) 外场使不规则排列的固有电偶极矩规则排列

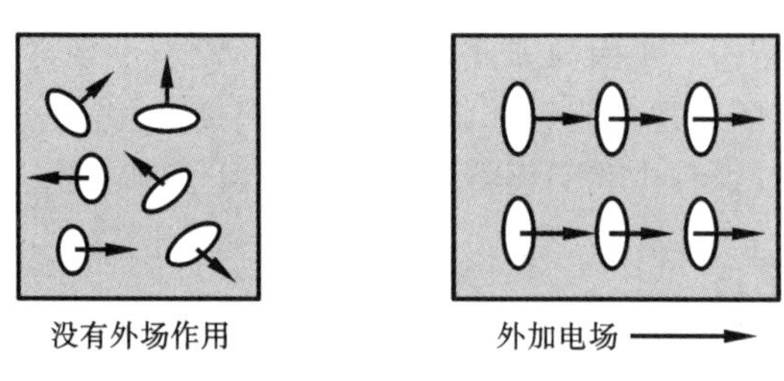

(c) 微观磁偶极矩,在外磁场力的作用下发生定向排列

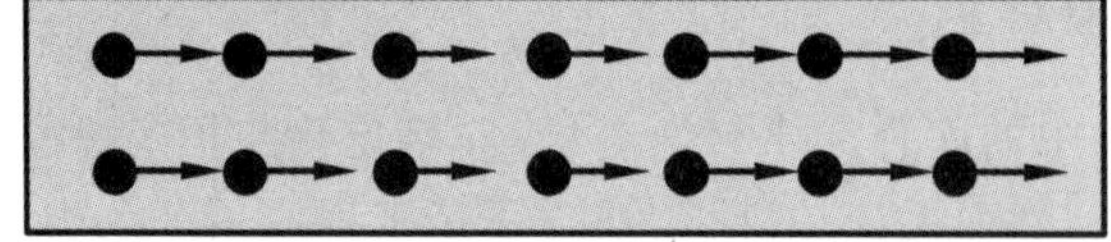
(d) 可移动的电荷在外电磁场力的作用下形成定向运动

图 2-13 在外加电磁场中,媒质可能发生的状态

显然,极化和磁化现象可以发生于各种不同的媒质中,只是不同的媒质其极化和磁化的特性不同,而传导则只能发生于导电媒质中。本节主要讨论媒质在外加电场作用下的极化效应、外加磁场作用下的磁化效应和在电场作用下导电媒质的传导效应。在后续讨论中,我们约定用介质称呼不导电的媒质,即绝缘体或称其为理想介质;在某些应用领域有时又将其区分为电介质(对极化现象而言)和磁介质(对磁化现象而言)。在讨论传导效应时,媒质仅指内部存在可移动带电粒子的导电物质,即导电媒质或导体。

2.4.2 介质的极化与电位移矢量

1. 介质的极化与束缚电荷

在外加电场力的作用下,介质中原子或分子正负电荷中心分离、或固有电偶极矩规则排列,出现宏观不为零的电偶极矩的现象称为介质的极化。介质极化过程包括两个方面:一方面外加电场使介质极化,产生附加的束缚电荷;另一方面,束缚电荷反过来产生附加电场，两者相互制约，达到平衡。为了描述在外场作用下介质极化的强弱程度，引入极化强度矢量 $\boldsymbol{P}$，定义为单位体积内分子或原子因极化导致的电偶极矩的矢量和，即

$$\boldsymbol{P}=\lim_{\Delta V\to 0}\frac{\sum_i \boldsymbol{p}_i}{\Delta V}\tag{2-4-1}$$

其中，$\boldsymbol{p}_i$ 为 ΔV 中分子或原子团 i 的极化电偶极矩，与外加电场强度有关，所以极化强度 $\boldsymbol{P}$ 是外加电场强度的函数。式中 $\Delta V\to 0$ 应该理解为宏观上它足够的小，小到能够反映介质空间极化的不均匀性，而微观上它又足够大，大到 ΔV 体积元中包含有大量的分子或原子团。

外加电场使介质极化。一般而言，考虑到介质结构的复杂性(如构成元素成分、密度分布)，介质中的分子或者原子团的电偶极矩与外加电场有关，其关系一般比较复杂，很难用统一模型描述。所以介质极化强度 $\boldsymbol{P}$ 不仅可能是外加电场的复杂函数，同时还可能是空间的函数。但对于线性、均匀、各向同性介质，$\boldsymbol{P}$ 与外加电场呈简单的线性关系。注意这里的线性指的是介质极化强度与外加电场之间为线性关系；均匀指的是组成介质元素成分及空间分布的一致均匀性；各向同性指的是极化强度对于外加电场强度方向关系依赖的相同性。

极化使得分子或原子的正负电荷(或正负电荷中心)发生位移，体积元 ΔV 内一部分电荷因极化迁移到 ΔV 的外部，同时也有电荷因极化而迁移到体积元 ΔV 内，这可能导致体积元 ΔV 内部出现净余的电荷，称其为极化电荷。但这些因极化进、出 ΔV 内的电荷仍受原子或分子团的束缚，其位移也仅局限于原子或分子团尺度范围，故而又称极化出现的电荷为束缚电荷。为了导出束缚电荷的定量描述，考察图 2-14 所示的介质空间区域 V 内因极化出现的净余电荷。通过 $\mathrm{d}\boldsymbol{S}$ 面元，V 内迁出的正电荷为

$$nq\boldsymbol{l}\cdot\mathrm{d}\boldsymbol{S}=n\boldsymbol{p}\cdot\mathrm{d}\boldsymbol{S}=\boldsymbol{p}\cdot\mathrm{d}\boldsymbol{S}\tag{2-4-2}$$

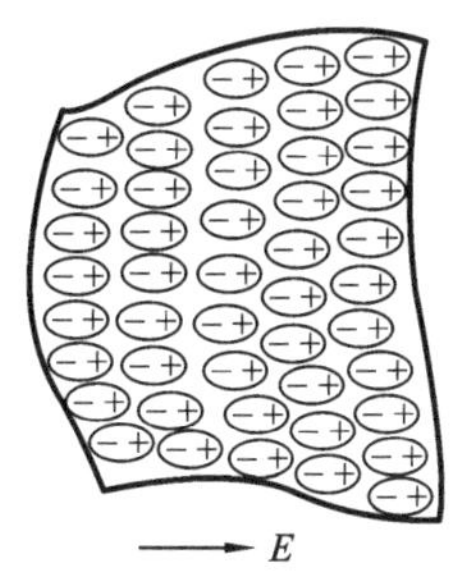

(a) 介质在外加电场中极化

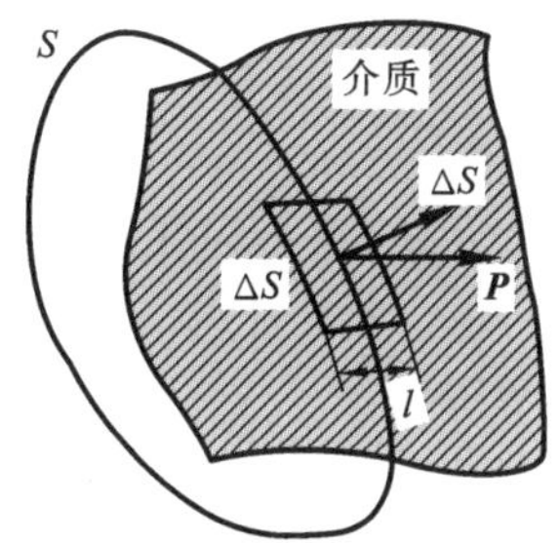

(b) 极化导致束缚电荷出现

图 2-14　因极化出现的束缚电荷

其中，l 为分子或原子正、负电荷(或电荷中心)在外场作用下发生的位移，n 为单位体积中原子团或分子团数目。通过界面 S 迁移出来的正电荷是所有面元 $\mathrm{d}\boldsymbol{S}$ 迁出正电荷的总和。另一方面，介质呈电中性，体积 V 内通过界面 S 迁移出的正电荷等于 V 内净余电荷的负值，引用 ρ_P 表示极化出现的束缚电荷密度，利用电荷守恒定律得到

$$\oint\!\!\!\oint_S \boldsymbol{P}\cdot\mathrm{d}\boldsymbol{S}=-\iiint_V \rho_P\,\mathrm{d}V\tag{2-4-3}$$

应用高斯定理，容易求得到束缚电荷密度为

$$\rho_p = -\nabla \cdot \boldsymbol{P} \tag{2-4-4}$$

获得束缚电荷密度表示式后，我们可以利用该式对介质极化进行简单分析。式(2-4-4)表明，束缚电荷只出现在极化强度不均匀的介质中；而对于极化强度均匀的介质，即 $\boldsymbol{P}$ 为常数，介质内部不出现束缚电荷。很显然，如果介质由同一类元素均匀构成，介质空间的任意体积元中，因极化迁出的电荷与迁入的电荷相等，极化强度 $\boldsymbol{P}$ 为常数，不出现束缚电荷分布。如果介质由同一元素不均匀构成或由多种不同元素混合而成，介质空间的任意体积元中，极化迁出的电荷与外部迁入的电荷不一定相等，极化强度 $\boldsymbol{P}$ 为空间坐标的函数，则可能出现束缚电荷。

在两种不同均匀介质的交界面的薄层上，由于两种介质的极化强度不同，极化迁出与迁入该薄层的电荷不相等，将出现面束缚电荷分布。为获得两种不同介质交界面上束缚面电荷密度，将式(2-4-3)的积分区域用于界面处的扁平圆盒，如图2-15所示，考虑到扁平圆盒的厚度最终趋于零，忽略极化强度对扁平圆盒侧面的通量可以不计得到

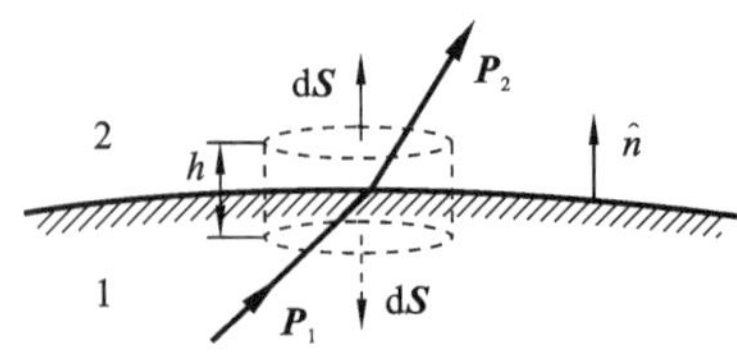

图 2-15　介质分界面上的一个薄层

$$\lim_{h\to 0}\oint_S \boldsymbol{P}\cdot d\boldsymbol{S} = -\lim_{h\to 0}\iiint_V \rho_p\, dV \Rightarrow [\boldsymbol{P}_2 - \boldsymbol{P}_1]\cdot \hat{n}\, d\boldsymbol{S} = -\rho_{sp}\, d\boldsymbol{S}$$

进而求得束缚面电荷密度为

$$\rho_{sp} = -\hat{n}\cdot(\boldsymbol{P}_2 - \boldsymbol{P}_1) \tag{2-4-5}$$

2. 电位移矢量与介质中电场高斯定理

介质极化出现束缚电荷。为方便区别，通常将产生外加电场的电荷称为自由电荷，用 ρ 表示其体密度。无论是束缚电荷，还是自由电荷，它们都激发电场，同样满足库仑定律和电场的高斯定理。因此，介质中的电场应该是自由电荷和束缚电荷所产生电场的叠加。应用积分高斯定理得

$$\oint_S \boldsymbol{E}\cdot d\boldsymbol{S} = \frac{1}{\varepsilon_0}\iiint_V (\rho + \rho_p)\, dV \quad 或 \quad \varepsilon_0 \nabla\cdot\boldsymbol{E} = \rho + \rho_p \tag{2-4-6}$$

将束缚电荷体密度表示式(2-4-4)代入式(2-4-6)，引入辅助函数电位移矢量

$$\boldsymbol{D} = \varepsilon_0 \boldsymbol{E} + \boldsymbol{P} \tag{2-4-7}$$

则(2-4-6)式变为

$$\oint_S \boldsymbol{D}\cdot d\boldsymbol{S} = \iiint_V \rho\, dV \quad 或 \quad \nabla\cdot\boldsymbol{D} = \rho \tag{2-4-8}$$

称为介质中电场的高斯定理。其积分方程表明任意闭合曲面电位移矢量的通量等于该曲面自由电荷的代数和；而微分形式的意义是空间任意点处电位移矢量的散度等于该点自由电荷体密度。必须注意的是，电位移矢量 $\boldsymbol{D}$ 并不代表介质中的电场，而是引入的一个辅助量。引入辅助量的好处在于避开了直接求束缚电荷密度的困难，借助实验获得极化与电场关系，进而简化电场与电荷关系方程的表示。

2.4.3　介质的磁化与磁场强度

1. 介质的磁化与磁化电流

介质中原子或分子固有的磁偶极矩，在外加磁场的作用下形成宏观定向排列的磁

偶极矩，表现出附加的宏观磁性现象称为磁化。所有物质都能磁化，故都是磁介质。为了描述介质在外加磁场作用下磁化程度，引入磁化强度 $\boldsymbol{M}$，定义为单位体积中的介质原子或分子团磁偶极矩的矢量和，即

$$\boldsymbol{M}=\lim_{\Delta V\to 0}\frac{\sum_i \boldsymbol{m}_i}{\Delta V} \tag{2-4-9}$$

其中，$\boldsymbol{m}_i$ 为 ΔV 中原子或分子团 i 的磁偶极矩，其定义参见式(2-3-19)，$\Delta V\to 0$ 的理解同式(2-4-1)。如果外加磁场为零，由于热运动而使分子或原子固有磁矩的取向随机分布，宏观上不显示磁性。当外加磁场不为零，$\sum \boldsymbol{m}_i \neq 0$。实验表明，磁化强度与外加磁场强的关系相当复杂，只有在线性介质中两者之间为线性关系。

为了进一步考察磁化的宏观效应，在磁化介质中选取如图 2-16 所示的横截面，其法向与外加磁场 $\boldsymbol{B}$ 平行。由于磁化的作用，横截面内存在大量的原子(或分子)磁偶极矩(即电流环)。如果介质由同类分子或原子均匀组成，这些电流环的电流大小相等，在相邻环的交界线上因电流的方向相反，大小相等，介质内部不出现剩余的电流。如果介质由不同类型分子或原子的非均匀构成，这些电流环的电流大小不一定相等，尽管在相邻环的交界线上电流的方向相反，但大小不一定相等，将出现剩余的电流，称为磁化电流。但无论介质的组成成分如何，空间分布均匀与否，在横截面的边界线上总有磁化电流存在。

为获得磁化电流与磁化强度的关系，任意选取曲面 S，边界线记为 L。通过曲面 S 的磁化电流强度应为

$$I_M=\iint_S \boldsymbol{J}_M\cdot \mathrm{d}\boldsymbol{S} \tag{2-4-10}$$

另一方面，由于分子电流的闭环特性，在曲面的非边缘区域，流入和流出曲面的分子电流均成对出现，大小相等，方向相反，其通量抵消，仅在曲面的边缘处分子电流只有流入或流出，而相对应的流出或流入已不在曲面积分范围内，如图 2-17 所示。基于这一模型并假设原子(或分子)电流环的面积为 a、强度为 I，用 $\boldsymbol{a}$ 表示电流环的矢量面元，引用磁化强度定义，得

图 2-16 介质横截面上的磁化电流

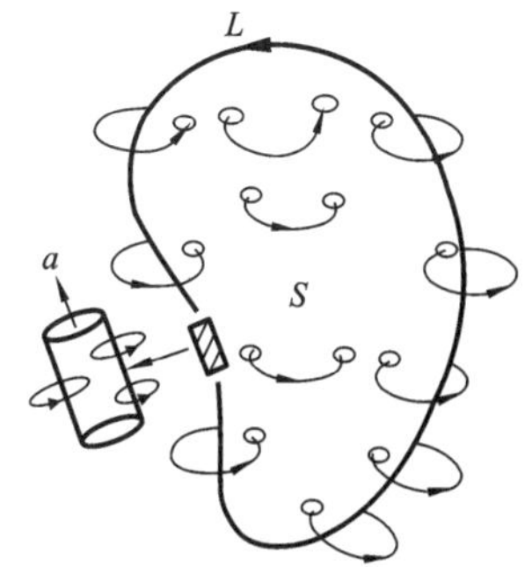

图 2-17 磁化与磁化电流

$$I_M=\iint_S \boldsymbol{J}_M\cdot \mathrm{d}\boldsymbol{S}=\oint_L nI\boldsymbol{a}\cdot \mathrm{d}\boldsymbol{L}=\frac{1}{\mu_0}\oint_L \boldsymbol{M}\cdot \mathrm{d}\boldsymbol{L} \tag{2-4-11}$$

其中，n 为单位体积中分子电流的数量，应用斯托克斯公式得

$$\boldsymbol{J}_M=\frac{1}{\mu_0}\nabla\times\boldsymbol{M} \tag{2-4-12}$$

很明显，如果介质由单一元素物质构成且空间均匀分布，外加均匀磁场使介质的磁化强度为常数，介质空间中任意一点处的磁化电流密度为零。如果介质由不同元素物质非均匀分布，均匀外加磁场引起的磁化强度将随空间坐标的改变而改变。因此，磁化将使得非均匀介质空间出现磁化电流。

不同介质的磁化强度不同。磁化将使得不同介质交界面(包括介质与自由空间)处出现磁化电流，其分布厚度大约为两介质元素的原子尺度，记为 h，可视其为面磁化电流。若定义 $\boldsymbol{J}_{SM}=\lim\limits_{h\to 0}(h\boldsymbol{J}_M)$ 为磁化面电流密度，并在介质的交界面处选取如图 2-18 所示的回路，求式(2-4-11)的回路积分得

$$\iint_S\boldsymbol{J}_S\cdot\mathrm{d}\boldsymbol{S}=\lim_{h\to 0}(h\boldsymbol{J}_S)\cdot\hat{N}\Delta L=\boldsymbol{J}_{SM}\cdot\hat{N}\Delta L=\frac{1}{\mu_0}\oint_L\boldsymbol{M}\cdot\mathrm{d}\boldsymbol{L}=(\boldsymbol{M}_2-\boldsymbol{M}_1)\cdot\hat{t}\Delta L$$

其中，$\hat{n}$ 为媒质分界面法矢；$\hat{t}$ 为积分环路的切矢；$\hat{N}$ 为积分回路所围面元法向。它们之间满足如下关系

$$\hat{N}=\hat{n}\times\hat{t},\quad \hat{n}=\hat{t}\times\hat{N},\quad \hat{t}=\hat{N}\times\hat{n}$$

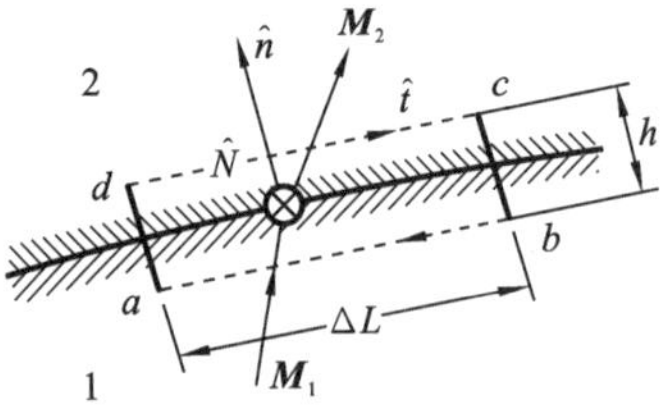

(a) 媒质分界面剖面图 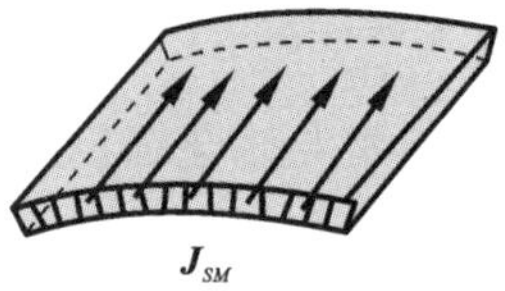　　(b) 媒质分界面面磁化电流

图 2-18　媒质分界面面磁化电流

考虑到 h 为宏观上的小量，忽略回路短边线积分相抵消后的高阶小量求得

$$\boldsymbol{J}_{SM}\cdot\hat{N}\Delta L=\frac{1}{\mu_0}(\boldsymbol{M}_2-\boldsymbol{M}_1)\cdot(\hat{N}\times\hat{n})\Delta L \tag{2-4-13}$$

对式(2-4-13)应用矢量运算关系 $\boldsymbol{A}\cdot(\boldsymbol{B}\times\boldsymbol{C})=\boldsymbol{B}\cdot(\boldsymbol{C}\times\boldsymbol{A})$，得到

$$\boldsymbol{J}_{SM}\cdot\hat{N}\Delta L=\frac{1}{\mu_0}[\hat{n}\times(\boldsymbol{M}_2-\boldsymbol{M}_1)]\cdot\hat{N}\Delta L$$

从而求得

$$\boldsymbol{J}_{SM}=\frac{1}{\mu_0}\hat{n}\times(\boldsymbol{M}_2-\boldsymbol{M}_1) \tag{2-4-14}$$

对界面上确定点而言，$\boldsymbol{M}_1$、$\boldsymbol{M}_2$ 和 $\hat{n}$ 唯一确定，故式(2-4-14)可作为界面磁化面电流密度的表示式。

必须指出的是，磁化电流源于原子或分子外层电子的运动，形成闭合的电流环(磁偶极矩)，其范围局限于原子或分子的尺度。由于磁化电流不是电荷的定向运动形成，故不会中止介质空间某一点，也不引起空间电荷的积累。这只要对磁化电流密度矢量求散度就能说明这一点。对式(2-4-12)求散度得

$$\nabla\cdot\boldsymbol{J}_M=\nabla\cdot\frac{1}{\mu_0}(\nabla\times\boldsymbol{M})\equiv 0 \tag{2-4-15}$$

上式表明磁化电流密度是无散矢量，其矢量线为闭合曲线，这与磁化电流源于闭合的分

子或原子电流相一致。而电荷定向移动形成的传导电流 $\boldsymbol{J}$ 源自于空间电荷堆集区，$\nabla \cdot \boldsymbol{J}$可以不为零。

2. 磁场强度与介质中的安培环路定理

外加磁场使介质磁化，磁化导致介质中出现磁化电流。磁化电流反过来激发磁场。当介质处在外加磁场中，外加磁场与介质磁化电流产生磁场相互作用、相互制约并达到新的平衡状态。因此，介质中的磁场是外加电流与磁化电流共同激发的结果，其安培环路定理应表述为

$$\oint_l \boldsymbol{B} \cdot \mathrm{d}\boldsymbol{l} = \mu_0 \iint_S (\boldsymbol{J} + \boldsymbol{J}_M) \cdot \mathrm{d}\boldsymbol{S} = \iint_S (\mu_0 \boldsymbol{J} + \nabla \times \boldsymbol{M}) \cdot \mathrm{d}\boldsymbol{S}$$

对上式右边第二项面积分应用积分斯托克斯定理，引入辅助量 $\boldsymbol{H}$

$$\mu_0 \boldsymbol{H} = \boldsymbol{B} - \boldsymbol{M} \tag{2-4-16}$$

介质中安培环路定理可以简化表示为

$$\begin{cases} \oint_l \boldsymbol{H} \cdot \mathrm{d}\boldsymbol{l} = \iint_S \boldsymbol{J} \cdot \mathrm{d}\boldsymbol{S}, & \text{积分形式} \\ \nabla \times \boldsymbol{H} = \boldsymbol{J}, & \text{微分形式} \end{cases} \tag{2-4-17}$$

辅助物理量 $\boldsymbol{H}$ 历史上称为磁场强度。但特别提请读者注意，磁场强度 $\boldsymbol{H}$ 并不表示磁场的强弱程度，只是辅助物理量而已。

2.4.4 导电媒质与传导电流

1. 导电媒质与欧姆定律

前面讨论外场中媒质的极化和磁化时，没有考虑媒质中带电粒子的定向移动。自然界有一类称为导电的媒质，所谓导电媒质是这样一类物质，构成媒质的原子或分子最外层电子受核的作用很小而可视为自由电子，或是被电离气体和液体等。前者媒质中存在数量巨大的自由电子，如金属导体，后者媒质中存在大量正离子和自由电子，如地球外部空间的电离层、海水等。

对于宏观电磁场理论及其应用领域，媒质的导电特性可通过求解电子运动方程并借助统计方法得到。导电媒质内存在大量自由电子和正离子，其正、负电荷密度的代数和为零。在外场中，导电媒质中正离子要么为晶格的点阵固定不动，要么由于质量太大(与电子比)、运动速度太小而视为不动。因此，导电媒质中的传导电流主要来自于自由电子的定向运动。自由电子在其中除无规则热运动外，外场作用使电子在正离子的空间定向运动。运动的电子经常与正离子发生碰撞，碰撞过程使电子改变运动方向，并将部分能量转嫁给正离子或晶格，转化为热效应。同时，电子定向漂移速度统计上趋于稳定，外场作用下的电子定向运动速度与外加电场强度成正比，即传导电流密度与外加电场强度成正比。该现象为欧姆(Georg Simon Ohm，1787—1854 年，德国物理学家)发现的，故称为欧姆定律，其表示式为

$$\boldsymbol{J} = \sigma \boldsymbol{E} \tag{2-4-18}$$

其中，σ 称为电导率，其单位是西门子/米，简写西/米，缩写 S/m。必须说明的是，方程式(2-4-18)仅对线性均匀各向同性媒质成立。对于线性均匀各向异性媒质，电导率为张量，如磁化等离子体。

2. 媒质的导电特性与理想导体概念

媒质的导电特性千差万别。从物理上看,媒质的电导率与媒质中可自由移动带电粒子密度有关;密度越大,导电性能越好,密度越小,导电性能越差。表 2-1 给出了部分媒质的电导率常数。表中第一列是部分绝缘介质及其电导率,其特点是电导率几乎为零,可忽略不计(与第二、三列相比),说明这类介质中几乎没有可移动的带电粒子。第三列则是部分良导体及电导率,这类媒质的电导率比绝缘介质电导率高出 20 多个数量级,几乎可视为无穷大;说明这类介质中有大量可自由移动的带电粒子,因而称为良导体。而第二列则是介于两者之间,为一般导电媒质。第四列为部分超导体,其电导率为无穷大,即理想导体模型。所以,从媒质的电导率看,媒质可分为理想绝缘介质、绝缘介质、弱绝缘介质、弱导电媒质、半导体、导体、良导体、超导体;其电导率 σ 涵盖从零到无穷大。

表 2-1　部分典型媒质的电导率常数　　单位:S/m

名称	电导率	名称	电导率	名称	电导率	名称	电导率
石蜡	$\sim 10^{-17}$	锗	~ 2	铝	3.5×10^{7}	Hg(<4K)	∞
聚苯乙烯	$\sim 10^{-16}$	海水	~ 4	铜	5.7×10^{7}	Nb(<9.2K)	∞
橡胶	$\sim 10^{-15}$	铁氧体	$\sim 10^{2}$	金	4.1×10^{7}	Al-Ge(<21K)	∞
玻璃	$\sim 10^{-12}$	碲	$\sim 5\times 10^{2}$	银	6.2×10^{7}	$YBa_2Cu_3O_7$(<80K)	∞

注:表中参数测试条件:静态或低频、20 ℃(数据来源于参考文献[2])

所谓理想导体是一类电导率为无穷大的导电媒质,而理想介质是一类电导率为零的媒质。因此,除苛刻条件下获得的某些超导体外,良导体在许多应用场合可以作为理想导体的近似模型。在没有外来电荷加入情况下,理想导体内电荷密度(正、负电荷密度代数和)为零、电场强度为零。如果有外加电荷加入,导体必处在外加电场中,可以证明理想导体内部不带电,电荷密度为零;外加电荷只分布在理想导体的表面,理想导体内部电场为零。这些结论对良导体基本成立。

2.4.5　媒质特性与分类

1. 媒质的本构方程

媒质在外加电磁场作用下发生极化、磁化、传导,这些行为反过来又影响媒质中的电磁场。因此,媒质中电场强度、电位移矢量、磁感应强度、磁场强度并不完全独立,而是通过媒质的极化、磁化和传导等电磁特性参数相互关联。而极化、磁化和传导又与媒质中的电磁场强度有关,反映媒质 $\boldsymbol{E}$、$\boldsymbol{D}$、$\boldsymbol{B}$、$\boldsymbol{H}$ 之间相互关系的数学方程称为媒质的本构方程(constitutive equation)或本构关系。由于媒质结构、形态,以及电磁场与媒质相互作用的多样复杂性,一般情况下 $\boldsymbol{D}$、$\boldsymbol{H}$ 为 $\boldsymbol{E}$、$\boldsymbol{B}$ 的复杂函数,不可能用一个普适的本构关系描述,需通过实验方法、理论与统计物理相结合的方法来获得。存在相当一部分媒质,其极化与电场、磁化与磁场有如下简单线性关系:

$$\begin{cases}\boldsymbol{P}=\varepsilon_0\chi_e\boldsymbol{E}\\ \boldsymbol{M}=\mu_0\chi_m\boldsymbol{H}\end{cases}\tag{2-4-19}$$

则媒质本构方程为

$$\begin{cases}\boldsymbol{D}=\varepsilon_0(1+\chi_e)\boldsymbol{E}=\varepsilon\boldsymbol{E}\\ \boldsymbol{B}=\mu_0(1+\chi_m)\boldsymbol{H}=\mu\boldsymbol{H}\end{cases}\tag{2-4-20}$$

式中：χ_e、χ_m 分别为媒质的极化率和磁化率；ε、μ 分别为媒质中的介电常数和磁导率常数。对于真空，媒质的极化率和磁化率为零。

2. 媒质的分类

自然界的媒质种类成千上万，其组成成分、形态和结构各不相同，极化、磁化和传导的特性也千差万别。人们正是通过媒质电磁特性的研究，并利用这些特性设计和制作能够满足国防、经济和民生需要的电子器件或系统。如利用石英晶体(二氧化硅的结晶体)的压电效应制成高精度和高稳定度的振荡器，被广泛应用于电磁波信号的产生等；利用半导体材料的电磁特性，设计制作超大规模集成电路模块与芯片系统；利用导体在外加电场作用下形成电流设计制作电磁信号的发射和接收天线；利用电离层媒质对高频段(3～30 MHz)电磁波的反射传播特性实现短波通信和设计天波超视距雷达等。

尽管媒质非常复杂，但并非所有媒质的本构方程都各不相同，而是具有聚类特性，即某一类媒质表现出相同的电磁特性，有相同的本构方程。这为媒质特性的研究和应用带来方便。因此，依据媒质的电磁特性对媒质进行分类，是研究媒质电磁特性经常采用的方法。

由于外加电磁场与媒质内部带电粒子相互作用随外加电磁场强度、变化的频率、媒质所处的环境不同而变化，从而导致同一类媒质的电磁特性也具有多重特性。比如某一媒质在外加时变电磁场的作用下，其电磁特性不随时间改变；但当改变外加电磁场变化的频率、强度或环境时，媒质的电磁特性又表现出随时间而变等。详细研究媒质的电磁特性已超出本课程的范畴，下面仅就应用中遇到最多的四类媒质进行简单讨论。

(1) 线性与非线性媒质。

理论和实验证明，媒质极化、磁化和传导与外加电磁场强度有关，或表述为极化、磁化和传导是外加电磁场的函数。如果这种关系是线性的，称为线性媒质。最简单的线性媒质的本构方程为

$$\begin{cases}\boldsymbol{D}=\varepsilon\boldsymbol{E}\\ \boldsymbol{B}=\mu\boldsymbol{H}\\ \boldsymbol{J}=\sigma\boldsymbol{E}\end{cases} \tag{2-4-21}$$

其中，$\varepsilon=\varepsilon_0(1+\chi_e)$，$\mu=\mu_0(1+\chi_m)$，$\sigma$ 为与外加电磁场无关的常数。反之，如果 χ_e、χ_m、σ 与外加电磁场有关，则为非线性媒质。

(2) 均匀与非均匀媒质。

如果构成媒质的成分单一、空间分布均匀，极化、磁化和传导有均匀分布特点，称其为均匀媒质，反之称为非均匀媒质。所谓空间均匀，即媒质的电磁特性参数与空间位置无关，其任意点处的电磁特性参数为常数。因此，均匀媒质空间中不存在束缚电荷和磁化电流，束缚电荷和磁化电流只存在于媒质的表面。

(3) 各向同性与各向异性媒质。

线性均匀媒质的本构方程式(2-4-21)表明，媒质的电磁特性参数与外加电磁场的方向无关，且空间是均匀的，故称这类媒质为线性均匀各向同性媒质。但并非所有的线性均匀媒质都如此。凡电磁特性与外加电磁场方向有关的媒质称为各向异性媒质。比如具有某种空间周期性结构的晶体，其极化特性与外加电场的方向有关。又如被太阳辐射电离的大气形成电离层，在地球磁场的作用下，电离层的电导率不仅与电离层中电

子密度有关,同时还与外加电场方向有关。

必须说明的是,不是所有的各向异性媒质的极化、磁化和传导都具有各向异性。有些媒质仅极化具有各向异性,而磁化和传导具有各向同性,称为各向异性电媒质;而有些媒质仅磁化具有各向异性,而极化和传导具有各向同性,称为各向异性磁媒质;还有些媒质仅传导具有各向异性,极化和磁化具有各向同性,称为各向异性导电媒质。以各向异性电媒质为例,其极化强度与电场的关系为

$$\begin{cases} P_x=\varepsilon_0(\chi_{11}E_x+\chi_{12}E_y+\chi_{13}E_z) \\ P_y=\varepsilon_0(\chi_{21}E_x+\chi_{22}E_y+\chi_{13}E_z) \\ P_z=\varepsilon_0(\chi_{31}E_x+\chi_{32}E_y+\chi_{33}E_z) \end{cases} \tag{2-4-22}$$

或应用矩阵表示为

$$\begin{bmatrix} P_x \\ P_y \\ P_z \end{bmatrix}=\varepsilon_0\begin{bmatrix} \chi_{11} & \chi_{12} & \chi_{13} \\ \chi_{21} & \chi_{22} & \chi_{13} \\ \chi_{31} & \chi_{32} & \chi_{33} \end{bmatrix}\begin{bmatrix} E_x \\ E_y \\ E_z \end{bmatrix} \tag{2-4-23}$$

则媒质的本构方程为

$$\begin{bmatrix} D_x \\ D_y \\ D_z \end{bmatrix}=\varepsilon_0\begin{bmatrix} 1+\chi_{11} & \chi_{12} & \chi_{13} \\ \chi_{21} & 1+\chi_{22} & \chi_{13} \\ \chi_{31} & \chi_{32} & 1+\chi_{33} \end{bmatrix}\begin{bmatrix} E_x \\ E_y \\ E_z \end{bmatrix} \tag{2-4-24}$$

对于各向异性磁媒质和各向异性导电媒质,其磁感应强度与磁场、电流密度矢量与电场也可能有类似的本构关系表示式。我们将在后续内容中介绍。

在各向异性媒质中,媒质极化或磁化或传导的每个分量与外加电磁场的方向有关,所以描述极化或磁化或传导的特性参数为 9 个分量组成的张量。与标量用于描述没有空间取向、矢量用于描述有空间取向的物理量一样,张量用于描述更复杂空间取向(两个矢量)的物理量。

(4) 色散与非色散媒质。

在时变电磁场中,一个重要的事实是空间 $\boldsymbol{r}$ 点、t 时刻的场,是较早时刻电荷、电流、电磁场相互激发传播到达该点的叠加。这将第 6 章给出深入的讨论。因此,媒质中 $\boldsymbol{r}$ 点、t 时刻的场,不是媒质中 t 时刻的极化电荷、磁化与传导电流、电磁场相互激发产生的场在 $\boldsymbol{r}$ 点的叠加,而是媒质中较早时刻的极化电荷、磁化与传导电流,以及电磁场相互激发正好传播到达观测点的叠加。由于媒质空间不同点处极化、磁化和传导特性可能不同,所形成的电荷或电流产生的附加电磁场传播到达观测点的时刻以及影响程度也不尽相同,从而导致媒质空间总的电磁场不仅与场的观测点位置有关,同时还可能与媒质空间不同点处的极化、磁化和传导特性参数有关。以线性各向同性媒质为例,考虑到时变电磁场影响的滞后效应,空间媒质的本构关系一般有如下的表示形式:

$$\begin{cases} \boldsymbol{D}(\boldsymbol{r},t)=\displaystyle\int_{-\infty}^{t}\iiint_V \varepsilon(\boldsymbol{r},\boldsymbol{r}',t,\tau)\boldsymbol{E}(\boldsymbol{r}',\tau)\,\mathrm{d}\tau\mathrm{d}\boldsymbol{r}' \\ \boldsymbol{B}(\boldsymbol{r},t)=\displaystyle\int_{-\infty}^{t}\iiint_V \mu(t,\tau,\boldsymbol{r},\boldsymbol{r}')\boldsymbol{H}(\tau,\boldsymbol{r}')\,\mathrm{d}\tau\mathrm{d}\boldsymbol{r}' \end{cases} \tag{2-4-25}$$

这里体积分为整个媒质空间。

上述分析表明，媒质特性参数不仅可能是观测点 $\boldsymbol{r}$ 和观测时刻 t 的函数，同时还可能是影响点 $\boldsymbol{r}'$ 和影响作用时刻 τ 的函数。我们称具有这些特性的媒质为色散(dispersion)媒质，反之则为非色散媒质。有些色散媒质的特性参数仅是 $\boldsymbol{r}$ 和 $\boldsymbol{r}'$ 的函数，又称其为空间色散媒质；类似地，将仅是 t 和 τ 的函数，称其为时间色散媒质。实际应用中，大部分媒质并不具有色散特性，而在少量的色散媒质中尤以时间色散现象更为显著。关于电磁场或波在色散媒质中所表现的特性将在后续章节中介绍。

2.5　电磁感应定律与位移电流

2.5.1　法拉第电磁感应定律

静态电磁场的实验规律大约在 18 世纪初基本完成。奥斯特发现电流的磁效应后，许多物理学家试图寻找它的逆效应，即磁能否生电的问题，并进行了不懈探索。法拉第(M. Faraday,1791—1867 年，英国科学家)是其中代表性人物之一，他从 1820 年便开始了磁场产生电场可能性的探索，经过 11 年的努力，终于在 1831 年通过实验发现电磁感应现象。

为了叙述方便，我们仍假设在真空中介绍法拉第电磁感应实验。实验发现，穿过闭合导线磁通量发生变化时，导线中有感应电流产生，感应电流的方向总是以其产生的磁通量对抗原来磁通量的改变，如图 2-19 所示。闭合导线中感应电流的存在说明闭合导体环路中存在不为零的感应电场。麦克斯韦对法拉第实验进行了推广，认为只要闭合曲线内磁通量发生变化，感应的电场不仅存在于导体回路上，也同样存在于非导体回路上，满足同样的关系式：

$$\oint_l \boldsymbol{E}\cdot \mathrm{d}\boldsymbol{l} = -\frac{\mathrm{d}}{\mathrm{d}t}\iint_S \boldsymbol{B}\cdot \mathrm{d}\boldsymbol{S} \tag{2-5-1}$$

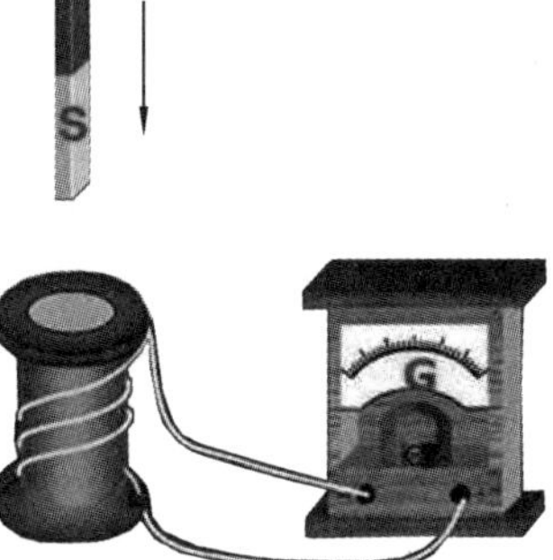

图 2-19　电磁感应定律

上式左边表示电场的闭合环路的积分，右边表示穿过闭合线圈的磁通量的改变量。麦克斯韦这一推广被后来大量电磁波的实验所证实。

法拉第电磁感应定律告诉我们这样一个基本的事实：不只是电荷才激发电场，变化的磁场同样激发电场，该电场与静止电荷激发的电场一样都对电荷有力的作用，所不同的是变化磁场激发的电场沿闭合回路的积分不为零，具有涡旋场的性质，又称其为涡旋电场，而变化的磁场是其旋涡源。

综合上述的讨论，电荷和时变的磁场均在空间激发电场。因此，普遍意义上的电场定义为一种对置于其中的电荷有作用力的特殊物质；它不由分子或原子所组成，但具有通常物质所具有的力和能量等客观属性。到目前为止，实验发现空间任意点的电场为电荷激发的电场和时变磁场激发的电场之和。静止电荷在其周围空间产生的电场称为静电场；静电场是无旋场，电荷是其通量源。随时间变化的磁场在其周围空间激发时变的涡旋电场。涡旋电场是有旋矢量场，变化的磁场是其旋涡源。

2.5.2 位移电流概念

1. 静态电磁场面临的问题

将安培环路定理应用于如图 2-20 所示的环路 L，S_1 和 S_2 分别是两个以 L 为边界的典型曲面。由于 S_1 上有导线穿过，导线上有传导电流 I，电流密度矢量对曲面 S_1 的通量不为零；而另一曲面 S_2 在平行板电容器之间，其上没有传导电流通过，传导电流密度矢量对于曲面 S_2 的通量为零。于是我们得到同一路径积分有两个完全不同的矛盾结果，即

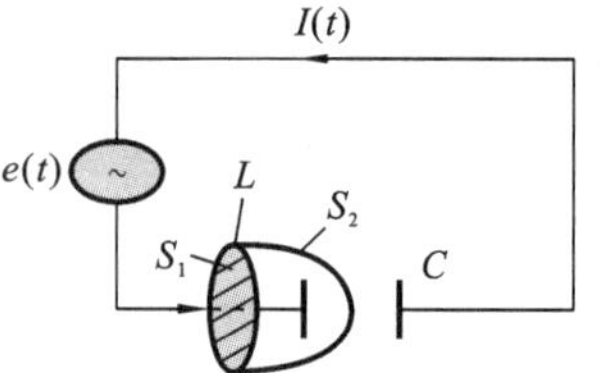

图 2-20　静态场所面临的问题

$$\oint_L \boldsymbol{H}\cdot \mathrm{d}\boldsymbol{l}=\begin{cases}\iint_{S_1}\boldsymbol{J}\cdot \mathrm{d}\boldsymbol{S}=I\\ \iint_{S_2}\boldsymbol{J}\cdot \mathrm{d}\boldsymbol{S}=0\end{cases} \tag{2-5-2}$$

这明显不符合观测物理量的唯一性要求。在上述实验场景中，除了电流为时变电流外，其他与恒定电流磁场中安培环路定理情形完全相同。因此，如果安培环路定理正确，只能说明恒定电流磁场的安培环路定理不能应用于时变磁场问题。

另一个矛盾出现在电荷守恒定律与安培环路定理的推论之中。普遍意义下的时变电磁场，空间区域上的电荷密度可以随时间和空间的变化而变化，如电容器板极面电荷随外加时变电压的变化而变化。因此，电荷对时间微分并一定为零，根据电荷守恒定律，$\nabla\cdot\boldsymbol{J}\neq 0$。另一方面，将矢量场的亥姆霍兹定理应用于安培环路定理，得到$\nabla\cdot[\nabla\times\boldsymbol{H}]=\nabla\cdot\boldsymbol{J}=0$。前者要求电流密度矢量的散度不为零，而后者要求电流密度矢量的散度恒为零，从而得到

$$\nabla\cdot\boldsymbol{J}=\begin{cases}-\dfrac{\partial\rho}{\partial t}\neq 0\\ \nabla\cdot(\nabla\times\boldsymbol{H})\equiv 0\end{cases} \tag{2-5-3}$$

相互矛盾的结果。

2. 位移电流概念

麦克斯韦发现并研究了上述问题。在他所处的时代，宏观电磁场的实验基本完成，电荷守恒定律不仅在物理学领域被大量实验所证实，还在其他学科领域也得到验证。因此，他认为电荷守恒定律成立。要使式(2-5-3)中的矛盾得以解决，一种可能解释是安培环路定理与电荷守恒定律中电流密度具有不同的内涵。因此，鉴于安培环路定理用于图 2-20 所示回路时出现的问题，有必要对安培环路定理中的电流密度 $\boldsymbol{J}$ 的概念和内涵进行改造和推广。

麦克斯韦注意到，安培环路定理为恒定电流条件下得到的结果。因此，他认为电荷守恒定律中的电流密度概念无需改造推广，而安培环路定理中的电流密度矢量的概念必须加以改造和推广，使其满足时变电磁场问题。基于上述分析，他对安培环路定理中的电流密度矢量进行改造，推广了电流密度内涵，即电流密度由两个部分组成：一部分为电荷定向运动形成的传导电流密度 $\boldsymbol{J}$；另一部分则基于他提出的假设所引入的位移电流 $\boldsymbol{J}_D$，推广后的总电流密度满足

$$\begin{cases} \boldsymbol{J}_{总} = \boldsymbol{J} + \boldsymbol{J}_D \\ \nabla \cdot \boldsymbol{J}_{总} = \nabla \cdot (\boldsymbol{J} + \boldsymbol{J}_D) = 0 \end{cases} \tag{2-5-4}$$

这样既保证了电荷守恒定律成立，同时又化解了安培环路定理用于时变电磁场所面临的问题。

为了获得位移电流密度表示式，麦克斯韦认为静电场的高斯定理与电荷守恒定律一样是实验规律的总结，应予以保留。利用它们之间的关系

$$\nabla \cdot \boldsymbol{J} + \frac{\partial \rho}{\partial t} = \nabla \cdot \boldsymbol{J} + \frac{\partial}{\partial t}(\nabla \cdot \boldsymbol{D}) = \nabla \cdot \left(\boldsymbol{J} + \frac{\partial \boldsymbol{D}}{\partial t}\right) = 0 \tag{2-5-5}$$

比较式(2-5-4)和式(2-5-5)，从而得到总电流和位移电流的内涵及其表示式为

$$\begin{cases} \boldsymbol{J}_{总} = \boldsymbol{J} + \dfrac{\partial \boldsymbol{D}}{\partial t} \\ \boldsymbol{J}_D = \dfrac{\partial \boldsymbol{D}}{\partial t} \end{cases} \tag{2-5-6}$$

麦克斯韦将电流密度概念进行推广使其包括传导电流(电荷定向运动形成)和位移电流(电通量的时间变化率)，故而也有教科书称其为全电流。这一推广不仅解决了安培环路定理在时变情况下面临的矛盾，同时保证了电荷守恒定律和磁场高斯定理的成立，理论上达到高度的自洽。式(2-5-4)又称为全电流连续性原理方程。

电流密度概念的推广对电磁场与电磁波的应用具有极为重要的意义。一方面，这一推广理论上自洽，解决了静态电场与磁场在一般情况下面临的问题。另一方面，这一推广意味着变化的电场能够激发磁场，是人们在法拉第电磁感应定律得到后的心理期望。更为重要的是，这一推广与法拉第电磁感应定律一起，使电与磁两个自然现象成为相互关联的物理现象，其正确性为后来的实验所证实。

应该说明的是，仅由式(2-5-5)是不能唯一确定位移电流 $\boldsymbol{J}_D$ 的。根据位移电流的概念，真空中的位移电流直接源于电场随时间的变化，而媒质中位移电流密度包含了电场强度和极化强度随时间变化两部分的贡献，即

$$\boldsymbol{J}_D = \frac{\partial \boldsymbol{D}}{\partial t} = \begin{cases} \varepsilon_0 \dfrac{\partial \boldsymbol{E}}{\partial t}, & \text{真空中的位移电流} \\ \varepsilon_0 \dfrac{\partial \boldsymbol{E}}{\partial t} + \dfrac{\partial \boldsymbol{P}}{\partial t}, & \text{媒质中的位移电流} \end{cases} \tag{2-5-7}$$

其中极化强度矢量 $\boldsymbol{P}$ 随时间变化的本质是媒质中电偶极矩(包括正、负电荷量及其距离)随时间的变化而变化，又称其为极化电流。尽管极化电流源于束缚电荷的运动，但它不同于传导电流，不能在大尺度上作定向运动。更为重要的是，它起源于电场随时间的变化，故为位移电流的一部分。

全电流概念表明时变的电场与传导电流一样激发磁场。该磁场与恒定电流产生的磁场一样都具有涡旋场性质，对电流元(或磁铁)有力的作用，而变化的电场是其旋涡源。由此可见，普遍意义的磁场定义为一种对置于其中运动电荷有力作用的特殊物质。到目前为止，实验证明磁场为电流、运动电荷、磁体和变化电场在周围空间所激发的磁场的总称。由于磁体的磁性来源于电流，电流是电荷的运动，因而概括地说，磁场是由运动电荷或变化电场在其周围空间所激发出的磁场之和，其基本特征是能对其中的运动电荷施加作用力，有力和能量等物理属性。现代理论说明，磁力是电场力的相对论效应。与电场不同的是，电流、运动电荷、磁体和变化电场在周围空间所激发的磁场均是

有旋矢量场。

【例 2.4】 设图 2-20 中电容器的板极面积为 A、间距为 h,两板之间为真空。在忽略边缘效应情形下,证明:回路中位移电流密度矢量对于曲面 S_2 的通量等于传导电流密度矢量通过曲面 S_1 的通量。

证 根据电磁学的知识,回路导线上的传导电流为

$$I(t)=C\frac{\mathrm{d}e(t)}{\mathrm{d}t}$$

传导电流密度通过曲面 S_1 的通量为 $C\frac{\mathrm{d}e(t)}{\mathrm{d}t}$,$e(t)$表示极板间电压。而通过曲面 S_2 上位移电流密度矢量的通量为

$$\begin{aligned}I_D(t)&=\iint_{S_2}\boldsymbol{J}_D(t)\cdot\mathrm{d}\boldsymbol{S}=\varepsilon_0\iint_{S_2}\frac{\partial\boldsymbol{E}(t)}{\partial t}\cdot\mathrm{d}\boldsymbol{S}=\varepsilon_0\iint_{A}\frac{\partial e(t)}{h\partial t}\cdot\mathrm{d}S\\&=\frac{\varepsilon_0 A}{h}\frac{\mathrm{d}e(t)}{\mathrm{d}t}=C\frac{\mathrm{d}e(t)}{\mathrm{d}t}=I(t)\end{aligned}$$

证毕。

2.6 麦克斯韦方程组

2.6.1 麦克斯韦方程组

英国科学家麦克斯韦在归纳、总结前人宏观电磁场实验研究成果的基础上,分析、研究了这些实验规律之间的内在联系和存在的矛盾,在完成对宏观电磁场实验定律进行推广的同时,创造性引入了位移电流的概念。他以高超的数学才能,在总结、推广和假设的前提下,精炼归纳出四个数学方程式,定量地建立了描述电磁相互作用和运动规律的方程——麦克斯韦方程组,即电场的高斯定理、磁场的高斯定理、法拉第电磁感应定律和经他推广的安培环路定理。

电场高斯定理:麦克斯韦认为静态电场的高斯定理对时变电磁场也成立。电荷为电场的通量源。因此,静电场的高斯定理可以直接推广到一般(包括时变在内)情形,即

$$\begin{cases}\nabla\cdot\boldsymbol{D}(\boldsymbol{r},t)=\rho(\boldsymbol{r},t), & \text{微分形式}\\ \oint\!\!\!\!\oint_S\boldsymbol{D}(\boldsymbol{r},t)\cdot\mathrm{d}\boldsymbol{S}=\iiint_V\rho(\boldsymbol{r},t)\mathrm{d}V, & \text{积分形式}\end{cases}\tag{2-6-1}$$

尽管方程式中的电场包含了电荷和变化磁场激发的电场,但变化磁场所激发的电场为涡旋场,其散度或闭合曲面通量为零;对散度或闭合曲面通量有贡献的仅为电荷,即静态电场的高斯定理。该定理的基础是库仑定律,描述电荷与周围电场之间的关系,即电荷是电场的通量源,其力线起于正电荷,止于负电荷,在没有电荷的空间连续。

磁场高斯定理:麦克斯韦认为恒定电流磁场的高斯定理可以直接推广到一般(包括时变在内)状态,即

$$\begin{cases}\nabla\cdot\boldsymbol{B}(\boldsymbol{r},t)=0, & \text{微分形式}\\ \oint\!\!\!\!\oint_S\boldsymbol{B}(\boldsymbol{r},t)\cdot\mathrm{d}\boldsymbol{S}=0, & \text{积分形式}\end{cases}\tag{2-6-2}$$

但方程中的磁场包括了运动电荷和变化电场在其周围空间所激发出的磁场。该方程指

出磁场对于任意闭合曲面的通量为零，为无散场，说明磁场不存在通量源，即没有孤立的磁荷，磁南极和磁北极总是成对出现。

法拉第电磁感应定律：麦克斯韦推广了法拉第电磁感应实验，并假设变化的磁场产生感应（涡旋）电场，不仅存在于导体环路，同时也存在于任何其他物质空间，是电场、磁场相互作用与联系的普遍规律。此外，他还对法拉第电磁感应定律中电磁场量的内涵进行了推广，即电场为电荷和变化磁场所激发的电场之和，磁场为运动电荷和变化电场所激发的磁场之和，但保留数学表示式，即

$$\begin{cases}\nabla\times\boldsymbol{E}(\boldsymbol{r},t)=-\dfrac{\partial\boldsymbol{B}(\boldsymbol{r},t)}{\partial t}, & \text{微分形式}\\ \oint_l\boldsymbol{E}(\boldsymbol{r},t)\cdot\mathrm{d}\boldsymbol{l}=-\dfrac{\mathrm{d}}{\mathrm{d}t}\iint_S\boldsymbol{B}(\boldsymbol{r},t)\mathrm{d}S, & \text{积分形式}\end{cases}\tag{2-6-3}$$

广义安培环路定理：麦克斯韦引入了位移电流 $\boldsymbol{J}_D$ 假设，对恒定电流情况下的安培环路定理进行了修正，得到了一般情形下的广义安培环路定理，即

$$\begin{cases}\nabla\times\boldsymbol{H}(\boldsymbol{r},t)=\boldsymbol{J}(\boldsymbol{r},t)+\boldsymbol{J}_D(\boldsymbol{r},t), & \text{微分形式}\\ \oint_l\boldsymbol{H}(\boldsymbol{r},t)\cdot\mathrm{d}\boldsymbol{l}=\iint_S[\boldsymbol{J}(\boldsymbol{r},t)+\boldsymbol{J}_D(\boldsymbol{r},t)]\mathrm{d}S, & \text{积分形式}\end{cases}\tag{2-6-4}$$

该定理表明，变化的电场与传导电流一样可以产生涡旋磁场。

方程式(2-6-1)至方程式(2-6-4)称为宏观电磁场的麦克斯韦方程组。它们作为整体，描述了空间中电磁场与激励源（电荷与电流）、电场与磁场的相互作用和联系的普遍规律。其中微分方程描述定义区域内任意点及其邻域电磁场与源、电场与磁场的相互作用和联系。而积分方程描述的是，某个空间区域内它们之间的相互作用和联系。前者是微观的，要求在该点及其邻域内场量连续可微；后者是宏观的，只要求在媒质空间区域内场量分区连续即可。为方便应用查找重新表述如下：

$$\text{微分方程组：}\quad\begin{cases}\nabla\cdot\boldsymbol{D}(\boldsymbol{r},t)=\rho(\boldsymbol{r},t)\\ \nabla\cdot\boldsymbol{B}(\boldsymbol{r},t)=0\\ \nabla\times\boldsymbol{E}(\boldsymbol{r},t)=-\dfrac{\partial\boldsymbol{B}(\boldsymbol{r},t)}{\partial t}\\ \nabla\times\boldsymbol{H}(\boldsymbol{r},t)=\boldsymbol{J}(\boldsymbol{r},t)+\dfrac{\partial\boldsymbol{D}(\boldsymbol{r},t)}{\partial t}\end{cases}\tag{2-6-5a}$$

$$\text{积分方程组：}\quad\begin{cases}\oiint_S\boldsymbol{D}(\boldsymbol{r},t)\mathrm{d}\boldsymbol{S}=\iiint_V\rho(\boldsymbol{r},t)\mathrm{d}V\\ \oiint_S\boldsymbol{B}(\boldsymbol{r},t)\mathrm{d}\boldsymbol{S}=0\\ \oint_l\boldsymbol{E}(\boldsymbol{r},t)\mathrm{d}\boldsymbol{l}=-\dfrac{\mathrm{d}}{\mathrm{d}t}\iint_S\boldsymbol{B}(\boldsymbol{r},t)\mathrm{d}\boldsymbol{S}\\ \oint_l\boldsymbol{H}(\boldsymbol{r},t)\mathrm{d}\boldsymbol{l}=\iint_S[\boldsymbol{J}(\boldsymbol{r},t)+\boldsymbol{J}_D(\boldsymbol{r},t)]\mathrm{d}\boldsymbol{S}\end{cases}\tag{2-6-5b}$$

值得注意的是，上述 4 个方程并非完全独立。比如，对法拉第电磁感应定律的方程式(2-6-3)中的微分方程两边求散度

$$\nabla\cdot[\nabla\times\boldsymbol{E}(\boldsymbol{r},t)]=-\frac{\partial}{\partial t}\nabla\cdot\boldsymbol{B}(\boldsymbol{r},t)=0\Rightarrow\nabla\cdot\boldsymbol{B}(\boldsymbol{r},t)=0$$

得到的正是磁场的高斯定理。同样对广义安培环路定理的微分式的两边求散度,可以导出电场的高斯定理。因此,4 个方程中真正独立的只有 2 个。这是否意味着麦克斯韦方程组只需由 2 个方程组成呢?答案是否定的。首先,麦克斯韦方程组中 4 个方程分别是相关电磁现象实验规律的总结或假设;其次,电场和磁场均为矢量场,只有其散度、旋度确定后才能唯一确定(设边界上的电磁场已知)。4 个方程正好分别给出了电场与磁场的散度与旋度。

2.6.2 麦克斯韦方程组的意义

首先,麦克斯韦基于对宏观电磁场的实验定律的若干推广,以及位移电流、涡旋电场假设,建立了宏观电磁场运动的基本方程,标志着宏观电磁场理论体系的建立。基于法拉第电磁感应定律和位移电流概念,变化着的磁场激发旋涡电场;而变化着的电场同样激发出涡旋磁场。这意味着一旦空间某点某个时刻有电磁脉冲激发(如天线体上的时变电流),随着时间推移,该点的电磁脉冲通过电与磁之间的相互激发而向邻域延伸传播。这一过程预示着波动是电磁场的基本运动形态。德国科学家赫兹(H. R. Hertz,1857—1894 年)于 1879 年通过实验证实麦克斯韦关于电磁波的预言。随后,意大利工程师马可尼(G. Marconi,1874—1937 年)与俄罗斯的波波夫(A. S. Popov,1859—1906 年)于 1895 年分别实现了远距离无线电波传播和通信,开创了电磁场与电磁波应用的新纪元。

其次,麦克斯韦通过科学的归纳、总结、推理、假设,以丰富的想象力和非凡高超的科学艺术,揭示了电磁相互作用与联系对称的美学特质,将电磁场理论用简洁、对称、完美的数学方程式表示。麦克斯韦方程组为自然之谜描绘出一幅绚丽的场景,令人神往,为人类今后探求自然之奥秘开启了指引航向的灯塔。

此外,宏观电磁场理论体系的建立以及电磁波的实验验证,证明了康德和谢林为代表的哲学家们电、磁、光、热现象相互联系自然观的正确性,为人类认识自然、观察自然、探索自然提供了正确的自然观。

2.6.3 麦克斯韦方程组的完备性

麦克斯韦方程组作为整体,是求解电磁场理论和应用问题的基本方程。然而,稍作分析我们发现媒质空间中的麦克斯韦方程组不完备。所谓方程的完备性是指在给定方程条件下的可解性。如果给出的方程能够唯一求解,则称为完备,反之,则称为不完备。基于这一考虑,假定在给定电荷和电流分布的情况下,真空中的麦克斯韦方程组具有完备性。因为需求解的电场 $\boldsymbol{E}$ 和磁场 $\boldsymbol{B}$ 共有 6 个独立分量,而真空中麦克斯韦方程组中两个独立方程对应 6 个分量方程组,通过独立方程可解待求未知量,故为完备。但对于媒质空间中的电磁场问题,电场强度、磁感应强度、电位移矢量和磁场强度共对应 12 个分量,麦克斯韦方程组只有 6 个独立分量方程,不能唯一求解待求未知量。因此,媒质中的麦克斯韦方程是不完备的,必须附加其他条件才能对方程求解。

媒质的本构关系提供了电磁场问题求解的附加条件。事实上,媒质空间中的电场强度、磁感应强度、电位移矢量和磁场强度之间并不独立,而是通过本构方程或本构关系建立联系。例如,线性均匀各向同性媒质中,电场强度与电位移矢量、磁感应强度与磁场强度存在式(2-4-20)描述的简单关系。方程组中两个独立方程与式(2-4-20)组成 12 个独立的分量方程,实现电磁场 12 个分量的求解。

2.6.4 电磁场对带电粒子的作用力

电磁场的实验定律表明，电荷和变化的磁场所激发的电场均对带电粒子有作用力，同样电流和变化电场激发的磁场对运动带电粒子也有作用力。如果粒子带电荷量为$\boldsymbol{q}$、运动速度为$\boldsymbol{v}$，该粒子在电磁场中受到电场和磁场作用力的总和为

$$\boldsymbol{F}=q(\boldsymbol{E}+\boldsymbol{v}\times\boldsymbol{B}) \tag{2-6-6}$$

式中：$\boldsymbol{E}$、$\boldsymbol{B}$分别是电场强度和磁感应强度。洛仑兹(H. A. Lorentz，1853—1928年，荷兰物理学家、数学家)将这一结果推广到普遍情况下电磁场对电荷系统的作用力，并被近代物理实验所证实。故称式(2-6-6)为洛伦兹力。

2.7 电磁场的边界条件

2.7.1 界面两侧电磁场的问题

实际电磁场问题总是局限在一定的空间区域范围内，空间区域外部和内部必然存在不同媒质的交界面。即使在电磁场定义的空间区域内，也可能由多种不同媒质组成，同样存在不同媒质的交界面。因此，不同媒质边界的电磁场问题构成了电磁场的基本问题。图2-21所示的是常见的用于高频电磁波信号传输的同轴线，同轴线的中心是铜芯，被绝缘材料包覆；绝缘材料外层是与铜芯共轴的筒状金属薄层，高频电磁波信号被约束在铜芯与筒状金属薄层之间的绝缘材料中传输。显然绝缘材料和筒状金属薄层成为同轴线内电磁场的边界。

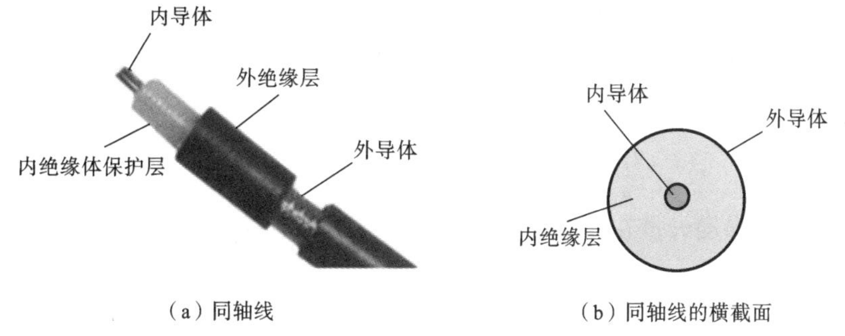

(a) 同轴线　　(b) 同轴线的横截面

图 2-21 同轴线中电磁场的边界

从物理上看，不同媒质分界面两侧，由于其电磁特性参数不同，导致电磁场量在界面两侧也不尽相同，必须建立不同媒质界面两侧电磁场量满足的约束条件或关系，称其为电磁场的边界条件。所谓电磁场的边界条件，它既可以理解为不同媒质的交界面电磁场服从的约束条件，也可以理解为不同媒质的交界面两电磁场满足的方程或规律。从应用角度看，它不仅是电磁场问题求解的基本条件，更是实现某些特殊电磁场应用目的的控制手段，如图2-21所示的同轴线铜芯与筒状金属薄层边界的设置，保证了高频电磁波信号沿同轴线电缆传送。

既然边界条件是电磁场在不同媒质交界面两侧满足方程或约束关系，它与交界面两侧媒质的电磁特性参数、边界几何形状、界面上电荷及电流的分布有关。由于麦克斯韦方程组的微分形式在界面两侧失去意义(因为微分方程要求电磁场量连续可微)，而

积分方程仍然有效,因此我们从积分形式的麦克斯韦方程组出发,导出媒质分界面处电磁场的边界条件。

2.7.2　电磁场法向分量边界条件

边界条件是界面两侧相邻点在无限趋近时电磁场所要满足的约束条件。完整的表示需要导出界面两侧相邻点电磁场矢量所要满足的约束关系。这一关系可以通过曲面在该点的切向和法向分量满足的约束关系给出。无论界面曲率半径大小,只要该点的切平面存在,利用麦克斯韦方程的积分形式就可以得到包含该点在内的界面两侧电磁场的切向和法向分量所要满足的条件。因此,对界面上的某一点而言,在导出该点满足边界条件时,视该点切平面为无穷大交界面来处理。

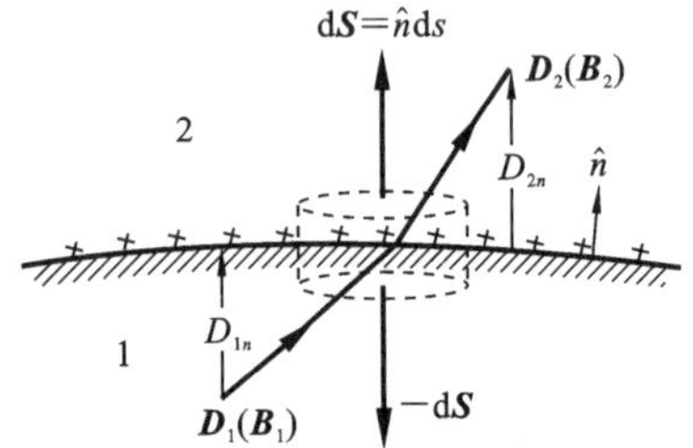

图 2-22　电磁场两媒质界面的法向分量关系

首先讨论电磁场中界面两侧法向分量满足的条件。将电位移矢量的高斯定理积分表示式应用于图 2-22 所示的扁平圆盘。考虑到界面两侧相邻点无限趋近,圆盘高度 $h\to 0$,电位移矢量的通量趋于零,得

$$\oint\!\!\!\oint_S \boldsymbol{D}\cdot \mathrm{d}\boldsymbol{S}=\iiint_V \rho \mathrm{d}V \Rightarrow (\boldsymbol{D}_2-\boldsymbol{D}_1)\cdot \hat{n}=\rho_S \tag{2-7-1}$$

式中:ρ_S为界面上自由面电荷密度。上式表明,在带有自由电荷的分界面上,电位移矢量的法向分量不连续,其突变量等于该点处自由面电荷密度,这是预料之中的结果,因为电荷是电位移矢量的通量源。

采用类似的方法,将磁场高斯定理应用于图 2-22 所示的两媒质交界面上的扁平圆盘,很容易得到磁感应强度矢量在界面两侧法向的条件为

$$\oint\!\!\!\oint_S \boldsymbol{B}\cdot \mathrm{d}\boldsymbol{S}=0 \Rightarrow \hat{n}\cdot(\boldsymbol{B}_2-\boldsymbol{B}_1)=0 \tag{2-7-2}$$

上式表明磁感应强度矢量在两媒质边界的法向分量是连续。

2.7.3　电磁场切向分量边界条件

在媒质分界面两侧,选取如图 2-23 所示的积分环路。图中$\hat{n}$表示媒质分界面的法向,$\hat{t}$表示积分环路的切向,$\hat{N}$表示环路所围面元的法向。它们之间满足$\hat{N}=\hat{n}\times\hat{t}$,$\hat{n}=\hat{t}\times\hat{N}$,$\hat{t}=\hat{N}\times\hat{n}$。将广义安培环路定律的积分表示式应用于图 2-23 所示的闭合环路及积分面元,仿照 2.4 节中面磁化电流的推导方法,得到磁场切向分量满足的边界条件为

$$\hat{n}\times(\boldsymbol{H}_2-\boldsymbol{H}_1)\cdot\hat{N}=\boldsymbol{J}_S\cdot\hat{N}\Rightarrow \hat{n}\times(\boldsymbol{H}_2-\boldsymbol{H}_1)=\boldsymbol{J}_S \tag{2-7-3}$$

上式表明,在有自由电流分布的界面上,磁场的切向分量不连续。物理上,这也是必然的结果,因为电流是激发磁场的旋涡源。采用同样的方法,将法拉第电磁感应定律的积分表示式

$$\oint_L \boldsymbol{E}\cdot \mathrm{d}\boldsymbol{l}=-\frac{\mathrm{d}}{\mathrm{d}t}\iint_S \boldsymbol{B}\cdot \mathrm{d}\boldsymbol{S}$$

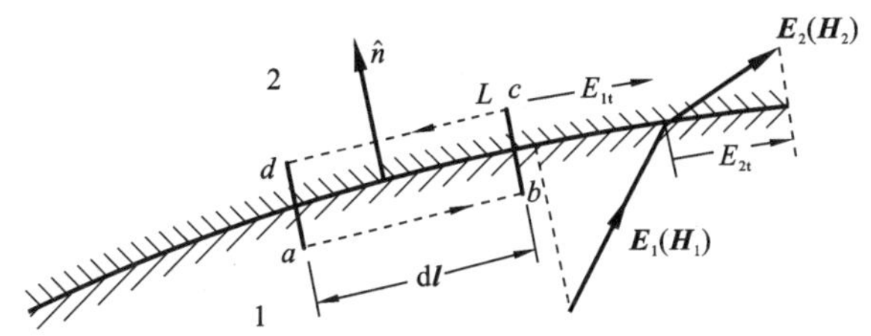

图 2-23 界面两侧电磁场的切向分量关系剖面

应用到图 2-23 所示的积分环路及其对应的积分面积元，得到电场如下的边界关系：

$$\hat{n}\times(\boldsymbol{E}_2-\boldsymbol{E}_1)=\boldsymbol{0} \tag{2-7-4}$$

上式表明在媒质分界面两侧，电场的切向分量连续。

为方便查阅，将电磁场在媒质界面的法向、切向条件总结如下：

$$\begin{cases}\hat{n}\cdot(\boldsymbol{D}_2-\boldsymbol{D}_1)=\rho_S\\ \hat{n}\cdot(\boldsymbol{B}_2-\boldsymbol{B}_1)=0\\ \hat{n}\times(\boldsymbol{E}_2-\boldsymbol{E}_1)=\boldsymbol{0}\\ \hat{n}\times(\boldsymbol{H}_2-\boldsymbol{H}_1)=\boldsymbol{J}_S\end{cases} \tag{2-7-5}$$

2.7.4 两类特殊媒质的边界条件

电磁场理论研究与应用中经常遇到两类特殊的媒质边界。其一是理想介质边界，分界面上不存在自由电荷和传导电流，此时式(2-7-5)简化为

$$\begin{cases}\hat{n}\cdot(\boldsymbol{D}_2-\boldsymbol{D}_1)=0\\ \hat{n}\cdot(\boldsymbol{B}_2-\boldsymbol{B}_1)=0\\ \hat{n}\times(\boldsymbol{E}_2-\boldsymbol{E}_1)=\boldsymbol{0}\\ \hat{n}\times(\boldsymbol{H}_2-\boldsymbol{H}_1)=\boldsymbol{0}\end{cases} \tag{2-7-6}$$

尽管理想介质在工程实际中并不存在，这是因为实际介质的导电特性不仅与介质的元素构成相关，同时也与工作条件和环境密切有关。同一介质，在一定条件下绝缘，但在另一条件下可能导电。但在实际工程电磁场的应用中，相当多的一类绝缘介质、弱导电介质均可视为理想介质。

其二是界面的一侧为理想介质，另一侧为理想导体。由于理想导体的电导率为无穷大，容易证明理想导体内部电荷密度、电场、电流密度、磁感应强度均为零(读者可用反证法证明)，导体所带电荷只能出现在导体表面。设图 2-22 和图 2-23 中媒质 1 为理想导体，则$\boldsymbol{E}_1=\boldsymbol{0}$，$\boldsymbol{D}_1=\boldsymbol{0}$，$\boldsymbol{H}_1=\boldsymbol{0}$，$\boldsymbol{B}_1=\boldsymbol{0}$，式(2-7-5)变为

$$\begin{cases}\hat{n}\cdot\boldsymbol{D}_2=\rho_S\\ \hat{n}\cdot\boldsymbol{B}_2=0\\ \hat{n}\times\boldsymbol{E}_2=\boldsymbol{0}\\ \hat{n}\times\boldsymbol{H}_2=\boldsymbol{J}_S\end{cases} \tag{2-7-7}$$

除超导体外，实际导体均为有限导电率的电导媒质。尽管如此，对于大部分工程应用问题(专门研究导电媒质中电磁场特性问题除外)，一类电导率非常高的金属(如金、银、铜)均可作为理想导体的模型。

本章主要内容要点

1. 宏观电磁场的主要实验定律

(1) 电荷守恒定律。一个封闭系统内电荷总量保持不变,其表示式为

$$\nabla \cdot \boldsymbol{J} + \frac{\partial \rho}{\partial t} = 0(\text{微分形式}),-\oint\!\!\!\oint_S \boldsymbol{J} \cdot \mathrm{d}\boldsymbol{S} = \frac{\mathrm{d}}{\mathrm{d}t}\iiint_V \rho \mathrm{d}V(\text{积分形式})$$

位移电流与传导电流统称为全电流,电荷守恒定律导出全电流连续性原理,即

$$\nabla \cdot (\boldsymbol{J}+\boldsymbol{J}_D)=0$$

(2) 库仑定律。空间两静止点电荷 q_1 和 q_2 之间作用力的大小与两电荷量成正比,与两电荷距离的平方成反比;作用力的方向沿 q_1 和 q_2 连线方向,同性电荷相互排斥,异性电荷相互吸引。其表示式为

$$\boldsymbol{F}_{12}=\frac{q_1 q_2 \boldsymbol{R}_{12}}{4\varepsilon\pi R_{12}^3}$$

式中:ε 为空间介质的介电常数。

(3) 安培定律。空间任意两电流元 $I_1 \mathrm{d}\boldsymbol{l}_1$、$I_2 \mathrm{d}\boldsymbol{l}_2$ 之间存在力的作用,作用力的大小与两电流元的大小成正比,与两电流元之间距离的平方成反比;与两电流元取向的夹角有关;其方向则由两电流元的取向决定。其表示式为

$$\boldsymbol{F}_{12}=\frac{\mu}{4\pi}\frac{I_2 \mathrm{d}\boldsymbol{l}_2 \times (I_1 \mathrm{d}\boldsymbol{l}_1 \times \boldsymbol{R}_{12})}{R_{12}^3}$$

式中:μ 为空间介质的磁导率常数。

(4) 法拉第电磁感应定律。闭合回路感应电动势与通过该闭合回路内磁通量变化率成正比,其数学表示式为

$$\oint_l \boldsymbol{E} \cdot \mathrm{d}\boldsymbol{l} = -\frac{\mathrm{d}}{\mathrm{d}t}\iint_S \boldsymbol{B} \cdot \mathrm{d}\boldsymbol{S}$$

(5) 洛伦兹力公式:$\boldsymbol{F}=q(\boldsymbol{E}+\boldsymbol{v}\times\boldsymbol{B})$。

2. 电磁场定义及其基本性质

(1) 电场与电场强度。电场为电荷及变化磁场在其所处空间激发出的一种特殊物质,对置于其中的电荷有力作用是电场的基本属性,用电场强度 $\boldsymbol{E}(\boldsymbol{r})$ 描述。电荷激发的电场为

$$\boldsymbol{E}(\boldsymbol{r}) = \iiint_V \frac{\rho(\boldsymbol{r}')\boldsymbol{R}}{4\pi\varepsilon R^3}\mathrm{d}V'$$

(2) 磁场与磁感应强度。磁场为电流(包括传导电流与位移电流)在其所处空间激发出的特殊物质,对运动电荷有力的作用为磁场的基本属性。描述空间磁场大小和方向的量称为磁感应强度,其大小为单位电流元受到的最大作用力,电流元受力方向、电流元方向、磁场方向三者之间遵循右手螺旋法则。毕奥-萨伐尔定律定量描述电流密度 $\boldsymbol{J}(\boldsymbol{r}')$ 产生的磁感应强度,即

$$\boldsymbol{B}(r) = \frac{\mu}{4\pi}\iiint_V \frac{\boldsymbol{J}(\boldsymbol{r}') \times \boldsymbol{R}}{R^3}\mathrm{d}V'$$

(3) 宏观电磁场的基本特性。电场为有散有旋矢量场,电荷是其通量源,时变磁场为其旋涡源;磁感应强度为无散场,电流和时变的电场是其旋涡源。静态电场为无旋场,电荷是其通量源;静态磁场为无散矢量场,恒定电流是其旋涡源。

(4) 电磁场的线性叠加原理,即空间某点的电磁场为该空间中所有源产生的电磁场的线性叠加。

3. 媒质的电磁特性

(1) 媒质极化与束缚电荷。媒质在外电场作用下产生宏观不为零的电偶极矩的现象称为媒质的极化。极化与外加电场、极化与束缚电荷的关系分别为

$$\boldsymbol{D}=\varepsilon_0\boldsymbol{E}+\boldsymbol{P},\quad \oint_S \boldsymbol{P}\cdot \mathrm{d}\boldsymbol{S}=-\iiint_V \rho_p \mathrm{d}V,\quad \rho_p=-\nabla\cdot\boldsymbol{P}$$

对于线性均匀各向同性媒质:$\boldsymbol{P}=\varepsilon_0\chi_e\boldsymbol{E}$,$\boldsymbol{D}=\varepsilon_0(1+\chi_e)\boldsymbol{E}=\varepsilon_0\varepsilon_r\boldsymbol{E}=\varepsilon\boldsymbol{E}$。

(2) 媒质磁化与磁化电流。媒质在外磁场作用下表现出的磁性称为磁化。磁化与磁感应强度、磁化与磁化电流的关系分别为

$$\boldsymbol{B}=\mu_0(\boldsymbol{H}+\boldsymbol{M}),\quad \iint_S \boldsymbol{J}_M\cdot \mathrm{d}\boldsymbol{S}=\frac{1}{\mu_0}\oint_L \boldsymbol{M}\cdot \mathrm{d}\boldsymbol{L},\quad \boldsymbol{J}_M=\frac{1}{\mu_0}\nabla\times\boldsymbol{M}$$

对于线性均匀各向同性媒质 $\boldsymbol{M}=\frac{1}{\mu_0}\chi_m\boldsymbol{H}$,$\boldsymbol{B}=\mu_0(1+\chi_m)\boldsymbol{H}=\mu_0\mu_r\boldsymbol{H}=\mu\boldsymbol{H}$。

(3) 媒质传导与传导电流。导电媒质在外加电磁场力的作用下,定向的运动形成传导电流,即欧姆定律,其表示式为

$$\boldsymbol{J}=\sigma\boldsymbol{E}$$

4. 麦克斯韦方程组的建立

(1) 两个推广。麦克斯韦将静电场高斯定理、恒定电流磁场高斯定理直接推广到包括时变在内的一般情形,即

电场高斯定理:

$$\oint_S \boldsymbol{D}\cdot \mathrm{d}\boldsymbol{S}=\iiint_V \rho \mathrm{d}V,\quad \nabla\cdot\boldsymbol{D}(\boldsymbol{r},t)=\rho(\boldsymbol{r},t)$$

磁场高斯定理:

$$\oint_S \boldsymbol{B}\cdot \mathrm{d}\boldsymbol{S}=0,\quad \nabla\cdot\boldsymbol{B}(\boldsymbol{r},t)=0$$

(2) 两个假设。麦克斯韦推广法拉第电磁感应实验,假设变化的磁场产生感应(涡旋)电场为普适的物理效应,不仅存在于导体环路,同时也存在于其他物质空间。

$$\oint_l \boldsymbol{E}\cdot \mathrm{d}\boldsymbol{l}=-\frac{\mathrm{d}}{\mathrm{d}t}\iint_S \boldsymbol{B}\cdot \mathrm{d}\boldsymbol{S},\quad \nabla\times\boldsymbol{E}(\boldsymbol{r},t)=-\frac{\partial \boldsymbol{B}(\boldsymbol{r},t)}{\partial t}$$

麦克斯韦假设引入了位移电流$\boldsymbol{J}_D$概念,并认为变化的电场与传导电流同样可以产生磁场,从而推广了安培环路定理。

$$\oint_l \boldsymbol{H}\cdot \mathrm{d}\boldsymbol{l}=\iint_S\left(\boldsymbol{J}+\frac{\partial \boldsymbol{D}}{\partial t}\right)\cdot \mathrm{d}\boldsymbol{S},\quad \nabla\times\boldsymbol{H}(\boldsymbol{r},t)=\boldsymbol{J}(\boldsymbol{r},t)+\frac{\partial \boldsymbol{D}(\boldsymbol{r},t)}{\partial t}$$

(3) 麦克斯韦方程组。

微分表示式：

$$
\begin{cases}
\nabla \cdot \boldsymbol{D}(\boldsymbol{r},t)=\rho(\boldsymbol{r},t) \\
\nabla \cdot \boldsymbol{B}(\boldsymbol{r},t)=0 \\
\nabla \times \boldsymbol{E}(\boldsymbol{r},t)=-\dfrac{\partial \boldsymbol{B}(\boldsymbol{r},t)}{\partial t} \\
\nabla \times \boldsymbol{H}(\boldsymbol{r},t)=\boldsymbol{J}(\boldsymbol{r},t)+\dfrac{\partial \boldsymbol{D}(\boldsymbol{r},t)}{\partial t}
\end{cases}
$$

积分表示式：

$$
\begin{cases}
\oint\!\!\!\!\int_S \boldsymbol{D} \cdot \mathrm{d}\boldsymbol{S}=\iiint_V \rho \mathrm{d}V \\
\oint\!\!\!\!\int_S \boldsymbol{B} \cdot \mathrm{d}\boldsymbol{S}=0 \\
\oint_l \boldsymbol{E} \cdot \mathrm{d}\boldsymbol{l}=-\dfrac{\mathrm{d}}{\mathrm{d}t}\iint_S \boldsymbol{B} \cdot \mathrm{d}S \\
\oint_l \boldsymbol{H} \cdot \mathrm{d}\boldsymbol{l}=\iint_S\left(\boldsymbol{J}+\dfrac{\partial \boldsymbol{D}}{\partial t}\right) \cdot \mathrm{d}S
\end{cases}
$$

5. 媒质分界面电磁场的边界条件

媒质分界面两侧媒质电磁特性参数不同，导致电磁场量在界面两侧可能出现跃变。因此，在媒质界面两侧电磁场必须满足可预期的约束条件。在媒质分界面及两侧邻域，微分麦克斯韦方程不再有效，而积分方程仍然有效。故边界条件可利用积分方程获得，即

$$
\begin{cases}
\hat{n} \cdot (\boldsymbol{D}_2-\boldsymbol{D}_1)=\rho_S \\
\hat{n} \cdot (\boldsymbol{B}_2-\boldsymbol{B}_1)=0 \\
\hat{n} \times (\boldsymbol{E}_2-\boldsymbol{E}_1)=\boldsymbol{0} \\
\hat{n} \times (\boldsymbol{H}_2-\boldsymbol{H}_1)=\boldsymbol{J}_S
\end{cases}
$$

6. 媒质的分类

(1) 媒质的本构方程。反映媒质宏观电磁特性的数学方程称为媒质的本构方程或本构关系。由于媒质的多样性，很难用一个普适的本构关系描述所有媒质的电磁特性。

(2) 媒质的分类。依据媒质电磁特性对媒质进行分类。根据媒质极化、磁化、传导与外加电磁场的关系，即本构关系可对媒质进行分类。具有相同本构关系的媒质为同一类媒质。应用中遇到最多的四类媒质是线性与非线性媒质、均匀与非均匀媒质、各向同性与各向异性媒质、色散与非色散媒质。

思考与练习题 2

1. 简述麦克斯韦方程组中各式物理意义及其对应的实验定律。

2. 麦克斯韦在建立电磁场运动规律的方程组时做了哪些假设和推广？

3. 从麦克斯韦方程组出发，分析时变电磁场运动的基本特点。

4. 如何理解并解释磁场的无散特性，以及电场的有散特性？

5. 简述全电流的物理概念，导出全电流连续原理的数学表示式。

6. 说明位移电流的物理意义，比较传导电流和位移电流之间的异同点。

7. 简述传导电流、极化电流、磁化电流产生的物理原因，分析其异同点。

8. 何谓媒质的线性与非线性、均匀与非均匀、各向同性与各向异性？

9. 何谓电磁场边界条件，如何得到电磁场的边界条件？

10. 如何理解理想导体，电磁场在导体的边界上满足什么条件？

11. 静电场和恒定电流磁场有无能量，如何建立其能量计算模型？

12. 证明:良导体内电荷密度为零,电场为零,外加电荷只分布于表面。

13. 证明:无穷长均匀带电圆柱壳内任意点的电场为零。

14. 求均匀线密度带电圆环外部空间任意点的电场的表示式。

15. 内外半径分别为r_1和r_2的空心媒质球,介电常数为ε,媒质内均匀带静止自由电荷密度为ρ_f,求电场及极化体电荷和极化面电荷分布。

16. 已知一个电荷系统的电偶极矩定义为$\boldsymbol{P}(t)=\int_V \rho(\boldsymbol{r}',t)\boldsymbol{r}'\mathrm{d}V'$,利用电荷守恒定律证明$\boldsymbol{P}$的时间变化率为$\frac{\mathrm{d}\boldsymbol{P}}{\mathrm{d}t}=\int_V \boldsymbol{J}(\boldsymbol{r}',t)\mathrm{d}V'$。

17. 内外半径分别为r_1和r_2的无穷长中空导体圆柱,沿轴向流有恒定均匀电流J_f,导体的磁导率为μ,求磁感应强度和磁化电流。

18. 证明:均匀媒质内极化电荷密度ρ_p等于自由电荷密度ρ_f的$-\left(1-\frac{\varepsilon_0}{\varepsilon}\right)$倍。

19. 利用麦克斯韦方程组,导出电荷守恒定律的表示式。这是否意味着麦克斯韦方程组能够替代电荷守恒定律,你如何理解?

20. 证明:麦克斯韦方程组中的4个方程只有2个独立,麦克斯韦方程组是否可以只由2个独立方程组成即可,为什么?

21. 利用麦克斯韦方程组导出电磁场的波动方程。

22. 证明:理想导体中的时变电磁场的电场和磁场恒为零。

23. 证明:当两种绝缘媒质的分界面上不带面自由电荷时,电场力线的曲折满足$\frac{\tan\theta_2}{\tan\theta_1}=\frac{\varepsilon_2}{\varepsilon_1}$,其中$\varepsilon_1$和$\varepsilon_2$分别为两种媒质的介电常数,$\theta_1$和$\theta_2$分别为界面两侧电场力线与法线的夹角。

24. 假设自然界存在磁荷,磁荷的运动形成磁流。又假设磁荷产生磁场与电荷产生电场,磁流产生电场与电流产生磁场满足相同的实验定律。导出在这一假设前提下的广义麦克斯韦方程组的表示式。

3

静态电磁场

不随时间变化的电磁场称为静态电磁场，如静止电荷产生的静电场、维持导电媒质中恒定电流的恒定电场和永久磁体或恒定电流产生的磁场等。进一步还可以将其推广到时变效应可以忽略的缓变电磁场。静态电磁场有广泛的应用，如利用特殊分布的静态电磁场控制电子束的运动，实现光、电信号的记录、存储、转换和显示等。缓变电磁场作为低频无线电技术的基础，其应用涉及电路系统中的基本原理、电子元件(如电阻、电容、电感等)参数的设计等。本章首先讨论静态电磁场的基本问题，即静态电磁场的基本方程和定解问题；然后讨论静态电磁场系统的能量和相互作用力；最后讨论导体系的电容和载流线圈的电感。

3.1 静电场的定解问题

3.1.1 电位函数及其方程

静态电磁场不随时间的变化而变化，电场与磁场之间不存在相互激发，各自满足相应的实验定律和方程。麦克斯韦方程组中与静电场有关的方程为

$$\nabla \times \boldsymbol{E}(\boldsymbol{r}) = \boldsymbol{0} \tag{3-1-1}$$

$$\nabla \cdot \boldsymbol{D}(\boldsymbol{r}) = \rho(\boldsymbol{r}) \tag{3-1-2}$$

关于静电场问题，理论上可以直接求解式(3-1-1)和式(3-1-2)获得。但由于式(3-1-1)和式(3-1-2)为一阶矢量偏微分方程，场的不同分量的偏微分相互关联，直接求解甚为困难，只有一些特殊结构(如电荷分布具有对称性)的静电场问题，才可直接利用麦克斯韦方程组求解。

为了得到方便求解的静电场方程，利用静电场的无旋特性，引入标量函数 $\phi(\boldsymbol{r})$，则静电场表示为

$$\boldsymbol{E}(\boldsymbol{r}) = -\nabla \phi(\boldsymbol{r}) \tag{3-1-3}$$

习惯上将 $\phi(\boldsymbol{r})$ 称为电位(或称电势)函数。将上式代入式(3-1-2)，得到 $\phi(\boldsymbol{r})$ 满足泊松(Simeon-Denis Poisson 1781—1840 年，法国数学家、物理学家)方程，即

$$\nabla^2 \phi(\boldsymbol{r}) = -\frac{\rho(\boldsymbol{r})}{\varepsilon} \tag{3-1-4}$$

上式也称为静电场的泛定方程。如果所讨论的空间中没有电荷分布，即 $\rho(\boldsymbol{r}) = 0$，式

(3-1-4)变为拉普拉斯(Pierre-Simon Laplace,1749—1827 年,法国数学家、物理学家)方程,即

$$\nabla^2\phi(\boldsymbol{r})=0 \tag{3-1-5}$$

静电场电位分布满足泊松方程或拉普拉斯方程,这是预料中的结果。因为静态电场与时间无关,而泊松方程或拉普拉斯方程正是描述与时间无关的静态场问题的普适方程。

必须注意的是,式(3-1-3)所建立的电场与电位并非一一对应的关系,因为

$$\boldsymbol{E}(\boldsymbol{r})=-\nabla\phi(\boldsymbol{r})=-\nabla[\phi(\boldsymbol{r})+c],\quad c\text{ 为任意常数} \tag{3-1-6}$$

即电位函数加上(或减去)任意常数仍然为同一电场。直接利用电场的路径积分表示空间任意点的电位更容易理解这一点,将式(3-1-3)在电场定义空间区域内对任意路径求积分,并考虑到

$$-\nabla\phi(\boldsymbol{r})\cdot\mathrm{d}\boldsymbol{l}=-\mathrm{d}\phi$$

得到空间任意点的电位为

$$\phi(\boldsymbol{r})=\phi(p_0)+\int_r^{p_0}\boldsymbol{E}(\boldsymbol{r}')\cdot\mathrm{d}\boldsymbol{l} \tag{3-1-7a}$$

可见空间 $\boldsymbol{r}$ 点的电位 $\phi(\boldsymbol{r})$ 随参考点 p_0 的电位 $\phi(p_0)$ 的不同而不同。尽管空间任意点的电位可以是任意值,但空间任意两点的电位差

$$\phi(\boldsymbol{r})-\phi(p_0)=\int_r^{p_0}\boldsymbol{E}(\boldsymbol{r}')\cdot\mathrm{d}\boldsymbol{l} \tag{3-1-7b}$$

为确定值。这说明空间任意两点间电场的线积分与积分路径无关,只与积分的起始点与终止点有关。参考图 3-1,电场沿点 $\boldsymbol{r}$ 至 p_0 的路径积分有多种选择,但积分结果只有一个,由此得

$$\int_{\widehat{rBp_0}}\boldsymbol{E}(\boldsymbol{r})\cdot\mathrm{d}\boldsymbol{l}=\int_{\widehat{rAp_0}}\boldsymbol{E}(\boldsymbol{r})\cdot\mathrm{d}\boldsymbol{l}\Rightarrow\oint_L\boldsymbol{E}(\boldsymbol{r})\cdot\mathrm{d}\boldsymbol{l}=0 \tag{3-1-8}$$

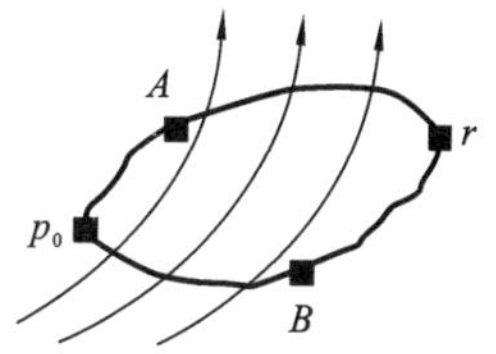

图 3-1 静电场的线积分与路径无关

即静电场沿任意闭合路径积分恒为零,为无旋场的必然结果。如果将电场强度理解为单位正电荷所受的作用力,则式(3-1-8)还可以理解为沿任意闭合路径静电场力不做功。

静电场中某点的电位因参考点电位取值不同而不同。工程应用中,通常选择无穷远点或大地的参考电位为零电位。比如无界均匀线性介质空间中,位于 $\boldsymbol{r}'$ 点的电荷在 $\boldsymbol{r}$ 点产生的电场为

$$\boldsymbol{E}(\boldsymbol{r})=\frac{q}{4\pi\varepsilon}\frac{(\boldsymbol{r}-\boldsymbol{r}')}{|\boldsymbol{r}-\boldsymbol{r}'|^3}$$

式中:ε 为均匀线性介质空间的介电常数。利用式(3-1-7),选无穷远点作为参考点,并设 $\phi_\infty=0$,得到点 $\boldsymbol{r}$ 处点电荷的电位为

$$\phi(\boldsymbol{r})=\int_r^\infty\boldsymbol{E}(\boldsymbol{r}'')\cdot\mathrm{d}\boldsymbol{L}=q\int_r^\infty\frac{(\boldsymbol{r}''-\boldsymbol{r}')\cdot\mathrm{d}(\boldsymbol{r}''-\boldsymbol{r}')}{4\pi\varepsilon|\boldsymbol{r}''-\boldsymbol{r}'|^3}=\frac{q}{4\pi\varepsilon|\boldsymbol{r}-\boldsymbol{r}'|} \tag{3-1-9a}$$

利用电场的叠加原理(参考式(2-2-3a)和式(2-2-3b)),容易得到均匀介质空间中 N 个点电荷体系的电位为

$$\phi(\boldsymbol{r})=\sum_{i=1}^N\frac{q_i}{4\pi\varepsilon R_i}=\sum_{i=1}^N\frac{q_i}{4\pi\varepsilon|\boldsymbol{r}-\boldsymbol{r}_i|} \tag{3-1-9b}$$

式中:$\boldsymbol{r}_i$ 为点电荷 q_i 所在的空间位置矢量。对体电荷分布,将电荷分布区域 V 剖分为大量小立方体元的叠加,仿照点电荷产生电场的分析方法,求得电位为

$$\phi(\boldsymbol{r}) = \frac{1}{4\pi\varepsilon}\iiint_V \frac{\rho(\boldsymbol{r}')\mathrm{d}V'}{|\boldsymbol{r}-\boldsymbol{r}'|} \tag{3-1-10}$$

其中,$\rho(\boldsymbol{r}')$为电荷密度函数,体积分为电荷分布区域。然而对于无穷远处的电荷分布,参考点则不能选择在无穷远(与点电荷电位参考点不能选择电荷所在点一样),而必须选择在有限远处,否则将导致空间电位处处为无穷大。

3.1.2 电位函数的边界条件

泊松方程或拉普拉斯方程是静态电场满足的普适(泛定)方程。现实中各种具体的静电场问题是静电场满足的普适方程在其对应边界条件下的特解。因此,一个具体静电场问题的求解,除普适方程外,还必须知道电位 $\phi(\boldsymbol{r})$在区域边界上的状态,即边界条件。

电位函数在不同媒质的边界条件可以直接通过电场的边界条件获得。在第 2.7 节导出的边界条件式(2-7-5)中

$$(\boldsymbol{D}_2-\boldsymbol{D}_1)\cdot\hat{n}=\rho_S$$

利用电位移矢量 $\boldsymbol{D}$ 与电位函数 $\phi(\boldsymbol{r})$的关系,得到电位函数法向微分在界面两侧满足的条件为

$$(\varepsilon_2\nabla\phi_2-\varepsilon_1\nabla\phi_2)\cdot\hat{n}=-\rho_S \Rightarrow \varepsilon_2\frac{\partial\phi_2}{\partial n}-\varepsilon_1\frac{\partial\phi_1}{\partial n}=-\rho_S \tag{3-1-11}$$

其中,ρ_S 为边界面上的自由电荷密度。对于理想介质的分界面,自由面电荷密度为零,则式(3-1-11)可简写为

$$\varepsilon_2\frac{\partial\phi_2}{\partial n}-\varepsilon_1\frac{\partial\phi_1}{\partial n}=0 \tag{3-1-12}$$

另一方面,对介质分界面两侧相邻的两点 P_1 和 P_2求电位差,如图 3-2 所示。应用式(3-1-7),其电位差为

$$\phi(p_2)-\phi(p_1)=-\int_{p_1}^{p_2}\boldsymbol{E}(\boldsymbol{r})\cdot\mathrm{d}\boldsymbol{l}$$

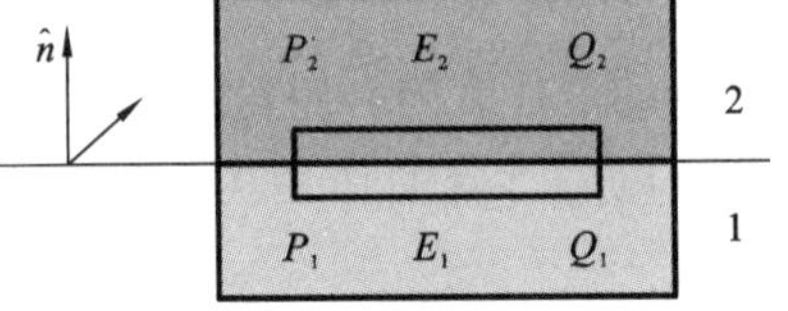

图 3-2 界面两侧相邻两点的电势差

当 $P_1\to P_2$时,上式右边的积分因界面两侧电场有界,右边的路径积分为零。所以 $\phi_2(p_2)=\phi_1(p_1)$。同样可以得到界面上另一对相邻点 θ_1 与 θ_2之间的电位差也有类似的关系式,即 $\phi_2(Q_2)=\phi_1(Q_1)$。由于 P_1与 P_2、Q_1与 Q_2是界面上任意两对相邻的点,从而得到电位函数在界面两侧满足的条件为

$$[\phi_2(\boldsymbol{r})-\phi_1(\boldsymbol{r})]_S=0 \tag{3-1-13}$$

事实上,式(3-1-13)与第 2 章导出的电场切向分量满足的边界条件式

$$\hat{n}\times(\boldsymbol{E}_2-\boldsymbol{E}_1)=\boldsymbol{0}$$

等价。因为

$$\phi_2(p_2)-\phi_2(Q_2)=\phi_1(p_1)-\phi_1(Q_1)$$

$$\Rightarrow\int_{p_2}^{Q_2}\boldsymbol{E}_2\cdot\mathrm{d}\boldsymbol{l}=-\int_{p_1}^{Q_1}\boldsymbol{E}_1\cdot\mathrm{d}\boldsymbol{l}\Rightarrow(\boldsymbol{E}_2-\boldsymbol{E}_1)\cdot\Delta\boldsymbol{l}=0$$

而在两介质的交界面上，$P_2 \to Q_2 \to Q_1 \to P_1 \to P_2$ 所构成的回路有多种可能的选择，即 $\Delta \boldsymbol{l}$ 有多种选择。为此，将 $\Delta \boldsymbol{l}$ 表示为 $\Delta l \hat{N} \times \hat{n}$，并代入上式，其中 $\hat{N}$ 为 $P_2 \to Q_2 \to Q_1 \to P_1 \to P_2$ 回路对应面元的法矢量，得到

$$(\boldsymbol{E}_2 - \boldsymbol{E}_1) \cdot \Delta \boldsymbol{l} = (\boldsymbol{E}_2 - \boldsymbol{E}_1) \cdot (\Delta l \hat{N} \times \hat{n}) = \Delta l \hat{N} \cdot [\hat{n} \times (\boldsymbol{E}_2 - \boldsymbol{E}_1)] = 0$$

由于 $P_2 \to Q_2 \to Q_1 \to P_1 \to P_2$ 所构成的回路具有任意性，故 $\hat{n} \times (\boldsymbol{E}_2 - \boldsymbol{E}_1) = \boldsymbol{0}$。

必须指出的是，式(3-1-11)和式(3-1-13)均为电位函数 $\phi(\boldsymbol{r})$ 在介质分界面两侧满足的边界条件。作为静电场的定解条件，式(3-1-11)和式(3-1-13)并不需要同时给出，只需要其中一个即可；或是边界的一部分为式(3-1-11)，其余部分为式(3-1-13)，这将在静态电磁场的唯一性定理中予以证明。

3.1.3 导体与导体边界条件

导体是静态电场问题经常遇到的一类特殊媒质。当导体有外加电场或外加电荷时，导体内可移动的带电粒子受外加电场力的作用而运动，导体内部及其表面电荷分布发生改变，从而产生抵消导体中的外加电场的附加电场。显然，只要导体内部电场和导体表面电场切向分量不为零，这一过程将重复发生，直至导体内部电场和导体表面电场切向分量均为零，电荷分布达到稳定的平衡状态为止。此时，导体内部电场和表面电场切向分量为零，导体内部电荷密度为零，导体为等电位体，所带电荷只分布在导体的表面。式(3-1-11)和式(3-1-13)变为

$$\begin{cases} \phi = \phi_0 \text{（常数）} \\ \varepsilon \dfrac{\partial \phi}{\partial n} = -\rho_S \end{cases} \tag{3-1-14}$$

导体面电荷的代数和满足

$$\oint\!\!\!\oint_S \rho_S \mathrm{d}S = \begin{cases} Q, & \text{导体所带电荷量} \\ 0, & \text{导体不带电} \end{cases} \tag{3-1-15}$$

并且导体所带电荷量与导体电位之比为常数，不随电荷量的改变而改变。此外，读者容易证明，导体实现平衡态所需时间极短。这里所谓的平衡态不仅针对静态，同时也包括时变情形。作为静态电磁场，这里只考虑处于静电平衡态情形下电场在导体边界满足的条件。

【例 3.1】 证明：均匀介质空间中导体的电位与其带电荷量之比为常数。

证 导体在达到静电平衡时，导体表面电场的切向分量为零，导体为等势体；电荷只分布在导体的表面。设导体带电量 Q_1 时，导体的电位为 ϕ_1，带电量 Q_2 时，电位为 ϕ_2。根据电位函数定义，导体面上任意点的电位可以表示为

$$\phi_1 = \int_B^A \boldsymbol{E}_1(\boldsymbol{r}) \cdot \mathrm{d}\boldsymbol{L}_1, \quad \phi_2 = \int_B^A \boldsymbol{E}_2(\boldsymbol{r}) \cdot \mathrm{d}\boldsymbol{L}_2$$

其中，A 为导体面上的任意点，B 为无穷远点。由于电场的路径积分只与起点和终点有关，与连接 A 到 B 的路径无关，可选择积分路径 $\boldsymbol{L}_1$、$\boldsymbol{L}_2$ 为同一路径，如图 3-3 所示，从而得到

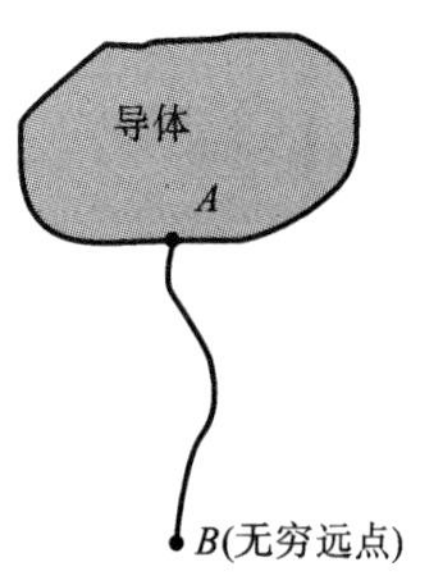

图 3-3 孤立导体电位与电荷

$$\int_B^A \left[\frac{\boldsymbol{E}_1(\boldsymbol{r})}{\phi_1} - \frac{\boldsymbol{E}_2(\boldsymbol{r})}{\phi_2} \right] \cdot \mathrm{d}\boldsymbol{L} = 0$$

上式对连接 A、B 两点的任意积分路径均成立，被积函数必为

零,故有恒等式

$$\frac{\boldsymbol{E}_1(\boldsymbol{r})}{\phi_1}=\frac{\boldsymbol{E}_2(\boldsymbol{r})}{\phi_2}$$

两边求导体曲面的通量积分,考虑到导体表面外侧电场仅有法向分量,有

$$\frac{1}{\phi_1}\oint\!\!\!\oint_S \boldsymbol{E}_1(\boldsymbol{r})\cdot \mathrm{d}\boldsymbol{S}=\frac{1}{\phi_2}\oint\!\!\!\oint_S \boldsymbol{E}_2(\boldsymbol{r})\cdot \mathrm{d}\boldsymbol{S}\Rightarrow\frac{1}{\phi_1}\oint\!\!\!\oint_S \rho_{S1}\,\mathrm{d}S=\frac{1}{\phi_2}\oint\!\!\!\oint_S \rho_{S2}\,\mathrm{d}S\Rightarrow\frac{Q_1}{\phi_1}=\frac{Q_2}{\phi_2}$$

证毕。

例 3.1 表明,一旦导体空间几何形状、介质电磁特性参数确定,导体所带电量与导体电位之比为常数。如果要使不同几何形状的导体达到同一电位,导体需带电量因几何形状的不同而不同。

3.1.4 静电场的定解问题

引入电位表示静电场后,介质空间中的静电场问题归纳为泊松(或拉普拉斯)方程的定解问题。其边界条件包括三种不同形态,即

(1) 界面电位已知,即 $\phi(\boldsymbol{r})|_S=\phi_2(\boldsymbol{r})|_S=\psi(\boldsymbol{M})$,或称第一类边界条件;

(2) 界面电位法向微分已知,即 $\left[\varepsilon\dfrac{\partial\phi}{\partial n}\right]_S=\xi(\boldsymbol{M})$,或称第二类边界条件;

(3) 界面一部分电位、其余部分电位法向微分已知,即 $\phi(\boldsymbol{r})|_{S_1}=\psi(\boldsymbol{M})$,$\left[\varepsilon\dfrac{\partial\phi}{\partial n}\right]_{S_2}=\xi(\boldsymbol{M})$,其中 $S=S_1\cup S_2$。

$\psi(\boldsymbol{M})$、$\xi(\boldsymbol{M})$为边界面上的已知函数,$\boldsymbol{M}$ 为界面上的变量。因此,参考图 3-4 所示的静电场问题,区域 V 内的静电场在数学上表示为如下定解问题的解,即

$$\begin{cases}\nabla^2\phi(\boldsymbol{r})=-\dfrac{\rho(\boldsymbol{r})}{\varepsilon}\\ \phi(\boldsymbol{r})|_S=\phi_2(\boldsymbol{r})|_S=\psi(\boldsymbol{M})\\ \text{或}\left[\varepsilon\dfrac{\partial\phi}{\partial n}\right]_S=\xi(\boldsymbol{M})\\ \text{或}\begin{cases}\phi(\boldsymbol{r})|_{S_1}=\psi(\boldsymbol{M})\\ \left[\varepsilon\dfrac{\partial\phi}{\partial n}\right]_{S_2}=\xi(\boldsymbol{M})\end{cases},\quad S=S_1\cup S_2\end{cases}\tag{3-1-16}$$

如果边界一侧为导体,上式简化为

$$\begin{cases}\nabla^2\phi(\boldsymbol{r})=-\dfrac{\rho(\boldsymbol{r})}{\varepsilon}\\ \phi(\boldsymbol{r})|_S=\phi_0\\ \text{或}\left[\varepsilon\dfrac{\partial\phi}{\partial n}\right]_S=-\rho_S\\ \text{或}\begin{cases}\phi(\boldsymbol{r})|_{S_1}=\phi_0\\ \left[\varepsilon\dfrac{\partial\phi}{\partial n}\right]_{S_2}=-\rho_S\end{cases},\quad S=S_1\cup S_2\end{cases}\tag{3-1-17}$$

其中,泊松方程为静电场遵循的普适规律,边界条件则是静电场在区域边界满足的约束条件。因此,方程(3-1-16)或方程(3-1-17)的解是特定边界状态下静态电场的解。第

4 章将专门讨论其求解的基本方法。

作为静电场问题特例，我们再对无界均匀空间点电荷的电位作简要讨论。设点电荷的电荷量为 q，位于坐标原点；媒质介电常数为 ε，电位的定解问题如下：

$$\begin{cases}\nabla^2\phi(\boldsymbol{r})=-\dfrac{q}{\varepsilon}\delta(x,y,z)\\ \phi(\boldsymbol{r})|_{r\to\infty}=0\end{cases} \tag{3-1-18}$$

这里取无穷远点作为零电位的参考点。方程(3-1-18)的解可直接利用电位与电场的关系得到，其结果由式(3-1-9a)中取 $\boldsymbol{r}'=\boldsymbol{0}$ 获得，也可以通过其他方法获得，其求解过程在第 4 章中给出。

【例 3. 2】 求如图 3-5 所示的电偶极子在远处($r\gg L$)产生的电场。

解 第 2 章中我们用电荷激发电场的定义求出了真空中电偶极子激发的电场。这里我们用电位概念再次求出电偶极子产生的电场。同样设无穷远点的参考电位为零，直接应用式(3-1-9a)，得到电偶极子的正、负电荷在空间产生的电位分别为

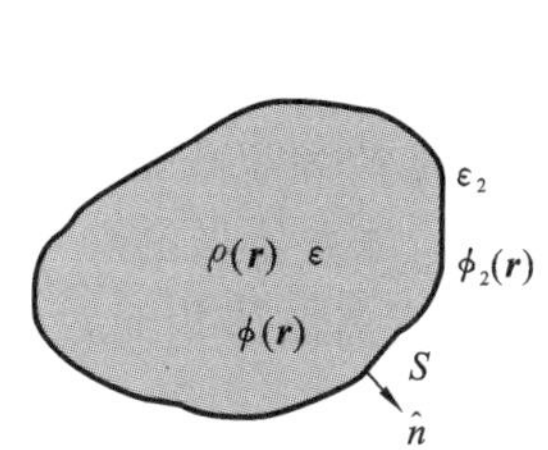

图 3-4 静电场的定解问题

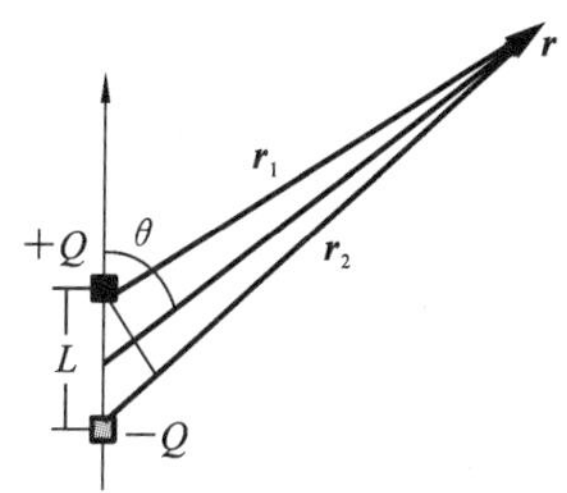

图 3-5 电偶极子激励的电场

$$\phi_+(\boldsymbol{r})=\frac{Q}{4\pi\varepsilon_0 r_1},\quad \phi_-(\boldsymbol{r})=-\frac{Q}{4\pi\varepsilon_0 r_2}$$

式中

$$\begin{cases}r_1=\left[r^2+\left(\dfrac{L}{2}\right)^2-rL\cos\theta\right]^{1/2}\\ r_2=\left[r^2+\left(\dfrac{L}{2}\right)^2+rL\cos\theta\right]^{1/2}\end{cases}$$

电偶极子在空间任意点 P 的电位是组成电偶极子的正、负电荷产生电位的叠加，即

$$\phi(\boldsymbol{r})=\phi_+(\boldsymbol{r})+\phi_-(\boldsymbol{r})=\frac{Q}{4\pi\varepsilon_0}\left(\frac{1}{r_1}-\frac{1}{r_2}\right)$$

在远离电偶极子中心的空间区域，$r\gg L$，利用近似关系式

$$\frac{1}{r_1}-\frac{1}{r_2}=\frac{r_2-r_1}{r_1r_2}\approx\frac{L\cos\theta}{r^2},\quad r\gg L$$

引入电偶极矩 $\boldsymbol{P}_e=\hat{e}_zQL=\hat{e}_zP_e$，则电偶极子电位在远处的电位近似为

$$\phi(\boldsymbol{r})\approx\frac{QL\cos\theta}{4\pi\varepsilon_0 r^2}=\frac{\boldsymbol{P}_e\cdot\boldsymbol{r}}{4\pi\varepsilon_0 r^3} \tag{3-1-19}$$

利用电场与电位关系，求得电偶极子在远场区($r\gg L$)激发的电场为

$$\boldsymbol{E}(\boldsymbol{r})=-\nabla\phi(\boldsymbol{r})=\frac{P_e}{4\pi\varepsilon_0 r^3}(\hat{e}_r2\cos\theta+\hat{e}_\theta\sin\theta) \tag{3-1-20}$$

这正是第 2 章中式(2-2-12)给出的结果，但本例中求解过程的运算相较于式(2-2-12)的获得要简单得多，这得益于通过电位求解电场只涉及标量的运算。

3.2 静电场能量与静电力

3.2.1 静电场的能量

静电场对带电粒子有作用力，如果带电粒子在场中移动，电场对带电粒子做功，这说明静电场具有能量。具有能量是静电场作为物质所具有的基本属性之一。然而，从理论分析和应用角度上，我们如何理解并计算静电场拥有的能量呢?

为了获得空间某个特定荷电体系所激发电场的能量，设想电荷体系在没有建立之前，体系中各电荷单元均散布于无穷远处，不在空间产生电场(或理解为在空间激发的电场可忽略不计)，各电荷单元之间也不发生相互作用，场的能量为零。散布于无穷远的各电荷单元汇聚空间形成该特定结构的电荷体系，外力必须克服电荷系统激发的电场力而对电荷体系做功。假设空间介质在电荷系统电场建立过程中不消耗能量，电荷搬运过程中也不产生其他能量损耗，根据能量守恒原理，外力克服电场力做功的总和最终全部转变为电荷体系静电场的能量。

基于上述思想，考虑如图 3-6 所示的电荷体系，电荷分布在区域 V，密度为 $\rho(\boldsymbol{r})$。为了获得电荷体系建立过程中外力克服电场力对电荷体系所做的功，我们把空间区域 V 用离散的小体积元 $\mathrm{d}V_i\,(i=1,2,\cdots,n)$ 堆砌表示。当离散体积元数量足够多且体积元足够小时，体积元 $\mathrm{d}V_i\,(i=1,2,\cdots,n)$ 所包含的电荷量为 $\rho(\boldsymbol{r}_i)\mathrm{d}V_i$ 可视为点电荷。电荷体建立过程中外力克服电场力对电荷体所做的功，为全体离散小电荷体集结过程中外力克服电场力做功的总和。首先考虑体积元 $\mathrm{d}V_1$ 的电荷 $\rho(\boldsymbol{r}_1)\mathrm{d}V_1$ 自无穷远移至其所在的位置 $\boldsymbol{r}_1$，此时空间电场尚未建立，外界无需克服电场力做功。随后，体积元 $\mathrm{d}V_2$ 的电荷 $\rho(\boldsymbol{r}_2)\mathrm{d}V_2$ 自无穷远处移到其所处的位置 $\boldsymbol{r}_2$ 时，外力克服电场力(电荷 $\rho(\boldsymbol{r}_1)\mathrm{d}V_1$ 建立的电场)所做的功为

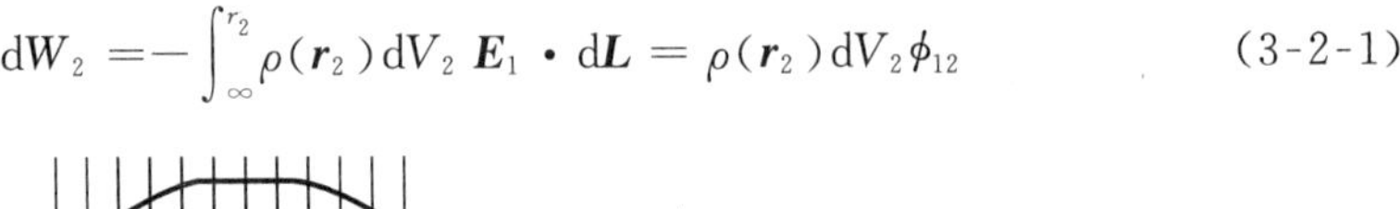

$$\mathrm{d}W_2 = -\int_{\infty}^{r_2} \rho(\boldsymbol{r}_2)\mathrm{d}V_2\, \boldsymbol{E}_1 \cdot \mathrm{d}\boldsymbol{L} = \rho(\boldsymbol{r}_2)\mathrm{d}V_2 \phi_{12} \tag{3-2-1}$$

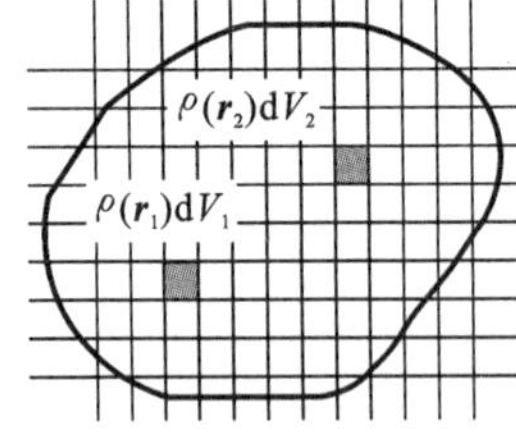

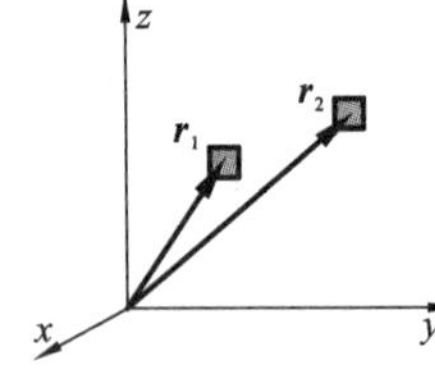

图 3-6 电荷体系的电场能

其中，$\phi_{12} = -\int_{\infty}^{r_2} \boldsymbol{E}_1 \cdot \mathrm{d}\boldsymbol{L}$ 为电荷 $\rho(\boldsymbol{r}_1)\mathrm{d}V_1$ 在点 $\boldsymbol{r}_2$ 的电位。体积元 $\mathrm{d}V_3$ 的电荷 $\rho(\boldsymbol{r}_3)\mathrm{d}V_3$ 自无穷远处移到其所处的位置点 $\boldsymbol{r}_3$ 时，外力克服电场力(电荷 $\rho(\boldsymbol{r}_1)\mathrm{d}V_1$ 和 $\rho(\boldsymbol{r}_2)\mathrm{d}V_2$ 产生的电场) 做的功为

$$\mathrm{d}W_3 = -\int_{\infty}^{r_3} \rho(\boldsymbol{r}_3)\mathrm{d}V_3 (\boldsymbol{E}_1 + \boldsymbol{E}_2) \cdot \mathrm{d}\boldsymbol{L} = \rho(\boldsymbol{r}_3)\mathrm{d}V_3 \phi_{13} + \rho(\boldsymbol{r}_3)\mathrm{d}V_3 \phi_{23} \tag{3-2-2}$$

其中，ϕ_{13} 和 ϕ_{23} 为电荷 $\rho(\boldsymbol{r}_1)\mathrm{d}V_1$ 和 $\rho(\boldsymbol{r}_2)\mathrm{d}V_2$ 在点 $\boldsymbol{r}_3$ 产生的电位。如此重复地将电荷微元 $\rho(\boldsymbol{r}_i)\mathrm{d}V_i\,(i=1,2,3,\cdots,n)$ 自无穷远处移到其所处位置 $\boldsymbol{r}_i$。当离散体积元数量足够

多且体积元足够小时，利用定积分定义，外力克服电场力做功的总和为

$$
\begin{aligned}
W_e &= 0+\rho(\boldsymbol{r}_2)\mathrm{d}V_2\phi_{12}+\rho(\boldsymbol{r}_3)\mathrm{d}V_3\phi_{13}+\rho(\boldsymbol{r}_3)\mathrm{d}V_3\phi_{23}+\cdots \\
&= \lim_{n\to\infty}\sum_{j=1}^{n}\sum_{i=1}^{j-1}\rho(\boldsymbol{r}_i)\mathrm{d}V_i\phi_{ij} = \lim_{n\to\infty}\frac{1}{2}\sum_{i=1}^{n}\rho(\boldsymbol{r}_i)\mathrm{d}V_i\sum_{j=1\,(j\neq i)}^{n}\phi_{ji} \\
&= \frac{1}{2}\iiint_V \rho(\boldsymbol{r})\phi(\boldsymbol{r})\mathrm{d}V \qquad (3\text{-}2\text{-}3)
\end{aligned}
$$

此即电荷系统具有的能量，其积分区域为电位函数有定义的空间区域。需要说明的是，在导出上述表示式时应用了如下关系：

$$
\mathrm{d}W_2=\rho(\boldsymbol{r}_2)\mathrm{d}V_2\phi_{12}=\frac{1}{2}[\rho(\boldsymbol{r}_2)\mathrm{d}V_2\phi_{12}+\rho(\boldsymbol{r}_1)\mathrm{d}V_1\phi_{21}]
$$

$$
\mathrm{d}W_3=\frac{1}{2}[\rho(\boldsymbol{r}_3)\mathrm{d}V_3\phi_{13}+\rho(\boldsymbol{r}_3)\mathrm{d}V_3\phi_{23}+\rho(\boldsymbol{r}_1)\mathrm{d}V_1\phi_{31}+\rho(\boldsymbol{r}_2)\mathrm{d}V_2\phi_{32}]
$$

$$
\begin{aligned}
\mathrm{d}W_n=\frac{1}{2}\{&[\rho(\boldsymbol{r}_n)\mathrm{d}V_n\phi_{1n}+\rho(\boldsymbol{r}_n)\mathrm{d}V_n\phi_{2n}+\cdots+\rho(\boldsymbol{r}_n)\mathrm{d}V_n\phi_{n-1,n}] \\
&+[\rho(\boldsymbol{r}_1)\mathrm{d}V_1\phi_{n1}+\rho(\boldsymbol{r}_2)\mathrm{d}V_2\phi_{n2}+\cdots+\rho(\boldsymbol{r}_{n-1})\mathrm{d}V_{n-1}\phi_{n,n-1}]\}
\end{aligned}
$$

即静电场互易关系

$$
Q_2\phi_{12}=Q_1\phi_{21} \qquad (3\text{-}2\text{-}4)
$$

式中：ϕ_{mn} 为电荷 Q_m 在电荷 Q_n 所在点处产生的电位，如图 3-7 所示。互易关系的证明很容易，只要将点电荷在空间激发电位的表示式代入即得。

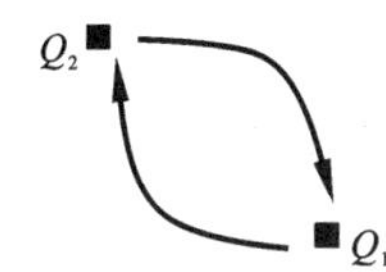

图 3-7　静电场中互易关系

静电体系的能量，也即该静电体系激发的静态电场所具有的能量。为了获得基于静态电场能量的表示式，利用关系式$\nabla\cdot\boldsymbol{D}=\rho$ 和 $\boldsymbol{E}(\boldsymbol{r})=-\nabla\varphi(\boldsymbol{r})$，式(3-2-3)可表示为

$$
\begin{aligned}
W_e &= \frac{1}{2}\iiint_V \rho(\boldsymbol{r})\phi(\boldsymbol{r})\mathrm{d}V = \frac{1}{2}\iiint_V \nabla\cdot\boldsymbol{D}(\boldsymbol{r})\phi(\boldsymbol{r})\mathrm{d}V \\
&= \frac{1}{2}\iiint_V \boldsymbol{D}(\boldsymbol{r})\cdot\boldsymbol{E}(\boldsymbol{r})\mathrm{d}V+\oiint_{S_\infty}\varphi(\boldsymbol{r})\boldsymbol{D}(\boldsymbol{r})\cdot\mathrm{d}\boldsymbol{S} \\
&= \frac{1}{2}\iiint_V \boldsymbol{D}(\boldsymbol{r})\cdot\boldsymbol{E}(\boldsymbol{r})\mathrm{d}V \qquad (3\text{-}2\text{-}5)
\end{aligned}
$$

此即基于静态电场表示的能量公式。在导出上式时，考虑到有限区域电荷在无穷远界面处（S_∞ 处）所激发的电位与电位移矢量之积 $\phi(\boldsymbol{r})\boldsymbol{D}(\boldsymbol{r})\leqslant\dfrac{\boldsymbol{A}}{r^3}$（$\boldsymbol{A}$ 是无穷远界面上 $\phi(\boldsymbol{r})\cdot\boldsymbol{D}(\boldsymbol{r})$ 取得的最大矢量值），故上式中面积分项为零。

静电场能量既可以基于式(3-2-3)计算，也可以用式(3-2-5)进行计算。但式(3-2-3)中的被积函数只涉及电位函数和电荷分布，积分区域可以仅限于电荷分布区域即可，这也说明静态电场能量仅由电荷分布（电位由电荷的分布确定）决定。而式(3-2-5)中的被积函数由电场分布空间确定，积分区域为电场弥散的空间区域，能量由空间电场分布确定。初看起来两者似乎存在矛盾。事实上，对于静电场，空间区域（边界状态已知）内的电场由电荷分布唯一确定，反之空间区域（边界状态已知）的电场也唯一确定了电荷的分布；两者完全统一，并无矛盾。我们将在第 4 章通过唯一性定理证明这一命题。

尽管式(3-2-3)和式(3-2-5)均可用于静电场能量的计算，但前者表示式中的被积

函数不能代表静电场能量密度。因为该表示式基于电荷分布计算电场能量，积分区域只需限于电荷分布区域即可，而电场不仅存在于电荷分布区域，同时也存在于无电荷的空间区域。后者基于电场分布计算能量，其被积函数代表了单位体积中静电场能量密度。根据能量密度的物理含义，从而得到静态电场能量密度函数为

$$w_e(\boldsymbol{r})=\frac{1}{2}\boldsymbol{E}(\boldsymbol{r})\cdot\boldsymbol{D}(\boldsymbol{r}) \tag{3-2-6}$$

如果空间为均匀线性各向同性介质，$\boldsymbol{D}=\varepsilon\boldsymbol{E}$，电场能量密度为

$$w_e(\boldsymbol{r})=\frac{1}{2}\varepsilon\boldsymbol{E}^2(\boldsymbol{r}) \tag{3-2-7}$$

作为电荷体系的总能量或空间静态电场能量的计算公式，式(3-2-3)和式(3-2-5)等效，其结果相等。但两式在实际应用中，各有其方便之处。例如，将式(3-2-3)应用于导体系，由于导体电位为常数，从而得到带电导体系的能量可表示为

$$W_e=\frac{1}{2}\iiint_V\phi(\boldsymbol{r})\rho(\boldsymbol{r})\mathrm{d}V=\frac{1}{2}\sum\oiint_{S_i}\phi_i\rho_S\mathrm{d}S=\frac{1}{2}\sum\phi_iq_i \tag{3-2-8}$$

式中：q_i 为导体系的电荷量；ϕ_i 为导体系相对于同一参考点的电位。

【例 3.3】 平行板电容器长度为 l，宽度为 b，间距为 d。电容器两板极之间的部分区域充满了介电常数为 ε 的介质。如果将平行板电容器接入电压为 V_0 的直流电源，求忽略边缘效应时电容器的储能。

解 采用静电场分布求静电场能量。忽略平行板电容器的边缘效应，并设电容器中介质填充的长度为 x，如图 3-8 所示。两板极之间的电场为

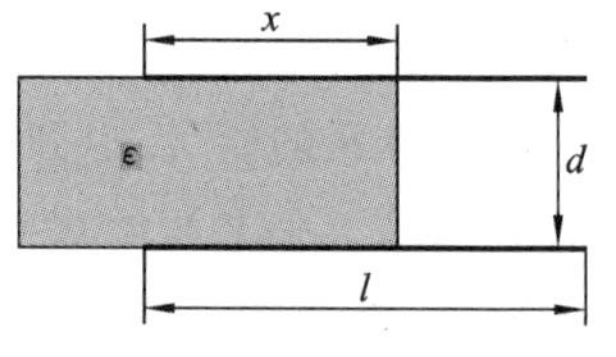

图 3-8 电容器的储能

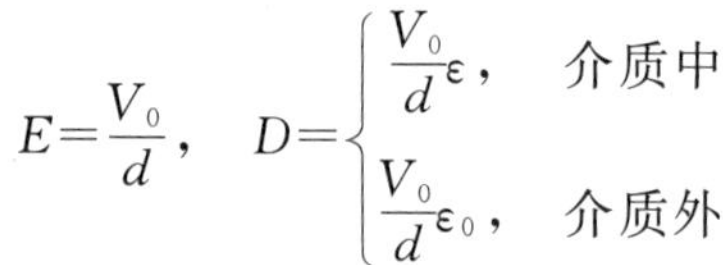

$$E=\frac{V_0}{d},\quad D=\begin{cases}\dfrac{V_0}{d}\varepsilon, & \text{介质中}\\[2mm] \dfrac{V_0}{d}\varepsilon_0, & \text{介质外}\end{cases}$$

其储存电能为

$$W_e=\frac{1}{2}\iiint_V w_e(\boldsymbol{r})\mathrm{d}V=\frac{1}{2}\left(\frac{V_0}{d}\right)^2db[\varepsilon_0(l-x)+\varepsilon x]$$

同样也可以用电荷分布求电容器的储能，请读者自己完成。

3.2.2 静电作用力

静电场对置于其中的电荷有力的作用。电荷体在电场中受到的作用力，原则上可以利用库仑定律求得。然而对于复杂荷电体系，其作用力的分析计算涉及大量的矢量的求和运算，计算复杂，应用麻烦。

静电场能量的分析，给我们提供了计算电场中电荷体系所受作用力的启示。事实上，在分析电荷体系储存的静电场能时，电荷体系的静电场能量源于电荷体系建立过程中外力克服静电力所做的功。不同空间结构的电荷体系具有不同的能量，可理解为外力克服电荷体系静电场力所做的功不同，于是电荷体系的能量与电荷体系的静电作用力建立了密切联系。

基于上述考虑，可以通过电荷体系所具有能量与电场力的联系，建立带电体系相互作用力的分析方法。为此，设空间有一确定几何结构的电荷体系，如图 3-9 所示，对应

的静电能为 W_e。假设在静电力的作用下，该电荷体系的空间几何结构有虚拟的微小变化，静电力所做的虚功为

$$\delta A=\boldsymbol{F}\cdot\delta\boldsymbol{l}$$

根据能量守恒原理，该虚功必然等于电荷体系能量的减少量，据此可以求得电场的静电作用力。这一分析方法称为虚功原理分析方法。这里的虚功，是指空间电荷体系几何结构虚拟的位移变化，电荷体系能量的改变量，即静电力所做的虚拟功。通过以上分析，我们可以建立如下关系：

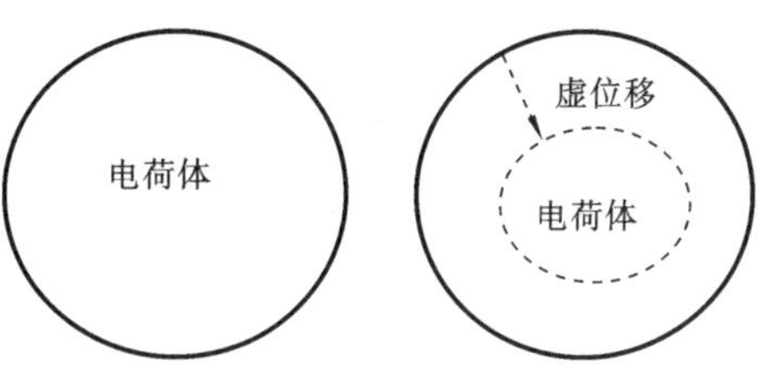

图 3-9　虚功原理

$$\delta A=\boldsymbol{F}\cdot\delta\boldsymbol{l}=-\delta W_e$$

利用上述关系式，令 $\delta\boldsymbol{l}$ 分别取坐标变量的虚拟微小变化，即 $\delta\boldsymbol{l}$ 分别取 $\hat{e}_x\delta x$、$\hat{e}_y\delta y$、$\hat{e}_z\delta z$，得到静电作用力一般表示式为

$$\boldsymbol{F}=-\left(\hat{e}_x\frac{\delta W_e}{\delta x}+\hat{e}_y\frac{\delta W_e}{\delta y}+\hat{e}_z\frac{\delta W_e}{\delta z}\right)=-\nabla W_e \tag{3-2-9}$$

虚功原理给出了计算电场力的普适公式。其最大优点在于避免了库仑定律计算电场力过程中矢量运算的麻烦。作为静电作用力式(3-2-9)的应用，下面讨论其应用于带电导体系的情况。首先讨论导体系电荷保持不变。结合导体系能量表示式，带电导体系静电力为

$$\boldsymbol{F}=-\nabla W_e\big|_{q=\text{常数}}=-\frac{1}{2}\sum_i\oint\!\!\!\oint_{S_i}\nabla\phi_i\rho_{Si}\,\mathrm{d}\boldsymbol{S}=\frac{1}{2}\sum_i\oint\!\!\!\oint_{S_i}\rho_{Si}\boldsymbol{E}\,\mathrm{d}\boldsymbol{S}=\sum_i\oint\!\!\!\oint_{S_i}\boldsymbol{f}\,\mathrm{d}\boldsymbol{S} \tag{3-2-10}$$

从而得到单位导体表面积受到的静电力为

$$\boldsymbol{f}=\frac{1}{2}\rho_S\boldsymbol{E}\big|_{\text{导体表面}} \tag{3-2-11}$$

需要指出的是，式(3-2-11)中的 $\boldsymbol{E}|_{\text{导体表面}}$ 为系统总电荷在导体表面处产生的电场。初看起来，这与应用库仑定律得到的结果不一致。因为根据库仑定律，导体面上单位面电荷所受到的静电力应该是 $\rho_S\boldsymbol{E}'|_{\text{导体表面}}$，没有式(3-2-11)中 $\frac{1}{2}$ 因子。但要注意到库仑定律中的电场 $\boldsymbol{E}'|_{\text{导体表面}}$ 应不含受力面元自身面电荷产生的电场。利用电场的高斯定理，可以证明导体表面单位表面积的面电荷在其表面处产生的电场为导体总面电荷在该面元表面产生电场的一半，两者一致。即导体单位面电荷在贴近表面处产生的电场为总面电荷在同一处产生电场的一半，即

$$\boldsymbol{E}'\big|_{\text{导体表面}}=\frac{1}{2}\boldsymbol{E}\big|_{\text{导体表面}} \tag{3-2-12}$$

另一种常见的应用情况是导体系与电源保持连接，导体系中各单元在空间位形或结构发生变化。各导体单元的电位保持常数而所带电荷量可能发生变化，电源需对导体系做功，其值为

$$\delta W=\sum\left[\oint\!\!\!\oint_{S_i}\phi_i\delta\rho_{Si}\,\mathrm{d}S\right]=\sum\phi_i\oint\!\!\!\oint_{S_i}\delta\rho_{Si}\,\mathrm{d}S=\sum\phi_i\delta q_i \tag{3-2-13}$$

其中的一部分为电源克服导体系静电力输运电荷所做的功，并转化为电荷体系的静电场能；另外一部分为导体系的几何位置与形态变化，电源克服静电力所做的功。利用式

(3-2-8)和能量守恒定律得

$$\boldsymbol{F}\cdot\delta\boldsymbol{l}=\delta W-\delta W_e=\sum\phi_i\delta q_i-\frac{1}{2}\sum\phi_i\delta q_i=\delta W_e\big|_{\phi=常数} \tag{3-2-14}$$

从而得

$$\boldsymbol{F}=\nabla W_e\big|_{\phi=常数} \tag{3-2-15}$$

【例 3.4】 在图 3-8 中,加多大的作用力才能将介质板拉出,力的方向如何。

解 当平行板电容器接入电压为 V_0 的直流电源,电源对电容器做功,使电容器两板上存在大小相等、符号相反的电荷。由于极化的作用,平行板极对介质施以静电力作用,其大小为

$$\boldsymbol{F}=\nabla W_e=\hat{e}_x\frac{\partial W_e}{\partial x}=\hat{e}_x\frac{1}{2}(\varepsilon-\varepsilon_0)\left(\frac{V_0}{d}\right)^2 bd$$

要使得外加力能够拉出介质板,外加力不得小于 $\boldsymbol{F}$ 的大小,其方向与静电作用力相反。

3.3* 导体系的电容

3.3.1 导体的电容及电容器

线性均匀各向同性介质中导体的电位为常数,并且已经证明了孤立导体所带电荷量与其电位之比值满足如下线性关系:

$$C=\frac{q}{\phi} \tag{3-3-1}$$

其物理意义可以理解为升高单位电位导体所能存储的电荷量。该比值不随电荷量或电位的改变而改变。但对于不同几何形状的导体或同一导体处在不同介电常数的空间中,C 有不同的值。例如,自由空间带等量电荷的导体球和圆盘对于相同参考点的电位不同,两者的 C 也不相同。因此,比值 C 描述了与孤立导体几何形状以及导体所处空间介电常数相关的某个物理量,称其为孤立导体的电容,其单位是法拉,简称法,缩写 F。

电容器是由两个分隔的导体系构成,导体之间为真空或由介质填充,如图 3-10 所示。电容器的电容定义为双导体单位电位差所存储的电荷量,即

$$C=\frac{Q}{V_{AB}}\quad(库仑/伏特=法拉) \tag{3-3-2}$$

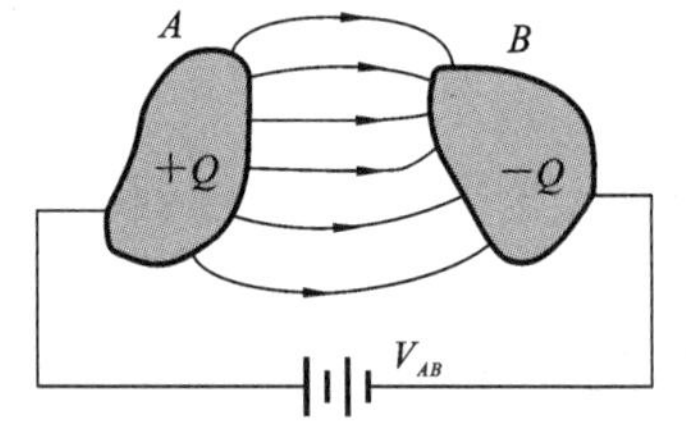

图 3-10　电容器电容

与孤立导体电容一样,很容易证明电容器的电容只与两导体的空间结构及形状,以及导体间介质的电磁特性有关,与导体的带电量、电位差的高低无关,是描述在单位电位差下特定双导体结构能够储藏电荷量的物理参数。

从电容器角度理解孤立导体电容,孤立导体电容的实质是导体与无穷远处接地导体构成的电容器之电容。式(3-3-1)中的 ϕ 一般以无穷远点作为零电位参考点。

电容器有着广泛的用途。从图 3-10 不难看出,电容器是实现各种不同空间分布电场的有效途径。这不仅得益于导体的几何形状易于加工,也得益于导体所带电量便于调控。在现代电路与系统中,实现各种功能的电路与系统模块均由导线、器件、功能芯片等关联而成。电容器是其中必不可少而被广泛应用的电子元器件之一。利用电容器

在电路系统中的存储电荷(能量)的属性,以及电容器在充、放电过程中的工作特点,电容器主要用于谐振、滤波、旁路、去耦、储能等功能模块电路的设计中。

3.3.2 多导体系的电位系数

我们已证明孤立导体的电位与其所带电荷量之比为导体几何形状和空间介电常数的函数。如果介质空间中存在多个导体,导体系中各导体的电位与其所带电荷之间的关系将如何变化呢?例如,把一带负电的导体 B 移近带电导体 A,导体 A 和 B 的电荷分布发生改变,电导体 A 的电位将下降。由此可见,当存在多个导体时,某个导体的电位不仅与其自身带电量的多少有关,还与周围其他导体的位置、所带电荷的正负和多少有关。

为了得到导体系中各导体所带电荷与电位之间的关系,设线性介质空间中有 N 个带电导体,导体 i 的带电量为 q_i,如图 3-11 所示。各导体的电位与各个导体所带电荷之间的关系,可通过如下的方式得到:在导体系中首先给导体 k 独立充电到电荷量为 q_k,而其余导体均不带电。根据导体电位的特性,各个导体上的电位均为空间电场自参考点至该导体表面任意点的路径积,且积分与路径选择无关,仅与参考点和导体表面任意点有关。另一方面,当空间导体系的位置确定后,空间的电场正比于导体 k 所带的电荷量 q_k。因此,导体系中各导体有正比于电荷 q_k 的电位。导体 j 的电位可以表示为

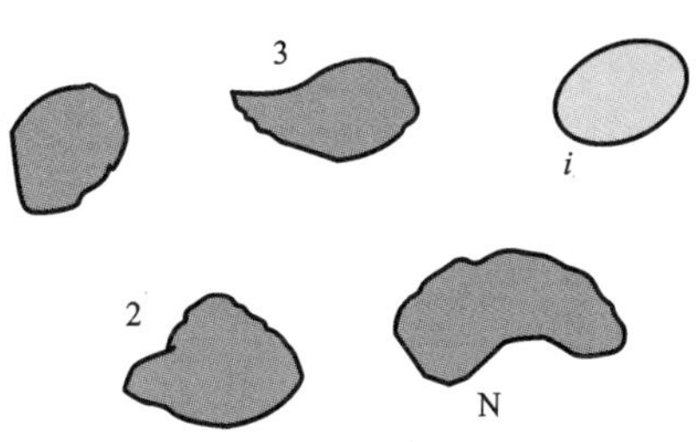

图 3-11 空间多个导体组成的导体系

$$\phi_{jk}=p_{jk}q_k,\quad j,k=1,2,\cdots,N \tag{3-3-3}$$

当整个导体系中每个导体均带电荷,且导体 i 的带电荷量为 q_i 时,根据线性叠加原理,导体 j 上的电位为导体系中所有导体所带电荷在导体 j 上产生电位的叠加,即

$$\phi_j=\sum_{k=1}^{N}\phi_{jk}=\sum_{k=1}^{N}p_{jk}q_k,\quad j,k=1,2,\cdots,N \tag{3-3-4a}$$

应用矩阵表示如下:

$$\begin{pmatrix}\phi_1\\ \phi_2\\ \vdots\\ \phi_N\end{pmatrix}=\begin{pmatrix}p_{11} & p_{12} & \cdots & p_{1N}\\ p_{21} & p_{22} & \cdots & p_{2N}\\ \vdots & \vdots & & \vdots\\ p_{N1} & p_{N2} & \cdots & p_{NN}\end{pmatrix}\begin{pmatrix}q_1\\ q_2\\ \vdots\\ q_N\end{pmatrix} \tag{3-3-4b}$$

其中

$$p_{jk}=\left(\frac{\phi_j}{q_k}\right),\quad j,k=1,2,3,\cdots,N \tag{3-3-5}$$

称为电位系数,p_{kk} 称为自电位系数,p_{ik} $(i\neq k)$称为互电位系数。它们只与导体系的形状和空间位形结构有关,与导体系中导体的带电量、电位无关。如果导体系电位系数求得,则可以计算出导体系中各导体所带电荷产生的电位。

将式(3-3-4a)代入式(3-2-8),静电场中导体系能量又可以表示为

$$W_e=\frac{1}{2}\sum\phi_i q_i=\frac{1}{2}\sum_i\sum_j p_{ij}q_j q_i \tag{3-3-6}$$

可见静电场中导体系的能量为电荷 q_i 的二次式,且与求和下标的先后次序无关,说明电位系数关于下标满足对称关系,即

$$p_{ij}=p_{ji} \tag{3-3-7}$$

利用电位系数的互易关系，容易证明导体系中 A 导体上的电荷在 B 导体上产生的电位等于 B 导体上同样的电荷在 A 导体上产生的电位。

3.3.3 电容系数和感应系数

上面的分析表明，导体系中某导体的电位不仅与系统中各导体所带电荷量有关，同时还与导体系的空间分布和几何形状有关。从能量角度看，这将导致同一静电场的能量，在不同空间分布和几何形状的导体系存储的电荷量不同；或者说不同空间分布与几何形状的导体系存储静态电场能量的能力不同。为此，同样引入导体系的电容来描述导体系容纳电荷量的能力。直接从式(3-3-4b)出发求逆，可得到导体系中各导体的电荷量为

$$\begin{pmatrix} q_1 \\ q_2 \\ \vdots \\ q_N \end{pmatrix} = \begin{pmatrix} \beta_{11} & \beta_{12} & \cdots & \beta_{1N} \\ \beta_{21} & \beta_{22} & \cdots & \beta_{2N} \\ \vdots & \vdots & & \vdots \\ \beta_{N1} & \beta_{N2} & \cdots & \beta_{NN} \end{pmatrix} \begin{pmatrix} \phi_1 \\ \phi_2 \\ \vdots \\ \phi_N \end{pmatrix} \tag{3-3-8}$$

系数矩阵$[\beta]=[p]^{-1}$反映了导体系存储电荷的能力的大小，它只与导体系的空间分布、几何结构与形状及空间的介电常数有关。

为了得到系数矩阵$[\beta]$，设想在导体系中用电源单独把导体 k 维持电位 $\phi_k(k=1,2,\cdots,N)$，其余导体一律接地，即 $[\phi]=[0,0,\cdots,\phi_k,0,0\cdots,0]^{\mathrm{T}}$，$[q]=[0,0,\cdots,q_k,0,0,\cdots,0]^{\mathrm{T}}$，如图 3-12 所示，则由式(3-3-8)得

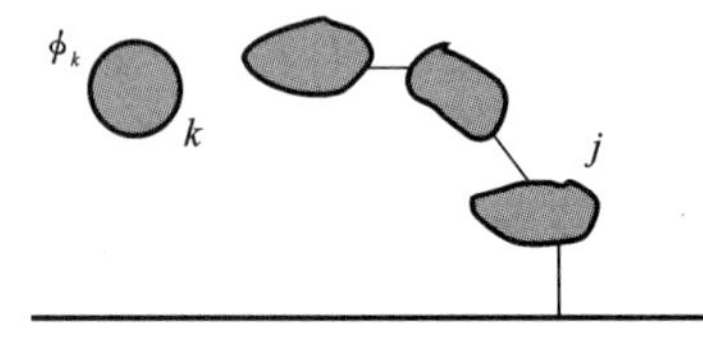

图 3-12 电容系数

$$q_j=\beta_{jk}\phi_k\big|_{\phi_1=\phi_2=\cdots=\phi_{k-1}=\phi_{k+1}=\cdots=\phi_N=0} \tag{3-3-9}$$

当 $j=k$ 时，比例系数

$$\beta_{kk}=\frac{q_k}{\phi_k}\bigg|_{\phi_1=\phi_2=\cdots=\phi_{k-1}=\phi_{k+1}=\cdots=\phi_N=0} \tag{3-3-10a}$$

称为电容系数。当 $j\neq k$ 时，比例系数

$$\beta_{jk}=\frac{q_j}{\phi_k}\bigg|_{\phi_1=\phi_2=\cdots=\phi_{k-1}=\phi_{k+1}=\cdots=\phi_N=0} \tag{3-3-10b}$$

称为感应系数，其中 q_j 是导体 k 维持电位 ϕ_k 时导体 j 上的感应电荷。

在上述的推导过程中，我们将大地作为零电位的参考点，当 $q_k>0$ 时，$\phi_k>0$，$\beta_{kk}>0$；当 $q_k<0$ 时，$\phi_k<0$，$\beta_{kk}>0$，电容系数恒为正。由于接地导体上的感应电荷 q_j 与 q_k 符号相反，且总感应电荷的负值应小于或等于 q_k，所以

$$\begin{cases} \beta_{jk}=\dfrac{q_j}{\phi_k}\bigg|_{\phi_1=\phi_2=\cdots=\phi_{k-1}=\phi_{k+1}=\cdots=\phi_N=0}<0, \quad j\neq k \\ \displaystyle\sum_{j=1}^{N}\beta_{jk}=\beta_{kk}+\sum_{j\neq k}\beta_{jk}=\frac{1}{\phi_k}\Big[q_k+\sum_{j\neq k}q_j\Big]\geqslant 0 \end{cases} \tag{3-3-11}$$

基于电容系数和感应系数，导体系能量又可以表示为

$$W_e=\frac{1}{2}\sum_i q_i\phi_i=\frac{1}{2}\sum_i\sum_j\beta_{ij}\phi_j\phi_i \tag{3-3-12}$$

利用能量的这一表示式，容易证明感应系数具有互易性。

3.3.4 部分电容概念

在导出式(3-3-8)时,前提条件是各导体的电位基于同一参考电位为基准。在实际应用中,导体上的电位往往不是基于同一参考基准,而是基于两导体间的电位差。为了适应这一情况的需要,将式(3-3-8)改写为如下形式:

$$\begin{aligned} q_n &= \sum_{k=1}^{N} \beta_{nk}\phi_k = (\beta_{n1}+\beta_{n2}+\cdots+\beta_{nN})\phi_n - \sum_{k\neq n}\beta_{nk}(\phi_n-\phi_k) \\ &= \sum_{k=1}^{N} C_{nk}V_{nk}, \quad n=1,N \end{aligned} \tag{3-3-13}$$

式中:V_{nk} 表示导体 n 与导体 $k(\neq n)$或参考点($k=n$)的电位差,其数值为

$$V_{nk}=\begin{cases}\phi_n, & k=n\\ \phi_n-\phi_k, & k\neq n\end{cases} \tag{3-3-14}$$

称 C_{nn} 为导体 n 自有部分电容,C_{nk} 为导体 n 与 k 之间的互有部分电容,其定义为

$$C_{nk}=\begin{cases}\sum_{j=1}^{N}\beta_{nj}, & k=n\\ -\beta_{nk}, & k\neq n\end{cases} \tag{3-3-15}$$

部分电容的单位为法,其数值取决于导体系中介质的介电常数及导体系的几何结构,而与电荷、电位的大小无关。图 3-13 给出了双导线和同轴电缆的部分电容。

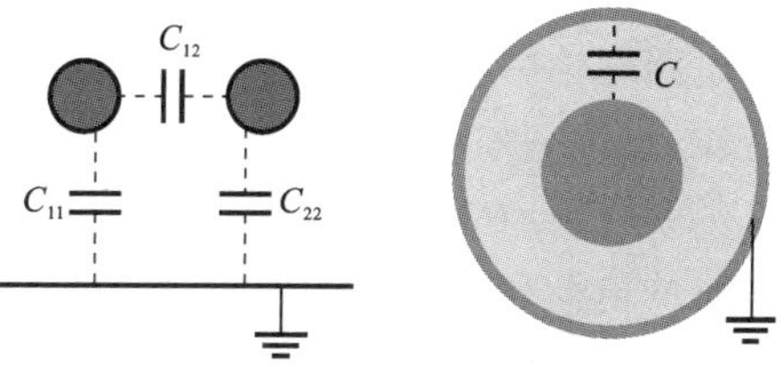

图 3-13 部分电容概念

导体系部分电容概念正是电容器电容概念的推广。电容器一般由两个导体构成,其电容量 C 只有在两导体的电位差不受其他导体存在而影响的情况下才有意义,这要求一个导体被另一导体完全屏蔽。例如,内、外半径分别为 a 和 b 的同轴传输线,外导体接地,如图 3-13 所示,内导体可视为被外导体完全屏蔽,此时有 $\phi_1=V_{ab}$,$\phi_2=0$,而 $C_{11}=\beta_{11}+\beta_{12}=\frac{1}{\phi_1}(q_1+q_2)=0$($q_2$ 为外导体上的感应电荷,与 q_1 等量而异号)。单位长度同轴传输线上电荷与电位满足

$$\begin{cases} q_1=C_{11}\phi_1+C_{12}(\phi_1-\phi_2)=C_{12}\phi_1\\ q_2=C_{21}(\phi_2-\phi_1)+C_{22}\phi_2=-C_{12}\phi_1\end{cases} \tag{3-3-16}$$

如果忽略同轴传输线两端的边缘效应,内外导体互有部分电容为

$$C_{12}=\frac{q_1}{\phi_1}=\frac{\rho_l}{V_{ab}}=\frac{\rho_l}{\int_a^b E_\rho \mathrm{d}\rho}=\frac{\rho_l}{\int_a^b \frac{\rho_l}{2\pi\varepsilon\rho}\mathrm{d}\rho}=\frac{2\pi\varepsilon}{\ln b-\ln a}$$

这正是单位长度同轴传输线的电容。由此可见,电容器的电容实际上是两导体之间的互有部分电容。如果传输线的外导体不接地,$C_{11}=\beta_{11}+\beta_{12}=\frac{1}{\phi_1}(q_1+q_2)\neq 0$,$\phi_1$、$\phi_2$ 分别为内外导体与无穷远或接地导体的电位,此时式(3-3-16)应改写为

$$\begin{cases} q_1=C_{11}\phi_1+C_{12}(\phi_1-\phi_2)=q_{11}+q_{12}\\ q_2=C_{21}(\phi_2-\phi_1)+C_{22}\phi_2=q_{22}-q_{12}\end{cases} \tag{3-3-17}$$

上式表明,内、外导体上的电荷 q_1、q_2 由两部分组成,其中一部分为与两导体互有电容

相联系的等量异号电荷 q_{12}、$-q_{12}$，另一部分为与两导体(与无穷远或参考点)自有电容相联系的电荷 q_{11}、q_{22}，因而 $q_1 \neq q_2$。在这种情况下，电容器的电容 C 就不能表示导体上电位与电荷量之间的关系，必须应用部分电容概念来描述。

3.4* 恒定电流的电场

3.4.1 恒定电流与恒定电场

在静电平衡条件下，导体内部电场为零，导体为等势体，没有电荷的流动，电流恒为零。而实际中的导体内部电场可以不为零，如电路或系统模块中连接导线内、电力传输线内的电场均可以不为零。电场不为零的导体内必然存在电流。当导体中存在大小和方向不随时间变化的恒定电流时，电流连续性原理要求导体内电荷分布不随时间的变化而变化。因此，维持导体中电流恒定条件是

$$\nabla \cdot \boldsymbol{J}(\boldsymbol{r}) = 0 \quad 或 \quad \oint\!\!\!\oint_S \boldsymbol{J} \cdot \mathrm{d}\boldsymbol{S} = 0 \tag{3-4-1}$$

即导体中的电流线闭合。如果将方程(3-4-1)应用于电路网络中的节点，可表示为

$$\sum_{k=1}^{N} I_k = 0 \tag{3-4-2}$$

此即电路理论中基尔霍夫(Gustav Robert Kirchhoff，1824—1887 年，德国物理学家)第一定律，又称基尔霍夫电流定律。

另一方面，在恒定电流条件下，导体内存在不随时间变化的电荷分布，这些不随时间变化的电荷在导体中产生不随时间变化的电场，称为恒定电场。由于恒定电场源于不随时间变化电荷的激发，它与静电场有相同的基本特性。如果把导体中恒定电场记为 $\boldsymbol{E}(\boldsymbol{r})$，恒定电场满足如下方程：

$$\oint_L \boldsymbol{E}(\boldsymbol{r}) \cdot \mathrm{d}\boldsymbol{l} = 0 \Rightarrow \nabla \times \boldsymbol{E}(\boldsymbol{r}) = \boldsymbol{0} \tag{3-4-3}$$

即恒定电场 $\boldsymbol{E}(\boldsymbol{r})$ 为无旋场，可以用电位或电势函数的梯度表示。

3.4.2 欧姆定律

实验表明，通过某一段导体截面上的电流强度与该段导体两端的电势差成正比，此即欧姆定律，数学表述如下：

$$I = GU \quad 或 \quad U = RI \tag{3-4-4}$$

式中：U 是导体两端的电势差，或称为电压；G 是比例系数，称为电导，其单位是西门子，简称西，缩写 S；R 是电导 G 的倒数，称为电阻，单位欧姆，简称欧，缩写 Ω。

电阻值由导体的材料和结构确定。进一步的实验还证明，由一定材料制成、横截面均匀的线状导体的电阻 R 与导体段的长度 l 成正比，与导体的横截面积成反比，即

$$R = \frac{l}{\sigma s} \tag{3-4-5}$$

如果导体的横截面不均匀，式(3-4-5)变为积分形式，即

$$R = \int_l \frac{\mathrm{d}l}{\sigma s(l)} \tag{3-4-6}$$

其中，σ 为电导率，其单位是西门子/米，缩写 S/m。

【例 3.5】 如图 3-14 所示的同心导体球之间充满电导率为 σ 的均匀导电介质，σ 远小于导体的电导率。计算内导体球表面与外部导体球壳内表面之间的电阻。

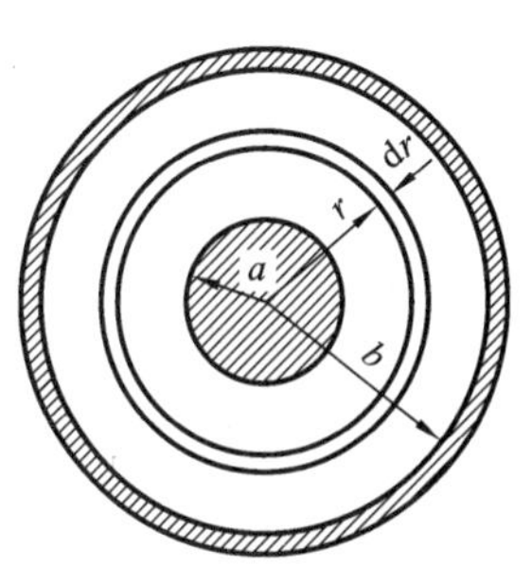

图 3-14 导电球的电阻

解 根据式(3-4-6)，内外导体球之间任意半径 r 处，厚度为 dr 的导电介质的电阻为

$$\mathrm{d}R=\frac{\mathrm{d}r}{4\pi r^2\sigma}$$

总电阻为

$$R=\int_a^b\frac{\mathrm{d}r}{4\pi r^2\sigma}=\frac{1}{4\pi\sigma}\left[\frac{1}{a}-\frac{1}{b}\right]\ (\Omega)$$

式(3-4-4)是导体中电流、电压和电阻之间的宏观规律。由于导体中任意点电流密度矢量的方向与该点电场强度方向相同，在电导率为 σ 的导体内沿电流密度方向取一小圆柱体，令其长度为 $\Delta l=1$，截面积为 $\Delta s=1$，$R=\dfrac{\Delta l}{\sigma\Delta s}=\dfrac{1}{\sigma}$。将 U、I、R 代入式(3-4-4)，得到线性均匀导体中电流密度矢量与电场之间存在简单的线性关系，即

$$\boldsymbol{J}(\boldsymbol{r})=\sigma\boldsymbol{E}(\boldsymbol{r}) \tag{3-4-7}$$

上式为欧姆定律的微分形式。

利用欧姆定律和电流连续性原理，容易得到均匀导体中恒定电场满足：

$$\nabla\cdot\boldsymbol{J}(\boldsymbol{r})=\sigma\nabla\cdot\boldsymbol{E}(\boldsymbol{r})=0\Rightarrow\nabla\cdot\boldsymbol{E}(\boldsymbol{r})=0 \tag{3-4-8}$$

这说明均匀导体内恒定电场的力线是闭合的，导体内没有净余电荷的分布，电荷只可能分布在导体的表面。

3.4.3 电源与电动势

利用欧姆定律，求得导体中电场对于恒定电流做功的功率密度为

$$p=\boldsymbol{E}\cdot\boldsymbol{J}(\boldsymbol{r})=\sigma\boldsymbol{E}^2(\boldsymbol{r}) \tag{3-4-9}$$

该部分功率完全转变为焦耳热耗散，即所谓的电流热效应。物理上可以理解为恒定电流中的电子在移动过程中与原子核发生碰撞，使原子核热运动所耗散的能量。由于恒定电流在传导过程中存在能量的耗散，如果没有外加能源，保持电流的恒定是不可能的。

事实上，正电荷在电场力作用下自高电位移向低电位的过程中，不再能够从低电位回到高电位，这必然导致电荷堆积，破坏恒定条件。因此，只有恒定电场是不能维持恒定电流的。要维持恒定电流，必须有非恒定的电场力对电荷做功，使电荷逆着恒定电场力的方向移动返回高电位，如图 3-15 所示。提供非静电力的装置称为电源，用 $\boldsymbol{K}$ 表示电源作用在单位正电荷上的非静电力，它只存在于电源内部。

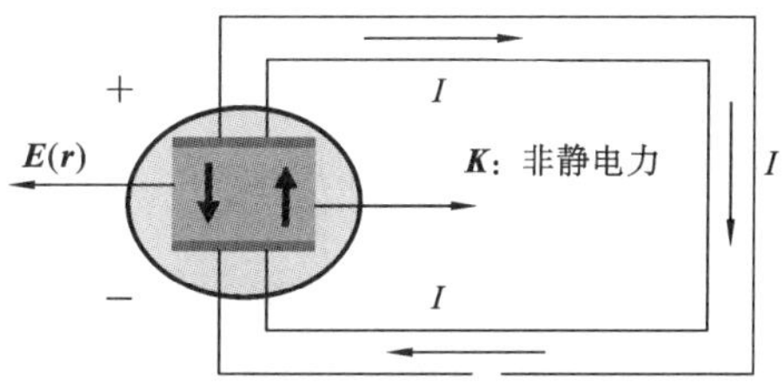

图 3-15 电源的原理图

为了定量描述电源将电荷从低电位(称为电源的负极)送回高电位(称为电源的正极)的能力，引入电动势 ε 概念，定义为把单位正电荷从低电位送回高电位非静电力所

做的功,即

$$\varepsilon = \int_{电源内} \boldsymbol{K} \cdot \mathrm{d}\boldsymbol{l} + \int_{电源外} \boldsymbol{E} \cdot \mathrm{d}\boldsymbol{l} = \oint_{导体回路} \boldsymbol{K} \cdot \mathrm{d}\boldsymbol{l} \tag{3-4-10}$$

电动势是表征电源本身特征的物理量,与外部导体回路的性质及其是否连接无关。

在恒定电流情况下,在电源内部,电源的非静电力克服恒定电场力,将正电荷由电源的负极迁移到电源的正极;在电源外部,恒定电场决定着导体中电流密度的分布,形成导体回路外部的电流,并把电源提供的能量转化为电阻耗散的热能。恒定电场力和非静电力作为一个整体,共同保证回路中电流的连续性和闭合性。因此,导体回路中电流密度矢量应该表示为

$$\boldsymbol{J}(\boldsymbol{r}) = \sigma(\boldsymbol{E} + \boldsymbol{K}) \tag{3-4-11}$$

上式称为普遍意义下的欧姆定律。

将式(3-4-10)用于由电源、元器件、导体组成的回路上,得

$$\sum_{k=1}^{N} V_k + \sum_{j=1}^{M} \varepsilon_j = 0 \tag{3-4-12}$$

式中:V_k 为回路中第 k 个元器件上的电压降,ε_j 则为回路中第 j 个电源的电动势。其物理意义是:对于任一闭合回路中,各元件上的电压降的代数和等于电动势的代数和,即沿回路绕行一周,各段电压的代数和为零,此即电路理论中基尔霍夫第二定律,又称基尔霍夫电压定律。

3.4.4 恒定电场的方程

综合上述的讨论,导体中恒定电场满足如下方程:

$$\begin{cases} \oint_L \boldsymbol{E}(\boldsymbol{r}) \cdot \mathrm{d}\boldsymbol{l} = 0 \\ \oiint_S \boldsymbol{J}(\boldsymbol{r}) \cdot \mathrm{d}\boldsymbol{S} = 0 \end{cases} \quad 或 \quad \begin{cases} \nabla \times \boldsymbol{E}(\boldsymbol{r}) = \boldsymbol{0} \\ \nabla \cdot \boldsymbol{J}(\boldsymbol{r}) = 0 \end{cases} \tag{3-4-13}$$

由于导体中维持恒定电流的电场是无旋场,引入电位函数 $\phi(\boldsymbol{r})$,并设 $\boldsymbol{E}(\boldsymbol{r}) = -\phi(\boldsymbol{r})$,得到势函数满足的方程为

$$\nabla^2 \phi(\boldsymbol{r}) = \begin{cases} 0, & 电源外部 \\ \nabla \cdot \boldsymbol{K}, & 电源内部 \end{cases} \tag{3-4-14}$$

它仍然是一泊松方程(或拉普拉斯方程)。

利用电流连续性方程和恒定电场任意闭合环路的旋量为零特性,得到恒定电场在两导体的交界面上满足的边界条件为

$$\sigma_1 \left(\frac{\partial \phi_1}{\partial n} \right) \bigg|_S = \sigma_2 \left(\frac{\partial \phi_2}{\partial n} \right) \bigg|_S \quad 或 \quad \phi_1 |_S = \phi_2 |_S \tag{3-4-15}$$

式(3-4-14)和式(3-4-15)一同构成求解恒定电场的定解问题。

3.5 恒定电流的磁场

3.5.1 磁矢势及其方程

恒定电流激发恒定磁场,恒定磁场为无散矢量场。描述空间磁场的大小和方向的

量是磁感应强度，其散度和旋度由磁场高斯定理和安培环路定律给出，即

$$\begin{cases}\oint_L \boldsymbol{H}(\boldsymbol{r})\cdot \mathrm{d}\boldsymbol{l}=\iint_S \boldsymbol{J}(\boldsymbol{r})\cdot \mathrm{d}\boldsymbol{S}\\ \oiint_S \boldsymbol{B}(\boldsymbol{r})\cdot \mathrm{d}\boldsymbol{S}=0\end{cases} \quad 或 \quad \begin{cases}\nabla\times\boldsymbol{H}(\boldsymbol{r})=\boldsymbol{J}(\boldsymbol{r})\\ \nabla\cdot\boldsymbol{B}(\boldsymbol{r})=0\end{cases} \tag{3-5-1}$$

式中：$\boldsymbol{B}$ 为磁感应强度，与电场中的电场强度对应；$\boldsymbol{H}$ 为磁场强度，是辅助量，与电位移矢量对应。对于线性各向同性均匀介质，$\boldsymbol{B}$ 与 $\boldsymbol{H}$ 之间存在简单的线性关系：

$$\boldsymbol{B}(\boldsymbol{r})=\mu_0\boldsymbol{H}(\boldsymbol{r})+\boldsymbol{M}(\boldsymbol{r})=\mu\boldsymbol{H}(\boldsymbol{r}) \tag{3-5-2}$$

其中，$\mu=\mu_0(1+\chi_m)=\mu_r\mu_0$，称为介质的磁导率。因此，线性各向同性均匀介质中磁场强度和磁感应强度均是无散场。

利用无散矢量场的特性，引入辅助矢量函数 $\boldsymbol{A}(\boldsymbol{r})$，$\boldsymbol{B}(\boldsymbol{r})$ 可以表示为

$$\boldsymbol{B}(\boldsymbol{r})=\nabla\times\boldsymbol{A}(\boldsymbol{r}) \tag{3-5-3}$$

称 $\boldsymbol{A}(\boldsymbol{r})$ 为磁矢势。将斯托克斯公式应用于式(3-5-3)，得到磁矢势与磁感应强度之间满足如下关系：

$$\iint_S \boldsymbol{B}(\boldsymbol{r})\cdot \mathrm{d}\boldsymbol{S}=\iint_S \nabla\times\boldsymbol{A}(\boldsymbol{r})\cdot \mathrm{d}\boldsymbol{S}=\oint_l \boldsymbol{A}(\boldsymbol{r})\cdot \mathrm{d}\boldsymbol{l} \tag{3-5-4}$$

其中，l 为曲面 S 的边界。该式说明，$\boldsymbol{B}(\boldsymbol{r})$ 对于任意曲面的通量等于 $\boldsymbol{A}(\boldsymbol{r})$ 对于该曲面边界的环量。

根据矢量的亥姆霍兹定理，仅仅知道矢量场的旋度(或散度)不能唯一确定矢量场。由式(3-5-3)引入的磁矢势 $\boldsymbol{A}(\boldsymbol{r})$，只确定了旋度，没有确定散度，故由式(3-5-3)引入的磁矢势 $\boldsymbol{A}(\boldsymbol{r})$ 不具有唯一性。例如，$\boldsymbol{A}(\boldsymbol{r})$ 是磁感应强度 $\boldsymbol{B}(\boldsymbol{r})$ 所对应的矢势，其附加任意标量函数 $\phi(\boldsymbol{r})$ 的梯度得到新的磁矢势 $\boldsymbol{A}'(\boldsymbol{r})=\boldsymbol{A}(\boldsymbol{r})\pm\nabla\phi(\boldsymbol{r})$ 仍为磁感应强度 $\boldsymbol{B}(\boldsymbol{r})$ 的磁矢势，即

$$\boldsymbol{B}(\boldsymbol{r})=\nabla\times\boldsymbol{A}'(\boldsymbol{r})=\nabla\times[A(\boldsymbol{r})\pm\nabla\phi(\boldsymbol{r})]=\nabla\times\boldsymbol{A}(\boldsymbol{r})$$

这对磁矢势的应用带来不便。为了使 $\boldsymbol{A}(\boldsymbol{r})$ 与 $\boldsymbol{B}(\boldsymbol{r})$ 有唯一对应关系，需对 $\boldsymbol{A}(\boldsymbol{r})$ 的散度附加约束条件，比如附加辅助条件 $\nabla\cdot\boldsymbol{A}(\boldsymbol{r})=0$，则 $\boldsymbol{A}(\boldsymbol{r})$ 唯一确定，且与 $\boldsymbol{B}(\boldsymbol{r})$ 一一对应。需要说明的是，这里对磁矢势散度附加约束条件只是为了使 $\boldsymbol{A}(\boldsymbol{r})$ 与 $\boldsymbol{B}(\boldsymbol{r})$ 具有唯一对应关系，称这种对磁矢势散度的约束为一种规范，我们将在第 5 章进一步分析讨论。

对式(3-5-3)求旋度，并利用 $\nabla\times\boldsymbol{B}(\boldsymbol{r})=\mu\boldsymbol{J}(\boldsymbol{r})$，得到磁矢势 $\boldsymbol{A}(\boldsymbol{r})$ 满足

$$\nabla^2\boldsymbol{A}(\boldsymbol{r})=-\mu\boldsymbol{J}(\boldsymbol{r}) \tag{3-5-5}$$

这是一个矢量泊松方程。在直角坐标系中，该方程包含有 3 个标量泊松方程。因此，引入磁矢势 $\boldsymbol{A}(\boldsymbol{r})$ 后，可以通过势函数的求解实现对磁感应强度的求解。

3.5.2 磁矢势的边界条件

磁矢势在边界上满足的条件，可从磁感应强度和磁场强度满足的边界条件

$$\begin{cases}\hat{n}\cdot(\boldsymbol{B}_2-\boldsymbol{B}_1)=0\\ \hat{n}\times(\boldsymbol{H}_2-\boldsymbol{H}_1)=\boldsymbol{J}_S\end{cases} \tag{3-5-6}$$

导出。将式中磁感应强度和磁场强度用磁矢势替换得到

$$\begin{cases}\hat{n}\cdot(\nabla\times\boldsymbol{A}_2-\nabla\times\boldsymbol{A}_1)=0\\ \hat{n}\times\left(\dfrac{1}{\mu_2}\nabla\times\boldsymbol{A}_2-\dfrac{1}{\mu_1}\nabla\times\boldsymbol{A}_1\right)=\boldsymbol{J}_S\end{cases}\tag{3-5-7}$$

式中包含了旋度运算,不便直接应用于边界条件,还需要通过进一步的简化处理,才能得到更明晰的边界条件。将式(3-5-4)应用于交界面两侧四边形的回路积分,参考图3-2,并使回路短边趋于零,长边无限贴近媒质的分界面,即得媒质分界面两侧磁矢势切向分量连续。另一方面,将磁矢势约束条件

$$\nabla\cdot\boldsymbol{A}(\boldsymbol{r})=0\Rightarrow\oint\!\!\!\oint_S\boldsymbol{A}(\boldsymbol{r})\cdot\mathrm{d}\boldsymbol{S}=0$$

应用于交界面上扁平圆盘,参考图 2-15,很容易得到媒质分界面两侧磁矢势法向分量连续。综合得到磁矢势在媒质分界面两侧满足

$$\left.\begin{cases}\oint_l\boldsymbol{A}(\boldsymbol{r})\cdot\mathrm{d}\boldsymbol{l}=0\Rightarrow A_{1t}=A_{2t}\\ \oint\!\!\!\oint_S\boldsymbol{A}(\boldsymbol{r})\cdot\mathrm{d}\boldsymbol{S}=0\Rightarrow A_{1n}=A_{2n}\end{cases}\right\}\Rightarrow(A_2-A_1)|_S=0\tag{3-5-8}$$

3.5.3 磁矢势的定解问题

上述讨论表明,磁矢势 $\boldsymbol{A}(\boldsymbol{r})$ 与电位 $\phi(\boldsymbol{r})$ 满足同一类方程,这也是预料之中的结果。因为静态电场和恒定电流的磁场均与时间无关,属于静态物理问题。而描述静态物理问题的数学方程为泊松方程。因此,磁矢势满足的式(3-5-5)与边界条件式(3-5-7)一同构成恒定电流磁场的磁矢势的定解问题

$$\begin{cases}\nabla^2\boldsymbol{A}(\boldsymbol{r})=-\mu\boldsymbol{J}(\boldsymbol{r})\\ \hat{n}\times\left(\dfrac{\nabla\times\boldsymbol{A}_2}{\mu_2}-\dfrac{\nabla\times\boldsymbol{A}_1}{\mu_1}\right)_S=\boldsymbol{J}_S\\ \text{或}(\boldsymbol{A}_2-\boldsymbol{A}_1)|_S=0\\ \text{或}(\boldsymbol{A}_2-\boldsymbol{A}_1)|_{S_1}=0,\quad\hat{n}\times\left(\dfrac{\nabla\times\boldsymbol{A}_2}{\mu_2}-\dfrac{\nabla\times\boldsymbol{A}_1}{\mu_1}\right)_{S_2}=\boldsymbol{J}_S\\ S=S_1\cup S_2\end{cases}\tag{3-5-9}$$

将上式与静电场定解问题式(3-1-16)比较,两者形式完全相同;唯一不同的是电位函数满足的是标量泊松方程,磁矢势满足的是矢量泊松方程。因此,可以预期磁矢势与电位有相同的求解方法和相类似的求解结果。

作为磁矢势的特例,通过类比电位函数的求解方法获得点电流源、体电流产生的磁矢势。如线性均匀无界媒质空间 $\boldsymbol{r}_0(x_0,y_0,z_0)$ 处点电流源

$$\boldsymbol{J}(x,y,z)=I_0\mathrm{d}\boldsymbol{L}\delta(x-x_0,y-y_0,z-z_0)\tag{3-5-10a}$$

产生的磁矢势为

$$\boldsymbol{A}(x,y,z)=\frac{\mu I_0\mathrm{d}\boldsymbol{L}}{4\pi\sqrt{(x-x_0)^2+(y-y_0)^2+(z-z_0)^2}}\tag{3-5-10b}$$

线性均匀无界媒质空间中 N 个点电流源

$$\boldsymbol{J}_i=I_i\mathrm{d}\boldsymbol{L}_i\delta(x-x_i,y-y_i,z-z_i),i=1,2,\cdots,N\tag{3-5-11a}$$

产生的磁矢势为

$$\boldsymbol{A}(x,y,z)=\frac{\mu}{4\pi}\sum_{i=1}^{N}\frac{I_i\mathrm{d}\boldsymbol{L}_i}{\sqrt{(x-x_i)^2+(y-y_i)^2+(z-z_i)^2}} \tag{3-5-11b}$$

其中，$\boldsymbol{r}_i(x_i,y_i,z_i)$为第 i 个点电流源的位置坐标；以及区域 V 上的连续体电流分布的磁矢势

$$\boldsymbol{A}(x,y,z)=\frac{\mu}{4\pi}\iiint_V\frac{\boldsymbol{J}(x',y',z')\,\mathrm{d}x'\mathrm{d}y'\mathrm{d}z'}{\sqrt{(x-x')^2+(y-y')^2+(z-z')^2}} \tag{3-5-12}$$

其中，$\boldsymbol{J}$ 为区域 V 内的电流密度函数。需要补充说明的是，两者结果具有类比性完全是因为它们满足同样的定解问题，即它们满足同样的方程、相同的边界条件，即在无穷远点均趋于零。

3.5.4 恒定电流磁场的标量磁位

尽管磁矢势和电位满足同样的方程，求解方法相同，但矢势求解毕竟比标量求解复杂，如果能用标量函数描述电流的磁场，求解将得到简化。在实际应用问题中，电流并不充满整个区域，也不必求出所有空间区域上的磁场，往往只需要求出空间区域某个部分磁场即可，这给应用标量函数来描述磁场提供了可能。

既然在电流分布的空间区域不能引入标量函数描述磁场，但在不包含电流的空间区中 $\boldsymbol{J}(\boldsymbol{r})=0$，磁场强度的旋度为零，即

$$\oint_L\boldsymbol{H}(\boldsymbol{r})\cdot\mathrm{d}\boldsymbol{l}=0\Rightarrow\nabla\times\boldsymbol{H}(\boldsymbol{r})=\boldsymbol{0} \tag{3-5-13}$$

在该区域中，可仿照静电场的方法引入标量函数 $\phi_m(\boldsymbol{r})$，将磁场强度表示为

$$\boldsymbol{H}(\boldsymbol{r})=-\nabla\phi_m(\boldsymbol{r}) \tag{3-5-14}$$

称 $\phi_m(\boldsymbol{r})$为磁标位函数。这样可通过 $\phi_m(\boldsymbol{r})$实现无电流分布区域中磁场强度的求解，给应用带来极大方便。如电磁铁两极之间的磁场分布问题，磁性介质中磁场分布问题均可采用磁标位函数方法进行求解。

由于 $\phi_m(\boldsymbol{r})$与静电场的电位 $\phi(\boldsymbol{r})$相似，因此有许多相似的特性。如可以用等值面（磁位面）来形象地表示磁场；磁场的方向与等磁位面相垂直；$\phi_m(\boldsymbol{r})$可以用磁场的路径积分

$$\phi_m(\boldsymbol{r}_p)-\phi_m(\boldsymbol{r}_0)=\int_{r_p}^{r_0}\boldsymbol{H}(\boldsymbol{r})\cdot\mathrm{d}\boldsymbol{l} \tag{3-5-15}$$

来表示等，其中 $\phi_m(\boldsymbol{r}_0)$为参考点的磁标位。

必须注意的是，式(3-5-14)和式(3-5-15)只在没有外加激励电流或传导电流的区域中成立。所以式(3-5-15)的值与积分路径的选择有关。但如果把传导电流的源区排除在区域以外，且积分回路都不在被传导电流所交链的无源单连通区域，式(3-5-15)的积分值就与路径无关。

在无电流分布的单通区域内，利用磁感应强度的无散特性和辅助量磁场强度的定义，得

$$\nabla\cdot\boldsymbol{B}(\boldsymbol{r})=\nabla\cdot[\mu_0\boldsymbol{H}(\boldsymbol{r})+\boldsymbol{M}(\boldsymbol{r})]=0 \tag{3-5-16}$$

如果把介质中的分子电流看作一对假想磁荷组成的磁偶极子，磁化将在介质中导致假想的磁荷再分布。类比极化电荷表示式，定义假想的磁荷密度为

$$\rho_m=-\nabla\cdot\boldsymbol{M}(\boldsymbol{r}) \tag{3-5-17}$$

将式(3-4-17)和式(3-4-14)代入式(3-5-16),即得磁标位满足的方程为

$$\nabla^2 \phi_m(\boldsymbol{r}) = -\frac{1}{\mu_0}\rho_m(\boldsymbol{r}) \tag{3-5-18}$$

利用标量磁位计算磁场,除了方程以外,还需要知道它在不同介质的分界面上满足的边界条件。利用介质分界面上磁场切线分量和磁感应强度矢量法线分量的连续条件,得到标量磁位在介质分界面上满足

$$\phi_m(\boldsymbol{r})|_S = \phi_{m2}(\boldsymbol{r})|_S = \psi(\boldsymbol{M}) \quad 或 \quad \left.\frac{\partial \phi_m}{\partial n}\right|_S = \frac{\mu_2}{\mu}\frac{\partial \phi_{m2}}{\partial n}|_S = \xi(\boldsymbol{M}) \tag{3-5-19}$$

式(3-4-18)和边界条件式(3-4-19)一起构成求解标量磁位的方程。

将静电场与恒定电流磁场满足的方程比较列于表 3-1,不难发现两者无论是位函数,还是其他相关辅助量的定义、方程、边界条件等的表示形式完全相同。因此,静电场的位函数方法可用于恒定电流磁场标量磁位的求解。

表 3-1　静电场与静磁场满足的方程比较

静电场	静磁场(无源区)
$\nabla\times\boldsymbol{E}(\boldsymbol{r})=\boldsymbol{0}$	$\nabla\times\boldsymbol{H}(\boldsymbol{r})=\boldsymbol{0}$
$\nabla\cdot\boldsymbol{E}(\boldsymbol{r})=\frac{1}{\varepsilon_0}(\rho+\rho_P)$	$\nabla\cdot\boldsymbol{H}(\boldsymbol{r})=\frac{1}{\mu_0}\rho_m$
$\rho_p=-\nabla\cdot\boldsymbol{P}(\boldsymbol{r})$	$\rho_m=-\nabla\cdot\boldsymbol{M}(\boldsymbol{r})$
$\boldsymbol{D}(\boldsymbol{r})=\varepsilon_0\boldsymbol{E}(\boldsymbol{r})+\boldsymbol{P}(\boldsymbol{r})$	$\boldsymbol{B}(\boldsymbol{r})=\mu_0\boldsymbol{H}(\boldsymbol{r})+\boldsymbol{M}(\boldsymbol{r})$
$\boldsymbol{E}(\boldsymbol{r})=-\nabla\phi(\boldsymbol{r})$	$\boldsymbol{H}(\boldsymbol{r})=-\nabla\phi_m(\boldsymbol{r})$
$\nabla^2\phi(\boldsymbol{r})=-\frac{1}{\varepsilon_0}(\rho+\rho_p)$	$\nabla^2\phi_m(\boldsymbol{r})=-\frac{1}{\mu_0}\rho_m$
$\phi(\boldsymbol{r})\|_S=\phi_2(\boldsymbol{r})\|_S=\psi(\boldsymbol{M})$ $\varepsilon\left.\frac{\partial\varphi}{\partial n}\right\|_S=\xi(\boldsymbol{M})$	$\phi_m(\boldsymbol{r})\|_S=\phi_{m2}(\boldsymbol{r})\|_S=\psi(\boldsymbol{M})$ $\mu\left.\frac{\partial\phi_m}{\partial n}\right\|_S=\xi(\boldsymbol{M})$

【例 3.6】　证明:$\mu\to\infty$的磁性介质为等磁位体。

证　所谓等磁位体,即磁性介质内由式(3-5-15)定义的磁位为常数的介质体。在该介质体中磁场恒为零,介质表面磁场的切向分量为零。以下标 1 代表磁性介质,下标 2 代表非磁性介质空间。由磁感应强度与磁场强度关系式

$$\boldsymbol{B}_2=\mu_0\boldsymbol{H}_2,\quad \boldsymbol{B}_1=\mu\boldsymbol{H}_1$$

可知,无论介质是否为磁性介质,其中$\boldsymbol{B}_1$为有界量,当磁性介质$\mu\to\infty$,磁性介质内部磁场强度$\boldsymbol{H}_1\to\boldsymbol{0}$。另一方面,利用边界条件

$$\mu_0 H_{2n}=\mu H_{1n},\quad H_{2t}=H_{1t}$$

当$\mu\to\infty$时,$H_{1n}\to 0$,所以$H_{2t}=H_{1t}\to 0$,即磁性介质表面磁场切向分量。即证明了$\mu\to\infty$的磁性介质为等磁位体。如果用标量磁位的梯度表示磁场强度,磁场强度恒为零的标量磁位为常数,即等磁位体。与$\sigma\to\infty$称为理想导体一样,$\mu\to\infty$的磁性介质称为理想磁体。

实际中,非铁磁性介质的磁导率常数接近真空磁导率常数。铁磁性介质磁导率常数$\mu\gg\mu_0$。所以在铁磁性界面的外表面(也即非铁磁性介质内表面),磁场只有法向分量。

3.6* 载流线圈的电感

3.6.1 自电感与互电感

电感是导线回路具有的一种物理特性，描述线圈电流变化在其自身或别的线圈引起感应电动势效应的线圈回路参数。为了便于讨论线圈回路的这一特性，我们先讨论如图 3-16 所示载流线圈产生的磁场对置于其中的线圈（含线圈自身）的磁通量，或称磁通匝链数。线性均匀介质空间中，载流线圈 C_1 激发的磁感应强度对以回路 C_2 为边界的曲面 S 的磁通量为

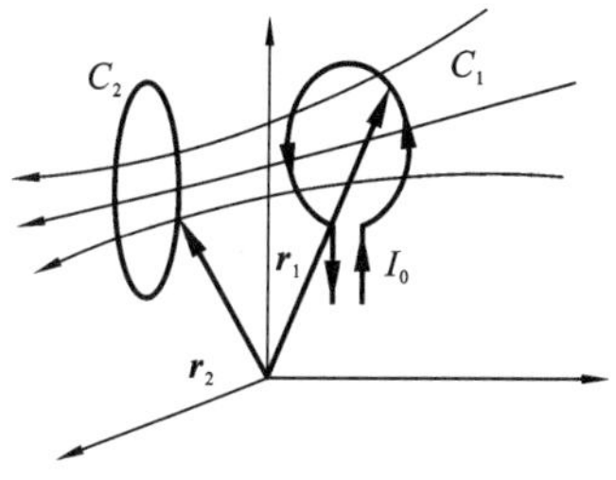

图 3-16 电感系数

$$\psi_{12}=\iint_S \boldsymbol{B}(\boldsymbol{r})\cdot \mathrm{d}\boldsymbol{S}=I_0\iint_S\left(\frac{\mu}{4\pi}\oint_{C_1}\frac{\mathrm{d}\boldsymbol{l}_1\times\boldsymbol{R}}{R^3}\right)\cdot \mathrm{d}\boldsymbol{S} \tag{3-6-1}$$

其中，下标 1、2 分别表示激发磁感应强度的载流线圈和计算磁通量曲面所对应的回路，μ 是线圈所在空间介质的磁导率常数。如果借助磁矢势，磁通量又可表示为

$$\begin{aligned}\psi_{12}&=\iint_S \boldsymbol{B}(\boldsymbol{r})\cdot \mathrm{d}\boldsymbol{S}=\iint_S \nabla\times\boldsymbol{A}(\boldsymbol{r})\cdot \mathrm{d}\boldsymbol{S}\\&=\oint_{C_2}\boldsymbol{A}(\boldsymbol{r})\cdot \mathrm{d}\boldsymbol{l}_2=I_0\oint_{C_2}\left(\frac{\mu}{4\pi}\oint_{C_1}\frac{\mathrm{d}\boldsymbol{l}_1}{R}\right)\cdot \mathrm{d}\boldsymbol{l}_2\end{aligned} \tag{3-6-2}$$

式中：I_0 为 C_1 上的电流强度；$R=|\boldsymbol{r}_1-\boldsymbol{r}_2|$。很明显，当下标 2 由下标 1 取代，即得载流线圈对其自身激发的磁通量。

为研究载流线圈中的电流与线圈（包括载流线圈自身）回路磁通量之间的关系，将式(3-6-2)改写为

$$\frac{\psi_{12}}{I_0}=\frac{1}{I_0}\oint_{C_2}\boldsymbol{A}(\boldsymbol{r})\cdot \mathrm{d}\boldsymbol{l}_2=\oint_{C_2}\left(\frac{\mu}{4\pi}\oint_{C_1}\frac{\mathrm{d}\boldsymbol{l}_1}{R}\right)\cdot \mathrm{d}\boldsymbol{l}_2 \tag{3-6-3}$$

式(3-6-3)表明，载流线圈中电流与置于其中线圈回路的磁通量之比，或载流线圈电流之变化与置于其中线圈回路的磁通变化量的比，是一个与载流线圈 C_1 上的电流强度无关，仅与线圈回路所处空间介质的磁导率、线圈回路 C_1 和 C_2 的几何参数（形状、尺寸和相对位置）有关的物理量。从电磁感应角度出发，该比值恰好是线圈中单位电流的改变量在线圈自身或另一线圈中感应出的电动势，称其为电感系数，其单位为亨利(H)，以约瑟夫·亨利(Joseph Henry 1797—1878 年，美国科学家)命名。C_1 中的电流在以 C_2 为边界的曲面上产生的磁通量与 C_1 中的电流强度之比称为互感系数，记为 M_{12}，即

$$M_{12}=\frac{\psi_{12}}{I_0}=\oint_{C_2}\left(\frac{\mu}{4\pi}\oint_{C_1}\frac{\mathrm{d}\boldsymbol{l}_1}{R}\right)\cdot \mathrm{d}\boldsymbol{l}_2 \tag{3-6-4}$$

式(3-6-4)称为计算电感的诺依曼(F. E. Neumann，1798—1895 年，德国矿物学家，物理学家和数学家)公式。同理也可以求得 C_2 对 C_1 的互感系数 M_{21}，即

$$M_{21}=\frac{\psi_{12}}{I_0}=\oint_{C_1}\left(\frac{\mu}{4\pi}\oint_{C_2}\frac{\mathrm{d}\boldsymbol{l}_2}{R}\right)\cdot \mathrm{d}\boldsymbol{l}_1 \tag{3-6-5}$$

比较式(3-6-4)和式(3-6-5),可知

$$M_{12}=M_{21} \tag{3-6-6}$$

即 C_2 对 C_1 的互感系数等于 C_1 对 C_2 的互感系数,具有对称性。

电流环 C 激发的磁感应强度对以电磁环 C 为边界的曲面同样有磁通量。与互电感相对应,该磁通量与 C 上的电流强度之比称为自感系数,记为 L,可通过令式(3-6-4)中 $C_2 \to C_1 = C$ 得

$$L=\frac{\psi_{11}}{I_0}=\frac{\mu}{4\pi}\oint_C\left(\oint_C\frac{\mathrm{d}\boldsymbol{l}}{R}\right)\cdot\mathrm{d}\boldsymbol{l}' \tag{3-6-7}$$

电感描述了载流线圈上单位电流强度在空间某一回路为边界的曲面上产生磁通量的能力,如与电容、电阻一样构成了电路的基本参量,基于电感参数,N 匝导线回路组成的载流系统,磁场对以回路 j 为边界的曲面的磁通量可以表示为

$$\psi_j=\sum_{k=1}^{N}M_{kj}I_k \tag{3-6-8}$$

其中,M_{kj} 为互感系数($k\neq j$),当 $k=j$ 时,$M_{jj}=L$ 为自感系数。

3.6.2　自感系数的计算

当利用式(3-6-7)计算载流导线的自感系数时,被积函数中 $\boldsymbol{r}_1$、$\boldsymbol{r}_2$ 均在导线内,如果假设导线的横截面积无限小,这将导致 $R=|\boldsymbol{r}_1-\boldsymbol{r}_2|$ 出现为零的情况,从而使得自感系数 $L\to\infty$,这显然不符合实际情况。实际上,导线的横截面积是有限的,并非无限小。实际应用中通常分为两部分来计算,其中一部分为导线外部并与整个导线相交链的磁通量的贡献,另一部分为导线内部并与部分导线相交链的磁通量的贡献,前者称为外自感,后者称为内自感。

(1) 外自感 L_o 的计算:为了避免出现无穷大,假设电流集中在导线的几何轴线上,把导线的内侧边线作为磁通量积分曲面的边界线,如图 3-17(a)所示。

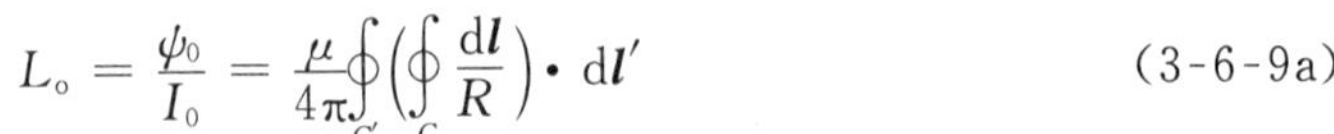

$$L_o=\frac{\psi_0}{I_0}=\frac{\mu}{4\pi}\oint_{C'}\left(\oint_C\frac{\mathrm{d}\boldsymbol{l}}{R}\right)\cdot\mathrm{d}\boldsymbol{l}' \tag{3-6-9a}$$

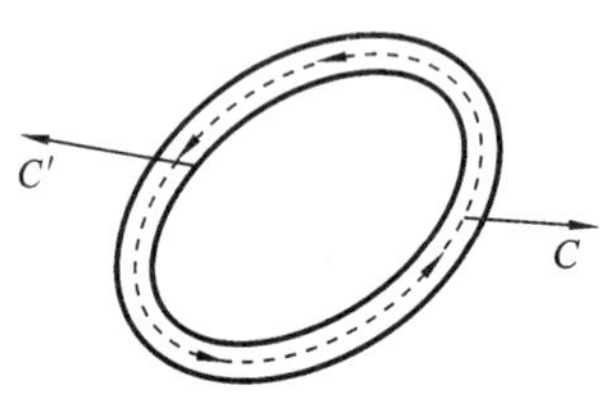

(a) 电流集中于导线的曲线

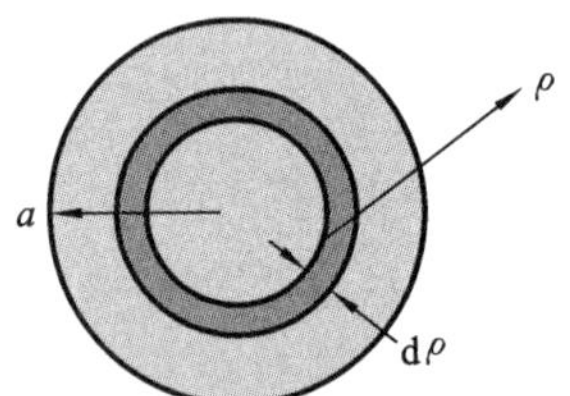

(b) 导线横截面示意图

图 3-17　电感系数

(2) 内自感 L_i 的计算:将导线视为有限半径的圆柱体,电流在柱体横截面上均匀分布,如图 3-17(b)所示。设电流强度为 I_0,圆柱体的半径为 a,利用安培定律求得任意一点的磁感应强度为

$$B=\frac{\mu_0 I}{2\pi a^2}\rho,\quad I=I_0\frac{\rho^2}{a^2},\quad 0\leqslant\rho\leqslant a$$

其中,I 为半径为 ρ 的柱体横截面上的电流,穿过宽度为 $\mathrm{d}\rho$,轴向单位长度面积元的磁通量为

$$\mathrm{d}\psi = B\mathrm{d}s = \frac{\mu_0 I_0}{2\pi a^4}\rho^3\mathrm{d}\rho,\quad \psi = \int_0^a \frac{\mu_0 I_0}{2\pi a^4}\rho^3\mathrm{d}\rho = \frac{\mu_0 I_0}{8\pi},\quad 0\leqslant\rho\leqslant a$$

所以单位长度圆柱体的内自感为

$$L_i = \frac{\psi}{I_0} = \frac{\mu_0}{8\pi} \tag{3-6-9b}$$

因此，载流导线的单位长度自感系数一般可以近似表示为

$$L = L_o + L_i \approx \frac{\mu}{4\pi}\oint_{C'}\left(\oint_C \frac{\mathrm{d}\boldsymbol{l}}{R}\right)\cdot \mathrm{d}\boldsymbol{l}' + \frac{\mu_0}{8\pi} \tag{3-6-10}$$

【例 3.7】 如图 3-18 所示，同轴线内、外导体的半径分别为 a、b，其内充满磁导率为 μ 的均匀介质，求同轴线单位长度的自感。

解　首先假设同轴线的内、外导体分别通以大小相等、方向相反的电流，强度为 I_0，利用安培定律求得横截面上任意一点的磁感应强度为

$$B=\begin{cases}\dfrac{\mu_0 I_0}{2\pi a^4}\rho^3, & 0\leqslant\rho\leqslant a\\[2ex] \dfrac{\mu I_0}{2\pi\rho}, & a\leqslant\rho\leqslant b\end{cases}$$

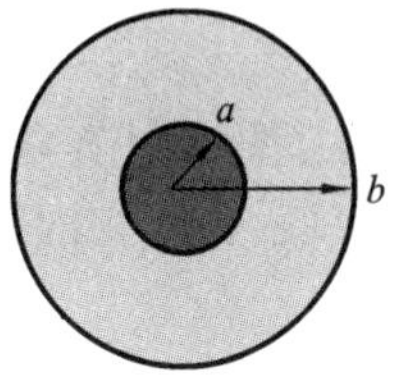

图 3-18　同轴线的电感

同轴线外部空间磁场为零，磁通量为零；外部导体中尽管存在磁场，但外导体的厚度忽略不计，磁通量也近似为零。因此，同轴线单位长度的自感由两部分组成，即相对于内导体的外自感和内导体的内自感。其中内自感在上例给出，外自感为

$$\psi_o = \int_a^b \frac{\mu I_0}{2\pi\rho}\mathrm{d}\rho = \frac{\mu I_0}{2\pi}\ln\frac{b}{a}$$

单位长度同轴线自感为

$$L=L_o+L_i\approx\frac{\psi_o}{I_0}+\frac{\mu_0}{8\pi}=\frac{\mu_0}{2\pi}\left(\frac{1}{4}+\mu_r\ln\frac{b}{a}\right) \tag{3-6-11}$$

3.7　磁场的能量与磁场力

3.7.1　磁场的能量

与静态电场一样，静态磁场也有能量。事实上，静态磁场由回路恒定电流激发，任何回路恒定电流的建立均需历经从无到有的暂态过程。在该过程中，电流由零变大直至达到恒定；相应地，电流激发的磁感应强度也由零变大直至恒定。回路恒定电流建立的过程中，回路中电流由小变大将使空间磁感应强度也由弱变强。根据法拉第电磁感应定律，增强的磁感应强度必使以导线回路为边界的曲面的磁通量发生改变，从而在导体回路上产生感应电动势，该电动势将阻止回路中电流的增加。要使电流进一步增大，必须有外加电源来抵消回路中的感应电动势的影响，以确保回路电流继续增强，直至回路中恒定电流的建立。根据能量守恒原理，忽略电流建立过程中导线热损耗，静态磁场的能量为磁场建立过程中外加电源对电流体系输运电荷所做的功。

基于上述分析，假设电流系统建立过程中不存在其他能量损耗（如导体热损耗、介质损耗等），电源输运电荷所做的功全部转化为载流系所激发的磁场的能量。为此考虑

由 N 匝导线回路组成的载流线圈系统模型，在电流变化的暂态过程中，回路 j 中感应电动势为 $\mathscr{E}_{\varepsilon_j}=-\dfrac{\partial\psi_j}{\partial t}$，在 $\mathrm{d}t$ 时间内电源对回路 j 所做的功为

$$\mathrm{d}W_j=-\mathscr{E}_j\,\mathrm{d}q_j=\frac{\partial\psi_j}{\partial t}i_j\,\mathrm{d}t=i_j\,\mathrm{d}\psi_j \tag{3-7-1}$$

其中，i_j 为回路 j 的电流强度。因此，在 $\mathrm{d}t$ 时间内电源对载流系所做的功为

$$\mathrm{d}W=\sum_{j=1}^{N}\mathrm{d}W_j=\sum_{j=1}^{N}i_j\,\mathrm{d}\psi_j \tag{3-7-2}$$

值得注意的是，式中 ψ_j 为磁感应强度对于以导线回路 j 为边界曲面的磁通量，而磁感应强度则是所有载流线圈激发的磁感应强度的叠加。将 N 个导线回路组成的载流回路的磁通量表示式(3-6-8)代入式(3-7-2)，得

$$\mathrm{d}W=\sum_{j=1}^{N}\mathrm{d}W_j=\sum_{j=1}^{N}\sum_{k=1}^{N}i_jM_{kj}\,\mathrm{d}i_k \tag{3-7-3}$$

为了简化计算，对上式进行适当数学处理。假设回路电流从 $t=0$ 时起至 $t=t_0$ 达到恒定值，且所有回路中的电流在建立过程中均按同比例线性增加，即

$$i_k(t)=I_k\alpha(t)=I_k\frac{t}{t_0},\quad 0\leqslant t\leqslant t_0$$

因此，线圈电流建立过程中电源做功总和，也即载流线圈系统激发磁场的能量为

$$\begin{aligned}W_m=W&=\sum_{j=1}^{N}\sum_{k=1}^{N}I_jM_{kj}I_k\int_0^{t_0}\frac{t}{t_0}\frac{\mathrm{d}t}{t_0}\\&=\frac{1}{2}\sum_{j=1}^{N}\sum_{k=1}^{N}M_{kj}I_jI_k=\frac{1}{2}\sum_{j=1}^{N}I_j\psi_j\end{aligned} \tag{3-7-4}$$

将式(3-7-4)应用于同轴传输线，得到其单位长度储存的磁能为

$$W_m=\frac{\mu_0 I_0}{4\pi}\left(\frac{1}{4}+\mu_r\ln\frac{b}{a}\right)$$

如果将 ψ_j 应用矢势 $\boldsymbol{A}$ 表示，式(3-7-4)又可改写为

$$W_m=\frac{1}{2}\sum_{j=1}^{N}i_j\psi_j=\frac{1}{2}\sum_{j=1}^{N}\oint_{C_j}\boldsymbol{A}\cdot i_j\,\mathrm{d}\boldsymbol{l}_j \tag{3-7-5}$$

必须注意的是，式(3-7-5)中的 $\boldsymbol{A}$ 是电流系统中全部电流产生的磁矢势，如将 $i_j\,\mathrm{d}\boldsymbol{l}_j$ 以 $\boldsymbol{J}\,\mathrm{d}V$ 代替、线积分求和以体积分替代即得到体电流分布情况下的磁场能量是

$$W_m=\frac{1}{2}\iiint_V\boldsymbol{A}(\boldsymbol{r})\cdot\boldsymbol{J}(\boldsymbol{r})\,\mathrm{d}V \tag{3-7-6}$$

注意：积分区域为磁矢势定义的全区域，但由于式(3-7-6)积分核中包含有体电流分布函数，实际有效积分区域为电流分布区域。当然也可以将积分扩大到整个空间，并不影响积分的结果。该结果可以作为电流系统所激发的磁场能量的计算公式，但被积函数并不代表磁场能量的密度。

为了得到基于磁场表示的能量计算公式，应用 $\nabla\times\boldsymbol{H}$ 表示电流密度矢量，经过适当的运算，得

$$\begin{aligned}W_m&=\frac{1}{2}\iiint_V\boldsymbol{A}(\boldsymbol{r})\cdot\nabla\times\boldsymbol{H}(\boldsymbol{r})\,\mathrm{d}V=\frac{1}{2}\iiint_V\boldsymbol{H}(\boldsymbol{r})\cdot\nabla\times\boldsymbol{A}(\boldsymbol{r})\,\mathrm{d}V-\frac{1}{2}\oint_S\boldsymbol{A}\times\boldsymbol{H}\cdot\mathrm{d}\boldsymbol{S}\\&=\frac{1}{2}\iiint_V\boldsymbol{H}(\boldsymbol{r})\cdot\boldsymbol{B}(\boldsymbol{r})\,\mathrm{d}V\end{aligned} \tag{3-7-7}$$

在导出式(3-7-7)时，考虑到有限区域内的电流系统在无穷远处所激发的 $\boldsymbol{A}(\boldsymbol{r})$ 和 $\boldsymbol{H}(\boldsymbol{r})$ 具有最大量级为 $\frac{C}{r^3}$(C 为常量)，其面积分项为零。与式(3-7-6)不同，这是基于磁场计算能量的公式，其体积分为空间充满磁场的区域。根据能量密度的物理意义，式(3-7-7)中的被积函数为磁场的能量密度，即

$$w_m(\boldsymbol{r})=\frac{1}{2}\boldsymbol{B}(\boldsymbol{r})\cdot\boldsymbol{H}(\boldsymbol{r}) \tag{3-7-8}$$

3.7.2 磁场的作用力

磁场对置于其中的电流体系或运动电荷有力的作用，原则上可以通过安培定律求得，但作用力的计算需处理大量的矢量运算，应用非常麻烦。既然磁场与载流体系的相互作用最终将涉及磁场能量的改变，从磁场能的变化与载流体系受到作用力之间的联系出发，分析载流体系受到的作用力有助于计算的简化。

在讨论电场对电荷体系的作用力时，引入了虚功原理方法分析电荷体系受到的电场作用力。同样，这一方法也可用于分析载流体系受到的磁场作用力。假设在磁场力的作用下，载流体系发生了小的位移 $\delta\boldsymbol{l}$，磁场力所做的虚拟功为 $\boldsymbol{F}\cdot\delta\boldsymbol{l}$。根据能量守恒原理，如下关系成立：

$$\delta A_m=\boldsymbol{F}_m\cdot\delta\boldsymbol{l}=-\delta W_m$$

从而得到载流体系受磁场作用力的一般表示式为

$$\boldsymbol{F}_m=-\left[\hat{e}_x\frac{\partial W_m}{\partial x}+\hat{e}_y\frac{\partial W_m}{\partial y}+\hat{e}_z\frac{\partial W_m}{\partial z}\right]=-\nabla W_m \tag{3-7-9}$$

在实际应用问题中，由于磁场为电流或运动电荷所激发，磁场对电流的作用力表现为载流体之间的作用力。下面我们以两个载流线圈之间的作用力为例来讨论式(3-7-9)的应用。将载流线圈磁场能量公式(3-7-4)应用于两个载流线圈系统，其磁场能为

$$W_m=\frac{1}{2}\sum_{j=1}^{2}\sum_{k=1}^{2}M_{kj}I_jI_k=\frac{1}{2}L_1I_1^2+\frac{1}{2}L_2I_2^2+M_{12}I_1I_2 \tag{3-7-10}$$

如果两线圈的几何形状和电流保持不变，线圈 1 相对于线圈 2 有微小位移 $\delta\boldsymbol{l}$(设线圈 2 固定不动)，尽管这一位移不改变线圈的自感系数，但两线圈互感系数因空间相对位置的变化而变化，从而导致线圈中的磁通量发生改变。线圈回路中必然有感应电动势，为维持载流线圈中的电流不变，外接电源克服线圈感应电动势所做的虚拟功为

$$\delta W=\sum_{j=1}^{2}-\mathscr{E}_j\delta q_j=I_1\delta\psi_1+I_2\delta\psi_2=I_1I_2\delta M_{21}+I_1I_2\delta M_{12}=2I_1I_2\delta M \tag{3-7-11}$$

由于两线圈的互感系数相同，式中用 M 线圈的互感系数表示。外接电源做功的一部分为磁场能量的增量，由式(3-7-10)得到 $I_1I_2\delta M$；另一部分为线圈位移所消耗的能量，据此得到两线圈电流恒定情况下，两线圈之间在 δl 方向上的作用力为

$$F_m\bigg|_{\delta l方向}=\frac{\delta W-\delta W_m}{\delta l}\bigg|_{I恒定}=I_1I_2\frac{\delta M}{\delta l} \tag{3-7-12}$$

【例 3.8】 求自由空间中两共轴平行载流圆环线圈线之间的作用力。设两线圈的半径分别为 a、b，电流强度分别为 I_1、I_2，线圈中心相距 D(远大于 a,b)，如图 3-19

所示。

解 为求出两个圆环线圈之间的磁场力,假设两圆环线圈在中心轴线方向上有一小的虚拟位移,圆环线圈上的电流保持恒定,利用虚功原理求出两圆环线圈之间的作用力,即为图 3-19 所示情形下的磁场力。线圈之间的互感系数可利用式(3-6-4)计算,由于圆环线圈半径远小于圆环线圈之间的距离,圆环线圈 1 中电流在圆环线圈 2 回路上的磁矢势可以用磁偶极子的结果表示,即

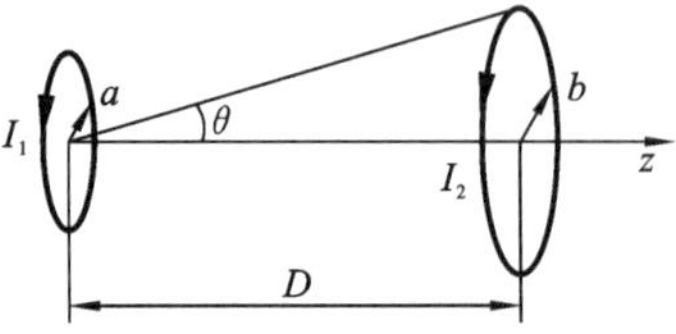

图 3-19 圆环线圈之间的磁场力

$$\mathbf{A}_1(\boldsymbol{r})=\hat{e}_\varphi\frac{\mu_0 I_1 \pi a^2}{4\pi R^2}\sin\theta$$

从而得到两圆环线圈互感系数为

$$M=\frac{1}{I_1}\oint_{C_2}\mathbf{A}_1(\boldsymbol{r})\cdot \mathrm{d}\boldsymbol{l}_2=\frac{1}{I_1}\oint_{C_2}\frac{\mu_0 I_1 \pi a^2}{4\pi R^2}\sin\theta\hat{e}_\varphi\cdot \mathrm{d}\boldsymbol{l}_2$$

其中,积分回路 C_2 为圆环线圈 2。将 $R=\sqrt{b^2+D^2}$, $\sin\theta=\dfrac{b}{\sqrt{b^2+D^2}}$代入上式,得到

$$M=\frac{1}{I_1}\oint_{C_2}\frac{\mu_0 I_1 \pi a^2}{4\pi R^2}\sin\theta\hat{e}_\varphi\cdot \mathrm{d}\boldsymbol{l}_2=\frac{\mu_0 \pi a^2 b^2}{2(b^2+D^2)^{\frac{3}{2}}}$$

两共轴平行圆环线圈线之间的磁场力为

$$F_m\big|_{z方向}=I_1 I_2\frac{\delta M}{\delta D}=-\frac{3I_1 I_2\mu_0\pi a^2 b^2 D}{2(b^2+D^2)^{\frac{5}{2}}}$$

式中负号意味着力的方向指向负 z 的方向,说明图 3-19 中两圆环线圈之间产生的磁场力为相互吸引。如果两圆环线圈上的电流反向,上式计算结果中没有负号,表明两线圈产生的磁场作用力为相互排斥。

本章主要内容要点

1. 静电场的定解问题

(1) 静电场为无旋场,电场与电位(势)函数满足如下方程:

$$\nabla\times\boldsymbol{E}(\boldsymbol{r})=\mathbf{0},\quad \boldsymbol{E}(\boldsymbol{r})=-\nabla\phi(\boldsymbol{r}),\quad \nabla^2\phi(\boldsymbol{r})=-\frac{\rho(\boldsymbol{r})}{\varepsilon}$$

(2) 电位(势)函数边界条件为

$$\varphi(\boldsymbol{r})\big|_S=\phi_2(\boldsymbol{r})\big|_S=\psi(\boldsymbol{M}),\quad \varepsilon\frac{\partial\varphi}{\partial n}\bigg|_S=\rho_s+\varepsilon_2\frac{\partial\phi_2}{\partial n}\bigg|_S=\xi(\boldsymbol{M})$$

(3) 静电场的定解问题:

$$\begin{cases}\nabla^2\phi(\boldsymbol{r})=-\dfrac{\rho(\boldsymbol{r})}{\varepsilon}\\ \phi(\boldsymbol{r})\big|_S=\phi_2(\boldsymbol{r})\big|_S=\psi(\boldsymbol{M})\\ 或:\varepsilon\dfrac{\partial\varphi}{\partial n}\bigg|_S=\rho_s+\varepsilon_2\dfrac{\partial\phi_2}{\partial n}\bigg|_S=\xi(\boldsymbol{M})\\ 或\ \phi(\boldsymbol{r})\big|_{S_1}=\psi(\boldsymbol{M}),\varepsilon\dfrac{\partial\varphi}{\partial n}\bigg|_{S_2}=\xi(\boldsymbol{M})\\ S=S_1\cup S_2\end{cases}$$

2. 静电场的能量与静电作用力

(1) 能量与能量密度分别为

$$W_e = \frac{1}{2}\iiint_V \rho(\boldsymbol{r})\varphi(\boldsymbol{r})\mathrm{d}V = \frac{1}{2}\iiint_V \boldsymbol{D}(\boldsymbol{r})\cdot\boldsymbol{E}(\boldsymbol{r})\mathrm{d}V$$

$$w_e(\boldsymbol{r}) = \frac{1}{2}\boldsymbol{E}(\boldsymbol{r})\cdot\boldsymbol{D}(\boldsymbol{r})$$

(2) 静电作用力一般表示式为

$$\boldsymbol{F} = -\left(\hat{e}_x\frac{\partial W_e}{\partial x} + \hat{e}_y\frac{\partial W_e}{\partial y} + \hat{e}_z\frac{\partial W_e}{\partial z}\right) = -\boldsymbol{\nabla} W_e$$

3. 导体概念与静电场中的导体

(1) 导体是一类在其内存在数量巨大准自由电子的物质。

(2) 静电场中导体内部电场和导体表面电场切向分量为零,导体为等势体。

(3) 导体内部电荷体密度为零,其所带电荷只分布于导体的表面。

(4) 导体系的电容与电容器。电容为描述导体或导体系存储电荷能力的物理量。电容器由分隔双导体构成,电容器电容是描述两导体之间的单位电位差所能储藏电荷量的物理量,它与两导体的空间结构、形状以及导体间介质的电磁特性有关,与导体的带电量、电位差的高低无关。

(5) 导体单位面电荷在其表面外侧产生的电场为该处总电场的一半,即

$$\boldsymbol{E}'|_{\text{导体表面}} = \frac{1}{2}\boldsymbol{E}|_{\text{导体表面}}$$

其中,$\boldsymbol{E}'|_{\text{导体表面}}$为导体表面单位微元面电荷在其表面处产生的电场。

(6) 静电场中导体系能量。

基于电位系数,静电场中导体系能量可以表示为

$$W_e = \frac{1}{2}\sum \phi_i q_i = \frac{1}{2}\sum_i \sum_j p_{ij} q_j q_i$$

基于电容系数,静电场中导体系能量可以表示为

$$W_e = \frac{1}{2}\sum_i q_i \phi_i = \frac{1}{2}\sum_i \sum_j \beta_{ij} \phi_j \phi_i$$

4. 恒定电场的性质及定解问题

(1) 导体中恒定电场的性质:

$$\boldsymbol{\nabla}\times\boldsymbol{E}(\boldsymbol{r}) = \boldsymbol{0},\quad \boldsymbol{\nabla}\cdot\boldsymbol{J}(\boldsymbol{r}) = \sigma\boldsymbol{\nabla}\cdot\boldsymbol{E}(\boldsymbol{r}) = 0,\quad \boldsymbol{E}(\boldsymbol{r}) = -\phi(\boldsymbol{r})$$

(2) 导体中电位函数满足的定解问题:

$$\begin{cases} \boldsymbol{\nabla}^2\phi(\boldsymbol{r}) = \begin{cases} 0, & \text{源外部} \\ \boldsymbol{\nabla}\cdot\boldsymbol{K}, & \text{源内部} \end{cases} \\ \sigma_1\left(\dfrac{\partial\phi_1}{\partial n}\right)\bigg|_S = \sigma_2\left(\dfrac{\partial\phi_2}{\partial n}\right)\bigg|_S \text{ 或 } \phi_1|_S = \phi_2|_S \end{cases}$$

5. 恒定电流磁场的性质及其定解问题

(1) 恒定电流磁场为无散矢量场,$\boldsymbol{\nabla}\times\boldsymbol{H}(\boldsymbol{r}) = \boldsymbol{J}(\boldsymbol{r})$,$\boldsymbol{\nabla}\cdot\boldsymbol{B}(\boldsymbol{r}) = 0$。

(2) 引入磁矢位 $\boldsymbol{A}(\boldsymbol{r})$,$\boldsymbol{B}(\boldsymbol{r}) = \boldsymbol{\nabla}\times\boldsymbol{A}(\boldsymbol{r})$,磁矢势的定解问题为

$$\begin{cases}\nabla^2 \boldsymbol{A}(\boldsymbol{r}) = -\mu \boldsymbol{J}(\boldsymbol{r}) \\ (\boldsymbol{A}_2 - \boldsymbol{A}_1)|_{\text{界面}} = 0 \text{ 或 } \hat{n} \times \left(\dfrac{1}{\mu_2}\nabla \times \boldsymbol{A}_2 - \dfrac{1}{\mu_1}\nabla \times \boldsymbol{A}_1\right) = \boldsymbol{J}_S\end{cases}$$

6. 载流线圈的电感与静磁场的能量

(1) 载流线圈的电感描述载流线圈上单位电流强度在空间某一回路为边界的曲面上产生磁通量的能力的电路参量,计算电感的诺依曼公式为

$$M_{12} = \frac{\psi_{12}}{I_0} = \oint_{C_2}\left(\frac{\mu}{4\pi}\oint_{C_1}\frac{\mathrm{d}\boldsymbol{l}_1}{R}\right) \cdot \mathrm{d}\boldsymbol{l}_2$$

(2) 磁场的能量与能量密度分别为

$$W_m = \frac{1}{2}\iiint_V \boldsymbol{H}(\boldsymbol{r}) \cdot \boldsymbol{B}(\boldsymbol{r})\mathrm{d}V$$

$$w_m(\boldsymbol{r}) = \frac{1}{2}\boldsymbol{B}(\boldsymbol{r}) \cdot \boldsymbol{H}(\boldsymbol{r})$$

对于载流线圈系统,其磁场能为

$$W_m = \frac{1}{2}\sum_{j=1}^{2}\sum_{k=1}^{2} M_{kj} I_j I_k = \frac{1}{2}L_1 I_1^2 + \frac{1}{2}L_2 I_2^2 + M_{12} I_1 I_2$$

7. 载流体系受磁场作用力

$$\boldsymbol{F}_m = -\left[\hat{e}_x \frac{\partial W_m}{\partial x} + \hat{e}_y \frac{\partial W_m}{\partial y} + \hat{e}_z \frac{\partial W_m}{\partial z}\right] = -\nabla W_m$$

思考与练习题 3

1. 为什么电位可以是任意值,在什么情况下电位是有物理意义的量?

2. 分析说明为什么静电场能量既能通过电荷计算,也能通过场计算。

3. 物理上如何理解电位函数在介质的分界面两侧连续的条件?

4. 如果空间某点电位为零,该点的电场是否也为零?

5. 简述虚功原理的基本思想,思考虚功原理应用的基本条件。

6. 从场论角度出发,分析产生磁矢势不具唯一性的原因。

7. 在什么样的情况下,可用磁标位描述磁场?

8. 电阻、电容和电感是电路中的基本元件,它们描述的是什么特性参数,表达了导电介质或导体系的什么性质?

9. 简述静态电磁场定解问题中泛定方程和边界条件各起的作用。

10. 预估在外加电场作用下良导体(铜)达到静电平衡态所需时间。

11. 总结静电场、恒定电流电场和恒定电流磁场的基本性质,分析它们性质的异同点。为什么静态电磁场(包括静电场、恒定电流电场和恒定电流磁场)满足同类型的数学方程?

12. 长为 l 的圆筒形电容器,内、外半径分别为 a、b,两导体之间充满了介电常数为 ε 的介质。

(1)电容器带电荷量 Q,忽略边缘效应,求电容器内电场分布和电容;

(2)假设将电容器接到电压为 V 的电源上，并且电容器内介质一部分被拉出电容器，忽略边缘效应，求介质受到的作用力的大小和方向。

13. 利用电场的高斯定理分别求电荷面密度为 ρ_S 的无穷大导体板和半无穷大导体在上半空间导体平面附近产生的电场(见图 3-20)，比较所得到结果的差别。你能从这一差别中得到什么结论？

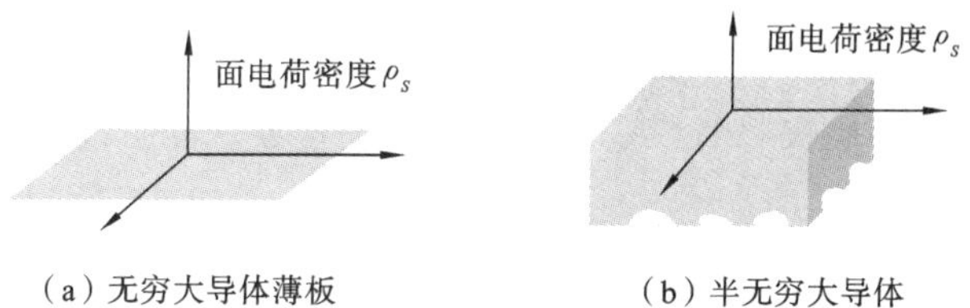

图 3-20 第 13 题题图

14. 同轴线如图 3-21 所示，内、外导体的半径分别为 a、b，将其与电压为 V 的电源相连接，内导体上的电流强度为 I。求同轴线内电场和磁场的分布，计算穿过两导体间 ϕ=常数的平面单位长度上的磁通量。

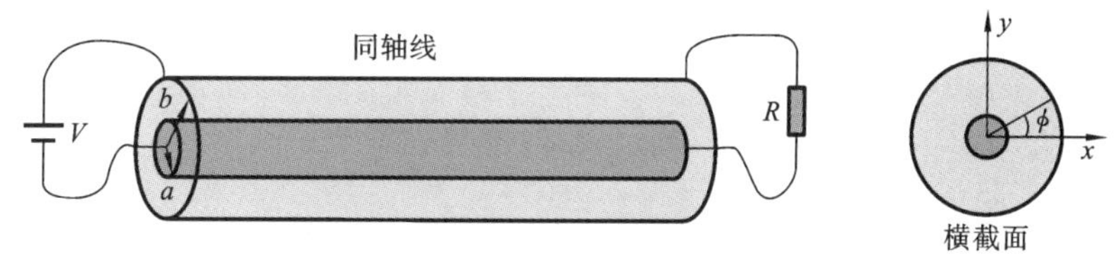

图 3-21 第 14 题题图

15. 平行板电容器内有两层介质，厚度分别为 l_1 和 l_2，介电常数为 ε_1 和 ε_2，今在两板极接入电动势为 ε 的电池，求：

(1) 电容器两板上的自由电荷面密度 ω_f；

(2) 介质分界面上的自由电荷面密度 ω_f。

若介质是漏电的，电导率分别为 σ_1、σ_2，当电流达到恒定时，上述两个结果如何？

16. 面偶极层为带等量正负面电荷密度 $\pm\sigma$ 且靠得很近的两个面，其面偶极矩密度定义为：$\boldsymbol{P}=\sigma\boldsymbol{l}$ $(\sigma\to\infty, l\to 0)$。证明下述结果：

(1) 在面电荷两侧，电位的法向微分有跃变，而电位连续。

(2) 在面偶极层两侧，电位有跃变 $\phi_2-\phi_1=\dfrac{1}{\varepsilon_0}\hat{n}\cdot\boldsymbol{P}$，而电位的法向微分连续。

17. 如图 3-22 所示的为半径分别为 a、b 的两导体球，由细导线相连，两球所带电荷量为 Q，假设两球相距很远，求解或解析如下问题：

(1) 两球上的电荷分布；

(2) 两球表面电场强度，比较当 $b\gg a$ 时两者表面电场强度的大小；

(3) 以此结果解释建筑物避雷针的结构。

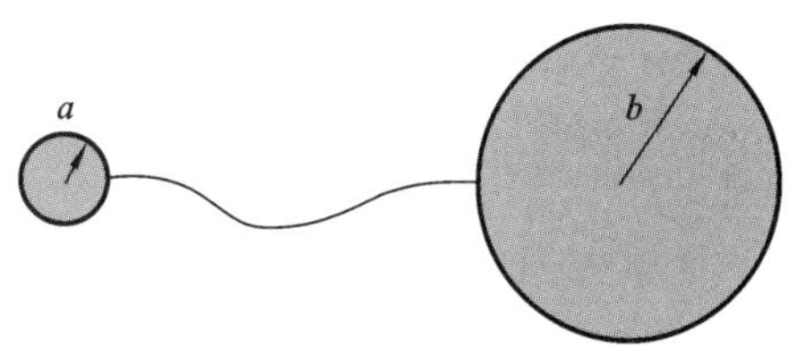

图 3-22 第 17 题题图

18. 比较恒定电流的电场与静电场的异同点，证明：当两种导电介质内流有恒定电流时，分界面上电场力线的曲折满足$\frac{\tan\theta_2}{\tan\theta_1}=\frac{\sigma_2}{\sigma_1}$，其中 σ_1、σ_2 分别为两种介质的电导率。

19. 证明：在试用 $\boldsymbol{A}$ 表示一个沿 z 方向的均匀恒定磁场 $\boldsymbol{B}_0$，写出 $\boldsymbol{A}$ 的两种不同表示式，证明两者之差为无旋场。

20. 证明：两载有恒定电流的闭合线圈之间的相互作用力的大小相等、方向相反(但两个电流元之间的相互作用力一般并不服从牛顿第三定律)。

21. 已知某磁场的磁矢势 $\mathbf{A}=\hat{e}_\phi\rho B_0$，其中 B_0 是常数。证明：该磁场均匀。

4

电磁场解析方法

解析方法是指以解析函数表示待求方程解的求解方法，又称精确解方法。能够精确求解的问题十分有限，但这丝毫不影响解析方法的重要性。精确解不仅能使我们全面理解待求解问题的特性、预测待求解问题的变化趋势，同时也是其他求解方法（特别是广泛应用的数值分析方法）的理论基础、校验方法与验证手段。本章讨论电磁场问题的解析求解方法，内容包括静态电磁场问题的唯一性定理及其应用、分离变量方法及其应用、镜像方法及其应用和乔治·格林（G. Green，1793—1841 年，英国科学家）函数方法，最后讨论了一种基于多极矩展开的近似方法及应用。尽管本章讨论以静态电磁场问题展开，但这些求解方法同样也是时变电磁场的有效求解方法。所不同的是，静态电磁场中待解方程为泊松方程，而时变电磁场则为波动方程。

4.1 唯一性定理

4.1.1 静态电磁场的定解问题

为了便于不同静态电磁场（静止电荷激发的电场、恒定电流的电场、恒定电流的磁场）问题之间的比较，将它们满足的方程和边界条件汇总，如表 4-1 所示。从表 4-1 不难看出，尽管静电场、恒定电场和恒定电流磁场不是同一物理量，服从不同的实验定律和定理，场与媒质相互关系的本构方程及其特性参数也各不相同，但它们具有如下的共同特点。

（1）场与时间无关，位函数满足泊松方程或拉普拉斯方程（无源空间区域）

$$\nabla^2\phi(\boldsymbol{r})=-\frac{\rho(\boldsymbol{r})}{\kappa} \tag{4-1-1a}$$

其中，κ 为介质的电磁特性参数，视 $\phi(\boldsymbol{r})$ 所表示的物理量而取不同的特性参数。如 $\phi(\boldsymbol{r})$ 表示电位函数，$\rho(\boldsymbol{r})$ 为电荷密度，κ 为媒质的介电常数 ε；如 $\phi(\boldsymbol{r})$ 表示磁矢势的某个直角分量，$\rho(\boldsymbol{r})$ 为该直角分量的电流密度，κ 为媒质的磁导率常数 μ 的倒数，等等。特别地，当 $\rho(\boldsymbol{r})=0$ 时，方程退化为拉普拉斯方程

$$\nabla^2\phi(\boldsymbol{r})=0 \tag{4-1-1b}$$

的定解问题。

（2）有相同的边界条件形态。界面两侧，位函数保持连续或法向微分跃变，即

$$\phi(\boldsymbol{r})|_S=\psi(\boldsymbol{M}) \quad 或 \quad \kappa\frac{\partial\phi}{\partial n}\bigg|_S=\xi(\boldsymbol{M}) \tag{4-1-2}$$

(3) 有相同的定解问题。即在区域内部位函数满足泊松方程，在区域边界上的两侧，位函数连续，或位函数法向微分跃变，或边界的一部分位函数连续、其余部分位函数法向微分跃变，表述如下：

$$\begin{cases}\nabla^2\phi(r)=-\dfrac{\rho(\boldsymbol{r})}{\kappa}\\ \begin{cases}\phi(\boldsymbol{r})|_S=\psi(\boldsymbol{M}) \quad 或\dfrac{\partial\phi(\boldsymbol{r})}{\partial n}\bigg|_S=\xi(\boldsymbol{M})\\ 或\begin{cases}\phi(\boldsymbol{r})|_{S_1}=\psi(\boldsymbol{M})\\ \dfrac{\partial\phi(\boldsymbol{r})}{\partial n}\bigg|_{S_2}=\xi(\boldsymbol{M})\end{cases}\end{cases}\\ S=S_1\cup S_2\end{cases} \tag{4-1-3}$$

$\phi(\boldsymbol{r})$可以是电位、磁标位或磁矢势的某个分量；$\rho(\boldsymbol{r})$为源函数，可以是电荷密度、等效磁荷密度，或是电流密度矢量的某个分量。$\psi(\boldsymbol{M})$、$\xi(\boldsymbol{M})$为界面已知函数。

表 4-1　静态电磁场问题的比较

静电场	恒定电流的电场	静磁场	静磁场(无源区)
介电常数 ε	电导率常数 σ	磁导率常数 μ	磁导率常数 μ
$\nabla\times\boldsymbol{E}(r)=\boldsymbol{0}$	$\nabla\times\boldsymbol{E}(r)=\boldsymbol{0}$	$\nabla\times\boldsymbol{B}(r)=\mu\boldsymbol{J}(r)$	$\nabla\times\boldsymbol{H}(r)=\boldsymbol{0}$
$\nabla\cdot\boldsymbol{E}(r)=\dfrac{(\rho+\rho_m)}{\varepsilon_0}$	$\nabla\cdot\boldsymbol{E}=\dfrac{1}{\sigma}\rho$	$\nabla\cdot\boldsymbol{B}(r)=0$	$\nabla\cdot\boldsymbol{H}(r)=\dfrac{1}{\mu_0}\rho_m$
$\rho_p=-\nabla\cdot\boldsymbol{P}(r)$	$\rho=-\sigma\nabla\cdot\boldsymbol{K}$	$\boldsymbol{J}_m=\dfrac{1}{\mu_0}\nabla\times\boldsymbol{M}(r)$	$\rho_m=-\nabla\cdot\boldsymbol{M}(r)$
$\boldsymbol{D}(r)=\varepsilon\boldsymbol{E}(r)$	$\boldsymbol{J}(r)=\sigma\boldsymbol{E}(r)$	$\boldsymbol{B}(r)=\mu_0\boldsymbol{H}+\boldsymbol{M}$	$\boldsymbol{B}(r)=\mu\boldsymbol{H}(r)$
$\boldsymbol{E}(r)=-\nabla\phi(r)$	$\boldsymbol{E}(r)=-\nabla\phi(r)$	$\boldsymbol{B}(r)=\nabla\times\boldsymbol{A}(r)$	$\boldsymbol{H}(r)=-\nabla\phi_m(r)$
$\nabla^2\phi(r)=-\dfrac{1}{\varepsilon_0}(\rho+\rho_p)$	$\nabla^2\phi(r)=\nabla\cdot\boldsymbol{K}$	$\nabla^2\boldsymbol{A}(r)=-\mu\boldsymbol{J}(r)$	$\nabla^2\phi_m(r)=-\dfrac{1}{\mu_0}\rho_m$
$\phi(\boldsymbol{r})\|_S=\psi(\boldsymbol{M})$	$\phi(\boldsymbol{r})\|_S=\psi(\boldsymbol{M})$	$\boldsymbol{A}(\boldsymbol{r})\|_S=A_2(\boldsymbol{r})\|_S$	$\phi_m(\boldsymbol{r})\|_S=\psi(\boldsymbol{M})$
$\dfrac{\partial\phi}{\partial n}\bigg\|_S=\xi(\boldsymbol{M})$	$\dfrac{\partial\phi}{\partial n}\bigg\|_S=\xi(\boldsymbol{M})$	$\hat{n}\times\left(\dfrac{\nabla\times\boldsymbol{A}_2}{\mu_2}-\dfrac{\nabla\times\boldsymbol{A}_1}{\mu_1}\right)=\boldsymbol{J}_S$	$\dfrac{\partial\phi_m}{\partial n}\bigg\|_S=\xi(\boldsymbol{M})$

基于上述分析，本章将静态电磁场问题作为整体讨论其解析求解方法。在具体的分析应用中，一般以某个具体问题(如静电场)为例来展开，如果没有特别说明，所采取的求解方法同样适用于其他问题(如恒定电流磁场)。

4.1.2　静态电磁场的唯一性定理

在讨论静态电磁场问题的求解之前，首先要回答的问题是方程(4-1-3)是否有解？如果有解，是否唯一？解的稳定性如何？定解问题方程(4-1-3)是否有解，其数学证明十分复杂，我们仅从应用角度予以说明。一般而言，由客观规律给出的定解问题(泛定方程和定解条件)，其解总是客观存在的。另外，定解问题求解本身就是解的存在性的证明。

其次是所求解的稳定性问题。解的稳定性指的是结果(解)对于原因(源和定解条件，如方程(4-1-3)中的边界条件)的连续依赖性，即定解条件与源的微小变化，是否导致解也只有微小变化。如果是则称解稳定，反之则称解不稳定。解的稳定性非常重要，因为实际定解问题中，源和定解条件通常由实验数据或理论模型的简化获得，必然存在误差。如果定解问题的解不稳定，意味着源和定解条件的微小改变，将可能引起解描述的物理系统剧烈振荡而不稳定，这不符合物理世界的客观要求。

尽管定解问题方程(4-1-3)的解的存在性和稳定性很重要，但对于非数学工作者，更重要的任务是其求解的方法和解的物理诠释。而解的唯一性问题不仅是求解定解问题方程(4-1-3)必须面临的问题，同时也为创新求解方法提供了可能。对于有唯一解的定解问题，无论我们采用什么方法，只要能够得到定解问题的解，唯一性将确保我们得到的解的正确性。

从矢量场构成的角度看，静态电磁场的唯一性定理是矢量场亥姆霍兹定理用于无旋场的特殊表述。表述如下：给定区域边界条件的泊松(含拉普拉斯)方程有唯一解。即定解问题方程(4-1-3)有唯一解。需要说明的是，待求解既可以是静电场的电位函数，也可以是恒定电流磁矢势的某个分量，或是无电流源区域中的标量磁位函数。

我们用反证法证明上述唯一性定理。为此设定解问题方程(4-1-3)有两个不同的解 $\phi_1(\boldsymbol{r})$ 和 $\phi_2(\boldsymbol{r})$，它们在如图 4-1 所示的区域 V 内满足泊松方程，在区域的边界满足边界条件。如果令

$$\phi(\boldsymbol{r})=\phi_2(\boldsymbol{r})-\phi_1(\boldsymbol{r}) \tag{4-1-4}$$

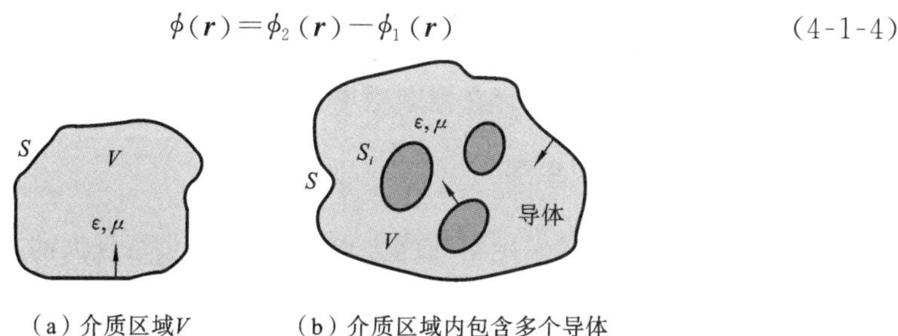

(a) 介质区域V　　(b) 介质区域内包含多个导体

图 4-1　确定区域的静态电磁场问题

则 $\phi(\boldsymbol{r})$ 在区域 V 内满足拉普拉斯方程，在区域边界上满足齐次边界条件，即

$$\begin{cases}\nabla^2\phi(\boldsymbol{r})=0\\ \phi(\boldsymbol{r})|_S=0\\ \text{或}\left[\dfrac{\partial\phi(\boldsymbol{r})}{\partial n}\right]_S=0\\ \text{或}\begin{cases}\phi(\boldsymbol{r})|_{S_1}=0\\ \left[\dfrac{\partial\phi(\boldsymbol{r})}{\partial n}\right]_{S_2}=0\end{cases}\\ S=S_1\cup S_2\end{cases} \tag{4-1-5}$$

进一步假设 $u(\boldsymbol{r})=\phi(\boldsymbol{r})$，$v(\boldsymbol{r})=\kappa\phi(\boldsymbol{r})$，$\kappa$ 为常数，对其应用格林公式为

$$\oiint_S(u\nabla v)\cdot\mathrm{d}\boldsymbol{S}=\iiint_V(\nabla u\cdot\nabla v+u\nabla^2 v)\mathrm{d}V \tag{4-1-6}$$

得到

$$\kappa\oiint_S(\phi\nabla\phi)\cdot\mathrm{d}\boldsymbol{S}=\kappa\iiint_V(\nabla\phi\cdot\nabla\phi+\phi\nabla^2\phi)\mathrm{d}V$$

考虑到在界面上 $\phi=0$ 和 $\dfrac{\partial\phi}{\partial n}=0$,上式左边

$$\kappa\oint\!\!\!\oint_S(\phi\nabla\phi)\cdot\mathrm{d}\boldsymbol{S}=\kappa\oint\!\!\!\oint_S\left(\phi\frac{\partial\phi}{\partial n}\right)\mathrm{d}S=0$$

而等式右边

$$\kappa\iiint_V(\nabla\phi\cdot\nabla\phi+\phi\nabla^2\phi)\mathrm{d}V=\kappa\iiint_V|\nabla\phi|^2\mathrm{d}V=0\Rightarrow\nabla\phi=0\Rightarrow\phi=\mathrm{C}$$

下面分别针对不同边界条件讨论常数 C 的取值。对于第一类齐次边界条件 $\phi(\boldsymbol{r})|_S=0$,很容易得到 $\phi=c=0$,故在整个空间区域 V 内得到 $\phi_1(\boldsymbol{r})=\phi_2(\boldsymbol{r})$。当边界为第二类齐次边界条件时,理论上 $\phi_2(\boldsymbol{r})$ 与 $\phi_1(\boldsymbol{r})$ 可以有一常数之差,但只要 $\phi_1(\boldsymbol{r})$ 与 $\phi_2(\boldsymbol{r})$ 选取空间同一点作为位函数的参考点,区域 V 内 $\phi_1(\boldsymbol{r})=\phi_2(\boldsymbol{r})$ 仍然成立,从而证明了定解问题方程(4-1-3)之解的唯一性。

上述唯一性定理同样适用区域内包含有多个带电导体的静电场问题。此时唯一性定理可表述为:给定区域边界条件、区域内各导体电位或所带电荷总量,以及区域内电荷分布的静电场边界问题有唯一解。有导体存在的静电场的唯一性定理的证明不难。事实上,我们只需要讨论移去导体系后的剩余空间区域 V' 内的静电场问题即可。V' 的边界为原区域边界 S 及各导体系边界 S_i(下标 i 为导体系序数编号)构成,其中原区域 S 的边界条件已知,S_i 的边界条件因导体的特殊性而已知,读者可仿照上述证明方法予以证明。需要注意的是,关于区域内存在导体情形下静电场的唯一性定理不能应用于磁场问题。因为导体内可以存在恒定磁场。

4.1.3　唯一性定理应用举例

唯一性定理给我们求解定解问题方程(4-1-3)提供了极大的灵活性,这意味着无论采用什么方法求解定解问题方程(4-1-3),只要所求得的解能满足定解问题方程(4-1-3)中的方程和边界条件,即为所求问题的正确解。这不仅给静态电磁场问题解的正确性提供了验证的方法,同时也给静态电磁场问题的求解提供了各种可能的途径。

作为唯一性定理的应用举例,下面讨论如图 4-2 所示同心导体球壳间的静电场问题。同心导体球壳的上、下半球分别充满了介电常数为 ε_1 和 ε_2 的介质。内导体球带有电荷 Q,外导体球壳接地。

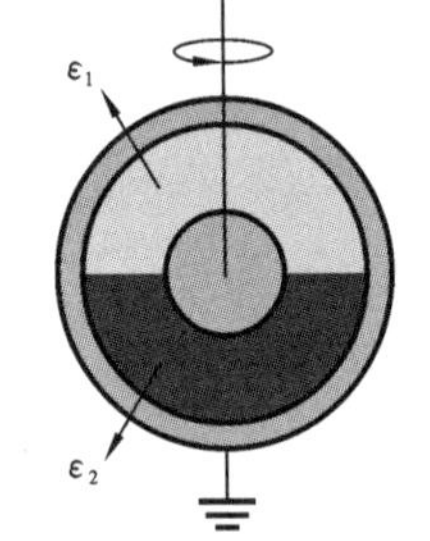

图 4-2　同心导体球壳内的电场

为了便于假设出问题的正确解,首先我们对问题作必要分析。假如上、下半球的介质相同,知道电场具有球对称性,电场只有径向分量。而上下半球为不同介质的问题,其电场有哪些特点呢?根据导体的特性,内、外导体球壳为等势体,电场在导体的表面只有法向分量,且以如图 4-2 所示的轴线对称旋转。根据导体表面电场具有法向(径向)分量特点,可以假设上、下半球介质内的电场只有径向分量,并具有如下形式:

$$\boldsymbol{E}(\boldsymbol{r})=\begin{cases}\boldsymbol{E}_1(\boldsymbol{r})=A_1\dfrac{\boldsymbol{r}}{r^3}, & \text{左半球}\\[2ex]\boldsymbol{E}_2(\boldsymbol{r})=A_2\dfrac{\boldsymbol{r}}{r^3}, & \text{右半球}\end{cases}$$

显然这一假设能够很好地满足导体边界条件的要求。利用上、下半球的交界面上电场应该满足的条件

$$\begin{cases} E_{1t}=E_{2t} \\ D_{1n}=D_{2n} \end{cases} \Rightarrow A_1=A_2=A, \quad D_{1n}=D_{2n}$$

对内导体球外侧应用高斯定理，得到

$$\oint\!\!\!\oint_S \boldsymbol{D}\cdot \mathrm{d}\boldsymbol{S} = \iint_{S_1} \varepsilon_1 \boldsymbol{E}_1 \cdot \mathrm{d}\boldsymbol{S} + \iint_{S_2} \varepsilon_2 \boldsymbol{E}_2 \cdot \mathrm{d}\boldsymbol{S} = Q \Rightarrow A = \frac{Q}{2\pi(\varepsilon_1+\varepsilon_2)}$$

于是得到所求的解为

$$\boldsymbol{E}(\boldsymbol{r}) = \frac{Q}{2\pi(\varepsilon_1+\varepsilon_2)}\left(\frac{\boldsymbol{r}}{r^3}\right)$$

上述求解方法直接从假设解入手，利用边界条件求出待定参数，从而获得假设解。至于所求解正确与否，根据唯一性定理，只需证明其满足方程和边界条件即可。首先验证所求解是否满足方程。因为两同心导体球壳之间没有电荷存在，其电位函数应满足拉普拉斯方程，即电场的散度为零。对电场求散度得到

$$\nabla^2\phi(\boldsymbol{r}) = \nabla\cdot\nabla\phi(\boldsymbol{r}) = -\nabla\cdot\boldsymbol{E}(\boldsymbol{r}) = -\frac{Q}{2\pi(\varepsilon_1+\varepsilon_2)}\nabla\cdot\left(\frac{\boldsymbol{r}}{r^3}\right)$$

因为$\nabla\cdot\left(\frac{\boldsymbol{r}}{r^3}\right)=0\,(r\neq 0)$，所以$\nabla^2\phi(\boldsymbol{r})=0\,(r\neq 0)$。

所求解满足方程。其次是证明所求解是否满足边界条件，即要求电场在两同心导体球壳面的切向分量为零，在上、下半球的界面上满足 $E_{1t}=E_{2t}$，$D_{1n}=D_{2n}$。前者是显然的，因为电场只有径向分量，没有球面的切向分量。而后者是求解过程中用于确定系数 A_1、A_2 的条件，自然得到满足。根据唯一性定理，所求得的解必是问题的正确解。

4.2 分离变量方法

4.2.1 分离变量方法的思想

到目前为止，我们能够解析求解的电磁场问题均是一些典型结构的问题，如电(磁)偶极子的电(磁)场、忽略边缘效应的带电平行导体板极之间电场、载流直导线的磁场等。它们共同特点是结构简单、对称性高，能够直接应用电磁场相关定理与定律求解。解析求解方法突出的优点是概念清晰、求解容易、结果简单、分析方便。正因为如此，人们利用电磁场具有的特性，发展了空间区域映射(如保角变换)、等效原理(如镜像)等方法，将某些比较复杂的问题转化为典型问题求解。

本节讨论分离变量方法。关于分离变量方法，“数学物理方法”课程中给予了充分的讨论，这里仅就若干具体问题的求解，归纳出这一方法的基本思想、理论基础和求解程序。首先讨论一个具体的静电场问题的求解。

【例 4.1】 已知长方形盒的长为 A、宽为 B、高为 C，盒的顶盖电位为 ϕ_0，其他各面电位为零，如图 4-3 所示，求盒内的电位分布。

解 为求解上述问题，首先根据问题的物理模型提炼出数学物理方程，通常称为定解问题，包括物理问题满足的方程和边界条件。由于盒内无电荷分布，电位函数满足拉普拉斯方程。对于长方形盒，采用直角坐标系描述盒的边界条件，其定解问题表述

如下：

$$\begin{cases}\nabla^2\phi(x,y,z)=0\\ \phi(0,y,z)=0,\phi(A,y,z)=0\\ \phi(x,0,z)=0,\phi(x,B,z)=0\\ \phi(x,y,0)=0,\phi(x,y,C)=\phi_0\end{cases} \tag{4-2-1}$$

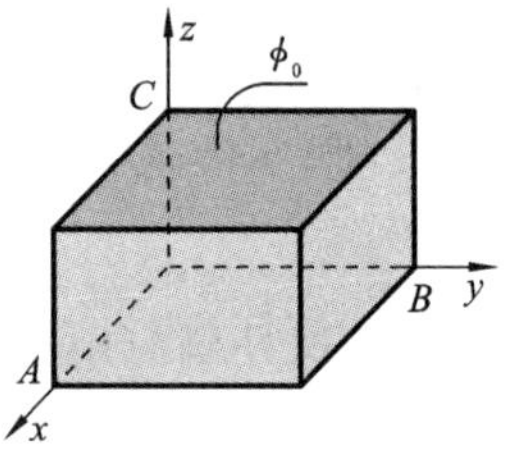

图 4-3 方形盒内电位

令电位函数的解为

$$\phi(\boldsymbol{r})=X(x)Y(y)Z(z) \tag{4-2-2}$$

将其代入定解问题方程(4-2-1)中的方程和边界条件，得到

$$\begin{cases}\frac{1}{X}\frac{\mathrm{d}^2X}{\mathrm{d}x^2}+\frac{1}{Y}\frac{\mathrm{d}^2Y}{\mathrm{d}y^2}+\frac{1}{Z}\frac{\mathrm{d}^2Z}{\mathrm{d}z^2}=0\\ \phi(A,y,z)=\phi(0,y,z)=0\Rightarrow X(A)=X(0)=0\\ \phi(x,B,z)=\phi(x,0,z)=0\Rightarrow Y(B)=Y(0)=0\\ \phi(x,y,0)=0\Rightarrow Z(0)=0\end{cases} \tag{4-2-3}$$

第一个方程中的每一项都是独立变量的函数，除非它们为常数，否则方程的两边难以在定义区域内恒等。基于这一考虑，得到关于 $X(x)$、$Y(y)$、$Z(z)$ 及三个常数应满足的方程是

$$\begin{cases}\frac{\mathrm{d}^2X}{\mathrm{d}z^2}=-k^2X(z)\\ X(0)=X(A)=0\end{cases} \tag{4-2-4a}$$

$$\begin{cases}\frac{\mathrm{d}^2Y}{\mathrm{d}y^2}=-l^2Y(z)\\ Y(0)=Y(B)=0\end{cases} \tag{4-2-4b}$$

$$\begin{cases}\frac{\mathrm{d}^2Z}{\mathrm{d}z^2}=-p^2Z(z)\\ Z(0)=0\end{cases} \tag{4-2-4c}$$

$$k^2+l^2+p^2=0 \tag{4-2-5}$$

在上述三组方程中，方程(4-2-4a)和方程(4-2-4b)为含有待定参数的常微分方程，其解必须满足边界条件，受这一条件的约束，待定参数 k 和 l 不能为任意取值。根据斯特姆(Charles Sturm，1803—1855 年，法国数学家)-刘维尔(Joseph Liouville，1809—1882 年，法国数学家)理论，它们是两个含有待定参数的本征值方程，其解为完备正交函数系；求解本征值方程的解得

$$\begin{cases}X(x)=A_1\sin\frac{n\pi}{A}x, & k=\frac{n\pi}{A}, & n=1,2,3,\cdots\\ Y(y)=A_2\sin\frac{m\pi}{B}y, & l=\frac{m\pi}{A}, & m=1,2,3,\cdots\end{cases} \tag{4-2-6}$$

方程(4-2-4c)是一般的常微分方程。将方程(4-2-6)中的 k 和 l 代入式(4-2-5)，并利用 $Z(0)=0$ 得到 $Z(z)$ 为

$$Z(z)=C_{kl}\sinh\sqrt{k^2+l^2}\,z \tag{4-2-7}$$

根据线性叠加原理，本征函数的叠加构成定解问题的解，即

$$\phi(x,y,z)=\sum_{n,m=1}^{\infty}C_{nm}\sin\frac{n\pi}{A}x\sin\frac{m\pi}{B}y\sinh\left[\sqrt{\left(\frac{n}{A}\right)^2+\left(\frac{m}{B}\right)^2}\pi z\right] \tag{4-2-8}$$

其中，C_{nm} 由 $\phi\mid_{z=C}=\phi_0$ 来确定。利用傅里叶(Baron Jean Baptiste Joseph Fourier，1768—1830 年，法国数学家、物理学家)级数展开方法得

$$C_{nm}=\frac{16\phi_0}{mn\pi^2\sinh\left[\sqrt{\left(\frac{n}{A}\right)^2+\left(\frac{m}{B}\right)^2}\pi C\right]} \tag{4-2-9}$$

其中，$n,m=1,3,5,\cdots$，即得到盒内电位函数的解。

求出方程(4-2-1)的解后，还需要对所求解进行必要的验证和分析。事实上，分离变量方法求解过程本身就保证了式(4-2-8)满足方程(4-2-1)和边界条件。另一个问题是关于解的稳定性问题，即当边界条件微小改变时，所求得的解也只有微小变化。回答是肯定的，因为当式(4-2-8)中边界条件 ϕ_0 有 $\delta\phi_0$ 的微小变化时，其解的变化

$$\delta\phi(x,y,z)=\delta\phi_0\sum_{n,m=1}^{\infty}\frac{16\sin\frac{n\pi}{A}x\sin\frac{m\pi}{B}y\sinh\left[\sqrt{\left(\frac{n}{A}\right)^2+\left(\frac{m}{B}\right)^2}\pi z\right]}{mn\pi^2\sinh\left[\sqrt{\left(\frac{n}{A}\right)^2+\left(\frac{m}{B}\right)^2}\pi C\right]}\leqslant M\delta\phi_0$$

其中，

$$M=\max\left\{\sum_{n,m=1}^{\infty}\frac{16\sin\frac{n\pi}{A}x\sin\frac{m\pi}{B}y\sinh\left[\sqrt{\left(\frac{n}{A}\right)^2+\left(\frac{m}{B}\right)^2}\pi z\right]}{mn\pi^2\sinh\left[\sqrt{\left(\frac{n}{A}\right)^2+\left(\frac{m}{B}\right)^2}\pi C\right]}\right\}$$

为一有界量，可见 $\delta\phi(x,y,z)$ 也只有微小变化，即解对于边界条件的改变有连续依赖性。在后续内容的学习中，除特别需要讨论的问题外，我们不再将解的稳定性问题作为专门的问题来讨论。

分离变量方法通过变量分离，将原来的偏微分方程转化为含有待定参数的常微(本征值)方程；然后求解本征值方程得到本征值和本征函数，将待求解表示为本征函数系的线性叠加；从而把待求偏微分方程的求解转化为展开系数的代数方程求解。通过边界条件等确定展开的系数，最终求出问题的解。归纳分离变量方法求解流程如图 4-4 所示，主要步骤如下：

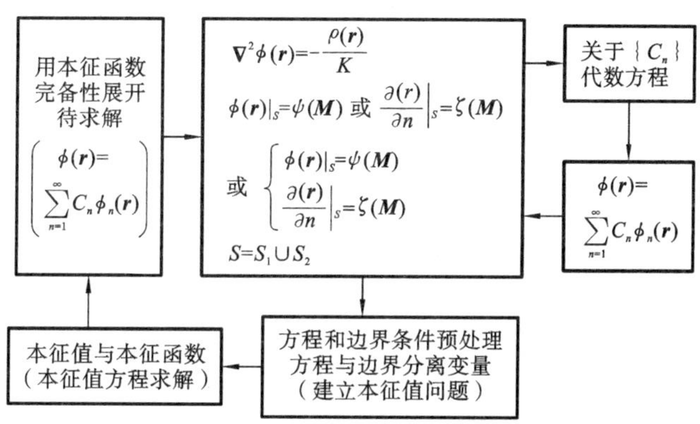

图 4-4 分离变量方法流程

(1) 根据求解的物理问题，提炼出问题的定解方程和边界条件；

(2) 根据问题的边界条件，选取适合变量分离的正交曲线坐标系；

(3) 把定解方程和边界条件进行变量分离，得到本征值方程；

(4) 求解本征值方程,确定本征值和本征函数;

(5) 由本征函数的线性叠加构造定解方程的解;

(6) 利用边界条件确定展开系数,验证解的正确性,分析解的特性。

分离变量方法的物理基础是解的线性叠加原理,即线性物理系统任意两个可能解的线性组合仍是系统的可能解。其数学基础则是线性空间理论,即任何一个在定义区域内平方可积函数,可以表示为某个正交完备函数序列的广义傅里叶级数。因此,从线性空间理论看,分离变量方法的核心是寻找解空间的正交完备基函数序列$\{\phi_n(\boldsymbol{r})\}$。做个形象比喻,将泛定方程可能解构成的函数空间$\{\phi(\boldsymbol{r})\}$类比欧式空间中的任意矢量空间$\{\boldsymbol{R}\}$;本征函数序列$\{\phi_n(\boldsymbol{r})\}$则类似如欧式空间中某一正交曲线坐标系的基矢量$\{\hat{e}_1,\hat{e}_2,\hat{e}_3\}$。泛定方程任意解的正交完备基函数$\{\phi_n(\boldsymbol{r})\}$展开,类似于欧式空间中任意矢量$\boldsymbol{R}$的正交曲线坐标系的基矢量的展开,如图4-5所示。因此,分离变量方法的核心是寻找解空间的正交完备基函数$\{\phi_n(\boldsymbol{r})\}$。

$$\boldsymbol{R}=\hat{e}_1x_1+\hat{e}_2x_2+\hat{e}_3x_3=\sum_{i=1}^{3}\hat{e}_ix_i$$

$$\phi(\boldsymbol{r})=c_1\phi_1(\boldsymbol{r})+c_2\phi_2(\boldsymbol{r})+c_3\phi_3(\boldsymbol{r})+\cdots=\sum_{n=1}^{\infty}c_n\phi_n(\boldsymbol{r})$$

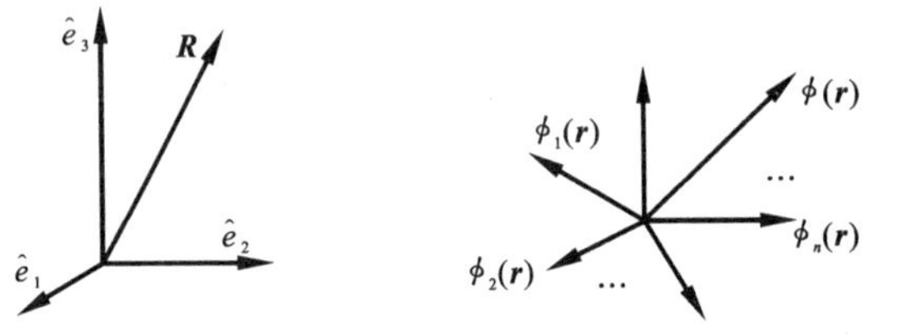

(a) 欧式空间矢量展开　　(b) 函数空间广义傅里叶展开

图4-5 欧式空间矢量与函数空间矢量展开类比

4.2.2 分离变量方法的应用

分离变量方法的第一步是选取适合变量分离的坐标系。到目前为止,可以进行分离变量的有直角坐标系、圆柱坐标系、球坐标系、圆锥坐标系、抛物柱坐标系、椭圆柱坐标系、长旋转椭球坐标系、扁旋转椭球坐标系、旋转抛物面坐标系等。选取何种坐标系来进行变量分离,一般的原则是确保方程和边界条件都能够进行变量分离。实际中是根据边界的几何形状选取能够进行变量分离的正交曲线坐标系。

常用的有三种正交曲线坐标系,即直角坐标系、圆柱坐标系和球坐标系。直角坐标系中分离变量法我们已经给出了一例。下面通过两个实际问题的求解介绍圆柱坐标系和球坐标系中的变量分离方法。

【例4.2】 无穷长导体圆筒的半径为a,厚度忽略不计。圆筒分成相等的两个半片,相互绝缘,一半的电位为V_0,另一半的电位为$-V_0$,求圆筒内的电位分布。

解 由于圆筒与柱坐标的等r面相一致,故选取圆柱坐标系。为使求解的问题具有尽可能高的对称性,选取圆柱的轴线与坐标系的z轴重合,x轴和y轴的选取使得边界上的电位关于变量φ具有对称性,图4-6所示。圆筒内电位的定解问题(方程和边界条件)为

$$\begin{cases}\nabla^2\phi(\boldsymbol{r})=\dfrac{1}{r}\dfrac{\partial}{\partial r}\left(r\dfrac{\partial\phi}{\partial r}\right)+\dfrac{1}{r^2}\dfrac{\partial^2\phi}{\partial\varphi^2}=0\\ \phi(a,\varphi)=V_0\ (0<\varphi<\pi)\\ \phi(a,\varphi)=-V_0\ (\pi<\varphi<2\pi)\end{cases}\tag{4-2-10}$$

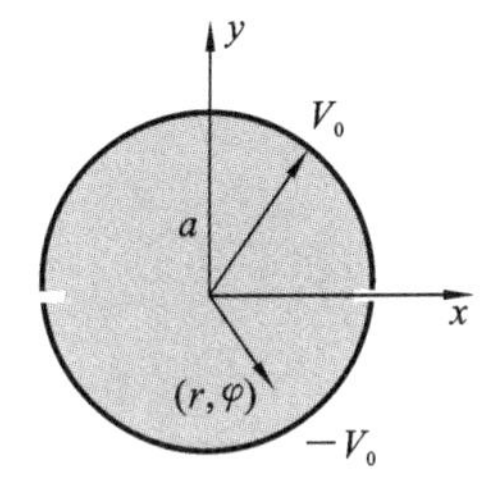

图 4-6 导体圆筒内的电位

此外,根据物理量的有界性和单值性原则,圆筒内的电位应是单值有界函数,所以电位还应满足周期性条件和有限性条件,这类条件是物理问题本身特性所具有的,通常称为自然边界条件,包括周期性条件和有限性条件,即

$$\begin{cases}\phi(r,\varphi+2n\pi)=\phi(r,\varphi)\\ \phi(r,\varphi)\big|_{0\leqslant r\leqslant a}\to\text{有限值}\end{cases}\tag{4-2-11}$$

理论上可以证明,自然边界条件构成本征值问题,其解(包括本征函数和本征值)与真实边界条件构成本征值问题的解有同样的性质。这些性质包括本征值的离散特性、不同本征值所对应的本征函数的正交性、本征函数序列的完备性等。

设电位 $\phi(\boldsymbol{r})=R(r)\Phi(\varphi)$,将其代入方程及其边界条件,并在圆柱坐标系中分离变量,得

$$\begin{cases}\Phi''(\varphi)+n^2\Phi''(\varphi)=0\\ \Phi(\varphi+2n\pi)=\Phi(\varphi)\end{cases}\tag{4-2-12}$$

$$\begin{cases}r\dfrac{\mathrm{d}}{\mathrm{d}r}\left(r\dfrac{\mathrm{d}R}{\mathrm{d}r}\right)-n^2R=0\\ R(r)\big|_{0\leqslant r\leqslant a}\to\text{有限值}\end{cases}\tag{4-2-13}$$

方程(4-2-12)为含有待定参数 n 的常微分方程,其解必须满足周期性边界条件,这一条件使得待定参数 n 不能任意取值,含有待定参数 n 的常微分方程和周期性边界条件一起构成该问题的本征值方程。求解本征值方程得到 n 的只能是整数,相应的本征函数为三角级数,即

$$\Phi(\varphi)=\begin{pmatrix}\cos n\varphi\\ \sin n\varphi\end{pmatrix},\quad n=0,1,2,\cdots\tag{4-2-14}$$

它是一组具有正交完备特性的函数系,任何定义在$[0,2\pi]$上的分段连续有界函数可以该函数系为基进行展开,即傅里叶级数。

方程(4-2-13)为欧拉(Leonhard Euler,1707—1783 年,瑞士数学家、物理学家)方程,其通解是

$$R(r)=\begin{cases}a_0+b_0\ln r,\text{当 }n=0\\ a_nr^n+b_nr^{-n},\text{当 }n\neq0\end{cases}\tag{4-2-15}$$

考虑到$\lim\limits_{r\to0}R(r)\to$有限值条件,$b_n=0\,(n=0,1,2,\cdots)$。将 $R(r)$、$\Phi(\varphi)$代入$\phi(\boldsymbol{r})$,圆柱坐标系中与 z 无关的拉普拉斯方程的通解可以表示为本征解系的线性叠加,即

$$\phi(r,\varphi)=\sum_{n=0}^{\infty}r^n(A_n\cos n\varphi+B_n\sin n\varphi)\tag{4-2-16}$$

其中,A_n、B_n 为展开系数,由边界条件

$$\phi(a,\varphi)=\sum_{n=0}^{\infty}a^n(A_n\cos n\varphi+B_n\sin n\varphi)=\begin{cases}V_0, & 0<\varphi<\pi\\ -V_0, & \pi<\varphi<2\pi\end{cases}$$

确定。利用傅里叶级数,求得系数

$$\begin{cases} A_n = 0 \\ B_n = \dfrac{2V_0}{n\pi a^n}[1-(-1)^n], \quad n=0,1,2,\cdots \end{cases}$$

将其代入式(4-2-16),便得到圆筒内电位为

$$\phi(r,\varphi) = \frac{4V_0}{\pi}\sum_{n=0}^{\infty}\frac{1}{2n+1}\left(\frac{r}{a}\right)^{2n+1}\sin(2n+1)\varphi \tag{4-2-17}$$

将式(4-2-17)代入方程(4-2-10),容易验证其满足方程和边界条件。

如果将上面题目改变为求圆筒外部空间电位的分布,其方程和边界条件仍然是(4-2-10),但此时的自然边界条件(4-2-11)应变为

$$\begin{cases} \phi(r,\varphi+2n\pi) = \phi(r,\varphi) \\ \lim\limits_{r\to\infty}\phi(r,\varphi) \to \text{有限值} \end{cases} \tag{4-2-18}$$

对欧拉方程的通解应用条件$\lim\limits_{r\to\infty}R(r)\to$有限值,将得到 $b_1=0$, $a_n=0(n=1,2,3,\cdots)$,应用同样的方法,得到圆筒外部空间的电位是

$$\phi(r,\varphi) = \frac{4V_0}{\pi}\sum_{n=0}^{\infty}\frac{1}{2n+1}\left(\frac{a}{r}\right)^{2n+1}\sin(2n+1)\varphi \tag{4-2-19}$$

【例 4.3】 半径为 a 的均匀介质球放入恒定磁场 $\boldsymbol{B}=B_0\hat{e}_z$ 中。球内、外介质的介电常数相同,磁导率常数分别为 μ 和 μ_0,求介质球内、外的磁场分布。

解 介质球内、外没有外加电流分布,空间任意点处磁场的旋度$\nabla\times\boldsymbol{H}=\boldsymbol{0}$,可以引入磁标位 $\phi_m(\boldsymbol{r})$,它与磁场的关系为 $\boldsymbol{H}=-\nabla\phi_m(\boldsymbol{r})$,磁标位 $\phi_m(\boldsymbol{r})$在介质球内、外部均满足拉普拉斯方程。为使所求解问题具有高的对称性,选取如图 4-7 所示的球坐标系,外加磁场、介质磁化电流及其产生的附加磁场以 z 轴为旋转对称轴,$\phi_m(\boldsymbol{r})$与 ϕ 无关,其方程为

$$\nabla^2\phi_m(\boldsymbol{r}) = \begin{cases} \nabla^2\phi_{m1}(r,\theta)=0, & 0\leqslant r\leqslant a(\text{球内}) \\ \nabla^2\phi_{m2}(r,\theta)=0, & a\leqslant r\leqslant\infty(\text{球外}) \end{cases} \tag{4-2-20}$$

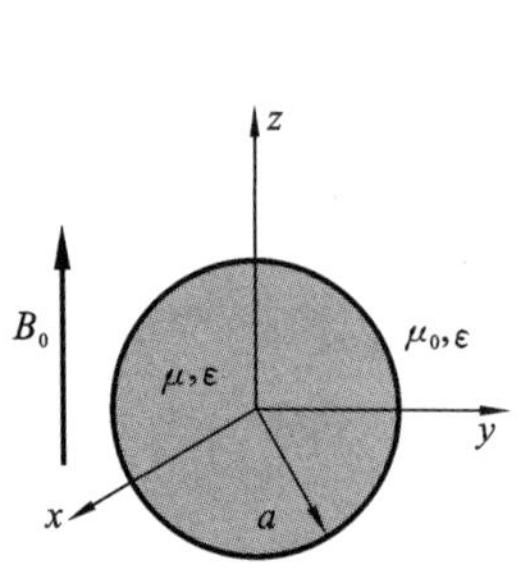

(a) 恒定外磁场中的均匀介质球

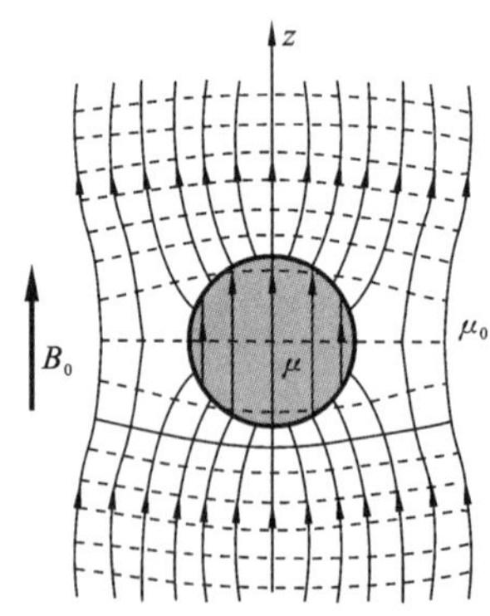

(b) 均匀介质球内外磁场

图 4-7 外磁场中的均匀介质球

在介质球的表面上,球内、外磁场的切向分量和磁感应强度法向分量必须连续,以满足界面两侧的衔接条件,即

$$\begin{cases}\phi_{m1}(\boldsymbol{r})\big|_{r=a}=\phi_{m2}(\boldsymbol{r})\big|_{r=a}\\ \mu\dfrac{\partial\phi_{m1}}{\partial r}\bigg|_{r=a}=\mu_0\dfrac{\partial\phi_{m2}}{\partial r}\bigg|_{r=a}\end{cases}\tag{4-2-21a}$$

需要说明的是，此处介质球面两侧满足的条件称为衔接条件，不是界面的边界条件。在本问题中，边界条件应为无穷远处和球中心点（坐标原点）磁场满足的条件。在无穷远处，介质球磁化引起的附加磁场将趋于零。所以无穷远处的磁场应与没有介质球存在时的外加磁场相同，即

$$\begin{aligned}\lim_{r\to\infty}\boldsymbol{H}&=-\lim_{r\to\infty}\nabla\phi_{m2}=-\lim_{r\to\infty}\left(\hat{e}_r\frac{\partial\phi_{m2}}{\partial r}+\hat{e}_\theta\frac{\partial\phi_{m2}}{r\partial\theta}\right)\\&=\hat{e}_zH_0=\hat{e}_r\cos\theta H_0-\hat{e}_\theta\sin\theta H_0\end{aligned}$$

从而得到无穷远处，磁标位满足的条件为

$$\lim_{r\to\infty}\phi_{m2}(r,\theta)=-rH_0\cos\theta\tag{4-2-21b}$$

由于有限区域内磁场应有界，所以磁标位还要满足

$$\begin{cases}\lim\limits_{0\leqslant\theta\leqslant\pi}\phi_m(r,\theta)\to\text{有界}\\ \lim\limits_{r\to 0}\phi_{m1}(r,\theta)\to\text{有界}\end{cases}\tag{4-2-21c}$$

这类条件又称为自然边界条件。上述方程和边界条件以及衔接条件作为整体构成例4.3的定解问题，其中方程(4-2-20)为定解方程，方程(4-2-21a)～(4-2-21c)为方程(4-2-20)的定解条件。在方程(4-2-21c)中，介质球内 $\phi_m(\boldsymbol{r})$ 为 $\phi_{m1}(\boldsymbol{r})$，球外 $\phi_m(\boldsymbol{r})$ 则为 $\phi_{m2}(\boldsymbol{r})$。

由于介质球的内部和外部空间磁场满足同样的方程，因此，我们可先通过分离变量方法求出通解，然后利用边界条件分别求出介质球内和球外磁场的特解。为此设 $\phi_m(r,\theta)=R(r)\Theta(\theta)$，将其代入方程

$$\nabla^2\phi_m(\boldsymbol{r})=\frac{\partial}{\partial r}\left(r^2\frac{\partial\phi_m(r,\theta)}{\partial r}\right)+\frac{1}{\sin\theta}\frac{\partial}{\partial\theta}\left(\sin\theta\frac{\partial\phi_m(r,\theta)}{\partial\theta}\right)=0$$

和自然边界条件，并进行变量分离得

$$\begin{cases}\dfrac{1}{\sin\theta}\dfrac{\mathrm{d}}{\mathrm{d}\theta}\left(\sin\theta\dfrac{\mathrm{d}\Theta}{\mathrm{d}\theta}\right)-l(l+1)\Theta(\theta)=0\\ \Theta(\theta)\big|_{\theta=0,\pi}\to\text{有界}\end{cases}\tag{4-2-22}$$

$$\begin{cases}\dfrac{\mathrm{d}}{\mathrm{d}r}\left(r^2\dfrac{\mathrm{d}R}{\mathrm{d}r}\right)-l(l+1)R(\boldsymbol{r})=0\\ \lim\limits_{r\to 0}R(r)\to\text{有界}\\ \lim\limits_{r\to\infty}R(r)\to r\end{cases}\tag{4-2-23}$$

方程(4-2-22)为本征值方程，由勒让德(Adrien Marie Legendre，1752—1833 年，法国数学家)方程和自然边界条件组成。求解得到其本征值 l 为正整数，相应的本征函数为勒让德多项式，即

$$\Theta(\theta)=P_l(\cos\theta),\quad l=0,1,2,\cdots\tag{4-2-24a}$$

它们的数学表示式可在“数学物理方法”课程中得到，其前五项分别为

$$
\begin{cases}
P_0(\cos\theta)=1 \\
P_1(\cos\theta)=\cos\theta \\
P_2(\cos\theta)=\dfrac{1}{2}(3\cos^2\theta-1) \\
P_3(\cos\theta)=\dfrac{1}{2}(5\cos^3\theta-3\cos\theta) \\
P_4(\cos\theta)=\dfrac{1}{8}(35\cos^4\theta-30\cos^2\theta+3)
\end{cases}
\tag{4-2-24b}
$$

勒让德多项式是一组具有正交完备特性的函数系。任何在[0,π]上有定义的分段连续函数 $f(\theta)$,有如下的广义傅里叶展开式:

$$
f(\theta)=\sum_{l=0}^{\infty}A_lP_l(\cos\theta) \tag{4-2-24c}
$$

展开系数为

$$
A_l=\frac{2l+1}{2}\int_0^{\pi}f(\theta)P_l(\cos\theta)\sin\theta\mathrm{d}\theta \tag{4-2-24d}
$$

将可允许的本征值 l 代入方程(4-2-23)并求解得

$$
R(r)=A_lr^l+B_lr^{-(l+1)} \tag{4-2-25}
$$

利用叠加原理得到介质球内外磁标位的通解为

$$
\phi_m(r,\theta)=\sum_{l=0}^{\infty}[A_lr^l+B_lr^{-(l+1)}]P_l(\cos\theta) \tag{4-2-26}
$$

通解求出后,需要利用边界条件求出介质球内和球外的特解。如果场点位于介质球内,要保证 $\lim\limits_{r\to0}R(r)\to$有界,式(4-2-26)中系数 $B_l=0$,故

$$
\phi_{m1}(r,\theta)=\sum_{l=0}^{\infty}A_{1l}r^lP_l(\cos\theta),\quad r<a \tag{4-2-27a}
$$

如果场点位于介质球外,磁标位函数还需满足

$$
\lim_{r\to\infty}\phi_{m2}(r,\theta)=\lim_{r\to\infty}\sum_{l=0}^{\infty}[A_lr^l+B_lr^{-(l+1)}]P_l(\cos\theta)=-rH_0\cos\theta
$$

所以 $A_{20}=0,A_{21}=H_0,A_{2l}=0(l\geqslant2)$,得到介质球外部空间磁标位为

$$
\phi_{m2}(r,\theta)=-H_0rP_1(\cos\theta)+\sum_{l=0}^{\infty}B_{2l}r^{-(l+1)}P_l(\cos\theta),\quad r>a \tag{4-2-27b}
$$

式(4-2-27a)和式(4-2-27b)中 A_{1l}、B_{2l} 为待定系数,由磁标位满足的边界条件(4-2-21)确定。利用边界条件得到待定系数满足的代数方程为

$$
\begin{cases}
A_{1l}=0 \\
B_{2l}=0
\end{cases},\quad l\neq1 \tag{4-2-28}
$$

$$
\begin{cases}
A_{11}=-H_0+B_{21}a^{-3} \\
\mu A_{11}=-\mu_0(2B_{21}a^{-3}+H_0)
\end{cases},\quad l=1 \tag{4-2-29}
$$

求解代数方程(4-2-29)得

$$
A_{11}=-\frac{3\mu_0}{\mu+2\mu_0}H_0,\quad B_{21}=\frac{\mu-\mu_0}{\mu+2\mu_0}a^3H_0
$$

代入式(4-2-27)得到

$$\phi_m(r,\theta)=\begin{cases}\phi_{m1}(r,\theta)=-\dfrac{3\mu_0}{\mu+2\mu_0}H_0 r\cos\theta, & r<a\\ \phi_{m2}(r,\theta)=\dfrac{\mu-\mu_0}{\mu+2\mu_0}\left(\dfrac{a}{r}\right)^2 aH_0 r\cos\theta-H_0 r\cos\theta, & r>a\end{cases} \tag{4-2-30}$$

此即为所求得的磁标位，进而根据磁场与磁标位之间的关系得

$$\boldsymbol{H}(r,\theta)=\begin{cases}-\nabla\phi_{m1}(r,\theta)\\ -\nabla\phi_{m2}(r,\theta)\end{cases}=\begin{cases}\dfrac{3\mu_0}{\mu+2\mu_0}\boldsymbol{H}_0, & r<a\\ \dfrac{\mu-\mu_0}{\mu+2\mu_0}H_0\left(\dfrac{a}{r}\right)^3\left[\hat{e}_r 2\cos\theta+\hat{e}_\theta\sin\theta\right]+\boldsymbol{H}_0, & r>a\end{cases}$$

(4-2-31)

$$\boldsymbol{B}(r,\theta)=\begin{cases}\mu\boldsymbol{H}_1(r,\theta)=\dfrac{3\mu_0\mu}{\mu+2\mu_0}\boldsymbol{H}_0, & r<a\\ \mu_0\boldsymbol{H}_2(r,\theta)=\dfrac{\mu-\mu_0}{\mu+2\mu_0}B_0\left(\dfrac{a}{r}\right)^3\left[\hat{e}_r 2\cos\theta+\hat{e}_\theta\sin\theta\right]+\boldsymbol{B}_0, & r>a\end{cases}$$

(4-2-32)

由式(4-2-31)或式(4-2-32)可知，介质球内磁场 $\boldsymbol{H}$ 和磁感应强度 $\boldsymbol{B}$ 均为恒定值，且磁场比外加磁场弱小；磁感应强度比外加磁感应强度大。这是因为介质球磁化使得在介质球表面出现分子电流，该电流产生附加磁感应强度与外加磁感应强度方向相同，叠加加强。而介质中的磁场则由关系式

$$\boldsymbol{H}=\frac{1}{\mu_0}(\boldsymbol{B}-\boldsymbol{M})=\frac{\boldsymbol{B}_0+\boldsymbol{B}'}{\mu_0}-\frac{1}{\mu_0}\boldsymbol{M}=\boldsymbol{H}_0+\frac{1}{\mu_0}(\boldsymbol{B}'-\boldsymbol{M})=\boldsymbol{H}_0+\boldsymbol{H}'$$

获得。基于等效磁荷观点，外加磁场将使得介质球的上、下半球面上出现大小相等、符号相反的磁荷，其产生的附加磁场与外加磁场相反，使得介质球中磁场减小。

介质球外部空间磁场由两部分构成：一部分为外磁场；另一部分则为介质磁化产生的附加磁场。将介质球磁化附加磁场与磁偶极子产生的磁场（参见第 3.4 节）相比较，该部分为介质磁化后产生的磁偶极矩 $\boldsymbol{P}_m$ 在自由空间产生的磁场。利用介质磁化强度与磁场之间的关系，得到介质的磁化强度为

$$\boldsymbol{M}=\mu_0\chi_m\boldsymbol{H}=(\mu_r-1)\mu_0\boldsymbol{H}=\frac{3(\mu-\mu_0)}{\mu+2\mu_0}\mu_0\boldsymbol{H}_0$$

因此，介质球磁化后的等效磁偶极矩为

$$\boldsymbol{P}_m=\frac{4\pi}{3}a^3\boldsymbol{M}=4\pi a^3\frac{\mu-\mu_0}{\mu+2\mu_0}\mu_0\boldsymbol{H}_0 \tag{4-2-33}$$

关于所得解的正确性，只要将式(4-2-30)代入方程和边界条件即可以验证。作为一种验证，当介质球的磁导率 $\mu=\mu_0$，这时整个空间为同一均匀介质，不存在磁化，空间的磁场应为$\boldsymbol{H}_0$。这一结果也正好是式(4-2-31)在 $\mu\to\mu_0$ 所得结果，与实际物理情况相符。

4.3* 格林函数方法

4.3.1 格林函数方法的基本思想

格林函数方法是英国物理学家格林在研究物质的引力场时提出的一种方法，现已

发展成为众多学科领域的一种重要的理论分析方法。下面通过一个特例介绍格林函数方法的基本思想。

设在线性、各向同性、均匀无界空间中有一密度为$\rho(\boldsymbol{r})$的体电荷，分布区域为V，如图 4-8 所示，电位函数的定解问题为

$$\begin{cases}\nabla^2\phi(\boldsymbol{r})=-\dfrac{1}{\varepsilon}\rho(\boldsymbol{r})\\ \lim\limits_{r\to\infty}\phi(\boldsymbol{r})\to\text{有界}\end{cases}\tag{4-3-1}$$

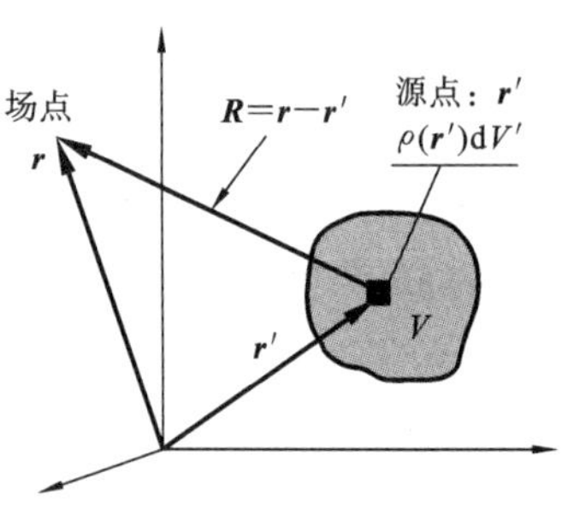

图 4-8 无界空间电荷激发的电场

为求出体电荷在空间产生的电位，首先将V内连续分布的体电荷离散为大量小体积电荷元；由于体积元很小，其内的电荷量可近似为$\rho(\boldsymbol{r}'_i)\mathrm{d}V'_i$(下标$i$表示体积元序号)，该元电荷在无界空间产生的电位，可以近似为$\boldsymbol{r}'_i$点处电荷量为$\rho(\boldsymbol{r}'_i)\mathrm{d}V'_i$的点电荷在空间产生的电位，即

$$\mathrm{d}\phi(\boldsymbol{r})=\frac{\rho(\boldsymbol{r}'_i)\mathrm{d}V'_i}{4\pi\varepsilon|\boldsymbol{r}-\boldsymbol{r}'_i|}$$

引入函数$G(\boldsymbol{r},\boldsymbol{r}'_i)$表示$\boldsymbol{r}'_i$点的单位点电荷在$\boldsymbol{r}$点产生的电位，即

$$G(\boldsymbol{r},\boldsymbol{r}'_i)=\frac{1}{4\pi\varepsilon|\boldsymbol{r}-\boldsymbol{r}'_i|}\tag{4-3-2}$$

根据线性系统的叠加原理，则区域V的体电荷产生的电位可以表示为

$$\phi(\boldsymbol{r})\approx\sum_i\frac{\rho(\boldsymbol{r}'_i)\mathrm{d}V'_i}{4\pi\varepsilon|\boldsymbol{r}-\boldsymbol{r}'_i|}\approx\sum_i G(\boldsymbol{r},\boldsymbol{r}'_i)\rho(\boldsymbol{r}'_i)\mathrm{d}V'_i\tag{4-3-3a}$$

引用体积分定义，当体积元数量足够大，体积元的体积足够小时，上式成为

$$\phi(\boldsymbol{r})=\iiint_V\frac{\rho(\boldsymbol{r}')\mathrm{d}V'}{4\pi\varepsilon|\boldsymbol{r}-\boldsymbol{r}'|}=\iiint_V G(\boldsymbol{r},\boldsymbol{r}')\rho(\boldsymbol{r}')\mathrm{d}V'\tag{4-3-3b}$$

上式的物理意义非常清晰，被积函数$G(\boldsymbol{r},\boldsymbol{r}')\rho(\boldsymbol{r}')\mathrm{d}V'$表示$\boldsymbol{r}'$点电荷$\rho(\boldsymbol{r}')\mathrm{d}V'$在空间$r$产生的电位，$G(\boldsymbol{r},\boldsymbol{r}'_i)$为单位点源的电位，为定解问题

$$\begin{cases}\nabla^2 G(\boldsymbol{r},\boldsymbol{r}')=-\dfrac{1}{\varepsilon}\delta(\boldsymbol{r}-\boldsymbol{r}')\\ \lim\limits_{r\to\infty}G(\boldsymbol{r},\boldsymbol{r}')\to 0\end{cases}\tag{4-3-4}$$

之解。

尽管上式是在极其简单情况下得到的结果，但其求解问题的方法给我们重要的启示。即空间任意体电荷产生的电位，可转换为求单位点电荷产生的电位问题，从而简化了原来问题的求解。为了进一步说明格林函数方法的思想，我们将体分布电荷产生电位比作一个线性系统的激励与响应关系；其中电荷为线性系统的激励，电位为线性系统的响应，电荷产生电位所满足的方程为线性系统激励与响应所遵循的规律。基于线性系统这一特点，只要单位激励的系统响应已知，则任意强度激励的响应也已知，使得原问题的求解得以简化。正因为如此，格林函数方法又称为点源函数方法。

4.3.2 静态电磁场的格林函数方法

图 4-9 所示的为确定区域内静态电磁场边值问题，该问题可归纳为如下的定解问题：

$$\begin{cases}\nabla^2\phi(\boldsymbol{r})=-\dfrac{\rho(\boldsymbol{r})}{\kappa}\\\left[\alpha\phi(\boldsymbol{r})+\beta\dfrac{\partial\phi(\boldsymbol{r})}{\partial n}\right]_S=h(\boldsymbol{M})\end{cases}\tag{4-3-5}$$

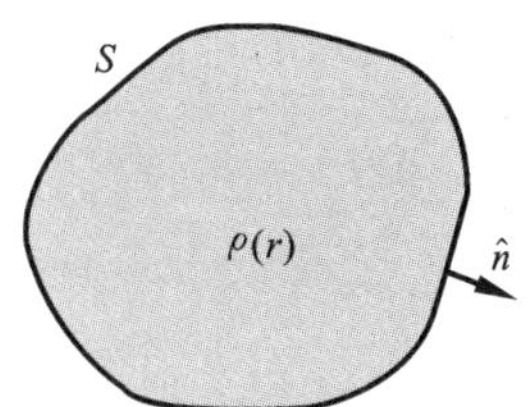

图 4-9 有源区域上静态电磁场

式中：$\boldsymbol{M}$ 为边界 S 上的变量；α、β 为不同时为零的常数；κ 为介质的电磁特性参数，可以是介电常数 ε，也可以是磁导率常数 μ 或是电导率常数 σ；$\rho(\boldsymbol{r})$ 为源函数密度，可以是电荷密度，也可以是等效磁荷密度或电流密度的某个分量，对应的 $\phi(\boldsymbol{r})$ 可以是电位函数、磁标位函数，根据所求解的具体讨论问题而定。

在应用格林函数方法求解静态电磁场问题之前，首先对定解问题方程(4-3-5)作简单讨论。该定解问题描述的是静态电磁场的激励与响应关系。但在该问题中，响应 $\phi(\boldsymbol{r})$ 是源 $\rho(\boldsymbol{r})$ 和边界条件 $h(\boldsymbol{M})$ 共同激励的结果。为了建立源单独激励与响应的关系，引入格林函数 $G(\boldsymbol{r},\boldsymbol{r}')$，使其满足如下定解问题：

$$\begin{cases}\nabla^2 G(\boldsymbol{r},\boldsymbol{r}')=-\dfrac{1}{\kappa}\delta(\boldsymbol{r}-\boldsymbol{r}')\\\left[\alpha G(\boldsymbol{r},\boldsymbol{r}')+\beta\dfrac{\partial G(\boldsymbol{r},\boldsymbol{r}')}{\partial n}\right]_S=0\end{cases}\tag{4-3-6}$$

则 $G(\boldsymbol{r},\boldsymbol{r}')$ 为齐次边界条件下 $\boldsymbol{r}'$ 点的单位点源在 $\boldsymbol{r}$ 产生的影响或响应。

厘清区域内激励与响应的关系后，我们讨论如何应用格林函数求解静态电磁场问题。将定解问题方程(4-3-5)中第一式两边乘以 $G(\boldsymbol{r},\boldsymbol{r}')$，定解问题方程(4-3-6)中第一式乘以 $\phi(\boldsymbol{r})$，相减得到

$$\begin{aligned}&\iiint_V[\nabla^2\phi(\boldsymbol{r})G(\boldsymbol{r},\boldsymbol{r}')-\nabla^2 G(\boldsymbol{r},\boldsymbol{r}')\phi(\boldsymbol{r})]\mathrm{d}V\\&=\frac{-1}{\kappa}\iiint_V\rho(\boldsymbol{r})G(\boldsymbol{r},\boldsymbol{r}')\mathrm{d}V+\frac{1}{\kappa}\iiint_V\delta(\boldsymbol{r}-\boldsymbol{r}')\phi(\boldsymbol{r})\mathrm{d}V\end{aligned}$$

上式左边应用格林公式可将体积分转化为面积分，右边求积分(注意这里的积分变量为 $\boldsymbol{r}$，而不是 $\boldsymbol{r}'$)并适当整理得

$$\phi(\boldsymbol{r}')=\iiint_V\rho(\boldsymbol{r})G(\boldsymbol{r},\boldsymbol{r}')\mathrm{d}V-\kappa\oint_S\left[\phi(\boldsymbol{r})\frac{\partial G(\boldsymbol{r},\boldsymbol{r}')}{\partial n}-G(\boldsymbol{r},\boldsymbol{r}')\frac{\partial\phi(\boldsymbol{r})}{\partial n}\right]\mathrm{d}\boldsymbol{S}\tag{4-3-7}$$

如果 $\alpha\neq0$，式(4-3-7)中的面积分还可以表示得更为简单，即

$$\phi(\boldsymbol{r}')=\iiint_V\rho(\boldsymbol{r})G(\boldsymbol{r},\boldsymbol{r}')\mathrm{d}V-\frac{\kappa}{\alpha}\oint_S h(\boldsymbol{r})\frac{\partial G(\boldsymbol{r},\boldsymbol{r}')}{\partial n}\mathrm{d}\boldsymbol{S}\tag{4-3-8}$$

从而在形式上得到了定解问题(4-3-5)的解。比较式(4-3-6)和式(4-3-7)，不难发现两式中的格林函数中的激励与响应正好互易。

为了解决式(4-3-7)格林函数激励与响应互易的矛盾，回归格林函数激励与响应的本来意义，将式(4-3-8)中的 $\boldsymbol{r}$ 与 $\boldsymbol{r}'$ 互换，利用静态电磁场格林函数的对称性(或互易性)关系

$$G(\boldsymbol{r}',\boldsymbol{r})-G(\boldsymbol{r},\boldsymbol{r}')=0\tag{4-3-9}$$

得

$$\phi(\boldsymbol{r})=\iiint_V\rho(\boldsymbol{r}')G(\boldsymbol{r},\boldsymbol{r}')\mathrm{d}V'-\frac{\kappa}{\alpha}\oint_S h(\boldsymbol{r}')\frac{\partial G(\boldsymbol{r},\boldsymbol{r}')}{\partial n'}\mathrm{d}\boldsymbol{S}'\tag{4-3-10}$$

将式(4-3-10)中的 $h(\boldsymbol{r})$ 还原待求电磁场的边界条件，得

$$\phi(\boldsymbol{r})=\iiint_V \rho(\boldsymbol{r}')G(\boldsymbol{r},\boldsymbol{r}')\mathrm{d}V'-\kappa\oiint_S\left[\phi(\boldsymbol{r}')\frac{\partial G(\boldsymbol{r},\boldsymbol{r}')}{\partial n'}-G(\boldsymbol{r},\boldsymbol{r}')\frac{\partial \phi(\boldsymbol{r}')}{\partial n'}\right]\mathrm{d}S' \tag{4-3-11}$$

上式右边体积分项为区域内体分布的源对场的贡献，面积分项为区域边界条件对场的贡献。因此，只要定解问题方程(4-3-6)中的格林函数求得，则定解问题方程(4-3-5)的解亦可获得。

为了进一步明确式(4-3-11)中各项的物理意义，将其应用于静电场的边值问题。将 $h(\boldsymbol{r}')$ 还原为方程(4-3-5)中的表示式，κ 为区域内介质的介电常数 ε，并设边界为理想导体壳，$\phi(\boldsymbol{r})$ 为电位函数，其结果为

$$\phi(\boldsymbol{r})=\iiint_V \rho(\boldsymbol{r}')G(\boldsymbol{r},\boldsymbol{r}')\mathrm{d}V'+\oiint_S\left[\varepsilon G(\boldsymbol{r},\boldsymbol{r}')\frac{\partial \phi(\boldsymbol{r}')}{\partial n'}-\varepsilon\phi(\boldsymbol{r}')\frac{\partial G(\boldsymbol{r},\boldsymbol{r}')}{\partial n'}\right]\mathrm{d}S' \tag{4-3-12}$$

很明显，上式右边第一项为区域内体分布电荷对电位的贡献。

对第二项应用导体壳面电荷与电场法向分量之关系

$$\rho_s=[\hat{n}\cdot\boldsymbol{E}]_S=-\varepsilon\left.\frac{\partial\phi}{\partial n}\right|_S \tag{4-3-13}$$

可知其代表边界面电荷分布对区域内电位的贡献，如图 4-10(a)所示。将右边第三项改写为

$$-\varepsilon\phi(\boldsymbol{r}')\frac{\partial G(\boldsymbol{r},\boldsymbol{r}')}{\partial n'}=-\varepsilon\phi(\boldsymbol{r}')\hat{n}\cdot\nabla G(\boldsymbol{r},\boldsymbol{r}')=-P_S\cdot\nabla G(\boldsymbol{r},\boldsymbol{r}') \tag{4-3-14a}$$

并将其与第 3 章中电偶极子的位函数式(3-1-19)

$$\begin{cases}\phi(\boldsymbol{r})=\dfrac{\boldsymbol{P}_e\cdot\boldsymbol{r}}{4\pi\varepsilon_0 r^3}=-\boldsymbol{P}_e\cdot\nabla\left(\dfrac{1}{4\pi\varepsilon_0 r}\right)=-\boldsymbol{P}_e\cdot\nabla G(\boldsymbol{r})\\ G(\boldsymbol{r})=\dfrac{1}{4\pi\varepsilon_0 r}\quad\text{(为无界空间单位点源格林函数)}\end{cases} \tag{4-3-14b}$$

比较，不难得出：$-\varepsilon\phi(\boldsymbol{r}')\hat{n}\cdot\nabla G(\boldsymbol{r},\boldsymbol{r}')$ 代表导体壳面 $\boldsymbol{r}'$ 处电偶极矩 $\varepsilon\phi(\boldsymbol{r}')\hat{n}$ 在壳内 $\boldsymbol{r}$ 点产生的电位，如图 4-10(b)所示，因此第三项面积分的意义为界面所有电偶极矩层在 $\boldsymbol{r}$ 点的电位之叠加。

上述三项贡献的物理模型如图 4-10 所示。只要将导体边界模型应用其中，就容易理解三项物理意义的合理性。事实上，区域内部的体电荷激发的电场将使导体壳内外

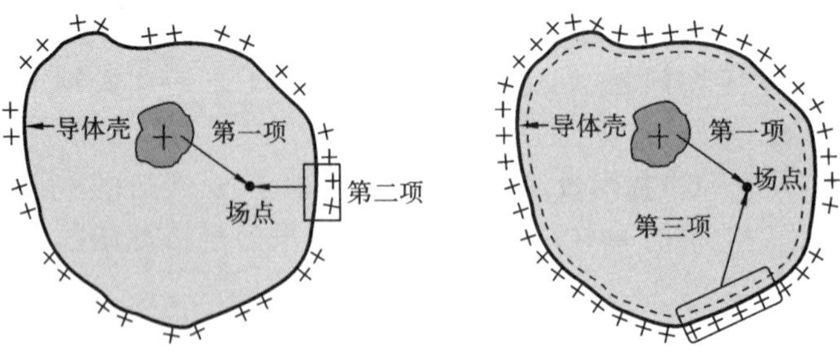

(a) 体、面电荷对电位贡献　　(b) 界面电偶极矩对电位贡献

图 4-10　导体壳内体电荷激发的电位

表面感应出面电荷分布，内表面感应电荷与区域内体电荷符号相反，外表面电荷与区域内体电荷符号相同，内外表面感应的电荷在导体中产生的附加电场与区域内体电荷产生的电场相互抵消，以保证导体面到达静电平衡。

需要说明的是，上述格林函数方法所表达的结果是针对泊松方程获得的。这并不妨碍这些结果应用于拉普拉斯方程定解问题

$$\begin{cases}\nabla^2\phi(\boldsymbol{r})=0\\ \left[\alpha\phi(\boldsymbol{r})+\beta\dfrac{\partial\phi(\boldsymbol{r})}{\partial n}\right]\Bigg|_S=h(\boldsymbol{M})\end{cases}\tag{4-3-15}$$

的求解。事实上，拉普拉斯方程是泊松方程在 $\rho(\boldsymbol{r})=0$ 的特例。因此，上述所有的讨论结果可以直接应用于拉普拉斯方程的求解，其结果只需在式(4-3-11)或式(4-3-12)中将 $\rho(\boldsymbol{r})=0$ 代入即可得

$$\phi(\boldsymbol{r})=-\frac{\kappa}{\alpha}\oint\!\!\!\oint_S h(\boldsymbol{r}')\frac{\partial G(\boldsymbol{r},\boldsymbol{r}')}{\partial n'}\mathrm{d}\boldsymbol{S}'\tag{4-3-16}$$

而格林函数同样满足方程(4-3-6)的定解问题。

4.3.3 格林函数的对称性

应用格林函数方法求得静态电磁场问题，其一般解为式(4-3-11)所表示。该式是基于格林函数具有如下对称性或称互易性

$$G(\boldsymbol{r}',\boldsymbol{r})-G(\boldsymbol{r},\boldsymbol{r}')=0\tag{4-3-17}$$

的前提而获得。从物理上看，上述关系式所表示的物理意义是：在确定的齐次边界条件下，区域内 $\boldsymbol{r}'$点的源在 $\boldsymbol{r}$ 产生的场等于将源移至 $\boldsymbol{r}$ 点在 $\boldsymbol{r}'$产生的场，称为对称性(又称互易性)。从数学上看，式(4-3-17)表明 $G(\boldsymbol{r},\boldsymbol{r}')$对于 $\boldsymbol{r}'$具有球对称的性质，即

$$G(\boldsymbol{r},\boldsymbol{r}')=G(|\boldsymbol{r}-\boldsymbol{r}'|)\tag{4-3-18}$$

下面来证明格林函数的对称性。设 $G(\boldsymbol{r},\boldsymbol{r}')$和 $G(\boldsymbol{r},\boldsymbol{r}'')$是方程(4-3-6)的解，均满足如下的方程和边界条件：

$$\begin{cases}\nabla^2 G(\boldsymbol{r},\boldsymbol{r}')=-\dfrac{1}{\kappa}\delta(\boldsymbol{r}-\boldsymbol{r}')\\ \nabla^2 G(\boldsymbol{r},\boldsymbol{r}'')=-\dfrac{1}{\kappa}\delta(\boldsymbol{r}-\boldsymbol{r}'')\end{cases}\tag{4-3-19a}$$

$$\begin{cases}\alpha G(\boldsymbol{r},\boldsymbol{r}')+\beta\dfrac{\partial G(\boldsymbol{r},\boldsymbol{r}')}{\partial n}=0\\ \alpha G(\boldsymbol{r},\boldsymbol{r}'')+\beta\dfrac{\partial G(\boldsymbol{r},\boldsymbol{r}'')}{\partial n}=0\end{cases}\tag{4-3-19b}$$

其中，κ 为介质的电磁特性参数，α、β 不同时为零。将 $G(\boldsymbol{r},\boldsymbol{r}'')$乘(4-3-19a)中第一式，$G(\boldsymbol{r},\boldsymbol{r}')$乘(4-3-19a)中第二式，并将结果相减，然后求体积分，得

$$\begin{aligned}&\iiint_V[G(\boldsymbol{r},\boldsymbol{r}'')\nabla^2 G(\boldsymbol{r},\boldsymbol{r}')-G(\boldsymbol{r},\boldsymbol{r}')\nabla^2 G(r,r'')]\mathrm{d}V\\ &=\frac{-1}{\kappa}\iiint_V\delta(\boldsymbol{r}-\boldsymbol{r}')G(\boldsymbol{r},\boldsymbol{r}'')\mathrm{d}V+\frac{1}{\kappa}\iiint_V\delta(\boldsymbol{r}-\boldsymbol{r}'')G(\boldsymbol{r},\boldsymbol{r}')\mathrm{d}V\\ &=\frac{-1}{\kappa}[G(\boldsymbol{r}',\boldsymbol{r}'')-G(\boldsymbol{r}'',\boldsymbol{r}')]\end{aligned}$$

把格林积分公式应用于上式左边，整理得

$$\oint\!\!\!\oint_S \left[G(\boldsymbol{r},\boldsymbol{r}'')\frac{\partial G(\boldsymbol{r},\boldsymbol{r}')}{\partial n} - G(\boldsymbol{r},\boldsymbol{r}')\frac{\partial G(\boldsymbol{r},\boldsymbol{r}'')}{\partial n} \right] \mathrm{d}S = \frac{-1}{\kappa}[G(\boldsymbol{r}',\boldsymbol{r}'') - G(\boldsymbol{r}'',\boldsymbol{r}')]$$

利用 $G(\boldsymbol{r},\boldsymbol{r}')$ 和 $G(\boldsymbol{r},\boldsymbol{r}'')$ 满足的边界条件式(4-3-19b),从而证明了

$$G(\boldsymbol{r}',\boldsymbol{r}'') - G(\boldsymbol{r}'',\boldsymbol{r}') = 0$$

即静态电磁场的格林函数 $G(\boldsymbol{r},\boldsymbol{r}')$ 的确满足互易性,或称为对称性。

格林函数的对称性有非常明确的物理意义,即在同样的边界条件下,区域内 $\boldsymbol{r}'$ 点的点源在 $\boldsymbol{r}''$ 产生的场,等于区域内 $\boldsymbol{r}''$ 点同样强度的点源在 $\boldsymbol{r}'$ 点产生的场,如图 4-11 所示。在今后我们还将证明格林函数 $G(\boldsymbol{r},\boldsymbol{r}')$ 确有式(4-3-18)形式的表示式。不仅静态电磁场具有对称性,在后续章节还将证明时谐电磁场也具有同样的性质。

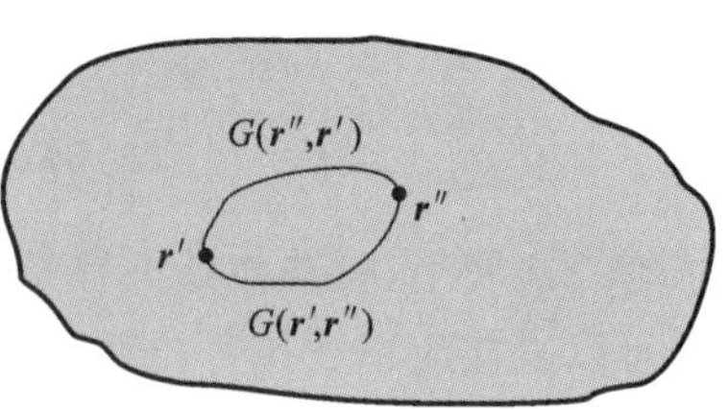

图 4-11 格林函数对称性的物理意义

4.3.4 格林函数的物理模型

应用格林函数方法求解静态电磁场问题时,经常遇到两类不同边界条件,即第一类边界条件和第二类边界条件。准确建立不同边界条件下格林函数的物理模型,有助于格林函数的求解和对解的意义的理解。

1. 第一类边界条件

第一类边界条件下泊松方程的定解问题方程为

$$\begin{cases} \nabla^2 \phi(\boldsymbol{r}) = -\dfrac{\rho(\boldsymbol{r})}{\kappa} \\ \phi(\boldsymbol{r})|_S = \phi(\boldsymbol{M}) \end{cases} \tag{4-3-20}$$

其解可直接从式(4-3-12)中令 $\left.\dfrac{\partial \phi(\boldsymbol{r})}{\partial n}\right|_S = 0$ 获得,结果为

$$\phi(\boldsymbol{r}) = \iiint_V \rho(\boldsymbol{r}')G(\boldsymbol{r},\boldsymbol{r}')\mathrm{d}V' - \kappa \oint\!\!\!\oint_S \phi(\boldsymbol{r}')\frac{\partial G(\boldsymbol{r},\boldsymbol{r}')}{\partial n'}\mathrm{d}S' \tag{4-3-21}$$

其中的格林函数 $G(\boldsymbol{r},\boldsymbol{r}')$ 为定解问题方程

$$\begin{cases} \nabla^2 G(\boldsymbol{r},\boldsymbol{r}') = -\dfrac{1}{\kappa}\delta(\boldsymbol{r}-\boldsymbol{r}') \\ G(\boldsymbol{r},\boldsymbol{r}')|_S = 0 \end{cases} \tag{4-3-22}$$

的解,它正好与接地导体壳内单位点电荷产生的电位相吻合。因此,将格林函数与静电场的电位函数对应,则定解问题方程(4-3-22)中的参数 κ 为区域介质的介电常数,第一类边界条件对应于导体壳接地,而格林函数 $G(\boldsymbol{r},\boldsymbol{r}')$ 则为表示导体壳内 $\boldsymbol{r}'$ 点的正的单位点电荷在 $\boldsymbol{r}$ 产生的电位,如图 4-12(a)所示。关于格林函数的求解及其应用将在本节后续内容中讨论。

2. 第二类边界条件

第二类边界条件下泊松方程的定解问题方程为

$$\begin{cases} \nabla^2 \phi(\boldsymbol{r}) = -\dfrac{\rho(\boldsymbol{r})}{\kappa} \\ \left.\dfrac{\partial \phi(\boldsymbol{r})}{\partial n}\right|_S = \psi(\boldsymbol{M}) \end{cases} \tag{4-3-23}$$

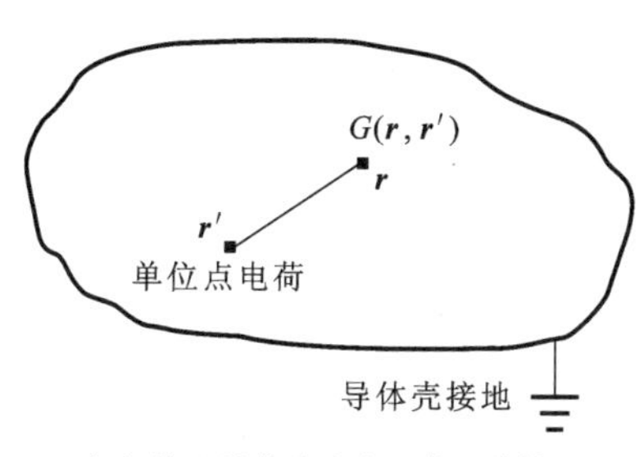

（a）接地导体壳内点电荷电位模型

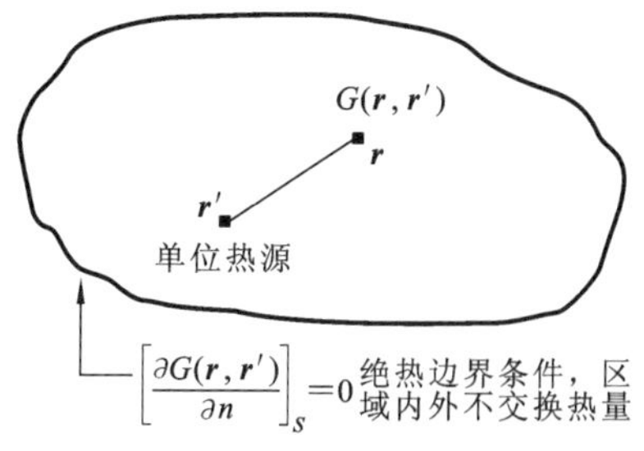

（b）绝热边界条件的点热源温度场模型

图 4-12　第一、二类边界条件下格林函数模型

对应的积分公式解是

$$\phi(\boldsymbol{r})=\iiint_V\rho(\boldsymbol{r}')G(\boldsymbol{r},\boldsymbol{r}')\mathrm{d}V'+\kappa\oint_S G(\boldsymbol{r},\boldsymbol{r}')\psi(\boldsymbol{r}')\mathrm{d}\boldsymbol{S}' \tag{4-3-24}$$

其格林函数 $G(\boldsymbol{r},\boldsymbol{r}')$ 为定解问题方程

$$\begin{cases}\nabla^2 G(\boldsymbol{r},\boldsymbol{r}')=-\dfrac{1}{\kappa}\delta(\boldsymbol{r}-\boldsymbol{r}')\\ \left.\dfrac{\partial G(\boldsymbol{r},\boldsymbol{r}')}{\partial n}\right|_S=0\end{cases} \tag{4-3-25}$$

的解。

关于第二类边界条件下格林函数的物理模型的讨论稍许麻烦，这是因为按照方程(4-3-25)所建立的模型与基本的物理学规律相矛盾，故而称其为广义格林函数。比如将定解问题方程(4-3-25)中的 $G(\boldsymbol{r},\boldsymbol{r}')$ 理解为区域内 $\boldsymbol{r}'$ 点的单位正点电荷在 $\boldsymbol{r}$ 产生的电位，根据静电场与电位的关系，第二类齐次边界条件表示界面法向电场分量为零，但这样的静态电场模型在客观的物理世界中并不存在。

如将定解问题方程(4-3-25)诠释为区域内恒定温度场系统，此时参数 κ 为温度传导率，格林函数 $G(\boldsymbol{r},\boldsymbol{r}')$ 表示 $\boldsymbol{r}'$ 点的单位点热源在 $\boldsymbol{r}$ 点产生的温度，如图 4-12(b)所示。根据热传导的傅里叶定律，第二类齐次边界条件与绝热边界条件对应，即系统与外界没有热流(能量)的交换。则定解问题方程(4-3-25)可以理解为一单位热源持续恒定供热、边界绝热的恒定温度场的定解问题。显然这样一个恒温系统不符合能量守恒定律，也不可能在真实的物理世界中存在。因此，必须有合理的限定，第二类边界条件下的格林函数才可能求解。对此，本课程不再做进一步的讨论，有兴趣的读者可参考相关的教科书。

4.3.5　格林函数方法的应用

本节以静电场为例讨论格林函数方法的应用。从前述关于格林函数方法的讨论中知道，其关键在于求出格林函数的解。而大多数格林函数满足的定解问题求解并非易事，但仍有少量的静态电磁场问题可以应用格林函数方法求解。

【例 4.4】 无界区域内单位点电荷的电场。

解　设无界空间介电常数为 ε，$\boldsymbol{r}'$ 点处有单位点电荷。该电荷在无界空间产生的电位满足如下的定解问题方程：

$$\begin{cases}\nabla^2 G(\boldsymbol{r},\boldsymbol{r}')=-\dfrac{1}{\varepsilon}\delta(\boldsymbol{r}-\boldsymbol{r}')\\ G(\boldsymbol{r},\boldsymbol{r}')|_{r\to\infty}=0\end{cases} \tag{4-3-26}$$

根据前面的讨论，直接利用电场定义，以及电场与电位的关系得到它的解是

$$G(\boldsymbol{r},\boldsymbol{r}')=\frac{1}{4\pi\varepsilon}\frac{1}{|\boldsymbol{r}-\boldsymbol{r}'|}$$

作为傅里叶变换应用示例,本节将再次证明上述结果。为此设 $G(\boldsymbol{r},\boldsymbol{r}')$ 满足傅里叶变换条件,分别对坐标变量 x、y、z 进行三维傅里叶变换,得到如下变换关系:

$$\begin{cases}G(\boldsymbol{r},\boldsymbol{r}')=\dfrac{1}{\sqrt[3]{2\pi}}\displaystyle\iiint_{k}\widetilde{G}(\boldsymbol{k},\boldsymbol{r}')\exp(-\mathrm{j}\boldsymbol{k}\cdot\boldsymbol{r})\mathrm{d}\boldsymbol{k}\\ \widetilde{G}(\boldsymbol{k},\boldsymbol{r}')=\dfrac{1}{\sqrt[3]{2\pi}}\displaystyle\iiint_{V}G(\boldsymbol{r},\boldsymbol{r}')\exp(\mathrm{j}\boldsymbol{k}\cdot\boldsymbol{r})\mathrm{d}V\end{cases}\tag{4-3-27}$$

将方程(4-3-27)中的第一式代入方程(4-3-26)中格林函数满足的方程,并利用 $\delta(\boldsymbol{r}-\boldsymbol{r}')$ 的傅里叶变换式,得

$$\widetilde{G}(\boldsymbol{k},\boldsymbol{r}')=\frac{1}{\sqrt[3]{2\pi}}\frac{1}{\varepsilon k^2}\exp(\mathrm{j}\boldsymbol{k}\cdot\boldsymbol{r}')\tag{4-3-28}$$

将式(4-3-28)代入方程(4-3-27)中的第一式,得到格林函数

$$G(\boldsymbol{r},\boldsymbol{r}')=\frac{1}{\varepsilon\sqrt[3]{2\pi}}\iiint_{k}\frac{1}{k^2}\exp[-\mathrm{j}\boldsymbol{k}\cdot(\boldsymbol{r}-\boldsymbol{r}')]\mathrm{d}\boldsymbol{k}\tag{4-3-29a}$$

上式在 $\boldsymbol{k}$ 空间求积分,并用留数定理求路径积分,如图 4-13 所示,得

$$G(\boldsymbol{r},\boldsymbol{r}')=-\left(\frac{1}{2\pi}\right)^3\int_0^{2\pi}\mathrm{d}\varphi\int_0^{\pi}\mathrm{e}^{-\mathrm{j}k\cos\theta|\boldsymbol{r}-\boldsymbol{r}'|}\mathrm{d}k\cos\theta\int_0^{\infty}\frac{1}{\varepsilon k}\mathrm{d}k=\frac{1}{4\pi\varepsilon|\boldsymbol{r}-\boldsymbol{r}'|}\tag{4-3-29b}$$

这一结果正是我们用其他方法得到的。同时作为一个实例,验证了格林函数具有 $G(\boldsymbol{r},\boldsymbol{r}')=G(|\boldsymbol{r}-\boldsymbol{r}'|)$ 形式。

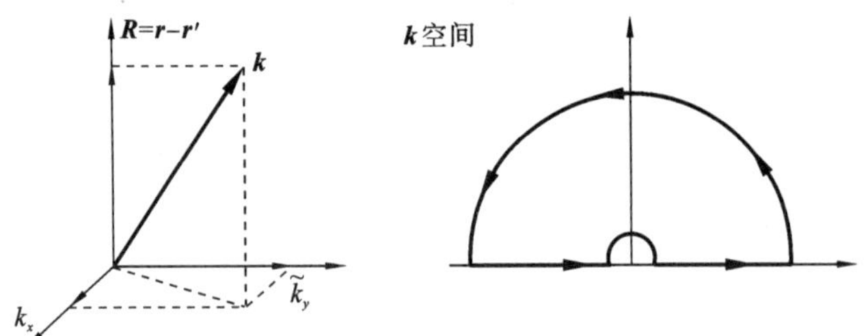

图 4-13 留数定理积分路径

【例 4.5】 应用格林函数方法求例 4.2 圆筒内的电位分布,参见图 4-6。

解 在例 4.2 的求解中,已给出圆筒平面内电位满足的定解问题,即

$$\begin{cases}\nabla^2\phi(r,\varphi)=\dfrac{1}{r}\dfrac{\partial}{\partial r}\left(r\dfrac{\partial\phi}{\partial r}\right)+\dfrac{1}{r^2}\dfrac{\partial^2\phi}{\partial\varphi^2}=0\\ \phi(a,\varphi)=\begin{cases}V_0, & 0<\varphi<\pi\\ -V_0, & \pi<\varphi<2\pi\end{cases}\end{cases}$$

将式(4-3-16)应用于本问题,得到

$$\phi(\boldsymbol{r})=-\varepsilon\oiint_S\varphi(r')\frac{\partial G(\boldsymbol{r},\boldsymbol{r}')}{\partial n'}\mathrm{d}\boldsymbol{S}'=-\varepsilon\int_0^{2\pi}\varphi(\boldsymbol{r}')\frac{\partial G(\boldsymbol{r},\boldsymbol{r}')}{\partial n'}a\,\mathrm{d}\varphi\tag{4-3-30}$$

其中格林函数 $G(\boldsymbol{r},\boldsymbol{r}')$ 满足

$$\begin{cases}\nabla^2G(\boldsymbol{r},\boldsymbol{r}')=-\dfrac{1}{\varepsilon}\delta(\boldsymbol{r}-\boldsymbol{r}'), & r,r'<a\\ G(\boldsymbol{r},\boldsymbol{r}')|_{r=a}=0\end{cases}$$

其格林函数解为(参考例 4.8 的结果)

$$G(\boldsymbol{r},\boldsymbol{r}')=\frac{1}{2\pi\varepsilon}\ln\frac{r'(r^2+r''^2-2r'r''\cos\gamma)^{\frac{1}{2}}}{a\ (r^2+r'^2-2rr'\cos\gamma)^{\frac{1}{2}}} \tag{4-3-31}$$

其中,$r''=\dfrac{a^2}{r}$,γ 为 $\boldsymbol{r}$ 与$\boldsymbol{r}'$之间的夹角,如图 4-14 所示。

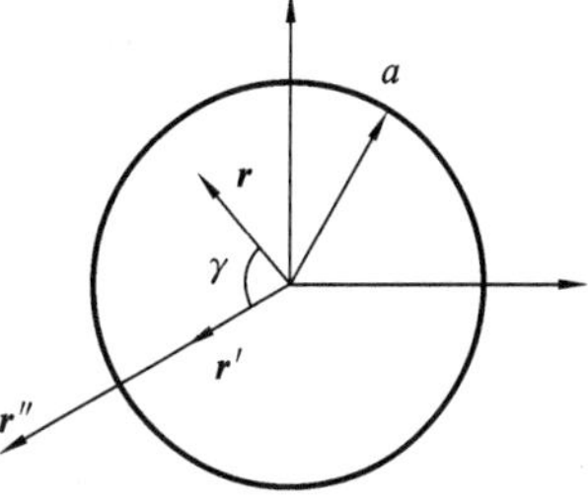

图 4-14 圆筒内的格林函数

利用上式求得

$$\left.\frac{\partial G(\boldsymbol{r},\boldsymbol{r}')}{\partial n'}\right|_{r=a}=\frac{1}{2\pi\varepsilon}\frac{r^2-a^2}{a[r^2+a^2-2ra\cos(\varphi-\varphi')]} \tag{4-3-32}$$

将其代入式(4-3-30),并记 $\rho=\dfrac{r}{a}$,得

$$\begin{aligned}\phi(\boldsymbol{r})&=\frac{1}{2\pi}\int_0^{2\pi}\frac{\varphi(a,\varphi')(a^2-r^2)}{r^2+a^2-2ra\cos(\varphi-\varphi')}\mathrm{d}\varphi'\\&=\frac{V_0}{2\pi}\int_0^{\pi}\frac{1-\rho^2}{1+\rho^2-2\rho\cos(\varphi-\varphi')}\mathrm{d}\varphi'-\frac{V_0}{2\pi}\int_{\pi}^{2\pi}\frac{1-\rho^2}{1+\rho^2-2\rho\cos(\varphi-\varphi')}\mathrm{d}\varphi'\end{aligned} \tag{4-3-33}$$

应用恒等式

$$\frac{1-\rho^2}{1+\rho^2-2\rho\cos(\varphi-\varphi')}=1+2\sum_{n=1}^{\infty}\rho^n\cos n(\varphi-\varphi'),\quad \rho=\frac{r}{a}<1 \tag{4-3-34}$$

展开积分式中的被积函数,并求积分得

$$\phi(\boldsymbol{r})=\frac{4V_0}{\pi}\sum_{n=1}^{\infty}\frac{1}{2n+1}\left(\frac{r}{a}\right)^{2n+1}\sin(2n+1)\varphi \tag{4-3-35}$$

这正是分离标量法求得的式(4-2-17)。

4.4 镜像方法

4.4.1 镜像方法的基本思想

镜像方法是求解有源静态电磁场问题的有效方法之一。为了分析镜像方法的基本原理,本节以第一类边界条件下的静电场的求解为例,讨论镜像方法的原理及其若干应用。该方法同样适用于其他静态电磁场问题的求解。

为了方便说明,以接地导体壳内单位点电荷的电场为例进行分析讨论。其电位满足的方程和边界条件为

$$\begin{cases}\nabla^2G(\boldsymbol{r},\boldsymbol{r}')=-\dfrac{1}{\varepsilon}\delta(\boldsymbol{r}-\boldsymbol{r}')\\G(\boldsymbol{r},\boldsymbol{r}')|_S=0\end{cases} \tag{4-4-1}$$

式中:ε 为壳内空间的媒质的介电常数;$G(\boldsymbol{r},\boldsymbol{r}')$为接地导体壳内 $\boldsymbol{r}'$点的单位点电荷在 $\boldsymbol{r}$ 产生的电位,如图 4-12(a)所示。

依据模型,导体壳内的电位为单位点电荷直接激发电位和导体边界感应面电荷激发电位叠加而成。因此,定解问题方程(4-4-1)的解可表述为

$$G(\boldsymbol{r},\boldsymbol{r}')=\begin{bmatrix}\text{点电荷直接}\\\text{产生的电位}\end{bmatrix}+\begin{bmatrix}\text{感应面电荷}\\\text{产生的电位}\end{bmatrix} \tag{4-4-2}$$

其中,单位点电荷在空间产生的电位已经知道,即式(4-3-29b)。因此,定解问题方程(4-4-1)的求解最终归结为求边界感应面电荷产生的电位。为了得到感应面电荷及其产生的电位,人们试图通过寻找一个或者多个假想的点电荷来等效界面上感应电荷对导体壳内电位的贡献,这种替代界面感应电荷效应的假想点电荷称为原电荷的像电荷,其对应的求解方法称为镜像方法。在这里,导体壳如同镜面,原电荷与像电荷之间的关系与镜面物像关系相似,故而称该方法为镜像方法。

4.4.2 镜像方法原理与求解步骤

为了进一步说明这一方法原理及其应用,我们以图 4-15 所示的静电场问题为例,讨论镜像方法的原理和求解静态电场问题的步骤。以 $G(\boldsymbol{r},\boldsymbol{r}')$表示无穷大接地导体平板上半空间中单位点电荷的电位,即无穷大接地导体平板上半空间的格林函数。

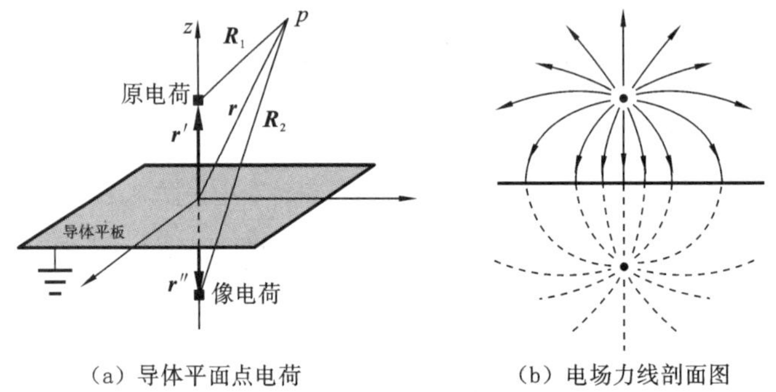

(a) 导体平面点电荷　　(b) 电场力线剖面图

图 4-15 无穷大接地导体平面的像电荷

其方程和边界条件如下:

$$\begin{cases}\nabla^2 G(\boldsymbol{r},\boldsymbol{r}')=-\dfrac{1}{\varepsilon_0}\delta(\boldsymbol{r}-\boldsymbol{r}'), & z>0\\ G(\boldsymbol{r},\boldsymbol{r}')|_{z=0}=0\end{cases} \tag{4-4-3}$$

根据静电感应原理,在上半空间点电荷产生的电场作用下,导体板的上表面感应出与点电荷符号相反的面电荷;下表面感应出与点电荷符号相同的面电荷,经地线进入大地,对上半空间电位没有贡献。因此,上半空间任意点的电位为上半空间点电荷与导体上表面感应面电荷产生电位的叠加。如果能够找到一个(或多个)假想的像电荷 Q',它(们)与导体平板面上感应电荷在上半空间产生的电位等效,则导体板上半空间电位可以表示为

$$G(\boldsymbol{r},\boldsymbol{r}')=\frac{1}{4\pi\varepsilon_0 R_1}+\frac{Q'}{4\pi\varepsilon_0 R_2} \tag{4-4-4}$$

式中第一项为导体平面上方 $\boldsymbol{r}'$点原电荷在 p 点产生的电位,与均匀介质空间点电荷产生电位式(4-3-29b)相同。第二项为 $\boldsymbol{r}''$点像电荷 Q'在 p 点产生的电位,为待求项。R_1、R_2分别为原电荷和像电荷 Q'到场点 p 的距离。

$$\begin{cases}R_1=|\boldsymbol{r}-\boldsymbol{r}'|=\sqrt{x^2+y^2+(z-h)^2}\\ R_2=|\boldsymbol{r}-\boldsymbol{r}''|=\sqrt{(x-x'')^2+(y-y'')^2+(z-z'')^2}\end{cases}$$

现在需要回答和解决的问题是等效导体平面感应电荷的像电荷是否存在？如果存在，它的电荷量是多少？应放置在什么位置？解决这些问题的原则是电磁场的唯一性定理。即寻找待求解(4-4-4)中的像电荷多少及位置，使其满足定解问题方程(4-4-3)中的方程和边界条件。事实上，这一原则也为解决上述问题提供了解决的途径。如果式(4-4-4)是问题的解，按照唯一性定理，它应满足定解问题方程(4-4-3)中的方程和边界条件。将式(4-4-4)代入定解问题方程(4-4-3)，得

$$\begin{cases}\nabla^2\left[\dfrac{1}{4\pi\varepsilon_0 R_1}+\dfrac{Q'}{4\pi\varepsilon_0 R_2}\right]=-\dfrac{1}{\varepsilon_0}[\delta(\boldsymbol{r}-\boldsymbol{r}')+Q'\delta(\boldsymbol{r}-\boldsymbol{r}'')] \\ G(\boldsymbol{r},\boldsymbol{r}')|_{z=0}=\left[\dfrac{1}{4\pi\varepsilon_0 R_1}+\dfrac{Q'}{4\pi\varepsilon_0 R_2}\right]\Bigg|_{z=0}=0\end{cases},\quad z>0 \qquad (4\text{-}4\text{-}5)$$

要使方程(4-4-5)与定解问题方程(4-4-3)等同，则方程(4-4-5)需满足如下条件：

(1) 在上半空间，$\delta(\boldsymbol{r}-\boldsymbol{r}'')=0$。因 $\boldsymbol{r}$ 定义在上半空间区域内变化，所以 $\boldsymbol{r}''$ 不能出现在上半空间，只能出现在下半空间。像电荷 Q' 所在位置不能出现在上半空间($z''<0$)。

(2) 根据导体感应电荷的特点，导体平板上感应的面电荷与上半空间原点电荷的符号相反。等效导体面感应电荷的像电荷 Q' 也应与原电荷的符号应相反。

(3) 导体平板接地，所以导体板面上($z=0$)的电位为零，则要求像电荷 Q' 与原电荷在导体平面上任意点所产生电位的叠加为零，即

$$G(\boldsymbol{r},\boldsymbol{r}')|_{z=0}=\frac{1}{4\pi\varepsilon_0}\left[\frac{1}{\sqrt{x^2+y^2+h^2}}-\frac{|Q'|}{\sqrt{(x-x'')^2+(y-y'')^2+(z'')^2}}\right]=0$$

其解是 $Q'=-1, x''=y''=0, z''=-h$，，即 $\boldsymbol{r}''=-\hat{e}_z h$。将其代入定解问题方程(4-4-3)，求得定解问题方程(4-4-3)的解为

$$G(\boldsymbol{r},\boldsymbol{r}')=\frac{1}{4\pi\varepsilon_0}\left[\frac{1}{\sqrt{x^2+y^2+(z-h)^2}}-\frac{1}{\sqrt{x^2+y^2+(z+h)^2}}\right] \qquad (4\text{-}4\text{-}6)$$

直接将式(4-4-6)代入定解问题方程(4-4-3)，容易验证它满足定解问题方程(4-4-3)，所以式(4-4-6)是我们要求的解，也是第一边界条件下上半空间格林函数的表示式。其电场力线如同电偶极子电场力线沿偶极子轴线平分后的上半部分，如图 4-15(b)所示。

综上所述，我们发现所寻找的像电荷 Q' 与原电荷大小相等，符号相反；像电荷位置也正好是原电荷以导体平面为镜面的镜像所在位置。镜像方法由此得名。总结实例的求解过程，对镜像方法总结如下：

(1) 镜像方法的基本思想。寻找一个或几个假想的像电荷来等效边界面感应面电荷对于区域内场的贡献，使得问题的求解简化。

(2) 镜像方法原理与求解步骤。

① 像电荷符号与所在区域确定。像电荷为界面感应面电荷的等效电荷，这里的等效是指两者对于区域内场的贡献相同。根据静电感应原理，像电荷与原电荷符号相反，且只能位于定义区域外部。

② 像电荷位置初步确定。利用边界的几何形状和对称性，初步确定电荷的位置。一般情况下，像电荷在界面感应电荷中心与原点电荷连线的延长线上，如图 4-16 所示。

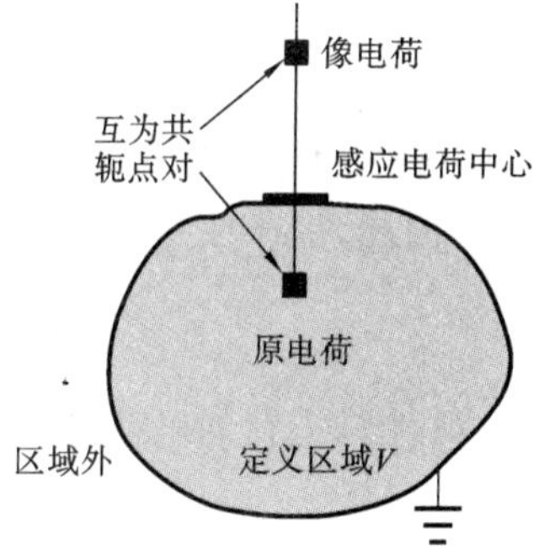

图 4-16 像电荷位置的确定

③ 像电荷大小与位置确定。利用边界条件导出确定像电荷大小和位置的方程，求出像电荷的大小与位置。像电荷与原电荷的位置关于界面互为共轭关系。

(3) 结果的验证。根据唯一性定理，将镜像方法获得的解代入方程和边界条件，验证结果的正确性。

4.4.3 镜像方法应用举例

镜像方法概念清楚，模型直观，方法简洁。对于那些几何形状规范的边界，其感应电荷的贡献完全可能用一个或者多个像电荷贡献来等效，是一种非常直观而有效的静态电磁场求解方法。但对于那些区域边界复杂的电磁场问题，由于其边界上感应电荷的分布非常复杂，难以用一个或者多个想象的点电荷来等效，应用受到限制。下面通过一些实例进一步讨论镜像方法的应用。

【例 4.6】 求接地导体球壳外部空间单位点电荷产生的电位，即接地导体球壳外部空间的格林函数。

解 设导体球的半径为 a，以 $G(\boldsymbol{r},\boldsymbol{r}')$ 表示接地导体球壳外部空间电位，其定解问题方程为

$$\begin{cases}\nabla^2 G(\boldsymbol{r},\boldsymbol{r}')=-\dfrac{1}{\varepsilon_0}\delta(\boldsymbol{r}-\boldsymbol{r}'), & r,r'>a\\ G(\boldsymbol{r},\boldsymbol{r}')\big|_{r=a}=0\end{cases}\tag{4-4-7}$$

为简化求解的复杂性，尽可能使物理模型具有最高的对称性，将点电荷置于坐标系的 z 轴上，如图 4-17 所示。由于球体的对称性，感应电荷分布也以 z 轴为对称轴，其中心位于 z 轴上，所以像电荷位于球内的 z 轴上，如图 4-17(a)所示。

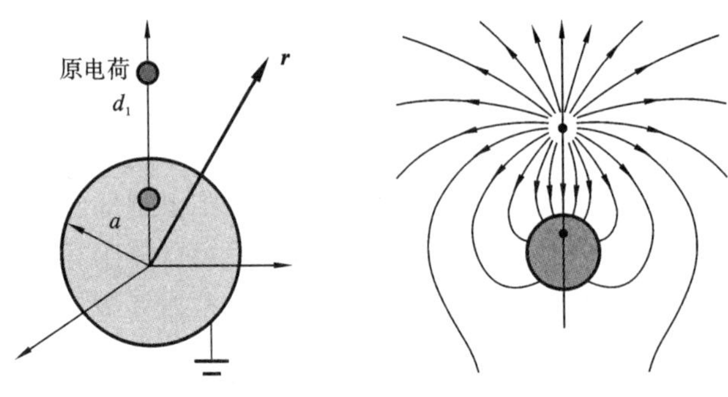

(a) 接地导体球壳外部点电荷　　(b) 电场力线剖面图

图 4-17　接地导体球壳的像电荷

根据镜像方法的基本原理，球体外部空间电位为原电荷产生的电位与等效界面感应电荷效果的像电荷产生的电位的叠加，其中原电荷在空间产生的电位由式(4-3-29b)表示。因此，导体球外部空间电位可以表示为

$$G(\boldsymbol{r},\boldsymbol{r}')=\frac{1}{4\pi\varepsilon_0 R_1}+\frac{Q'}{4\pi\varepsilon_0 R_2},\quad r>a\tag{4-4-8}$$

式中：Q'为像电荷的电荷量；R_1 和 R_2 分别为原电荷、像电荷到场点 $\boldsymbol{r}$ 的距离，即

$$R_1=\sqrt{r^2+d_1^2-2rd_1\cos\theta},\quad R_2=\sqrt{r^2+d_2^2-2rd_2\cos\theta}$$

d_1、d_2是原电荷、像电荷到坐标系原点的距离。利用边界条件得

$$\left[\frac{1}{R_1}+\frac{Q'}{R_2}\right]_{r=a}=0$$

将 R_1 和 R_2 的表示式代入，得

$$(a^2+d_2^2)-Q'(a^2+d_1^2)+2a\cos\theta(Q'^2d_1-d_2)=0$$

上式必须对球面都成立，即对于所有角度 θ 成立，其充要条件是

$$(a^2+d_2^2)-Q'(a^2+d_1^2)=0,\quad Q'^2d_1-d_2=0$$

求解上述代数方程得

$$d_2d_1=a^2,\quad Q'=-\frac{a}{d_1}$$

可见原电荷与像电荷位置关于球面互为共轭关系。将其代入式(4-4-8)得到球体外部空间的格林函数为

$$G(\boldsymbol{r},\boldsymbol{r}')=\frac{1}{4\pi\varepsilon_0}\left[\frac{1}{\sqrt{r^2+d_1^2-2rd_1\cos\theta}}-\frac{a}{d_1\sqrt{r^2+a^4/d_1^2-2ra^2d_1^{-1}\cos\theta}}\right]\tag{4-4-9}$$

将式(4-4-9)代入定解问题方程(4-4-7)，容易验证其满足方程和边界条件。求出球外电场，其电场力线如图 4-17(b)所示。

【例 4.7】 求两均匀介质半空间中的单位点电荷的电位。

解 设两半空间介质的介电常数分别为 ε_1、ε_2，单位点电荷位于右半空间 x_0 处，如图 4-18 所示。以 $G_1(\boldsymbol{r},\boldsymbol{r}')$和 $G_2(\boldsymbol{r},\boldsymbol{r}')$表示右半空间和左半空间中的电位。它们满足的定解问题方程如下：

$$\begin{cases}\nabla^2G_1(\boldsymbol{r},\boldsymbol{r}')=-\dfrac{1}{\varepsilon_1}\delta(\boldsymbol{r}-\boldsymbol{r}'),\quad x,x_0>0\\ \nabla^2G_2(\boldsymbol{r},\boldsymbol{r}')=0,\quad x<0\\ G_1(\boldsymbol{r},\boldsymbol{r}')|_{x=0}=G_2(\boldsymbol{r},\boldsymbol{r}')|_{x=0}\\ \varepsilon_1\left[\dfrac{\partial G_1}{\partial x}\right]_{x=0}=\varepsilon_2\left[\dfrac{\partial G_2}{\partial x}\right]_{x=0}\end{cases}\tag{4-4-10}$$

由于左右空间为不同的介质，介质交界面上因右半空间电荷产生的电场而出现束缚面电荷，理论上可以预测束缚面电荷以 x 轴为旋转对称轴。因此，介质 1 空间的电位由原电荷和界面上束缚面电荷产生电位的叠加组成。

设介质 2 中的像电荷位于 $-x_0$ 处，大小为 Q'。介质 1 空间的电位等效为整个空间为介质 1 后原电荷和像电荷产生电位的叠加，如图 4-18(a)所示。因此，介质 1 中的电位可以假设为

$$G_1(\boldsymbol{r},\boldsymbol{r}')=\frac{1}{4\pi\varepsilon_1R_1}+\frac{Q'}{4\pi\varepsilon_1R_2},\quad x>0\tag{4-4-11}$$

其中，$R_1=\sqrt{(x-x_0)^2+y^2+z^2}$，$R_2=\sqrt{(x+x_0)^2+y^2+z^2}$。

介质 2 空间中的电位由原电荷和界面极化电荷共同产生。同样也可以用等效的像电荷产生的电位表示，由于对于左半空间等效，所以该像电荷只能在右半空间。因此，介质 2 空间的电位等效为整个空间充满了介质 2 后，由像电荷所产生，如图 4-18(b)所示。可假设为

$$G_2(\boldsymbol{r},\boldsymbol{r}')=\frac{Q''}{4\pi\varepsilon_2R_1},\quad x<0\tag{4-4-12}$$

利用定解问题方程(4-4-10)中的衔接条件，得到像电荷 Q'和 Q''满足方程

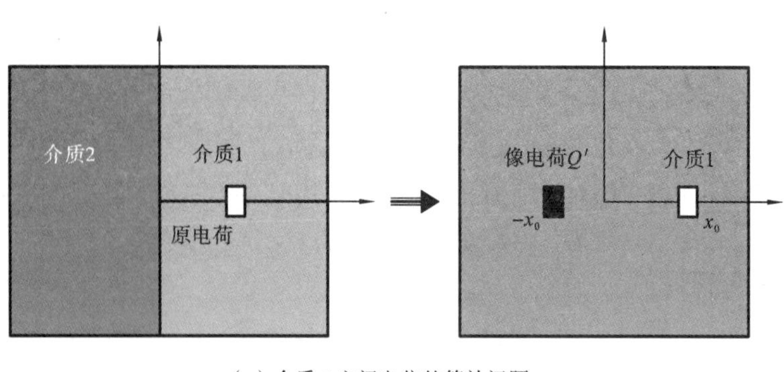

(a) 介质1空间电位的等效问题

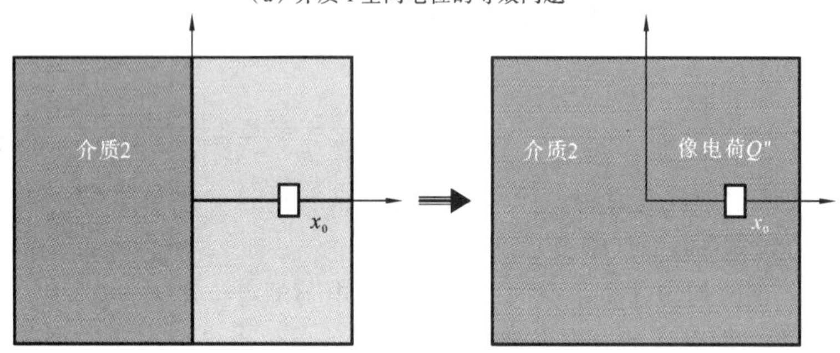

(b) 介质2空间电位的等效

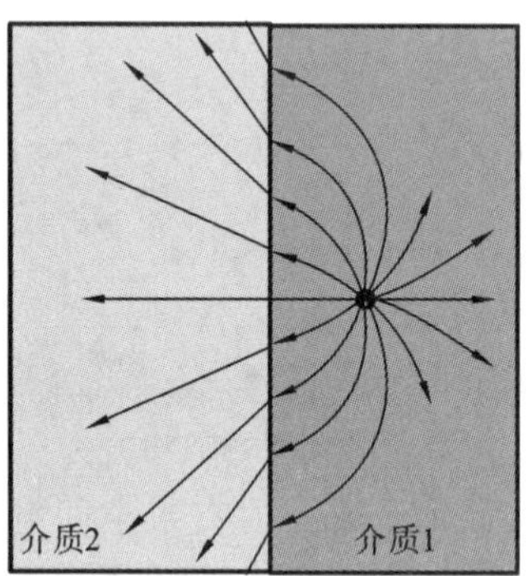

(c) $\varepsilon_1<\varepsilon_2$ 时空间电场力线剖面图

图 4-18 两均匀介质半空间中单位点电荷的电位

$$\begin{cases}\varepsilon_2(1+Q')=\varepsilon_1 Q'' \\ 1-Q'=Q''\end{cases}$$

求解得

$$Q'=\frac{\varepsilon_1-\varepsilon_2}{\varepsilon_1+\varepsilon_2},\quad Q''=\frac{2\varepsilon_2}{\varepsilon_1+\varepsilon_2}$$

将上式代入式(4-4-11)和式(4-4-12),得到所求的解为

$$\begin{cases}G_1(\boldsymbol{r},\boldsymbol{r}')=\dfrac{1}{4\pi\varepsilon_1 R_1}+\dfrac{\varepsilon_1-\varepsilon_2}{\varepsilon_1+\varepsilon_2}\dfrac{1}{4\pi\varepsilon_1 R_2}, & x>0 \\ G_2(\boldsymbol{r},\boldsymbol{r}')=\dfrac{1}{2\pi(\varepsilon_1+\varepsilon_2)R_1}, & x<0\end{cases} \tag{4-4-13}$$

容易验证方程(4-4-13)满足定解问题(4-4-11)。当 $\varepsilon_1<\varepsilon_2$ 时,左、右空间电场力线如图4-18(c)所示。

【例 4.8】 求无穷长接地导体圆柱壳内无穷长单位线密度电荷产生的电位，即接地导体圆柱壳内的格林函数。导体圆柱壳的半径为 a，圆柱壳内部空间介质的介电常数为 ε。

解 由于圆柱导体壳和线电荷源为无穷长，壳内电位与圆柱轴向无关，横截面上电位分布代表了圆柱壳内部空间电位的分布，以 $G(\boldsymbol{r},\boldsymbol{r}')$ 表示，其满足的定解问题方程为

$$\begin{cases}\nabla^2 G(\boldsymbol{r},\boldsymbol{r}')=-\dfrac{1}{\varepsilon}\delta(\boldsymbol{r}-\boldsymbol{r}'), & r,r'<a\\ G(\boldsymbol{r},\boldsymbol{r}')\big|_{r=a}=0\end{cases} \tag{4-4-14}$$

首先对物理模型做必要的分析将有助于问题的求解。导体圆柱壳内有线电荷源，导体圆柱壳内表面将有感应面电荷分布，符号与圆柱内线源符号相反，外表面感应电荷通过地线入地。

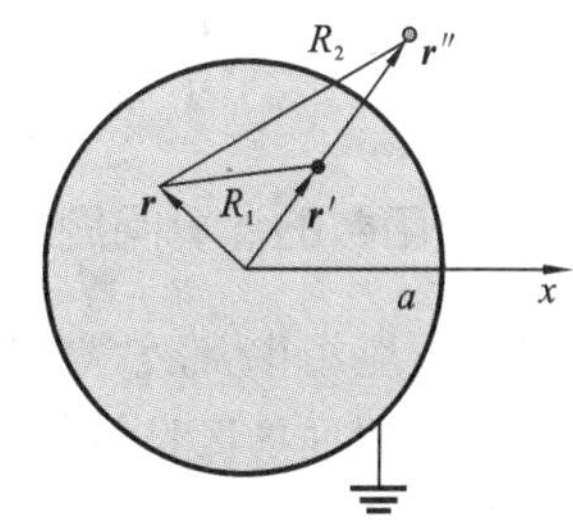

图 4-19 接地导体圆柱壳内的格林函数

根据镜像方法的基本原理，圆柱内部电位由原线电荷和等效圆柱内表面感应电荷的像线电荷产生电位的叠加，像线电荷位于圆柱导体外部，位于圆柱中心点与原线电荷所在点连线的延长线上，如图 4-19 所示，柱内的电位为

$$\begin{cases}G(\boldsymbol{r},\boldsymbol{r}')=\dfrac{1}{2\pi\varepsilon}\ln\dfrac{1}{R_1}+\dfrac{\rho_l}{2\pi\varepsilon}\ln\dfrac{1}{R_2}, & r,r'\leqslant a\\ R_1=\sqrt{r^2+r'^2-2rr'\cos(\varphi-\varphi')}, \quad R_2=\sqrt{r^2+r''^2-2rr''\cos(\varphi-\varphi')}\end{cases} \tag{4-4-15}$$

其中，第一式的第一项为单位线密度的无穷长原线电荷在平面内产生的电位，第二项为线密度为 ρ_l 的无穷长像线电荷在圆柱内产生的电位；R_1，R_2 分别是原线电荷和像线电荷所在点到场点的距离。

为求得 ρ_l 和 r''，将方程(4-4-15)代入边界条件，得

$$\ln\frac{1}{\sqrt{a^2+r'^2-2ar'\cos(\varphi-\varphi')}}+\rho_l\ln\frac{1}{\sqrt{a^2+r''^2-2ar''\cos(\varphi-\varphi')}}=0 \tag{4-4-16}$$

上式成立应与 φ 无关，因此有

$$\frac{\partial}{\partial\varphi}\left[\ln\frac{1}{\sqrt{a^2+r'^2-2ar'\cos(\varphi-\varphi')}}+\rho_l\ln\frac{1}{\sqrt{a^2+r''^2-2ar''\cos(\varphi-\varphi')}}\right]=0$$

求得

$$\frac{ar'\sin(\varphi-\varphi')}{a^2+r'^2-2ar'\cos(\varphi-\varphi')}+\frac{\rho_l ar''\sin(\varphi-\varphi')}{a^2+r''^2-2ar''\cos(\varphi-\varphi')}=0$$

要使上式成立并且与 φ 无关，必须

$$\begin{cases}r'(a^2+r''^2)+\rho_l r''(a^2+r'^2)=0\\ 2ar'r''+2ar'r''\rho_l=0\end{cases} \tag{4-4-17}$$

求解上述代数方程，得到其合理的解为

$$\rho_l=-1, \quad r'r''=a^2$$

其中，r'、r''关于半径为 a 的圆柱面互为共轭关系，从而求得接地导体圆柱壳内的格林函

数为

$$\begin{cases} G(\boldsymbol{r},\boldsymbol{r}')=\dfrac{1}{2\pi\varepsilon}\ln\dfrac{1}{R_1}-\dfrac{1}{2\pi\varepsilon}\ln\dfrac{1}{R_2}=\dfrac{1}{2\pi\varepsilon}\ln\dfrac{R_2}{R_1}, & r,r'\leqslant a \\ R_1=\sqrt{r^2+r'^2-2rr'\cos(\varphi-\varphi')}, & R_2=\sqrt{r^2+\left(\dfrac{a^2}{r'}\right)^2-2r\dfrac{a^2}{r'}\cos(\varphi-\varphi')} \end{cases} \tag{4-4-18}$$

通过验证,方程(4-4-18)确为定解问题方程(4-4-14)的解。

4.5* 势函数多极矩展开方法简介

4.5.1 势函数的计算问题

在实际应用中,经常需要在精度要求范围内计算分布于小区域内的源在远场区产生的势。所谓远场区是指场点的距离远大于源区的尺度。如在地磁场的研究中,当所讨论的空间区域(场点)远离地球,分布于地球内的等效磁荷可视为小区域上的源。又如原子核作用于核外电子的电场研究中,原子核内电荷分布于约 10^{-13} cm 范围内,而电子距原子核约为 10^{-8} cm,相对于电子距原子核的距离,核内电荷分布在微小区域。

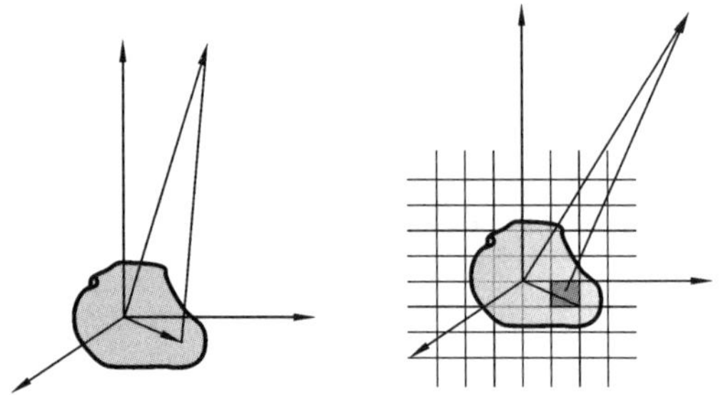

图 4-20 小区域上的源在远处产生场

微小区域体分布源在远场区的势函数一般含有源点和场点在内的体积分,如图 4-20 所示。如果微小区域上的源为电荷源,密度为 $\rho(\boldsymbol{r}')$,它在远处的电位为

$$\phi(\boldsymbol{r})=\frac{1}{4\pi\varepsilon_0}\iiint_V\frac{\rho(\boldsymbol{r}')}{|\boldsymbol{r}-\boldsymbol{r}'|}\mathrm{d}V' \tag{4-5-1a}$$

如果是等效磁荷密度 $\rho_m(\boldsymbol{r}')$,它在远处产生的磁标位为

$$\phi_m(\boldsymbol{r})=\frac{\mu_0}{4\pi}\iiint_V\frac{\rho_m(\boldsymbol{r}')}{|\boldsymbol{r}-\boldsymbol{r}'|}\mathrm{d}V' \tag{4-5-1b}$$

如果是电流密度 $\boldsymbol{J}(\boldsymbol{r}')$,它在远处产生的磁矢势为

$$\boldsymbol{A}(\boldsymbol{r})=\frac{\mu_0}{4\pi}\iiint_V\frac{\boldsymbol{J}(\boldsymbol{r}')}{|\boldsymbol{r}-\boldsymbol{r}'|}\mathrm{d}V' \tag{4-5-1c}$$

在计算机出现之前,上述体积分的精确计算十分困难,其原因在于被积函数中包含有场点变量且不能被分离。即使是在计算机数值分析技术被广泛应用的今天,数值结果对应物理模型仍然是某些问题研究和应用的关键,这不仅有助于判断数值结果的正确性,更重要的是可以通过远场的特性揭示出微尺度区域内激励源的结构与分布特点,如探索原子核内质子分布、高精度预估地球内部等效磁荷分布等。

4.5.2 电位函数的电多极矩展开

以微小区域体分布电荷所产生的电位为例,讨论这类问题的计算及其物理意义。由于激励源所在区域的尺度远小于源到场点的距离,将泰勒(Brook Taylor,1685—

1731 年,英国数学家)展开公式

$$f(\boldsymbol{r}+\Delta\boldsymbol{r})=\sum_{n}\frac{1}{n!}(\Delta\boldsymbol{r}\cdot\boldsymbol{\nabla})^{n}f(\boldsymbol{r}) \tag{4-5-2}$$

应用于$\frac{1}{|\boldsymbol{r}-\boldsymbol{r}'|}$,得

$$\frac{1}{|\boldsymbol{r}-\boldsymbol{r}'|}=\frac{1}{r}-\boldsymbol{r}'\cdot\boldsymbol{\nabla}\left(\frac{1}{r}\right)+\frac{1}{2!}(\boldsymbol{r}'\cdot\boldsymbol{\nabla})^{2}\frac{1}{r}+\cdots+\frac{(-1)^{n}}{n!}(\boldsymbol{r}'\cdot\boldsymbol{\nabla})^{n}\frac{1}{r}+\cdots \tag{4-5-3}$$

将式(4-5-3)代入式(4-5-1a),得

$$\phi(\boldsymbol{r})=\frac{1}{4\pi\varepsilon_0}\iiint_V\rho(\boldsymbol{r}')\mathrm{d}V'\sum_{n=0}^{\infty}\frac{(-1)^{n}}{n!}.(\boldsymbol{r}'\cdot\boldsymbol{\nabla})^{n}\frac{1}{r} \tag{4-5-4a}$$

利用关系式$(\boldsymbol{r}'\cdot\boldsymbol{\nabla})^2f(\boldsymbol{r})=(\boldsymbol{r}'\cdot\boldsymbol{\nabla})(\boldsymbol{r}'\cdot\boldsymbol{\nabla})f(\boldsymbol{r})=(\boldsymbol{r}'\boldsymbol{r}':\boldsymbol{\nabla\nabla})f(\boldsymbol{r})$,上式可展开表示为

$$\phi(\boldsymbol{r})=\frac{1}{4\pi\varepsilon_0}\iiint_V\rho(\boldsymbol{r}')\mathrm{d}V'\left[\frac{1}{r}-\boldsymbol{r}'\cdot\boldsymbol{\nabla}\left(\frac{1}{r}\right)+\frac{1}{2!}\boldsymbol{r}'\boldsymbol{r}':\boldsymbol{\nabla\nabla}\left(\frac{1}{r}\right)+\cdots\right] \tag{4-5-4b}$$

如果记

$$\begin{cases}Q=\iiint_V\rho(\boldsymbol{r}')\mathrm{d}V'\\ \boldsymbol{P}=\iiint_V\boldsymbol{r}'\rho(\boldsymbol{r}')\mathrm{d}V'\\ \overleftrightarrow{\boldsymbol{D}}=\iiint_V3\boldsymbol{r}'\boldsymbol{r}'\rho(\boldsymbol{r}')\mathrm{d}V'\end{cases} \tag{4-5-5}$$

则式(4-5-4b)又可改写为

$$\phi(\boldsymbol{r})=\frac{1}{4\pi\varepsilon_0}\left[\frac{Q}{r}-\boldsymbol{P}\cdot\boldsymbol{\nabla}\left(\frac{1}{r}\right)+\frac{1}{6}\overleftrightarrow{\boldsymbol{D}}:\boldsymbol{\nabla\nabla}\left(\frac{1}{r}\right)+\cdots\right] \tag{4-5-6}$$

式(4-5-6)称为电位函数的多极矩展开式。其中,Q 为微小区域体电荷的电荷总量,也称零极矩;$\boldsymbol{P}$ 为微小电荷体的电偶极矩;$\overleftrightarrow{\boldsymbol{D}}$ 称为微小电荷体的电四极矩。类似地,把展开式的第 n 项定义为电 2^n极矩。

4.5.3 电多极矩概念及意义

微小电荷体远处电位的多极矩展开不仅提供了计算电位的程序性方法,同时各个展开项也有明确的物理意义。展开式的零级近似项

$$\phi^{(0)}(\boldsymbol{r})=\frac{1}{4\pi\varepsilon_0 r}\iiint_V\rho(\boldsymbol{r}')\mathrm{d}V'=\frac{Q}{4\pi\varepsilon_0 r} \tag{4-5-7}$$

相当于把电荷体的电荷集中于坐标原点后的点电荷在远处产生的电位,忽略了小区域内不同点处电荷到场点距离不同的影响,计算精度低。例如,将零级近似应用于图4-21和图 4-22 所示的电荷体,得到其零级近似电位为零。

展开式的一级近似项

$$\phi^{(1)}(\boldsymbol{r})=\frac{-1}{4\pi\varepsilon_0}\iiint_V\boldsymbol{r}'\rho(\boldsymbol{r}')\mathrm{d}V'\cdot\boldsymbol{\nabla}\left(\frac{1}{r}\right)=\frac{\boldsymbol{P}\cdot\boldsymbol{r}}{4\pi\varepsilon_0 r^3} \tag{4-5-8}$$

是在零级基础上,考虑了体内电荷空间分布不均匀及其与场点距离差异的一级近似,宏

观上表现为电偶极矩在远处产生的电位。为了说明式(4-5-8)中 $\boldsymbol{P}$ 为电荷体的电偶极矩,考察如图 4-21 所示的电荷体。该电荷体是我们熟悉的电偶极子,其电偶极矩为 $\hat{z}LQ$。该电荷体的密度函数为

$$\rho(\boldsymbol{r})=Q\delta\left(z-\frac{L}{2}\right)-Q\delta\left(z+\frac{L}{2}\right)$$

由电偶极矩 $\boldsymbol{P}$ 的定义式(4-5-5)计算得

$$\boldsymbol{P}=\iiint_V \boldsymbol{r}'\rho(\boldsymbol{r}')\mathrm{d}V'=\hat{e}_zLQ$$

两者完全相同。另一方面,对于如图 4-21 所示的电荷体,电荷体的总电荷为零,势函数展开的零级近似为零。但由于电荷体的不均匀分布,以及不均匀分布的体电荷到场点距离的差异,电位并不为零。因此,一级近似为不均匀分布的体电荷对应的电偶极矩在远处产生的电位。从电荷体系电偶极矩的定义不难得到,如果一个电荷体以坐标原点对称分布,其电偶极矩为零。只有对坐标原点不对称或反对称的电荷分布才有电偶极矩。例如,将电位的一级近似项用于如图 4-22 所示的电荷体系,得到电位的一级近似项为零。

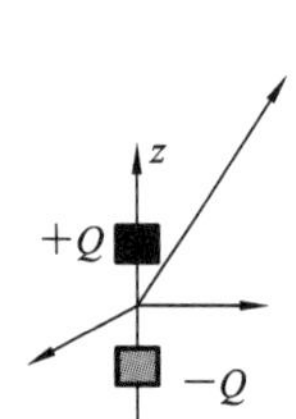

图 4-21 电偶极矩 $\boldsymbol{P}$

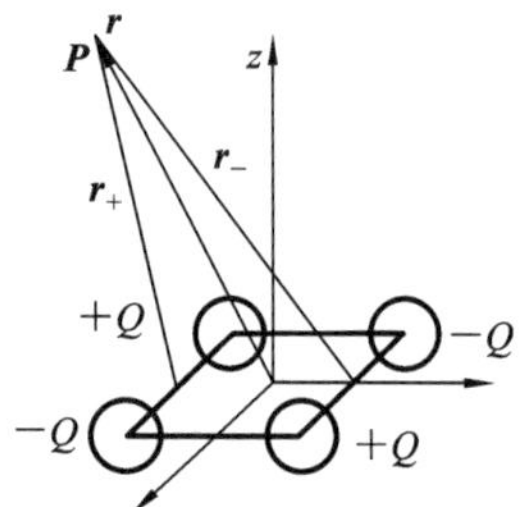

图 4-22 电四极矩 $\overleftrightarrow{\boldsymbol{D}}$

展开式的二级近似项

$$\phi^{(2)}(\boldsymbol{r})=\frac{1}{4\pi\varepsilon_0}\frac{1}{3!}\overleftrightarrow{\boldsymbol{D}}:\nabla\nabla\left(\frac{1}{r}\right) \tag{4-5-9}$$

是小电荷体系的电四极矩 $\overleftrightarrow{\boldsymbol{D}}$ 产生的电位。由于 $\boldsymbol{r}'\boldsymbol{r}'$ 是两个矢量相并列,所以电四极矩 $\overleftrightarrow{\boldsymbol{D}}$ 为并矢,共有九个分量,即

$$\overleftrightarrow{\boldsymbol{D}}=\iiint_V 3\boldsymbol{r}'\boldsymbol{r}'\rho(\boldsymbol{r}')\mathrm{d}V'=\begin{bmatrix}\hat{e}_x\hat{e}_xD_{11} & \hat{e}_x\hat{e}_yD_{12} & \hat{e}_x\hat{e}_zD_{13}\\ \hat{e}_y\hat{e}_xD_{21} & \hat{e}_y\hat{e}_yD_{22} & \hat{e}_y\hat{e}_zD_{23}\\ \hat{e}_z\hat{e}_xD_{31} & \hat{e}_z\hat{e}_yD_{32} & \hat{e}_z\hat{e}_zD_{33}\end{bmatrix} \tag{4-5-10a}$$

利用电四极矩的定义,其分量

$$D_{ij}=\iiint_V 3x'_ix'_j\rho(x'_1,x'_2,x'_3)\mathrm{d}x'_1\mathrm{d}x'_2\mathrm{d}x'_3 \tag{4-5-10b}$$

其中,$x'_1=x'$,$x'_2=y'$,$x'_3=z'$,$i,j=1,2,3$。

直接从电四极矩的定义式出发,容易证明

$$D_{ij}=D_{ji} \tag{4-5-10c}$$

为明确电四极矩 $\overleftrightarrow{\boldsymbol{D}}$ 的物理意义,我们以如图 4-22 所示的电荷体系为例加以说明。该电荷体系的密度函数为

$$\rho(\boldsymbol{r})=Q\delta\left(x-\frac{L}{2}\right)\delta\left(y-\frac{L}{2}\right)-Q\delta\left(x-\frac{L}{2}\right)\delta\left(y+\frac{L}{2}\right)$$

$$+Q\delta\left(x+\frac{L}{2}\right)\delta\left(y+\frac{L}{2}\right)-Q\delta\left(x+\frac{L}{2}\right)\delta\left(y-\frac{L}{2}\right)$$

该电荷体的总电荷和电偶极矩等于零，电位的零级和一级展开项也为零。但由于两个大小相等、方向相反的电偶极子相隔一定距离，它们在空间产生的电位并不完全抵消，其电位为

$$\phi(\boldsymbol{r})=\frac{-1}{4\pi\varepsilon_0}\left[\boldsymbol{P}\cdot\nabla_+\left(\frac{1}{r_+}\right)-\boldsymbol{P}\cdot\nabla_-\left(\frac{1}{r_-}\right)\right]=\frac{-1}{4\pi\varepsilon_0}QL\hat{e}_x\cdot\left[\frac{r-\frac{L}{2}\hat{e}_y}{\left|r-\frac{L}{2}e_y\right|^3}-\frac{r+\frac{L}{2}\hat{e}_y}{\left|r+\frac{L}{2}e_y\right|^3}\right]$$

$$=\frac{-QL}{4\pi\varepsilon_0}\frac{x}{r^3}\left[\left(1-\frac{L}{r}\sin\theta\right)^{-\frac{3}{2}}-\left(1+\frac{L}{r}\sin\theta\right)^{-\frac{3}{2}}\right]=\frac{3QL^3}{4\pi\varepsilon_0}\frac{\cos\theta\sin\theta}{r^3} \tag{4-5-11}$$

另一方面，将电荷密度函数代入电四极矩定义式得

$$\vec{\vec{D}}=\iiint_V 3\boldsymbol{r}'\boldsymbol{r}'\rho(\boldsymbol{r}')\mathrm{d}V'=(\hat{e}_x\hat{e}_y+\hat{e}_y\hat{e}_x)3QL^2$$

并将其代入式(4-5-10)，求得电四极矩的电位为

$$\phi(\boldsymbol{r})=\phi^{(2)}(\boldsymbol{r})=\frac{1}{4\pi\varepsilon_0}\frac{1}{3!}\vec{\vec{D}}:\nabla\nabla\left(\frac{1}{r}\right)$$

$$=\frac{3QL^2}{4\pi\varepsilon_0}\frac{1}{6}\begin{pmatrix}0 & \hat{e}_x\hat{e}_y & 0\\ \hat{e}_y\hat{e}_x & 0 & 0\\ 0 & 0 & 0\end{pmatrix}\begin{pmatrix}\hat{e}_x\hat{e}_x xx & \hat{e}_x\hat{e}_y xy & \hat{e}_x\hat{e}_z xz\\ \hat{e}_y\hat{e}_x yx & \hat{e}_y\hat{e}_y yy & \hat{e}_y\hat{e}_z yz\\ \hat{e}_z\hat{e}_x zx & \hat{e}_z\hat{e}_y zy & \hat{e}_z\hat{e}_z zz\end{pmatrix}\frac{6}{r^5}$$

$$=\frac{3QL^2}{4\pi\varepsilon_0}\frac{\cos\theta\sin\theta}{r^3} \tag{4-5-12}$$

比较式(4-5-11)和式(4-5-12)，两者完全相同。由此可见，电四极矩源于电荷体中不均匀分布的电偶极矩，电位源于电荷体的空间对称分布，与场点距离的三次方成反比。

应用类似的方法，可以得到电四极矩其他分量的物理模型，如图 4-23 所示。关于更高阶电多极矩的物理意义及其模型，可类似电四极矩的方法获得。电位展开式的第 n 项为电 2^n 极矩的贡献。从物理上看，电 2^n 极矩源于电 2^{n-1} 极矩的非均匀性。

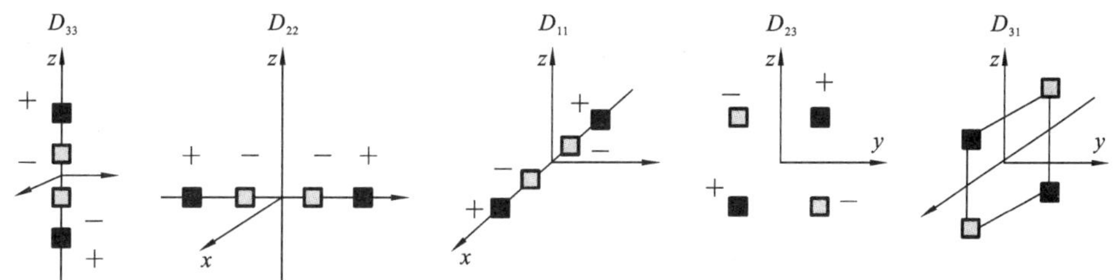

图 4-23 电四极矩分量的物理模型

尽管小电荷体系远处电位的电多极矩展开是精确的解析表示式，但这一展开式给小电荷体系电位的实际计算提供了一个有效近似的方法。只要计算精度已知，总可以找到前有限项电多极矩产生电位的和，使其满足精度的要求。

4.5.4 小电荷体与外场的相互作用

作为电多极矩应用示例，下面讨论处在外加电场中的带电体受力的问题。设外加电场的电位函数为 $\phi_e(\boldsymbol{r})$，假设其产生于体分布电荷 $\rho_e(\boldsymbol{r})$；小电荷体的电荷密度函数

为$\rho(\boldsymbol{r})$,分布于坐标原点附件小区域;小区域电荷体与外加电场相互作用能量为 W。根据能量守恒定律,该能量等于小区域带电体与外加电场同时存在时的总能量减去两者各自单独存在时的能量,即

$$W = \frac{1}{2}\iiint_V [\rho(\boldsymbol{r})+\rho_e(\boldsymbol{r})][\phi(\boldsymbol{r})+\phi_e(\boldsymbol{r})]\mathrm{d}V - \frac{1}{2}\iiint_V \rho(\boldsymbol{r})\phi(\boldsymbol{r})\mathrm{d}V - \frac{1}{2}\iiint_V \rho_e(\boldsymbol{r})\phi_e(\boldsymbol{r})\mathrm{d}V \tag{4-5-13}$$

式中:$\phi(\boldsymbol{r})$为$\rho(\boldsymbol{r})$独立产生的电位;$\phi_e(\boldsymbol{r})$为$\rho_e(\boldsymbol{r})$独立产生的电位。经过化简得

$$W = \frac{1}{2}\iiint_V [\rho(\boldsymbol{r})\phi_e(\boldsymbol{r})+\rho_e(\boldsymbol{r})\phi(\boldsymbol{r})]\mathrm{d}V = \iiint_V \rho(\boldsymbol{r})\phi_e(\boldsymbol{r})\mathrm{d}V \tag{4-5-14}$$

为了精确计算相互作用能 W,考虑到小电荷体系分布在很小的区域中,以小电荷体几何中心为原点建立如图 4-24 所示的坐标系,将外加电场的电位在原点邻域展开,得

$$\phi_e(\boldsymbol{r}) = \sum_n \frac{1}{n!}(\boldsymbol{r}\cdot\boldsymbol{\nabla})^n \phi_e(\boldsymbol{r})\big|_{r=0} \tag{4-5-15}$$

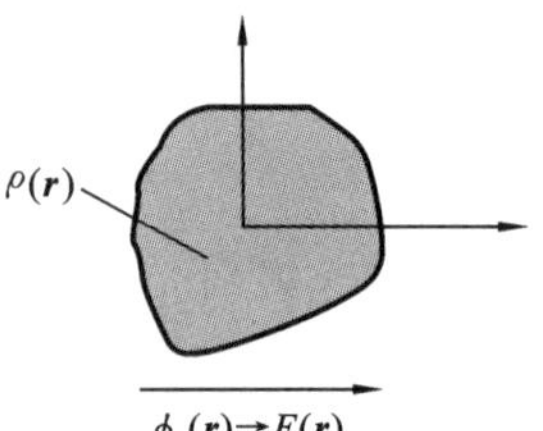

图 4-24 外场中的小电荷体

将其代入式(4-5-14),并直接引用前面关于电多极矩的结果,得

$$W = Q\phi_e(0) + \boldsymbol{P}\cdot\boldsymbol{\nabla}\phi_e(\boldsymbol{r})\big|_{r=0} + \frac{1}{3!}\overset{\leftrightarrow}{\boldsymbol{D}}:\boldsymbol{\nabla\nabla}\phi_e(\boldsymbol{r})\big|_{r=0} + \cdots \tag{4-5-16}$$

式(4-5-16)表明,小电荷体与外场相互作用能等于小电荷体的电多极矩与外场的相互作用能。其中,第一项是将小电荷体的电荷全部置于坐标原点时与外场的相互能量;第二项是小电荷体的电偶极矩与外场的相互作用能;第三项是小电荷体的电四极矩与外场的相互作用能,等等。

特别地,当电荷体为一电偶极子时,电荷体的总电荷 $Q=0$,电四极矩 $\overset{\leftrightarrow}{\boldsymbol{D}}=\boldsymbol{0}$,电偶极子与外场相互作用能为

$$W^{(1)} = \boldsymbol{P}\cdot\boldsymbol{\nabla}\phi_e(\boldsymbol{r})\big|_{r=0} = -\boldsymbol{P}\cdot\boldsymbol{E}_e(0) \tag{4-5-17}$$

外场力的作用可使电偶极子移动或转动,相互作用能也将发生变化。利用虚功原理和能量守恒定理,得到如下关系:

$$\begin{cases} \boldsymbol{F}\cdot\delta\boldsymbol{L} = -\delta W^{(1)} \\ \boldsymbol{L}_\theta\delta\theta = -\delta W^{(1)} \end{cases} \tag{4-5-18}$$

其中,$\delta W^{(1)}$为电偶极子移动或转动导致的能量改变量,将式(4-5-17)代入式(4-5-18)得到电偶极子所受的作用力和力矩是

$$\begin{cases} \boldsymbol{F} = -\boldsymbol{\nabla}W^{(1)} = \boldsymbol{\nabla}(\boldsymbol{P}\cdot\boldsymbol{E}_e) = \boldsymbol{P}\cdot\boldsymbol{\nabla}\boldsymbol{E}_e \\ L_\theta = -\dfrac{\partial W^{(1)}}{\partial\theta} = \dfrac{\partial}{\partial\theta}(PE_e\cos\theta) = -PE_\theta\sin\theta \end{cases} \tag{4-5-19}$$

其中,θ 为电偶极子 $\boldsymbol{P}$ 与外加电场 $\boldsymbol{E}$ 的夹角。式(4-5-19)表明,在均匀外场中,电偶极子不受电场力作用,但力矩存在作用。

4.5.5 磁矢势的多极矩展开

如果电流分布于微小区域,而场点又远离源区,则电位函数的电多极矩展开方法同

样也适用于磁矢势的磁多极矩展开。将式(4-5-3)代入式(4-5-1c)得

$$\boldsymbol{A}(\boldsymbol{r})=\frac{\mu_0}{4\pi}\iiint_V \boldsymbol{J}(\boldsymbol{r}')\mathrm{d}V'\sum_{n=0}^{\infty}\frac{(-1)^n}{n!}(\boldsymbol{r}'\cdot\boldsymbol{\nabla})^n\frac{1}{r} \tag{4-5-20}$$

其中的零级近似展开项为

$$\boldsymbol{A}^{(0)}(\boldsymbol{r})=\frac{\mu_0}{4\pi r}\iiint_V \boldsymbol{J}(\boldsymbol{r}')\mathrm{d}V'$$

考虑到恒定电流情形下电流线闭合,而区域 V 内电流的分布又可以分解为多个闭合的电流环组成,即

$$\boldsymbol{A}^{(0)}(\boldsymbol{r})=\iiint_V \boldsymbol{J}(\boldsymbol{r}')\mathrm{d}V'=\sum_i\oint_{L_i}I_i\mathrm{d}\boldsymbol{l}_i=\sum_i I_i\oint_{L_i}\mathrm{d}\boldsymbol{l}_i=0 \tag{4-5-21}$$

式中:I_i 为第 i 个电流环内流过的电流。式(4-5-21)表明,磁矢势的多极矩展开式中不含体磁荷(又称磁单极子)贡献的零级项。这与目前还没有发现产生磁场的磁荷(磁单极子)相一致。

一级近似展开项为

$$\boldsymbol{A}^{(1)}(\boldsymbol{r})=-\frac{\mu_0}{4\pi r}\iiint_V \boldsymbol{J}(\boldsymbol{r}')\boldsymbol{r}'\cdot\boldsymbol{\nabla}\left(\frac{1}{r}\right)\mathrm{d}V' \tag{4-5-22}$$

将区域 V 中的电流分解为多个闭合的电流环,式(4-5-22)又可以表示为

$$\boldsymbol{A}^{(1)}(\boldsymbol{r})=-\sum_i\frac{\mu_0 I_i}{4\pi}\oint_{L_i}\boldsymbol{r}'\cdot\boldsymbol{\nabla}\left(\frac{1}{r}\right)\mathrm{d}\boldsymbol{l}_i=\sum_i\frac{\mu_0 I_i}{4\pi}\oint_{L_i}\boldsymbol{r}'\cdot\frac{\boldsymbol{r}}{r^3}\mathrm{d}\boldsymbol{l}_i$$

对回路积分应用公式 $\oint_L\phi\mathrm{d}\boldsymbol{l}=\iint_S\mathrm{d}\boldsymbol{\sigma}\times\boldsymbol{\nabla}\phi$,求得

$$\begin{aligned}A^{(1)}(\boldsymbol{r})&=\sum_i\frac{\mu_0 I_i}{4\pi}\oint_{L_i}\boldsymbol{r}'\cdot\frac{\boldsymbol{r}}{r^3}\mathrm{d}\boldsymbol{l}_i=\sum_i\frac{\mu_0}{4\pi}I_i\iint_{\Delta S_i}\mathrm{d}\boldsymbol{\sigma}_i\times\boldsymbol{\nabla}'\left(\boldsymbol{r}'\cdot\frac{\boldsymbol{r}}{r^3}\right)\\&=\frac{\mu_0}{4\pi}\sum_i I_i\iint_{\Delta S_i}\mathrm{d}\boldsymbol{\sigma}_i\times\frac{\boldsymbol{r}}{r^3}=\frac{1}{4\pi}\sum_i\boldsymbol{m}_i\times\frac{\boldsymbol{r}}{r^3}=\frac{1}{4\pi}\boldsymbol{m}\times\frac{\boldsymbol{r}}{r^3}\end{aligned} \tag{4-5-23}$$

其中,

$$\boldsymbol{m}_i=\frac{1}{2}\mu_0\oint_{L_i}\boldsymbol{r}'\times I_i\mathrm{d}\boldsymbol{l}_i=\mu_0 I_i\iint_{\Delta S_i}\mathrm{d}\boldsymbol{\sigma}_i=\mu_0 I_i\Delta\boldsymbol{S}_i \tag{4-5-24}$$

为第 i 个闭合电流环所对应的磁偶极矩,$\boldsymbol{m}=\sum_i\boldsymbol{m}_i$ 为体积 V 上总的磁偶极矩。将式(4-5-24) 推广到体密度电流分布情形,其磁偶极矩为

$$\boldsymbol{m}=\frac{1}{2}\mu_0\iiint_V\boldsymbol{r}'\times\boldsymbol{J}(\boldsymbol{r}')\mathrm{d}\boldsymbol{r}' \tag{4-5-25}$$

因此,展开式的第二项为体分布电流的磁偶极矩对磁矢势的贡献。同样还可以得到更高阶磁多极矩及其对磁矢势贡献。只是更高阶的磁多极矩应用较少,这里不再讨论。

利用磁偶极矩的磁矢势很容易得到磁偶极矩的磁场,即

$$\begin{aligned}\boldsymbol{B}^{(1)}(\boldsymbol{r})&=\boldsymbol{\nabla}\times\boldsymbol{A}^{(1)}(\boldsymbol{r})=\frac{1}{4\pi}\boldsymbol{\nabla}\times\left[\boldsymbol{m}\times\frac{\boldsymbol{r}}{r^3}\right]=\frac{1}{4\pi}\left[\left(\boldsymbol{\nabla}\cdot\frac{\boldsymbol{r}}{r^3}\right)\boldsymbol{m}-(\boldsymbol{m}\cdot\boldsymbol{\nabla})\frac{\boldsymbol{r}}{r^3}\right]\\&=\frac{1}{4\pi}\left[-\boldsymbol{\nabla}^2\left(\frac{1}{r}\right)\boldsymbol{m}-(\boldsymbol{m}\cdot\boldsymbol{\nabla})\frac{\boldsymbol{r}}{r^3}\right]=-\frac{1}{4\pi}(\boldsymbol{m}\cdot\boldsymbol{\nabla})\frac{\boldsymbol{r}}{r^3}\end{aligned} \tag{4-5-26}$$

如果记

$$\phi_m^{(1)}(\boldsymbol{r})=\frac{1}{4\pi}\frac{\boldsymbol{m}\cdot\boldsymbol{r}}{r^3} \tag{4-5-27}$$

并考虑到磁偶极矩 $\boldsymbol{m}$ 为常矢量，$\nabla\left(\frac{\boldsymbol{m}\cdot\boldsymbol{r}}{r^3}\right)=\boldsymbol{m}\times\left(\nabla\times\frac{\boldsymbol{r}}{r^3}\right)+(\boldsymbol{m}\cdot\nabla)\frac{\boldsymbol{r}}{r^3}$，磁场也可以表示为标量函数 $\phi_m^{(1)}(\boldsymbol{r})$ 的梯度，即

$$\boldsymbol{B}^{(1)}(\boldsymbol{r})=-\nabla\phi_m^{(1)}(\boldsymbol{r}) \tag{4-5-28}$$

式(4-5-27)和式(4-5-8)的形式完全相似，称 $\phi_m^{(1)}(\boldsymbol{r})$ 为磁标位。

本章主要内容要点

1. 静态电磁场问题的唯一性定理

(1) 静态电磁场定解问题方程由泛定方程和边界条件组成，其中泛定方程为场遵循的客观规律，边界条件为场在区域边界上满足的约束条件，即

$$\nabla^2\phi(\boldsymbol{r})=-\frac{\rho(\boldsymbol{r})}{\kappa},\quad \phi(\boldsymbol{r})\big|_{\text{边界}}=\psi(\boldsymbol{M})\text{或}\left.\frac{\partial\phi(\boldsymbol{r})}{\partial n}\right|_{\text{边界}}=\zeta(\boldsymbol{M})$$

$\phi(\boldsymbol{r})$可以是电位、磁标位；$\rho(\boldsymbol{r})$可以是电荷密度，也可以是等效磁荷密度，κ 为介质的电磁特性参数，静电场 $\kappa=\varepsilon$，恒定电流的磁场 $\kappa=\mu$。

(2) 唯一性定理。给定区域边界条件的泊松(含拉普拉斯)方程有唯一解。即区域 V 内源分布、区域界面上位函数或其法向微分，或一部分界面上的位函数、其余界面上法向微分已知，则在区域 V 内存在唯一的解。

2. 分离变量方法

1) 分离变量方法的理论基础

分离变量方法的物理基础是解的线性叠加原理，其数学基础则是线性空间理论。其核心是通过分离变量，得到本征值问题，获得正交完备基函数序列，利用本征值函数对待求解进行广义傅里叶级数展开。

2) 分离变量方法基本程序

(1) 根据待求解问题，提炼出定解问题方程，包括泛定方程和边界条件；

(2) 根据边界形状，选取适合变量分离的正交曲线坐标系，变量分离；

(3) 确定本征值方程，求解本征值方程，确定本征值和本征函数；

(4) 利用本征函数序列对待求解进行广义傅里叶级数展开；

(5) 利用边界条件确定广义傅里叶级数展开系数，并验证所求解。

3) 自然边界条件

自然边界条件是指由物理量基本属性所固有的定解条件。

3. 格林函数方法

(1) 格林函数方法的基本思想：基于线性系统对于任意分布源激励的响应为点源激励响应的叠加，将任意分布源表示为许多点激励源的叠加。格林函数又称为影响函数。

(2) 静态电场的格林函数的互易性，即 $G(\boldsymbol{r}',\boldsymbol{r})-G(\boldsymbol{r},\boldsymbol{r}')=0$。

(3) 静态电磁场的格林函数解及意义。以电位函数为例，电位函数定解问题

$$\nabla^2\phi(\boldsymbol{r})=-\frac{\rho(\boldsymbol{r})}{\varepsilon},\quad \left[\alpha\phi(\boldsymbol{r})+\beta\frac{\partial\phi(\boldsymbol{r})}{\partial n}\right]\bigg|_S=h(\boldsymbol{M})$$

的格林函数解为

$$\phi(\boldsymbol{r})=\iiint_V\rho(\boldsymbol{r}')G(\boldsymbol{r},\boldsymbol{r}')\mathrm{d}V'+\varepsilon\oint\!\!\!\oint_S\left[G(\boldsymbol{r},\boldsymbol{r}')\frac{\partial\phi(\boldsymbol{r}')}{\partial n'}-\phi(\boldsymbol{r}')\frac{\partial G(\boldsymbol{r},\boldsymbol{r}')}{\partial n'}\right]\mathrm{d}S'$$

右边第一项为区域内体电荷产生的电位;第二项为区域边界面电荷产生的电位;第三项为区域界面电偶极矩产生的电位。

4. 镜像方法

1) 镜像方法基本思想

寻找一个或几个假想的像电荷等效界面感应面电荷对定义区域产生电场的贡献。这里的等效是指两者对于待求解区域内场的贡献相同。

2) 基本方法与求解步骤

(1) 像电荷符号与所在区域确定。像电荷为界面感应面电荷的等效电荷,这里的等效是指两者对于区域内场的贡献相同。根据静电感应原理,像电荷与原电荷符号相反,且只能位于待求解定义区域外部。

(2) 像电荷位置初步确定。利用边界的几何形状和对称性,初步确定电荷的位置。一般情况下,像电荷在界面感应电荷中心与原点电荷连线的延长线上。

(3) 像电荷大小与位置确定。利用边界条件导出确定像电荷大小和位置的方程,求出像电荷的大小与位置。像电荷与原电荷的位置关于界面互为共轭关系。

(4) 结果的验证。根据唯一性定理,将镜像方法获得的解代入方程和边界条件,验证结果的正确性。

5. 势函数的多极矩展开

体分布电荷激发的势可展开为电 $2^n(n=0,1,2,\cdots)$ 极矩的势函数的叠加。

$$\phi(\boldsymbol{r})=\frac{1}{4\pi\varepsilon_0}\left[\frac{Q}{r}-\boldsymbol{P}\cdot\nabla\left(\frac{1}{r}\right)+\frac{1}{6}\overleftrightarrow{\boldsymbol{D}}:\nabla\nabla\left(\frac{1}{r}\right)+\cdots\right]$$

其中,

$$\begin{cases}Q=\iiint_V\rho(\boldsymbol{r}')\mathrm{d}V'\\ \boldsymbol{P}=\iiint_V\boldsymbol{r}'\rho(\boldsymbol{r}')\mathrm{d}V'\\ \overleftrightarrow{\boldsymbol{D}}=\iiint_V3\boldsymbol{r}'\boldsymbol{r}'\rho(\boldsymbol{r}')\mathrm{d}V'\end{cases}$$

称为电多极矩。仿照同样方法,体电流激发的磁矢势可展开为多极矩(电与磁)的势函数的叠加。

思考与练习题 4

1. 何谓定解问题?其中泛定方程和边界条件各描述系统的什么状态?

2. 何谓定解问题的稳定性?如何证明定解问题的稳定性?

3. 何谓本征值问题?本征值问题的解有哪些基本性质?

4. 为什么本征值问题的解的线性叠加能表示定解问题的解?

5. 何谓自然边界条件？应用中常用的有哪几类自然边界条件？

6. 简述格林函数方法的基本思想？这一思想的理论依据是什么？

7. 简述静态电磁场的格林函数互易性成立的前提条件。

8. 证明:无源空间区域内电位由区域界面上的电位唯一确定。

9. 在均匀外电场中置入半径为 a 的导体球,求导体球上电势为 ϕ 和导体球带有电荷 Q 两种情况下的电位函数。设未置入导体球前坐标原点的电位为 φ_0。

10. 静电场的电位函数可以表示为

$$\phi(\boldsymbol{r})=\int_V g(\boldsymbol{r},\boldsymbol{r}')\rho(\boldsymbol{r}')\mathrm{d}\boldsymbol{r}'+\varepsilon_0\oint\!\!\oint_S\left[g(\boldsymbol{r},\boldsymbol{r}')\frac{\partial\phi}{\partial n'}-\phi\frac{\partial g(\boldsymbol{r},\boldsymbol{r}')}{\partial n'}\right]\mathrm{d}S'$$

(1) 简述式中各项的物理意义,分析上述三项各来自何种物理量的贡献。

(2) 如果 $\rho(\boldsymbol{r})$ 变为 $m\rho(\boldsymbol{r})$,则电位函数 $\phi(\boldsymbol{r})$ 是否为 $m\phi(\boldsymbol{r})$,为什么？

11. 设有无穷长的线电流 I 沿 z 轴流动,在 $z<0$ 的空间内充满磁导率为 μ 的均匀介质,$z>0$ 的区域为真空,试用唯一性定理求磁感应强度 $\boldsymbol{B}$,然后求出磁化电流分布。

12. 在很大的电解槽中充满电导率为 σ_2 的液体,使其中流有均匀的电流 $\boldsymbol{J}_{f0}$,今在液体中置入一个电导率为 σ_1 的小球,求恒定电流分布和面电荷分布,讨论 $\sigma_1\gg\sigma_2$ 及 $\sigma_2\gg\sigma_1$ 两种情况的电流分布的特点。

13. 在接地的导体平面上有一半径为 a 的半球凸部(见图 4-25),半球的球心在导体平面上,点电荷 Q 位于系统的对称轴上,并与平面相距为 $b(b>a)$,试用镜像法求上半空间电位分布。

14. 如图 4-26 所示,求解两同轴圆锥面之间区域内电场分布。已知外圆锥面的电位为零,内圆锥面的电位为 V_0。在两圆锥的顶点绝缘。

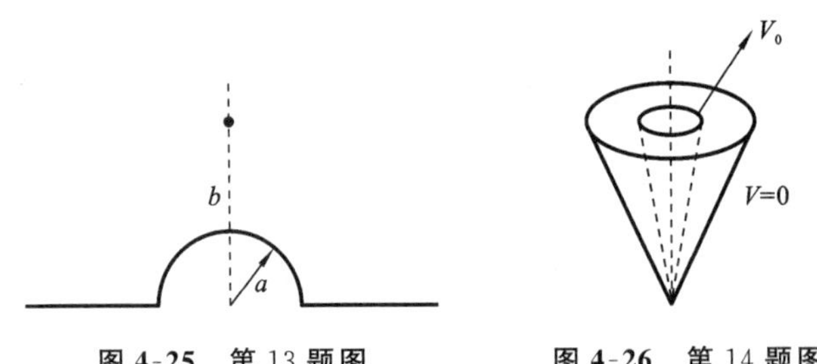

图 4-25　第 13 题图　　　**图 4-26　第 14 题图**

15. 介质的极化矢量为 $\boldsymbol{P}(\boldsymbol{r}')$,根据电偶极子静电位的公式,极化所产生的电位为 $\varphi=\dfrac{1}{4\pi\varepsilon_0}\displaystyle\int_V\frac{\boldsymbol{P}(\boldsymbol{r}')\cdot\boldsymbol{r}}{r^3}\mathrm{d}V'$。另外,根据极化电荷公式 $\rho_P=-\nabla'\cdot\boldsymbol{P}(\boldsymbol{r}')$ 及 $\sigma_p=\hat{n}\cdot\boldsymbol{P}$,极化介质所产生的电势又可表示为

$$\varphi=-\int_V\frac{\nabla'\cdot\boldsymbol{P}(\boldsymbol{r}')}{4\pi\varepsilon_0 r}\mathrm{d}V'+\oint_S\frac{\boldsymbol{P}(\boldsymbol{r}')\cdot\mathrm{d}\boldsymbol{S}'}{4\pi\varepsilon_0 r}$$

证明以上两式是等同的。

16. 用镜像法求接地导体圆柱壳(半径为 R)内线电荷源在圆柱外部空间的电位。设线电荷密度为 ρ_f,位于半径为 $a(a<R)$的圆柱空间内。

17. 接地空心导体球的内、外半径分别为 R_1 和 R_2,在球内离球心为 $a(a<R_1)$处放置点电荷 Q,用镜像法求电势及导体球上的感应电荷,分析感应电荷分布情况。

18. 无穷大接地导体平面外有一电偶极矩 $\boldsymbol{P}$,$\boldsymbol{P}$ 到导体平面的距离为 a,与导体平面法线方向的夹角为 θ，如图 4-27 所示。求电偶极矩 $\boldsymbol{P}$ 所受到的作用力。

19. 有一个内、外半径分别为 R_1 和 R_2 的空心球，位于均匀外磁场 $\boldsymbol{H}_0$ 内，球的磁导率为 μ，求空腔内的场 $\boldsymbol{B}$，讨论 $\mu \gg \mu_0$ 时的磁屏蔽作用。

20. 比较解析函数与静电场电位函数的性质，分析解析函数表示静电场的可能性。应用解析函数方法求宽度为 $2a$ 的无穷长导体条横截面积内电位的分布，如图 4-28 所示。

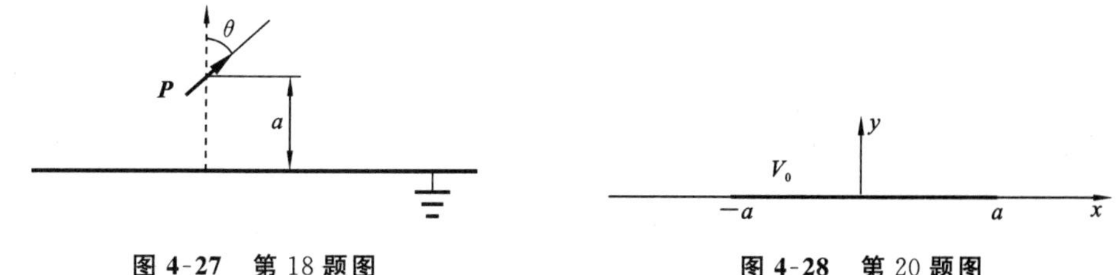

图 4-27　第 18 题图　　**图 4-28　第 20 题图**

5

时变电磁场

随时间变化的电磁场称为时变电磁场，时变电磁场比静态电磁场复杂得多。一方面，时变电磁场之间的相互激发而使电磁场运动具有波动特性。波动特性导致时变电磁场在叠加过程中不仅要考虑电磁场矢量的方向，同时还要考虑波动相位对叠加的影响。另一方面，时变电磁场与媒质相互作用，导致媒质的极化、磁化和传导等特性随时间和空间的变化而变化，使介质呈现出复杂的色散特性等。本章主要讨论时变电磁场的基本性质、基本理论和基本问题，包括时变电磁场的波动方程、势函数及规范变换概念、推迟势及其意义、能量传输与坡印廷定理、时变电磁场求解的主要问题和时谐电磁场概念及应用。

5.1 时变电磁场的势函数

5.1.1 时变电磁场的波动方程

宏观电磁场运动由麦克斯韦方程组描述，将其重写如下：

$$\begin{cases}\nabla\cdot\boldsymbol{D}(\boldsymbol{r},t)=\rho(\boldsymbol{r},t)\\ \nabla\cdot\boldsymbol{B}(\boldsymbol{r},t)=0\\ \nabla\times\boldsymbol{E}(\boldsymbol{r},t)=-\dfrac{\partial\boldsymbol{B}(\boldsymbol{r},t)}{\partial t}\\ \nabla\times\boldsymbol{H}(\boldsymbol{r},t)=\boldsymbol{J}(\boldsymbol{r},t)+\dfrac{\partial\boldsymbol{D}(\boldsymbol{r},t)}{\partial t}\end{cases} \tag{5-1-1}$$

由麦克斯韦方程组可知，时变电磁场一旦由电流或电荷源扰动产生，电场与磁场呈铰链状相互激发并随时间推移向四周逐点传播，即以波动向四周传播，如图 5-1 所示。

为了便于分析时变电磁场的波动特性，假设空间媒质为线性、均匀、各向同性的时不变介质，即电磁特性参数 ε、μ 为常数。对方程(5-1-1)中的第一式两边求旋度，利用方程(5-1-1)中的第二式和电场的高斯定理，得到电场的方程为

$$\nabla^2\boldsymbol{E}(\boldsymbol{r},t)-\varepsilon\mu\frac{\partial^2\boldsymbol{E}(\boldsymbol{r},t)}{\partial t^2}=\mu\frac{\partial\boldsymbol{J}(\boldsymbol{r},t)}{\partial t}+\nabla\left(\frac{\rho(\boldsymbol{r},t)}{\varepsilon}\right) \tag{5-1-2}$$

采用同样的方法，对方程(5-1-1)中第二式的两边求旋度，并利用磁场的高斯定理，得到磁场的方程为

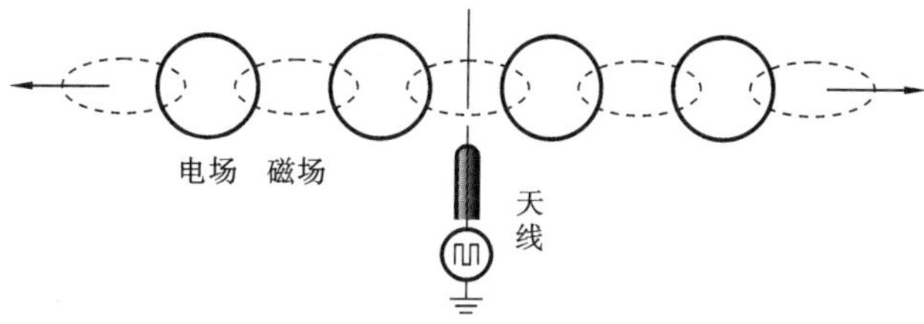

图 5-1 电磁场激发后在空间向外周期性辐射传播剖面图

$$\nabla^2 \boldsymbol{H}(\boldsymbol{r},t) - \varepsilon\mu \frac{\partial^2 \boldsymbol{H}(\boldsymbol{r},t)}{\partial t^2} = -\nabla \times \boldsymbol{J}(\boldsymbol{r},t) \tag{5-1-3}$$

式(5-1-2)和式(5-1-3)为非齐次矢量波动方程，由此可见波动是时变电磁场的基本运动形态。如果所讨论的空间区域内没有电荷和电流，式(5-1-2)和式(5-1-3)退变为如下的齐次波动方程：

$$\begin{cases} \nabla^2 \boldsymbol{E}(\boldsymbol{r},t) - \varepsilon\mu \dfrac{\partial^2 \boldsymbol{E}(\boldsymbol{r},t)}{\partial t^2} = 0 \\ \nabla^2 \boldsymbol{H}(\boldsymbol{r},t) - \varepsilon\mu \dfrac{\partial^2 \boldsymbol{H}(\boldsymbol{r},t)}{\partial t^2} = 0 \end{cases} \tag{5-1-4}$$

根据波动方程一般解的特点，方程(5-1-3)与方程(5-1-4)中的参量 $\varepsilon\mu$ 有非常重要的物理意义，如果记

$$v = \frac{1}{\sqrt{\varepsilon\mu}} \tag{5-1-5}$$

则它表示的是电磁场的波动在介质中传播的速度，即电场与磁场相互激发在空间传播的速度。后续内容将详细讨论电磁波传播速度的物理学含义。如果将真空的介电常数和磁导率常数代入式(5-1-5)，得到真空中电磁波的传播速度是

$$v = \frac{1}{\sqrt{\varepsilon_0\mu_0}} = c \approx 3\times10^8 \text{ m/s} \tag{5-1-6}$$

它表明电磁波在真空中的传播速度是一个常数，与波源的运动状态无关。这是一个在经典物理学范畴内不可理解的而又特别重要的结果，现代物理学实验证明了这一事实。正是基于对这一物理现象的研究，爱因斯坦(Albert Einstein，1879—1955 年)建立了狭义相对论理论。

对于有限区域和有限时间段上的时变电磁场问题，波动方程(5-1-2)～(5-1-4)的求解，还需给出空间区域介质结构及其分界面上电磁场的边界条件和初始条件。时变电磁场的初始条件和边界条件极其复杂，本章后续内容将有进一步的讨论。此外，波动方程(5-1-3)求解的另一个问题是源(电流或电荷)的微分运算。由于源区一般局限在小区域，激励源与电磁场相互作用、相互影响，精确地建立电荷和电流的物理数学模型对实际应用问题非常必要，但并非易事，我们将在第 8 章予以讨论。

5.1.2 时变电磁场的势函数

势函数被成功应用于静态电磁场问题的分析求解。这不仅减少了矢量方程求解的维数，而且还避免方程求解过程中直接对源区电荷与电流的微分运算，对静态电磁场问题的求解具有重要作用。

势函数方法同样可以应用于时变电磁场问题。在现代物理学中，势函数不仅是电

磁场更为普遍的表述方法,同时易于简化处理,而且能够更好地揭示电场与磁场的统一性和相对性。为此,先回顾宏观时变电磁场的基本特性。磁场高斯定理表明,无论磁场是否时变,$\nabla\cdot\boldsymbol{B}(\boldsymbol{r},t)\equiv0$,这表明磁感应强度 $\boldsymbol{B}(\boldsymbol{r},t)$ 总是无散的矢量场。据此,引入辅助矢量函数 $\boldsymbol{A}(\boldsymbol{r},t)$,使

$$\boldsymbol{B}(\boldsymbol{r},t)=\nabla\times\boldsymbol{A}(\boldsymbol{r},t) \tag{5-1-7}$$

并将其代入方程(5-1-1)的第一式,得

$$\nabla\times\left[\boldsymbol{E}(\boldsymbol{r},t)+\frac{\partial\boldsymbol{A}(\boldsymbol{r},t)}{\partial t}\right]=\boldsymbol{0} \tag{5-1-8}$$

很明显,$\left[\boldsymbol{E}(\boldsymbol{r},t)+\dfrac{\partial\boldsymbol{A}(\boldsymbol{r},t)}{\partial t}\right]$应为无旋场,故可以表示为某一标量函数 $\phi(\boldsymbol{r},t)$ 的梯度。若令

$$\boldsymbol{E}(\boldsymbol{r},t)+\frac{\partial\boldsymbol{A}(\boldsymbol{r},t)}{\partial t}=-\nabla\phi(\boldsymbol{r},t) \tag{5-1-9}$$

从而得到

$$\boldsymbol{E}(\boldsymbol{r},t)=-\nabla\phi(\boldsymbol{r},t)-\frac{\partial\boldsymbol{A}(\boldsymbol{r},t)}{\partial t} \tag{5-1-10}$$

由此可见,利用时变电磁场的基本性质,可引入 $\boldsymbol{A}(\boldsymbol{r},t)$ 和 $\phi(\boldsymbol{r},t)$ 来表示时变电磁场,称 $\boldsymbol{A}(\boldsymbol{r},t)$ 和 $\phi(\boldsymbol{r},t)$ 分别为电磁场的磁矢势和电标势。值得注意的是,磁矢势和电标势把电磁场 6 个独立分量转化为 4 个独立分量的问题。

必须指出的是,尽管磁感应强度在形式上只与磁矢势有关,但不能据此认为磁场仅由磁矢势决定而与电标势无关。因为在时变情形下,电标势与磁矢势相互联系,并作为一个整体共同描述时变电磁场。电磁场相互激发,使得时变磁场本质上与磁矢势和电标势都有联系。当电磁场与时间无关时,磁矢势 $\boldsymbol{A}(\boldsymbol{r},t)$ 和电标势 $\phi(\boldsymbol{r},t)$ 退变为恒定电流磁场和静电场中的磁矢势和电(位)势。

5.1.3 势函数的规范

通过对电磁场的矢量特性的分析,引入了时变电磁场的势函数。稍作分析,不难发现时变电磁场的势函数并非唯一。按照矢量场的亥姆霍兹定理,在已知边界的条件下,当且仅当矢量场的旋度和散度唯一确定时,矢量场唯一确定。但在引入磁矢势 $\boldsymbol{A}(\boldsymbol{r},t)$ 时,其旋度由式(5-1-7)确定,而其散度任意而不确定。因此,通过式(5-1-7)和式(5-1-9)引入的势函数并非唯一确定。这意味着空间同一时变电磁场有多组可能的势函数与之对应。

根据上述分析,磁矢势 $\boldsymbol{A}(\boldsymbol{r},t)$ 的非唯一性,使得有多组不同$[\boldsymbol{A},\phi]$与同一电磁场$[\boldsymbol{E},\boldsymbol{B}]$对应。例如,势函数$[\boldsymbol{A},\phi]$按式(5-1-7)和式(5-1-10)的关系与电磁场$[\boldsymbol{E},\boldsymbol{B}]$对应,则$\left[\boldsymbol{A}\pm\nabla\psi,\phi\mp\dfrac{\partial\psi}{\partial t}\right]$按同样关系与电磁场$[\boldsymbol{E},\boldsymbol{B}]$对应,即

$$\begin{cases}\boldsymbol{B}(\boldsymbol{r},t)=\nabla\times\boldsymbol{A}'(\boldsymbol{r},t)=\nabla\times[\boldsymbol{A}(\boldsymbol{r},t)\pm\nabla\psi(\boldsymbol{r},t)]\\ \boldsymbol{E}(\boldsymbol{r},t)=-\nabla\phi(\boldsymbol{r},t)-\dfrac{\partial\boldsymbol{A}(\boldsymbol{r},t)}{\partial t}\\ \qquad=-\nabla\left[\phi(\boldsymbol{r},t)\mp\dfrac{\partial\psi(\boldsymbol{r},t)}{\partial t}\right]\\ \qquad\quad-\dfrac{\partial}{\partial t}[\boldsymbol{A}(\boldsymbol{r},t)\pm\nabla\psi(\boldsymbol{r},t)]\end{cases}$$

显然，这种多一对应关系给势函数的应用带来了不便。为了使这种对应关系具有唯一性，必须给$\nabla \cdot \boldsymbol{A}(\boldsymbol{r},t)$以某种形式的约定使其确定，从而建立势函数$[\boldsymbol{A},\phi]$与$[\boldsymbol{E},\boldsymbol{B}]$之间的一一对应关系，称这种约束为势函数$[\boldsymbol{A},\phi]$的一种规范。

电磁场本身对磁矢势的散度没有任何限制，作为确定势函数的辅助条件，理论上，磁矢势散度的任何限定均可以作为势函数的一种规范。但在实际应用中，规范的选择至少应使其所表示的方程形式简洁、概念清楚、应用方便。常用的规范有库仑规范和洛伦兹规范。如对磁矢势$\boldsymbol{A}(\boldsymbol{r},t)$的散度辅以

$$\nabla \cdot \boldsymbol{A}(\boldsymbol{r},t)=0 \tag{5-1-11}$$

约定条件，称这一约束条件为库仑规范。在库仑规范下，$\boldsymbol{A}(\boldsymbol{r},t)$的旋度和散度均确定，且与磁感应强度$\boldsymbol{B}(\boldsymbol{r},t)$唯一对应。通过式(5-1-8)引入$\phi(\boldsymbol{r},t)$，则$\nabla\phi(\boldsymbol{r},t)$为电场的无旋部分，而$\frac{\partial \boldsymbol{A}(\boldsymbol{r},t)}{\partial t}$为电场无散部分，从而建立了势函数$[\boldsymbol{A},\phi]$与电磁场$[\boldsymbol{E},\boldsymbol{B}]$之间的唯一对应关系。

在库仑规范条件下，对式(5-1-10)两边求散度，得到$\phi(\boldsymbol{r},t)$满足的方程。将式(5-1-7)和式(5-1-10)代入方程(5-1-1)中的第二式，得到$\boldsymbol{A}(\boldsymbol{r},t)$满足的方程，结果如下：

$$\begin{cases}\nabla^2\phi(\boldsymbol{r},t)=-\dfrac{\rho(\boldsymbol{r},t)}{\varepsilon}\\[2ex] \nabla^2\boldsymbol{A}(\boldsymbol{r},t)-\varepsilon\mu\dfrac{\partial^2\boldsymbol{A}(\boldsymbol{r},t)}{\partial t^2}=-\mu\boldsymbol{J}(\boldsymbol{r},t)+\varepsilon\mu\dfrac{\partial}{\partial t}(\nabla\phi(\boldsymbol{r},t))\end{cases} \tag{5-1-12}$$

因此，在库仑规范下，电标势满足的是泊松方程；磁矢势满足的仍然是波动方程。所谓库仑规范，正是因电标势与静电场电位函数满足相同形式的泊松方程而得名。

若对势函数$[\boldsymbol{A},\phi]$辅以

$$\nabla \cdot \boldsymbol{A}(\boldsymbol{r},t)+\varepsilon\mu\frac{\partial\phi(\boldsymbol{r},t)}{\partial t}=0 \tag{5-1-13}$$

约束条件，则$\boldsymbol{A}(\boldsymbol{r},t)$的旋度由磁感应强度$\boldsymbol{B}(\boldsymbol{r},t)$确定，$\boldsymbol{A}(\boldsymbol{r},t)$的散度以式(5-1-13)作为约束条件，并通过式(5-1-10)确定。所以约束条件式(5-1-13)同样建立了势函数$[\boldsymbol{A},\phi]$与电磁场$[\boldsymbol{E},\boldsymbol{B}]$之间的唯一对应关系。我们称约束条件式(5-1-13)为洛伦兹规范。

在洛伦兹规范条件下，将式(5-1-7)和式(5-1-10)代入方程(5-1-1)中的第四式，便得到$\boldsymbol{A}(\boldsymbol{r},t)$满足的方程；直接对式(5-1-10)两边求散度，利用电场的高斯定理，可得$\phi(\boldsymbol{r},t)$满足的方程，它们是

$$\begin{cases}\nabla^2\boldsymbol{A}(\boldsymbol{r},t)-\varepsilon\mu\dfrac{\partial^2\boldsymbol{A}(\boldsymbol{r},t)}{\partial t^2}=-\mu\boldsymbol{J}(\boldsymbol{r},t)\\[2ex] \nabla^2\phi(\boldsymbol{r},t)-\varepsilon\mu\dfrac{\partial^2\phi(\boldsymbol{r},t)}{\partial t^2}=-\dfrac{1}{\varepsilon}\rho(\boldsymbol{r},t)\end{cases} \tag{5-1-14}$$

这是一组标准的波动方程，最早由达朗贝尔(Jean Le Rond d'Alembert，1717—1783年，法国物理学家、数学家)导出，故又称其为达朗贝尔方程。达朗贝尔方程表明，磁矢势仅与电流有关，电标势只与电荷有关。这并不意味着磁感应强度仅由电流产生，因为洛伦兹规范表明$\boldsymbol{A}(\boldsymbol{r},t)$与$\phi(\boldsymbol{r},t)$有关。只是在洛伦兹规范条件下，$\boldsymbol{A}(\boldsymbol{r},t)$和$\phi(\boldsymbol{r},t)$在形式上满足方程(5-1-14)。

5.1.4 规范变换的不变性

无论是库仑规范,还是洛伦兹规范,它们都建立了$[\boldsymbol{A},\phi]$与$[\boldsymbol{E},\boldsymbol{B}]$之间的一一对应关系,或者说只要在任何一种规范下得到势函数,通过式(5-1-7)和式(5-1-10)可求得电磁场。由于空间电磁场的唯一性,不同规范下的势函数描述同一电磁场,这意味着不同规范的势函数之间必然存在某种联系,并能够通过这种联系进行相互变换。这就如同空间中不同正交坐标系之间的变换关系,空间(电磁场)是唯一的,不同的坐标系(规范)描述同一空间(电磁场),不同坐标系(规范)之间必然可以相互变换。

为了得到不同规范下势函数之间的变换关系,设在某个规范下,$[\boldsymbol{A},\phi]$唯一确定了电磁场$[\boldsymbol{E},\boldsymbol{B}]$,表示为

$$\begin{Bmatrix}\boldsymbol{A}(\boldsymbol{r},t)\\ \phi(\boldsymbol{r},t)\end{Bmatrix}\Rightarrow\begin{Bmatrix}\boldsymbol{E}(\boldsymbol{r},t)\\ \boldsymbol{B}(\boldsymbol{r},t)\end{Bmatrix} \tag{5-1-15}$$

如果将该规范下的势函数$[\boldsymbol{A},\phi]$按照如下关系

$$\begin{cases}\boldsymbol{A}'(\boldsymbol{r},t)=\boldsymbol{A}(\boldsymbol{r},t)+\nabla\psi(\boldsymbol{r},t)\\ \phi'(\boldsymbol{r},t)=\phi(\boldsymbol{r},t)-\dfrac{\partial\psi(\boldsymbol{r},t)}{\partial t}\end{cases} \tag{5-1-16}$$

进行变换,其中$\psi(\boldsymbol{r},t)$为标量函数,容易证明,由变换关系方程(5-1-16)得到的新势函数$[\boldsymbol{A}',\phi']$与原势函数$[\boldsymbol{A},\phi]$描述的是同一电磁场,证明如下:

$$\boldsymbol{B}(\boldsymbol{r},t)=\nabla\times\boldsymbol{A}'(\boldsymbol{r},t)=\nabla\times\boldsymbol{A}(\boldsymbol{r},t)+\nabla\times\nabla\psi(\boldsymbol{r},t)=\nabla\times\boldsymbol{A}(\boldsymbol{r},t)$$

$$\boldsymbol{E}(\boldsymbol{r},t)=-\nabla\phi'(\boldsymbol{r},t)-\frac{\partial\boldsymbol{A}'(\boldsymbol{r},t)}{\partial t}=-\nabla\phi(\boldsymbol{r},t)-\frac{\partial\boldsymbol{A}(\boldsymbol{r},t)}{\partial t}$$

即

$$\begin{Bmatrix}\boldsymbol{A}(\boldsymbol{r},t)\\ \phi(\boldsymbol{r},t)\end{Bmatrix}\Rightarrow\begin{Bmatrix}\boldsymbol{E}(\boldsymbol{r},t)\\ \boldsymbol{B}(\boldsymbol{r},t)\end{Bmatrix}\Leftarrow\begin{Bmatrix}\boldsymbol{A}'(\boldsymbol{r},t)\\ \phi'(\boldsymbol{r},t)\end{Bmatrix} \tag{5-1-17}$$

称方程(5-1-16)所约定的变换为不同规范之间的变换,简称规范变换。

当势函数作规范变换时,要求其所描述的物理量及其遵循的规律应保持不变,这种不变性称为规范不变性。因为物理量及其所遵循的规律是客观现实,不因描述的方式(约束条件)不同而异。容易验证,库仑规范与洛伦兹规范的变换关系满足规范变换方程(5-1-16)。

【例 5.1】 证明:库仑规范到洛伦兹规范的规范变换满足方程(5-1-16)。

证 已知库仑规范为$\nabla\cdot\boldsymbol{A}(\boldsymbol{r},t)=0$,势函数满足的方程为

$$\begin{cases}\nabla^2\phi(\boldsymbol{r},t)=-\dfrac{\rho(\boldsymbol{r},t)}{\varepsilon}\\ \nabla^2\boldsymbol{A}(\boldsymbol{r},t)-\varepsilon\mu\dfrac{\partial^2\boldsymbol{A}(\boldsymbol{r},t)}{\partial t^2}=-\mu\boldsymbol{J}(\boldsymbol{r},t)+\varepsilon\mu\dfrac{\partial}{\partial t}(\nabla\phi(\boldsymbol{r},t))\end{cases}$$

将规范变换方程(5-1-16)代入上述方程,得

$$\begin{cases}\nabla^2\phi'(\boldsymbol{r},t)+\dfrac{\partial}{\partial t}[\nabla^2\psi(\boldsymbol{r},t)]=-\dfrac{\rho(\boldsymbol{r},t)}{\varepsilon}\\ \nabla^2\boldsymbol{A}'(\boldsymbol{r},t)-\varepsilon\mu\dfrac{\partial^2\boldsymbol{A}'(\boldsymbol{r},t)}{\partial t^2}=-\mu\boldsymbol{J}(\boldsymbol{r},t)+\nabla\left[\nabla^2\psi(\boldsymbol{r},t)+\varepsilon\mu\dfrac{\partial}{\partial t}\phi'(\boldsymbol{r},t)\right]\end{cases}$$

将上式中的$\psi(\boldsymbol{r},t)$用$\boldsymbol{A}'(\boldsymbol{r},t)$和$\phi'(\boldsymbol{r},t)$替代,得

$$\begin{cases}\nabla^2\phi'(\boldsymbol{r},t)+\dfrac{\partial}{\partial t}[\nabla\cdot\boldsymbol{A}'(\boldsymbol{r},t)]=-\dfrac{\rho(\boldsymbol{r},t)}{\varepsilon}\\ \nabla^2\boldsymbol{A}'(\boldsymbol{r},t)-\varepsilon\mu\dfrac{\partial^2\boldsymbol{A}'(\boldsymbol{r},t)}{\partial t^2}=-\mu\boldsymbol{J}(\boldsymbol{r},t)+\nabla\left[\nabla\cdot\boldsymbol{A}'(\boldsymbol{r},t)+\varepsilon\mu\dfrac{\partial}{\partial t}\phi'(\boldsymbol{r},t)\right]\end{cases}$$

对势函数$[\boldsymbol{A}',\phi']$应用洛伦兹规范条件

$$\nabla\cdot\boldsymbol{A}'(\boldsymbol{r},t)+\varepsilon\mu\frac{\partial\phi'(\boldsymbol{r},t)}{\partial t}=0$$

上式简化为

$$\begin{cases}\nabla^2\phi'(\boldsymbol{r},t)+\varepsilon\mu\dfrac{\partial^2\phi'(\boldsymbol{r},t)}{\partial t^2}=-\dfrac{\rho(\boldsymbol{r},t)}{\varepsilon}\\ \nabla^2\boldsymbol{A}'(\boldsymbol{r},t)-\varepsilon\mu\dfrac{\partial^2\boldsymbol{A}'(\boldsymbol{r},t)}{\partial t^2}=-\mu\boldsymbol{J}(\boldsymbol{r},t)\end{cases}$$

这正好是洛伦兹规范下势函数满足的方程。反之，我们也可以从洛伦兹规范变换到库仑规范，同样满足规范变换方程(5-1-16)的变换关系。

需要说明的是，库仑规范或洛伦兹规范下导出的势函数方程均是在线性、均匀、各向同性时不变介质空间中得到的。因此，与电磁场波动方程(5-1-2)和(5-1-3)一样，势函数波动方程只在线性、均匀、各向同性时不变介质空间中成立。而复杂媒质(如时变、各向异性、非均匀等媒质)中电磁波动方程则要复杂得多。

5.2 推迟势及其意义

5.2.1 推迟势的定解问题

本节不打算对电磁波方程的求解做深入的讨论，仅就特殊初始条件下无界空间达朗贝尔方程进行求解，其目的是通过这一特殊情形的求解，进一步讨论时变电磁场的波动特性及其内在含义。由于电标势和磁矢势满足相同形式的方程，这里仅以电标势为例，所得结果可以推广到磁矢势。

为讨论方便，假设势函数在无穷远处满足$\phi(\boldsymbol{r},t)|_{r\to\infty}=0$，初始状态为零。均匀无界空间中电标势的定解问题方程为

$$\begin{cases}\nabla^2\phi(\boldsymbol{r},t)-\varepsilon\mu\dfrac{\partial^2\phi(\boldsymbol{r},t)}{\partial t^2}=-\dfrac{1}{\varepsilon}\rho(\boldsymbol{r},t)\\ \lim\limits_{r\to\infty}\phi(\boldsymbol{r},t)=0,\phi(\boldsymbol{r},0)=\dfrac{\partial\phi(\boldsymbol{r},0)}{\partial t}=0\end{cases}\tag{5-2-1}$$

这只是一个特例。一般情况下，空间也可能是不均匀的，初始条件也不可能全部为零。但它对理解波动传播的特点有重要的作用，其解称为推迟势。

5.2.2* 推迟势的求解

积分变换是求解电磁场问题重要的方法，本小节通过达朗贝尔方程的积分变换求解介绍这一方法的应用。为此，设$\phi(\boldsymbol{r},t)$和$\rho(\boldsymbol{r},t)$满足傅里叶变换条件，即$\phi(\boldsymbol{r},t)$和$\rho(\boldsymbol{r},t)$在定义区域为平方可积函数。首先对时间变量进行傅里叶变换

$$\begin{cases}\phi(\boldsymbol{r},t)=\dfrac{1}{\sqrt{2\pi}}\displaystyle\int_{-\infty}^{\infty}\tilde{\phi}(\boldsymbol{r},\omega)\mathrm{e}^{\mathrm{j}\omega t}\mathrm{d}\omega\\ \tilde{\phi}(\boldsymbol{r},\omega)=\dfrac{1}{\sqrt{2\pi}}\displaystyle\int_{-\infty}^{\infty}\phi(\boldsymbol{r},t)\mathrm{e}^{-\mathrm{j}\omega t}\mathrm{d}t\end{cases}\tag{5-2-2}$$

$$\begin{cases}\rho(\boldsymbol{r},t)=\dfrac{1}{\sqrt{2\pi}}\displaystyle\int_{-\infty}^{\infty}\tilde{\rho}(\boldsymbol{r},\omega)\mathrm{e}^{\mathrm{j}\omega t}\mathrm{d}\omega\\ \tilde{\rho}(\boldsymbol{r},\omega)=\dfrac{1}{\sqrt{2\pi}}\displaystyle\int_{-\infty}^{\infty}\rho(\boldsymbol{r},t)\mathrm{e}^{-\mathrm{j}\omega t}\mathrm{d}t\end{cases}\tag{5-2-3}$$

将方程(5-2-2)和方程(5-2-3)代入方程(5-2-1),得

$$\nabla^2\tilde{\phi}(\boldsymbol{r},\omega)+k^2\tilde{\phi}(\boldsymbol{r},\omega)=-\frac{1}{\varepsilon}\tilde{\rho}(\boldsymbol{r},\omega)\tag{5-2-4}$$

其中,$k=\omega\sqrt{\varepsilon\mu}$。然后对 $\tilde{\phi}(\boldsymbol{r},\omega)$、$\tilde{\rho}(\boldsymbol{r},\omega)$ 的空间变量作傅里叶变换

$$\begin{cases}\tilde{\phi}(\boldsymbol{r},\omega)=\left(\dfrac{1}{\sqrt{2\pi}}\right)^3\displaystyle\iiint_K\tilde{\phi}(\boldsymbol{K},\omega)\exp(-\mathrm{j}\boldsymbol{K}\cdot r)\mathrm{d}K\\ \dot{\phi}(\boldsymbol{K},\omega)=\left(\dfrac{1}{\sqrt{2\pi}}\right)^3\displaystyle\iiint_V\tilde{\phi}(\boldsymbol{r},\omega)\exp(\mathrm{j}\boldsymbol{K}\cdot r)\mathrm{d}V\\ \tilde{\rho}(\boldsymbol{r},\omega)=\left(\dfrac{1}{\sqrt{2\pi}}\right)^3\displaystyle\iiint_K\tilde{\rho}(\boldsymbol{K},\omega)\exp(-\mathrm{j}\boldsymbol{K}\cdot r)\mathrm{d}K\\ \tilde{\rho}(\boldsymbol{K},\omega)=\left(\dfrac{1}{\sqrt{2\pi}}\right)^3\displaystyle\iiint_V\tilde{\rho}(\boldsymbol{r},\omega)\exp(\mathrm{j}\boldsymbol{K}\cdot r)\mathrm{d}V\end{cases}\tag{5-2-5}$$

注意:方程(5-2-5)为分别对坐标变量(x,y,z)实施傅里叶变换的最终结果。其中,

$$\boldsymbol{K}=\hat{e}_xK_x+\hat{e}_yK_y+\hat{e}_zK_z$$

为波数空间矢量。将方程(5-2-5)代入式(5-2-4),求得

$$\tilde{\phi}(\boldsymbol{K},\omega)=\frac{1}{\varepsilon}\frac{\tilde{\rho}(\boldsymbol{K},\omega)}{K^2-k^2}\tag{5-2-6}$$

将 $\tilde{\phi}(\boldsymbol{K},\omega)$ 代入方程(5-2-5)中的第一式,并应用方程(5-2-5)中的最后一式,得

$$\begin{aligned}\tilde{\phi}(\boldsymbol{r},\omega)&=\frac{1}{(2\pi)^3\varepsilon}\iiint_V\tilde{\rho}(\boldsymbol{r}',\omega)\mathrm{d}V'\iiint_K\frac{\exp[-\mathrm{j}\boldsymbol{K}\cdot(\boldsymbol{r}-\boldsymbol{r}')]}{K^2-k^2}\mathrm{d}K\\&=\frac{1}{(2\pi)^3\varepsilon}\iiint_V\tilde{\rho}(\boldsymbol{r}',\omega)\mathrm{d}V'\int_0^{\infty}\int_0^{\pi}\int_0^{2\pi}\frac{\exp[-\mathrm{j}\boldsymbol{K}|\boldsymbol{r}-\boldsymbol{r}'|\cos\theta]}{K^2-k^2}K^2\sin\theta\mathrm{d}K\mathrm{d}\theta\mathrm{d}\phi'\\&=\frac{1}{(2\pi)^2\mathrm{j}\varepsilon}\iiint_V\frac{\tilde{\rho}(\boldsymbol{r}',\omega)}{|\boldsymbol{r}-\boldsymbol{r}'|}\mathrm{d}V'\int_{-\infty}^{\infty}\frac{K\mathrm{d}K\exp[-\mathrm{j}\boldsymbol{K}|\boldsymbol{r}-\boldsymbol{r}'|]}{K^2-k^2}\end{aligned}$$

对上式在 $\boldsymbol{K}$ 空间求积分,利用复变函数中的留数定理,求得

$$\tilde{\phi}(\boldsymbol{r},\omega)=\frac{1}{4\pi\varepsilon}\iiint_V\frac{\tilde{\rho}(\boldsymbol{r}',\omega)}{|\boldsymbol{r}-\boldsymbol{r}'|}\mathrm{e}^{-\mathrm{j}k|r-r'|}\mathrm{d}V'\tag{5-2-7}$$

再将式(5-2-7)代入方程(5-2-2),得到源的影响的表示式为

$$\phi(\boldsymbol{r},t)=\frac{1}{4\pi\varepsilon}\iiint_V\frac{\mathrm{d}V'}{|\boldsymbol{r}-\boldsymbol{r}'|}\frac{1}{\sqrt{2\pi}}\int_{-\infty}^{\infty}\mathrm{d}\omega\,\tilde{\rho}(\boldsymbol{r}',\omega)\mathrm{e}^{\mathrm{j}(\omega t-k|r-r'|)}\tag{5-2-8}$$

对 ω 求积分,并应用傅里叶变换关系式

$$\rho\left(\boldsymbol{r}',t-\frac{|\boldsymbol{r}-\boldsymbol{r}'|}{v}\right)=\frac{1}{\sqrt{2\pi}}\int_{-\infty}^{\infty}\tilde{\rho}(\boldsymbol{r}',\omega)\mathrm{e}^{\mathrm{j}\omega\left(t-\frac{|\boldsymbol{r}-\boldsymbol{r}'|}{v}\right)}\mathrm{d}\omega \tag{5-2-9}$$

求得式(5-2-8)为

$$\phi(\boldsymbol{r},t)=\frac{1}{4\pi\varepsilon}\iiint_V\rho\left(\boldsymbol{r}',t-\frac{|\boldsymbol{r}-\boldsymbol{r}'|}{v}\right)\frac{\mathrm{d}V'}{|\boldsymbol{r}-\boldsymbol{r}'|} \tag{5-2-10}$$

称 $\phi(\boldsymbol{r},t)$为推迟势，其中 $v=\frac{\omega}{k}=\frac{1}{\sqrt{\varepsilon\mu}}$具有速度的量纲，表示波动传播的速度。应用同样的方法求得无界空间、零初始状态电流源激发的磁矢势的推迟势为

$$\boldsymbol{A}(\boldsymbol{r},t)=\frac{\mu}{4\pi}\iiint_V\boldsymbol{J}\left(\boldsymbol{r}',t-\frac{|\boldsymbol{r}-\boldsymbol{r}'|}{v}\right)\frac{\mathrm{d}V'}{|\boldsymbol{r}-\boldsymbol{r}'|} \tag{5-2-11}$$

【例 5.2】 设 $f(x,y,z)$在无界空间有定义，并满足傅里叶变换条件，求其傅里叶变换关系。

解 通过先对变量 x 作变换，再对变量 y 作变换，最后对变量 z 作变换，获得 $f(x,y,z)$的傅里叶变换。

$$\begin{cases}f(x,y,z)=\dfrac{1}{\sqrt{2\pi}}\displaystyle\int_{-\infty}^{\infty}F_x(K_x,y,z)\mathrm{e}^{-\mathrm{j}K_xx}\mathrm{d}K_x\\ F_x(K_x,y,z)=\dfrac{1}{\sqrt{2\pi}}\displaystyle\int_{-\infty}^{\infty}F_{x,y}(K_x,K_y,z)\mathrm{e}^{-\mathrm{j}K_yy}\mathrm{d}K_y\\ F_{x,y}(K_x,K_y,z)=\dfrac{1}{\sqrt{2\pi}}\displaystyle\int_{-\infty}^{\infty}\widetilde{F}(K_x,K_y,K_z)\mathrm{e}^{-\mathrm{j}K_zz}\mathrm{d}K_z\\ \qquad\qquad=\dfrac{1}{\sqrt{2\pi}}\displaystyle\int_{-\infty}^{\infty}\widetilde{F}(K)\mathrm{e}^{-\mathrm{j}K_zz}\mathrm{d}K_z\end{cases} \tag{5-2-12}$$

将方程(5-2-12)中的第三式代入第二式，再代入第一式，最后得到

$$\begin{aligned}f(x,y,z)&=\left(\frac{1}{\sqrt{2\pi}}\right)^3\iiint_K\widetilde{F}(\boldsymbol{K})\mathrm{e}^{-\mathrm{j}(K_xx+K_yy+K_zz)}\mathrm{d}K_x\mathrm{d}K_y\mathrm{d}K_z\\&=\left(\frac{1}{\sqrt{2\pi}}\right)^3\iiint_K\widetilde{F}(\boldsymbol{K})\mathrm{e}^{-\mathrm{j}\boldsymbol{K}\cdot\boldsymbol{r}}\mathrm{d}\boldsymbol{K}\end{aligned} \tag{5-2-13a}$$

利用傅里叶变换对的相互关系，很容易得到

$$\begin{aligned}\widetilde{F}(\boldsymbol{K})&=\left(\frac{1}{\sqrt{2\pi}}\right)^3\iiint_Kf(x,y,z)\mathrm{e}^{\mathrm{j}(K_xx+K_yy+K_zz)}\mathrm{d}x\mathrm{d}y\mathrm{d}z\\&=\left(\frac{1}{\sqrt{2\pi}}\right)^3\iiint_Kf(\boldsymbol{r})\mathrm{e}^{\mathrm{j}\boldsymbol{K}\cdot\boldsymbol{r}}\mathrm{d}\boldsymbol{r}\end{aligned} \tag{5-2-13b}$$

5.2.3 推迟势的物理意义

下面以磁矢势为例讨论推迟势所表示的物理意义，重写表示式如下：

$$\boldsymbol{A}(\boldsymbol{r},t)=\frac{\mu}{4\pi}\iiint_V\frac{\boldsymbol{J}(\boldsymbol{r}',t')}{|\boldsymbol{r}-\boldsymbol{r}'|}\mathrm{d}V',\quad t'=t-|\boldsymbol{r}-\boldsymbol{r}'|\frac{1}{v} \tag{5-2-14}$$

式中：$\boldsymbol{r}$ 和 $\boldsymbol{r}'$分别表示观测(场)点和源点，$|\boldsymbol{r}-\boldsymbol{r}'|$为源点至观测点的距离；$t$ 和 t'分别表示观测时刻和电流源影响开启时刻。因此，$t-t'=\Delta t=\frac{|\boldsymbol{r}-\boldsymbol{r}'|}{v}$为源点影响传播至观察点的延迟时间，而 v 则是源的影响在空间传播的速度。

首先,式(5-2-14)的积分表明,空间 $\boldsymbol{r}$ 点 t 时刻的磁矢势 $\boldsymbol{A}(\boldsymbol{r},t)$ 是那些 $\boldsymbol{r}'$ 点 t' 时刻的电流源 $\boldsymbol{J}(\boldsymbol{r}',t')$ 之影响,经 $\Delta t=t-t'=|\boldsymbol{r}-\boldsymbol{r}'|v^{-1}$ 延时传播在 t 时刻到达 $\boldsymbol{r}$ 的叠加。而那些经 Δt 延时传播,源的影响尚未到达 $\boldsymbol{r}$ 点(见图 5-2 中第 3 源区带)和已超出 $\boldsymbol{r}$ 的电流源(见图 5-2 中第 1 源区带)均对 $\boldsymbol{r}$ 点 t 时刻的磁矢势 $\boldsymbol{A}(\boldsymbol{r},t)$ 无贡献。这从理论上证明了源之影响以有限速度在空间传播,空间 $\boldsymbol{r}'$ 点、t' 时刻电流源 $\boldsymbol{J}(\boldsymbol{r}',t')$ 之影响需经过 Δt 时间的推迟传播才能在 t 时刻达到观察点 $\boldsymbol{r}$,推迟势正因此而得名。此外,从推迟势还得到,源之影响以球面波形式向四周传播,其影响强度随传播距离 $|\boldsymbol{r}-\boldsymbol{r}'|$ 的增加而反比减小。

下面以图 5-2 为例,进一步说明源之影响推迟效应。图 5-2 中第 1 源区带中的电流源之影响经 Δt 延时传播后,超出了 $\boldsymbol{r}$ 点,对 t 时刻 $\boldsymbol{r}$ 点的势函数 $\boldsymbol{A}(\boldsymbol{r},t)$ 没有贡献;第 3 源区带中的电流源之影响经 Δt 延时传播后,尚未到达 $\boldsymbol{r}$ 点,对 t 时刻 $\boldsymbol{r}$ 点的势 $\boldsymbol{A}(\boldsymbol{r},t)$ 同样没有贡献。只有第 2 源区带中的电流源之影响经 Δt 延时传播后,正好到达 $\boldsymbol{r}$ 点。因此,该环带中的源对 t 时刻 $\boldsymbol{r}$ 点的势函数 $\boldsymbol{A}(\boldsymbol{r},t)$ 有贡献。

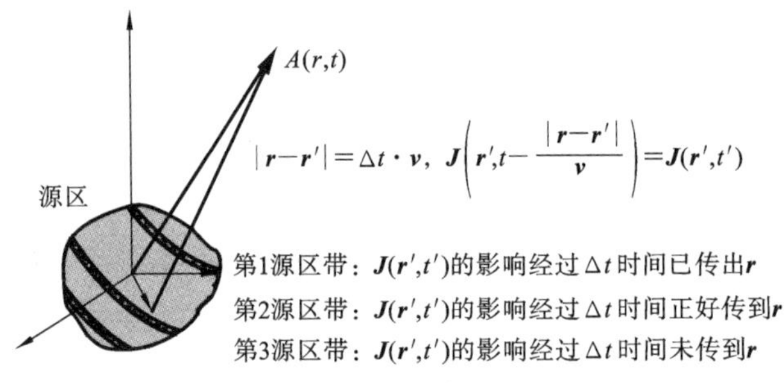

图 5-2　推迟势的物理意义

5.3　时变电磁场的能量

5.3.1　坡印廷定理

时变电磁场具有能量已被大量事实所证明。对于时变电磁场而言,场可以脱离电荷或电流而在空间存在,且随时间的变化在空间以波动形式传播,那么时变电磁场的能量又以何种形式存在于空间,它是否随电磁波的传播而在空间传播?为此首先来讨论时变电磁场能量的守恒与转化关系。

设想有一封闭的空间区域,如图 5-3 所示,其内存在时变的电荷、电流和电磁场,区域内电磁场能量密度记为 $w(\boldsymbol{r},t)$。由于时变电磁场的波动特点,封闭空间区域内部的电磁场有可能传播到外部,外部空间的电磁场也有可能传播到空间内部,闭合空间的内外有可能存在电磁场能量的交换。为描述空间电磁场能量交换,引入能量流密度矢量 $\boldsymbol{S}(\boldsymbol{r},t)$,其方向为能量流动的方向,其大小为单位时间内通过与能流方向垂直的单位面积的能量。根据能量守恒原理,封闭区域内能量的增加或减小,必然对应区域外部能量的流入和流出,以保证

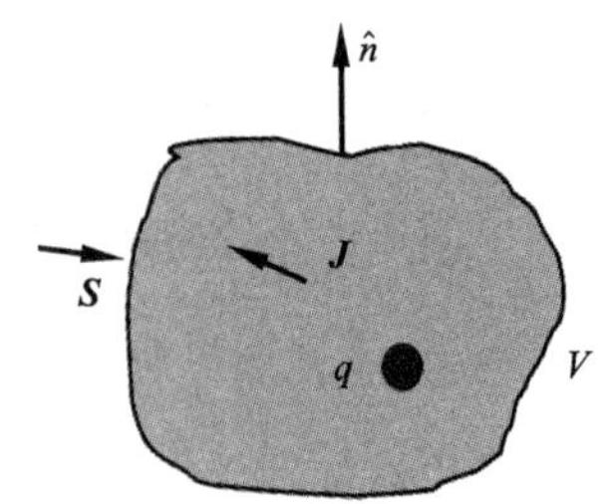

图 5-3　荷电系统与能量守恒

封闭介质空间内的能量守恒，从而得到该封闭荷电系统能量守恒的表示式为

$$-\oint_S \boldsymbol{S}(\boldsymbol{r},t)\cdot \mathrm{d}\boldsymbol{S}=\iiint_V \frac{\partial w(\boldsymbol{r},t)}{\partial t}\mathrm{d}V+\iiint_V \boldsymbol{f}(\boldsymbol{r},t)\cdot \boldsymbol{v}\mathrm{d}V \tag{5-3-1}$$

式中：$\boldsymbol{f}(\boldsymbol{r},t)$表示场对荷电系统作用力的密度；$\boldsymbol{v}$为荷电系统运动速度。式(5-3-1)的左边表示通过区域界面单位时间内进入区域内的能量；右边的第一项表示单位时间闭合区域内电磁场能量的增量；右边的第二项表示闭合区域内场对荷电系统单位时间所做的功。利用积分高斯定理，得到其相应的微分表示式为

$$-\nabla\cdot \boldsymbol{S}(\boldsymbol{r},t)=\frac{\partial}{\partial t}w(\boldsymbol{r},t)+\boldsymbol{f}\cdot\boldsymbol{v} \tag{5-3-2}$$

为了得到时变电磁场能量密度和能流密度矢量的表示式，应用电磁场与洛伦兹力公式，则

$$\boldsymbol{f}\cdot\boldsymbol{v}=(\rho\boldsymbol{E}+\rho\boldsymbol{v}\times\boldsymbol{B})\cdot\boldsymbol{v}=\boldsymbol{E}\cdot\boldsymbol{J}=\boldsymbol{E}\cdot\left(\nabla\times\boldsymbol{H}-\frac{\partial\boldsymbol{D}}{\partial t}\right) \tag{5-3-3}$$

另一方面，由矢量运算公式

$$\nabla\cdot(\boldsymbol{E}\times\boldsymbol{H})=\boldsymbol{H}\cdot(\nabla\times\boldsymbol{E})-\boldsymbol{E}\cdot(\nabla\times\boldsymbol{H})$$

式(5-3-3)又可表示为

$$\boldsymbol{f}\cdot\boldsymbol{v}=\boldsymbol{E}\cdot\left(\nabla\times\boldsymbol{H}-\frac{\partial\boldsymbol{D}}{\partial t}\right)=\boldsymbol{H}\cdot\frac{\partial\boldsymbol{B}}{\partial t}-\boldsymbol{E}\cdot\frac{\partial\boldsymbol{D}}{\partial t}-\nabla\cdot(\boldsymbol{E}\times\boldsymbol{H}) \tag{5-3-4}$$

交换等式左右项的次序并在闭合区域 V 上求体积分，得

$$-\oint_S(\boldsymbol{E}\times\boldsymbol{H})\cdot\mathrm{d}\boldsymbol{S}=\iiint_V\left[\boldsymbol{H}\cdot\frac{\partial\boldsymbol{B}}{\partial t}+\boldsymbol{E}\cdot\frac{\partial\boldsymbol{D}}{\partial t}\right]\mathrm{d}V+\iiint_V f\cdot\boldsymbol{v}\mathrm{d}V \tag{5-3-5}$$

这是一个表示闭合空间区域 V 内电磁场能量守恒和转化的关系式，称为坡印廷(J. H. Poynting，1852—1914 年，英国物理学家)定理。

坡印廷定理是从能量守恒出发，利用电磁场满足的方程及其与荷电系统相互作用力导出。因此，式(5-3-5)与(5-3-1)式应有相同的物理内涵和意义，即等式的左边表示单位时间内通过区域界面进入区域 V 的电磁场能量，面积分项中的被积函数即为能流密度矢量，其定义式为

$$\boldsymbol{S}(\boldsymbol{r},t)=\boldsymbol{E}(\boldsymbol{r},t)\times\boldsymbol{H}(\boldsymbol{r},t) \tag{5-3-6}$$

称为坡印廷矢量，是时变电磁场重要的物理量。等式右边第一项表示闭合区域内单位时间电磁场能量的改变量，即

$$\frac{\partial}{\partial t}w(\boldsymbol{r},t)=\boldsymbol{H}\cdot\frac{\partial\boldsymbol{B}}{\partial t}+\boldsymbol{E}\cdot\frac{\partial\boldsymbol{D}}{\partial t} \tag{5-3-7}$$

对于线性、均匀、各向同性介质，$\boldsymbol{D}=\varepsilon\boldsymbol{E}$，$\boldsymbol{B}=\mu\boldsymbol{H}$，应用式(5-3-7)求得时变电磁场的能量密度为

$$w(\boldsymbol{r},t)=\frac{1}{2}(\mu\boldsymbol{H}^2+\varepsilon\boldsymbol{E}^2) \tag{5-3-8}$$

5.3.2 时变电磁场能量的传播

坡印廷矢量给出了时变电磁场能量传播的物理图像，即能量按照电磁场的运动规律传播。在 5.1 节中，我们从物理模型和数学方程两个角度说明了时变电磁场运动的波动特征，因此，电磁场的能量通过波的方式传播。这对于广播电视、无线通信和雷达

等应用领域是不难理解的,因为广播、通信和雷达以电磁波的运动速度传送信号能量。但在恒定电流或低频交流电的情况下,能量往往通过电流、电压及负载阻抗等参数表现,表面上给人造成是通过电荷在导线内运动传输能量的假象。

为了说明在恒定电流或低频交流电的情况下能量仍然通过电磁场传输的实质,我们分析如图 5-4 所示的双导线电能传输系统。设导线长为 L,当开关闭合时,负载只需经过极短的时间($t=\frac{L}{c}$,其中 c 为光速)就能得到能量的供应。假如能量真是通过电荷在导线内传送,如电流密度为 $10^6\ \mathrm{A/m^2}$,常温下导体中的电荷运动速度约为 $10^{-5}\ \mathrm{m/s}$,电荷由电源端到负载端所需时间是场的传播时间(L/c)的亿万倍,显然与事实不相符。在整个回路中,电流值都是相同的,这说明电荷的动能并没有提供给负载。因此,能量不可能是通过电子运动来传输的。事实上,电源在导线中建立电荷和电流的分布,而导线中的电荷和电流分布必然在导线周围形成电磁场,使电磁能量通过导线周围的电磁场传输。导线的作用是在其周围建立电磁场,达到引导能量的传播。

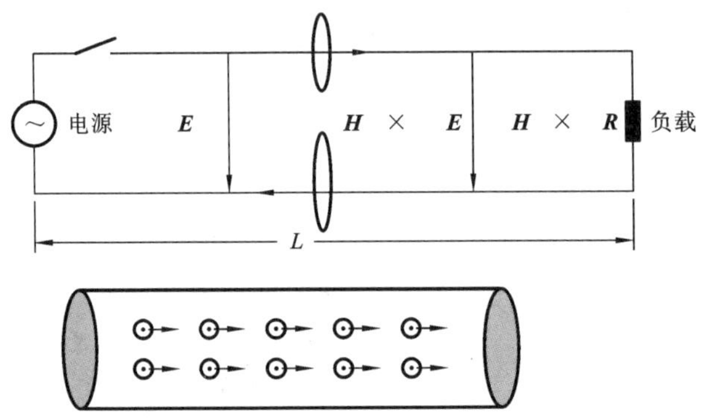

金属中电子的运动速度 $v\approx 6\times 10^{-5}$ m/s

图 5-4　双导线电磁能量传输系统

作为一种近似的结果,不考虑能量的损耗,把电力输电线的双导线等效为两个相距为 d、宽度为 a(非常大)的理想导体板,两导体板上维持低频电压 $U(t)$ 和大小相等、方向相反的电流,强度为 $I(t)$,如图 5-5 所示。两导体板间的电场强度和磁场强度近似为

$$\boldsymbol{E}(t)=-\frac{U(t)}{d}\hat{e}_y,\quad \boldsymbol{H}(t)=\frac{I(t)}{a}\hat{e}_x,\quad \boldsymbol{S}(t)=\boldsymbol{E}\times\boldsymbol{H}=\frac{U(t)I(t)}{ad}\hat{e}_z$$

沿导线传输的功率为

$$P(t)=\iint_S \boldsymbol{S}\cdot \mathrm{d}\boldsymbol{S}=\frac{UI}{ad}\int_0^a\int_0^d \mathrm{d}x\mathrm{d}y=U(t)I(t)$$

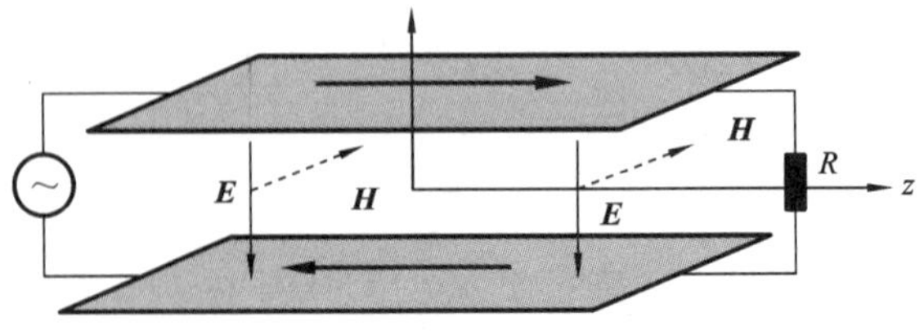

图 5-5　两导体板间的电磁场

这也正是电路理论中熟知的结果，但该结果不是从电路理论而是从电磁场理论得到的。需要指出的是，在计算导线传送的总功率时，积分只包括了导体板间的截面积，没有包含导体截面在内，这再一次说明电磁场能量不是沿导线传输的，而是通过电磁场传输的。

5.4 时变电磁场唯一性定理

5.4.1 时变电磁场唯一性定理

到目前为止，在麦克斯韦方程基础上，包括引入电标势、磁矢势，得到了电场、磁场或势函数满足的波动方程，以及在不同媒质的交界面上，电磁场满足边界条件约束。然而，作为一个时变物理系统，初始状态必将影响系统现在和未来的结果。因此，如何提出时变电磁场的定解问题，以及解的存在性和唯一性是必须考虑的问题。为此，首先讨论时变电磁场的唯一性问题。因为唯一性不仅指出了时变电磁场波动方程在什么条件下可解，且唯一；同时也是试验性求解的重要方法和验证解的正确性的途径。至于时变电磁场解的存在性问题，基于线性物理系统的因果关系，我们认为遵循物理实验定律及推论导出的方程的解是存在的。

考虑如图 5-6 所示的时变电磁场问题，区域 V 可以由多种不同媒质组成，其内可以有（电荷、电流）源分布，也可以无源分布。时变电磁场唯一性定理表述如下：闭合区域 V 内，若① $t=t_0$，电磁场 $\boldsymbol{E}(\boldsymbol{r},t_0)$、$\boldsymbol{H}(\boldsymbol{r},t_0)$ 已知，② $t\geqslant t_0$，在区域边界上电场或磁场切向分量已知，或一部分区域边界面的电场、剩余边界面的磁场切向分量已知，则在 $t>t_0$，区域 V 内存在唯一电磁场。

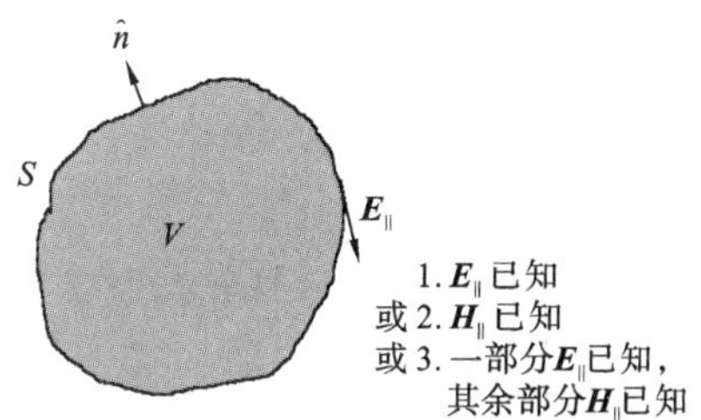

图 5-6 时变电磁场唯一性条件

需要说明的是，此处的区域 V 为有限空间区域。应用中，区域 V 还可能包括无界区域情形。对于无界区域中的电磁场问题，还需附加辐射条件才能确保唯一性定理成立。所谓辐射条件是指电磁波在无界空间中的辐射应满足一种有界性约束条件，这将在第 8 章予以讨论。

5.4.2 唯一性定理的证明

时变电磁场唯一性定理的证明与静态电磁场唯一性定理的证明相同，仍用反证方法。假设有两组解 $[\boldsymbol{E}_1(\boldsymbol{r},t),\boldsymbol{H}_1(\boldsymbol{r},t)]$ 和 $[\boldsymbol{E}_2(\boldsymbol{r},t),\boldsymbol{H}_2(\boldsymbol{r},t)]$ 在闭合区域 V 内满足条件①和②，但在 $t>t_0$ 后，两者在区域 V 内不相等。根据麦克斯韦方程组的线性叠加原理，两组解 $[\boldsymbol{E}_1(\boldsymbol{r},t),\boldsymbol{H}_1(\boldsymbol{r},t)]$ 与 $[\boldsymbol{E}_2(\boldsymbol{r},t),\boldsymbol{H}_2(\boldsymbol{r},t)]$ 之差

$$\begin{cases}\boldsymbol{E}(\boldsymbol{r},t)=\boldsymbol{E}_1(\boldsymbol{r},t)-\boldsymbol{E}_2(\boldsymbol{r},t)\\ \boldsymbol{H}(\boldsymbol{r},t)=\boldsymbol{H}_1(\boldsymbol{r},t)-\boldsymbol{H}_2(\boldsymbol{r},t)\end{cases}$$

仍是麦克斯韦方程组的解，且在区域 V 边界上的切向分量和在 $t=t_0$ 初始状态都为零。

为简单起见，假设区域内为线性均匀介质，对区域 V 应用坡印廷定理

$$-\oint\!\!\!\oint_S(\boldsymbol{E}\times\boldsymbol{H})\cdot\mathrm{d}\boldsymbol{S}=\frac{\mathrm{d}}{\mathrm{d}t}\iiint_V\frac{1}{2}[\mu\boldsymbol{H}^2+\varepsilon\boldsymbol{E}^2]\mathrm{d}V+\iiint_V\boldsymbol{f}\cdot\boldsymbol{v}\mathrm{d}V$$

其中,左边因在区域边界上电场$(\hat{n}\times\boldsymbol{E})|_S=\boldsymbol{0}$或磁场的切向分量$(\hat{n}\times\boldsymbol{H})|_S=\boldsymbol{0}$,或一部分边界电场切向分量$(\hat{n}\times\boldsymbol{E})|_{S_1}=\boldsymbol{0}$,其余边界磁场切向分量$(\hat{n}\times\boldsymbol{H})|_{S_2}=\boldsymbol{0}$,从而得到如下方程

$$
\begin{aligned}
\frac{\mathrm{d}}{\mathrm{d}t}\int_V \frac{1}{2}(\mu \boldsymbol{H}^2+\varepsilon \boldsymbol{E}^2)\mathrm{d}V &= -\int_V \boldsymbol{f}\cdot \boldsymbol{v}\mathrm{d}V = -\int_V \rho(\boldsymbol{E}+\boldsymbol{v}\times\boldsymbol{B})\cdot\boldsymbol{v}\mathrm{d}V \\
&= -\int_V \boldsymbol{J}\cdot\boldsymbol{E}\mathrm{d}V = -\int_V \sigma \boldsymbol{E}^2\mathrm{d}V
\end{aligned}
$$

等式右边积分结果为小于或等于零。如果记

$$
W(t)=\int_V \frac{1}{2}(\mu \boldsymbol{H}^2+\varepsilon \boldsymbol{E}^2)\mathrm{d}V
$$

则要求左边$\dfrac{\mathrm{d}}{\mathrm{d}t}W(t)\leqslant 0(t\geqslant t_0)$。由于在电磁场未建立之前$W(t)|_{t=t_0}=0$,这将导致区域内总的电磁场能量$W(t)|_{t>t_0}<0$,这显然违背客观规律。因此,只有$W(t)\equiv 0$。因而$\boldsymbol{E}(\boldsymbol{r},t)=\boldsymbol{H}(\boldsymbol{r},t)=\boldsymbol{0}$,故

$$
\boldsymbol{E}_1(\boldsymbol{r},t)=\boldsymbol{E}_2(\boldsymbol{r},t),\quad \boldsymbol{H}_1(\boldsymbol{r},t)=\boldsymbol{H}_2(\boldsymbol{r},t)
$$

从而证明了时变电磁场的唯一性定理。在证明过程中,假设区域内为线性均匀介质。这只是为了证明的方便,其结果并不影响唯一性定理对非均匀介质的成立,这里不再作证明。

5.5 时谐电磁场

5.5.1 时谐电磁场及其复相量表示

根据唯一性定理,只要给定区域内电磁场的初始状态、区域边界面上电(或磁)场的切向分量,利用电磁场的波动方程(5-1-3)或势函数波动方程(5-1-14),似乎就可以对时变电磁场问题进行求解。然而实际问题远没有那么简单。在下一节中,我们将通过一个实例分析时变电磁场问题求解面临的困难。这些困难包括现实中各种系统外部、历史和随机热运动的电磁辐射,使得时变电磁场的激励源、初始和边界条件均无法严格确定。媒质电磁特性可能是时、空变量的函数,电磁场的波动方程(5-1-3)或势函数波动方程(5-1-14)不再成立。

在讨论一般时变电磁场问题分析方法之前,首先讨论时谐电磁场,又称正弦电磁场。所谓时谐电磁场,即随时间以确定频率作正弦或余弦变化的电磁场。以电场为例,其一般表示式为

$$
\boldsymbol{E}(\boldsymbol{r},t)=\sum_{i=1}^{3}\hat{e}_i E_i(\boldsymbol{r})\cos[\omega t+\varphi_i(\boldsymbol{r})],\quad \boldsymbol{r}\in V,\quad -\infty<t<\infty \qquad (5\text{-}5\text{-}1)
$$

求和下标$i(=1,2,3)$分别与直角坐标轴x、y、z对应,$\omega=2\pi f$为角频率,f为电磁场随时间作简谐变化的频率,$\varphi_i(i=1,2,3)$为各分量电场强度的初相位。值得注意的是,时谐电磁场的模$|\boldsymbol{E}(\boldsymbol{r},t)|$并不一定随时间作时谐变化,只有当$\varphi_1=\varphi_2=\varphi_3$时,$|\boldsymbol{E}(\boldsymbol{r},t)|$才是时谐量。

时谐电磁场最显著的特点是自无穷远的过去到无穷远的未来均作简谐运动,没有初始状态。因此,时谐电磁场的运动状态完全确定,故又称其为定态电磁场。严格意义上的简谐电磁场在实际中并不存在,但可以视其为某些特殊情形下的理想状态。关于

时谐电磁场在实际中的存在性问题，我们可以从四个方面加以说明。首先，时谐运动是许多时变系统最简单、最基本的运动形态，并被大量时变系统的运动所证明；其次，根据麦克斯韦方程组的线性特点，可以预言当电荷或电流随时间作时谐变化时，它们所激发的电磁场随时间也呈现时谐变化特点；再次，尽管现实中确定频率的时谐电磁场并不存在，但它可以作为某些实际电磁波信号的逼近；最后，根据傅里叶变换理论，任意时变电磁场可以展开为不同频率成分的时谐电磁场的叠加。换言之，利用不同频率的时谐电磁场可以形成任意形式的时变电磁场。时谐电磁场不仅建立了理想与现实的联系，同时也为实际电磁场问题的研究开辟了一条途径，即通过研究实际电磁场中每一频率分量的时谐电磁场来实现对时变电磁场的研究。所以，时谐电磁场研究对于时变电磁场研究具有极其重要的作用。

在时变电磁场众多应用领域中，许多问题本身就非常接近时谐电磁场问题。如通信、雷达、导航、定位等电磁波应用中，其电磁信号的频率分布于某个中心频率的左右邻域，又称为窄带信号，其介质电磁特性、传播特性等与时谐电磁场相当。图 5-7 所示的是脉冲雷达目标探测的原理图，雷达信号是一系列脉冲串，在脉冲触发期间，雷达通过天线发射电磁波信号，被探目标遇到雷达发射的电磁波产生反射电磁波。在脉冲休止期间，雷达通过天线接收目标反射电磁波，从而实现目标探测。但对雷达发射的脉冲电磁波信号进行频谱分析（傅里叶变换），其频率是集中在某个中心频率 f_0 附近的一个很小的 Δf 范围内，$\Delta f \ll f_0$。由于频率范围小，介质特性参数随频率变化小，$\varepsilon(\omega)\approx\varepsilon(\omega_0)$，$\mu(\omega)\approx\mu(\omega_0)$，可将其视为时谐电磁场近似。

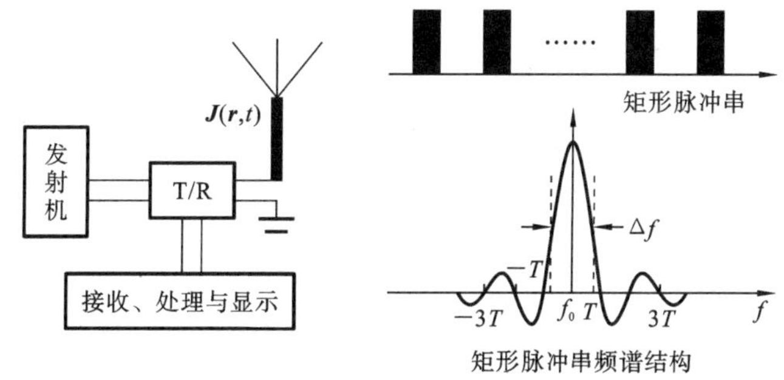

图 5-7 脉冲雷达目标探测原理图

利用相量来表示时谐电磁场可以极大简化时谐电磁场的表示和运算。比如在直角坐标系中，任意时谐矢量场

$$\boldsymbol{F}(\boldsymbol{r},t)=\sum_{i=1}^{3}\hat{e}_iF_i(\boldsymbol{r},t)=\sum_{i=1}^{3}\hat{e}_iF_i(\boldsymbol{r})\cos[\omega t+\varphi_i(\boldsymbol{r})] \tag{5-5-2a}$$

推广到复数域，则可以表示如下：

$$\boldsymbol{F}(\boldsymbol{r},t)=\sum_{i=1}^{3}\hat{e}_iF_i(\boldsymbol{r},t)=\sum_{i=1}^{3}\hat{e}_i\mathrm{Re}[F_i(\boldsymbol{r})\mathrm{e}^{\mathrm{j}\varphi_i(\boldsymbol{r})}\mathrm{e}^{\mathrm{j}\omega t}] \tag{5-5-2b}$$

其中，下标 $i(=1,2,3)$ 与 x、y、z 对应。引入复相量 $\dot{\boldsymbol{F}}(\boldsymbol{r})$，定义为

$$\dot{\boldsymbol{F}}(\boldsymbol{r})=\sum_{i=1}^{3}\hat{e}_i\,\dot{F}_i(\boldsymbol{r})=\sum_{i=1}^{3}\hat{e}_iF_i(\boldsymbol{r})\mathrm{e}^{\mathrm{j}\varphi_i(\boldsymbol{r})} \tag{5-5-3}$$

上述定义式表明，复相量 $\dot{\boldsymbol{F}}(\boldsymbol{r})$ 包含有矢量的方向、振幅、相位信息，并且与实具有相同的运算法则。应用复矢量相量概念，时谐电磁场可以表示为相应复相量的实部或虚部。

以电场为例,其表示式为

$$\boldsymbol{E}(\boldsymbol{r},t)=\mathrm{Re}[\dot{\boldsymbol{E}}(\boldsymbol{r})\mathrm{e}^{\mathrm{j}\omega t}]=\mathrm{Re}\{[\hat{e}_x\dot{E}_x(\boldsymbol{r})+\hat{e}_y\dot{E}_y(\boldsymbol{r})+\hat{e}_z\dot{E}_z(\boldsymbol{r})]\mathrm{e}^{\mathrm{j}\omega t}\} \quad (5\text{-}5\text{-}4\mathrm{a})$$

其中,$\dot{\boldsymbol{E}}(\boldsymbol{r})$为时谐电场的复矢量相量的简约表示,或时谐电磁场的复数形式,其各分量为

$$\begin{cases}\dot{E}_x(\boldsymbol{r})=E_x(\boldsymbol{r})\mathrm{e}^{\mathrm{j}\varphi_x}\\ \dot{E}_y(\boldsymbol{r})=E_y(\boldsymbol{r})\mathrm{e}^{\mathrm{j}\varphi_y}\\ \dot{E}_z(\boldsymbol{r})=E_z(\boldsymbol{r})\mathrm{e}^{\mathrm{j}\varphi_z}\end{cases} \quad (5\text{-}5\text{-}4\mathrm{b})$$

其他时谐电磁场量的复数形式简约表示以此类推。

5.5.2 时谐电磁场的麦克斯韦方程组

实验和理论都证明,对于时谐电磁场,线性、均匀、各向同性介质的极化强度、磁化强度和传导电流均是时谐量,即

$$\begin{cases}\boldsymbol{P}(\boldsymbol{r},t)=\mathrm{Re}\left[\varepsilon_0\chi_e\mathrm{e}^{\mathrm{j}\delta_e}\dot{\boldsymbol{E}}(\boldsymbol{r})\mathrm{e}^{\mathrm{j}\omega t}\right]=\mathrm{Re}[\dot{\boldsymbol{P}}(\boldsymbol{r})\mathrm{e}^{\mathrm{j}\omega t}]\\ \boldsymbol{M}(\boldsymbol{r},t)=\mathrm{Re}\left[\mu_0\chi_m\mathrm{e}^{\mathrm{j}\delta_m}\dot{\boldsymbol{H}}(\boldsymbol{r})\mathrm{e}^{\mathrm{j}\omega t}\right]=\mathrm{Re}[\dot{\boldsymbol{M}}(\boldsymbol{r})\mathrm{e}^{\mathrm{j}\omega t}]\\ \boldsymbol{J}(\boldsymbol{r},t)=\mathrm{Re}[\dot{\boldsymbol{J}}(\boldsymbol{r})\mathrm{e}^{\mathrm{j}\omega t}]=\mathrm{Re}[\sigma\dot{\boldsymbol{E}}(\boldsymbol{r})\mathrm{e}^{\mathrm{j}\omega t}]\end{cases} \quad (5\text{-}5\text{-}5)$$

其中,δ_e、δ_m 是 $\boldsymbol{P}(\boldsymbol{r},t)$与$\boldsymbol{E}(\boldsymbol{r},t)$、$\boldsymbol{M}(\boldsymbol{r},t)$与$\boldsymbol{H}(\boldsymbol{r},t)$之间的相位差,一般为频率的函数。因此,线性、均匀、各向同性介质的本构关系可以表示如下:

$$\begin{aligned}\mathrm{Re}[\dot{\boldsymbol{D}}(\boldsymbol{r})\mathrm{e}^{\mathrm{j}\omega t}]&=\mathrm{Re}[\varepsilon_0\dot{\boldsymbol{E}}(\boldsymbol{r})\mathrm{e}^{\mathrm{j}\omega t}]+\mathrm{Re}\left[\varepsilon_0\chi_e\mathrm{e}^{\mathrm{j}\delta_e}\dot{\boldsymbol{E}}(\boldsymbol{r})\mathrm{e}^{\mathrm{j}\omega t}\right]\\&=\mathrm{Re}\left[\varepsilon_0(1+\chi_e\mathrm{e}^{\mathrm{j}\delta_e})\dot{\boldsymbol{E}}(\boldsymbol{r})\mathrm{e}^{\mathrm{j}\omega t}\right]=\mathrm{Re}[\varepsilon(\omega)\dot{\boldsymbol{E}}(\boldsymbol{r})\mathrm{e}^{\mathrm{j}\omega t}]\\ \mathrm{Re}[\dot{\boldsymbol{B}}(\boldsymbol{r})\mathrm{e}^{\mathrm{j}\omega t}]&=\mathrm{Re}[\mu_0\dot{\boldsymbol{H}}(\boldsymbol{r})\mathrm{e}^{\mathrm{j}\omega t}]+\mathrm{Re}[\mu_0\chi_m\mathrm{e}^{\mathrm{j}\delta_m}\dot{\boldsymbol{H}}(\boldsymbol{r})\mathrm{e}^{\mathrm{j}\omega t}]\\&=\mathrm{Re}\left[\mu_0(1+\chi_m\mathrm{e}^{\mathrm{j}\delta_m})\dot{\boldsymbol{H}}(\boldsymbol{r})\mathrm{e}^{\mathrm{j}\omega t}\right]=\mathrm{Re}[\mu(\omega)\dot{\boldsymbol{H}}(\boldsymbol{r})\mathrm{e}^{\mathrm{j}\omega t}]\end{aligned}$$

利用简约标记,线性、均匀、各向同性介质的结构关系表述为

$$\begin{cases}\dot{\boldsymbol{D}}(\boldsymbol{r})=\varepsilon(\omega)\dot{\boldsymbol{E}}(\boldsymbol{r})\\ \dot{\boldsymbol{B}}(\boldsymbol{r})=\mu(\omega)\dot{\boldsymbol{H}}(\boldsymbol{r})\\ \dot{\boldsymbol{J}}(\boldsymbol{r})=\sigma(\omega)\dot{\boldsymbol{E}}(\boldsymbol{r})\end{cases} \quad (5\text{-}5\text{-}6)$$

对确定的频率,$\varepsilon(\omega)$、$\mu(\omega)$、$\sigma(\omega)$等同于常数。不同频率,$\varepsilon(\omega)$、$\mu(\omega)$、$\sigma(\omega)$有不同的取值,且可能为复数。

基于上述讨论,将时变电磁场的麦克斯韦方程组中的各物理量换为时谐物理量,并考虑到时谐量的如下运算关系

$$\begin{cases}\nabla\cdot\mathrm{Re}[\dot{\boldsymbol{F}}(\boldsymbol{r})\mathrm{e}^{\mathrm{j}\omega t}]=\mathrm{Re}[\nabla\cdot\dot{\boldsymbol{F}}(\boldsymbol{r})\mathrm{e}^{\mathrm{j}\omega t}]\\ \nabla\times\mathrm{Re}[\dot{\boldsymbol{F}}(\boldsymbol{r})\mathrm{e}^{\mathrm{j}\omega t}]=\mathrm{Re}[\nabla\times\dot{\boldsymbol{F}}(\boldsymbol{r})\mathrm{e}^{\mathrm{j}\omega t}]\\ \dfrac{\partial}{\partial t}\mathrm{Re}[\dot{\boldsymbol{F}}(\boldsymbol{r})\mathrm{e}^{\mathrm{j}\omega t}]=\mathrm{Re}[\mathrm{j}\omega\dot{\boldsymbol{F}}(\boldsymbol{r})\mathrm{e}^{\mathrm{j}\omega t}]\end{cases} \quad (5\text{-}5\text{-}7)$$

得到时谐电磁场麦克斯韦方程组的复数形式为

$$\begin{cases}\mathrm{Re}[\nabla\cdot\dot{\boldsymbol{D}}(\boldsymbol{r})\mathrm{e}^{\mathrm{j}\omega t}]=\mathrm{Re}[\dot{\rho}(\boldsymbol{r})\mathrm{e}^{\mathrm{j}\omega t}]\\ \mathrm{Re}[\nabla\cdot\dot{\boldsymbol{B}}(\boldsymbol{r})\mathrm{e}^{\mathrm{j}\omega t}]=0\\ \mathrm{Re}[\nabla\times\dot{\boldsymbol{E}}(\boldsymbol{r})\mathrm{e}^{\mathrm{j}\omega t}]=\mathrm{Re}[-\mathrm{j}\omega\mu(\omega)\dot{\boldsymbol{H}}(\boldsymbol{r})\mathrm{e}^{\mathrm{j}\omega t}]\\ \mathrm{Re}[\nabla\times\dot{\boldsymbol{H}}(\boldsymbol{r})\mathrm{e}^{\mathrm{j}\omega t}]=\mathrm{Re}[\dot{\boldsymbol{J}}(\boldsymbol{r})\mathrm{e}^{\mathrm{j}\omega t}+\mathrm{j}\omega\varepsilon(\omega)\dot{\boldsymbol{E}}(\boldsymbol{r})\mathrm{e}^{\mathrm{j}\omega t}]\end{cases} \quad (5\text{-}5\text{-}8\mathrm{a})$$

为书写和表示方便,约定时谐因子 $\mathrm{e}^{\mathrm{j}\omega t}$ 和表征复相量圆点“·”不写出(本书后续内容中

均按这一约定表示)，时谐电磁场麦克斯韦方程组的复数形式简写如下：

$$\begin{cases}\nabla\cdot\boldsymbol{D}(\boldsymbol{r})=\rho(\boldsymbol{r})\\\nabla\cdot\boldsymbol{B}(\boldsymbol{r})=0\\\nabla\times\boldsymbol{E}(\boldsymbol{r})=-\mathrm{j}\omega\mu(\omega)\boldsymbol{H}(\boldsymbol{r})\\\nabla\times\boldsymbol{H}(\boldsymbol{r})=\boldsymbol{J}(\boldsymbol{r})+\mathrm{j}\omega\varepsilon(\omega)\boldsymbol{E}(\boldsymbol{r})\end{cases}\tag{5-5-8b}$$

5.5.3 时谐电磁场能量密度和能流密度

由于时谐电场和磁场随时间作简谐变化，能量密度、能流密度矢量的瞬时值是时间的函数。但能量密度和能流密度矢量在一个周期 $T=\dfrac{2\pi}{\omega}$ 内的平均值是一个与时间无关的量。利用能流密度矢量的定义，得到时谐电磁场的平均能量密度和能流密度为

$$\begin{aligned}w_{\mathrm{av},e}(\boldsymbol{r})&=\frac{1}{T}\int_0^T\frac{1}{2}[\boldsymbol{E}(\boldsymbol{r},t)\cdot\boldsymbol{D}(\boldsymbol{r},t)]\mathrm{d}t\\&=\frac{1}{8T}\int_0^T[\dot{\boldsymbol{E}}(\boldsymbol{r})\mathrm{e}^{\mathrm{j}\omega t}+\dot{\boldsymbol{E}}^*(\boldsymbol{r})\mathrm{e}^{-\mathrm{j}\omega t}]\cdot[\dot{\boldsymbol{D}}(\boldsymbol{r})\mathrm{e}^{\mathrm{j}\omega t}+\dot{\boldsymbol{D}}^*(\boldsymbol{r})\mathrm{e}^{-\mathrm{j}\omega t}]\mathrm{d}t\\&=\frac{1}{4}\mathrm{Re}[\dot{\boldsymbol{E}}(\boldsymbol{r})\cdot\dot{\boldsymbol{D}}^*(\boldsymbol{r})]=\frac{1}{2}\mathrm{Re}\left[\frac{1}{2}\dot{\boldsymbol{E}}(\boldsymbol{r})\cdot\dot{\boldsymbol{D}}^*(\boldsymbol{r})\right]\end{aligned}\tag{5-5-9a}$$

$$\begin{aligned}w_{\mathrm{av},m}(\boldsymbol{r})&=\frac{1}{T}\int_0^T\frac{1}{2}[\boldsymbol{H}(\boldsymbol{r},t)\cdot\boldsymbol{B}(\boldsymbol{r},t)]\mathrm{d}t\\&=\frac{1}{8T}\int_0^T[\dot{\boldsymbol{H}}(\boldsymbol{r})\mathrm{e}^{\mathrm{j}\omega t}+\dot{\boldsymbol{H}}^*(\boldsymbol{r})\mathrm{e}^{-\mathrm{j}\omega t}]\cdot[\dot{\boldsymbol{B}}(\boldsymbol{r})\mathrm{e}^{\mathrm{j}\omega t}+\dot{\boldsymbol{B}}^*(\boldsymbol{r})\mathrm{e}^{-\mathrm{j}\omega t}]\mathrm{d}t\\&=\frac{1}{2}\mathrm{Re}\left[\frac{1}{2}\dot{\boldsymbol{H}}(\boldsymbol{r})\cdot\dot{\boldsymbol{B}}(\boldsymbol{r})^*\right]\end{aligned}\tag{5-5-9b}$$

$$\begin{aligned}S_{\mathrm{av}}(\boldsymbol{r})&=\frac{1}{T}\int_0^T\boldsymbol{E}(\boldsymbol{r},t)\times\boldsymbol{H}(\boldsymbol{r},t)\mathrm{d}t=\frac{1}{T}\int_0^T\mathrm{Re}[\dot{\boldsymbol{E}}(\boldsymbol{r})\mathrm{e}^{\mathrm{j}\omega t}]\times\mathrm{Re}[\dot{\boldsymbol{H}}(\boldsymbol{r})\mathrm{e}^{\mathrm{j}\omega t}]\mathrm{d}t\\&=\frac{1}{4T}\int_0^T[\dot{\boldsymbol{E}}(\boldsymbol{r})\mathrm{e}^{\mathrm{j}\omega t}+\dot{\boldsymbol{E}}^*(\boldsymbol{r})\mathrm{e}^{-\mathrm{j}\omega t}]\times[\dot{\boldsymbol{H}}(\boldsymbol{r})\mathrm{e}^{\mathrm{j}\omega t}+\dot{\boldsymbol{H}}^*(\boldsymbol{r})\mathrm{e}^{-\mathrm{j}\omega t}]\mathrm{d}t\\&=\frac{1}{2}\mathrm{Re}[\dot{\boldsymbol{E}}(\boldsymbol{r})\times\dot{\boldsymbol{H}}^*(\boldsymbol{r})]\end{aligned}\tag{5-5-9c}$$

其中，* 表示复数的共轭。为简便计，通常也去掉时谐电磁场情形下能流密度矢量的时间平均下标“av”和场量上的圆点，上式简写为

$$\begin{cases}w_e(\boldsymbol{r})=\dfrac{1}{2}\mathrm{Re}\left[\dfrac{1}{2}\boldsymbol{E}(\boldsymbol{r})\cdot\boldsymbol{D}^*(\boldsymbol{r})\right]\\w_m(\boldsymbol{r})=\dfrac{1}{2}\mathrm{Re}\left[\dfrac{1}{2}\boldsymbol{H}(\boldsymbol{r})\cdot\boldsymbol{B}^*(\boldsymbol{r})\right]\\\boldsymbol{S}(\boldsymbol{r})=\dfrac{1}{2}\mathrm{Re}[\boldsymbol{E}(\boldsymbol{r})\times\boldsymbol{H}^*(\boldsymbol{r})]\end{cases}\tag{5-5-10}$$

由于时谐电磁场的能流时间平均值表示式前有 $\dfrac{1}{2}$ 因子，且磁场上标有复数共轭，这一简写不会出现混淆。

【例 5.3】 已知无源空间电场强度复相量为 $\boldsymbol{E}(z)=\hat{e}_y\mathrm{j}E_0\exp(-\mathrm{j}kz)$，其中 E_0、k 为实常数，求(1) 磁场表示式；(2) 坡印廷矢量的瞬时值；(3) 坡印廷矢量的平均值。

解 (1) 无源空间中，电磁场满足方程 $\nabla\times\boldsymbol{E}(z)=-\mathrm{j}\omega\mu\boldsymbol{H}$，从而求得

$$\boldsymbol{H}(z)=\frac{-1}{\mathrm{j}\omega\mu}\nabla\times\boldsymbol{E}(z)=\sqrt{\frac{\varepsilon}{\mu}}\hat{e}_z\times\hat{e}_y\mathrm{j}E_0\exp(-\mathrm{j}kz)=\sqrt{\frac{\varepsilon}{\mu}}\hat{e}_z\times\boldsymbol{E}(z)$$

电场和磁场的瞬时值为

$$\boldsymbol{E}(z,t)=\mathrm{Re}[\boldsymbol{E}(z)\mathrm{e}^{\mathrm{j}\omega t}]=\hat{e}_yE_0\cos\left(\omega t-kz+\frac{\pi}{2}\right)$$

$$\boldsymbol{H}(z,t)=\mathrm{Re}[\boldsymbol{H}(z)\mathrm{e}^{\mathrm{j}\omega t}]=-\hat{e}_x\sqrt{\frac{\varepsilon}{\mu}}E_0\cos\left(\omega t-kz+\frac{\pi}{2}\right)$$

(2) 坡印廷矢量的瞬时值为

$$\boldsymbol{S}=\boldsymbol{E}(z,t)\times\boldsymbol{H}(z,t)=\hat{e}_z\sqrt{\frac{\varepsilon}{\mu}}E_0^2\cos^2\left(\omega t-kz+\frac{\pi}{2}\right)$$

(3) 坡印廷矢量平均值为

$$\boldsymbol{S}_{\mathrm{av}}=\frac{1}{T}\int_0^T\boldsymbol{E}(z,t)\times\boldsymbol{H}(z,t)\mathrm{d}t=\frac{\hat{e}_z}{2}\sqrt{\frac{\varepsilon}{\mu}}E_0^2$$

关于时谐电磁场的坡印廷定理,一种简单的方法是直接从时变电磁场坡印廷定理出发,将其中各电磁场量替换成时谐电磁场,并将$\frac{\partial}{\partial t}\rightarrow\mathrm{j}\omega$,即可得到时谐电磁场的坡印廷定理。另一种方法是直接求谐变电磁场的坡印廷矢量的散度,得到

$$\nabla\cdot(\boldsymbol{E}\times\boldsymbol{H}^*)=\boldsymbol{H}^*\cdot(\nabla\times\boldsymbol{E})-\boldsymbol{E}\cdot(\nabla\times\boldsymbol{H}^*)$$

并利用谐变电磁场的麦克斯韦方程组

$$\nabla\times\boldsymbol{E}=-\mathrm{j}\omega\mu(\omega)\boldsymbol{H},\quad \nabla\times\boldsymbol{H}^*=\sigma\boldsymbol{E}^*-\mathrm{j}\omega\varepsilon(\omega)\boldsymbol{E}^*$$

得到时谐电磁场的坡印廷定理的微分式

$$-\nabla\cdot(\boldsymbol{E}\times\boldsymbol{H}^*)=\mathrm{j}\omega\mu(\omega)\boldsymbol{H}^*\cdot\boldsymbol{H}-\mathrm{j}\omega\varepsilon(\omega)\boldsymbol{E}\cdot\boldsymbol{E}^*+\sigma\boldsymbol{E}\cdot\boldsymbol{E}^* \tag{5-5-11a}$$

将上式在闭合区域 V 求体积分,即得坡印廷定理的积分式

$$-\oint\!\!\!\oint_S(\boldsymbol{E}\times\boldsymbol{H}^*)\cdot\mathrm{d}\boldsymbol{S}=\mathrm{j}\omega\iiint_V[\mu(\omega)\boldsymbol{H}^*\cdot\boldsymbol{H}-\varepsilon(\omega)\boldsymbol{E}\cdot\boldsymbol{E}^*]\mathrm{d}V+\iiint_V\sigma\boldsymbol{E}\cdot\boldsymbol{E}^*\mathrm{d}V \tag{5-5-11b}$$

式(5-5-11b)左边为穿过闭合曲面 S 进入区域 V 的复功率,实部为有功功率,虚部为无功功率。等式右边有相同的物理意义,其实部的有功功率部分为区域内介质的损耗(包括极化损耗、磁化损耗、传导损耗)。将式(5-5-11)在一个周期内求平均值,即得到以时间平均值表示的时谐电磁场的坡印廷定理。读者自己导出其表示式。

5.5.4 亥姆霍兹方程与边界条件

对于时谐电磁场,大多数介质的特性参数 $\varepsilon(\omega)$、$\mu(\omega)$、σ 为常数,与均匀非色散介质中的电磁场波动方程所要求的条件(ε、μ、σ 为常数)一致。时谐电磁场(包括势函数)的波动方程可以直接从麦克斯韦方程组得到,或直接用时谐量替换式(5-1-3)和式(5-1-14)中的时变量即可获得。

鉴于时谐电磁场随时间变化可以完全确定,利用时谐场的复数表示,以及$\frac{\partial}{\partial t}\rightarrow\mathrm{j}\omega$,电磁场和势函数的波动方程转化为电磁场相量的亥姆霍兹方程

$$\begin{cases}\nabla^2\boldsymbol{E}(\boldsymbol{r})+k^2(\omega)\boldsymbol{E}(\boldsymbol{r})=\mathrm{j}\mu(\omega)\omega\boldsymbol{J}(\boldsymbol{r})+\nabla\left(\dfrac{\rho}{\varepsilon(\omega)}\right)\\ \nabla^2\boldsymbol{H}(\boldsymbol{r})+k^2(\omega)\boldsymbol{H}(\boldsymbol{r})=-\nabla\times\boldsymbol{J}(\boldsymbol{r})\end{cases} \tag{5-5-12a}$$

和势函数相量的亥姆霍兹方程

$$\begin{cases}\nabla^2 \boldsymbol{A}(\boldsymbol{r})+k^2(\omega)\boldsymbol{A}(\boldsymbol{r})=-\mu(\omega)\boldsymbol{J}(\boldsymbol{r})\\ \nabla^2 \phi(\boldsymbol{r})+k^2(\omega)\phi(\boldsymbol{r})=-\dfrac{1}{\varepsilon(\omega)}\rho(\boldsymbol{r})\end{cases} \tag{5-5-12b}$$

相应地，洛伦兹规范条件为

$$\nabla\cdot\boldsymbol{A}(\boldsymbol{r})+\mathrm{j}\varepsilon(\omega)\mu(\omega)\omega\phi(\boldsymbol{r})=0 \tag{5-5-13}$$

势函数与电磁场变换关系如下：

$$\begin{cases}\boldsymbol{E}(\boldsymbol{r})=-\nabla\phi(\boldsymbol{r})-\mathrm{j}\omega\boldsymbol{A}(\boldsymbol{r})\\ \boldsymbol{B}(\boldsymbol{r})=\nabla\times\boldsymbol{A}(\boldsymbol{r})\end{cases} \tag{5-5-14}$$

上述方程中的 k 为波数，它与频率 f、波速 v 或波长 λ 有如下关系：

$$\begin{cases}k=\omega\sqrt{\varepsilon(\omega)\mu(\omega)}=\dfrac{2\pi f}{v}=\dfrac{2\pi}{\lambda}\\ v=\dfrac{1}{\sqrt{\varepsilon(\omega)\mu(\omega)}}=\lambda f\end{cases} \tag{5-5-15}$$

由于介质特性参数 $\varepsilon(\omega)$、$\mu(\omega)$ 可能随频率变化而变化，不同频率的时谐电磁场在介质中波长 λ 也不相同，波的传播速度 v 也不相同。关于色散介质不同频率的电磁波的传播特性，第 6 章还将做进一步的讨论。

关于时谐电磁场的边界条件可以直接从第 2 章时变电磁场的边界条件获得，其形式仍然与方程(2-7-5)相同，重写如下：

$$\begin{cases}\hat{n}\cdot(\boldsymbol{D}_2-\boldsymbol{D}_1)|_S=\rho_S\\ \hat{n}\cdot(\boldsymbol{B}_2-\boldsymbol{B}_1)|_S=0\\ \hat{n}\times(\boldsymbol{E}_2-\boldsymbol{E}_1)|_S=\boldsymbol{0}\\ \hat{n}\times(\boldsymbol{H}_2-\boldsymbol{H}_1)|_S=\boldsymbol{J}_s\end{cases} \tag{5-5-16}$$

但必须注意的是，尽管时谐电磁场边界条件方程(5-5-16)与时变电磁场边界条件方程(2-7-5)形式上相同，但所表示的物理意义则不同，前者各个物理量为时谐电磁场振幅相量的简写，仅为空间坐标的函数；而后者则是空间和时间的函数。

5.5.5 时谐电磁场的唯一性定理

时谐电磁场随时间作简谐变化，随时间变化明确已知，无需初始条件。因此，时谐电磁场的定解问题由(电磁场或势函数)亥姆霍兹方程与相应的边界条件构成。其唯一性定理表述如下：给定有耗介质空间区域边界电场或磁场切向分量，或部分边界电场、其余边界磁场切向分量，区域内时谐电磁场有唯一解。

关于时谐电磁场唯一性定理的证明，可以仿照静态电磁场或时变电磁场唯一性定理证明方法来证明。需要说明的是，时谐电磁场唯一性定理的证明在无耗介质中不能成立。但请注意，这并不等于说时谐电磁场唯一性定理对于无耗介质不成立。对于无耗介质空间要证明其唯一性，将无耗介质空间的场视为有耗介质空间的场在耗散趋于零的极限即得。读者自己完成其证明。

亥姆霍兹方程(5-5-12)在相应边界条件下的求解问题，在“数学物理方法”课程中进行了讨论，静态电磁场的主要求解方法均可以直接应用。我们将分别在第 6 章、第 7 章和第 8 章中结合电磁场与电磁波的应用予以讨论。

5.6 时变电磁场的基本构成

5.5.1 时变电磁场面临的问题

唯一性定理的证明告诉我们,时变电磁场的定解问题由(电磁场或势函数)波动方程、边界条件和初始条件构成。由于波动方程和边界条件已经通过麦克斯韦方程组获得,似乎只要给出初始条件,时变电磁场问题即可求解。然而,问题并非如此,就实际应用而言,还没有办法给出实际的时变电磁场的确定性定解问题。下面以卫星广播电视为例分析时变电磁场面临的困难。

如图 5-8 所示的卫星电视广播技术系统,地面站将广播电视信号发往卫星,经卫星放大并转发至其他地区,实现广播电视的大面积同步播送。按照唯一性定理,只有知道该系统所在区域的初始电磁场状态、边界电磁场切向分量状态、区域内介质电磁特性状态和区域内部电荷与电流源分布状态,即可求出该问题的解。然而,稍作分析,我们发现该系统的初始状态、边界状态、介质电磁特性状态和激励源分布状态均是无法准确知晓的。

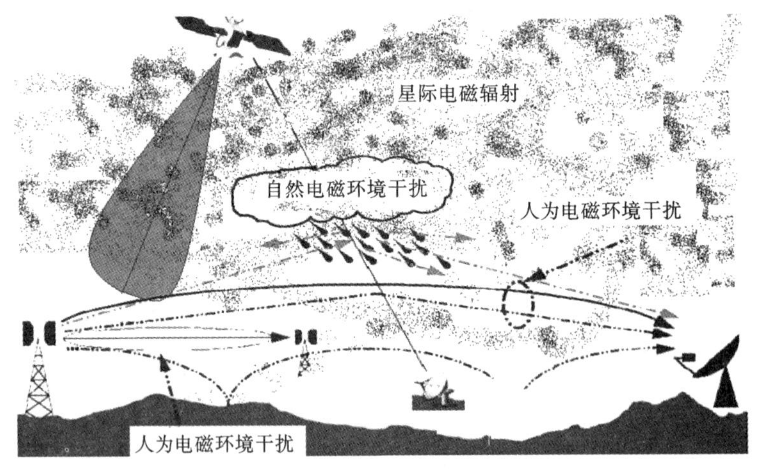

图 5-8 卫星电视链路中的电磁环境

问题 1 初始状态无法确知。假设卫星广播电视在某个时刻开始工作,其初始状态应为该时刻地球表面到卫星所在空间区域内电磁场状态。然而在这个广袤空间区域中除了卫星广播电视系统的可描述的初始状态外,还包括宇宙初始的电磁状态、太阳等星际的电磁随机辐射、雷电辐射、人类各种电磁活动(如广播、电视、移动通信、导航、遥感等)的随机电磁环境状态等,这是一个根本无法确定的电磁环境状态。因此,实际应用中时变电磁场的初始状态一般不能准确得到或根本无法得到。

问题 2 边界状态无法确定。为简单起见,仅将地球表面作为卫星广播电视系统的边界。其边界电磁场来自于两个方面:其一是地面站上传和卫星转发广播电视信号载波电(或磁)场在地表的切向分量,为可描述的确定边界状态;其二是到达地球表面的各种随机的电磁辐射,如宇宙星际的电磁随机辐射、雷电辐射、人类活动的各种电磁辐射、电离层闪烁辐射等,为不可确定描述的随机状态。

问题 3 介质电磁特性参数既可能随坐标而变,也可能随时间而变。如卫星广播电视系统所在空间充满了大气,其密度随距离地面高度的增加而降低。在太阳紫外线作用下，大气被电离形成电离层。电离的电子密度随经纬度、高度、时间等而变，即电磁特性参数随空间坐标不同而变，也随时而变。此时线性各向同性、均匀介质的结构关系不再成立。因此，电场、磁场、电标势或磁矢势不再是满足方程(5-1-2)、方程(5-1-3)、方程(5-1-4)和方程(5-1-14)，必须重新建立。

问题4 产生电磁波的源不能准确描述。以卫星地面站天线为例，发射机将调制后的高频信号送入地面站天线，出现随时间而变的高频电流或电荷，此即产生传送广播电视信号的电磁波的激励源。与此同时，发射机-连接线-天线也将电子热运动、外部电磁干扰引起天线中电子随机运动送入天线体，形成随机的电磁辐射源。因此，严格意义上讲，电磁波的激励源也不能准确描述。

5.6.2 时变电磁场的基本构成

前面介绍了时变电磁场问题求解面临的困难，即初始状态、边界状态、区域激励源不易准确得到或根本无法得到，以及空间介质的电磁特性可能与电磁场时间变化有关。为了解决这些困难或问题，首先来分析时变电磁场解的基本构成。

按照因果关系和线性系统的叠加原理，任何一个线性系统的响应(结果或解)是所有激励(原因或源)作用结果的叠加。时变电磁场满足麦克斯韦方程组，而麦克斯韦方程组是一组线性偏微分方程，由麦克斯韦方程组描述的电磁场系统是线性系统。因此，时变电磁场的结果(解)可以分解为各种不同原因或激励作用结果的叠加。基于这一考虑，时变电磁场可以分解为确定性解和随机性解两部分。其中确定性解为确定性方程、确定性初始条件和边界条件构成的确定性问题的解；随机性解为随机源、随机初始条件和边界条件激发的随机电磁场，在电磁系统中通常表现为电磁信号的噪声，即

$$\begin{bmatrix}\boldsymbol{E}(\boldsymbol{r},t)\\ \boldsymbol{H}(\boldsymbol{r},t)\end{bmatrix}=\begin{bmatrix}\boldsymbol{E}_{确定}(\boldsymbol{r},t)\\ \boldsymbol{H}_{确定}(\boldsymbol{r},t)\end{bmatrix}+\begin{bmatrix}\boldsymbol{E}_{随机}(\boldsymbol{r},t)\\ \boldsymbol{H}_{随机}(\boldsymbol{r},t)\end{bmatrix} \tag{5-6-1}$$

其中，$\boldsymbol{E}_{确定}(\boldsymbol{r},t)$、$\boldsymbol{H}_{确定}(\boldsymbol{r},t)$为电磁波方程(5-1-3)在确定性激励源与约束条件下的确定解，$\boldsymbol{E}_{随机}(\boldsymbol{r},t)$、$\boldsymbol{H}_{随机}(\boldsymbol{r},t)$为不确定性的随机源(如电子热运动形成的随机电流)、随机初始状态和边界条件产生的随机电磁场。

在人类电磁场和电磁波的科学与工程实践活动中，$\boldsymbol{E}_{确定}(\boldsymbol{r},t)$、$\boldsymbol{H}_{确定}(\boldsymbol{r},t)$是我们渴望得到或需要求解的问题，而$\boldsymbol{E}_{随机}(\boldsymbol{r},t)$、$\boldsymbol{H}_{随机}(\boldsymbol{r},t)$相对于确定性电磁场或电磁波信号无疑是一种干扰，通常称为电磁噪声。电磁噪声与确定性电磁信号永远相伴，互为矛盾体。由于$\boldsymbol{E}_{随机}(\boldsymbol{r},t)$、$\boldsymbol{H}_{随机}(\boldsymbol{r},t)$具有随机性，一般不可通过确定性方法获得，而是通过实验观测和统计方法进行研究。关于电磁干扰或噪声的讨论已超出本书范围，有许多相关的教材或著作，这里不再讨论。

为了书写的方便，在后续内容的讨论中，我们不再区分$\boldsymbol{E}(\boldsymbol{r},t)$、$\boldsymbol{H}(\boldsymbol{r},t)$和$\boldsymbol{E}_{确定}(\boldsymbol{r},t)$、$\boldsymbol{H}_{确定}(\boldsymbol{r},t)$。本课程主要讨论确定性电磁场问题，忽略下标不会引起误会，如没有特别说明，$\boldsymbol{E}(\boldsymbol{r},t)$、$\boldsymbol{H}(\boldsymbol{r},t)$就表示确定性电磁场问题的解，所讨论的问题也局限于确定性时变电磁场。

5.6.3 确定性时变电磁场的时谐展开

现在我们来讨论确定性电磁场的求解问题。由于介质电磁特性参数可能是空间和时间的函数，方程(5-1-3)或方程(5-1-14)不能直接用于时变电磁场问题的求解。这里

首先讨论介质电磁特性可能是空间坐标函数的问题。最简单的办法是依据介质空间均匀特性分区，将不均匀介质空间分解为若干均匀介质子空间 V_i 的组合，如图 5-9 所示。在每个子介质空间中，介质电磁特性参数不再是空间坐标的函数，而是均匀分布。介质子空间区域之间通过电磁场的衔接条件相联系。由于现实中许多物质空间的确表现出分区域均匀特点，如在大气科学中将地球外部空间分成若干层状结构，这一方法在实际工程中获得广泛应用。

时变电磁场求解的另一问题是介质电磁特性可能是时间函数，称此类介质为色散介质。从上一节关于时谐电磁场问题的讨论，可以得到一个重要的启示，即电磁特性参数随时间而变的介质对于时谐电磁场可视为常量，时变电磁场面临的问题 3 对于时谐电磁场不再出现，且时谐电磁场求解不需要初始条件。这启发我们重新考虑时变电磁场问题的求解，即将时变电磁场信号分解成若干时谐电磁场信号的组合叠加，然后通过求解每一个时谐电磁场达到对时变电磁场的分析与求解。而支撑这一分解的理论基础是傅里叶变换理论。

综上所述，关于时变电磁场的求解问题归纳如下，即对空间非均匀时变介质通过空间分区、时间分频，将非均匀时变介质时变电磁场转化为均匀非时变介质时谐电磁场求解，如图 5-10 所示。按照傅里叶变换的观点，任何时变电磁场信号都可以表示为不同频率、不同振幅和不同初始相位的时谐电磁场信号的叠加。而时谐电磁场问题的求解已归纳为相应边界条件下亥姆霍兹方程的求解。因此，我们可以不必直接求解时变电磁场问题，而是首先求解单一频率的时谐电磁场问题，然后通过傅里叶逆变换获得一般时变电磁场问题的解，从而避免时变电磁场的初始条件和介质特性参数随频率而变得复杂。

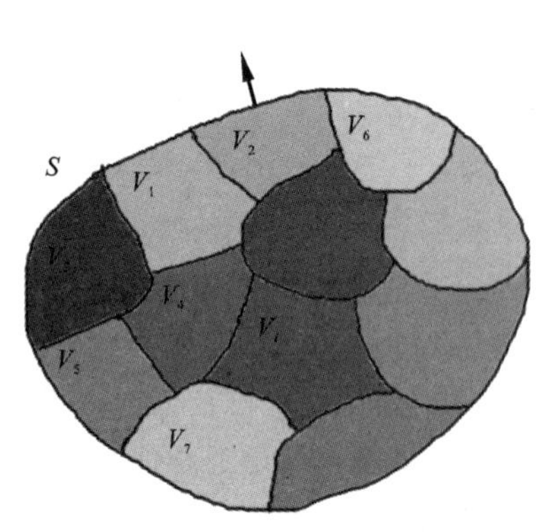

图 5-9　不均匀介质空间分解为若干均匀介质子空间组合

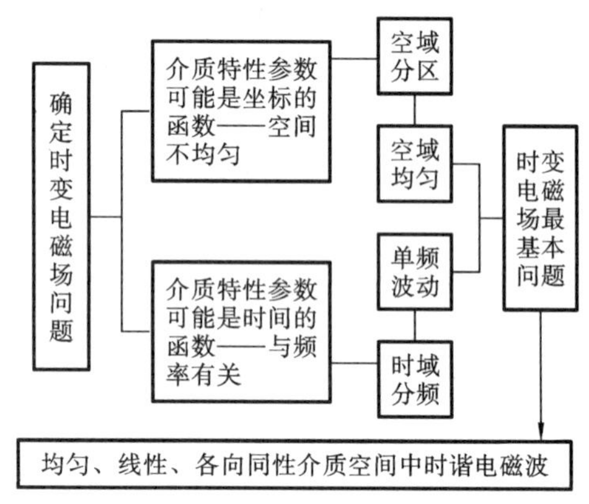

图 5-10　时变电磁场求解方法

基于上述考虑，分别对电磁场 $\boldsymbol{E}(\boldsymbol{r},t)$、$\boldsymbol{H}(\boldsymbol{r},t)$ 和源 $\rho(\boldsymbol{r},t)$、$\boldsymbol{J}(\boldsymbol{r},t)$ 进行傅里叶变换，代入麦克斯韦方程微分表示式(2-6-5a)，得

$$\begin{cases}\nabla\cdot\boldsymbol{D}(\boldsymbol{r},\omega)=\rho(\boldsymbol{r},\omega)\\ \nabla\cdot\boldsymbol{B}(\boldsymbol{r},\omega)=0\\ \nabla\times\boldsymbol{E}(\boldsymbol{r},\omega)=-\mathrm{j}\omega\boldsymbol{B}(\boldsymbol{r},\omega)\\ \nabla\times\boldsymbol{H}(\boldsymbol{r},\omega)=\boldsymbol{J}(\boldsymbol{r},\omega)+\mathrm{j}\omega\boldsymbol{D}(\boldsymbol{r},\omega)\end{cases}\tag{5-6-2}$$

其中，$\boldsymbol{E}(\boldsymbol{r},\omega)$、$\boldsymbol{D}(\boldsymbol{r},\omega)$、$\boldsymbol{H}(\boldsymbol{r},\omega)$、$\boldsymbol{B}(\boldsymbol{r},\omega)$、$\rho(\boldsymbol{r},\omega)$、$\boldsymbol{J}(\boldsymbol{r},\omega)$ 为各物理量的谱密度函数。上式正好与时谐电磁场麦克斯韦方程(5-5-8b)相同。这是预料之中的事情，因为对于

确定的频率 ω 而言，时变电磁场各相关物理量的谱密度函数正好是简谐电磁场各个相关物理量。同样对边界条件式(2-7-5)进行变换，得到的也正好是时谐电磁场边界条件式(5-5-16)。利用时谐电磁场中线性、均匀、各向同性介质的本构方程

$$\begin{cases}\boldsymbol{D}(\boldsymbol{r},\omega)=\varepsilon(\omega)\boldsymbol{E}(\boldsymbol{r},\omega)\\ \boldsymbol{B}(\boldsymbol{r},\omega)=\mu(\omega)\boldsymbol{H}(\boldsymbol{r},\omega)\end{cases}\tag{5-6-3}$$

就可以对确定边界条件下的麦克斯韦方程组(5-6-2)求解。确定边界条件下的麦克斯韦方程组方程(5-6-2)，既可以通过电磁场量满足的亥姆霍兹方程(5-5-12a)求解，也可以转化为势函数的亥姆霍兹方程(5-5-12b)求解。只要求出简谐电磁场，并确知时变电磁场的频谱分布，利用傅里叶变换

$$\begin{cases}\boldsymbol{E}(\boldsymbol{r},t)=\dfrac{1}{\sqrt{2\pi}}\displaystyle\int_{-\infty}^{\infty}\boldsymbol{E}(\boldsymbol{r},\omega)e^{j\omega t}d\omega\\ \boldsymbol{H}(\boldsymbol{r},t)=\dfrac{1}{\sqrt{2\pi}}\displaystyle\int_{-\infty}^{\infty}\boldsymbol{H}(\boldsymbol{r},\omega)e^{j\omega t}d\omega\end{cases}\tag{5-6-4}$$

即可获得一般时变电磁场问题的解。值得注意的是，时变电磁场的频谱函数一般在有限频率区域定义，因此积分的上下限一般为某个中心频率 ω_0 的相邻区域，即

$$\boldsymbol{E}(\boldsymbol{r},\omega)=\begin{cases}=0\ ,\omega\notin\left(\omega_0-\dfrac{1}{2}\delta\omega,\omega_0+\dfrac{1}{2}\delta\omega\right)\\ \neq0\ ,\omega\in\left(\omega_0-\dfrac{1}{2}\delta\omega,\omega_0+\dfrac{1}{2}\delta\omega\right)\end{cases}\tag{5-6-5}$$

磁场频谱函数也有相同的结果，这里不再赘述。

关于谐变电磁场问题的求解以及解的基本特性，我们将在后续内容中分别介绍。同时约定，如没有特别说明，所有讨论均以时谐电磁场为讨论对象，为了书写方便，略去各个物理量中的简谐频率 ω。

5.7 电磁波的频谱

5.7.1 电磁波的频谱结构

时变电磁场的时频分析不仅简化了复杂时变电磁场问题的求解，更重要的是它揭示了一个重要的事实，即任意时变电磁场均由不同频率的简谐电磁场叠加构成。换句话说，所有频率的时谐电磁场构成了时变电磁场的完备系。所有被允许的简谐电磁波按照频率或波长大小顺序排列，构成了电磁波的频谱。

自从赫兹应用电磁振荡方法产生电磁波以来，大量的实验证明了光是一类频率很高的电磁波，随后在 1895 年伦琴(Wilhelm Conrad Röntgen，1845—1923 年，德国物理学家)发现了 X 射线，电磁波的频谱进一步得到拓展。实验证明，无线电波、红外线、可见光、紫外线、X 射线、γ 射线都是电磁波，且它们在真空中的传播速度为常数 $c\approx 300000\ \mathrm{km/s}$。因此，按照速度、频率、波长之间的关系

$$\lambda f=c\tag{5-7-1}$$

不同频率的电磁波在真空中的波长也不同，频率越低，波长越长；频率越高，波长越短。按照电磁波频率或波长的大小顺序排列，就得到电磁波的频谱结构，如图 5-11(a)所示。毫无疑问，频谱是自然界最为有限的自然资源。科学合理、高效有序地开发利用电

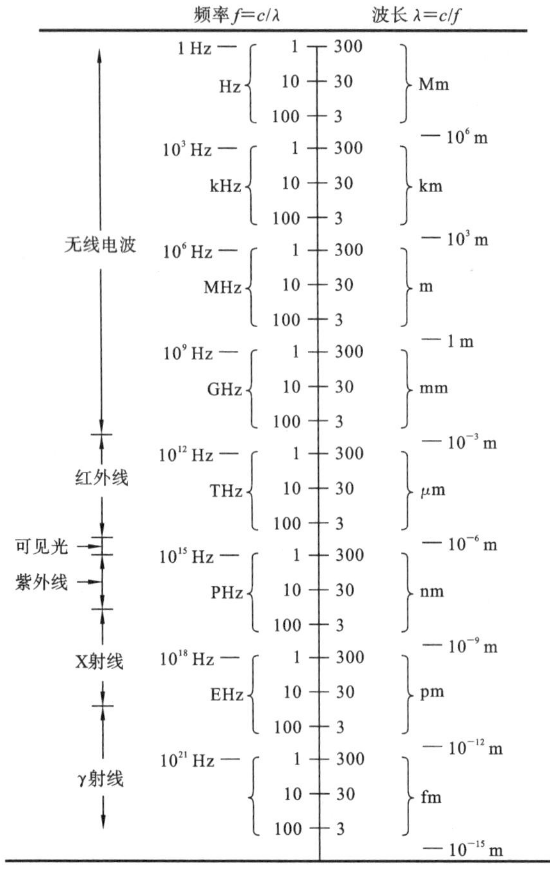

(a) 电磁波频谱

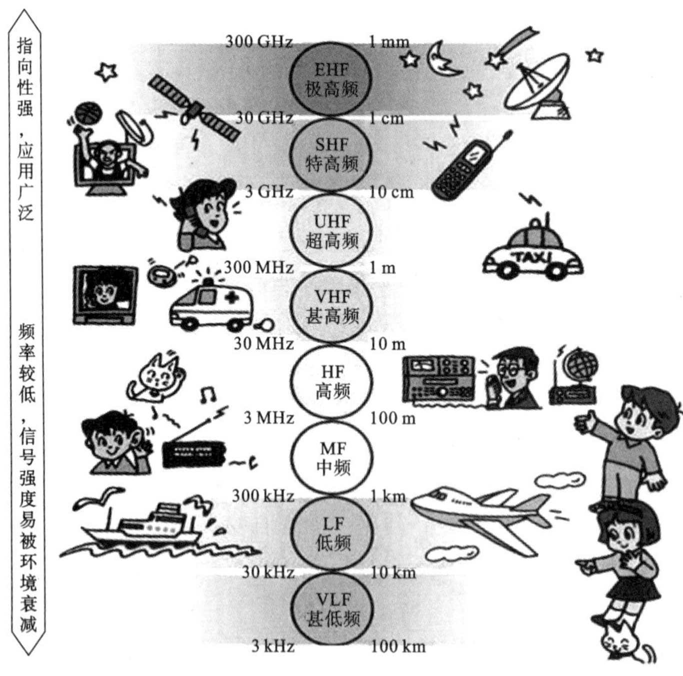

(b) 无线电波主要用途示意

图 5-11 电磁波频谱及无线电波主要用途

磁波频谱资源是人类共同面临的课题。

从某个意义上讲，近现代科学技术的进步史也是电磁波频谱的发掘和应用的历史。一方面，新频谱电磁波的产生源于人类对物质世界组成与运动形态的深刻认识和调控技术水平，如X射线、激光的产生等；另一方面，新频段电磁波的应用（如应用于通信、雷达、测控等）同样深刻依赖于人类对于该频段电磁波与物质世界的相互作用机理的理解，以及人类对该频段电磁波信号获取、调制、发射、传播、接收、处理、存储的技术能力。从赫兹实验开启的短波段应用，到第二次世界大战以来微波、毫米波段广泛开发和利用，再到20世纪中叶以来（激）光波段的开发，均从一个侧面说明了新频段的开发对人类科学技术进步的重要作用。对于3～300 GHz的无线电波频段，是当今电子与信息技术应用极其广泛的频段，通常又进一步划分为如下一些频段，这些频段包括：

极低频（extremely low frequency，ELF）：3～30 Hz；

特低频（super low frequency，SLF）：30～300 Hz；

超低频（ultra low frequency，ULF）：300～3000 Hz；

甚低频（very low frequency，VLF）：3～30 kHz；

低频（low frequency，LF）：30～300 kHz；

中频（medium frequency，MF）：300～3000 kHz；

高频（high frequency，HF）：3～30 MHz；

甚高频（very high frequency，VHF）：30～300 MHz；

超高频（ultra high frequency，UHF）：300～3000 MHz；

特高频（super high frequency，SHF）：3～30 GHz；

极高频（extremely high frequency，EHF）：30～300 GHz。

5.7.2 各频段电磁波的主要特点

尽管不同频率电磁波在真空传播的速度相同，但不同频率的电磁波产生的物理机理不同，与介质相互作用的特性不同，在介质中传播的特性也不尽相同。现代物理学证明，电磁波具有波粒二相性，简而论之，频率越低，波动效应越明显，频率越高，粒子特性越显著，从而构成了不同频率电磁波的主要特点，同时也奠定了其主要用途的理论基础。各频率特点及其主要用途如图5-11(b)所示。从图中简单显见的描述，我们清楚地意识到：一方面，不同频段的电磁波有不同的应用需求，开发新频段电磁波是人类不懈的探索与追求；另一方面，同一频段的电磁波赋予了多样的应用需求，充分说明了电磁波频谱资源的稀缺性和节约频谱资源的重要性。

在无线电波低频段，特别是无线电波的极低频、特低频和超低频段（3000 Hz以下），波长在数千千米的量级，其长度可与地球半径相当，电磁波在地球上传播时的绕射和衍射效应极强，传播距离极远，覆盖面积极大，在良导体和海水中传播衰减小，对地穿透能力强，是对潜通信和地震监测的有利频段。但由于该频段电磁波的发射和接收天线巨大（以四分之一波长的振子天线为例，天线口径达数千千米），应用极其困难。由于无线电波低频段的频率低，电磁场随时间变化缓慢，辐射弱，所以它是电磁场能量传输的有效频段。正是这一原因，电力部门常用极低频或特低频的电磁波输送电能。

甚低频到低频频段（3～300 kHz），波长在数千米。在地球上传播时的绕射和衍射效应强，传播距离远，覆盖面积大，在良导体中传播衰减较小，建造发射和接收天线成为可能,广泛应用于导航、无线电信标和对潜通信。

随着频率的增加,波长变短,辐射增强,辐射和接收天线变小。因此,中频、高频和甚高频段(0.3～300 MHz)被广泛应用于广播电视、电报电话、交通管制、舰对岸的通信、导航和海洋与空间环境监测等。

微波频段(300 MHz～300 GHz)由于频率高(波长小)、频带宽的特点,被广泛应用于频带要求比较宽的移动通信、微波通信、卫星通信、雷达和遥感等领域。但由于波长短,绕射和衍射效应小,在良导体中衰减快,传播距离短。

可见光的频段,波长在 $4\times10^{-5}\sim7\times10^{-5}$ cm(4000～7000 Å)之间。从可见光向两边扩展,波长比它长的是红外线,它的热效应特别显著。因此,利用红外线特性制造的探测仪器被广泛应用于热辐射的探测,在国防上有着重要的应用。比可见光波长短的称为紫外线,波长范围为 50～4000 Å。它的化学效应和荧光效应特别明显,广泛应用于物质的分析和检测。随着激光和光电器件技术的发展,自 20 世纪 60 年代以来,激光通信技术由于其传送信息的容量大、通信距离远、保密性好和抗干扰能力强等优点,得到了广泛的应用。无论是可见光,还是红外线和紫外线,一个重要的特点是,它们都是由原子或分子的能级跃迁发射出的电磁波,由于频率高,波长小,绕射和衍射效应不明显,在均匀介质中表现出准直线传播特性,因此,在工程应用中可以借助几何数学方法进行研究和处理,称为几何光学。此外光波的二象性(波动性和粒子性)非常显著。

X 射线以及波长比 X 射线短的电磁波是由原子内层电子能级跃迁或元素的放射性发射出的电磁波,由于能量大、频率高,其波长与原子尺度相当,穿透能力极强。利用 X 射线这一特性制造出的衍射仪是物质微观结构分析的有效仪器。

本章主要内容要点

1. 时变电磁场的势函数表述

(1) 引入磁矢势 $\boldsymbol{A}(\boldsymbol{r},t)$ 和电标势 $\phi(\boldsymbol{r},t)$,电磁场可以表示为

$$\boldsymbol{B}(\boldsymbol{r},t)=\nabla\times\boldsymbol{A}(\boldsymbol{r},t),\boldsymbol{E}(\boldsymbol{r},t)=-\nabla\phi(\boldsymbol{r},t)-\frac{\partial\boldsymbol{A}(\boldsymbol{r},t)}{\partial t}$$

(2) 势函数的非唯一性、规范变换和势函数满足的方程。

① 在引入磁矢势 $\boldsymbol{A}(\boldsymbol{r},t)$ 时,散度可以任意,从而使得 $[\boldsymbol{A},\phi]$ 与 $[\boldsymbol{E},\boldsymbol{B}]$ 存在非唯一对应关系,必须通过规范约定使其成为唯一对应关系。

② 两种常用规范。

库仑规范:$\nabla\cdot\boldsymbol{A}(\boldsymbol{r},t)=0$,势函数满足的方程为

$$\begin{cases}\nabla^2\phi(\boldsymbol{r},t)=-\dfrac{\rho(\boldsymbol{r},t)}{\varepsilon}\\ \nabla^2\boldsymbol{A}(\boldsymbol{r},t)-\varepsilon\mu\dfrac{\partial^2\boldsymbol{A}(\boldsymbol{r},t)}{\partial t^2}=-\mu J(\boldsymbol{r},t)+\varepsilon\mu\dfrac{\partial}{\partial t}(\nabla\phi(\boldsymbol{r},t))\end{cases}$$

洛伦兹规范:$\nabla\cdot\boldsymbol{A}(\boldsymbol{r},t)+\varepsilon\mu\dfrac{\partial\phi(\boldsymbol{r},t)}{\partial t}=0$,势函数满足的方程为

$$\begin{cases}\nabla^2\phi(\boldsymbol{r},t)-\varepsilon\mu\dfrac{\partial^2\phi(\boldsymbol{r},t)}{\partial t^2}=-\dfrac{\rho(\boldsymbol{r},t)}{\varepsilon}\\ \nabla^2\boldsymbol{A}(\boldsymbol{r},t)-\varepsilon\mu\dfrac{\partial^2\boldsymbol{A}(\boldsymbol{r},t)}{\partial t^2}=-\mu\boldsymbol{J}(\boldsymbol{r},t)\end{cases}$$

③ 规范变换与规范变换不变性。不同的规范按照如下关系

$$\begin{cases}\boldsymbol{A}'(\boldsymbol{r},t)=\boldsymbol{A}(\boldsymbol{r},t)+\nabla\psi(\boldsymbol{r},t)\\ \phi'(\boldsymbol{r},t)=\phi(\boldsymbol{r},t)-\dfrac{\partial\psi(\boldsymbol{r},t)}{\partial t}\end{cases}$$

进行变换，物理量及其满足的规律具有不变性。

2. 时变电磁场的波动特性与波动方程

均匀介质中的时变电磁场运动形态表示为波动方程，即

$$\begin{cases}\nabla^2\boldsymbol{E}(\boldsymbol{r},t)-\varepsilon\mu\dfrac{\partial^2\boldsymbol{E}(\boldsymbol{r},t)}{\partial t^2}=\mu\dfrac{\partial\boldsymbol{J}(\boldsymbol{r},t)}{\partial t}+\nabla\left(\dfrac{\rho(\boldsymbol{r},t)}{\varepsilon}\right)\\ \nabla^2\boldsymbol{H}(\boldsymbol{r},t)-\varepsilon\mu\dfrac{\partial^2\boldsymbol{H}(\boldsymbol{r},t)}{\partial t^2}=-\nabla\times\boldsymbol{J}(\boldsymbol{r},t)\end{cases}$$

应用势函数表示时变电磁场，势函数同样满足波动方程。

3. 推迟势波动解的物理意义

以磁矢势为例求得无界空间磁矢势的解为推迟势解，即

$$\boldsymbol{A}(\boldsymbol{r},t)=\frac{\mu}{4\pi}\iiint_V\boldsymbol{J}\left(\boldsymbol{r}',t-\frac{|\boldsymbol{r}-\boldsymbol{r}'|}{v}\right)\frac{\mathrm{d}V'}{|\boldsymbol{r}-\boldsymbol{r}'|}$$

其意义为空间 $\boldsymbol{r}$ 点 t 时刻的磁矢势，是源区 $\boldsymbol{r}'$点、较早时刻源 $\boldsymbol{J}(\boldsymbol{r}',t')$之影响，经 $\Delta t=t-t'=|\boldsymbol{r}-\boldsymbol{r}'|v^{-1}$时间(延迟)传播到达 $\boldsymbol{r}$ 的叠加。

4. 时变电磁场的能量传播与守恒定律

(1) 时变电磁场能量通过电磁波传播，$\boldsymbol{S}(\boldsymbol{r},t)=\boldsymbol{E}(\boldsymbol{r},t)\times\boldsymbol{H}(\boldsymbol{r},t)$为能流密度矢量。

(2) 坡印廷定理——时变电磁场能量守恒关系。

$$\begin{cases}-\nabla\cdot\boldsymbol{S}(\boldsymbol{r},t)=\dfrac{\partial}{\partial t}w(\boldsymbol{r},t)+\boldsymbol{f}\cdot\boldsymbol{v}\\ \boldsymbol{S}(\boldsymbol{r},t)=\boldsymbol{E}(\boldsymbol{r},t)\times\boldsymbol{H}(\boldsymbol{r},t)\\ \dfrac{\mathrm{d}}{\mathrm{d}t}w(\boldsymbol{r},t)=\boldsymbol{H}(\boldsymbol{r},t)\cdot\dfrac{\partial\boldsymbol{B}(\boldsymbol{r},t)}{\partial t}+\boldsymbol{E}(\boldsymbol{r},t)\cdot\dfrac{\partial\boldsymbol{D}(\boldsymbol{r},t)}{\partial t}\\ \boldsymbol{f}=\rho(\boldsymbol{E}+\boldsymbol{v}\times\boldsymbol{B})\end{cases}$$

5. 时变电磁场唯一性定理

闭合区域 V 内，若① $t=t_0$，电磁场 $\boldsymbol{E}(r,t_0)$、$\boldsymbol{H}(r,t_0)$已知；② $t\geqslant t_0$，在区域边界上电场或磁场切向分量已知；或一部分区域边界面的电场、剩余边界面的磁场切向分量已知；则在 $t>t_0$，区域 V 内存在唯一电磁场。

6. 时变电磁场问题求解面临的问题

(1) 时变电磁场求解面临的基本问题，包括电流源、电荷源、初始状态和边界状态无法准确表达，介质特性参数可能为空间、时间函数。

(2) 时变电磁场可以分解为$\boldsymbol{E}_{确定}(\boldsymbol{r},t)$、$\boldsymbol{H}_{确定}(\boldsymbol{r},t)$和$\boldsymbol{E}_{随机}(\boldsymbol{r},t)$、$\boldsymbol{H}_{随机}(\boldsymbol{r},t)$两个部分。确定性问题可以通过求解方法得到，随机电磁场归纳为电磁噪声。

7. 确定性时变电磁场的展开

对于非均匀时变介质空间时变电磁场问题，通过空间分区、时间分频，将非均匀时

变介质空间的时变电磁场转化为均匀非时变介质时谐电磁场问题求解。而时变介质空间的时变电磁场可以表示为不同频率时谐电磁场的叠加，即

$$\begin{cases} \boldsymbol{E}(\boldsymbol{r},t)=\dfrac{1}{\sqrt{2\pi}}\displaystyle\int_{-\infty}^{\infty}\boldsymbol{E}(\boldsymbol{r},\omega)\mathrm{e}^{\mathrm{j}\omega t}\,\mathrm{d}\omega \\ \boldsymbol{H}(\boldsymbol{r},t)=\dfrac{1}{\sqrt{2\pi}}\displaystyle\int_{-\infty}^{\infty}\boldsymbol{H}(\boldsymbol{r},\omega)\mathrm{e}^{\mathrm{j}\omega t}\,\mathrm{d}\omega \end{cases}$$

被积函数为简谐电磁场，积分区域(频谱宽度)由具体电磁场问题频谱确定。

8. 时谐电磁场基本问题

(1) 时谐电磁场：随时间作时谐变化的电磁场称为时谐电磁场。

(2) 时谐电磁场麦克斯韦方程为

$$\begin{cases} \nabla\cdot\boldsymbol{D}(\boldsymbol{r},\omega)=\rho(\boldsymbol{r},\omega) \\ \nabla\times\boldsymbol{E}(\boldsymbol{r},\omega)=-\mathrm{j}\omega\boldsymbol{B}(\boldsymbol{r},\omega) \\ \nabla\cdot\boldsymbol{B}(\boldsymbol{r},\omega)=0 \\ \nabla\times\boldsymbol{H}(\boldsymbol{r},\omega)=\boldsymbol{J}(\boldsymbol{r},\omega)+\mathrm{j}\omega\boldsymbol{D}(\boldsymbol{r},\omega) \end{cases}$$

(3) 时谐电磁场及其势函数的波动方程均蜕变为亥姆霍兹方程。

电磁场满足的亥姆霍兹方程为

$$\begin{cases} \nabla^2\boldsymbol{E}(\boldsymbol{r})+k^2(\omega)\boldsymbol{E}(\boldsymbol{r})=\mathrm{j}\mu(\omega)\omega\boldsymbol{J}(\boldsymbol{r})+\nabla\left(\dfrac{\rho}{\varepsilon(\omega)}\right) \\ \nabla^2\boldsymbol{H}(\boldsymbol{r})+k^2(\omega)\boldsymbol{H}(\boldsymbol{r})=-\nabla\times\boldsymbol{J}(\boldsymbol{r}) \end{cases}$$

势函数满足的亥姆霍兹方程为

$$\begin{cases} \nabla^2\boldsymbol{A}(\boldsymbol{r})+k^2(\omega)\boldsymbol{A}(\boldsymbol{r})=-\mu(\omega)\boldsymbol{J}(\boldsymbol{r}) \\ \nabla^2\phi(\boldsymbol{r})+k^2(\omega)\phi(\boldsymbol{r})=-\dfrac{1}{\varepsilon(\omega)}\rho(\boldsymbol{r}) \end{cases},\quad k(\omega)=\omega\sqrt{\varepsilon(\omega)\mu(\omega)}$$

(4) 时谐电磁场的唯一性定理。给定区域边界电场或磁场切向分量(或部分边界电场、其余边界磁场切向分量)的时谐电磁场有唯一解。

9. 电磁波频谱结构及其主要特点

(1) 无线电波、红外线、可见光、紫外线、X 射线、γ 射线都是电磁波；按照波长或频率大小顺序进行排列，即得电磁波频谱。频率越低，波长越长，波动越明显；频率越高，波长越短，粒子性越明显。

(2) 按照电磁波应用和传播的特点，将电磁波频谱划分为若干频段。每个频段内的电磁波有相近的产生、发射、传播特点，在与介质相互作用中也表现出相近的特性，因此有相似的应用领域。

思考与练习题 5

1. 时变电磁场问题比静态电磁场问题复杂，导致复杂的主要原因是什么？
2. 试分析势函数[$\boldsymbol{A}$,φ]非唯一性的原因？如何使得势函数唯一？
3. 何谓规范及规范变换。为什么规范变换下电磁场和方程保持不变性？
4. 简述推迟势的物理意义，推迟势说明了波动的什么特性？
5. 简述坡印廷定理的物理意义，分析时变电磁场的能量传输形式。

6. 什么是时谐电磁场？为什么时谐电磁场不需要初始条件？

7. 描述时谐电磁场的主要物理量是什么？从通信的功能出发，分析单一频率时谐电磁场在通信中有无应用的可能性？

8. 为什么确定性时变电磁场的求解可以归结为时谐电磁场的求解？

9. 什么是电磁波的频谱？为什么说电磁波频谱是人类十分宝贵的资源？

10. 证明：时谐电磁场唯一性定理。

11. 若把麦克斯韦方程组的所有矢量都分解为无旋（纵场）和无散（横场）两部分，导出 $\boldsymbol{E}$ 和 $\boldsymbol{B}$ 的这两部分在真空中所满足的方程式，并证明电场的无旋部分对应于库仑场。

12. 利用麦克斯韦方程组导出线性、均匀、各向同性介质中电磁波方程，求电磁波在介质中传播的速度表示式。简述所得结果与经典物理学之间的矛盾。

13. 求无穷长线电流磁矢势的推迟势，并导出电流为时谐变化时的磁矢势。

14. 从库仑规范导出洛伦兹规范的变换关系，并证明它们之间的变换满足规范变换不变性。

15. 设真空中矢势 $\boldsymbol{A}(\boldsymbol{r},t)$ 可用复数傅里叶级数展开为

$$\boldsymbol{A}(\boldsymbol{r},t)=\sum_{k}\left[\boldsymbol{a}_k(t)\exp(\mathrm{j}\boldsymbol{k}\cdot\boldsymbol{r})+\boldsymbol{a}_k^*(t)\exp(-\mathrm{j}\boldsymbol{k}\cdot\boldsymbol{r})\right]$$

其中，$\boldsymbol{a}_k^*$ 是 $\boldsymbol{a}_k$ 的复共轭。

(1) 证明：展开系数 $\boldsymbol{a}_k$ 满足谐振子方程 $\dfrac{\mathrm{d}^2\boldsymbol{a}_k}{\mathrm{d}t^2}+k^2c^2\boldsymbol{a}_k=0$；

(2) 当选取规范 $\nabla\cdot\boldsymbol{A}=0,\phi=0$ 时，证明：$\boldsymbol{k}\cdot\boldsymbol{a}_k=0$；

(3) 把 $\boldsymbol{E}$ 和 $\boldsymbol{B}$ 用 $\boldsymbol{a}_k$ 和 $\boldsymbol{a}_k^*$ 表示出来。

16. 以同轴传输线为例，分析并证明时变电磁场的能量传输方式。

17. 沿圆柱形导线轴向通以均匀分布的恒定电流 I，设圆柱导体的半径为 a、电导率为 σ，且导体表面有均匀分布面电荷密度 ρ_S。

(1) 求圆柱导线表面外侧坡印廷矢量；

(2) 证明：导线表面进入导体内部的电磁能量等于导线的热损耗。

18. 如果空间介质为线性、各向同性非均匀介质，利用式(5-1-7)、式(5-1-8)和麦克斯韦方程组，是否可以找到合适的规范，使其势函数仍然为方程(5-1-14)。

19. 静态电磁场的能量由电荷、电流及势函数确定，而时变电磁场的能量则不能由电荷、电流及势函数确定，分析产生这一差别的原因。

20. 从电磁场与介质相互作用的机理，分析为什么不同频率的时谐电磁场中介质的电磁特性参数 $\varepsilon(\omega)$、$\mu(\omega)$ 有不同的数值。

21. 在均匀无源的空间区域内，如果已知时谐电磁场中的矢量 $\boldsymbol{A}(\boldsymbol{r})$，证明：其电磁场强度与 $\boldsymbol{A}(\boldsymbol{r})$ 的关系为

$$\boldsymbol{E}(\boldsymbol{r})=\frac{k^2\boldsymbol{A}+\nabla(\nabla\cdot\boldsymbol{A})}{\mathrm{j}\omega\mu_0\varepsilon_0}$$

其中，$k^2=\omega\sqrt{\mu_0\varepsilon_0}$。

6

平面电磁波

时变电磁场问题可以转化为时谐电磁场问题处理。所谓时谐电磁场问题，即随时间作简谐（正弦或余弦）变化的电磁场问题，最终归结为矢量亥姆霍兹方程的边值问题。本章不打算对电场（或磁场）亥姆霍兹方程问题进行系统讨论，主要讨论均匀媒质空间时谐电磁场的基本解及其基本特性。首先讨论时谐电磁场基本解的构成和均匀平面电磁波基本解；在此基础上，先后讨论了理想介质空间、导电媒质空间、各向异性媒质中的均匀平面波解及其基本特性，以及电磁波速度与媒质的色散概念。

6.1 理想介质空间平面电磁波

6.1.1 无源空间时谐电磁场解的构成

为了更好地理解时谐电磁场解的基本构成及其特性，首先讨论无源理想介质空间时谐电磁场解的基本组成。图 6-1 为喇叭天线辐射电磁波示意图，喇叭天线由时谐电压源提供在喇叭板极间的时谐电场，时谐电场激发时谐磁场，时谐电磁场相互激发并向外部空间延伸传播，形成空间时谐的电磁波。在远离喇叭天线的无源空间中，时谐电磁场的波动方程(5-5-12)简化为时谐电磁场复相量的亥姆霍兹方程，即

$$\nabla^2\begin{bmatrix}\boldsymbol{E}(\boldsymbol{r})\\ \boldsymbol{H}(\boldsymbol{r})\end{bmatrix}+k^2\begin{bmatrix}\boldsymbol{E}(\boldsymbol{r})\\ \boldsymbol{H}(\boldsymbol{r})\end{bmatrix}=0,\quad k^2=\omega^2\mu\varepsilon \tag{6-1-1}$$

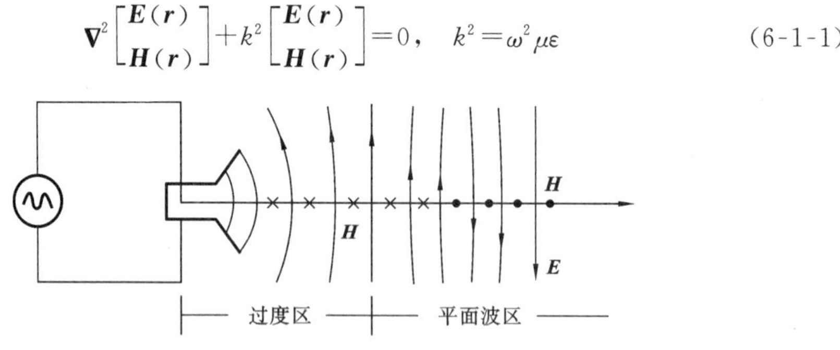

图 6-1　喇叭天线外部的电磁波

并且电场和磁场通过如下方程

$$\begin{cases}\nabla\times\boldsymbol{E}(\boldsymbol{r})=-\mathrm{j}\omega\mu\boldsymbol{H}(\boldsymbol{r})\\ \nabla\times\boldsymbol{H}(\boldsymbol{r})=\mathrm{j}\omega\varepsilon\boldsymbol{E}(\boldsymbol{r})\end{cases} \tag{6-1-2}$$

相互联系。因此,在无源理想介质空间中,只需求出方程(6-1-1)中电场(或磁场)即可得到电磁场的解。此外,必须注意,方程(6-1-1)的解不一定都是电磁波解,只有那些同时满足无散方程

$$\nabla\cdot\begin{bmatrix}\boldsymbol{E}(\boldsymbol{r})\\\boldsymbol{H}(\boldsymbol{r})\end{bmatrix}=0 \tag{6-1-3}$$

的约束的解才是无源空间电磁场的基本解。于是电场(或磁场)的 3 个分量中只有 2 个完全独立。所以无源介质空间中时谐电磁场的 6 个分量中只有 2 个独立分量,其余 4 个分量可以由这 2 个独立分量表示。

【例 6.1】 证明:无源空间中电磁场可由其电场、磁场 x 分量表示。

证 在无源区域,通过方程(6-1-2)求得

$$\begin{cases}H_z(\boldsymbol{r})=\dfrac{\mathrm{j}}{\omega\mu}\left(\dfrac{\partial E_y}{\partial x}-\dfrac{\partial E_x}{\partial y}\right)\\H_y(\boldsymbol{r})=\dfrac{\mathrm{j}}{\omega\mu}\left(\dfrac{\partial E_x}{\partial z}-\dfrac{\partial E_z}{\partial x}\right)\\E_z(\boldsymbol{r})=\dfrac{-\mathrm{j}}{\omega\varepsilon}\left(\dfrac{\partial H_y}{\partial x}-\dfrac{\partial H_x}{\partial y}\right)\\E_y(\boldsymbol{r})=\dfrac{-\mathrm{j}}{\omega\varepsilon}\left(\dfrac{\partial H_x}{\partial z}-\dfrac{\partial H_z}{\partial x}\right)\end{cases}$$

用 $E_x(\boldsymbol{r})$ 和 $H_x(\boldsymbol{r})$ 分量分别替换上式右边各项中非 $E_x(\boldsymbol{r})$ 和 $H_x(\boldsymbol{r})$ 分量,得到

$$\begin{cases}\left(k^2+\dfrac{\partial^2}{\partial x^2}\right)H_z(\boldsymbol{r})=\mathrm{j}\omega\varepsilon\dfrac{\partial E_x}{\partial y}+\dfrac{\partial^2 H_x}{\partial x\partial z}\\\left(k^2+\dfrac{\partial^2}{\partial x^2}\right)H_y(\boldsymbol{r})=-\mathrm{j}\omega\varepsilon\dfrac{\partial E_x}{\partial z}+\dfrac{\partial^2 H_x}{\partial x\partial y}\\\left(k^2+\dfrac{\partial^2}{\partial x^2}\right)E_z(\boldsymbol{r})=\mathrm{j}\omega\mu\dfrac{\partial H_x}{\partial y}+\dfrac{\partial^2 E_x}{\partial x\partial z}\\\left(k^2+\dfrac{\partial^2}{\partial x^2}\right)E_y(\boldsymbol{r})=-\mathrm{j}\omega\mu\dfrac{\partial H_x}{\partial z}+\dfrac{\partial^2 E_x}{\partial x\partial y}\end{cases} \tag{6-1-4}$$

从而证明了命题。同时证明了无源空间中电场、磁场的 6 个分量只有 2 个独立分量。

为了得到更直接的结果,还可以对方程(6-1-4)作进一步简化,令

$$\begin{cases}E_x(\boldsymbol{r})=\left(k^2+\dfrac{\partial^2}{\partial x^2}\right)\psi^{(e)}(\boldsymbol{r})\\H_x(\boldsymbol{r})=\left(k^2+\dfrac{\partial^2}{\partial x^2}\right)\psi^{(m)}(\boldsymbol{r})\end{cases} \tag{6-1-5a}$$

为了确保 $E_x(\boldsymbol{r})$ 和 $H_x(\boldsymbol{r})$ 满足方程(6-1-1),$\psi^{(e)}(\boldsymbol{r})$ 和 $\psi^{(m)}(\boldsymbol{r})$ 为亥姆霍兹方程

$$(\nabla^2+k^2)\begin{pmatrix}\psi^{(e)}(\boldsymbol{r})\\\psi^{(m)}(\boldsymbol{r})\end{pmatrix}=0 \tag{6-1-5b}$$

的基本解。将方程(6-1-5)代入方程(6-1-4),得

$$\begin{cases}H_z(\boldsymbol{r})=\mathrm{j}\omega\varepsilon\dfrac{\partial\psi^{(e)}}{\partial y}+\dfrac{\partial^2\psi^{(m)}}{\partial x\partial z}\\H_y(\boldsymbol{r})=-\mathrm{j}\omega\varepsilon\dfrac{\partial\psi^{(e)}}{\partial z}+\dfrac{\partial^2\psi^{(m)}}{\partial x\partial y}\\E_z(\boldsymbol{r})=\mathrm{j}\omega\mu\dfrac{\partial\psi^{(m)}}{\partial y}+\dfrac{\partial^2\psi^{(e)}}{\partial x\partial z}\\E_y(\boldsymbol{r})=-\mathrm{j}\omega\mu\dfrac{\partial\psi^{(m)}}{\partial z}+\dfrac{\partial^2\psi^{(e)}}{\partial x\partial y}\end{cases} \tag{6-1-6}$$

例题从数学上证明了无源介质空间中时谐电磁场的 6 个分量中只有 2 个独立,且这 2 个独立分量均为亥姆霍兹方程的解。尽管其他电磁场分量涉及 2 个独立分量的微分运算,但这些运算不改变亥姆霍兹方程基本解的性质。因此,无源介质空间时谐电磁场的通解由亥姆霍兹方程(6-1-5)的基本解叠加构成,时谐电磁场通解的基本特性仍然由亥姆霍兹方程(6-1-5)的基本解特性所决定。

6.1.2 均匀平面电磁波及其基本性质

作为时谐电磁场最简单的模型,首先讨论理想均匀介质空间中电磁场仅是一维坐标变量(如 z)函数时的解及基本特性。此时方程(6-1-1)变为

$$\frac{\mathrm{d}^2}{\mathrm{d}z^2}\begin{bmatrix}\boldsymbol{E}(z)\\ \boldsymbol{H}(z)\end{bmatrix}+k^2\begin{bmatrix}\boldsymbol{E}(z)\\ \boldsymbol{H}(z)\end{bmatrix}=0 \tag{6-1-7}$$

其中,$k=\omega\sqrt{\varepsilon\mu}$为实数。尽管方程(6-1-7)是时谐电磁场波动方程的理想情形,但它可以是某些实际应用问题的逼近模型。如图 6-1 所示,当讨论区域远离喇叭天线,且仅限于喇叭近轴(设为 z 轴)区域,电磁场近似为变量 z 的函数。

以电场为例,一维时谐电磁场方程(6-1-7)的通解为

$$\boldsymbol{E}(z)=\boldsymbol{A}\mathrm{e}^{-\mathrm{j}kz}+\boldsymbol{B}\mathrm{e}^{\mathrm{j}kz} \tag{6-1-8}$$

利用方程(6-1-2),求得相应的磁场是

$$\boldsymbol{H}(z)=-\mathrm{j}\,\frac{\nabla\times\boldsymbol{E}}{\omega\mu}=\frac{k}{\omega\mu}\hat{e}_z\times\boldsymbol{E}(z)=\sqrt{\frac{\varepsilon}{\mu}}\hat{e}_z\times(\boldsymbol{A}\mathrm{e}^{-\mathrm{j}kz}-\boldsymbol{B}\mathrm{e}^{\mathrm{j}kz}) \tag{6-1-9}$$

其中,$\boldsymbol{A}$、$\boldsymbol{B}$ 是两个待定的复常矢量。

为突出电磁场运动特征,这里令 $\boldsymbol{A}=\boldsymbol{E}_0\mathrm{e}^{\mathrm{j}\varphi_0}$,$\boldsymbol{B}=\boldsymbol{0}$,并设 $\boldsymbol{E}_0$ 为实常矢量,ϕ_0 为实常数。但需要注意的是,φ_0 为实常数具有普适性;而 $\boldsymbol{E}_0$ 为实常矢量只是特例,不具普适性,如 $\boldsymbol{E}_0$ 也为复常矢量。在这一假设下得到电场强度和磁场强度分别是

$$\begin{cases}\boldsymbol{E}(z)=\boldsymbol{E}_0\mathrm{e}^{\mathrm{j}\varphi_0}\mathrm{e}^{-\mathrm{j}kz}\\ \boldsymbol{H}(z)=\sqrt{\dfrac{\varepsilon}{\mu}}\hat{e}_z\times\boldsymbol{E}_0\mathrm{e}^{-\mathrm{j}kz}=\boldsymbol{H}_0\mathrm{e}^{\mathrm{j}\varphi_0}\mathrm{e}^{-\mathrm{j}kz}\end{cases} \tag{6-1-10a}$$

将时谐因子 $\mathrm{e}^{\mathrm{j}\omega t}$ 代入方程(6-1-10a)中,得到瞬时电磁场的实数表示式为

$$\begin{cases}\boldsymbol{E}(z,t)=\boldsymbol{E}_0\cos(\omega t-kz+\varphi_0)\\ \boldsymbol{H}(z,t)=\boldsymbol{H}_0\cos(\omega t-kz+\varphi_0)\end{cases} \tag{6-1-10b}$$

方程(6-1-10b)描述的是一个周期性运动,其中,

$$\phi(z,t)=\omega t-kz+\varphi_0 \tag{6-1-11}$$

为周期性运动的相位函数。其中,φ_0 为初始相位;ω 为角频率,其物理意义为单位时间的相位改变量;ωt 则为时间相位项,描述空间确定点(如 z_0)处电磁场周期性运动的瞬时状态;k 称为波数,其物理意义为空间单位长度的相位改变量,kz 称为空间相位项,描述某个确定时刻电磁场周期性运动的空间分布状态。

下面对方程(6-1-10)给出的电磁波解的基本特点作简要讨论。

(1) 均匀平面电磁波。以方程(6-1-10b)为例,对于固定的空间 z_0 点,电磁场随时间作周期性振动。对确定时刻,电磁场随坐标变量 z 在空间周期分布。随着时间推移,电磁场在空间的周期分布状态将沿 z 轴正向匀速传播,即电磁场以波动形式在空间运动。图 6-2 所示的是电场波形沿 z 轴传播情况。观测者在 z_0 点、t_0 时刻观测到的电场

为$\boldsymbol{E}(z_0,t_0)$；当时间推移至$t=t_0+\delta t$时刻，该电场观测值运动至$z_0+\delta z$处，即观测电场满足如下关系：

$$\boldsymbol{E}(z_0+\delta z,t_0+\delta t)=\boldsymbol{E}(z_0,t_0)\Rightarrow\phi(z_0+\delta z,t_0+\delta t)=\phi(z_0,t_0)$$

利用相位函数表示式(6-1-11)，求得电场周期分布沿z轴正向传播速度为

$$v_p=\frac{\delta z}{\delta t}=\frac{\omega}{k}=\frac{1}{\sqrt{\varepsilon\mu}} \tag{6-1-12}$$

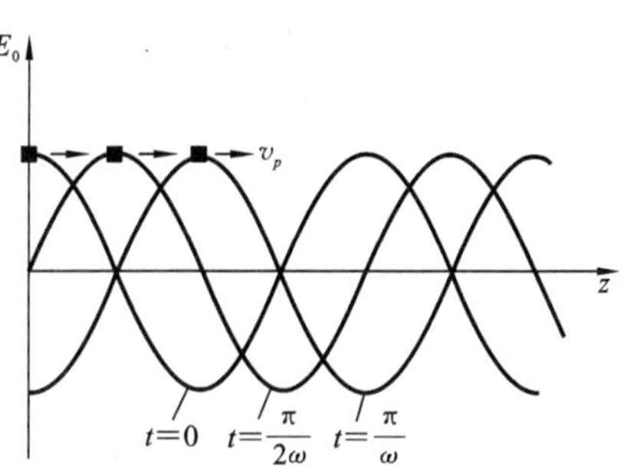

图 6-2　电场波形传播运动示意图($\varphi_0=0$)

该速度也是时谐磁场的运动速度，即时谐电磁场的等相位面在空间传播的速度，故称相速度。对于理想介质空间，相速度与频率无关，由介质电磁特性参数确定。如果电磁波传播的空间为真空，将真空中的介电常数和磁导率常数代入相速度公式，得到真空中相速度约为3×10^8 m/s。

为了形象地描述电磁场周期运动空间相位的几何形态，定义等相位值在空间描绘的曲面为等相位面(或称波面，也称波前)。显然，时谐电磁场基本解(6-1-10)的等相位面由式(6-1-11)所确定，即空间等相位面为$z=C$(C为常数)的平面，如图 6-3 所示。方程(6-1-10)为平面电磁波解，平面电磁波由此得名。此外，在等相位面上，该电磁波的电场和磁场处处相等，均匀不变，故而称这一类特殊电磁波为均匀平面电磁波。

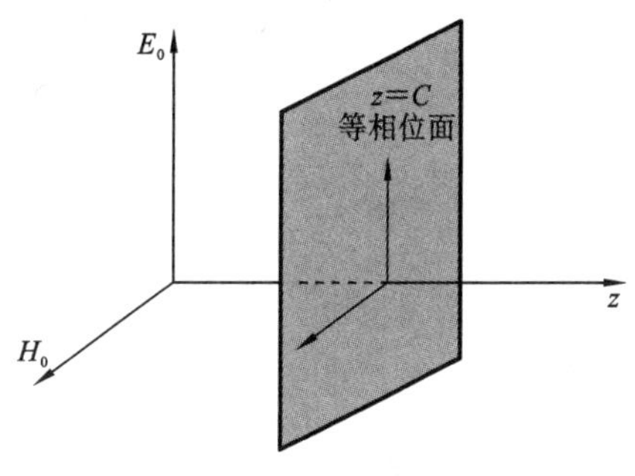

图 6-3　平面电磁波的等相位面

(2) 横电磁(TEM)波。其次来考查平面电磁波的电场、磁场和波传播方向三者之间的关系，平面电磁波解(6-1-10)表明，电场、磁场相互垂直，且满足如下对称关系

$$\begin{cases}\boldsymbol{E}(z)=-\sqrt{\dfrac{\mu}{\varepsilon}}\hat{e}_z\times\boldsymbol{H}(z)\\[2ex]\boldsymbol{H}(z)=\sqrt{\dfrac{\varepsilon}{\mu}}\hat{e}_z\times\boldsymbol{E}(z)\end{cases} \tag{6-1-13}$$

将方程(6-1-10)代入无源条件$\nabla\cdot\boldsymbol{E}(z)=\nabla\cdot\boldsymbol{H}(z)=0$，得$\hat{e}_z\cdot\boldsymbol{E}(z)=\hat{e}_z\cdot\boldsymbol{H}(z)=0$。综合两者，得到电场、磁场与传播方向两两相互垂直，即$\boldsymbol{E}\perp\boldsymbol{H}\perp\hat{e}_z$(传播方向)，三者之间遵循右手螺旋法则。因此，平面电磁波在传播方向上没有电磁场分量，即平面电磁波具有横波特性(又称 TEM 波)，如图 6-4 所示。

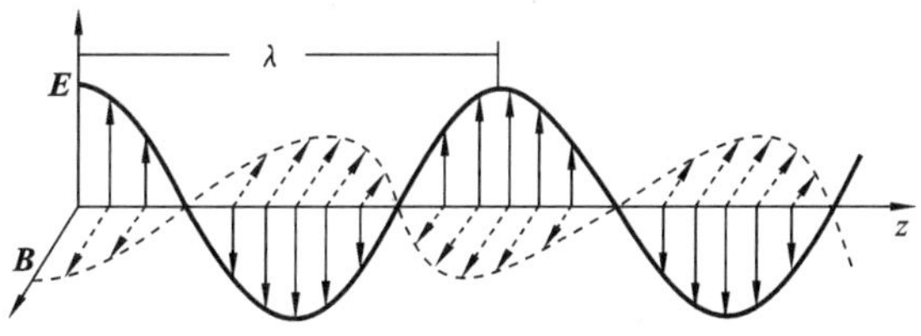

图 6-4　平面电磁波的横波特性

(3) 波阻抗为介质特性阻抗。从方程(6-1-10)很容易得到,理想介质空间中均匀平面电磁波电场与磁场振幅矢量幅度之比值,即

$$\eta=\frac{E_0}{H_0}=\sqrt{\frac{\mu}{\varepsilon}}\ (\Omega) \tag{6-1-14}$$

这是一个与平面电磁波的振幅、频率、相位无关,具有阻抗量纲的实常数,称为波阻抗。其值恰好是空间介质电磁特性参数决定的特性阻抗,也称固有阻抗或本征阻抗。实数波阻抗还说明平面电磁波的电场与磁场始终保持同相位。如果将介质空间中的平面电磁波类比二端电路网络,介质特性阻抗如同二端网络阻抗,则电场(电压)与磁场(电流)之比值由介质特性(电路网络)的阻抗决定。如果空间为真空,其特性阻抗为

$$\eta_0=\sqrt{\mu_0/\varepsilon_0}=120\pi\ (\Omega)$$

(4) 能量流以相速度传播。利用时谐电磁场能流密度矢量公式,将方程(6-1-10a)代入坡印廷矢量,得到平面电磁波的平均能流密度矢量为

$$\boldsymbol{S}=\frac{1}{2}\mathrm{Re}[\boldsymbol{E}\times\boldsymbol{H}^*]=\frac{\hat{e}_z}{2}\sqrt{\frac{\varepsilon}{\mu}}\mathrm{e}_0^2=\frac{\hat{e}_z}{2}\sqrt{\frac{1}{\varepsilon\mu}}\varepsilon\,\mathrm{e}_0^2=\frac{\hat{e}_z}{2}vw \tag{6-1-15}$$

其中,

$$w=\varepsilon E_0^2=\frac{1}{2}\varepsilon E_0^2+\frac{1}{2}\varepsilon E_0^2=\frac{1}{2}\mu H_0^2+\frac{1}{2}\mu H_0^2=\mu H_0^2 \tag{6-1-16}$$

为平面电磁波能量密度,说明理想介质中电场、磁场能量密度相等。v 是介质中平面电磁波相位传播速度。这是预料中的结果,因为电磁波传播方向上的能流密度必为能量密度与电磁波传播速度之积。

6.1.3※ 无源空间时谐电磁场通解构成

一维平面电磁波只是某些实际问题近似模型。一般时谐电磁场是三维空间坐标的函数。本节简单讨论三维空间时谐电磁场的通解及意义。根据前述讨论,在获得 $\psi^{(e)}(\boldsymbol{r})$ 和 $\psi^{(m)}(\boldsymbol{r})$ 基本解的基础上,借助方程(6-1-5)和方程(6-1-6)即可获得三维时谐电磁场的通解。因 $\psi^{(e)}(\boldsymbol{r})$ 和 $\psi^{(m)}(\boldsymbol{r})$ 满足相同的方程,下面仅以 $\psi^{(e)}(\boldsymbol{r})$ 为例,讨论其解及解的意义。令 $\psi^{(e)}(\boldsymbol{r})=X(x)Y(y)Z(z)$,对式(6-1-5b)进行变量分离得到

$$\begin{cases}\left(\dfrac{\mathrm{d}}{\mathrm{d}x}+k_x^2\right)X(x)=0\\ \left(\dfrac{\mathrm{d}}{\mathrm{d}y}+k_y^2\right)Y(y)=0\\ \left(\dfrac{\mathrm{d}}{\mathrm{d}z}+k_z^2\right)Z(z)=0\end{cases} \tag{6-1-17a}$$

式中:k_x、k_y、k_z 为待定参数,且它们之间满足如下关系

$$k_x^2+k_y^2+k_z^2=k^2 \tag{6-1-17b}$$

方程(6-1-17a)是一组简谐方程,无界空间中的基本解为

$$\psi_k^{(e)}(\boldsymbol{r})\sim\{\mathrm{e}^{-\mathrm{j}(k_xx+k_yy+k_zz)},\mathrm{e}^{\mathrm{j}(k_xx+k_yy+k_zz)}\}=\{\mathrm{e}^{\mp\mathrm{j}(\boldsymbol{k}\cdot\boldsymbol{r})}\} \tag{6-1-18a}$$

采用同样的方法可以求得 $\psi^{(m)}(\boldsymbol{r})$ 也有类似的基本波函数解。

为了便于对基本波函数波动特性的理解,将时谐因子写进式(6-1-18a),得到其瞬时表示式为

$$\psi_k^{(e)}(\boldsymbol{r},t)\sim\{\cos(\boldsymbol{k}\cdot\boldsymbol{r}-\omega t),\cos(\boldsymbol{k}\cdot\boldsymbol{r}+\omega t)\} \tag{6-1-18b}$$

毫无疑问,这是一个关于时空变量的周期函数,其中,

$$\phi(\boldsymbol{r},t)=\boldsymbol{k}\cdot\boldsymbol{r}\pm\omega t \tag{6-1-19}$$

为基本波函数的相位函数,$\boldsymbol{k}$ 称为波矢量,表示波传播方向上的单位长度相位改变量。空间等相位面由方程

$$\boldsymbol{k}\cdot\boldsymbol{r}=C(\text{常数})$$

确定,其解为三维空间的平面,平面的法线方向为

$$\hat{e}_k=\frac{\nabla\phi(\boldsymbol{r},t)}{|\nabla\phi(\boldsymbol{r},t)|}=\frac{\nabla(\boldsymbol{k}\cdot\boldsymbol{r})}{|\nabla(\boldsymbol{k}\cdot\boldsymbol{r})|}=\frac{\boldsymbol{k}}{k} \tag{6-1-20}$$

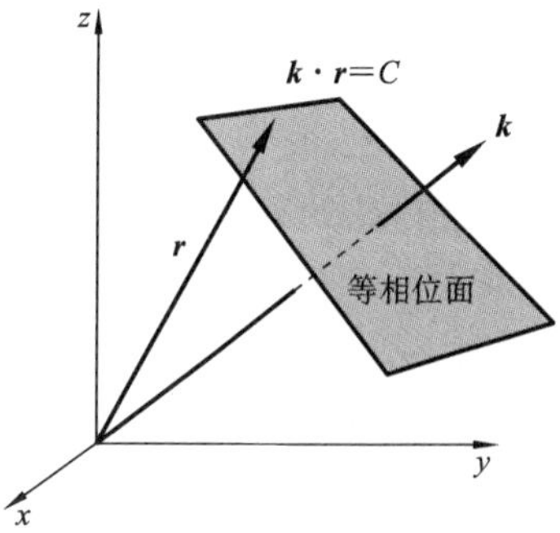

如图 6-5 所示。将式(6-1-18b)中第一项与式(6-1-10b)相比较,两式有相同的表示形式,具有相同的物理含义,即式(6-1-18b)第一项为以相速度

$$\boldsymbol{v}_p=\boldsymbol{k}\frac{\omega}{k^2}=\hat{e}_k\frac{\omega}{k} \tag{6-1-21}$$

图 6-5 三维空间平面波等相位面

沿 $\hat{e}_k$ 的正向传播的平面电磁波。同样可以得到式(6-1-18b)中第二项为沿 $\hat{e}_k$ 的反向传播的平面电磁波。由此可见,方程(6-1-5)的基本波函数解为两列相向传播的平面电磁波的叠加。

根据叠加原理,亥姆霍兹方程(6-1-5)的通解应为式(6-1-18b)的线性叠加,即利用基本波函数解的线性叠加可得到 $\psi^{(e)}(\boldsymbol{r})$和 $\psi^{(m)}(\boldsymbol{r})$的通解,其一般形式如下:

$$\begin{cases}\psi^{(e)}(\boldsymbol{r})=\iint\limits_{k}[\{A_{\pm}^{(e)}(k_x,k_y)\mathrm{e}^{\pm\mathrm{j}(\boldsymbol{k}\cdot\boldsymbol{r})}\}]\mathrm{d}k_x\mathrm{d}k_y\\ \psi^{(m)}(\boldsymbol{r})=\iint\limits_{k}[\{A_{\pm}^{(m)}(k_x,k_y)\mathrm{e}^{\pm\mathrm{j}(\boldsymbol{k}\cdot\boldsymbol{r})}\}]\mathrm{d}k_x\mathrm{d}k_y\end{cases} \tag{6-1-22}$$

式中$\{\cdot\}$为基本波函数,$A_{\pm}^{(e)}(k_x,k_y)$、$A_{\pm}^{(m)}(k_x,k_y)$为其幅度。尽管最终得到的电磁场解仍包含有 $\psi^{(e)}(\boldsymbol{r})$与 $\psi^{(m)}(\boldsymbol{r})$的空间变量微分运算,但这些微分运算不改变时谐电磁场由基本波函数叠加构成的事实。因此,无源三维空间时谐电磁场均可表示为不同空间方向平面电磁波的叠加,而平面电磁波是构成各种复杂时谐电磁场解的最基本的单元。按照傅里叶变换的观点,任何时变电磁场信号都可以表示为不同频率、不同振幅和不同初始相位的平面电磁波的叠加。

平面电磁波是亥姆霍兹方程(6-1-5)的基本解之一,但不是唯一的基本解。亥姆霍兹方程(6-1-5)在圆柱坐标系、球坐标系中求解,其基本波函数分别为柱面波和球面波。时谐电磁场也可以表示为不同模式柱面波或球面波的叠加。进一步可以证明,平面波、柱面波、球面波之间可以相互变换转化。因此,选择何种坐标系求解无源空间时谐电磁场问题,视边界条件而定。但在实际工程应用(如卫星通信、移动通信、雷达、遥感、卫星定位等诸多实际应用问题)中,平面电磁波模型应用最广泛。

6.2 平面电磁波的极化

6.2.1 平面电磁波的极化概念

第 6.1 节讨论了均匀平面电磁波最基本的特性,本节进一步讨论均匀平面电磁波

的另一特性,即平面电磁波传播过程中的任意点处电场、磁场矢量随时间变化特性。为此,首先以方程(6-1-10)电场为例(同样磁场也可以为例),分析电场在确定点 $z=z_0$ 处随时间变化情况,此时电场的表示式为

$$\boldsymbol{E}(z,t)=\boldsymbol{E}_0\cos(\omega t-kz_0+\varphi_0)=\boldsymbol{E}_0\cos(\omega t+\psi_0) \tag{6-2-1}$$

由于已假设 $\boldsymbol{E}_0$ 为实常矢量,其大小和方向恒定,所以 $z=z_0$ 处电场矢量末端的轨迹为一简谐直线振动。

上述讨论的只是方程(6-1-10)中 $\boldsymbol{E}_0$ 为实常矢量的特例。对于普遍意义上的平面电磁波而言,空间任意点处平面波的电场与磁场是否随时间变化而变化?如果变化,它们将如何变化?为了描述空间某点处平面电磁波的电场(或磁场)随时间变化情况,引入平面电磁波极化概念,定义平面电磁波的电场(或磁场)末端(随时间)在空间运动变化的轨迹形态为电(或磁)场的极化,光学中称其为偏振。

由于平面波的电场与磁场具有相同的运动形态,以下关于平面波极化特性的讨论以电场为例,所得结果同样适用于磁场。为了得到电场振幅矢量末端随时间变化的轨迹,仍以方程(6-1-10)描述的平面电磁波为例,只是 $\boldsymbol{E}_0$ 不再为实常矢量,而是复常矢量,其分量普适表示式为

$$\boldsymbol{E}(z)=\boldsymbol{E}_0\exp(-\mathrm{j}kz)=[\hat{e}_xE_1\exp(\mathrm{j}\varphi_x)+\hat{e}_yE_2\exp(\mathrm{j}\varphi_y)]\exp(-\mathrm{j}kz) \tag{6-2-2}$$

式中:E_1、E_2 为实数,表示电场的 x 分量和 y 分量的振幅;φ_x、φ_y 为实数,表示电场 x 分量和 y 分量的初始相位。式(6-2-2)的瞬时实函数表示为

$$\begin{cases}X=E_x(z,t)=E_1\cos(\omega t-kz+\varphi_x)\\Y=E_y(z,t)=E_2\cos(\omega t-kz+\varphi_y)\end{cases} \tag{6-2-3}$$

将方程(6-2-3)的第一式两边同除以 E_1,第二式两边同除以 E_2,经过适当的数学处理,消去时间变量 t,得到合成电场矢量末端运动轨迹方程

$$\left(\frac{X}{E_1}\right)^2+\left(\frac{Y}{E_2}\right)^2-2\left(\frac{X}{E_1}\right)\left(\frac{Y}{E_2}\right)\cos\delta=\sin^2\delta \tag{6-2-4}$$

式中:$\delta=\varphi_x-\varphi_y$ 为电场的 x 分量与 y 分量的初始相位差。

6.2.2 平面电磁波的三种极化状态

下面通过电场振幅矢量末端轨迹方程对平面波的极化状态作进一步讨论。

(1) 椭圆极化波。式(6-2-4)是一个典型的椭圆方程,表明在垂直于 z 轴的平面内,电场振幅末端随时间变化轨迹为椭圆形曲线。如果 $\delta>0(\neq 0,\pi)$,X 分量的相位超前 Y 分量,随着时间的推移,末端运动轨迹逆时针旋转出一个椭圆,如图 6-6(a)所示,因电场末端轨迹旋转方向、波的传播方向恰好构成右手螺旋关系,故称为右旋椭圆极化平面波;反之称为左旋椭圆极化平面波,如图 6-6(b)所示。

(2) 线极化波。当 $\delta=\varphi_x-\varphi_y=0$ 或 π 时,式(6-2-4)变为

$$\frac{X}{E_1}=\frac{Y}{E_2} \quad 或 \quad \frac{X}{E_1}=-\frac{Y}{E_2} \tag{6-2-5}$$

这是一条直线方程。表明随着时间推移,电场合成矢量的末端轨迹在式(6-2-5)描述的直线上运动,直线与 X 方向的夹角为

$$\theta=\pm\arctan\left(\frac{E_2}{E_1}\right) \tag{6-2-6}$$

故称为线极化平面波,如图 6-7 所示。

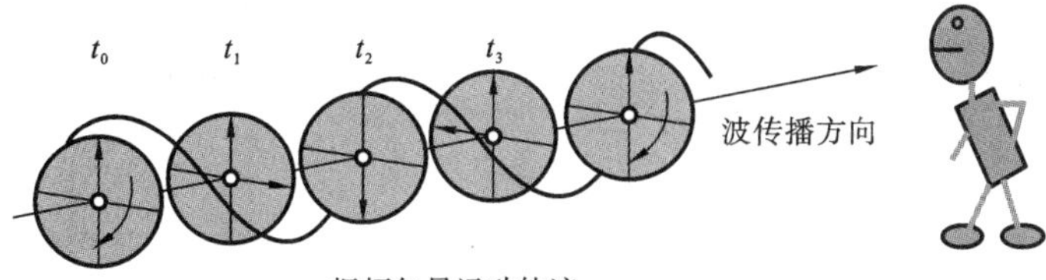

(a) 平面波振幅矢量运动轨迹观察

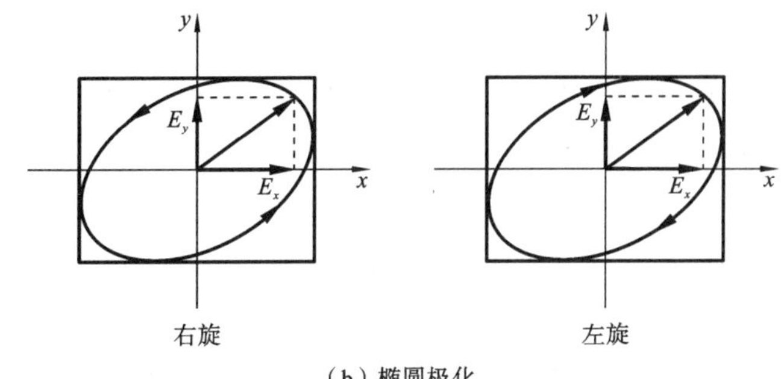

(b) 椭圆极化

图 6-6 椭圆极化波电场矢量末端轨迹图

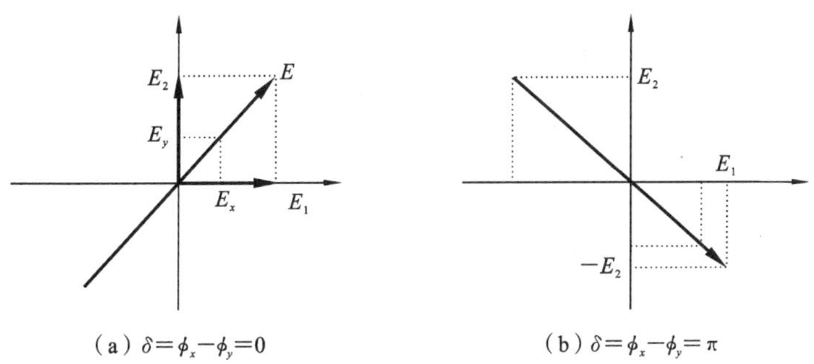

(a) $\delta=\phi_x-\phi_y=0$　　(b) $\delta=\phi_x-\phi_y=\pi$

图 6-7 线极化平面波

(3) 圆极化波。当 $\delta=\varphi_x-\varphi_y=\pm0.5\pi$，并且 $E_1=E_2$，式(6-2-4)为

$$\left(\frac{X}{E_1}\right)^2+\left(\frac{Y}{E_2}\right)^2=1 \tag{6-2-7}$$

表明随着时间推移，电场(或磁场)合成矢量的末端轨迹在圆周曲线上运动，故称为圆极化平面波。当 $\delta=\varphi_x-\varphi_y=0.5\pi$ 时，电场末端旋转方向与波传播方向构成右手螺旋关系，为右旋圆极化平面波；当 $\delta=\varphi_x-\varphi_y=-0.5\pi$ 时，为左旋圆极化平面波，如图 6-8 所示。

6.2.3 平面电磁波的合成与分解

从上述讨论可知，任意 z 轴正向传播的均匀平面电磁波，均可以分解为两个相互垂直的(如 x 分量和 y 分量)线极化平面波的叠加，即式(6-2-2)。电场(磁场)的两列相互垂直(如 x 分量和 y 分量)的线极化均匀平面电磁波，其合成平面电磁波既可以是线极化，也可以是圆极化或椭圆极化。反之，任意一列圆极化、椭圆极化的平面波可以分解为两个相互垂直的线极化平面波。而且，一个椭圆极化平面波可以分解为两个不同振幅、旋转方向相反的圆极化平面波。详细讨论请读者自己完成。

电磁波的极化特性在许多邻域中获得了广泛应用。例如，在光学工程中，利用材料

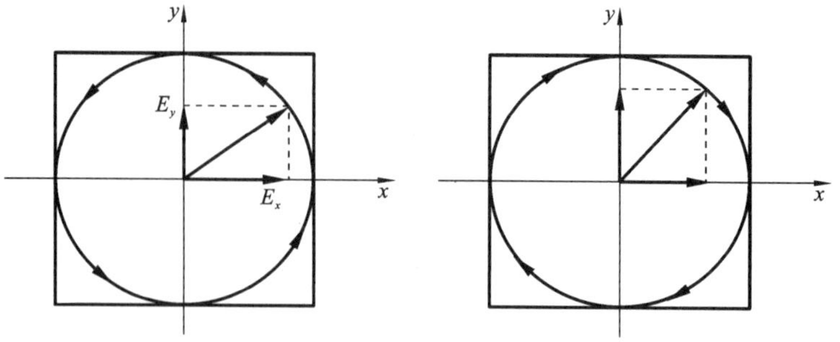

(a) 右旋圆极化

(b) 左旋圆极化

图 6-8 圆极化波电场矢量末端轨迹图

对于不同极化波的传播特性设计光学偏振片;在分析化学中,利用某些物质的液体对于传播其中的电磁波具有改变极化方向的特性来实现物质浓度的分析;在雷达目标探测的技术中,利用目标对电磁波散射过程中改变极化的特性实现目标的识别;在无线电技术中,利用天线发射和接收电磁波的极化特性实现最佳无线电信号的发射和接收,等等。在通信技术中,利用相互垂直极化电磁波,使同一物理信道传送的信息容量可以增加一倍。极化作为电磁波有限的参数(频率、幅度、相位、极化)之一,在信息技术中发挥越来越重要的重要。

6.3 导电媒质中的平面电磁波

6.3.1 导电媒质中电磁波的基本解

理想介质中均匀电磁波,比如平面电磁波式(6-1-15),在与波传播方向垂直的任意截面上,平面波的能流密度保持不变,这说明理想介质不损耗电磁波的能量。其原因在于理想介质中不存在可移动的带电粒子,没有传导电流,介质的极化、磁化所消耗能量仍然转化为电磁场能。

导电媒质中的电磁波所面临的情况则不同。由于导电媒质中存在可以移动的带电粒子,可移动的带电粒子在外加电磁场的作用下形成传导电流,传导电流必然产生热损耗,求得其耗散功率密度为 $0.5\sigma E^2$,使得导电媒质中电磁波的能量在传播过程中不断消耗。可以预言,电磁波在导电媒质内传播,其电场、磁场将随传播距离增加而不断衰减。本节以导电媒质为例,讨论有耗媒质中平面电磁波相关特性。

【例 6.2】 证明:导电媒质内电荷密度恒为零,所带电荷只能分布于表面。

证 利用电场高斯定理、欧姆定律、电荷守恒定律,得到导电媒质内电荷密度满足如下方程:

$$\nabla\cdot\boldsymbol{J}(\boldsymbol{r},t)=\sigma\nabla\cdot\boldsymbol{E}(\boldsymbol{r},t)=\frac{\sigma}{\varepsilon}\rho(\boldsymbol{r},t)\Rightarrow\frac{\partial\rho(\boldsymbol{r},t)}{\partial t}=-\frac{\sigma}{\varepsilon}\rho(\boldsymbol{r},t)=-\tau\rho(\boldsymbol{r},t)$$

其中,σ、ε 分别是导电媒质的电导率和介电常数。求解该方程,得到导电媒质内电荷密度表示式为

$$\rho(\boldsymbol{r},t)=\rho_0(\boldsymbol{r})\exp\left(-\frac{\sigma}{\varepsilon}t\right)=\rho_0(\boldsymbol{r})\exp(-\tau t)$$

其中，$\rho_0(\boldsymbol{r})$为 $t=0$ 时刻导电媒质内的电荷密度。该结果表明，导电媒质中的电荷密度随时间推移按指数规律衰减，衰减速度与导电媒质电磁特性参数 ε、σ 有关。下面分两种情况作进一步讨论。

（1）初始时导电媒质内电荷密度为零，则 $\rho(\boldsymbol{r},t)=0$。

（2）即使导电媒质内初始电荷密度不为零，随时间推移也将迅速衰减，特别是良导体（如铜、银等）$\tau\approx10^{-17}$ s，存在于媒质内的净余电荷将迅速衰减为零。如果导电媒质有外加电荷，根据电荷守恒定律可以肯定媒质所带电荷只能分布于表面。本例仅就命题对于时变电磁场成立给予了证明，静态电磁场情形，请读者自己完成。

导电媒质内宏观电荷密度（正、负电荷代数和）为零，但其内部可移动带电粒子在外场作用下定向运动形成的电流，强度由欧姆定律给出，即 $\boldsymbol{J}=\sigma\boldsymbol{E}$。于是导电媒质中的麦克斯韦方程组为

$$\begin{cases}\nabla\cdot\boldsymbol{D}=0\\ \nabla\cdot\boldsymbol{B}=0\\ \nabla\times\boldsymbol{E}=-\mathrm{j}\omega\mu\boldsymbol{H}\\ \nabla\times\boldsymbol{H}=\boldsymbol{J}+\mathrm{j}\omega\varepsilon\boldsymbol{E}=\mathrm{j}\omega\varepsilon'\boldsymbol{E}\end{cases}\tag{6-3-1}$$

其中，ε'为复介电常数，从其定义引入式可得

$$\varepsilon'=\varepsilon+\frac{\sigma}{\mathrm{j}\omega}=\varepsilon\left(1+\frac{\sigma}{\mathrm{j}\omega\varepsilon}\right)\tag{6-3-2}$$

将方程(6-3-1)与理想介质中麦克斯韦方程组

$$\begin{cases}\nabla\cdot\boldsymbol{D}=0\\ \nabla\cdot\boldsymbol{B}=0\\ \nabla\times\boldsymbol{E}=-\mathrm{j}\omega\mu\boldsymbol{H}\\ \nabla\times\boldsymbol{H}=\mathrm{j}\omega\varepsilon\boldsymbol{E}\end{cases}\tag{6-3-3}$$

比较，两者有完全相同的形式。通过引入复介电常数，导电媒质中的时谐电场与理想介质中的时谐电场满足相同的方程，即

$$\begin{cases}\nabla^2\boldsymbol{E}+k^2\boldsymbol{E}=0\\ k=\omega\sqrt{\varepsilon'\mu}\end{cases}\tag{6-3-4}$$

磁场也满足同样的方程。但必须注意，理想介质的介电常数为大于零的实数，而导电媒质的介电常数为复数，所以波数 $k=\omega\sqrt{\varepsilon'\mu}$为复数。为便于应用理想介质中电磁波方程已有的求解结果，又能加以区别，仍将方程(6-3-4)的基本解表示如下：

$$\begin{cases}\boldsymbol{E}(\boldsymbol{r})=\boldsymbol{E}_0\exp(-\mathrm{j}\boldsymbol{k}\cdot\boldsymbol{r})\\ \boldsymbol{H}(\boldsymbol{r})=\mathrm{j}\dfrac{1}{\omega\mu}\nabla\times\boldsymbol{E}(\boldsymbol{r})=\dfrac{1}{k\tilde{\eta}}\boldsymbol{k}\times\boldsymbol{E}\end{cases}\tag{6-3-5}$$

其中，$\boldsymbol{k}$ 为复波矢量，$\tilde{\eta}$ 为复波阻抗，分别定义为

$$\begin{cases}\boldsymbol{k}=\boldsymbol{\beta}-\mathrm{j}\boldsymbol{\alpha}\\ \tilde{\eta}=\sqrt{\dfrac{\mu}{\varepsilon'}}\end{cases}\tag{6-3-6}$$

为突出导电媒质中平面电磁波的特性分析，假设导电媒质充满了整个空间，电磁波的电场、磁场仅为 z 的函数，$\boldsymbol{\alpha}$、$\boldsymbol{\beta}$ 也只有 z 分量，且为实数。导电媒质中电磁波方程的基本解(6-3-5)演变为

$$\begin{cases}\boldsymbol{E}(z)=\boldsymbol{E}_0\mathrm{e}^{-\alpha z}\exp(-\mathrm{j}\beta z)\\ \boldsymbol{H}(z)=\dfrac{1}{\tilde{\eta}}\hat{e}_z\times\boldsymbol{E}(z)\end{cases}\tag{6-3-7}$$

利用复波矢数的定义

$$k^2=\beta^2-\alpha^2-2\mathrm{j}\alpha\beta=\omega^2\mu\varepsilon\left(1-\mathrm{j}\,\frac{\sigma}{\omega\varepsilon}\right)\tag{6-3-8}$$

得到复波数的实部和虚部满足如下方程：

$$\begin{cases}\beta^2-\alpha^2=\omega^2\mu\varepsilon\\ 2\alpha\beta=\omega\sigma\mu\end{cases}\tag{6-3-9a}$$

求解方程得到相关参数如下：

$$\begin{cases}\beta=\left(\dfrac{\omega^2\mu\varepsilon}{2}\right)^{\frac{1}{2}}\left[1+\sqrt{1+\left(\dfrac{\sigma}{\varepsilon\omega}\right)^2}\right]^{\frac{1}{2}}\\ \alpha=\left(\dfrac{\omega^2\mu\varepsilon}{2}\right)^{\frac{1}{2}}\left[\sqrt{1+\left(\dfrac{\sigma}{\omega\varepsilon}\right)^2}-1\right]^{\frac{1}{2}}\\ \tilde{\eta}=\sqrt{\dfrac{\mu}{\varepsilon'}}=|\tilde{\eta}|\,\mathrm{e}^{\mathrm{j}\varphi}=\sqrt{\dfrac{\mu}{\varepsilon}}\left[1+\left(\dfrac{\sigma}{\omega\varepsilon}\right)^2\right]^{-\frac{1}{4}}\exp\left(\mathrm{j}\,\dfrac{1}{2}\arctan\dfrac{\sigma}{\omega\varepsilon}\right)\end{cases}\tag{6-3-9b}$$

将上述参数代入方程(6-3-7)并写进时谐因子，得到其瞬时值表示式为

$$\begin{cases}\boldsymbol{E}(z,t)=\boldsymbol{E}_0\mathrm{e}^{-\alpha z}\cos(\omega t-\beta z)\\ \boldsymbol{H}(z,t)=|\tilde{\eta}|^{-1}\hat{e}_z\times\boldsymbol{E}_0\mathrm{e}^{-\alpha z}\cos(\omega t-\beta z-\varphi)\end{cases}\tag{6-3-10}$$

从而求得导电媒质中时谐电磁场的基本解。

6.3.2　导电媒质中平面电磁波的基本特性

将方程(6-3-10)与理想介质空间时谐电磁场基本解

$$\begin{cases}\boldsymbol{E}(z,t)=\boldsymbol{E}_0\cos(\omega t-kz+\varphi_0)\\ \boldsymbol{H}(z,t)=\boldsymbol{H}_0\cos(\omega t-kz+\varphi_0)\end{cases}$$

比较，导电媒质中时谐电磁场的基本解具有如下特点。

(1) 导电媒质中电磁波的基本解为均匀平面电磁波；电场、磁场与波的传播方向相互垂直，仍然为横电磁波。

(2) 导电媒质中的平面电磁波的电场和磁场的振幅随传播距离增加而呈指数衰减，如图 6-9 所示。衰减快慢程度由参数 α 确定，故称 α 为衰减常数，其物理意义为波传播方向上传播单位距离，场的振幅衰减 $\mathrm{e}^{-\alpha}$ 倍。

(3) 参数 β 与理想介质中 k 有相同的物理意义，为导电媒质的相位常数。但 β 为频率的非线性函数，波的相速度与频率有关，称这种媒质为色散媒质。电磁波在色散媒质中传播表现出复杂的特性，这将在下一节讨论。

(4) 空间同一点处电场与磁场有固定相位差，其值为复波阻抗 $\tilde{\eta}$ 的幅角，即

$$\varphi=\frac{1}{2}\arctan\frac{\sigma}{\omega\varepsilon}$$

其物理含义是电场超前磁场的相位量。

(5) 电场、磁场具有不同的能量密度，且电场能量密度小于磁场能量密度。利用方程(6-3-10)，求得能流密度矢量 $\boldsymbol{S}$，以及电场和磁场能量密度：

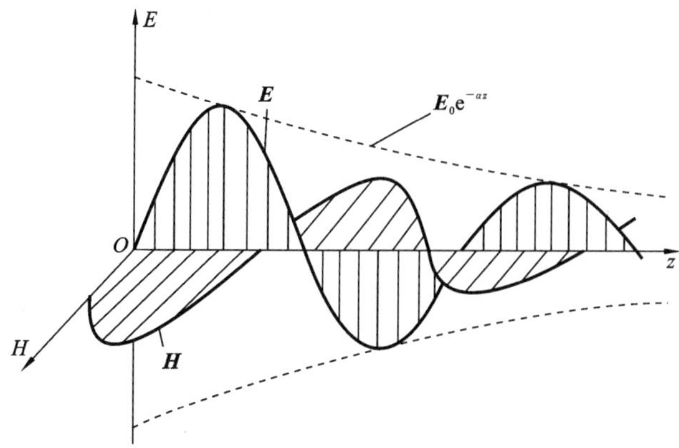

图 6-9 沿 z 轴衰减传播的电磁波

$$\begin{cases} \boldsymbol{S}=\dfrac{1}{2}\mathrm{Re}(\boldsymbol{E}\times\boldsymbol{H}^*)=\dfrac{\hat{e}_z}{2|\tilde{\eta}|}|\boldsymbol{E}_0|^2e^{-2\alpha|z|}\cos\phi \\ w_e=\dfrac{1}{4}\varepsilon\ |\boldsymbol{E}_0|^2e^{-2\alpha|z|} \\ w_m=w_e\left[1+\left(\dfrac{\sigma}{\omega\varepsilon}\right)^2\right]^{\frac{1}{2}}\geqslant w_e \end{cases} \tag{6-3-11}$$

由此可见，在导电媒质中，随着传播距离的增加，电磁波的电场、磁场和能流密度矢量 $\boldsymbol{S}$ 呈指数衰减。另一个有趣的物理现象是，导电媒质中传播的电磁波的磁场能量密度大于电场能量密度。这一结果提示我们在导电媒质中接收电磁波信号，最好使用对磁场敏感的接收天线，以便最大地获取电磁波信号的能量。

6.3.3 良导体的趋肤效应与穿透深度

导电媒质中，相位常数 β、衰减常数 α、复波阻抗 $\tilde{\eta}$、电场与磁场的相位差及电磁场的能量密度等物理量均与 $\dfrac{\sigma}{\omega\varepsilon}$ 有关。因此，导电媒质的电磁特性参数决定了导电媒质中电磁波基本解的特性。事实上 $\dfrac{\sigma}{\omega\varepsilon}$ 正好是媒质中传导电流 $\sigma\boldsymbol{E}$ 与位移电流 $\varepsilon\omega\boldsymbol{E}$ 幅度之比，在一定程度上反映了媒质导电的性能。据此可对导电媒质导电特性作一简单分类，即当 $\dfrac{\sigma}{\omega\varepsilon}\ll1$ 时，传导电流远小于位移电流，说明媒质导电性能差，称为弱导电媒质；当 $\dfrac{\sigma}{\omega\varepsilon}\to1$ 时，传导电流和位移电流相接近，称媒质为半导体；当 $\dfrac{\sigma}{\omega\varepsilon}\gg1$ 时，传导电流远大于位移电流，导电媒质为良导体。

对于良导体，$\dfrac{\sigma}{\omega\varepsilon}\gg1$，$\alpha$、$\beta$ 和 $\tilde{\eta}$ 可以简化为

$$\begin{cases} \alpha=\left(\dfrac{\omega^2\mu\varepsilon}{2}\right)^{\frac{1}{2}}\left[\sqrt{1+\left(\dfrac{\sigma}{\omega\varepsilon}\right)^2}-1\right]^{\frac{1}{2}}=\sqrt{\dfrac{\omega\mu\sigma}{2}}\gg1 \\ \beta=\left(\dfrac{\omega^2\mu\varepsilon}{2}\right)^{\frac{1}{2}}\left[1+\sqrt{1+\left(\dfrac{\sigma}{\varepsilon\omega}\right)^2}\right]^{\frac{1}{2}}=\sqrt{\dfrac{\omega\mu\sigma}{2}}\gg1 \\ \tilde{\eta}=\sqrt{\dfrac{\mu}{\varepsilon}}\left[1+\left(\dfrac{\sigma}{\omega\varepsilon}\right)^2\right]^{-\frac{1}{4}}\exp\left(\mathrm{j}\ \dfrac{1}{2}\arctan\dfrac{\sigma}{\omega\varepsilon}\right)=\sqrt{\dfrac{\mu\omega}{\sigma}}\exp(\mathrm{j}45^\circ) \end{cases} \tag{6-3-12}$$

由于良导体的衰减常数 α 很大,故良导体内部电磁波衰减很快,电磁波在良导体内传播距离相当小。为了描述电磁波在良导体中传播的距离大小,定义电磁波幅度衰减至 e^{-1} 所传播的距离为良导体中电磁波的穿透深度 δ,利用方程(6-3-12)求得

$$\delta=\frac{1}{\alpha}=\sqrt{\frac{2}{\omega\mu\sigma}} \tag{6-3-13}$$

值得注意的是,穿透深度与频率相关,频率越高,穿透深度越小。

由于良导体的电导率 σ 很大(金属一般为 $10^7/(\Omega\cdot\text{m})$),电磁波在良导体中衰减很快、传播距离很小。当电磁波在导体中传播距离 $L=6\delta$ 时,电磁波幅度衰减为开始传播处幅度值的 10^{-6} 倍。所以良导体中的电磁波只存在于导体表面薄层中,这一现象称为良导体中电磁波的趋肤效应。

【例 6.3】 计算频率为 100 Hz、1 MHz、10 GHz 的电磁波在铜中的穿透深度。

解 金属铜的电导率 $\sigma\approx5.8\times10^7/(\Omega\cdot\text{m})$,当频率 $f_1=100$ Hz 时的穿透深度为

$$\delta_1=\frac{1}{\alpha}=\sqrt{\frac{2}{\omega\mu\sigma}}=\sqrt{\frac{1}{\pi\times100\times4\pi\times10^{-7}\times5.8\times10^7}}\ \text{m}=6.6\ \text{mm}$$

当频率 $f_2=1$ MHz 时的穿透深度为

$$\delta_2=\frac{1}{\alpha}=\sqrt{\frac{2}{\omega\mu\sigma}}=\sqrt{\frac{1}{\pi\times10^6\times4\pi\times10^{-7}\times5.8\times10^7}}\ \text{m}=6.6\times10^{-2}\ \text{mm}$$

当频率 $f_3=10$ GHz 时的穿透深度为

$$\delta_3=\frac{1}{\alpha}=\sqrt{\frac{2}{\omega\mu\sigma}}=\sqrt{\frac{1}{\pi\times10^{10}\times4\pi\times10^{-7}\times5.8\times10^7}}\ \text{m}=6.6\times10^{-4}\ \text{mm}$$

例题计算结果表明,频率越高,电磁波在铜中传播的距离越短,趋肤效应也越明显。在电路与各种电子信息系统中,由良导体制作的导线是连接元器件并构成电路网络的基本单元。当系统的工作频率较高时,导线用作传输高频信号将面临困难。图 6-10 为双导线信号传输的横截面模型示意图,当系统工作在直流或低频情况下,导线横截面中电场均匀分布,电流密度均匀分布。当系统工作在时变状态,特别是高频状态时,由于趋肤效应,导线内的电场仅存在于导线横截面的表层,电场驱动导体内电子形成的高频电流也只存在于导线的表层,有效传导电流的横截面积大大减少。另一方面,导线单位长度电阻与导线横截面积成反比(参考第 3.4 节中恒定电流的电场),从而导致传输高频信号的单位长度导线的电阻远大于传输低频或直流电信号时的电阻。

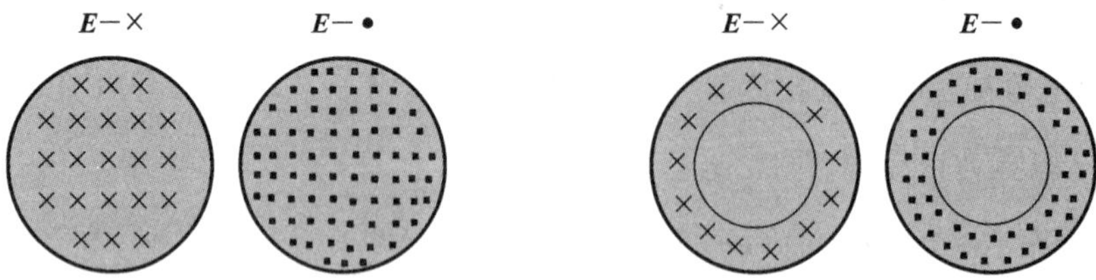

(a) 恒定电场情形下电流均匀分布　　(b) 时变电场时电流趋近表面分布

图 6-10　导线传输信号横截面模型

下面以导线为例,分析趋肤效应给高频信号传输带来的困难。信号(导线)轴向电场驱动导线内电子运动形成高频电流,从而建立信号的磁场;信号(导线横截面)径向电

场分量与信号磁场构成双导线高频信号的传输系统，如图 6-11(a)所示。由于良导体内电磁波沿导线横截面径向的穿透深度很小，导线内部电场迅速衰减为零，信号电流密度仅存在于导线表层，其横截面如图 6-11(b)所示。圆柱状横截面可以很好地近似等效为矩形条带，如图 6-11(c)所示。矩形条带中的高频信号电流密度为

$$\boldsymbol{J}=\sigma\boldsymbol{E}=\hat{e}_y\sigma E_0\exp(-\alpha z-\mathrm{j}\beta z) \tag{6-3-14a}$$

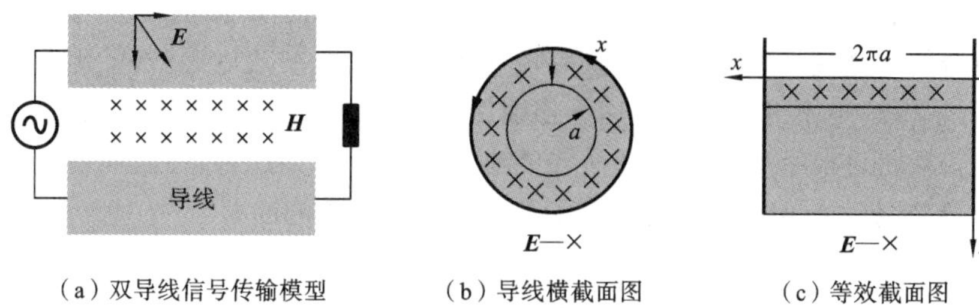

(a) 双导线信号传输模型　(b) 导线横截面图　(c) 等效截面图

图 6-11 导线横截面及其等效模型

为了方便数学计算，相比于良导体穿透深度，导线半径 a 的尺度(z 方向)可被视作无穷大。因此，导线横截面流过的电流可表示为

$$I=\iint_S\boldsymbol{J}\cdot\mathrm{d}\boldsymbol{S}=\int_0^{\infty}\int_0^{2\pi a}\sigma E_0\exp(-\alpha z-\mathrm{j}\beta z)\,\mathrm{d}z\mathrm{d}x\approx 2\pi a\frac{\sigma E_0}{\alpha+\mathrm{j}\beta} \tag{6-3-14b}$$

传输高频信号时单位长度导线的阻抗为

$$Z=\frac{U}{I}=\frac{E_0}{I}=\frac{1}{\sigma}\frac{(\alpha+\mathrm{j}\beta)}{2\pi a}=\frac{1}{\sigma}\frac{(\alpha+\mathrm{j}\beta)}{2\pi a}=\frac{1}{\sigma}\frac{1}{2\pi a\delta}(1+\mathrm{j}) \tag{6-3-15}$$

而将该导线用于直流或低频电信号传输，其单位长度的阻抗是

$$Z=\frac{U}{I}=\frac{E_0}{I}=\frac{1}{\sigma}\frac{1}{\pi a^2} \tag{6-3-16}$$

比较式(6-3-15)和式(6-3-16)不难发现，导线在传输恒定电流时横截面的面积为 πa^2，而传输高频电流时的有效面积仅为 $2\pi a\delta$，缩小因子为 $2\delta/a$，电阻放大了 $a/2\delta$ 倍。如铜导线的半径为 $a=0.005$ m，其电导率 $\sigma=5.8\times10^7/(\Omega\cdot\mathrm{m})$，单位长度直流电阻约为 $2.2\times10^{-4}\ \Omega$；而对于频率为 1 MHz 的高频电信号，求得其单位长度阻抗的实部约为 $8.3\times10^{-2}\ \Omega$，良导体的趋肤效应使得单位长度导线电阻较恒定电流的电阻增加了两个数量级。从量级上估计，高频电阻率将低频或直流电阻率放大了 $1/\delta$ 倍。

【例 6.4】 海水的电磁特性参数大约为 $\varepsilon=81\varepsilon_0$，$\mu=\mu_0$，$\sigma=4$ S/m，分析海水的导电特性，并计算 1 kHz、10 kHz、1 MHz 电磁波的穿透深度。

解 根据海水电磁特性参数，求得 10 MHz 以下频率的电磁波的

$$\left(\frac{\sigma}{\omega\varepsilon}\right)=\frac{4}{2\pi f 81\times8.85\times10^{-12}}\approx\frac{10^9}{f}\geqslant100\gg1$$

属良导电媒质。10 MHz 以下频率的电磁波的穿透深度约为

$$\delta=\frac{1}{\alpha}=\sqrt{\frac{2}{\omega\mu\sigma}}=\sqrt{\frac{1}{\pi f\mu\sigma}}=\sqrt{\frac{1}{16\pi^2\times10^{-7}f}}\approx\frac{251}{\sqrt{f}}$$

计算得到 1 kHz、10 kHz、1 MHz 的穿透深度为 8 m、2.5 m 和 0.0025 m。

上述分析与计算结果表明，电磁波在海水中衰减快、传播距离短，频率大于 1 MHz 以上的电磁波的穿透深度为厘米量级以下，这给潜艇通信带来了巨大困难。潜艇通信包括岸基对潜、潜艇对岸、潜艇与潜艇、潜艇与飞机、潜艇与舰艇之间的外部通信和潜艇

内部通信等。为了减少潜艇暴露的可能性,通信方式多以隐蔽、单向非实时和低截获潜艇水下通信为主。若要使无线电信号在海水传播衰减小,则无线电信号工作频率必须很低,波长很长。频率在 1～10 kHz 电磁波,穿透深度在 10 m 量级,为潜艇通信可用频段。频率很低的无线电信号不仅通信容量极小(通信容量与信号带宽成正比),同时还需要巨大的发射天线系统。比如,频率为 1 kHz 的电磁波,其天线长度约为 75 km 的量级(参考电磁辐射与天线内容)。如此庞大的天线,陆地建设并非易事,潜艇上则根本不可能建造如此规模的发射天线。通信发射台只能建立在陆地,使得陆地与潜艇只能单向广播式通信,更不可能将其应用于潜艇之间通信。因此,对潜通信,特别是潜艇之间的通信仍然是目前军事通信领域面临的难题。正因为如此,目前世界各先进国家大力探索包括蓝绿激光、水声、中微子等技术在内的对潜通信技术。

6.4 电磁波速度

6.4.1 电磁波速度的物理含义

变化的电场和磁场相互激发在空间传递的速度可视为电磁波的速度。但是,只要稍作分析,就会发现上述关于电磁波速度的定义只是一个笼统含糊的概念,缺乏明确具体的物理量。因此,必须考察电磁波动中具体物理量的传播,才能明确电磁波传播速度的确切含义。以一维空间电磁波传播过程为例,至少有下面三类不同物理量的传播速度,即已经讨论并给出具体定义的平面波相位传播速度、电磁波作为能量的传播速度和电磁波信号波的传播速度,分别如图 6-12(a)、(b)、(c)所示。下面将详细讨论这三类物理量传播速度是如何定义的,它们之间有何不同,以及有何联系。

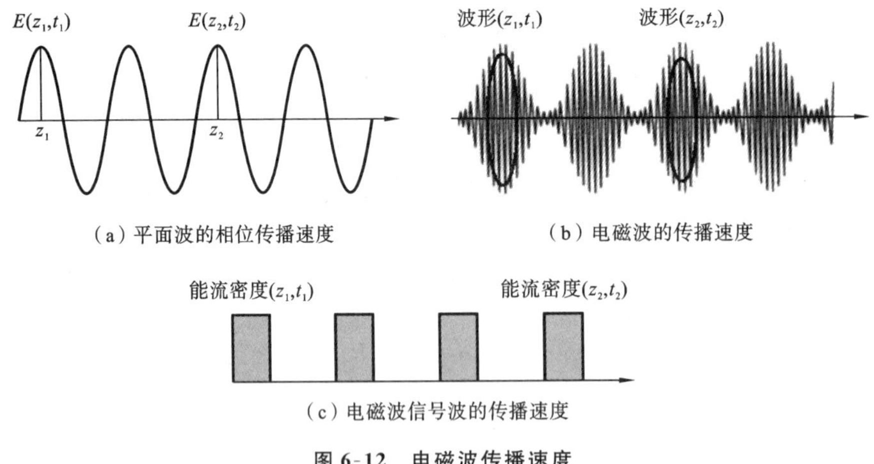

图 6-12 电磁波传播速度

6.4.2 电磁波相速度与群速度

前面已经讨论了电磁波相位传播速度概念,即电磁波等相位面的传播速度,并求得媒质空间中时谐电磁场等相位面传播的速度为

$$\boldsymbol{v}_p=\frac{\omega}{k^2}\boldsymbol{k}=\frac{\hat{k}}{\sqrt{\varepsilon\mu}} \tag{6-4-1}$$

值得注意，这里的相速度定义只针对单一时谐频率而言。如果 μ、ε 与频率无关，$\boldsymbol{v}_p$ 为常矢量；反之 $\boldsymbol{v}_p$ 为频率的函数。不同频率的电磁波在媒质中传播的相速度不同，称为媒质的色散，具有色散现象的媒质称为色散媒质。

单频时谐电磁波是理想状态下波动方程的基本解，它在时间和空间上无限延伸。这种理想状态时谐电磁波不仅不存在，同时也没有实际意义和应用价值。因为时谐电磁波的状态完全确定，既不能携带或传播信息，也不能作为测距、定位、控制、监测的工具或手段。真正实际应用的电磁波信号不是单一频率时谐电磁波信号，而是根据不同需求，由若干不同频率、不同振幅、不同初始相位的时谐电磁波叠加而形成的各种不同形状的电磁波包。如作为目标探测的雷达，其发射电磁波信号（如电场信号）是一系列的脉冲信号串，如图 6-13 所示。接收机通过接收目标反射的脉冲信号串，并与发射信号串比较，从而获取目标相关信息。根据不同的应用需要，雷达脉冲信号波可设计成各种不同的波形，如矩形、脉冲压缩调制等信号波形。另外一个实际信号是无线电调频广播信号

$$\boldsymbol{E}_{\mathrm{FM}}(\boldsymbol{r},t)=\boldsymbol{E}_0\exp[\mathrm{j}(\phi(\omega,t)-\boldsymbol{k}\cdot\boldsymbol{r})] \tag{6-4-2a}$$

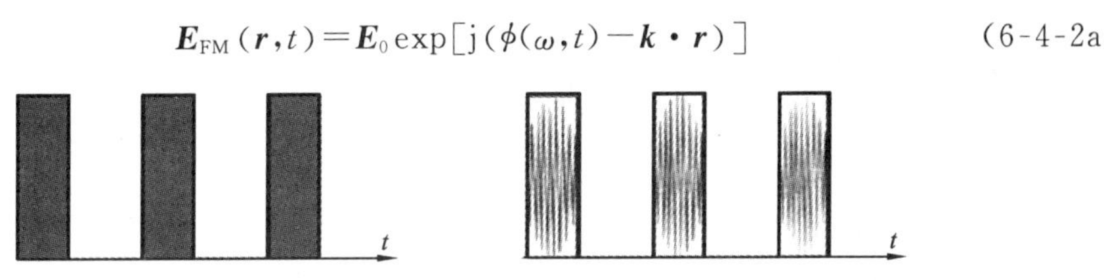

图 6-13　雷达波的脉冲信号波形

它是通过对主载波

$$\boldsymbol{E}_0(\boldsymbol{r},t)=\boldsymbol{E}_0\exp[\mathrm{j}\omega t-\boldsymbol{k}\cdot\boldsymbol{r}]$$

的复合信号（左声道信号与右声道信号预加权形成的和、差信号，以及导频信号复合而成的信号）频率调制形成，其频率调制函数为

$$\phi(\omega,t)=\omega_0 t+\int_0^t[k_{f1}s_1(t)+k_{f2}s_2(t)\cos(2\pi 2Ft)+k_{f3}\cos(2\pi Ft)]\mathrm{d}\tau \tag{6-4-2b}$$

其中，$s_1(t)$、$s_2(t)$为左右声道形成的和、差信号，k_{f1}、k_{f2}、k_{f3}为比例常数。

根据傅里叶变换理论，任何时域上的电磁信号（以电场为例）可表示为

$$\begin{cases}\boldsymbol{E}(t)=\dfrac{1}{\sqrt{2\pi}}\displaystyle\int_{-\infty}^{\infty}\widetilde{\boldsymbol{E}}(\omega)\mathrm{e}^{\mathrm{j}\omega t}\mathrm{d}\omega\\ \widetilde{\boldsymbol{E}}(\omega)=\dfrac{1}{\sqrt{2\pi}}\displaystyle\int_{-\infty}^{\infty}\boldsymbol{E}(t)\mathrm{e}^{-\mathrm{j}\omega t}\mathrm{d}t\end{cases} \tag{6-4-3}$$

磁场有相同的表示式。变换式表明，任何电磁信号波形（或称波包）是由多个不同频率、不同振幅、不同初相位的时谐电磁场叠加而成。波包中每个频率分量所对应的时谐电磁场在空间以平面电磁波

$$\boldsymbol{E}_\omega(\boldsymbol{r},t)=\widetilde{\boldsymbol{E}}(\omega)\exp[\mathrm{j}(\omega t-\boldsymbol{k}\cdot\boldsymbol{r})] \tag{6-4-4}$$

独立传播。因此，空间 $\boldsymbol{r}$ 点 t 时刻的电磁场是所有频率时谐电磁场的叠加，即

$$\boldsymbol{E}(\boldsymbol{r},t)=\frac{1}{\sqrt{2\pi}}\int_{-\infty}^{\infty}\widetilde{\boldsymbol{E}}(\omega)\exp[\mathrm{j}(\omega t-\boldsymbol{k}\cdot\boldsymbol{r})]\mathrm{d}\omega \tag{6-4-5}$$

式(6-4-5)中既包含了各频率分量的平面电磁波的相速度信息，同时也包含了该信

号各个频率分量叠加形成的波形或波包的传播信息。由于波包是由多个不同频率成分时谐电磁波族群的叠加而成,波形中心在空间的传播速度,即时谐电磁波族群叠加所形成的波包传播速度,故称为波包的群速度。

任何实际电磁波信号的频率总是被局限在一定的带宽范围内。这不仅有利于节约电磁波频谱资源,同时也降低了系统制造困难,减少了产品成本。图 6-14 所示的是一雷达信号电场脉冲串,$\widetilde{\boldsymbol{E}}(\omega)$只在$(\omega_0-\delta\omega,\omega_0+\delta\omega)$上定义,在该频谱的定义区域之外,$\widetilde{\boldsymbol{E}}(\omega)$近似为零。$\omega_0$ 为脉冲信号串的中心频率,该频率所对应的波数为 $k_0=\omega_0\sqrt{\mu\varepsilon}$。因此,实际应用的电磁波信号的电场表示式为

$$\boldsymbol{E}(\boldsymbol{r},t)=\frac{1}{\sqrt{2\pi}}\int_{\omega_0-\delta\omega}^{\omega_0+\delta\omega}\widetilde{\boldsymbol{E}}(\omega)\mathrm{e}^{\mathrm{j}(\omega t-\boldsymbol{k}\cdot\boldsymbol{r})}\mathrm{d}\omega \tag{6-4-6a}$$

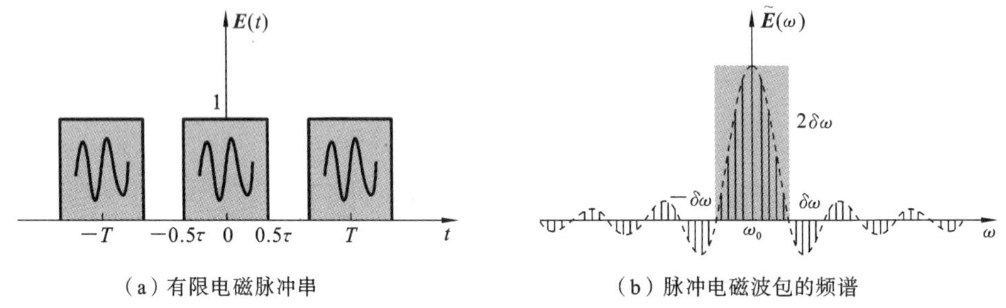

(a) 有限电磁脉冲串

(b) 脉冲电磁波包的频谱

图 6-14 脉冲电磁波包的频谱

为了获得波形(或波包)在空间传播特性,将式(6-4-6a)变形改写为

$$\boldsymbol{E}(\boldsymbol{r},t)=\boldsymbol{E}_0(\omega_0,\boldsymbol{r},t)\exp[\mathrm{j}(\omega_0 t-\boldsymbol{k}_0\cdot\boldsymbol{r})] \tag{6-4-6b}$$

其中,振幅项

$$\boldsymbol{E}_0(\omega_0,\boldsymbol{r},t)=\frac{1}{\sqrt{2\pi}}\int_{\omega_0-\delta\omega}^{\omega_0+\delta\omega}\widetilde{\boldsymbol{E}}(\omega)\mathrm{e}^{\mathrm{j}[(\omega-\omega_0)t-(\boldsymbol{k}-\boldsymbol{k}_0)\cdot\boldsymbol{r}]}\mathrm{d}\omega \tag{6-4-7}$$

式(6-4-6)表示的是一个被调制的平面电磁波,该平面波的振幅不再是常矢量,而是由多个不同频率成分叠加形成的,分布在一定空间区域(波包)并以波动形式在空间运动的电场包络。根据复变函数理论,电场振幅包络式(6-4-7)的最大值(称波包中心)由相位方程

$$[(\boldsymbol{k}-\boldsymbol{k}_0)\cdot\boldsymbol{r}-(\omega-\omega_0)t]=0 \tag{6-4-8}$$

确定。利用式(6-4-8)求得电磁波包中心在空间的传播速度为

$$\boldsymbol{v}_g=\boldsymbol{\nabla}\omega(k)|_{\omega_0}=\hat{e}_x\frac{\partial\omega}{\partial k_x}+\hat{e}_y\frac{\partial\omega}{\partial k_y}+\hat{e}_z\frac{\partial\omega}{\partial k_z} \tag{6-4-9}$$

此即群速度。对电磁波包中的磁场进行上述相同的处理,得到完全相同的结果。

对被调制的平面电磁波包式(6-4-7)作进一步分析,不难发现该电磁波包含两个完全不同概念的速度,即电磁波包中心传播速度和平面波的相位传播速度。下面进一步分析这两个不同速度之间的相互关系。首先讨论媒质电磁特性参数 μ、ε 与频率无关情形,此时 $k=\omega\sqrt{\mu\varepsilon}$,则

$$\boldsymbol{v}_g=\frac{\hat{e}_k}{\sqrt{\mu\varepsilon}}=\boldsymbol{v}_p \tag{6-4-10a}$$

相速度与群速度相同。在此情况下,不同频率成分的平面电磁波以相同的相速度传播,

不同频率的电磁信号叠加形成的波形(包)在传播过程中保持波形不变,同样也以相速度传播。如果空间媒质为色散媒质,即 $\mu=\mu(\omega)$,$\varepsilon=\varepsilon(\omega)$,则相速度随频率的变化而变化,群速度不再可能与相速度相同。以一维情形为例,利用群速度的定义式,求得两者之间的关系如下:

$$v_g=\frac{\mathrm{d}\omega}{\mathrm{d}k}=\frac{\mathrm{d}(kv_p)}{\mathrm{d}k}=v_p+k\frac{\mathrm{d}v_p}{\mathrm{d}k} \tag{6-4-10b}$$

由于不同频率的电磁波的相速度不同,使得不同频率的平面电磁波在媒质空间的某点处的相位不再相同,叠加形成的波形(包)将因位置的不同而变化,即电磁波包在色散媒质中传播将发生形变。有关色散媒质中电磁波包传播特性,将在下一小节作进一步讨论。

另一个让人感兴趣的问题是电磁波能量传播速度,以及它与电磁波相速度、群速度又有何种关系。对于单一频率时谐电磁场,相位传播速度也就是电磁波能量传播速度。对于电磁波包而言,将电磁波包的电场矢量式(6-4-6)代入能流密度矢量的定义式,得到电磁波包能流密度矢量

$$\boldsymbol{S}=\frac{1}{2}\mathrm{Re}(\boldsymbol{E}\times\boldsymbol{H}^*)=\frac{1}{2}\mathrm{Re}\left(\boldsymbol{E}\times\frac{\boldsymbol{k}\times\boldsymbol{E}^*}{k\eta}\right)=\frac{\hat{k}}{2\eta}\left|\boldsymbol{E}_0(\omega_0,\boldsymbol{r},t)\right|^2 \tag{6-4-11}$$

可见能流密度矢量的中心由电场波包幅度 $\boldsymbol{E}_0(\omega_0,\boldsymbol{r},t)$ 的中心确定,波包的中心亦为能流密度矢量的中心,所以电磁波包(中心)的运动速度同时又是电磁波包能流的运动速度。从能量角度看,稳态情形下的信号传输必然以能量的传输为信号的传输,因此,信号传播速度即能量的传播速度。因此,信号传播速度、能量传播速度和群速度是从不同的物理概念出发得到的同一物理量。

6.4.3 媒质色散与信号的失真

电磁波在色散媒质中传播,信号波形在传播过程中将发生形变,严重时导致信号失真,这会给通信、雷达、定位等电磁波应用造成困难。为了方便讨论和表述简单,仍以一维矩形脉冲方波为例,矩形脉冲宽度为 τ,中心频率为 ω_0,带宽为$(\omega_0-\delta\omega,\omega_0+\delta\omega)$,其频谱函数由傅里叶变换得到,时域波形和频谱结构如图 6-15(a)所示,以线极化电场信号为例,略去极化方向矢量,信号波形的表示式为

$$E(z,t)=\mathrm{e}^{\mathrm{j}[\omega_0 t-k_0 z]}\frac{1}{\sqrt{2\pi}}\int_{\omega_0-\delta\omega}^{\omega_0+\delta\omega}\widetilde{E}(\omega)\mathrm{e}^{\mathrm{j}[(\omega-\omega_0)t-(k-k_0)z]}\mathrm{d}\omega \tag{6-4-12a}$$

其中,$\widetilde{E}(\omega)$为矩形脉冲信号的频谱函数,信号波包由函数

$$E_0(\omega_0,z,t)=\frac{1}{\sqrt{2\pi}}\int_{\omega_0-\delta\omega}^{\omega_0+\delta\omega}\widetilde{E}(\omega)\mathrm{e}^{\mathrm{j}[(\omega-\omega_0)t-(k-k_0)z]}\mathrm{d}\omega \tag{6-4-12b}$$

描述。下面讨论式(6-4-12)在色散和非色散媒质中传播的特性。

(1) 信号在非色散媒质中传播。对于非色散媒质,μ、ε 与频率无关。信号波包中的各频率的平面波的相速度 v_p 为相同的常数。在 $t=0$ 时刻,根据复变函数理论,波包中心由方程

$$\frac{\mathrm{d}}{\mathrm{d}\omega}[(k-k_0)z]=\sqrt{\mu\varepsilon}z=0$$

确定,即波包中心在 $z_C=0$ 处,其波形表示式为

$$E_0(\omega_0,z,0)=\frac{1}{\sqrt{2\pi}}\int_{\omega_0-\delta\omega}^{\omega_0+\delta\omega}\widetilde{E}(\omega)\mathrm{e}^{-\mathrm{j}(k-k_0)z}\mathrm{d}\omega \tag{6-4-13}$$

其波包如图 6-15(b)中图所示。

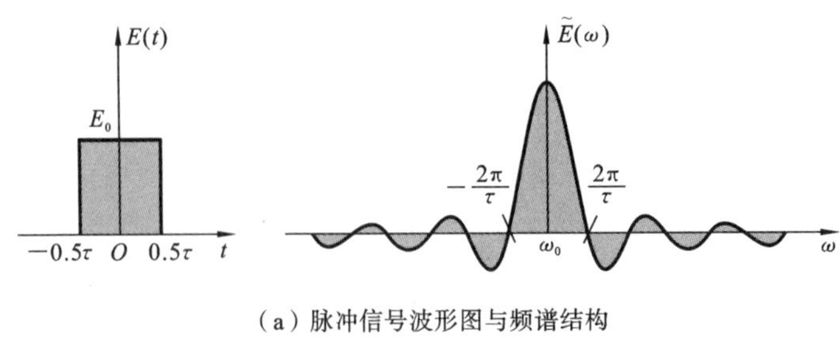

(a) 脉冲信号波形图与频谱结构

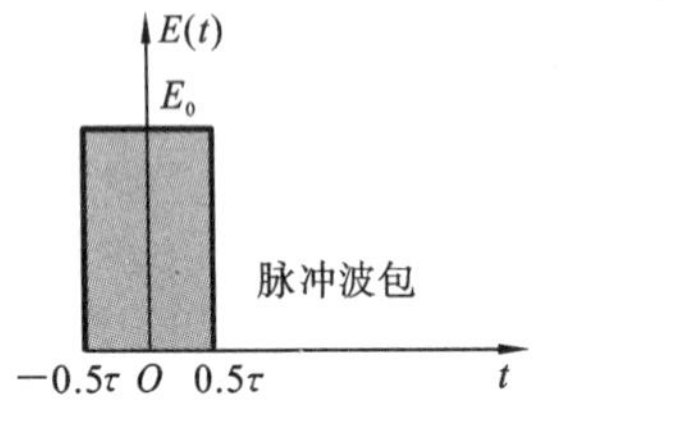

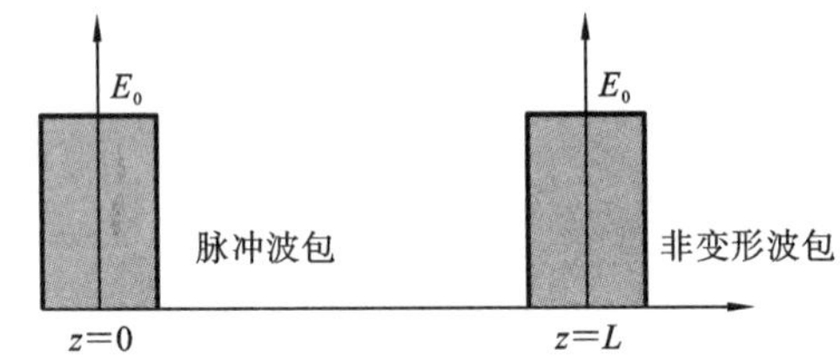

(b) 波包传播不发生形变

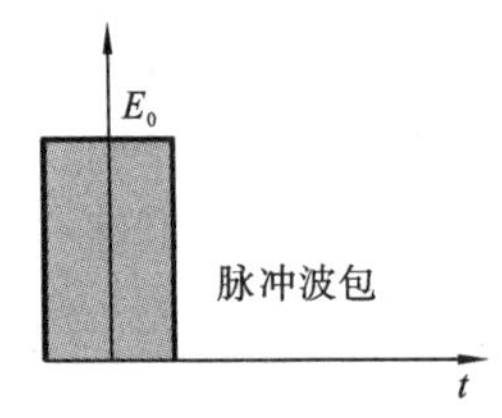

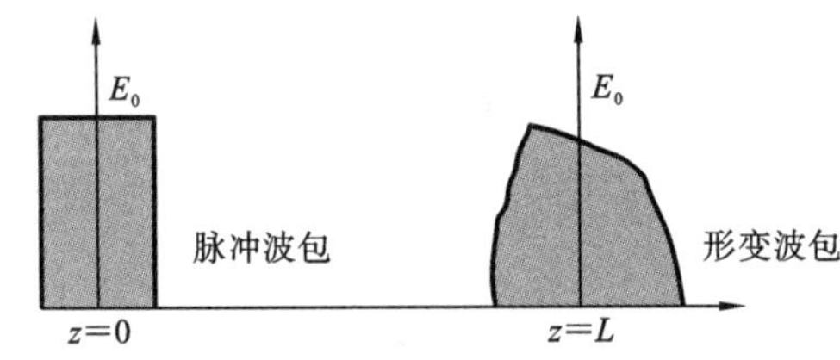

(c) 波包传播发生形变

图 6-15 媒质色散导致信号的畸变

当 $t=t_1$ 时刻，波包中心由方程

$$\frac{\mathrm{d}}{\mathrm{d}\omega}[(\omega-\omega_0)t_1-(k-k_0)z]=t_1-\sqrt{\mu\varepsilon}z=0$$

确定，由此得到波包中心位于

$$z_C=\frac{1}{\sqrt{\mu\varepsilon}}t_1=v_g t_1=v_p t_1$$

其波包形状为

$$E_0(\omega_0,z,z_C)=\frac{1}{\sqrt{2\pi}}\int_{\omega_0-\delta\omega}^{\omega_0+\delta\omega}\widetilde{E}(\omega)\mathrm{e}^{-\mathrm{j}(k-k_0)(z-z_C)}\mathrm{d}\omega \tag{6-4-14}$$

显然，式(6-4-14)与式(6-4-13)有相同的波包形状，所不同的是式(6-4-13)的波包中心在 $z=0$，而式(6-4-14)的波包中心在 $z=z_C$。正好是经 t_1 后，波包中心由 $z=0$ 传播到 z_C，波形未发生改变，如图 6-15(b)右图所示，即波包在非色散媒质中传播不发生形变。

(2) 信号在色散媒质中传播。对于色散媒质，μ、ε 是频率的函数。当 $t=0$ 时，波包中心仍由 $\sqrt{\mu\varepsilon}z=0$ 确定，即在 $z=0$ 处，其波形与式(6-4-13)表示的波形相同。但当 $t=t_1\neq 0$ 时，波包的中心由方程

$$\frac{\mathrm{d}}{\mathrm{d}\omega}[(\omega-\omega_0)t_1-(k-k_0)z]=t_1-\frac{\mathrm{d}(k-k_0)}{\mathrm{d}\omega}z=0$$

确定。求解得到 $z_C=\left(\frac{\mathrm{d}k}{\mathrm{d}\omega}\right)^{-1}t_1=v_g t_1$，其中 $v_g=\left(\frac{\mathrm{d}k}{\mathrm{d}\omega}\right)^{-1}$ 为波包的群速度。由于 μ、ε 是频率的函数，将波数 k 在信号中心频率 ω_0 的邻域上展开，得

$$k(\omega)=k(\omega_0)+\left(\frac{\mathrm{d}k}{\mathrm{d}\omega}\right)_{\omega_0}\mathrm{d}\omega+\frac{1}{2}\left(\frac{\mathrm{d}^2k}{\mathrm{d}\omega^2}\right)_{\omega_0}(\mathrm{d}\omega)^2+\cdots \tag{6-4-15}$$

并代入式(6-4-12b)，此时脉冲信号的波形为

$$\begin{aligned}E_0(\omega_0,z,z_C)&\approx\frac{1}{\sqrt{2\pi}}\int_{\omega_0-\delta\omega}^{\omega_0+\delta\omega}\widetilde{E}(\omega)\ \mathrm{e}^{\mathrm{j}\left[\left(\frac{\mathrm{d}k}{\mathrm{d}\omega}\right)_{\omega_0}(z_C-z)\mathrm{d}\omega-\frac{1}{2}\left(\frac{\mathrm{d}^2k}{\mathrm{d}\omega^2}\right)_{\omega_0}\mathrm{d}\omega^2 z\right]}\mathrm{d}\omega\\&=\frac{1}{\sqrt{2\pi}}\int_{\omega_0-\delta\omega}^{\omega_0+\delta\omega}\widetilde{E}(\omega)\ \mathrm{e}^{-\mathrm{j}\left(\frac{\mathrm{d}k}{\mathrm{d}\omega}\right)_{\omega_0}\mathrm{d}\omega(z-z_C)}\mathrm{e}^{-\mathrm{j}\left[\frac{1}{2}\left(\frac{\mathrm{d}^2k}{\mathrm{d}\omega^2}\right)_{\omega_0}\mathrm{d}\omega^2 z\right]}\mathrm{d}\omega\end{aligned} \tag{6-4-16}$$

比较式(6-4-16)和式(6-4-14)，它们表示不同的波形。这说明脉冲信号在传播过程中波包形状发生了改变，如图 6-15(c)右图所示，即电磁波包在色散媒质中传播将发生形变。

(3) 信号不失真的条件。将式(6-4-14)与式(6-4-16)比较，导致波形失真的原因是波包调制函数项中的指数项不同。如果信号的带宽 $2\delta\omega$ 小，μ、ε 又为该频带的缓变函数，则有

$$\left(\frac{\mathrm{d}^2k}{\mathrm{d}\omega^2}\right)_{\omega_0}\approx 0 \tag{6-4-17}$$

在这一条件下，式(6-4-16)变为

$$E_0(\omega_0,z,z_c)\approx\frac{1}{\sqrt{2\pi}}\int_{\omega_0-\delta\omega}^{\omega_0+\delta\omega}\widetilde{E}(\omega)\mathrm{e}^{\mathrm{j}\left[\left(\frac{\mathrm{d}k}{\mathrm{d}\omega}\right)_{\omega_0}(z_C-z)\mathrm{d}\omega\right]}\mathrm{d}\omega \tag{6-4-18}$$

式(6-4-18)与式(6-4-14)有相同的形式，所不同是调制函数中指数项的系数，一个为 $\sqrt{\mu\varepsilon}$，而另一个为 $\left(\frac{\mathrm{d}k}{\mathrm{d}\omega}\right)_{\omega_0}$。利用傅里叶变换的特性，容易证明它们具有相似的波形，这说明在满足式(6-4-17)的条件下，波包形状在传播过程中并未发生改变。因此，式(6-4-17)又称为信号波形不失真的条件。

6.5※ 各向异性媒质中的平面电磁波

6.5.1 线性、均匀、各向异性媒质

自然界除线性、均匀、各向同性媒质外，还存在一类电磁特性随外加电磁场方向不同而变化的媒质，称为各向异性媒质。如非磁性晶体，磁导率常数表现为各向同性，介电常数则表现出各异性，其本构关系为

$$\begin{cases}\boldsymbol{D}=\overleftrightarrow{\varepsilon}\cdot\boldsymbol{E}\\\boldsymbol{B}=\mu\boldsymbol{H}\end{cases} \tag{6-5-1}$$

式中：$\overleftrightarrow{\varepsilon}$ 有 9 个分量，用矩阵表示为

$$\overleftrightarrow{\varepsilon}=\begin{pmatrix}\varepsilon_{11} & \varepsilon_{12} & \varepsilon_{13}\\ \varepsilon_{21} & \varepsilon_{22} & \varepsilon_{23}\\ \varepsilon_{31} & \varepsilon_{32} & \varepsilon_{33}\end{pmatrix} \tag{6-5-2}$$

称为张量介电常数。又如置于强磁场中的铁氧体,对时变电磁场表现出介电常数为各向同性,磁导率为各向异性特性,其本构关系为

$$\begin{cases}\boldsymbol{D}=\varepsilon\boldsymbol{E}\\ \boldsymbol{B}=\overleftrightarrow{\mu}\cdot\boldsymbol{H}\end{cases} \tag{6-5-3}$$

其中:

$$\overleftrightarrow{\mu}=\begin{pmatrix}\mu_{11} & \mu_{12} & \mu_{13}\\ \mu_{21} & \mu_{22} & \mu_{23}\\ \mu_{31} & \mu_{32} & \mu_{33}\end{pmatrix} \tag{6-5-4}$$

称为张量磁导率常数。

除各向异性电介质和磁介质外,自然或人工制造媒质中还有一类表现出双各向异性媒质。这类媒质的介电常数和磁导率常数均表现为各向同性,其本构关系为

$$\begin{cases}\boldsymbol{D}=\overleftrightarrow{\varepsilon}\cdot\boldsymbol{E}\\ \boldsymbol{B}=\overleftrightarrow{\mu}\cdot\boldsymbol{H}\end{cases} \tag{6-5-5}$$

6.5.2 磁化等离子体的张量介电常数

各向异性媒质种类很多,本节以磁化等离子体为例,讨论这类媒质中时谐电磁场的基本解及有关特性。所谓磁化等离子体,是指处于恒定外加磁场中的等离子体。例如,恒定地磁场中被电离的地球外空气体(即电离层),即是磁化等离子体实际模型。

等离子体类似于金属导体,其中存在大量被电离的电子和离子。相比较而言,离子的质量很大,而电子的质量很小,所以等离子体中电子处在剧烈运动中。理论和实验证明等离子体的磁导率与自由空间磁导率常数差别很小,但电导率参数表现出复杂的特性。究其原因主要在于等离子体中的电子表现出复杂的运动特性。为了突出等离子体中电子运动的主要特点,一种近似的处理方法是忽略等离子体中的自由电子与离子之间的碰撞,通常称这一近似处理的等离子体模型为冷等离子体。

设等离子体处在恒定外加磁场$\boldsymbol{B}_0$中,并假定将要讨论的时谐电磁场的磁场远小于外磁场$\boldsymbol{B}_0$,即$|\mu_0\boldsymbol{H}|\ll|\boldsymbol{B}_0|$。电场与磁场对电子作用力之比值有如下近似关系:

$$\frac{|e\boldsymbol{E}|}{|e\boldsymbol{v}\times\boldsymbol{B}|}=\frac{|e\boldsymbol{E}|}{|ev\mu_0\boldsymbol{H}|}=\frac{c}{v}\gg 1 \tag{6-5-6}$$

式中:$\boldsymbol{v}$为自由电子运动速度;e为电子的电荷量。该比值表明,与电场作用力相比,等离子体中时谐电磁场的磁场对电子作用力可忽略不计。等离子体中的电子运动方程近似为

$$\begin{cases}\boldsymbol{F}=-e[\boldsymbol{E}+\boldsymbol{v}\times(\boldsymbol{B}_0+\mu_0\boldsymbol{H})]\approx -e[\boldsymbol{E}+\boldsymbol{v}\times\boldsymbol{B}_0]\\ m\dfrac{\mathrm{d}v}{\mathrm{d}t}=\boldsymbol{F}\end{cases} \tag{6-5-7}$$

对于时谐电磁场,电子在时谐场作用下的运动也具有时谐运动特点,因此,电子的运动方程可简化为

$$-\mathrm{j}\left(\frac{m}{e}\right)\omega \boldsymbol{v}=\boldsymbol{E}+\boldsymbol{v}\times\boldsymbol{B}_0 \tag{6-5-8}$$

式中：m 为电子的质量。将外加磁场方向设为 z 轴正向，经过整理，得到电子运动速度的表示式为

$$\begin{bmatrix} v_x \\ v_y \\ v_z \end{bmatrix}=\left(\frac{e}{m}\right)\begin{bmatrix} \dfrac{-\mathrm{j}\omega}{\omega_g^2-\omega^2} & \dfrac{\omega_g}{\omega_g^2-\omega^2} & 0 \\ \dfrac{\omega_g}{\omega_g^2-\omega^2} & \dfrac{-\mathrm{j}\omega}{\omega_g^2-\omega^2} & 0 \\ 0 & 0 & \dfrac{j}{\omega} \end{bmatrix}\begin{bmatrix} E_x \\ E_y \\ E_z \end{bmatrix} \tag{6-5-9}$$

式中：$\omega_g=\left(\dfrac{e}{m}\right)B_0$ 称为电子回旋角频率。

式(6-5-9)表明，由于外加恒定磁场的作用，时谐电场对电子的作用形成交叉耦合电流分量，如 x 方向电场分量的作用，不仅使电子沿 x 轴方向运动，同时还使电子沿 y 轴方向运动；电场的 y 分量作用也有同样的效果。由此可见，电场的某个方向分量的作用同时产生多个方向的传导电流，即传导电流的方向、大小不再各向同性地依赖于外加电场方向。因此，磁化等离子体中传导电流具有各向异性特点。

磁化等离子体中的自由电子，在外加时谐电磁场的作用下形成传导电流，其密度为

$$\boldsymbol{J}_f=\rho\boldsymbol{v}=-eN\boldsymbol{v} \tag{6-5-10}$$

式中：N 为等离子体中自由电子密度。将传导电流代入磁场环路定律，引用自由电子运动速度 $\boldsymbol{v}$ 的表示式(6-5-9)，整理得

$$\nabla\times\boldsymbol{H}=\mathrm{j}\omega\varepsilon_0\overset{\leftrightarrow}{\varepsilon}_r\cdot\boldsymbol{E} \tag{6-5-11}$$

式中：

$$\overset{\leftrightarrow}{\varepsilon}_r=\begin{bmatrix} \varepsilon_1 & \mathrm{j}\varepsilon_2 & 0 \\ -\mathrm{j}\varepsilon_2 & \varepsilon_1 & 0 \\ 0 & 0 & \varepsilon_3 \end{bmatrix} \tag{6-5-12a}$$

为磁化等离子体等效相对张量介电常数，求得矩阵中各元素如下：

$$\begin{cases} \varepsilon_1=1+\dfrac{\omega_p^2}{\omega_g^2-\omega^2} \\ \varepsilon_2=\dfrac{\omega_p^2\omega_g}{\omega(\omega_g^2-\omega^2)} \\ \varepsilon_3=1-\dfrac{\omega_p^2}{\omega^2} \end{cases} \tag{6-5-12b}$$

特别地，定义

$$\omega_p=\sqrt{\frac{Ne^2}{m\varepsilon_0}} \tag{6-5-12c}$$

为等离子体的临界频率，其具体意义将在后面讨论。

对上述结果稍作分析，不难发现，当 $\omega\to\omega_g$ 时，ε_1、$\varepsilon_2\to\infty$，$\boldsymbol{E}$、$\boldsymbol{H}$ 则变得很小直至趋于零。在这个频率上，等离子体中的自由电子将电磁场能量极大吸收而发生回旋共振，称为磁共振现象。比如地球外部空间中高层大气被太阳射线电离形成的电离层，处在地磁场中，属于天然磁化等离子体。如取地磁场 $B_0=5\times10^{-5}$ Wb/m^2，求得 $f_g=1.4$

MHz。当频率为 1.4 MHz 的电磁波信号在电离层中传播时,电离层对电磁波吸收达到最大。因此,在电离层中应用的各种电磁波信号,如卫星通信、卫星定位、短波通信等,应尽量回避这一频率,以保障电磁波信号能量不被共振吸收。

当 $B_0=0,\omega_g=0$,磁化等离子体退化为非磁化等离子体,张量介电常数退化为各向同性的标量介电常数,即

$$\overleftrightarrow{\varepsilon}_r=\begin{bmatrix}\varepsilon_3 & 0 & 0\\ 0 & \varepsilon_3 & 0\\ 0 & 0 & \varepsilon_3\end{bmatrix}=\varepsilon_3=1-\left(\frac{\omega_p}{\omega}\right)^2 \tag{6-5-13}$$

电磁波方程与各向同性介质中的方程相同。此时波数为

$$k=\omega\sqrt{\mu_0\varepsilon_0\varepsilon_3}=k_0\sqrt{1-\left(\frac{\omega_p}{\omega}\right)^2} \tag{6-5-14}$$

当电磁波频率 $\omega\leqslant\omega_p,\varepsilon_3<0$,　$k=\omega\sqrt{\mu_0\varepsilon_0\varepsilon_3}$为虚数,电磁波在等离子体中为指数衰减传播,此时等离子体相当于良导体,说明 $\omega\leqslant\omega_p$ 的电磁波不能在等离子体中传播。因此,ω_p 又称为等离子体临界频率,它与等离子体中电子密度$\sqrt{N}$成正比。

地球上空的电离层是磁化等离子体,但在其中的某些方向上仍具有非磁化等离子体特性。因此,地球外部电离层中电波传播同样有临界频率。以 F 层为例,电子密度最大值为$(1\sim2)\times10^6/\text{cm}^3$,将电子质量和电荷量等代入 ω_p 求得

$$f_p=\frac{1}{2\pi}\sqrt{\frac{Ne^2}{m\varepsilon_0}}\approx\frac{\sqrt{81N}}{2\pi}\approx13000000$$

所以电离层的最大临界频率大约为 13 MHz。这一频率是地球与卫星之间的信号传输必须回避的频率。因为地面与卫星之间充满了被太阳电离的气体——电离层,如果星-地之间通信信号频率低于电离层的最大临界频率,信号不能在电离层中传播,地面发送的信号不能到达卫星,反之亦然。

6.5.3　磁化等离子体中的平面电磁波

为突出磁化等离子体中时谐电磁波的特性,假设磁化等离子体均匀、线性、无耗地充满整个空间。下面讨论时谐电磁场在磁化等离子体中的可能解。关于时谐电磁场问题的求解通常有两种方式:① 直接求解时谐电磁场满足的波动方程的解,利用相关约束条件确定相关参数,如本章前面关于各向同性媒质中时谐电磁场的平面波解是这一方法的应用;② 不直接求波动方程的解,而是在假设解的基础上,利用方程和约束条件探求解的存在可能性,以及可能存在的解与相关参量配置的关系,这一方法又称为模式分析方法。

作为模式方法的应用举例,讨论时谐电磁场最简单的均匀平面电磁波解

$$\begin{cases}\boldsymbol{E}(\boldsymbol{r})=\boldsymbol{E}_0\exp(-\mathrm{j}\boldsymbol{k}\cdot\boldsymbol{r})\\ \boldsymbol{H}(\boldsymbol{r})=\boldsymbol{H}_0\exp(-\mathrm{j}\boldsymbol{k}\cdot\boldsymbol{r})\end{cases} \tag{6-5-15}$$

在磁化等离子体中存在的可能性。首先要解决的问题是波矢量 $\boldsymbol{k}$ 和电场复振幅 $\boldsymbol{E}_0(\boldsymbol{H}_0)$取什么值(或称为模式),才能在磁化等离子体中存在,或者说具有何种特性的平面波能够在磁化等离子体中传播;其次是讨论能够在磁化等离子体中存在的平面波所具有的基本特性。

利用麦克斯韦方程组、张量介电常数和假设的平面波表示方程(6-5-15)，得到磁化等离子体中均匀电磁波方程为

$$\nabla\times\nabla\times\boldsymbol{E}=\omega^2\mu_0\varepsilon_0\overleftrightarrow{\varepsilon}_r\cdot\boldsymbol{E}_0 \quad 或 \quad \boldsymbol{k}\times\boldsymbol{k}\times\boldsymbol{E}_0=-k_0^2\overleftrightarrow{\varepsilon}_r\cdot\boldsymbol{E}_0 \tag{6-5-16}$$

展开式(6-5-16)，即得到关于 $\boldsymbol{k}$ 的特征值方程，即

$$(\boldsymbol{kk}-\overleftrightarrow{I}k^2)\cdot\boldsymbol{E}_0=-k_0^2\overleftrightarrow{\varepsilon}_r\cdot\boldsymbol{E}_0 \tag{6-5-17a}$$

其矩阵表示式示如下：

$$\begin{bmatrix} k^2-\varepsilon_1k_0^2-k_x^2 & -\mathrm{j}\varepsilon_2k_0^2-k_xk_y & -k_xk_z \\ \mathrm{j}\varepsilon_2k_0^2-k_yk_x & k^2-\varepsilon_1k_0^2-k_y^2 & -k_yk_z \\ -k_xk_z & -k_yk_z & k^2-\varepsilon_3k_0^2-k_z^2 \end{bmatrix}\begin{bmatrix}E_{x0}\\E_{y0}\\E_{z0}\end{bmatrix}=0 \tag{6-5-17b}$$

为了得到不为零($E_0\neq0$)的均匀平面波解，代数方程组的系数行列式必须为零，由此可以得到磁化等离子体中平面波传播波矢量的代数方程，称为阿普尔顿(Edward Victor Appleton，1892—1965 年，英国科学家)-哈特里(Douglas Rayner Hartree，1897—1958 年，英国科学家)方程。理论上，凡是能够在磁化等离子体中传播的均匀平面电磁波，其波矢量与电场振幅之间必须满足式(6-5-17b)。一般而言，式(6-5-17b)有多组可能解，每一组解代表一种能够在磁化等离子体中传播的电磁波模式。阿普尔顿-哈特里方程的求解比较复杂，下面仅就几个特殊情况加以讨论。

1. 横向传播

电磁波的传播方向与外加磁场垂直，即 $\boldsymbol{k}\perp\boldsymbol{B}_0$，$\boldsymbol{B}_0\parallel\hat{e}_z$。在此情形下，可设 $\boldsymbol{k}=k_x\hat{e}_x$，此时方程(6-5-17b)简化为

$$\begin{bmatrix} -\varepsilon_1k_0^2 & -\mathrm{j}\varepsilon_2k_0^2 & 0 \\ \mathrm{j}\varepsilon_2k_0^2 & k^2-\varepsilon_1k_0^2 & 0 \\ 0 & 0 & k^2-\varepsilon_3k_0^2 \end{bmatrix}\begin{bmatrix}E_{x0}\\E_{y0}\\E_{z0}\end{bmatrix}=0 \tag{6-5-18}$$

这是一个关于特征值的代数方程，求解式(6-5-18)，得到其中一组特征值是

$$\begin{cases} k_1=k_0\sqrt{\varepsilon_3} \\ E_{z0}\neq0 \\ E_{x0}=E_{y0}=0 \end{cases} \tag{6-5-19a}$$

与其对应的时谐电磁场的可能解为

$$\boldsymbol{E}(x)=\hat{e}_zE_{z0}\mathrm{e}^{-\mathrm{j}k_1x}=\hat{e}_zE_{z0}\exp\left[-\mathrm{j}k_0\sqrt{1-\left(\frac{\omega_p}{\omega}\right)^2}x\right] \tag{6-5-19b}$$

此解说明，一种可能的横向传播模式为电场只有 z 分量的平面电磁波，其波数 $k_1=k_0\sqrt{\varepsilon_3}$ 与非磁化等离子体中电磁波的波数(见式(6-5-14))相同。这是显然的，因为此模式的电场矢量与外加磁场方向平行，电场力驱动电子的运动方向与外加磁场平行，外加磁场对运动电子的作用力 $-e\boldsymbol{V}\times\boldsymbol{B}_0=0$，其结果与非磁化等离子体情形相同。

式(6-5-18)存在的另一组特征值的解为

$$\begin{cases} k_2=k_0\sqrt{\dfrac{\varepsilon_1^2-\varepsilon_2^2}{\varepsilon_1}} \\ E_{z0}=0 \\ E_{y0}=-\mathrm{j}\dfrac{\varepsilon_1}{\varepsilon_2}E_{x0} \end{cases} \tag{6-5-20}$$

假如波在传播过程中没有损耗,方程(6-5-20)所表示的特征值对应的平面波解为

$$\boldsymbol{E}(x)=(\hat{x}E_{x0}+\hat{y}E_{y0})\mathrm{e}^{-\mathrm{j}k_2x}=\left(\hat{x}-\mathrm{j}\frac{\varepsilon_1}{\varepsilon_2}\hat{y}\right)E_{x0}\mathrm{e}^{-\mathrm{j}k_2x} \tag{6-5-21}$$

根据前面关于电磁波极化的讨论,这是一椭圆极化均匀平面波,极化平面垂直于外加磁场。值得注意的是,在这一传播模式下,磁化等离子体中可以存在与传播方向平行的电场分量,这在理想介质中是不可能存在的传播模式,但这并非意味着磁化等离子体中的电磁波就改变其横波特性,而是各向异性介质中电场与磁场在相互激发中出现的耦合所致。

综上所述,横向传播存在两种可能的传播模式,即椭圆极化平面电磁波和线极化平面电磁波。线极化模式具有均匀介质空间平面波特性,而椭圆极化模式在传播方向上有电场分量,为非横电磁波,并且这两个传播模式有不同的相速度。当时谐电磁场的电场矢量与磁化等离子体中外加磁场存在夹角 θ 时,如图 6-16 所示,该电磁场将分解为两个相位传播速度不同的平面波传播。其中一个是电场与外磁场平行的分量,该部分按线极化平面波模式传播,也称为寻常波;另一个是电场与外磁场垂直的分量,将按照椭圆极化模式传播,也称为非寻常波。

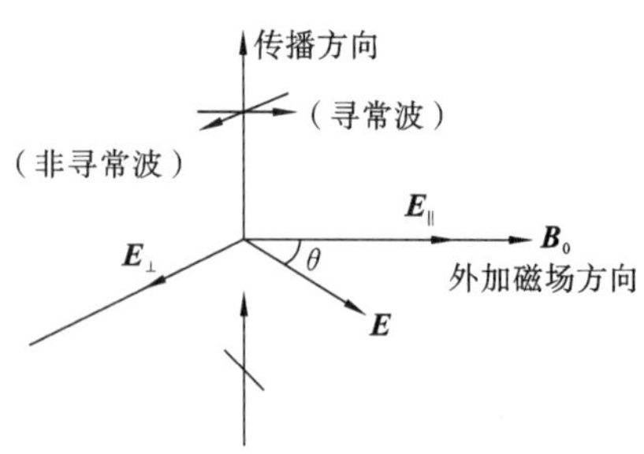

图 6-16 磁化等离子体中横向传播模式

2. 纵向传播

电磁波的传播方向与外加磁场平行,即 $\boldsymbol{E}_0\perp\boldsymbol{B}_0$,$\boldsymbol{k}\parallel\boldsymbol{B}_0$,$\boldsymbol{B}_0\parallel\hat{e}_z$,式(6-5-17b)简化为

$$\begin{bmatrix}k^2-\varepsilon_1k_0^2 & -\mathrm{j}\varepsilon_2k_0^2 & 0\\ \mathrm{j}\varepsilon_2k_0^2 & k^2-\varepsilon_1k_0^2 & 0\\ 0 & 0 & -\varepsilon_3k_0^2\end{bmatrix}\begin{bmatrix}E_{x0}\\E_{y0}\\E_{z0}\end{bmatrix}=0 \tag{6-5-22}$$

求解得到特征值为

$$\begin{cases}E_{z0}=0,\quad E_{x0}=\pm\mathrm{j}E_{y0}\\ k_1=k_0\sqrt{\varepsilon_1-\varepsilon_2}=k_0\sqrt{1-\dfrac{\omega_p^2}{\omega(\omega+\omega_g)}}\\ k_2=k_0\sqrt{\varepsilon_1+\varepsilon_2}=k_0\sqrt{1-\dfrac{\omega_p^2}{\omega(\omega-\omega_g)}}\end{cases} \tag{6-5-23}$$

当 $\boldsymbol{k}=\boldsymbol{k}_1$ 时,$E_{y0}=-\mathrm{j}E_{x0}$,特征值对应的解为右旋圆极化均匀平面波;当 $\boldsymbol{k}=\boldsymbol{k}_2$ 时,$E_{y0}=\mathrm{j}E_{x0}$,特征解为左旋圆极化均匀平面波,其分量的表示式为

$$\begin{pmatrix}\boldsymbol{E}_1(\boldsymbol{r})\\ \boldsymbol{E}_2(\boldsymbol{r})\end{pmatrix}=E_{x0}\begin{pmatrix}\hat{e}_x-\mathrm{j}\hat{e}_y\\ \hat{e}_x+\mathrm{j}\hat{e}_y\end{pmatrix}\exp\begin{pmatrix}-\mathrm{j}k_1z\\ -\mathrm{j}k_2z\end{pmatrix} \tag{6-5-24}$$

上述结果表明,纵向传播模式为横电磁波模式。

纵向传播模式的左、右旋圆极化平面波的相速度不同。我们知道,一个线极化平面电磁波可以分解为幅度相等、旋转方向相反的圆极化平面波的叠加。在各向同性媒质中,右旋和左旋圆极化平面波的相速度相同,传播过程中任意时刻、任意位置的相位相同,其合成(叠加)波的极化方向保持不变。然而,在磁化等离子体中,右旋和左旋圆极化平面波的相速度不同,故在传播一段距离后,右旋和左旋圆极化平面波的相位改变量

不同,合成后的线极化平面波的偏振方向已不在原来的方向,发生了旋转。因此,随着电磁波传播距离的增加,合成波的极化方向围绕传播方向不断旋转,如图 6-17 所示,称这一现象被称之为法拉第旋转。

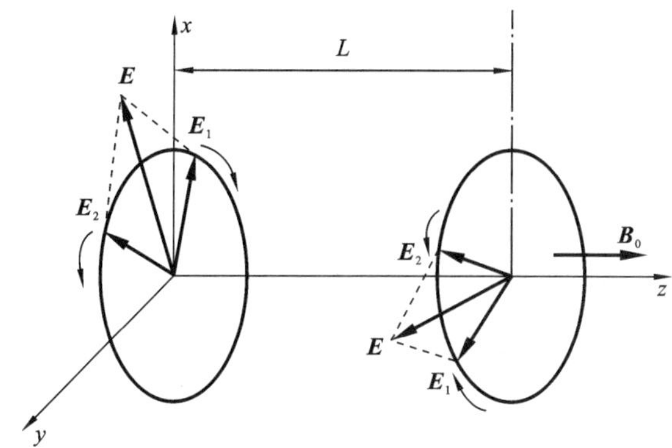

图 6-17 法拉第旋转效应

【例 6.5】 线极化平面波在磁化等离子体中沿外磁场方向传播距离 L 后,求合成波的极化方向旋转角度。设外磁场的方向沿 z 方向,并远大于时谐磁场。

解 以电场为例,设线极化平面波在 $z=0$ 处为

$$\boldsymbol{E}(0)=E_0\hat{e}_x=\frac{1}{2}E_0(\hat{e}_x+\mathrm{j}\hat{e}_y)+\frac{1}{2}E_0(\hat{e}_x-\mathrm{j}\hat{e}_y) \tag{6-5-25}$$

在磁化等离子体中传播距离 L 后,其电场矢量为

$$\begin{aligned}\boldsymbol{E}(L)&=\frac{1}{2}E_0(\hat{x}+\mathrm{j}\hat{y})\exp(-\mathrm{j}k_2L)+\frac{1}{2}E_0(\hat{x}-\mathrm{j}\hat{y})\exp(-\mathrm{j}k_1L)\\&=E_0\exp\left(\mathrm{j}\,\frac{k_1+k_2}{2}L\right)\left[\hat{x}\cos\left(\frac{k_2-k_1}{2}L\right)+\hat{y}\sin\left(\frac{k_2-k_1}{2}L\right)\right]\end{aligned} \tag{6-5-26}$$

式(6-5-26)仍然是一线极化平面波,但偏振方向发生了偏转,偏转角度由关系式

$$\tan\phi=\frac{E_y}{E_x}=\tan\frac{k_2-k_1}{2}L \tag{6-5-27}$$

获得,即 $\phi=\dfrac{k_2-k_1}{2}L$。

本章主要内容要点

1. 无源介质空间电磁场的基本构成

无源介质空间时谐电磁场的 6 个分量中只有 2 个独立分量,其余 4 个分量可以表示为 2 个独立分量的线性叠加。如 $E_z(\boldsymbol{r})$ 和 $H_z(\boldsymbol{r})$ 为 2 个独立分量,即

$$\begin{cases}E_z(\boldsymbol{r})=\left(k^2+\dfrac{\partial^2}{\partial z^2}\right)\phi^{(e)}(\boldsymbol{r})\\[2ex]H_z(\boldsymbol{r})=\left(k^2+\dfrac{\partial^2}{\partial z^2}\right)\phi^{(m)}(\boldsymbol{r})\end{cases}$$

其中,$\phi^{(e)}(\boldsymbol{r})$、$\phi^{(m)}(\boldsymbol{r})$ 为方程 $(\nabla^2+k^2)\begin{pmatrix}\phi^{(e)}(\boldsymbol{r})\\\phi^{(m)}(\boldsymbol{r})\end{pmatrix}=0$ 的基本解或基本解的组合。其余 4 个分量可以表示为

$$\begin{cases} H_x(\boldsymbol{r})=\mathrm{j}\omega\varepsilon\dfrac{\partial\phi^{(e)}}{\partial y}+\dfrac{\partial^2\phi^{(m)}}{\partial z\partial x} \\ H_y(\boldsymbol{r})=-\mathrm{j}\omega\varepsilon\dfrac{\partial\phi^{(e)}}{\partial x}+\dfrac{\partial^2\phi^{(m)}}{\partial z\partial y} \end{cases}$$

$$\begin{cases} E_x(\boldsymbol{r})=-\mathrm{j}\omega\mu\dfrac{\partial\phi^{(m)}}{\partial y}+\dfrac{\partial^2\phi^{(e)}}{\partial z\partial x} \\ E_y(\boldsymbol{r})=\mathrm{j}\omega\mu\dfrac{\partial\phi^{(m)}}{\partial x}+\dfrac{\partial^2\phi^{(e)}}{\partial y\partial z} \end{cases}$$

2. 均匀介质空间中的平面电磁波

均匀平面电磁波:一维理想介质空间均匀平面波的表示式为

$$\begin{cases} \boldsymbol{E}(z)=\boldsymbol{E}_0\exp(-\mathrm{j}kz)=-\sqrt{\dfrac{\mu}{\varepsilon}}\hat{z}\times\boldsymbol{H}(z) \\ \boldsymbol{H}(z)=\boldsymbol{H}_0\exp(-\mathrm{j}kz)=\sqrt{\dfrac{\varepsilon}{\mu}}\hat{z}\times\boldsymbol{E}(z) \end{cases}$$

式中:$k=\omega\sqrt{\varepsilon\mu}$为波数,表示波传播方向上单位长度的相位改变量;$\omega$ 为角频率,表示电磁波单位时间相位改变量;$\boldsymbol{E}_0$、$\boldsymbol{H}_0$ 分别为电场、磁场复振幅。

基本特性:均匀平面电磁波等相位面为平面;电场、磁场相关联分量与波的传播方向垂直,为横电磁波,即 $\boldsymbol{E}\perp\boldsymbol{H}\perp\hat{z}$(传播方向);波阻抗(电场与相关联磁场分量振幅值之比)为介质特性阻抗;电场和磁场同相位;电场、磁场能量密度相等。

3. 平面电磁波的极化

(1) 平面电磁波的电场(或磁场)矢量末端在垂直传播方向的平面空间上运动轨迹的形态为电磁波的极化,包括线极化、圆极化、椭圆极化。

(2) 圆极化可以表示为两列电场相互垂直、振幅相等、初始相差为$+0.5\pi$ 的线极化平面波的叠加;椭圆极化可以表示为两列电场相互垂直、振幅不等、初始相差不为 0 或 π 的线极化平面波的叠加。

4. 导电媒质中的平面电磁波

(1) 导电媒质中存在可以移动的带电粒子,波的能量在传播中不断损耗。引入复介电常数、复波矢量和复波阻抗

$$\varepsilon'=\varepsilon+\frac{\sigma}{\mathrm{j}\omega}=\varepsilon\left(1+\frac{\sigma}{\mathrm{j}\omega\varepsilon}\right),\quad \boldsymbol{k}=\omega\sqrt{\mu\varepsilon'}=\boldsymbol{\beta}-\mathrm{j}\boldsymbol{\alpha},\quad \tilde{\eta}=\sqrt{\frac{\mu}{\varepsilon'}}=|\tilde{\eta}|\mathrm{e}^{\mathrm{j}\varphi}$$

导电媒质中时谐电磁场方程与理想介质中方程形式相同,其基本解为

$$\boldsymbol{E}(\boldsymbol{r})=\boldsymbol{E}_0\mathrm{e}^{-\alpha z}\mathrm{e}^{-\mathrm{j}\beta z},\quad \boldsymbol{H}(\boldsymbol{r})=|\tilde{\eta}|^{-1}\hat{e}_z\times\boldsymbol{E}(\boldsymbol{r})\mathrm{e}^{-\mathrm{j}\varphi}$$

(2) 基本特性:导电媒质中时谐电磁场的基本解为均匀平面电磁波,电场与磁场的振幅随传播距离的增加而衰减;导电媒质中平面电磁波为横(TEM)电磁波;相位常数 β 为频率的复杂函数,相速度与频率有关,导电媒质为色散媒质;电场与磁场有相位差;电场与磁场能量密度不同,且电场能量密度小于磁场能量密度。

(3) 良导体$\left(\dfrac{\sigma}{\omega\varepsilon}\right)\gg1$,电磁波衰减很快,穿透深度 $\delta\left(=\dfrac{1}{\alpha}=\sqrt{\dfrac{2}{\omega\mu\sigma}}\right)$小,电磁波只能存在于良导体的表面,称为趋肤效应。良导体的趋肤效应使得导线的单位长度电阻较恒定电流的电阻大大增加,量级上放大了 δ^{-1}倍。

(4) 良导体的波阻抗与圆柱导线单位长度阻抗。

良导体波阻抗：

$$\tilde{\eta}\approx\sqrt{\frac{\mu\omega}{\sigma}}\exp(\mathrm{j}45^\circ)=\sqrt{\frac{\pi\mu f}{\sigma}}(1+\mathrm{j})=R_S+\mathrm{j}X_S=\frac{1}{\sigma\delta}(1+\mathrm{j})$$

导线单位长度阻抗：

$$Z=\frac{U}{I}=\frac{E_0}{I}=\frac{1}{\sigma}\frac{(\alpha+\mathrm{j}\beta)}{2\pi a}=\frac{1}{\sigma}\frac{(\alpha+\mathrm{j}\beta)}{2\pi a}=\frac{1}{\sigma}\frac{1}{2\pi a\delta}(1+\mathrm{j})$$

5. 电磁波的速度

(1) 电磁波包概念。由若干频率相近(一般为某个频率范围，称为带宽)的简谐(定态)电磁波的叠加形成有一定形态分布的电磁幅度的波包。

(2) 电磁波的速度包括相位传播速度、电磁波包传播的群速度(或电磁波能量传播速度)。定态电磁波等相位面传播速度称为相位传播速度，电磁波包传播速度称为电磁波的群速度，群速度即能量传播速度。

$$\boldsymbol{v}_p=\frac{\omega}{k^2}\boldsymbol{k}=\frac{\hat{k}}{\sqrt{\varepsilon\mu}},\quad \boldsymbol{v}_g=\nabla\omega(k)|_{\omega_0}=\hat{e}_x\frac{\partial\omega}{\partial k_x}+\hat{e}_y\frac{\partial\omega}{\partial k_y}+\hat{e}_z\frac{\partial\omega}{\partial k_z}$$

以一维情形为例，相速度与群速度有如下关系：

$$v_g=\frac{\mathrm{d}\omega}{\mathrm{d}k}=\frac{\mathrm{d}(kv_p)}{\mathrm{d}k}=v_p+k\frac{\mathrm{d}v_p}{\mathrm{d}k}$$

6. 媒质色散与信号失真

(1) 色散媒质。电磁特性参数与频率相关的媒质，相速度是频率的函数，具有这一特性的媒质称为色散媒质。

(2) 信号的失真。电磁波相位传播速度是频率的函数，使得不同频率平面电磁波传播至媒质空间某一点处的相位各不相同，叠加形成的波形(包)因位置的不同而变化，即电磁波包在色散媒质中传播将发生形变，严重时导致信号失真。

(3) 如果信号的带宽($\omega_0-\delta\omega,\omega_0+\delta\omega$)较小，$\mu$、$\varepsilon$ 又为该频带的缓变函数，则 $\left(\frac{\mathrm{d}^2k}{\mathrm{d}\omega^2}\right)_{\omega_0}\approx0$ 为信号不失真的条件。

7. 磁化等离子体

(1) 磁化等离子体。太阳辐射的紫外线或高速粒子使高空大气电离，形成环绕地球的高空等离子体，类似于金属导体的气体。电离气体处在恒定地球磁场 $\boldsymbol{B}_0$ 之中，故称其为磁化等离子体。

(2) 磁化等离子体的张量介电常数。由于外加恒定磁场作用力的影响，传播于电离层中电磁波的电场某分量，不仅会使电子沿该方向运动，还会产生与电场方向不同的传导电流，使得电场的某个方向分量同时可以产生多个方向的传导电流。因此，磁化等离子体中传导电流具有各向异性特点，其张量介电常数为

$$\overleftrightarrow{\varepsilon}_r=\begin{bmatrix}\varepsilon_1 & \mathrm{j}\varepsilon_2 & 0\\ -\mathrm{j}\varepsilon_2 & \varepsilon_1 & 0\\ 0 & 0 & \varepsilon_3\end{bmatrix},\quad \begin{cases}\varepsilon_1=1+\dfrac{\omega_p^2}{\omega_g^2-\omega^2}\\ \varepsilon_2=\dfrac{\omega_p^2\omega_g}{\omega(\omega_g^2-\omega^2)},\quad \omega_p^2=\dfrac{Ne^2}{m\varepsilon_0}\\ \varepsilon_3=1-\dfrac{\omega_p^2}{\omega^2}\end{cases}$$

(3) $\omega_g=\frac{e}{m}B_0$ 为电子回旋频率，ω_p 称为等离子体临界频率。

8. 磁化等离子体中的均匀平面电磁波

(1) 纵向传播,即 $\boldsymbol{E}_0 \perp \boldsymbol{B}_0, \boldsymbol{k} \parallel \boldsymbol{B}_0, \boldsymbol{B}_0 \parallel \hat{e}_z$。可存在左、右旋圆极化均匀平面波;左、右旋圆极化波相速度不同,有法拉第旋转效应。

(2) 横向传播,即 $\boldsymbol{k} \perp \boldsymbol{B}_0, \boldsymbol{B}_0 \parallel \hat{e}_z$,可存在椭圆极化平面电磁波传播模式和线极化平面电磁波传播模式。线极化平面电磁波传播模式具有均匀介质空间平面波特性;而椭圆极化平面电磁波传播模式在传播方向上有电场分量,为非横电磁波,并且两个传播模式有不同的相速度。

思考与练习题 6

1. 从麦克斯韦方程组出发说明无源空间电磁场只有 2 个独立分量。

2. 何谓均匀平面电磁波,均匀平面电磁波有哪些主要特性?

3. 何谓等相位面,空间等相位面与波面或波前之间有何关系?

4. 何谓波数,说明其与频率之间的关系,讨论其物理意义。

5. 何谓电磁波的极化,举例说明极化的应用。电磁波一般有哪几类极化?

6. 何谓波阻抗,说明波阻抗、介质特性阻抗、本征阻抗之间的关系。

7. 简述导电媒质中电磁波传播的基本特点,是何原因造成这些特点?

8. 何谓复介电常数、复波数,其实部和虚部的物理意义是什么?

9. 何谓趋肤效应,趋肤效应与哪些量有关?这些量怎样影响趋肤深度?

10. 电磁波相速度和群速度是什么量的传播速度?哪个代表电磁波能量传播速度?

11. 如何理解和表示电磁波(形)包?如何求得波包中心的传播速度?

12. 何谓色散介质,为什么电磁波包在色散介质中传播可能发生失真?

13. 简述电离层形成的原因,为什么电离层具有分层结构的特点?

14. 已知自由空间均匀平面电磁波的磁场为

$$\boldsymbol{H}(\boldsymbol{r},t)=\left[\hat{e}_x \frac{3}{2}+\hat{e}_y+\hat{e}_z\right]\times 10^{-6}\cos\left[\omega t-\pi\left(-x+y+\frac{1}{2}z\right)\right]\ (\mathrm{A/m})$$

求解如下问题:

(1) 该电磁波的频率与波长;

(2) 该电磁波的传播方向;

(3) 该平面电磁波的电场表示式;

(4) 该电磁波的平均坡印廷矢量。

15. 对于无源介质空间中均匀平面电磁波,证明:麦克斯韦方程组可以简化为

$$\begin{cases}\boldsymbol{k}\cdot\boldsymbol{E}(\boldsymbol{r})=0\\ \boldsymbol{k}\cdot\boldsymbol{H}(\boldsymbol{r})=0\\ \boldsymbol{k}\times\boldsymbol{E}(\boldsymbol{r})=\omega\mu\boldsymbol{H}(\boldsymbol{r})\\ \boldsymbol{k}\times\boldsymbol{H}(\boldsymbol{r})=-\omega\varepsilon\boldsymbol{E}(\boldsymbol{r})\end{cases}$$

16. 电离层的介电常数为张量,即 9 个分量,是什么原因使电离层的介电常数有张量结构的特点?

17. 简述电离层对卫星通信、导航应用有哪些影响,如何克服这些影响?

18. 证明如下问题:

(1) 一个椭圆极化平面波可以分解为一个右旋和左旋圆极化波；

(2) 一个圆极化平面波可由两个相反方向的椭圆极化波叠加而成。

19. 矢量函数 $\boldsymbol{A}(z,t)$、$\boldsymbol{B}(z,t)$分别为

$$\begin{cases}\boldsymbol{A}(z,t)=\boldsymbol{A}_0\cos(6\pi10^8t-kz)\\ \boldsymbol{B}(z,t)=\boldsymbol{B}_0\cos(6\pi10^8t-kz)\end{cases}$$

其中，$\boldsymbol{A}_0$、$\boldsymbol{B}_0$ 为复常矢量。如果上式为自由空间某一平面电磁波的电场与磁场，求解或简述如下问题：

(1) $\boldsymbol{A}_0$ 与$\boldsymbol{B}_0$ 应满足的必要条件；

(2) 导出自由空间(可视为真空)中$\boldsymbol{A}_0$ 与$\boldsymbol{B}_0$ 之间满足的关系；

(3) 自由空间(视为真空)中波数 k 的数值及其单位；

(4) 上式为圆极化平面波时复常矢量 $\boldsymbol{A}_0$ 的分量表示式。

20. 为预防环境电磁干扰，需给仪器设备设计制作适当厚度(通常不少于 5 个趋肤深度)的良导体外壳。这样不仅抑制了环境电磁干扰，同时也使仪器设备结构更具整体性和可靠性。某电子设备需防止 20 kHz～200 MHz 的无线电干扰，请为该仪器设备设计铝($\sigma=3.54\times10^7$ S/m，$\mu_r=1$，$\varepsilon_r=1$)外壳的最小厚度。

21. 在设计对潜艇通信时，必须考虑海水是一种良导体。为了使通信距离足够远，请就下面两个问题给出你的设计方案。

(1) 有两种不同频率 ω_1 和 ω_2 的发射机和接收机，且 $\omega_1>\omega_2$，请问选择哪种频率的通信设备？为什么？

(2) 有两种不同接收特性的天线可供选择，其中天线 1 对电场敏感，天线 2 对磁场敏感，选择哪种天线作为通信的接收天线？为什么？

22. 导出电磁波传播的相速度和群速度，它们各代表什么物理意义？考虑两列振幅相同、偏振方向相同、频率分别为 $\omega+\mathrm{d}\omega$ 和 $\omega-\mathrm{d}\omega$ 的线偏振平面波，它们都沿 z 轴方向传播。求：

(1) 合成波，证明波的振幅不是常数，而是一个波；

(2) 合成波的相位传播速度和振幅中心传播速度。

23. 证明：均匀平面电磁波在良导体内每前进一个波长，场强衰减约为 55 dB。

24. 设 $\boldsymbol{E}(z,t)$为理想均匀线性介质空间 z 轴正向传播的定态平面电磁波的电场。介质的电磁特性参数为 $\varepsilon=4\varepsilon_0$，$\mu=\mu_0$，频率为 $f=3\times10^8$ Hz，电场振幅为常矢量 $\boldsymbol{E}_0$。求解如下问题：

(1) 该平面电磁波的波长、相位传播速度和波阻抗；

(2) 该平面电磁波的电场表示式；

(3) 该平面电磁波磁场的表示式；

(4) 逆波传播方向观测到电磁波为圆极化，$\boldsymbol{E}_0$ 分量表示式。

25. 频率为 ω 的电磁波在各向异性介质中传播时，若 $\boldsymbol{E}$、$\boldsymbol{D}$、$\boldsymbol{B}$、$\boldsymbol{H}$ 仍按 $\exp[-\mathrm{j}(\boldsymbol{k}\cdot\boldsymbol{r}-\omega t)]$变化，但 $\boldsymbol{D}$ 不再与 $\boldsymbol{E}$ 平行，证明：

(1) $\boldsymbol{k}\cdot\boldsymbol{B}=\boldsymbol{k}\cdot\boldsymbol{D}=\boldsymbol{B}\cdot\boldsymbol{D}=\boldsymbol{B}\cdot\boldsymbol{E}=0$，但一般 $\boldsymbol{k}\cdot\boldsymbol{E}\neq0$；

(2) $\boldsymbol{D}=\dfrac{1}{\omega^2\mu}[k^2\boldsymbol{E}-(\boldsymbol{k}\cdot\boldsymbol{E})\boldsymbol{k}]$；

(3) 能流密度 $\boldsymbol{S}$ 与波矢 $\boldsymbol{k}$ 一般不在同一方向上。

7

电磁波传播

第 6 章讨论了均匀媒质空间平面电磁波的基本解及其特性，而实际电磁波大多应用于不均匀媒质空间，或由多种不同媒质构成的空间。电磁波在不均匀媒质空间中传播表现出更为复杂的特性，如电磁波入射到不同媒质界面的反射、透射传播；电磁波遇到障碍物或透过小孔的衍射传播等。这些传播现象不仅是电磁波的理论问题，同时也是电磁波在实际应用中必须面对的问题。本章讨论不均匀媒质空间电磁波传播的基础概念、基本理论、基本规律和简单的应用。主要内容包括：电磁波的干涉叠加与等效波阻抗概念及应用；不同媒质界面对电磁波的反射、折射及应用；电磁波经障碍（物）屏的衍射与散射传播及应用；此外以电离层为例，还讨论了分层介质中电磁波的传播问题。最后简要介绍了卫星定位概念与基本原理。

7.1　电磁波干涉与行驻波状态

7.1.1　空间两列电磁波相遇叠加

两列或多列电磁波在空间某点相遇叠加是工程常见的现象，例如，卫星地面接收站的抛物面天线将接收到的电磁波信号反射汇聚于馈源点，移动通信终端（手机）接收来自基站信号及基站周围环境对基站信号（反）散射信号，其叠加后有何特性是实际应用中必须面临的问题。空间电磁波相遇叠加包括同频和不同频电磁波相遇叠加两种情况。关于不同频率电磁波的叠加已有所讨论，如实际应用中各种不同波形的电磁信号，其实质为不同频率、不同振幅、不同初相位的平面电磁波的叠加，即

$$\begin{cases}\boldsymbol{E}(\boldsymbol{r},t)=\sum\limits_{i}\widetilde{\boldsymbol{E}}(\omega_i)\exp[\mathrm{j}(\omega_i t-\boldsymbol{k}_i\cdot\boldsymbol{r})]\\ \boldsymbol{E}(\boldsymbol{r},t)=\dfrac{1}{\sqrt{2\pi}}\displaystyle\int_{\omega_0-\delta\omega}^{\omega_0+\delta\omega}\widetilde{\boldsymbol{E}}(\omega)\exp[\mathrm{j}(\omega t-\boldsymbol{k}\cdot\boldsymbol{r})]\mathrm{d}\omega\end{cases}\tag{7-1-1}$$

其中求和、积分分别与分立频谱和连续频谱相对应。例如，在通信领域，设计满足各种不同功能要求、保密性好、低截获概率、电磁污染小、具有射频隐身（低可探测）特点的信号波形，是通信信号波形设计的重要研究内容。相关内容的讨论超出本书范围，有兴趣的读者可参考相关文献和著作。

本节讨论同频电磁波的叠加问题。仍以沿 z 轴传播的平面波为例，设有两列沿 z

轴传播的平面波，以电场为例，其一般表示式为

$$\begin{cases}\boldsymbol{E}_1(z)=\boldsymbol{E}_1\mathrm{e}^{-\mathrm{j}kz}\\ \boldsymbol{E}_2(z)=\boldsymbol{E}_2\mathrm{e}^{-\mathrm{j}kz}\end{cases}\tag{7-1-2}$$

其中，$\boldsymbol{E}_1$、$\boldsymbol{E}_2$ 为垂直于 z 轴的两个复常矢量。在直角坐标系中，$\boldsymbol{E}_1$、$\boldsymbol{E}_2$ 可以表示为

$$\begin{cases}\boldsymbol{E}_1=\hat{e}_xE_{1x}\mathrm{e}^{-\mathrm{j}\varphi_{1x}}+\hat{e}_yE_{1y}\mathrm{e}^{-\mathrm{j}\varphi_{1y}}\\ \boldsymbol{E}_2=\hat{e}_xE_{2x}\mathrm{e}^{-\mathrm{j}\varphi_{2x}}+\hat{e}_yE_{2y}\mathrm{e}^{-\mathrm{j}\varphi_{2y}}\end{cases}\tag{7-1-3}$$

其中，E_{1x}、E_{1y}、E_{2x}、E_{2y}为实常数，φ_{ij} $(i=1,2,j=x,y)$为初相位。空间任意点的电场是两列平面波电场的叠加，即

$$\boldsymbol{E}(z)=[\hat{x}(E_{1x}\mathrm{e}^{-\mathrm{j}\varphi_{1x}}+E_{2x}\mathrm{e}^{-\mathrm{j}\varphi_{2x}})+\hat{y}(E_{1y}\mathrm{e}^{-\mathrm{j}\varphi_{1y}}+E_{2y}\mathrm{e}^{-\mathrm{j}\varphi_{2y}})]\mathrm{e}^{-\mathrm{j}kz}\tag{7-1-4}$$

合成电场矢量的幅度

$$|\boldsymbol{E}|=\sqrt{E_1^2+E_2^2+2E_{1x}E_{2x}\cos(\varphi_{1x}-\varphi_{2x})+2E_{1y}E_{2y}\cos(\varphi_{1y}-\varphi_{2y})}\tag{7-1-5a}$$

其中，

$$\begin{cases}E_1^2=E_{1x}^2+E_{1y}^2\\ E_2^2=E_{2x}^2+E_{2y}^2\end{cases}\tag{7-1-5b}$$

式(7-1-5)最大的特点是，合成电场矢量的幅度不仅与两列电磁波的电场振幅分量幅度有关，还与两列平面电磁波电场各分量的初始相位有关。

为突出两列平面波空间相遇干涉叠加特点，这里只考虑电场各分量初始相位满足如下关系

$$\varphi_{1x}-\varphi_{2x}=\varphi_{1y}-\varphi_{2y}=\delta\tag{7-1-6}$$

的相遇干涉叠加，至于更一般的情况读者可以仿照分析讨论。合成电场矢量的幅度(见式(7-1-5))为

$$|E|=\sqrt{E_1^2+E_2^2+2(E_{1x}E_{2x}+E_{1y}E_{2y})\cos\delta}\tag{7-1-7a}$$

很明显，叠加后的电场矢量幅度在最大值

$$|\boldsymbol{E}|_{\max}=\sqrt{E_1^2+E_2^2+2(E_{1x}E_{2x}+E_{1y}E_{2y})},\quad \delta=0,2n\pi\tag{7-1-7b}$$

和最小值

$$|\boldsymbol{E}|_{\min}=\sqrt{E_1^2+E_2^2-2(E_{1x}E_{2x}+E_{1y}E_{2y})},\quad \delta=(2n+1)\pi\tag{7-1-7c}$$

之间变化，其中 n 为整数。这说明对于满足一定条件的时变电磁场，两列或多列电磁波相遇，其电磁场矢量在空间任意点的叠加不仅仅是矢量的叠加，相位对电磁场的叠加有重要影响。两列波在某些相位差下电场振动加强，而在另一些相位差下电场振动减弱，这是波动特有的现象，称为波的干涉现象。特别地，当 $E_{1x}=E_{2x}$、$E_{1y}=E_{2y}$时，合成电场矢量在最大值 $2E_1$ 和零之间变化，如图 7-1 所示。同样，磁场也有类似结果。

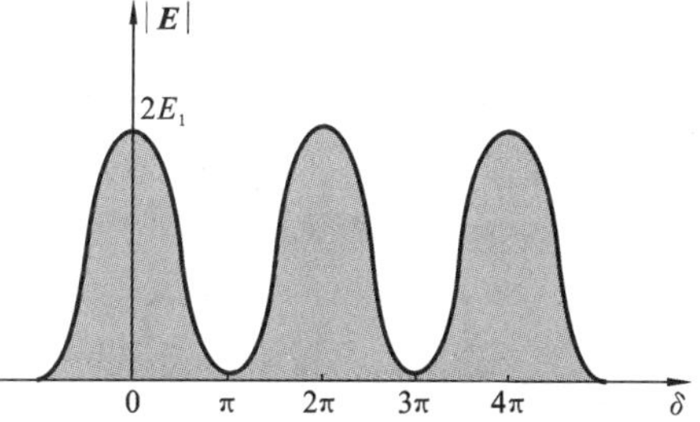

图 7-1　合成电场振幅与两列波的相位差的关系

两列平面波在空间某点的相位差有多种产生方式，比如波传播的起始点(波源)不同或波传播路径不同，都将导致空间相遇叠加合成后的电场(或磁场)的幅度随空间坐标位的变化而变化，如杨氏实验即为一例。

【例 7.1】 无穷大电磁吸收屏上有相距为 $\delta(\ll L)$ 的双缝，能透过电场极化方向与缝隙相同的电磁波，屏后 $L(\gg\lambda)$ 处放置有电磁能量感应屏，如图 7-2 所示。忽略电磁波通过屏幕的边缘效应，忽略电磁场自缝隙传播到达感应屏不同点处的电磁场幅度变化，求透过缝隙后的电磁波在感应屏相遇叠加的能量分布。

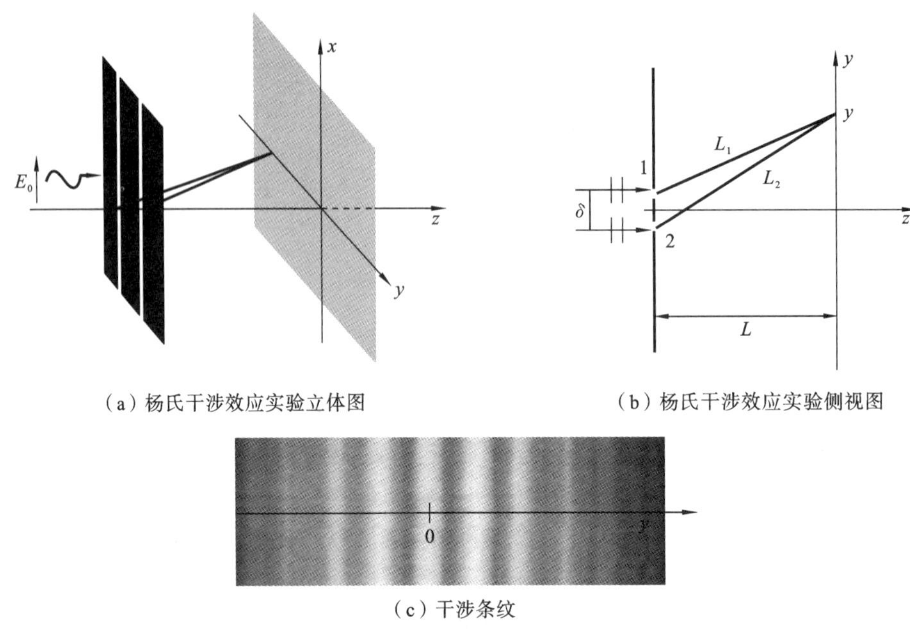

(a) 杨氏干涉效应实验立体图

(b) 杨氏干涉效应实验侧视图

(c) 干涉条纹

图 7-2 电磁波的干涉效应——杨氏实验

解 在图 7-2 所示的坐标系中，依据题意，x 方向线极化平面电磁波传播至吸收屏，除缝隙外的电磁波均被屏幕吸收；两缝隙上幅度相等、相位相同的电磁场作为新的次波源在吸收屏后产生新的柱面电磁波(可将缝隙上电磁场等效为无穷长电流丝，进而求出无穷长电流丝的推迟势，然后利用推迟势求出电流丝辐射的电磁场。需要注意的是，本例中 x 轴为圆柱坐标系的轴向，请读者作为练习完成，参见第 8 章练习 21)。其辐射的柱面电磁波可以表示为

$$\boldsymbol{E}(\boldsymbol{\rho}|\boldsymbol{\rho}')=\frac{\hat{e}_x A}{\sqrt{k|\boldsymbol{\rho}-\boldsymbol{\rho}'|}}\exp(-\mathrm{j}k|\boldsymbol{\rho}-\boldsymbol{\rho}'|)$$

式中：A 为与缝隙面上电场强度有关的常量；$\boldsymbol{\rho}$、$\boldsymbol{\rho}'$ 分别表示场点和缝隙的位置矢量。

感应屏面上 y 处的电场为两缝隙形成新的柱面电磁波传播到达该点电场的叠加，即

$$\boldsymbol{E}(L,y)=\boldsymbol{E}_1\left(L,y|0,\frac{\delta}{2}\right)+\boldsymbol{E}_2\left(L,y|0,-\frac{\delta}{2}\right)$$

其中，$\boldsymbol{E}_1\left(L,y|0,\frac{\delta}{2}\right)$、$\boldsymbol{E}_2\left(L,y|0,-\frac{\delta}{2}\right)$ 分别为缝隙 1 和缝隙 2 辐射的柱面波传播到达感应屏 y 点的电场强度。忽略缝隙辐射柱面电磁波传播到达感应屏不同点处幅度变化(仅考虑邻近 z 轴区域)，即对幅度取零级近似，参考图 7-2(b)，$L_2\approx L_1\approx L$；相位取一级近似，缝隙在感应屏面上产生的电磁场可以近似为

$$\boldsymbol{E}(\boldsymbol{\rho}|\boldsymbol{\rho}')=\hat{e}_x\frac{E_0 A}{\sqrt{kL}}\exp(-\mathrm{j}k|\boldsymbol{\rho}-\boldsymbol{\rho}'|)=\hat{e}_x E_0\exp\left(-\mathrm{j}k\sqrt{L^2+(y-y')^2}\right)$$

因此，感应屏幕上 y 点的电场可以表示为

$$\begin{aligned}\boldsymbol{E}(L,y)&=\boldsymbol{E}_1\left(L,y|0,\frac{\delta}{2}\right)+\boldsymbol{E}_2\left(L,y|0,-\frac{\delta}{2}\right)\\&=\hat{e}_xE_0\exp(-\mathrm{j}kL_1)+\hat{e}_xE_0\exp(-\mathrm{j}kL_2)\\&=\hat{e}_xE_0\exp(-\mathrm{j}kL_2)\left[1+\exp\left(\mathrm{j}\frac{2\pi}{\lambda}(L_2-L_1)\right)\right]\end{aligned}$$

$$\begin{cases}L_1^2=L^2+\left(y-\dfrac{\delta}{2}\right)^2\\L_2^2=L^2+\left(y+\dfrac{\delta}{2}\right)^2\\L_2-L_1=\dfrac{L_2^2-L_1^2}{L_2+L_1}=\dfrac{2\delta y}{L_2+L_1}\approx\dfrac{\delta y}{L}\end{cases}$$

代入上式，求得能流感应 y 处的电场为

$$\boldsymbol{E}(L,y)=2\hat{e}_xE_0\exp\left(-\mathrm{j}kL_2+\mathrm{j}\frac{\pi\delta y}{\lambda L}\right)\cos\left(\frac{\pi\delta y}{\lambda L}\right)$$

求得其能量密度为

$$w(L,y)=2\varepsilon_0E_0^2\cos^2\left(\frac{\pi\delta y}{\lambda L}\right)$$

从而得到，当

$$\frac{\pi\delta y}{\lambda L}=m\pi\Rightarrow y=m\frac{L\lambda}{\delta},\quad m=0,1,2,\cdots$$

时，能量密度达到极大，而当

$$\frac{\pi\delta y}{\lambda L}=m\pi\Rightarrow y=m\frac{L\lambda}{\delta},\quad |m|=\frac{1}{2},\frac{3}{2},\frac{5}{2},\cdots$$

时强度为极小，形成明(强)暗(弱)相间的干涉条纹。

另一个特例是两列平面波的电场(或磁场)矢量相互垂直情况。这一特例在第 6 章电磁波极化中已有过讨论。如设一列平面波仅有 x 轴方向电场分量，另一列平面波仅有 y 轴方向电场分量，即

$$\begin{cases}E_{1y}=E_{2x}=0\\E_{1x}\neq0,\quad E_{2y}\neq0\end{cases}$$

则合成电场矢量式(7-1-5)为

$$|\boldsymbol{E}|=\sqrt{E_{1x}^2+E_{2y}^2}\tag{7-1-8}$$

此时两列波的电场(磁场)矢量的叠加与波动效应无关，不存在干涉现象。叠加后的(磁场)合成电场矢量的极化变化情况见第 6.2 节平面电磁波的极化。

综述上述结果，频率相同、初相位固定、电场(或磁场)振幅矢量具有平行分量的两列平面波在空间相遇叠加有干涉效应。而频率相同、初相位固定、电场(或磁场)振幅矢量相互垂直的两列平面波在叠加过程中没有干涉效应，但合成电场矢量的振动方向将发生变化。

7.1.2 波的反射与行驻波状态

在无界理想均匀介质空间中，电磁波动方程的基本解为平面电磁波。如设平面电磁波沿 z 轴正向传播，其表示式为

$$\begin{cases} \boldsymbol{E}(z)=\boldsymbol{E}_0\exp(-\mathrm{j}kz) \\ \boldsymbol{H}(z)=\boldsymbol{H}_0\exp(-\mathrm{j}kz) \end{cases} \tag{7-1-9}$$

其中,$\boldsymbol{E}_0$、$\boldsymbol{H}_0$ 分别为电场和磁场的复振幅,为横电磁波(TEM 波),其电场与磁场相关分量的比值由波阻抗(又称介质特性(本征)阻抗)确定。

电磁波在传播过程中遇到不同介质分界面时,由于分界面两侧介质的电磁特性不同,入射电磁波将在界面两侧的一个薄层内感应出随时间变化的束缚电荷、极化和磁化电流,它们成为新的电磁波辐射源。新的辐射源向入射波所在空间的辐射部分称为反射波,向界面另一侧的辐射称为透射波或折射波。

为了突出介质空间电磁波传播的特点,简化数学处理的复杂性,设空间由两种不同介质组成,平面电磁波自介质 1 垂直入射到介质分界面,如图 7-3 所示。介质 1 和介质 2 中的电磁波可以表示为

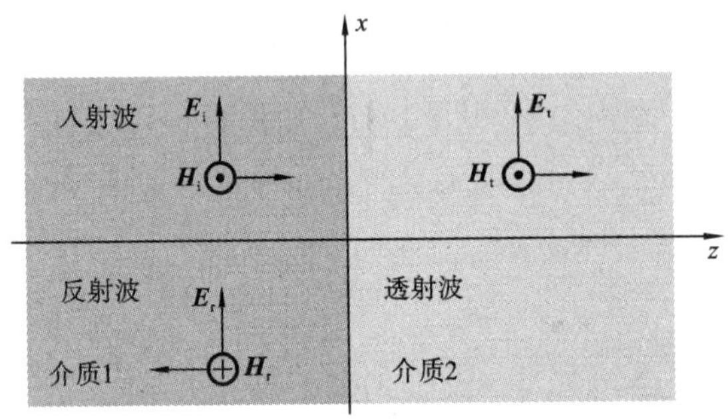

图 7-3 电磁波的反射和透射

$$\begin{cases} \boldsymbol{E}_1(z)=\hat{e}_x(E_i e^{-\mathrm{j}k_1 z}+E_r e^{\mathrm{j}k_1 z}) \\ \boldsymbol{H}_1(z)=\dfrac{\hat{e}_y}{\eta_1}(E_i e^{-\mathrm{j}k_1 z}-E_r e^{\mathrm{j}k_1 z}) \end{cases} \tag{7-1-10a}$$

$$\begin{cases} \boldsymbol{E}_2(z)=\hat{e}_x E_t e^{-\mathrm{j}k_2 z} \\ \boldsymbol{H}_2(z)=\dfrac{\hat{e}_y}{\eta_2}E_t e^{-\mathrm{j}k_2 z} \end{cases} \tag{7-1-10b}$$

式中:$\boldsymbol{E}_i$ 为入射波电场的复振幅;$\boldsymbol{E}_r$ 为反射波电场复振幅;$\boldsymbol{E}_t$ 为透射波电场复振幅;k_1、k_2 分别是介质 1 和介质 2 的波数;η_1、η_2 分别是介质 1 和介质 2 的波阻抗。容易证明,方程(7-1-10)满足无源空间波动方程。

为了获得入射波、反射波、透射波之间的关系,利用电磁场在 $z=0$ 的边界面上满足边界条件,得

$$\begin{cases} \hat{n}\times(\boldsymbol{E}_2-\boldsymbol{E}_1)=\boldsymbol{0} \\ \hat{n}\times(\boldsymbol{H}_2-\boldsymbol{H}_1)=\boldsymbol{0} \end{cases} \Rightarrow \begin{cases} E_i+E_r=E_t \\ \dfrac{E_i}{\eta_1}-\dfrac{E_r}{\eta_1}=\dfrac{E_t}{\eta_2} \end{cases} \tag{7-1-11}$$

定义反射波电场振幅与入射波电场振幅之比为反射系数,利用上式求得反射系数:

$$\Gamma=\frac{E_r}{E_i}=\frac{\eta_2-\eta_1}{\eta_2+\eta_1}, \quad E_r=E_i\Gamma \tag{7-1-12}$$

于是介质 1 中的电磁场为

$$\begin{cases} \boldsymbol{E}_1(z)=\hat{e}_x E_i(e^{-\mathrm{j}k_1 z}+\Gamma e^{\mathrm{j}k_1 z})=\hat{e}_x E_i[(1-\Gamma)e^{-\mathrm{j}k_1 z}+2\Gamma\cos(k_1 z)] \\ \boldsymbol{H}_1(z)=\dfrac{\hat{e}_y}{\eta_1}E_i(e^{-\mathrm{j}k_1 z}-\Gamma e^{\mathrm{j}k_1 z})=\dfrac{\hat{e}_y}{\eta_1}E_i[(1+\Gamma)e^{-\mathrm{j}k_1 z}-2\Gamma\cos(k_1 z)] \end{cases} \tag{7-1-13}$$

对式(7-1-13)进行简单分析，不难发现：

(1) 当 $\eta_1=\eta_2$，反射系数 $\Gamma=0$，界面不反射电磁波。介质 1 空间中的电磁场仍为入射波的电磁场。

(2) 如果 $\eta_1\neq\eta_2$，则反射系数 $\Gamma\neq0$，界面反射电磁波。介质 1 空间中的电磁场由两部分叠加组成。其中一部分为具有相位传播因子的波动项，即式中右边的第一项，称其为行波项。该项与式(7-1-9)相同，表示沿 z 轴方向传播的平面波。第二部分没有相位传播因子，即式中右边第二项，为振幅相等、传播方向相反的两列波相干叠加

$$\hat{e}_x E_{\mathrm{i}} 2\Gamma\cos(k_1 z)=\hat{e}_x \Gamma E_{\mathrm{i}}(\mathrm{e}^{\mathrm{j}k_1 z}+\mathrm{e}^{-\mathrm{j}k_1 z})$$

而形成空间稳定分布的驻波状态。因此，当 $\eta_1\neq\eta_2$ 时，介质 1 空间中的电磁波为既有行波又有驻波的行驻波状态。

对于理想介质，反射系数是实数，求得式(7-1-13)的振幅为

$$\begin{cases}|E_1|=|E_{\mathrm{i}}|[1+\Gamma^2+2\Gamma\cos(2k_1 z)]^{\frac{1}{2}}\\|H_1|=\dfrac{1}{\eta_1}|E_{\mathrm{i}}|[1+\Gamma^2-2\Gamma\cos(2k_1 z)]^{\frac{1}{2}}\end{cases}\tag{7-1-14}$$

式(7-1-14)表明，由于反射波与入射波干涉叠加，介质 1 空间中的电场和磁场的振幅不再是常数，而是空间坐标的函数。

如果 $\Gamma>0$，$\eta_2-\eta_1>0$，在 $z=-\dfrac{n\lambda_1}{2}$ $(n=0,1,2,\cdots)$ 处，合成波电场振幅达到最大值，而磁场振幅则达到最小值

$$\begin{cases}|E_1|_{\max}=|E_{\mathrm{i}}|(1+\Gamma)\\|H_1|_{\min}=\dfrac{1}{\eta_1}|E_{\mathrm{i}}|(1-\Gamma)\end{cases}\tag{7-1-15a}$$

在 $z=-\dfrac{(2n+1)\lambda_1}{4}$ $(n=0,1,2,\cdots)$ 处，合成波的电场振幅为最小值，磁场则达到最大值，即

$$\begin{cases}|E_1|_{\min}=|E_{\mathrm{i}}|(1-\Gamma)\\|H_1|_{\max}=\dfrac{1}{\eta_1}|E_{\mathrm{i}}|(1+\Gamma)\end{cases}\tag{7-1-15b}$$

合成电磁场的振幅变化如图 7-4 所示。对于 $\Gamma<0$，此时 $\eta_2-\eta_1<0$，合成波电场和磁场矢量振幅的模有类似于上述的结果。但电场和磁场振幅取最大和最小的位置恰好与 $\Gamma>0$ 时的情形相反。请读者自己归纳总结。

媒质不均匀引起电磁波的反射，行驻波所占比例是电波传播应用中的一个重要指标。如卫星通信中，地球外部空间大气及电离层的不均匀性对卫星通信信号反射越小越好。为了反映行驻波状态中两者成分所占比例，工程中常用驻波比(或驻波系数)描述，定义为合成波电场振幅最大值与最小值之比，记为

$$S=\left|\frac{E_{\max}}{E_{\min}}\right|=\frac{1+|\Gamma|}{1-|\Gamma|}\tag{7-1-16}$$

其意义非常明确，当 $\Gamma=0$ 时，没有反射波，$S=1$，为纯行波状态。反之，当 $\Gamma\to\pm1$ 时，入射波被全反射，$S\to\infty$，驻波为主导状态。

对介质 1 中电磁波求能流密度(即传输功率密度)矢量，得

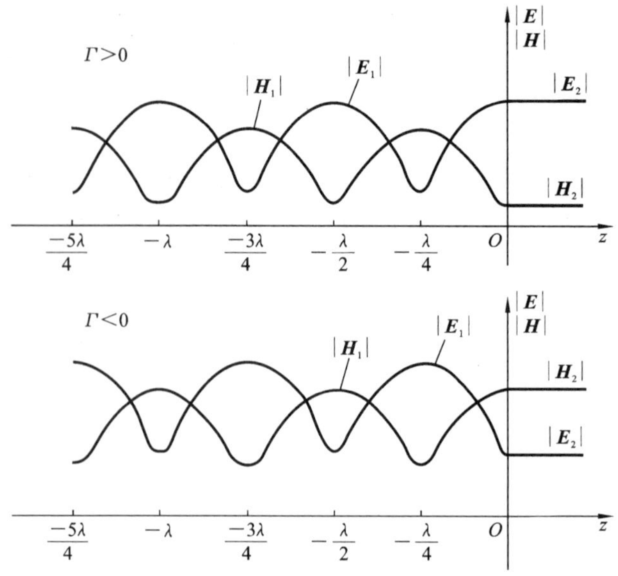

图 7-4　介质 1 空间的电场和磁场振幅

$$\boldsymbol{S}_1=\frac{1}{2}\mathrm{Re}[\boldsymbol{E}_1\times\boldsymbol{H}_1^*]=\frac{|E_i|^2}{2\eta_1}\mathrm{Re}[1-\Gamma^2+2\mathrm{j}\Gamma|\sin(2k_1z)|]\hat{e}_z$$
$$=\frac{|E_i|^2}{2\eta_1}(1-\Gamma^2)\hat{e}_z=(S_{in}-S_r)\hat{e}_z \tag{7-1-17}$$

式中:S_{in}为入射波能流密度;S_r 为反射波能流密度。因此,实际传输功率密度为入射波能流密度减去反射波能流密度。

类似地,定义透射波电场振幅与入射波电场振幅之比为透射系数,利用式(7-1-11)得

$$T=\frac{E_t}{E_i}=\frac{2\eta_2}{\eta_2+\eta_1} \tag{7-1-18}$$

且透射系数与反射系数之间满足关系式:

$$1+\Gamma=T \tag{7-1-19}$$

利用 $E_t=E_iT$,得到透射波表示式为

$$\begin{cases}\boldsymbol{E}_2(z)=\hat{e}_xTE_i\mathrm{e}^{-\mathrm{j}k_2z}\\ \boldsymbol{H}_2(z)=\dfrac{\hat{e}_y}{\eta_2}TE_i\mathrm{e}^{-\mathrm{j}k_2z}\end{cases} \tag{7-1-20}$$

求得透射波能流密度矢量为

$$\boldsymbol{S}_t=\frac{1}{2}\mathrm{Re}[\boldsymbol{E}_2\times\boldsymbol{H}_2^*]=\frac{1}{2\eta_2}|\boldsymbol{E}_i|^2T^2\hat{e}_z \tag{7-1-21}$$

利用式(7-1-17)和式(7-1-21),得到恒等关系式:

$$S_r+S_t=\frac{|E_i|^2}{2\eta_1}\Gamma^2+\frac{|E_i|^2}{2\eta_2}T^2=\frac{|E_i|^2}{2\eta_1}\left[\Gamma^2+\frac{\eta_1}{\eta_2}T^2\right]=\frac{|E_i|^2}{2\eta_1}=S_i \tag{7-1-22}$$

即反射波能流密度与透射波能流密度之和等于入射波能流密度,是介质中电磁波传播能量中守恒的具体体现。

7.1.3 等效波阻抗概念

对于无界均匀介质空间，我们引入了平面电磁波的波阻抗概念，又称其为介质的特性（或本征）阻抗。然而，对于由多种介质构成的空间，如何定义和理解波阻抗概念呢？为了便于分析说明，以两种介质为例，介绍等效波阻抗概念。

设介质 1 和介质 2 的特性阻抗分别为 η_1、η_2，两介质构成的空间如图 7-5 所示，交界面为 $z=0$ 平面。定义介质 1 空间中任意点 z 处电场与磁场复振幅之比为该点处的等效波阻抗，利用式(7-1-13)，得到

$$\eta_{ef}(z)=\frac{E_1(z)}{H_1(z)}=\frac{E_i(z)+E_r(z)}{H_i(z)+H_r(z)}=\eta_1\frac{E_i(z)+E_r(z)}{E_i(z)-E_r(z)}$$
$$=\eta_1\frac{e^{-jk_1z}+\Gamma e^{jk_1z}}{e^{-jk_1z}-\Gamma e^{jk_1z}},\quad z<0 \tag{7-1-23}$$

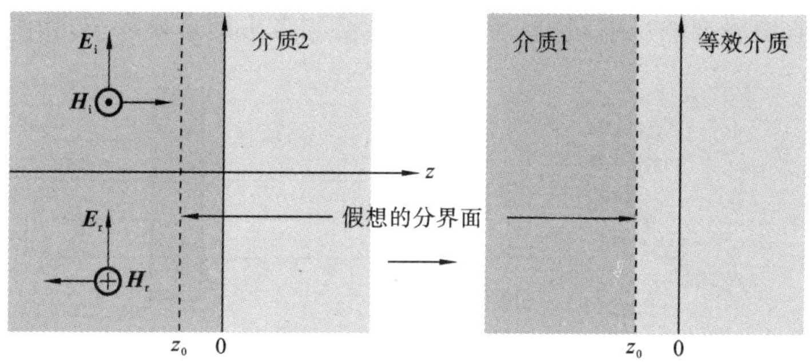

图 7-5 等效波阻抗

显然，式(7-1-23)所定义的等效波阻抗既不是介质 1 的特性阻抗，也不是介质 2 的特性阻抗，而是将 z 的右边视为一种新的介质空间所对应的波阻抗，故称其为等效波阻抗。所谓等效实质是将 z 的右边等效为一种新的介质。经过适当的简化，等效波阻抗可以表示为

$$\eta_{ef}(z)=\eta_1\frac{\eta_2-j\eta_1\tan k_1z}{\eta_1-j\eta_2\tan k_1z},\quad z<0 \tag{7-1-24}$$

等效波阻抗是一复数，其实部为电阻，虚部为电抗。如果介质 2 与介质 1 的特性阻抗相同，即 $\eta_1=\eta_2$，上式退化为无界空间平面波的波阻抗 η_1。

进一步我们考察若干特殊点处的等效波阻抗，比如，在电场振幅的节点（极小值）处等效波阻抗

$$\eta_{ef}\left[-(2n+1)\frac{\lambda_1}{4}\right]=\frac{\eta_1^2}{\eta_2} \tag{7-1-25}$$

为实数。在电场振幅的腹点（极大值）处，等效波阻抗

$$\eta_{ef}\left(-m\frac{\pi}{2}\right)=\eta_2 \tag{7-1-26}$$

也是实数。

两介质空间引入的等效波阻抗概念同样可以推广到多种介质组成的空间。其等效方法与上述讨论的方法类似。基于等效阻抗概念，设想在介质 1 空间 z_0 处有一分界面，如图 7-5 所示，根据反射系数（见式(7-1-12)）的定义，利用式(7-1-23)，得到假想界面

z_0处电磁波的反射系数为

$$\Gamma(z_0)=\frac{E_r(z_0)}{E_i(z_0)}=\frac{\eta_{ef}(z_0)-\eta_1}{\eta_{ef}(z_0)+\eta_1},\quad z_0<0 \tag{7-1-27}$$

将上述结果与$\Gamma(0)$相比,其形式完全相同;所不同的是,式(7-1-27)中用等效波阻抗η_{ef}代替反射公式中介质 2 的波阻抗,这使得多层介质空间中电磁波的反射和透射问题的处理变得简单。

7.1.4 应用举例

实际应用中经常面临着这样的问题:如何克服介质分界面对电磁波的反射而使得电磁波全部或大部分能量透射。如在隐身设计技术中,人们希望目标体尽可能多的吸收雷达波而不产生反射,使目标被探测的概率下降。又如在通信和雷达工程中,在恶劣环境中的天线及其相关电子设备需要保护罩,以保证其正常工作。如何克服保护罩对天线辐射、接收电磁波的反射,是提高天线性能必须考虑的重要环节,如图 7-6 所示。

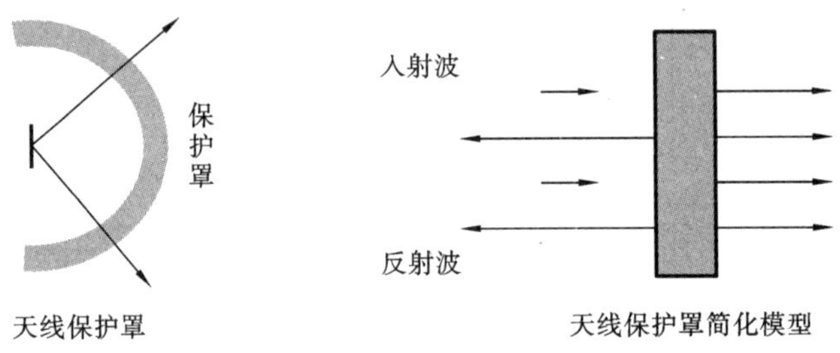

图 7-6　天线保护罩及其模型

为了讨论的方便,把上述问题简化为由两种介质构成的电磁波传播的空间,如图 7-7 所示。介质 1 和 3 分别为两个半无穷大介质空间,中间是有限厚度的介质层 2。电磁波自介质 1 垂直入射到介质 2,在介质 1 和介质 2 的交界面上产生反射和透射,透射电磁波又入射到介质 3,在介质 2 和介质 3 的交界面上产生反射和透射。假设入射波电场只有 x 分量,磁场只有 y 分量。介质 1、介质 2 和介质 3 中的电磁场可以表示为

$$\begin{cases}\boldsymbol{E}_1(z)=\hat{e}_x\left[E_{1i}e^{-jk_1(z+L)}+E_{1r}e^{jk_1(z+L)}\right]\\ \boldsymbol{H}_1(z)=\dfrac{\hat{e}_y}{\eta_1}\left[E_{1i}e^{-jk_1(z+L)}-E_{1r}e^{jk_1(z+L)}\right]\end{cases}\quad(\text{介质 1}) \tag{7-1-28}$$

$$\begin{cases}\boldsymbol{E}_2(z)=\hat{e}_x(E_{2i}e^{-jk_2z}+E_{2r}e^{jk_2z})\\ \boldsymbol{H}_2(z)=\dfrac{\hat{e}_y}{\eta_2}(E_{2i}e^{-jk_2z}-E_{2r}e^{jk_2z})\end{cases}\quad(\text{介质 2}) \tag{7-1-29}$$

$$\begin{cases}\boldsymbol{E}_3(z)=\hat{e}_xE_{3i}e^{-jk_3z}\\ \boldsymbol{H}_3(z)=\dfrac{\hat{e}_y}{\eta_3}E_{3i}e^{-jk_3z}\end{cases}\quad(\text{介质 3}) \tag{7-1-30}$$

其中,E_{1i}是入射波电场的复振幅,E_{1r}、E_{2i}、E_{2r}、E_{3i}为待求量。利用前面已得到的结果,$z=0$ 和 $z=-L$ 界面处的反射系数分别为

$$\Gamma(0^-)_\perp=\frac{E_{2r}}{E_{2i}}=\frac{\eta_3-\eta_2}{\eta_3+\eta_2} \tag{7-1-31}$$

$$\Gamma(-L^-)_\perp=\frac{E_{1r}}{E_{1i}}=\frac{\eta_{ef}(-L)-\eta_1}{\eta_{ef}(-L)+\eta_1} \tag{7-1-32}$$

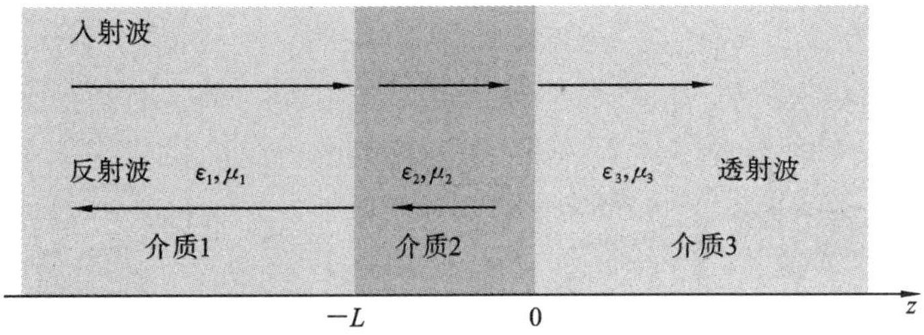

图 7-7 介质层平面波传播的影响

其中，$\eta_{ef}(-L)$为 $z=-L$ 界面处右边介质空间(即有限厚度的介质层 2 和半空间介质 3 组成的两介质空间)的等效波阻抗，应用等效阻抗(见式(7-1-24))的定义得

$$\eta_{ef}(-L)=\eta_2\frac{\eta_3+j\eta_2\tan(k_2L)}{\eta_2+j\eta_3\tan(k_2L)} \tag{7-1-33}$$

为了确保天线产生的电磁波能够全部辐射而不被反射，反射系数应为零，则要求

$$\eta_{ef}(-L)=\eta_2\frac{\eta_3+j\eta_2\tan(k_2L)}{\eta_2+j\eta_3\tan(k_2L)}=\eta_1 \tag{7-1-34}$$

如果介质 1 和介质 3 的波阻抗相等(对天线保护罩而言，保护罩两侧均为自由空间 $\eta_3=\eta_1=\eta_0=120\pi\ \Omega$)，由式(7-1-34)得到的介质最小厚度由 $\tan(k_2L)=0$ 确定。即 $L=0.5\lambda_2$ 为半波长的介质层，此时电磁波完全透射而无反射，$\eta_{ef}(-L)=\eta_3=\eta_1$。这正是雷达天线罩的设计原理。

如果介质 1 和介质 3 的波阻抗不相等，介质的最小厚度由 $k_2L=0.5\pi$ 确定，且介质层的波阻抗必须满足 $\eta_2=\sqrt{\eta_1\eta_3}$，得到 $L=0.25\lambda_2$ 为四分之一波长的介质层。此时电磁波自介质 1 入射，完全透射介质 2 进入介质 3 而无反射，$\eta_{ef}(-L)=\dfrac{\eta_2^2}{\eta_3}$。这正是照相机镜头消除反射的设计原理。

7.2 平面波对理想介质分界面的斜入射

7.2.1 相位匹配原则

应用中，除了垂直入射情况外，经常遇到均匀平面波对于界面的斜入射。实际媒质分界面的几何形状非常复杂，有必要对界面作一些简化处理。只要界面的曲率半径远大于波长，电磁场边界条件导出的条件满足，曲面边界对于平面电磁波的反射、透射与以反射点为切平面的平面对于平面波的反射、透射相等效。所以这里只讨论平面对电磁波的反射和透射问题，如图 7-8 所示。需要说明的是，本节的讨论针对理想介质。

设平面波以任意角度自介质 1 入射到两介质的分界面，入射波的电磁场为

$$\begin{cases}\boldsymbol{E}_i(\boldsymbol{r})=(\hat{e}_{i\perp}E_{i\perp}+\hat{e}_{i\parallel}E_{i\parallel})\exp(-jk_1\hat{e}_i\cdot\boldsymbol{r})\\ \boldsymbol{H}_i(\boldsymbol{r})=\dfrac{1}{\eta_1}\hat{e}_i\times\boldsymbol{E}_i(\boldsymbol{r})\end{cases} \tag{7-2-1}$$

其中，$\hat{e}_{i\perp}E_{i\perp}$、$\hat{e}_{i\parallel}E_{i\parallel}$ 分别表示与入射面(入射波传播方向与界面法线方向组成的平面)垂直和平行的两个分量，$\hat{e}_i$ 为入射波传播方向单位矢量。反射波和透射波也应该具有

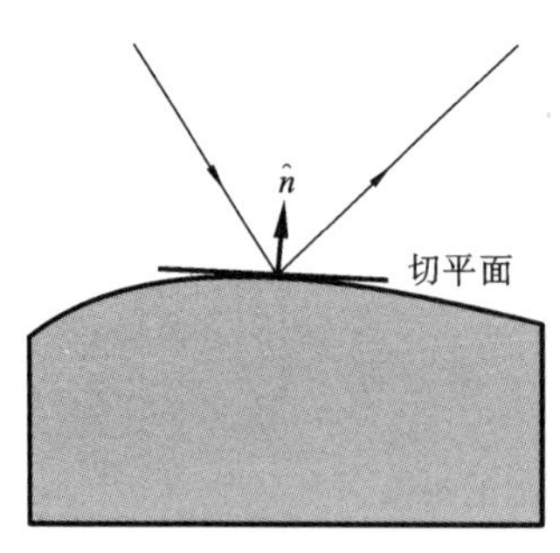

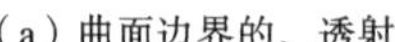
(a) 曲面边界的、透射

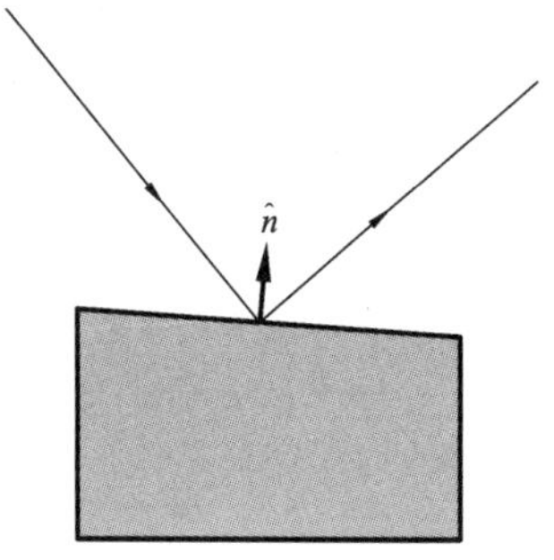

(b) 等效的切平面的平面反射、透射

图 7-8　曲面边界的反射、透射与切平面的平面反射、透射等效

类似于式(7-2-1)的形式,可以设为

$$\begin{cases} \boldsymbol{E}_{\mathrm{r}}(\boldsymbol{r})=(\hat{e}_{\mathrm{r}\perp}E_{\mathrm{r}\perp}+\hat{e}_{\mathrm{r}\parallel}E_{\mathrm{r}\parallel})\exp(-\mathrm{j}k_1\hat{e}_{\mathrm{r}}\cdot\boldsymbol{r}) \\ \boldsymbol{H}_{\mathrm{r}}(\boldsymbol{r})=\dfrac{1}{\eta_1}\hat{e}_{\mathrm{r}}\times\boldsymbol{E}_{\mathrm{r}}(\boldsymbol{r}) \end{cases} \tag{7-2-2}$$

$$\begin{cases} \boldsymbol{E}_{\mathrm{t}}(\boldsymbol{r})=(\hat{e}_{\mathrm{t}\perp}E_{\mathrm{t}\perp}+\hat{e}_{\mathrm{t}\parallel}E_{\mathrm{t}\parallel})\exp(-\mathrm{j}k_2\hat{e}_{\mathrm{t}}\cdot\boldsymbol{r}) \\ \boldsymbol{H}_{\mathrm{t}}(\boldsymbol{r})=\dfrac{1}{\eta_2}\hat{e}_{\mathrm{t}}\times\boldsymbol{E}_{\mathrm{t}}(\boldsymbol{r}) \end{cases} \tag{7-2-3}$$

其中,$\hat{e}_{\mathrm{r}\perp}E_{\mathrm{r}\perp}$、$\hat{e}_{\mathrm{r}\parallel}E_{\mathrm{r}\parallel}$ 分别表示与反射面(反射波传播方向与界面法线方向组成的平面)垂直和平行的两个分量,$\hat{e}_{\mathrm{r}}$ 为反射波传播方向单位矢量;$\hat{e}_{\mathrm{t}\perp}E_{\mathrm{t}\perp}$、$\hat{e}_{\mathrm{t}\parallel}E_{\mathrm{t}\parallel}$ 分别表示与透射面(透射波传播方向与界面法线方向组成的平面)垂直和平行的两个分量,$\hat{e}_{\mathrm{t}}$ 为透射波传播方向单位矢量;k_1、k_2 为介质 1 和介质 2 的波数,如图 7-9 所示。

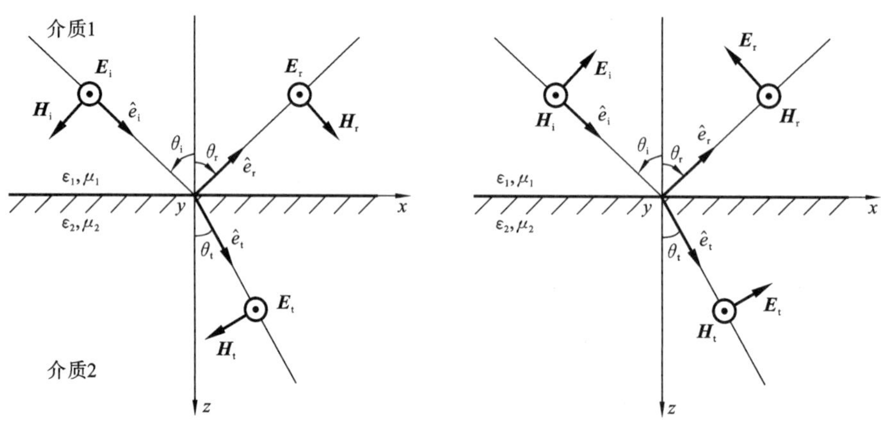

(a) 垂直极化平面波斜入射　　(b) 水平极化平面波斜入射

图 7-9　平面波对于界面的斜入射

利用电场切线分量在界面上连续的边界条件,可以得

$$\hat{n}\times[\boldsymbol{E}_{\mathrm{i}}(\boldsymbol{r})+\boldsymbol{E}_{\mathrm{r}}(\boldsymbol{r})]=\hat{n}\times\boldsymbol{E}_{\mathrm{t}}(\boldsymbol{r}) \tag{7-2-4}$$

首先考察式(7-2-4)两边相位项之间的关系。由于空间某点电磁波的相位(差)是波传播至该点所经路径相位改变的累积效应,界面上的交点处入射波、反射波和透射波并没有出现新的传播路径,三者相位应保持相等。所以式(7-2-4)中各项的相位在介质的交界面上满足如下关系:

$$k_1\hat{e}_i \cdot \boldsymbol{r}|_{z=0}=k_1\hat{e}_r \cdot \boldsymbol{r}|_{z=0}=k_2\hat{e}_t \cdot \boldsymbol{r}|_{z=0} \tag{7-2-5}$$

式(7-2-5)称为界面相位匹配原则。如将电磁波自介质 2 入射介质 1,式(7-2-5)同样成立,这说明平面电磁波在介质中的传播路径(称为射线)具有可逆性。因此,式(7-2-5)又称为射线(波传播路径)可逆性原理。从式(7-2-5)可以推得如下结论:

(1) 入射波、反射波和透射波的传播方向在同一平面内,该平面由传播方向与界面法向构成。

(2) 入射波、反射波和透射波与界面法向的夹角满足如下关系:

$$\theta_i=\theta_r, \quad \sqrt{\varepsilon_1\mu_1}\sin\theta_i=\sqrt{\varepsilon_2\mu_2}\sin\theta_t \tag{7-2-6}$$

其中第二式又称斯奈尔(Wille brord Snell Van Roijen,1580—1626 年,荷兰物理学家与数学家)折射定律。

(3) 电磁波在介质中的传播路径(称为射线轨迹)具有可逆性。

7.2.2 菲涅耳公式

菲涅耳(Augustin Jean Fresnel, 1788—1827 年,法国物理学家)是最早定量研究光的反射和透射关系的科学家,建立了光的反射定律和折射定律,即菲涅耳公式。下面从电磁场必须满足的边界条件出发,重新推导入射波、反射波和透射波的定量关系。

1. 电场与入射面垂直

当入射波电场矢量与入射面垂直,电场矢量与界面平行,应用边界条件:

$$\begin{cases}\hat{n}\times[\boldsymbol{E}_i(\boldsymbol{r})+\boldsymbol{E}_r(\boldsymbol{r})]=\hat{n}\times\boldsymbol{E}_t(\boldsymbol{r})\\ \hat{n}\times[\boldsymbol{H}_i(\boldsymbol{r})+\boldsymbol{H}_r(\boldsymbol{r})]=\hat{n}\times\boldsymbol{H}_t(\boldsymbol{r})\end{cases} \tag{7-2-7}$$

求得入射波、反射波和透射波振幅满足如下关系:

$$\begin{cases}E_i+E_r=E_t\\ \eta_2(E_i-E_r)\cos\theta_i=\eta_1 E_t\cos\theta_t\end{cases} \tag{7-2-8}$$

解方程得到反射系数和透射系数为

$$\begin{cases}\Gamma_\perp=\dfrac{E_r}{E_i}=\dfrac{\eta_2\cos\theta_i-\eta_1\cos\theta_t}{\eta_2\cos\theta_i+\eta_1\cos\theta_t}\\ T_\perp=\dfrac{E_t}{E_i}=\dfrac{2\eta_2\cos\theta_i}{\eta_2\cos\theta_i+\eta_1\cos\theta_t}\end{cases} \tag{7-2-9}$$

反射系数和透射系数满足 $1+\Gamma_\perp=T_\perp$。

2. 电场与入射面平行

当入射波电场矢量与入射面平行,应用边界条件求得

$$\begin{cases}\eta_2(E_i+E_r)=\eta_1 E_t\\ (E_i-E_r)\cos\theta_i=E_t\cos\theta_t\end{cases} \tag{7-2-10}$$

得到反射系数和透射系数为

$$\begin{cases}\Gamma_\parallel=\dfrac{E_r}{E_i}=\dfrac{\eta_1\cos\theta_i-\eta_2\cos\theta_t}{\eta_1\cos\theta_i+\eta_2\cos\theta_t}\\ T_\parallel=\dfrac{E_t}{E_i}=\dfrac{2\eta_2\cos\theta_i}{\eta_1\cos\theta_i+\eta_2\cos\theta_t}\end{cases} \tag{7-2-11}$$

反射系数和透射系数满足 $1+\Gamma_\parallel=(\eta_1/\eta_2)T_\parallel$。

对于非铁磁性介质，磁导率常数近似为真空磁导率常数，即 $\mu_1\approx\mu_2\approx\mu_0$，$\eta_1/\eta_2\approx\sqrt{\varepsilon_2/\varepsilon_1}=n$(光学中称为相对折射率)，式(7-2-8)和式(7-2-11)变为

$$\begin{cases}\Gamma_{\perp}=\dfrac{\cos\theta_i-\sqrt{n^2-\sin^2\theta_i}}{\cos\theta_i+\sqrt{n^2-\sin^2\theta_i}}\\[2ex] T_{\perp}=\dfrac{2\cos\theta_i}{\cos\theta_i+\sqrt{n^2-\sin^2\theta_i}}\end{cases}\tag{7-2-12a}$$

$$\begin{cases}\Gamma_{\parallel}=\dfrac{n^2\cos\theta_i-\sqrt{n^2-\sin^2\theta_i}}{n^2\cos\theta_i+\sqrt{n^2-\sin^2\theta_i}}\\[2ex] T_{\parallel}=\dfrac{2n\cos\theta_i}{n^2\cos\theta_i+\sqrt{n^2-\sin^2\theta_i}}\end{cases}\tag{7-2-12b}$$

被称为菲涅耳公式，定量描述了理想分层介质中电磁波(含光波)入射、反射和透射电场振幅之间的关系。利用这一关系还可以进一步导出入射波、反射波、透射波能量之间的关系。

【例 7.2】 平面波斜入射理想介质平面，如图 7-9 所示，导出入射波、反射波、透射波功率之间满足的关系。

解　入射波、反射波、透射平面波的能流密度矢量分别为

$$\boldsymbol{S}_i=\frac{\hat{e}_i}{2\eta_1}E_i^2,\quad \boldsymbol{S}_r=\frac{\hat{e}_r}{2\eta_1}E_r^2,\quad \boldsymbol{S}_t=\frac{\hat{e}_t}{2\eta_2}E_t^2$$

上式对平行和垂直极化均适应。通过界面单位面积的入射波、反射波和透射波的功率密度分别为

$$\begin{cases}P_i=\boldsymbol{S}_i\cdot\hat{e}_z=\dfrac{\hat{e}_i\cdot\hat{e}_z}{2\eta_1}E_i^2\\[2ex] P_r=-\boldsymbol{S}_r\cdot\hat{e}_z=\dfrac{-\hat{e}_r\cdot\hat{e}_z}{2\eta_1}E_r^2\\[2ex] P_t=\boldsymbol{S}_t\cdot\hat{e}_z=\dfrac{\hat{e}_t\cdot\hat{e}_z}{2\eta_2}E_t^2\end{cases}\tag{7-2-12c}$$

其中，反射波功率密度的负号表示功率沿 z 的负向传输。它们之间的关系分别为

$$\begin{cases}\mathscr{R}=\dfrac{P_r}{P_i}=\left|\dfrac{-\hat{e}_i\cdot\hat{e}_z E_r^2}{\hat{e}_r\cdot\hat{e}_z E_i^2}\right|=\dfrac{E_r^2}{E_i^2}=|\Gamma|^2\\[2ex] \mathscr{T}=\dfrac{P_t}{P_i}=\left|\dfrac{\hat{e}_t\cdot\hat{e}_z\eta_1 E_t^2}{\hat{e}_i\cdot\hat{e}_z\eta_2 E_i^2}\right|=\dfrac{n\cos\theta_t}{\cos\theta_i}|T|^2\end{cases}\tag{7-2-12d}$$

式(7-2-12d)中的反射系数和透射系数既可以用于平行极化波入射，也可以用于垂直极化波入射。

7.2.3　全透射现象

对于非铁磁性介质，相位匹配条件(见(7-2-6))可以表示为

$$\sin\theta_i=n\sin\theta_t,\quad n=\sqrt{\frac{\varepsilon_2}{\varepsilon_1}}=\frac{\sin\theta_i}{\sin\theta_t}$$

于是菲涅耳公式还可以表示为

$$\begin{cases} \Gamma_{\perp}=\dfrac{\cos\theta_i-\sqrt{n^2-\sin^2\theta_i}}{\cos\theta_i+\sqrt{n^2-\sin^2\theta_i}}=-\dfrac{\sin(\theta_i-\theta_t)}{\sin(\theta_i+\theta_t)} \\ T_{\perp}=\dfrac{2\cos\theta_i}{\cos\theta_i+\sqrt{n^2-\sin^2\theta_i}}=\dfrac{2\cos\theta_i\sin\theta_t}{\sin(\theta_i+\theta_t)} \end{cases} \tag{7-2-13a}$$

$$\begin{cases} \Gamma_{\parallel}=\dfrac{n^2\cos\theta_i-\sqrt{n^2-\sin^2\theta_i}}{n^2\cos\theta_i+\sqrt{n^2-\sin^2\theta_i}}=\dfrac{\tan(\theta_i-\theta_t)}{\tan(\theta_i+\theta_t)} \\ T_{\parallel}=\dfrac{2n\cos\theta_i}{n^2\cos\theta_i+\sqrt{n^2-\sin^2\theta_i}}=\dfrac{2\cos\theta_i\sin\theta_t}{\sin(\theta_i+\theta_t)\cos(\theta_i-\theta_t)} \end{cases} \tag{7-2-13b}$$

由于 $0\leqslant\theta_i,\theta_t\leqslant90°$，$0\leqslant\theta_i+\theta_t\leqslant\pi$，所以透射系数 $T_{\parallel,\perp}\geqslant0$；而反射系数在 $\theta_i<\theta_t$ 时为正，$\theta_i>\theta_t$ 时为负，由两介质的折射指数确定。

既然反射系数可正可负，必然存在某一折射指数 n 使得反射系数为零。此时，斜入射的平面电磁波将没有反射而全部透射，这一现象称为全透射。从式(7-2-13)不难得到全透射的条件为

$$n^2\cos\theta_i=\sqrt{n^2-\sin^2\theta_i}\quad 或 \quad n=1 \tag{7-2-14a}$$

其中，$n=1$ 意味着介质 1 和介质 2 为同一种介质，界面不产生反射，不在我们讨论之列。当 $n\neq1$ 时，由条件 $n^2\cos\theta_i=\sqrt{n^2-\sin^2\theta_i}$，求得入射角

$$\theta_i=\theta_B=\arcsin\sqrt{\frac{n^2}{1+n^2}}=\arctan n \tag{7-2-14b}$$

时，平行极化入射平面波的反射系数为零而全部透射。称 θ_B 为布儒斯特(David Brewster, 1781—1868 年，英国物理学家)角。由此可见，垂直极化平面波入射不发生全透射，全透射现象只发生在平行极化平面波入射的情形。如果任意极化平面波以布儒斯特角入射，其反射波中只有垂直极化波成分，平行极化波将全部透射。这也是早期获得线偏振光的方法之一。

图 7-10 所示的为非铁磁性介质($n=4$)反射系数的模 $|\Gamma|$ 和辐角 $\phi=\arg(\Gamma)$ 随入射角的变化曲线。从中得到的主要结论有：① 垂直极化平面波入射不产生全透射现象，$|\Gamma_{\perp}|$ 随入射角的改变而缓慢变化，$\phi_{\perp}=\arg(\Gamma_{\perp})=\pi$ 不变；② 平行极化平面波入射，$|\Gamma_{\parallel}|$ 随入射角的改变而快速变化，当平面波以 $\theta_i=\theta_B=75.97°$ 入射，$|\Gamma_{\parallel}|$ 为零，入射波全部透射。反射系数的辐角在布儒斯特角处由零跃变为 π。

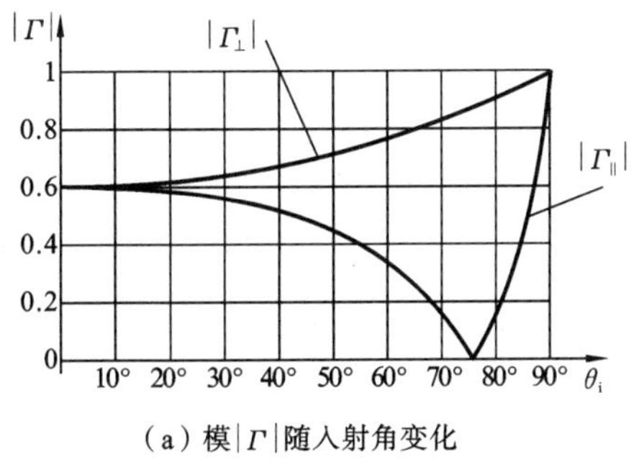

(a) 模 $|\Gamma|$ 随入射角变化

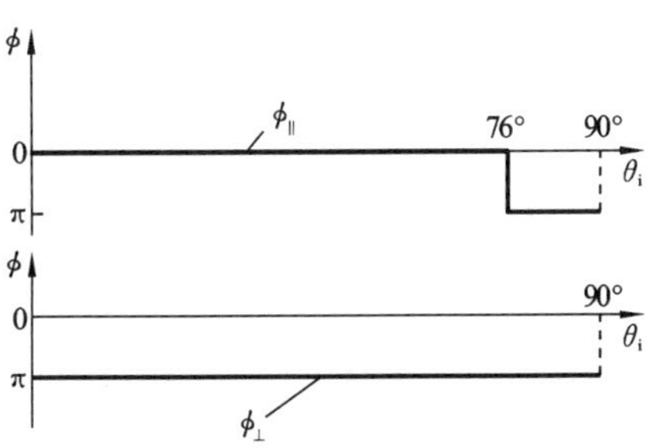

(b) 辐角 $\phi=\arg(\Gamma)$ 随入射角变化

图 7-10　反射系数随入射角度变化曲线

7.2.4 全反射与表面波

与全透射现象相对应的另一特殊情况是全反射现象。所谓全反射是指入射波被全反射而没有透射。从式(7-2-6)得到

$$\sin\theta_i=\sqrt{\frac{\varepsilon_2}{\varepsilon_1}}\sin\theta_t=n\sin\theta_t$$

如果 $n<1$,则 $\theta_t>\theta_i$,当入射角度逐渐增大,总会得到一个小于 90°的入射角,使透射角为 90°,此时透射波将沿介质表面传播,称该入射角为临界角,如图 7-11 所示;其数值为

$$\theta_c=\arcsin n \tag{7-2-15}$$

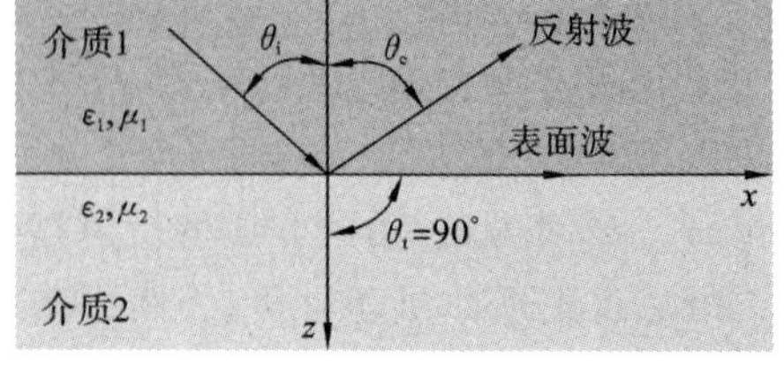

图 7-11 全反射现象

若再继续增大入射角,实数透射角已无意义,此时的反射系数变为

$$\begin{cases}\Gamma_\perp=\dfrac{\cos\theta_i-\mathrm{j}\sqrt{\sin^2\theta_i-n^2}}{\cos\theta_i+\mathrm{j}\sqrt{\sin^2\theta_i-n^2}}=\mathrm{e}^{-2\mathrm{j}\delta_\perp}\\[2ex]\Gamma_\parallel=\dfrac{n\cos\theta_i-\mathrm{j}\sqrt{\sin^2\theta_i-n^2}}{n\cos\theta_i+\mathrm{j}\sqrt{\sin^2\theta_i-n^2}}=\mathrm{e}^{-2\mathrm{j}\delta_\parallel}\end{cases} \tag{7-2-16}$$

其中,

$$\delta_\perp=\arctan\frac{\sqrt{\sin^2\theta_i-n^2}}{\cos\theta_i},\quad \delta_\parallel=\arctan\frac{\sqrt{\sin^2\theta_i-n^2}}{n^2\cos\theta_i}$$

为了进一步分析以临界角入射时介质 2 中透射波的特点,将介质 1 中的入射电磁波表示(为了讨论方便,设电场仅有 y 分量)为

$$\boldsymbol{E}_1(\boldsymbol{r})=\hat{e}_yE_{10}\exp(-\mathrm{j}\boldsymbol{k}\cdot\boldsymbol{r})=\hat{e}_yE_{10}\exp[-\mathrm{j}(k_{1z}z+k_{1x}x)] \tag{7-2-17a}$$

介质 2 中的透射电磁波也应有相应形式的平面波解,即

$$\boldsymbol{E}_2(\boldsymbol{r})=\hat{e}_yE_{20}\exp[-\mathrm{j}(k_{2z}z+k_{2x}x)] \tag{7-2-17b}$$

由界面上的相位匹配条件得到

$$\begin{cases}k_{2x}=k_{1x}=k_1\sin\theta_i\\ k_{2z}=\sqrt{k_2^2-k_{2x}^2}=\sqrt{k_2^2-(k_1\sin\theta_i)^2}=-\mathrm{j}k_1\sqrt{\sin^2\theta_i-n^2}\end{cases} \tag{7-2-18}$$

上式中取负号是为确保在选定的坐标系中电磁波能量有限。将式(7-2-18)代入式(7-2-17b),并利用无源空间电场和磁场之间的关系,得到介质 2 中的平面电磁波为

$$\begin{cases}\boldsymbol{E}_2(\boldsymbol{r})=E_{20}\hat{e}_y\exp\left(-\mathrm{j}k_1\sin\theta_i x-k_1\sqrt{\sin^2\theta_i-n^2}\,z\right)\\[1ex]\boldsymbol{H}_2(\boldsymbol{r})=\dfrac{1}{\eta_1}\left[\hat{e}_z\sqrt{\sin^2\theta_i-n^2}-\mathrm{j}\hat{e}_x\sin\theta_i\right]\hat{e}_y\cdot\boldsymbol{E}_2(\boldsymbol{r})\end{cases} \tag{7-2-19}$$

这说明在入射角大于临界角时,介质 2 中的透射波为沿 x 轴传播的平面波;其幅度沿 x 方向保持不变,沿 z 方向按指数衰减。其相位传播速度为

$$v_{p2}>v_{px}=\frac{\omega}{k_1\sin\theta_i}=\frac{v_{p1}}{\sin\theta_i}>v_{p1}$$

介于介质 2 与介质 1 相位传播速度之间,因其小于介质 2 的相速,故称其为慢波。

利用式(7-2-19)求得其能流密度矢量为

$$\boldsymbol{S}=\frac{1}{2}\mathrm{Re}[\boldsymbol{E}\times\boldsymbol{H}^{*}]=\hat{e}_xS_x+\hat{e}_zS_z \tag{7-2-20a}$$

其中，

$$\begin{cases}S_z=0\\ S_x=\dfrac{1}{2\eta_1}\sqrt{\sin^2\theta_i-n^2}\,|E_{20}|^2\exp(-2k_1\sqrt{\sin^2\theta_i-n^2}z)\end{cases} \tag{7-2-20b}$$

透射波磁场 x 分量超前电场 y 分量 $-\frac{\pi}{2}$ 的相位，z 轴方向传输的平均能流密度为零；沿 x 轴方向（即介质 2 表面）仍然存在可以传播的电磁波，称为表面波。发生全反射时，介质 2 的作用类似于电路中的电感器，在电磁波的一个周期的一半时间内，介质 2 从入射电磁波获取能量，另一半时间将能量释放，并返回介质 1。

全反射时的表面波传播现象是现代光纤和其他介质波导的理论基础。图7-12为光纤结构与工作原理示意图，由光纤芯线和外部包层构成。根据电磁波传播的全反射特点，只要合理设计芯线和包层材料的介电常数，光波进入光纤后，在包层与芯线之间以全反射方式传播（详细讨论参见第 8 章）。

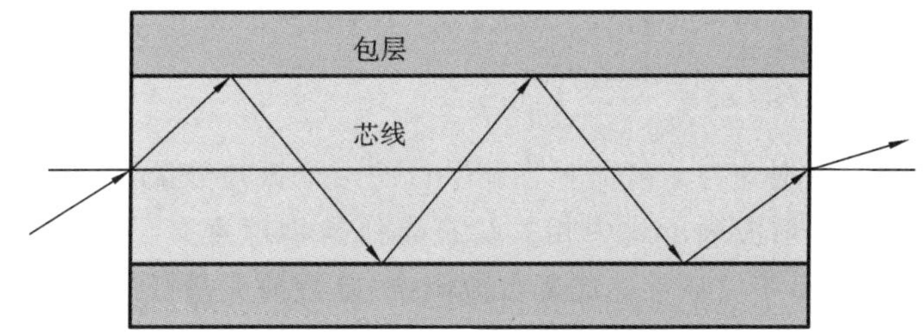

图 7-12 光纤工作原理示意图

7.3 平面波对良导体界面的入射

7.3.1 良导体界面入射、反射与透射角关系

任意均匀平面电磁波自介质入射导体表面，同样可以分为垂直入射面和平行入射面两种极化情况讨论，如图 7-13 所示，平面波电磁波自介质空间沿 $\boldsymbol{k}_i=k_1\hat{e}_i$ 入射，导体界面产生反射波和透射波。入射波、反射波和透射波之间满足的关系，可采用前面平面波对理想介质平面斜入射的分析方法获得，唯一不同的是导体的波阻抗为复数。

设平面电磁波以 θ_i 入射到导体界面，入射波、反射波和透射波有如下形式的平面波解。

入射波：

$$\begin{cases}\boldsymbol{E}_i(\boldsymbol{r})=(\hat{e}_{i\perp}E_{i\perp}+\hat{e}_{i\parallel}E_{i\parallel})\exp(-\mathrm{j}k_1\hat{e}_i\cdot\boldsymbol{r})\\ \boldsymbol{H}_i(\boldsymbol{r})=\dfrac{1}{\eta_1}\hat{e}_i\times\boldsymbol{E}_i(\boldsymbol{r})\end{cases} \tag{7-3-1}$$

反射波：

$$\begin{cases}\boldsymbol{E}_r(\boldsymbol{r})=(\hat{e}_{r\perp}E_{r\perp}+\hat{e}_{r\parallel}E_{r\parallel})\exp(-\mathrm{j}k_1\hat{e}_r\cdot\boldsymbol{r})\\ \boldsymbol{H}_r(\boldsymbol{r})=\dfrac{1}{\eta_1}\hat{e}_r\times\boldsymbol{E}_r(\boldsymbol{r})\end{cases} \tag{7-3-2}$$

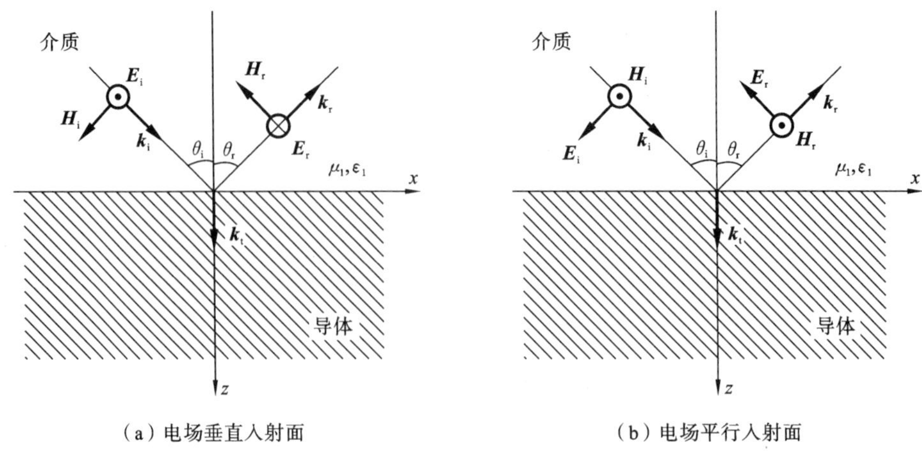

图 7-13 平面电磁波对导体面的斜入射

透射波：

$$\begin{cases}\boldsymbol{E}_t(\boldsymbol{r})=(\hat{e}_{t\perp}E_{t\perp}+\hat{e}_{t\parallel}E_{t\parallel})\exp(-jk_2\hat{e}_t\cdot r)\\ \boldsymbol{H}_t(\boldsymbol{r})=\dfrac{1}{\eta_2}\hat{e}_t\times\boldsymbol{E}_t(\boldsymbol{r})\end{cases}\tag{7-3-3}$$

其中，$\hat{e}_{i\perp}E_{i\perp}$、$\hat{e}_{i\parallel}E_{i\parallel}$ 分别为与入射面垂直和平行的两个振幅分量，$\hat{e}_i$ 为入射波传播方向单位矢量；反射波和透射波表示式中相关量有类似的物理意义。k、η 分别为介质波数和波阻抗。引用第 6 章中关于导体的复数波阻抗、复数波矢量概念，结合图 7-13，设导体复数波矢量为

$$\boldsymbol{k}_2=k_2\hat{e}_t=\boldsymbol{\beta}-j\boldsymbol{\alpha}=\hat{e}_x(\beta_x-j\alpha_x)+\hat{e}_z(\beta_z-j\alpha_z)\tag{7-3-4}$$

将边界条件 $\hat{n}\times[\boldsymbol{E}_i(\boldsymbol{r})+\boldsymbol{E}_r(\boldsymbol{r})]=\hat{n}\times\boldsymbol{E}_t(\boldsymbol{r})$ 应用到界面上任意点，该点处入射波、反射波和透射波的相位关系匹配原理

$$\boldsymbol{k}_i\cdot\boldsymbol{r}|_{z=0}=\boldsymbol{k}_r\cdot\boldsymbol{r}|_{z=0}=\boldsymbol{k}_t\cdot\boldsymbol{r}|_{z=0}\Rightarrow k_1\hat{e}_i\cdot\boldsymbol{r}|_{z=0}=k_1\hat{e}_r\cdot\boldsymbol{r}|_{z=0}=k_2\hat{e}_t\cdot\boldsymbol{r}|_{z=0}\tag{7-3-5}$$

仍然成立，并导得如下结果

$$k_1\sin\theta_i=\beta_x-j\alpha_x\Rightarrow\begin{cases}\beta_x=k_1\sin\theta_i\\ \alpha_x=0\end{cases}\tag{7-3-6}$$

将其代入式(7-3-4)，考虑到良导体中$\sqrt{\dfrac{\omega\varepsilon}{2\sigma}}\ll1$，$\beta=\alpha\approx\sqrt{\dfrac{\omega\mu\sigma}{2}}$，得到如下近似结果：

$$\beta_z^2=\beta^2-\beta_x^2=\frac{\omega\mu\sigma}{2}-(k_1\sin\theta_i)^2=\omega^2\mu_0\varepsilon\left(\frac{\sigma}{2\omega\varepsilon}-\sin^2\theta_i\right)\approx\beta^2=\frac{\omega\mu\sigma}{2}$$

$$\boldsymbol{k}_2=k_2\hat{e}_t=\boldsymbol{\beta}-j\boldsymbol{\alpha}\approx\hat{e}_z(\beta_z-j\alpha_z)=\hat{e}_z\sqrt{\frac{\omega\mu\sigma}{2}}(1-j)\tag{7-3-7}$$

上述论述说明，对于良导体而言，无论电磁波以何角度入射，其透射波始终沿导体表面法线方向传播。

7.3.2 反射系数

对良导体表面，理想介质表面入射波与反射波的关系仍然成立，究其原因在于这些关系源于相位匹配原理，如反射角与入射角相等，入射波与反射波在同一平面等。其反

射系数也可直接引用理想介质界面结果，只需将介质 2 的相关参数替换为导体相关参数即可，求得电场矢量与入射面垂直和平行分量的反射系数为

$$\begin{cases} \Gamma_{\perp} = \dfrac{E_{\mathrm{r}}}{E_{\mathrm{i}}} = \dfrac{\tilde{\eta}\cos\theta_{\mathrm{i}} - \eta_1\cos\theta_{\mathrm{t}}}{\tilde{\eta}\cos\theta_{\mathrm{i}} + \eta_1\cos\theta_{\mathrm{t}}} \\ \Gamma_{\parallel} = \dfrac{E_{\mathrm{r}}}{E_{\mathrm{i}}} = \dfrac{\eta_1\cos\theta_{\mathrm{i}} - \tilde{\eta}\cos\theta_{\mathrm{t}}}{\eta_1\cos\theta_{\mathrm{i}} + \tilde{\eta}\cos\theta_{\mathrm{t}}} \end{cases} \tag{7-3-8}$$

将良导体波阻抗

$$\tilde{\eta} \approx \sqrt{\frac{\mu_0\omega}{\sigma}}\exp(\mathrm{j}\,45^{\circ}) = \sqrt{\frac{\pi\mu_0 f}{\sigma}}(1+\mathrm{j})$$

代入方程(7-3-8)，并沿用非铁磁性介质的结果 $\mu_1 \approx \mu_2 \approx \mu_0$，得

$$\begin{cases} \Gamma_{\perp} = \dfrac{E_{\mathrm{r}}}{E_{\mathrm{i}}} = \dfrac{\sqrt{\dfrac{\omega\varepsilon}{2\sigma}}(1+\mathrm{j})\cos\theta_{\mathrm{i}} - \cos\theta_{\mathrm{t}}}{\sqrt{\dfrac{\omega\varepsilon}{2\sigma}}(1+\mathrm{j})\cos\theta_{\mathrm{i}} + \cos\theta_{\mathrm{t}}} \approx -1 \\ \Gamma_{\parallel} = \dfrac{E_{\mathrm{r}}}{E_{\mathrm{i}}} = \dfrac{\cos\theta_{\mathrm{i}} - \sqrt{\dfrac{\omega\varepsilon}{2\sigma}}(1+\mathrm{j})\cos\theta_{\mathrm{t}}}{\cos\theta_{\mathrm{i}} + \sqrt{\dfrac{\omega\varepsilon}{2\sigma}}(1+\mathrm{j})\cos\theta_{\mathrm{t}}} \approx 1 \end{cases} \tag{7-3-9}$$

上式引用了良导体近似条件 $\sqrt{\dfrac{\omega\varepsilon}{2\sigma}} \ll 1$。

【例 7.3】 电磁波垂直入射导体表面，求反射波能流与入射波能流之比。

解 当电磁波垂直入射时，入射角、透射角均为 0，无论采用何种极化方式，其反射波能流与入射波能流之比为

$$\mathscr{R} = \left|\frac{E'}{E}\right|^2 = \left|\frac{\sqrt{\dfrac{\omega\varepsilon}{2\sigma}}(1+\mathrm{j})-1}{\sqrt{\dfrac{\omega\varepsilon}{2\sigma}}(1+\mathrm{j})+1}\right|^2 \approx 1 - 2\sqrt{\frac{2\omega\varepsilon}{\sigma}}$$

可见电磁波入射良导体，绝大部分入射波能量被反射。例如，频率为 1 GHz 的平面电磁波从自由空间入射导体铜的表面，其反射系数为

$$R \approx 1 - 2\sqrt{\frac{2\omega\varepsilon_0}{\sigma}} \approx 1 - 2\sqrt{\frac{4\pi\times10^9\times10^{-9}}{36\pi\times5.8\times10^7}} = 1 - 8.7\times10^{-5} \approx 1$$

事实上，上述情况对非垂直入射仍然成立。

7.3.3 导体外部合成电磁场的特点

电磁波以任何角度入射良导体表面，例 7.4 计算结果表明绝大部分能量被反射至入射波空间。进入导体内部的能量可以忽略不计。因此，良导体可以看成是理想导体而作为时变电磁场的边界。下面将良导体表面视为理想导体表面，讨论反射波与入射波叠加及其分布。

1. 垂直极化入射

参考图 7-13，反射系数 $\Gamma_{\perp} = -1$。入射波与反射波的波矢量分别为

$$\begin{cases} \boldsymbol{k}_{\mathrm{i}} = k(\hat{e}_x\sin\theta_{\mathrm{i}} + \hat{e}_z\cos\theta_{\mathrm{i}}) \\ \boldsymbol{k}_{\mathrm{r}} = k(\hat{e}_x\sin\theta_{\mathrm{i}} - \hat{e}_z\cos\theta_{\mathrm{i}}) \end{cases} \tag{7-3-10}$$

入射波与反射波的电磁场分别为

入射波：

$$\begin{cases}\boldsymbol{E}_{\mathrm{i}}=\hat{e}_y E_0 \exp[-\mathrm{j}k(x\sin\theta_{\mathrm{i}}+z\cos\theta_{\mathrm{i}})] \\ \boldsymbol{H}_{\mathrm{i}}=-(\hat{e}_x\cos\theta_{\mathrm{i}}-\hat{e}_z\sin\theta_{\mathrm{i}})\dfrac{E_0}{\eta}\exp[-\mathrm{j}k(x\sin\theta_{\mathrm{i}}+z\cos\theta_{\mathrm{i}})]\end{cases} \tag{7-3-11}$$

反射波：

$$\begin{cases}\boldsymbol{E}_{\mathrm{r}}=-\hat{e}_y E_0 \exp[-\mathrm{j}k(x\sin\theta_{\mathrm{i}}-z\cos\theta_{\mathrm{i}})] \\ \boldsymbol{H}_{\mathrm{r}}=-(\hat{e}_x\cos\theta_{\mathrm{i}}+\hat{e}_z\sin\theta_{\mathrm{i}})\dfrac{E_0}{\eta}\exp[-\mathrm{j}k(x\sin\theta_{\mathrm{i}}-z\cos\theta_{\mathrm{i}})]\end{cases} \tag{7-3-12}$$

导体外部空间叠加后的电磁场为

$$\begin{cases}\boldsymbol{E}=\boldsymbol{E}_{\mathrm{i}}+\boldsymbol{E}_{\mathrm{r}}=-\mathrm{j}\hat{e}_y 2E_0\sin(kz\cos\theta_{\mathrm{i}})\exp[-\mathrm{j}k(x\sin\theta_{\mathrm{i}})] \\ \boldsymbol{H}=\boldsymbol{H}_{\mathrm{i}}+\boldsymbol{H}_{\mathrm{r}}=-[\hat{e}_x\cos\theta_{\mathrm{i}}\cos(kz\cos\theta_{\mathrm{i}})+\hat{e}_z\mathrm{j}\sin\theta_{i}\sin(kz\cos\theta_{\mathrm{i}})] \\ \qquad\qquad \dfrac{2E_0}{\eta}\exp[-\mathrm{j}k(x\sin\theta_{\mathrm{i}})]\end{cases} \tag{7-3-13}$$

分析导体外部空间合成电磁场结构，得到如下特点：

(1) 合成波的电场与磁场沿导体表面法线方向(负 z 轴方向)呈现驻波分布，且在负 z 轴方向上，当

$$4z\cos\theta_{\mathrm{i}}=-(2n+1)\lambda,\quad n=0,1,2,\cdots$$

电场振幅达到极大；而在

$$2z\cos\theta_{\mathrm{i}}=-n\lambda,\quad n=0,1,2,\cdots$$

条件下，电场振幅为零。

(2) 合成波为沿平行导体表面方向传播的平面波，但在等相位面上电场和磁场的振幅随 z 的变化而变化，因此导体外合成波为非均匀平面电磁波。

(3) 在传播方向上，合成电磁波没有电场分量，但有磁场分量，故称这种在传播方向没有电场分量的平面波为横电波，简称 TE 波。

(4) 合成波在传播方向上的波数为 $k_x=k\sin\theta_{\mathrm{i}}$，相位传播速度为

$$v_{px}=\frac{\omega}{k_x}=\frac{v_p}{\sin\theta_{\mathrm{i}}}\geqslant v_p\quad(\text{导体外部空间电磁波相位速度}) \tag{7-3-14}$$

如果介质空间为自由空间，v_p 为光速，这意味着合成波相速度可以大于光速。需要说明的是：第一，对于周期函数而言，相位数值的多少没有绝对意义，因而相速度并不代表某个物理量的传播速度；第二，v_{px} 表示的是沿 x 方向观测的表象速度，或称视在速度，如图 7-14 所示。可以证明其能量传播速度 $v_e=v_p\sin\theta_{\mathrm{i}}$。

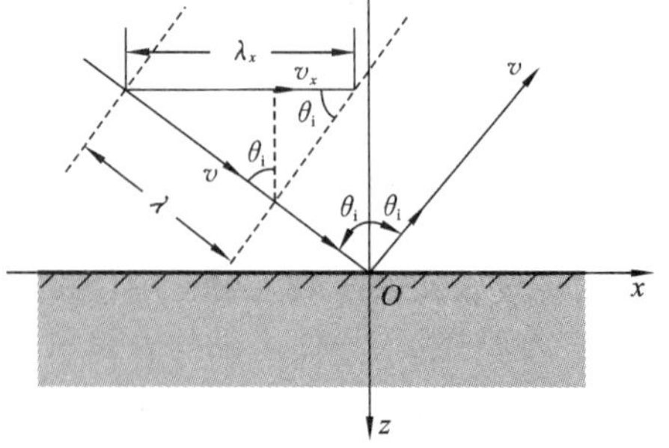

图 7-14　相位传播的视在速度

(5) 导体表面存在感应面电流，利用导体表面边界条件求得面电流密度为

$$\boldsymbol{J}_S=[\boldsymbol{n}\times\boldsymbol{H}]_{z=0}=\hat{e}_y\cos\theta_{\mathrm{i}}\,\frac{2E_0}{\eta}\exp[-\mathrm{j}k(x\sin\theta_{\mathrm{i}})] \tag{7-3-15}$$

此电流是产生反射波的次级辐射源。

2. 平行极化入射

参考图 7-13,反射系数 $\Gamma_{\parallel}=1$。入射波与反射波的电磁场分别为

入射波:

$$\begin{cases}\boldsymbol{H}_i=\hat{e}_y H_0\exp[-jk(x\sin\theta_i+z\cos\theta_i)]\\ \boldsymbol{E}_i=-(\hat{e}_x\cos\theta_i-\hat{e}_z\sin\theta_i)\eta E_0\exp[-jk(x\sin\theta_i+z\cos\theta_i)]\end{cases}\tag{7-3-16}$$

反射波:

$$\begin{cases}\boldsymbol{H}_r=\hat{e}_y H_0\exp[-jk(x\sin\theta_i-z\cos\theta_i)]\\ \boldsymbol{E}_r=-(\hat{e}_x\cos\theta_i+\hat{e}_z\sin\theta_i)\eta E_0\exp[-jk(x\sin\theta_i-z\cos\theta_i)]\end{cases}\tag{7-3-17}$$

导体外部空间叠加后的电磁场为

$$\begin{cases}\boldsymbol{H}=\boldsymbol{H}_i+\boldsymbol{H}_r=\hat{e}_y 2H_0\cos(kz\cos\theta_i)\exp[-jk(x\sin\theta_i)]\\ \boldsymbol{E}=\boldsymbol{E}_i+\boldsymbol{E}_r=-[\hat{e}_x j\cos\theta_i\sin(kz\cos\theta_i)+\hat{e}_z\sin\theta_i\cos(kz\cos\theta_i)]\\ \qquad 2\eta E_0\exp[-jk(x\sin\theta_i)]\end{cases}\tag{7-3-18}$$

分析合成电磁场结构,同样得到如下特点:

(1) 合成波的电场与磁场在垂直导体表面方向(负 z 轴方向)呈现驻波分布。当

$$2z\cos\theta_i=-n\lambda,\quad n=0,1,2,3,\cdots$$

磁场振幅达到极大;当

$$4z\cos\theta_i=-(2n+1)\lambda,\quad n=0,1,2,\cdots$$

磁场振幅为零。

(2) 合成波为平行导体表面方向传播的平面波,但在等相位面上电场和磁场的振幅随 z 的变化而变化。因此,导体外合成波为非均匀平面电磁波。

(3) 在传播方向上没有磁场分量,但有电场分量,故称这种在传播方向没有磁场分量的平面波为横磁波,简称 TM 波。

(4) 合成波在传播方向上的相速度

$$v_{px}=\frac{\omega}{k_x}=\frac{v_p}{\sin\theta_i}\geqslant v_p\quad(\text{导体外部空间电磁波相位速度})$$

产生的原因与垂直极化入射情形相同。

(5) 导体表面存在感应面电流,同理求得面电流密度为

$$\boldsymbol{J}_S=[\boldsymbol{n}\times\boldsymbol{H}]_{z=0}=\hat{e}_x\cos\theta_i 2H_0\exp[-jk(x\sin\theta_i)]\tag{7-3-19}$$

同样也是导体反射波的次级辐射源。

7.4 电磁波的衍射

7.4.1 惠更斯原理

干涉和衍射是波动现象的两个重要特征。历史上,光的衍射现象是光的波动学说最重要的实验证据。当电磁波在传播过程中遇到障碍物或透过屏幕上的小孔时,由于其波动性而不按直线传播的现象称为电磁波的衍射。在物理光学中,处理光的衍射现象的理论基础是惠更斯(Chrisiaan Huygens,1629—1695 年,荷兰物理学家、天文学家)-菲涅耳原理。该原理指出波阵面上的每一点是产生球面子波的次级波源,空间其他点任意时刻的波动是波阵面上的所有次级波源发射子波的干涉叠加结果,如图 7-15

所示。作为电磁场波动方程求解方法之一,本节应用格林函数方法导出电磁波衍射的惠更斯-菲涅耳原理表示式,并讨论其若干问题应用。

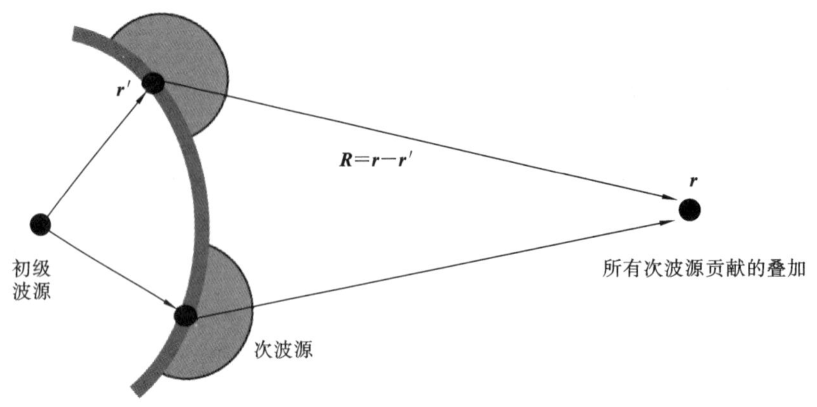

图 7-15 惠更斯-菲涅耳原理

电磁场是矢量场,电磁波的衍射问题应该建立在矢量格林定理基础之上。由于标量场和矢量场的衍射原理一致,为了避免推演的复杂性,以标量场为例展开讨论。事实上,将标量场理解为矢量场某个分量,标量波衍射的相关结论很容易推广到矢量波的衍射。在无源空间中,标量波(电磁波的某个分量)满足如下的波动方程:

$$\nabla^2\phi(\boldsymbol{r})+k^2\phi(\boldsymbol{r})=0 \tag{7-4-1}$$

其中,$k=\omega\sqrt{\varepsilon\mu}$,为空间波数。我们现在的任务是求出方程(7-4-1)的普适解,并诠释解的物理意义。

为了得到方程(7-4-1)的解,引入单位点源激励的标量波 $G(\boldsymbol{r},\boldsymbol{r}')$,或称为格林函数,它满足如下标量波动方程:

$$\nabla^2 G(\boldsymbol{r},\boldsymbol{r}')+k^2 G(\boldsymbol{r},\boldsymbol{r}')=-\delta(\boldsymbol{r}-\boldsymbol{r}') \tag{7-4-2}$$

格林函数 $G(\boldsymbol{r},\boldsymbol{r}')$ 可以理解为简谐时变点电荷的电标势,点电荷位于 $\boldsymbol{r}'$,电荷量为 ε。在无界空间中,直接求解方程(7-4-2)或应用第 5 章推迟势(见(5-2-10))结果,将时谐因子代入,即得到其空间波函数的基本解为

$$G(\boldsymbol{r},\boldsymbol{r}')=\frac{1}{4\pi|\boldsymbol{r}-\boldsymbol{r}'|}\exp(-\mathrm{j}k|\boldsymbol{r}-\boldsymbol{r}'|) \tag{7-4-3}$$

如果将时谐因子代入式(7-4-3),其表示的是以 $\boldsymbol{r}'$ 为球心,沿径向辐射传播、等相位面为球面、幅度随半径增加而反比减小的波动,故而称式(7-4-3)为球面波。

将方程(7-4-1)乘以 $G(\boldsymbol{r},\boldsymbol{r}')$ 减去方程(7-4-2)乘以 $\phi(\boldsymbol{r})$,并在定义空间区域求积分(积分区域包含 $\boldsymbol{r}'$ 在内)得

$$\phi(\boldsymbol{r}')=\oint\!\!\!\oint_S[G(\boldsymbol{r},\boldsymbol{r}')\nabla\phi(\boldsymbol{r})-\phi(\boldsymbol{r})\nabla G(\boldsymbol{r},\boldsymbol{r}')]\cdot\mathrm{d}\boldsymbol{S} \tag{7-4-4}$$

式(7-4-4)式与静电场格林函数有相同的矛盾,即等式左边 $\boldsymbol{r}'$ 表示的是场点,而右边 $G(\boldsymbol{r},\boldsymbol{r}')$ 中 $\boldsymbol{r}'$ 表示的是源点。为了解决这一矛盾,引用时谐电磁场的互易性原理

$$G(\boldsymbol{r},\boldsymbol{r}')=G(\boldsymbol{r}',\boldsymbol{r}) \tag{7-4-5}$$

和无界空间格林函数基本解(见式(7-4-3)),得到方程(7-4-1)的普适解为

$$\phi(\boldsymbol{r})=\frac{1}{4\pi}\oint\!\!\!\oint_S\left[\nabla'\phi(\boldsymbol{r}')+\hat{R}\left(\mathrm{j}k+\frac{1}{R}\right)\phi(\boldsymbol{r}')\right]\frac{\mathrm{e}^{-\mathrm{j}kR}}{R}\cdot\mathrm{d}\boldsymbol{S}' \tag{7-4-6}$$

式中：$\boldsymbol{S}$ 为区域 V 的界面；$\boldsymbol{R}$ 为界面积分面元 $\mathrm{d}\boldsymbol{S}'$ 至区域内场点 $\boldsymbol{r}$ 的矢径；$\dfrac{\exp(-\mathrm{j}kR)}{4\pi R}$ 表示以面元 $\mathrm{d}\boldsymbol{S}'$（即 $\boldsymbol{r}'$ 点）为球心的球面波；$\left[\nabla'\phi(\boldsymbol{r}')+\hat{R}\left(\mathrm{j}k+\dfrac{1}{R}\right)\phi(\boldsymbol{r}')\right]$ 为面元 $\mathrm{d}\boldsymbol{S}'$ 上产生该球面波的强度。因此，式(7-4-6)表示的物理意义是：区域 V 内 $\boldsymbol{r}$ 点的波动，为区域边界 S 上所有新的波源（即积分面元 $\mathrm{d}\boldsymbol{S}'$ 对应次波源）激发出球面波的叠加（积分）。这正是惠更斯-菲涅耳原理的数学表示式，称为基尔霍夫（Gustav Robert Kirchhoff，1824—1887 年，德国物理学家）公式。

7.4.2 辐射条件

在应用惠更斯-菲涅耳原理求有限区域内的波动时，式(7-4-6)的面积分的一部分可能包括无穷远边界面在内，如图 7-16 所示。这势必要求在 $R\to\infty$ 情形下无穷远边界面上的次波源对有限空间区域内 $\boldsymbol{r}$ 点影响为零。这首先是因为在导出式(7-4-6)时，应用了无界空间格林函数式(7-4-3)，该结果是在无边界影响条件下得到，如果无穷远边界对空间任意位置上的影响不能忽略，其结果必然不是式(7-4-3)。其次是如果无穷远边界的影响不为零，无穷远边界上次波源的影响有多种可能的取值，势必造成无界空间任意位置点源的辐射场具有多值性，这与目前所有实验结果相违背。所以无穷远边界对空间任意位置上的影响必为零。在这一条件要求下，考虑到 $\mathrm{d}\boldsymbol{S}'=\hat{\boldsymbol{e}}_R R^2\mathrm{d}\Omega$，$\nabla'\phi(\boldsymbol{r}')=\hat{\boldsymbol{e}}_R\dfrac{\partial\phi}{\partial R}$，并应用于式(7-4-6)得

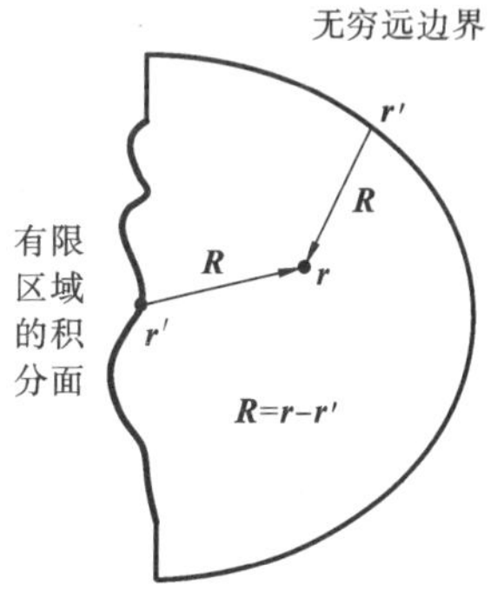

图 7-16 无穷远边界面对有限区域场的影响

$$\phi(\boldsymbol{r})=\lim_{R\to\infty}\frac{1}{4\pi}\iint_S R\left(\frac{\partial\phi(\boldsymbol{r}')}{\partial R}+\mathrm{j}k\phi(\boldsymbol{r}')\right)\mathrm{d}\Omega\mathrm{e}^{-\mathrm{j}kR}+\lim_{R\to\infty}\frac{1}{4\pi}\iint_S\phi(\boldsymbol{r}')\mathrm{d}\Omega\mathrm{e}^{-\mathrm{j}kR}\equiv 0 \tag{7-4-7}$$

这要求 $\lim\limits_{R\to\infty}\phi(\boldsymbol{r}')=0$，以及

$$\lim_{R\to\infty}R\left(\frac{\partial\phi(\boldsymbol{r}')}{\partial R}+\mathrm{j}k\phi(\boldsymbol{r}')\right)=0 \tag{7-4-8}$$

式(7-4-8)称为电磁场的辐射条件。该条件类似于空间任意点的辐射场有界一样，为电磁辐射本身所固有的条件。

7.4.3* 小孔衍射

作为基尔霍夫公式的应用，我们来讨论无穷大屏面上小孔的衍射问题。设无穷大屏幕上有一圆形小孔，小孔的半径为 a，远大于波长。屏幕的下方有一点波源，如图 7-17所示。屏幕的上方为半无穷大空间。基于基尔霍夫公式分析上述小孔衍射问题，必须知道屏幕上 $\nabla'\phi(\boldsymbol{r}')$、$\phi(\boldsymbol{r}')$ 的值，为此假设：

(1) 在小孔口径面上，忽略小孔边缘对入射波的影响，即假设屏幕边缘不对入射波产生影响。$\nabla'\phi(\boldsymbol{r}')$、$\phi(\boldsymbol{r}')$ 为屏幕下方点波源的直射场。

(2) 在小孔口径以外的屏幕上，入射波全部吸收，屏幕不能透过入射波，$\nabla'\phi(\boldsymbol{r}')$、

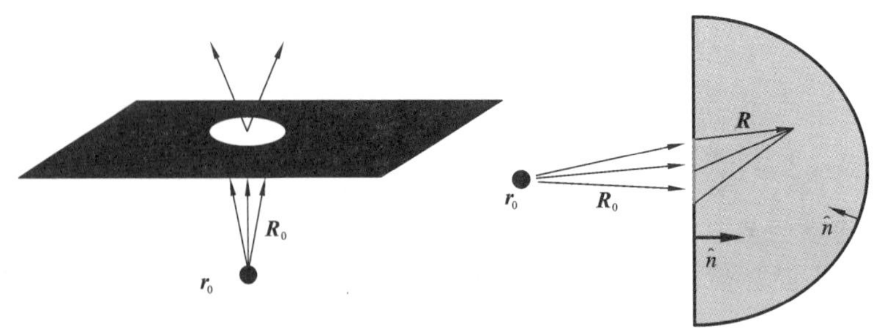

图 7-17 小孔衍射

$\phi(\boldsymbol{r}')$为零。

应该说,上述假设是实际情况的一种近似。因为当有屏幕存在时,屏幕必然要对入射波产生扰动,特别是在小孔边缘附近。但在波长远小于小孔的孔径时,这种扰动可以忽略不计,所以上述假设有一定的合理性。在上述假设下,屏幕的下方点波源辐射球面波为

$$\phi(\boldsymbol{r}')=\frac{A}{R_0}\exp(-\mathrm{j}kR_0) \tag{7-4-9}$$

其中,A 为与 $\boldsymbol{r}_0$ 点辐射源强度有关的幅度量,为常数;$\boldsymbol{R}_0=\boldsymbol{r}'-\boldsymbol{r}_0$,$\boldsymbol{r}_0$、$\boldsymbol{r}'$分别为波源和小孔口径面上的位置矢量。在小孔口径面上求出$\nabla'\phi(\boldsymbol{r}')$,即

$$\nabla'\phi(\boldsymbol{r}')=-\left(\mathrm{j}k+\frac{1}{R_0}\right)\frac{1}{R_0}\exp(-\mathrm{j}kR_0)\hat{e}_{R_0} \tag{7-4-10}$$

将式(7-4-9)和式(7-4-10)代入式(7-4-6),考虑到面积分应该由两个部分组成,即屏幕和半无穷大空间的边界,直接引用式(7-4-7),半无穷大空间的边界上的积分为零。综合上述因素,得

$$\phi(\boldsymbol{r})=\frac{-A}{4\pi}\iint_{S_a}\left[\hat{e}_{R_0}\left(\mathrm{j}k+\frac{1}{R_0}\right)+\hat{e}_R\left(\mathrm{j}k+\frac{1}{R}\right)\right]\frac{\mathrm{e}^{-\mathrm{j}kR_0}}{R_0}\frac{\mathrm{e}^{-\mathrm{j}kR}}{R}\cdot\mathrm{d}\boldsymbol{S}'$$

对于上式中的振幅取因子零级近似,忽略 R、R_0 因屏幕上不同点对振幅带来的影响。考虑到波长远小于小孔口径,$k\gg\frac{1}{R_0}$,$k\gg\frac{1}{R}$,略去高阶小项,最后得

$$\phi(\boldsymbol{r})=\frac{-\mathrm{j}kA}{4\pi R_0R}\iint_{S_a}[\hat{e}_{R_0}\cdot\hat{n}+\hat{e}_R\cdot\hat{n}]\mathrm{e}^{-\mathrm{j}k(R+R_0)}\mathrm{d}\boldsymbol{S}' \tag{7-4-11}$$

特别要注意的是,$\hat{e}_{R_0}$、$\hat{e}_R$ 分别是光源指向屏幕和场点指向屏幕的单位矢量。为了方便计算,用波矢量的方向表示波的传播方向,对相位因子取一级近似,即:$\hat{e}_{R_0}=-\hat{e}_{k_1}$,$\hat{e}_R=-\hat{e}_{k_2}$,$kR_0=kr_0-\boldsymbol{k}_1\cdot\boldsymbol{r}'$,$kR=kr-\boldsymbol{k}_2\cdot\boldsymbol{r}'$,如图 7-18(a)所示,式(7-4-11)简化为

$$\phi(\boldsymbol{r})=\frac{\mathrm{j}A}{4\pi}\frac{\exp[-\mathrm{j}k(r+r_0)]}{r_0r}\iint_{S_a}[\boldsymbol{k}_2\cdot\hat{n}+\boldsymbol{k}_1\cdot\hat{n}]\exp[\mathrm{j}(\boldsymbol{k}_1+\boldsymbol{k}_2)\cdot\boldsymbol{r}']\mathrm{d}\boldsymbol{S}' \tag{7-4-12}$$

如果光波垂直入射波屏幕,式(7-4-12)变为

$$\phi(\boldsymbol{r})=\frac{\mathrm{j}A}{4\pi r_0r}\exp[-\mathrm{j}k(r+r_0)](1+\cos\theta)\iint_{S_a}\exp[\mathrm{j}\boldsymbol{k}_2\cdot\boldsymbol{r}']\mathrm{d}\boldsymbol{S}' \tag{7-4-13}$$

式中:θ 为衍射波矢量与屏幕法向的夹角。以圆孔中心作为坐标原点,建立圆柱坐标系,可以得

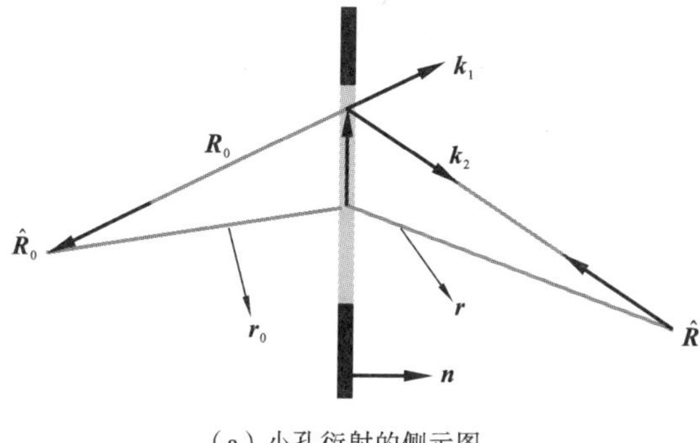

(a) 小孔衍射的侧示图

(b) 小孔衍射的艾里斑

图 7-18 小孔衍射示意图

$$\boldsymbol{r}'=\hat{e}_x x'+\hat{e}_y y'=\hat{e}_x\rho\cos\alpha+\hat{e}_y\rho\sin\alpha$$

$$\boldsymbol{k}_2=\hat{e}_x k_x+\hat{e}_y k_y+\hat{e}_z k_z=\hat{e}_x k\sin\theta\cos\varphi+\hat{e}_y k\sin\theta\sin\varphi+\hat{e}_z k\cos\theta$$

$$\phi(\boldsymbol{r})=\frac{\mathrm{j}A}{4\pi r_0 r}\exp[-\mathrm{j}k(r+r_0)](1+\cos\theta)\int_0^a\int_0^{2\pi}\exp[\mathrm{j}k\rho\sin\theta\cos(\alpha-\varphi)]\rho\mathrm{d}\rho\mathrm{d}\alpha \tag{7-4-14}$$

利用贝塞尔(Friedrich Wilhelm Bessel, 1784—1846 年,德国天文学家、数学家)函数的定义和递推关系:

$$J_n(x)=\frac{\mathrm{j}^{-n}}{2\pi}\int_0^{2\pi}\exp[\mathrm{j}(x\cos\alpha+n\alpha)]\mathrm{d}\alpha,\quad x^{n+1}J_n(x)=\frac{\mathrm{d}}{\mathrm{d}x}[x^{n+1}J_{n+1}(x)]$$

得到

$$\int_0^a\int_0^{2\pi}\exp[\mathrm{j}k\rho\sin\theta\cos(\alpha-\varphi)]\rho\mathrm{d}\rho\mathrm{d}\alpha=2\pi\int_0^a J_0(k\rho\sin\theta)\rho\mathrm{d}\rho$$

所以小孔的衍射的解为

$$\phi(\boldsymbol{r})=\frac{\mathrm{j}A}{r_0 r}\mathrm{e}^{[-\mathrm{j}k(r+r_0)]}(1+\cos\theta)\frac{2J_1(ka\sin\theta)}{ka\sin\theta} \tag{7-4-15}$$

如果在圆孔中心轴线的附近,r_0 近似为常数,r、θ 变化也不大,衍射强度分布函数可以近似为

$$I(\theta)=|\phi(\boldsymbol{r})|^2=C\left|\frac{2J_1(ka\sin\theta)}{ka\sin\theta}\right|^2 \tag{7-4-16}$$

其中,C 为常数,衍射图样如图 7-18(b)所示,称为艾里(George Biddel Airy, 1801—1892 年,英国天文学家、数学家)斑。

7.5* 分层媒质中电波传播

7.5.1 电离层电子浓度分布

本节以电离层为例,讨论该类分层媒质中电磁波传播的有关特性。当物质温度升高或受到其他激发,组成物质的原子或分子被电离,形成由电子、离子(正、负离子)和部分未电离的中性分子组成的混合体,称为等离子体。等离子体既可以通过人为产生,也可以通过自然的相互作用形成,如核爆炸辐射电离大气形成等离子体,太阳辐射电离地球外部空间大气形成等离子体等。等离子体中总的正、负电荷量相等,对外显中性,在某种意义上类似于金属导体,但等离子体中自由电子的浓度(单位体积中自由电子数)小得多。

太阳辐射产生的紫外线或高速粒子使高空大气电离,形成环绕地球的高空等离子体,是我们人类拥有的最大的天然等离子体,对人类的生存和发展有重要的作用。由于受大气密度、温度、气体的物理和化学的相互作用、太阳活动等多种因素的影响,环绕地球的高空等离子体的电子浓度是一个极为复杂的函数。由于地球外层高空大气受地球的引力作用,大气密度和温度呈现层状结构,太阳辐射形成的等离子体中的电子浓度也具有层状特点,故称地球外部空间等离子体为电离层,电离层分层结构只是电离层状态的理想描述,实际上电离层总是随纬度、经度呈现复杂的空间变化,并且具有昼夜、季节、年、太阳黑子周等变化。由于电离层各层的化学结构、热学结构不同,各层的形态变化也不尽相同。典型分布曲线如图7-19所示,如D层、E层、F层等。其中D层在距地面50~90 km,E层在距地面90~130 km,F层在距地面130 km以上,F层电子浓度最大,约在$10^6/\mathrm{cm}^3$量级。

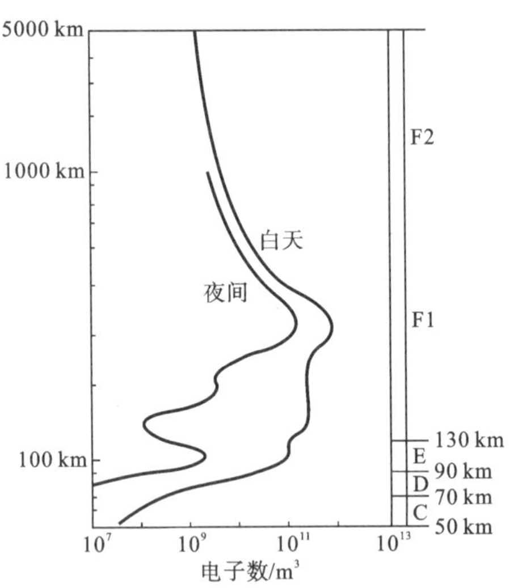

图 7-19 电离层电子浓度随高度分布

7.5.2 电离层电磁特性参数

为了分析电离层电磁特性参数,以及清楚地了解电离层中电子运动的特点,一种近似的处理方法是忽略等离子体中的自由电子与离子碰撞,通常称这一近似处理的等离子体模型为冷等离子体。对于时谐电磁场,电子在该场作用下的运动也具有时谐运动特点,由于电场对电子的作用力远大于磁场对电子的作用力,因此电子运动方程可近似为

$$-\mathrm{j}\left(\frac{m}{e}\right)\omega \boldsymbol{v}=\boldsymbol{E} \tag{7-5-1}$$

电离层中的自由电子在外加时变电磁场的作用下形成传导电流,其密度为

$$\boldsymbol{J}_f=\rho \boldsymbol{v}=-eN\boldsymbol{v} \tag{7-5-2}$$

其中,N为电离层中自由电子体密度。将式(7-5-2)代入安培环路定理

$$\nabla\times\boldsymbol{H}=\boldsymbol{J}_f+\mathrm{j}\omega\varepsilon_0\boldsymbol{E}$$

得

$$\nabla\times\boldsymbol{H}=\mathrm{j}\omega\varepsilon_0\varepsilon_r\boldsymbol{E} \tag{7-5-3}$$

其中,

$$\varepsilon_r=1-\left(\frac{\omega_p}{\omega}\right)^2,\quad \omega_p{}^2=\frac{Ne^2}{m\varepsilon_0} \tag{7-5-4}$$

式中:ω_p被称为电离层的临界频率,与电离层中电子密度$\sqrt{N}$成正比。

需要说明的是,上述(包括以此为基础的电离层电波传播)相关讨论没有考虑地球磁场的作用。尽管地球磁场对电离层特性非常重要,但在某些特殊情况下,比如入射波传播方向与地球磁场垂直、电场极化方向与地球磁场平行，地球磁场的作用的确可以不予考虑。

7.5.3 电离层中电波传播模式

为了突出电离层中电磁波的传播问题，假设电离层无耗、线性地充满整个空间。电离层中时谐电磁场的波动方程为

$$\nabla^2\begin{bmatrix}\boldsymbol{E}(\boldsymbol{r})\\ \boldsymbol{H}(\boldsymbol{r})\end{bmatrix}+k^2\begin{bmatrix}\boldsymbol{E}(\boldsymbol{r})\\ \boldsymbol{H}(\boldsymbol{r})\end{bmatrix}=0,\quad k^2=\omega^2\mu\varepsilon_0\varepsilon_r \tag{7-5-5}$$

平面波仍然为其基本解，可设为

$$\begin{cases}\boldsymbol{E}(\boldsymbol{r})=\boldsymbol{E}_0\exp(-\mathrm{j}\boldsymbol{k}\cdot\boldsymbol{r})\\ \boldsymbol{H}(\boldsymbol{r})=\boldsymbol{H}_0\exp(-\mathrm{j}\boldsymbol{k}\cdot\boldsymbol{r})\end{cases} \tag{7-5-6}$$

其中，波数为

$$k=\omega\sqrt{\mu_0\varepsilon_0\varepsilon_r}=k_0\sqrt{1-\left(\frac{\omega_p}{\omega}\right)^2} \tag{7-5-7}$$

当电磁波频率 $\omega\leqslant\omega_p$，$k=\omega\sqrt{\mu_0\varepsilon_0\varepsilon_r}$ 为虚数，电磁波为指数衰减传播模式，如同良导体中的电磁波传播特点一样，小于该频率的平面电磁波不能在其中传播而被反射，临界频率因此而得名。电离层中电子浓度以 F 层(离地面距离约 250 km)为最大，电子密度最大值为 $(1\sim2)\times10^6/\mathrm{cm}^3$，从而求得该层的临界频率为

$$f_p=\frac{1}{2\pi}\sqrt{\frac{Ne^2}{m\varepsilon_0}}\approx\frac{\sqrt{81N}}{2\pi}\approx13000000\ \mathrm{Hz} \tag{7-5-8}$$

所以穿越电离层传播的平面电磁波的临界频率约为 13 MHz。因此，需要穿越电离层的无线电波信号，如应用于卫星定位与卫星通信，以及应用于天文观测、航天测控等信号，其工作频率必须大于电离层最大临界频率，如图 7-20(a)所示。

小于电离层最大临界频率的无线电信号不能穿越电离层，这类信号进入电离层后将出现返回式传播模式。为了分析电离层中电波返回传播的路径变化，将电离层划分成许多具有不同电子浓度的薄层组成，每一薄层中的电子浓度认为近似相同，依次记为 $N_1,N_2,N_3,\cdots,N_n$，并且假定 $0<N_1<N_2<N_3<\cdots<N_n$；其中第 i 层对频率为 f 的电磁波的波数为

$$k_i=k_0\sqrt{1-\frac{81N_i}{f^2}} \tag{7-5-9}$$

将折射定律 $k_1\sin\theta_1=k_2\sin\theta_2$(这里 θ_1 为入射角，θ_2 为折射角)应用于上述电离层的各个薄层，考虑到第 i 层的折射角即为第 i 层向第 $i+1$ 层的入射角，以此类推，电磁波在不均匀电离层中的传播路径满足如下关系：

$$k_0\sin\theta_0=k_1\sin\theta_1=k_2\sin\theta_2=k_3\sin\theta_3=\cdots=k_m\sin\theta_m\cdots=k_n\sin\theta_n \tag{7-5-10}$$

其中，θ_0 为地面射向电离层最低薄层的入射角，θ_m 为第 m 层界面入射角。随着电磁波(远离地面)上行传播，当 $\theta_n=90°$时，出现全反射现象，上行电波经全反射进入(趋向地面)下行传播。按电波传播射线可逆性原理，电波在电离层中的返回传播路径与上行路径互为对称，其传播路径如图 7-20(b)所示。因此，电离层中电波传播包括透射、反射传播模式。

电磁波工作频率决定了电离层返回传播的高度，而上行传播的入射角 θ_0 决定了电

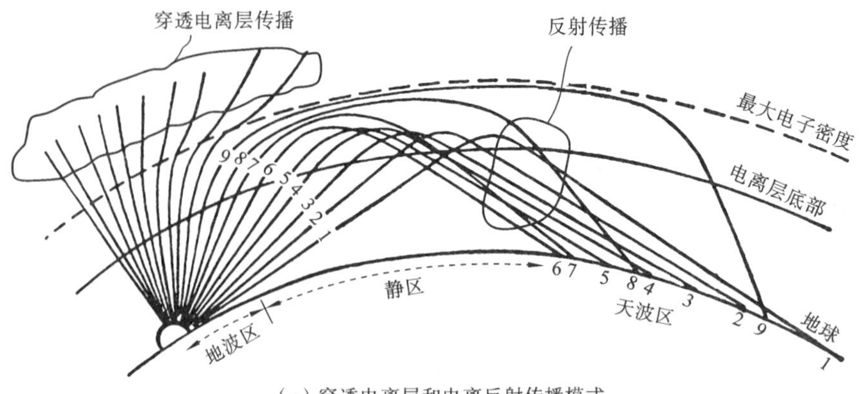

(a) 穿透电离层和电离反射传播模式

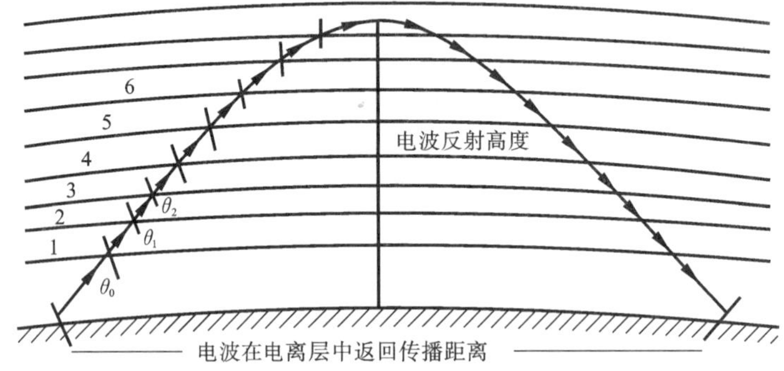

(b) 电离层中电波返回传播

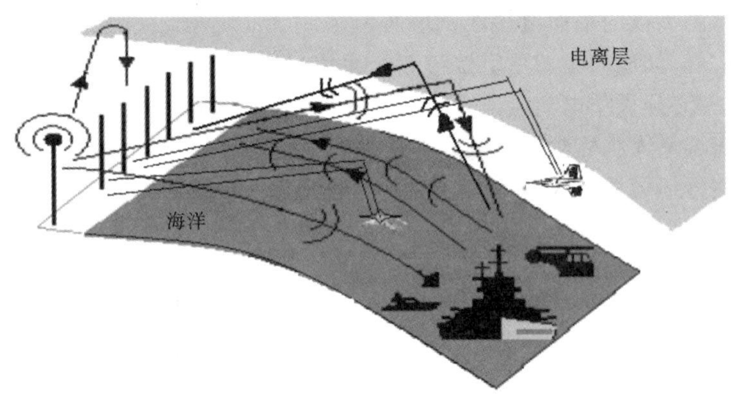

(c) 天波雷达工作原理示意图

图 7-20　电离层电波传播模式及应用

磁波在电离层中传播的轨迹。因此,电磁波工作频率、上行入射角共同决定了电磁波上行地面入射点到下行地面返回点之间的距离。电波在电离层中返回传播距离在数百千米至数千千米。利用电离层对电磁波的返回传播,可以实现远距离的短波通信,如图 7-20(b)所示。另一方面,利用空间飞行器、地面和海洋运动目标对返回传播电磁波的散射,形成再次进入电离层的返回传播的电磁波,该电磁波经原路径返回到达最初地面入射点,这正是天波雷达实现远距离目标探测的基本原理,如图 7-20(c)所示。

为了减少卫星通信误码率、提高卫星导航定位精度、提升短波点对点通信或天波雷达对于远距离目标探测的精度,需要准确预测电磁波信号在电离层中传播的路径、信号传播速度与时延、信号的失真程度等，需要精确预知不同高度电离层中电子密度分布。因此，电离层中电子密度分布、扰动起伏特性的预报是人类利用电离层的基础，是空间物理学和电波传播重要的研究内容之一。特别是在天一空一地信息网络成为人类活动重要组成部分的今天，空间环境(包括电离层参数)的预报构成人类生活的重要组成部分，从而催生了空间天气学。

7.6* 卫星定位中信号传播误差简介

7.6.1 卫星定位技术发展历史

1957 年 10 月人类第一颗卫星发射成功后，人们试图将雷达引入卫星，实现以卫星为基地对地球表面及近地空间目标的定位和导航。1958 年底，美国开始研究并实施这一计划，于 1964 年 1 月研究成功子午仪卫星导航系统。为了克服这一系统在定位和导航上的不足，1973 年美国提出了由 24 颗卫星组成的实用系统新方案，即 GPS 计划。GPS 是英文 navigation satellite timing and ranging/global positioning system 的字头缩写词 NAVSTAR/GPS 的简称，其含义是利用导航卫星进行测时和测距。

美国 GPS 计划中的卫星分布在互成 120°的 3 个轨道平面上，每个轨道平面平均分布 8 颗卫星。这样，对于地球上任何位置，均能同时观测到 6～9 颗卫星。1978 年在实施中将实用的卫星数由 24 颗方案减为 18 颗，并调整了卫星配置。18 颗卫星分布在互成 60°的 6 个轨道面上，轨道倾角为 55°，每个轨道面上布设 3 颗卫星，彼此呈 120°，从一个轨道面的卫星到下一个轨道面的卫星之间错动 40°。为了保证可靠性的要求，1990 年初又对卫星配置进行了第三次修改。最终的 GPS 方案是由 21 颗工作卫星和 3 颗在轨备用卫星组成。美国 GPS 全球定位系统由空间系统、地面控制系统和用户系统三大部分组成。

随着美国 GPS 计划成功实施，苏联于 20 世纪 80 年代开始建设卫星定位系统，即现在由俄罗斯独立建设并运营的 GLONASS(gLObal navigation satellite system)系统。该系统与美国 GPS 系统一样，也由星座部分、地面测控部分和用户设备三部分组成。欧盟发展了伽利略(Galileo)系统。“伽利略”计划是一种中高度圆轨道卫星定位方案，拟发射 30 颗卫星，其中 27 颗卫星为工作卫星，3 颗为候补卫星，目前还在建设之中。

中国北斗卫星导航系统(BeiDou navigation satellite system，BDS)是继美国全球定位系统(GPS)、俄罗斯格洛纳斯卫星导航系统(GLONASS)之后第三个成熟的卫星导航系统。中国北斗卫星导航系统由 35 颗卫星组成，包括 5 颗静止轨道卫星、27 颗中地球轨道卫星、3 颗倾斜同步轨道卫星。至 2012 年底北斗亚太区域导航正式开通时，已发射 16 颗卫星，其中 14 颗组网并提供服务。根据系统建设总体规划，2012 年左右，系统将首先具备覆盖亚太地区的定位、导航和授时以及短报文通信服务能力。2020 年左右，建成覆盖全球的北斗卫星导航系统。

7.6.2 卫星定位的基本原理

与雷达对目标的定位不同，卫星定位系统是目标通过接收卫星发射的电磁波信号实现定位目的，其原理如图 7-21 所示。为了确定地球表面上空 p 点的位置，在 P 点放置卫星定位接收机。接收机一般可以同时接收多于 3 颗以上卫星发射的定位信号，并可通过对接收的卫星定位信号的处理，得到卫星发射信号时刻和它所在的位置。为了说明的方便，设 P 点的接收机要在 t 时刻同时接收到空中 3 颗定位卫星信号，经过对接收机的数据处理，得到 3 颗定位卫星的空间坐标位置和发出信号的时刻分别是：卫星 1 为 $(t_1, R, \theta_1, \varphi_1)$，卫星 2 为 $(t_2, R, \theta_2, \varphi_2)$，卫星 3 为 $(t_3, R, \theta_3, \varphi_3)$，其中 R 为卫星轨道距地球心的高度。于是得到关于 P 坐标的方程：

$$\begin{cases}(x-x_1)^2+(y-y_1)^2+(z-z_1)^2=(v\delta t_1)^2\\(x-x_2)^2+(y-y_2)^2+(z-z_2)^2=(v\delta t_2)^2\\(x-x_3)^2+(y-y_3)^2+(z-z_3)^2=(v\delta t_3)^2\end{cases} \tag{7-6-1}$$

其中，v 为卫星定位信号在空间传播的速度；(x, y, z) 为 P 点所在位置的坐标；(x_i, y_i, z_i) 分别是定位卫星 $i(i=1,2,3)$ 的空间坐标，δt_i 是定位卫星 $i(i=1,2,3)$ 的信号的接收与发射时间差，即电磁波在空中传播的时间。求解方程(7-6-1)可得 P 点所在位置的坐标。

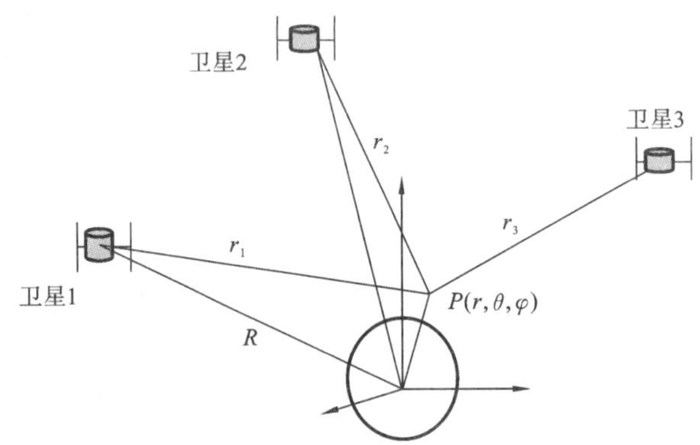

图 7-21 卫星定位原理示意图

7.6.3 卫星定位中信号传播误差

卫星定位的原理简单，但要实现高精度的定位，必须精确控制各种因素的影响并修正测量中出现的误差。卫星定位系统的主要误差来源有三类，即与卫星定位卫星有关的误差、与接收设备有关的误差、与定位信号传播有关的误差。其中与卫星有关的误差包括星历误差(即卫星轨道误差)、星钟误差和相对论效应导致的误差。其直接产生的误差包括卫星空间位置与卫星实际位置间的偏差、卫星上原子钟的钟面时与卫星定位标准时间的误差、卫星钟和地面钟之间的相对运动效应误差等。与卫星定位接收机有关的误差包括接收机时钟与卫星定位标准时间之间的误差、接收机位置误差和接收机天线相位中心偏差。

卫星定位系统通过信号传播时延获取卫星至接收机的距离，进而实现定位。因此，卫星定位信号在卫星至接收机之间传播路径产生误差直接影响卫星定位的精度。在利用方程(7-6-1)进行定位处理时，必须根据卫星定位信号发出到地面接收之间的时延计算星—地之间的距离，即图 7-22 中 A 至 B 的距离，该距离是实现卫星定位的基础。

精确获取星—地之间的距离并非易事，图 7-22 示意了产生误差的原因。卫星定位信号传播的空间包括了结构复杂的电离层和对流层。由于电离层和对流层在不同的高度上，电子或气体浓度不同，相应的电磁特性参数不同，卫星定位信号在其中传播路径不是A至B的连线，而是由折射传播的多段折线构成的轨迹，将直接造成路径距离测量误差。另一方面，卫星定位信号在电离层和对流层中传播，不同高度的电离层与对流层中卫星定位信号传播速度各不相同，将直接导致时延的误差。信号自卫星A传播至接收机B的时延，实际是信号自卫星A传播至电离层顶C的时延、折射后自C传播至电离层底D的时延、再折射后自D传播至地面接收机B的时延的累加。因此，用卫星定位信号的实际时延与电磁波在自由空间中传播速度计算出的距离显然不是A、B之间的真实距离，必须加以修正，才能够满足高精度定位要求。自从卫星定位卫星投入应用以来，信号传播误差的修正一直是世界各国十分关注的问题，也得到了广泛的研究，取得了丰富的研究成果，但这一问题仍为工业部门和学者所关注，有兴趣的读者可以参考相关文献或著作。

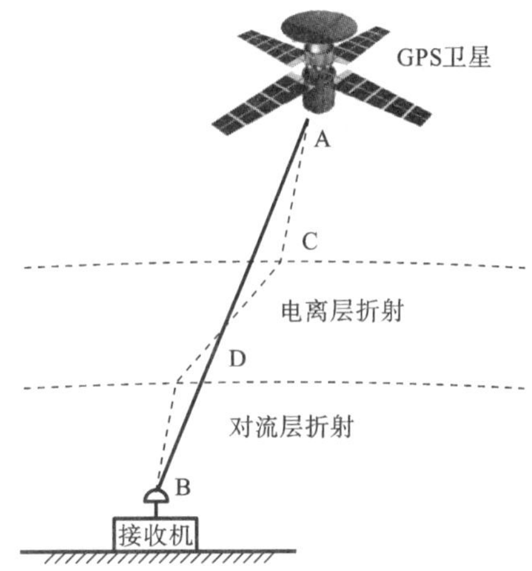

图7-22 信号传播产生误差

本章主要内容要点

1. 电磁波空间相遇叠加及波的干涉概念

(1) 两列有平行极化分量的同频电磁波在空间相遇叠加，叠加场强振幅随两列电磁波在相遇点的相位差不同而变化，在某些相位差下振幅加强，而在另一些相位差下振幅减小，这一现象称为波的干涉现象。不同频率两列电磁波在空间相遇叠加不发生干涉。

(2) 频率相同、初相位固定、电场(或磁场)振幅矢量相互垂直的两列平面波的叠加没有干涉效应，但合成电场或磁场矢量的方向将发生变化。

2. 等效波阻抗概念及应用

(1) 如果空间由两种介质组成，介质1和介质2的波阻抗 $\eta_1=\eta_2$，反射系数 $\Gamma=0$。如果 $\eta_1\neq\eta_2$，反射系数 $\Gamma\neq0$，交界面反射电磁波。介质1空间入射波、反射波干涉叠加，为行驻波状态。

(2) 由多种介质(介质交界面为平面)沿 z 轴分层构成的介质空间($z<0$ 为单一介质)，空间 z 处电场与磁场复振幅之比为等效波阻抗，即

$$\eta_{\mathrm{ef}}(z)=\eta_1\frac{\eta_2-\mathrm{j}\eta_1\tan(k_1z)}{\eta_1-\mathrm{j}\eta_2\tan(k_1z)},\quad z<0$$

等效波阻抗不是 z 的右边某个介质的阻抗，而是将 z 右边视为一种介质空间所表现出的等效波阻抗。

(3) 等效波阻抗概念在阻抗匹配、阻抗变换，以及天线罩、照相机镜头、吸波材料设计等有实际应用。

3. 电磁波的反射、透射与菲涅耳公式

(1) 相位匹配原理及应用。波在空间某点的相位是波传播至该点所经路径相位改变量的累积(积分)效应,界面上任意点处入射波、反射波和透射波的相位必须相等,称为界面相位匹配原则。这一原则给出了介质中波的射线轨迹具有可逆性。

$$k_1\hat{e}_i\cdot\boldsymbol{r}|_{z=0}=k_1\hat{e}_r\cdot\boldsymbol{r}|_{z=0}=k_2\hat{e}_t\cdot\boldsymbol{r}|_{z=0}$$

(2) 菲涅耳公式。入射波、反射波和透射波幅度之间满足的关系式如下。

垂直极化:

$$\begin{cases}\Gamma_{\perp}=\dfrac{E_r}{E_i}=\dfrac{\eta_2\cos\theta_i-\eta_1\cos\theta_t}{\eta_2\cos\theta_i+\eta_1\cos\theta_t}\\[2ex] T_{\perp}=\dfrac{E_t}{E_i}=\dfrac{2\eta_2\cos\theta_i}{\eta_2\cos\theta_i+\eta_1\cos\theta_t}\end{cases}$$

水平极化:

$$\begin{cases}\Gamma_{\parallel}=\dfrac{E_r}{E_i}=\dfrac{\eta_1\cos\theta_i-\eta_2\cos\theta_t}{\eta_1\cos\theta_i+\eta_2\cos\theta_t}\\[2ex] T_{\parallel}=\dfrac{E_t}{E_i}=\dfrac{2\eta_2\cos\theta_i}{\eta_1\cos\theta_i+\eta_2\cos\theta_t}\end{cases}$$

(3) 在介质特性参数满足一定的条件下,出现全反射现象。

4. 良导体界面的反射特性

(1) 良导体内电磁波为衰减传播,电磁波以任意角度斜入射,电磁波始终在垂直导体平面的方向上传播。由于衰减很快,电磁波仅存在于导体表面。

(2) 良导体波阻抗与反射特性。

$$\tilde{\eta}\approx\sqrt{\frac{\mu_0\omega}{\sigma}}\exp(\mathrm{j}45^\circ)=\sqrt{\frac{\pi\mu_0 f}{\sigma}}(1+\mathrm{j})$$

$$\Gamma_{\perp}=\frac{E_r}{E_i}=\frac{\sqrt{\dfrac{\omega\varepsilon}{2\sigma}}(1+\mathrm{j})\cos\theta_i-\cos\theta_t}{\sqrt{\dfrac{\omega\varepsilon}{2\sigma}}(1+\mathrm{j})\cos\theta_i+\cos\theta_t}\approx-1$$

$$\Gamma_{\parallel}=\frac{E_r}{E_i}=\frac{\cos\theta_i-\sqrt{\dfrac{\omega\varepsilon}{2\sigma}}(1+\mathrm{j})\cos\theta_t}{\cos\theta_i+\sqrt{\dfrac{\omega\varepsilon}{2\sigma}}(1+\mathrm{j})\cos\theta_t}\approx 1$$

(3) 良导体界面外部空间合成电磁场特点。

合成波的电场与磁场在垂直导体表面方向呈现驻波分布,为与导体表面平行方向上的非均匀平面波。合成波不是横电磁波(TEM),但可以分解为横电(TE)波和横磁(TM)波的叠加。合成波相位传播速度称为视在速度,可以大于光速。导体表面存在感应面电流,为反射波的次级辐射源。

5. 障碍物对电磁波的衍射

(1) 惠更斯-菲涅耳原理。干涉和衍射是波动现象的两个重要特征。波在传播过程中波阵面上的每一点是产生球面子波的次级波源,空间其他点任意时刻的波动是波阵面上的所有次级波源发射子波的干涉叠加结果。其表示式为

$$\phi(\boldsymbol{r})=\frac{1}{4\pi}\oint\!\!\!\oint_S\left[\nabla'\phi(\boldsymbol{r}')+\hat{e}_R\left(\mathrm{j}k+\frac{1}{R}\right)\phi(\boldsymbol{r}')\right]\frac{\mathrm{e}^{-\mathrm{j}kR}}{R}\cdot\mathrm{d}\boldsymbol{S}'$$

(2) 辐射条件。电磁波在无穷远处满足$\lim\limits_{R\to\infty}R\left[\frac{\partial\phi(\boldsymbol{r}')}{\partial R}+\mathrm{j}k\phi(\boldsymbol{r}')\right]=0$。

(3) 波的衍射现象。当电磁波在传播过程中遇到障碍物或透过屏幕上的小孔时，不按直线传播的现象称为电磁波的衍射，可基于惠更斯-菲涅耳原理进行解析。

6. 分层媒质(电离层)中电磁波传播

(1) 太阳辐射的紫外线或高速粒子使高空大气电离，形成环绕地球的高空电离层。

(2) 电离层中针对不同频率可能出现反射传播和透射传播。

(3) 利用射线追踪可以得出电磁波在分层媒质中传播轨迹。

(4) 解释电离层中反射传播及其可能的应用。

7. 卫星定位原理

分析电离层给卫星定位、天波雷达、短波通信带来的困难。

思考与练习题 7

1. 利用阻抗匹配解释波在界面反射与透射，将其与电路理论中的阻抗匹配比较，体会波阻抗的含义。

2. 什么是等效波阻抗？如何理解等效波阻抗？等效波阻抗有何应用？

3. 入射波、反射波、透射波在媒质分界面上相位匹配，分析相位匹配的依据是什么？从相位匹配原理出发，导出了入射波、反射波、透射波的哪些关系？

4. 什么是驻波？它与行波有何区别？驻波能否传播能量？

5. 什么原因导致沿导体表面传播的表面波的相速度大于光速？你如何理解相速度大于光速？电磁波能量传播速度能否大于光速？

6. 如图 7-9 所示，为什么电磁波在两媒质界面可能发生全反射，全反射时介质 2 中是否有电磁场，介质 2 有何作用？

7. 简述良导体中电磁波传播的基本特点？为什么电磁波只沿与导体表面垂直的方向传播？

8. 何谓电磁波的衍射现象，数学上如何表示电磁波的衍射？电磁波衍射在哪些领域得到应用？

9. 何谓辐射条件？导出这一条件的理论基础是什么？你如何理解。

10. 简述电离层形成的原因，为什么电离层具有分层结构的特点？

11. 简述电离层电波传播在通信、导航、遥感、卫星定位应用中面临的问题。

12. 设 $z>0$ 为介电常数 ε_2 的介质空间，在此介质前为一介质薄片，厚度为 D，介电常数为 ε_1。平面波从自由空间垂直入射到介质薄片，如图 7-23 所示。证明：当 $\varepsilon_1=\sqrt{\varepsilon_0\varepsilon_2}$，$D=0.25\lambda_1$（$\lambda_1$ 为介质薄片中的波长）时，电

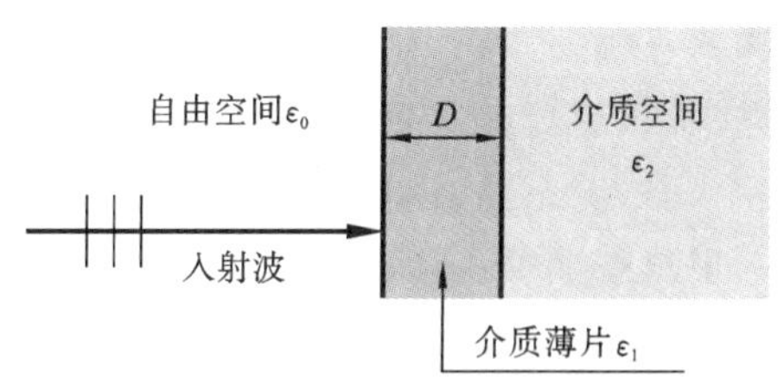

图 7-23　第 12 题图

磁波无反射而全部透射。

13. 平面电磁波以 $\theta=45^\circ$ 从真空入射到 $\varepsilon_r=2$ 的介质,电场强度垂直于入射面,求反射系数和折射系数。

14. 有一可见平面光波由水入射到空气,入射角为 60°,证明:全反射现象发生,求表面波的相速度和透入空气的深度。设光波在空气中的波长为 $\lambda_0=6.28\times10^{-5}$ cm,水的折射率为 $n=1.33$。

15. 水在光频段的相对介电常数为1.75。在距离水面 d 处的各向同性的光源产生了一半径为5 m的圆形亮区,求光源距水面的距离 d。

16. 设圆极化平面电磁波为 $\boldsymbol{E}(z)=E_0(\hat{e}_x-\mathrm{j}\hat{e}_y)\exp(-\mathrm{j}kz)$,当其垂直入射到 $z=0$ 的理想导体平面,求解如下问题:

(1) 入射平面波为左旋圆极化,还是右旋圆极化;反射波极化如何?

(2) 导体平面感应面电流。

(3) 总电磁场的瞬时表示式。

17. 频率 $f=4.025$ MHz的均匀平面电磁波以60°入射角入射均匀电离层,电离层的临界频率 $f_p=9$ MHz,求:

(1) 电离层对垂直和平行极化波反射系数;

(2) 对垂直极化波,分别求出自由空间和电离层中的电场强度,给出振幅随电离层高度变化的图像;

(3) 以60°入射角入射电离层产生全反射的最高频率。

18. 证明:均匀平面波垂直入射良导体表面透射功率与入射功率之比约为 $\dfrac{4R_s}{\eta_0}$。

19. 证明:良导体单位表面积的表面阻抗率为 $Z_s=\tilde{\eta}=R_S+\mathrm{j}X_S=\dfrac{1}{\sigma\delta}(1+\mathrm{j})$。

20. 图7-24为吸波层设计原理图。即在理想导体平面上覆盖一厚度为四分之一波长的介质膜,再在介质膜表面涂覆导电媒质层,即可以实现垂直导体平面入射波的全吸收。试确定入射波全吸收的涂层厚度及电导率常数。

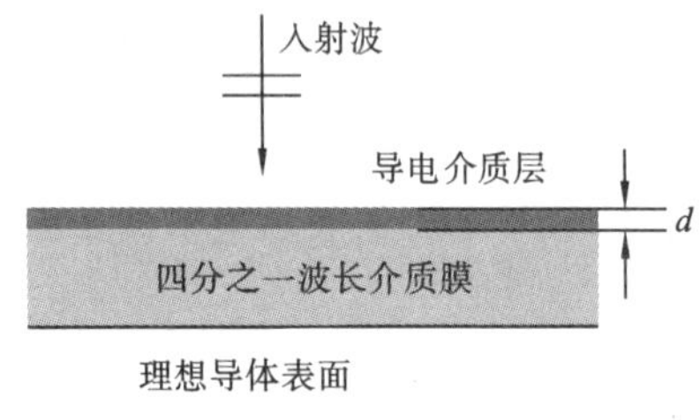

图7-24 第20题图

8

电磁波辐射与散射

广义上讲，加速运动电荷或时变电流辐射电磁波，如天线体上的高频交变电流向空间辐射的电磁波、电子元器件内带电粒子热运动辐射的电磁波（又称热噪声）、地球表面植被的微波辐射和红外辐射、太阳及其他宇宙空间星球的电磁辐射等。本章不讨论广义上的电磁辐射概念及其相关应用问题，而是讨论电磁波辐射装置——天线的电磁波辐射，内容包括天线电磁波辐射的分析与计算方法、电偶极子和磁偶极子辐射特性、天线概念及其主要参数、广义麦克斯韦方程组、时变电磁场镜像原理及其应用。此外，考虑到不均匀体对入射电磁波感应电流的再辐射即电磁散射，介绍了电磁波的散射与雷达散射截面概念，以及雷达的基本概念和工作原理。

8.1 天线辐射场特点及计算公式

8.1.1 天线辐射场的计算公式

时变电流（或加速运动的电荷）向空间辐射电磁波的过程，称为电磁波的辐射。广义上讲，凡有加速运动的电荷，就存在电磁波的辐射，如导体内电子热运动的热辐射、微观领域原子内电子能级跃迁产生的电磁辐射、天线体上宏观时变电流产生的电磁波辐射等。本章仅限于讨论天线体宏观时谐电流产生的电磁波辐射。

简而言之，天线是一种专门用于向空间辐射或接收电磁波的装置。图 8-1 为电流振子天线辐射电磁波示意图。所谓电流振子天线即为载有时变电流的短导线段。一方面，导线段上随时间作简谐变化的电流将在其周围激发出时谐的磁场，变化的磁场又将激发出时谐的电场，电磁场的相互激发形成空间的电磁辐射。另一方面，导线段激发的电磁场又将作用于天线中的电荷和电流，影响天线上的电流和电荷分布，受到影响的电流和电荷分布又将影响天线的辐射场。因此，天线体上的运动电荷（源）与其激发的电磁场相互作用，相互制约，作为一个整体构成天线辐射问题。因此，严格意义上的天线辐射问题必须将辐射场、激励源和天线导体边界作为一个整体求解，但这样将使问题的分析与计算变得复杂。理论分析与实验表明，天线辐射场反过来对自身电流或运动电荷的影响十分有限，作为天线辐射的原理性讨论，本章忽略辐射场对天线体电流分布的影响，只讨论已知天线体电流和电荷分布的辐射问题。

另一个问题是辐射场的边界问题。严格来说，天线在一个比较复杂的边界系统中

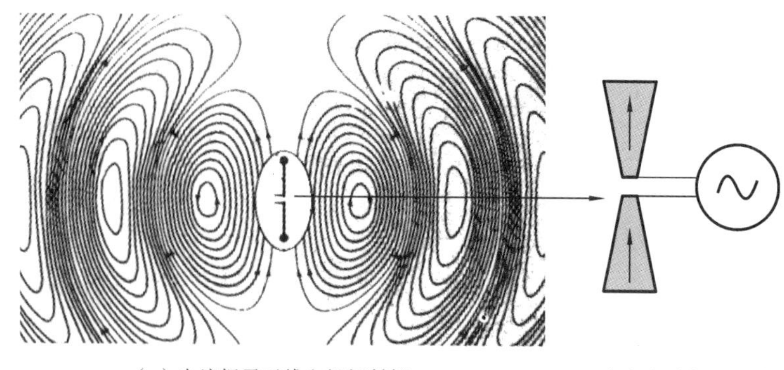

(a) 电流振子天线空间辐射场　　(b) 电流振子天线

图 8-1 电偶极子电磁波示意图

辐射电磁波。例如,移动通信机站的天线一般架设在高层建筑的屋顶,周围环境十分复杂;舰载雷达或通信天线工作在甲板上层复杂的武备平台系统及周围海洋环境中,等等。这些问题是天线研究领域更高级的研究课题。为了突出天线自身电磁波辐射特性,本章主要讨论无界自由空间中天线的电磁波辐射问题,即已知天线体电荷或电流分布的情况下的无界空间辐射问题。

对于无界空间天线的电磁场的辐射问题,辐射场可通过方程(5-5-12)求解,也可以通过势函数方程(5-2-10)和方程(5-2-11)进行计算。但通过场的计算公式涉及电流源和电荷源的空间变量的微分,而势函数方程只涉及辐射体上电流和电荷的分布,计算相对容易,特别是对于无界空间中辐射问题更是如此。所以我们采用势函数方程来分析天线的电磁波辐射。

设无界自由空间区域 V(一般指天线体)上有时谐电流或电荷分布,其电流密度或电荷密度为 $\boldsymbol{J}(\boldsymbol{r})$ 或 $\rho(\boldsymbol{r})$。注意这里电流或电荷密度函数为时谐量的复振幅,时谐因子 $\mathrm{e}^{\mathrm{j}\omega t}$ 省略未写,将时谐电流直接代入第 5 章无界自由空间中磁矢势的推迟势(见式(5-2-11)),即

$$\begin{aligned}\boldsymbol{A}(\boldsymbol{r},t) &= \frac{\mu_0}{4\pi}\iiint_V \frac{1}{|\boldsymbol{r}-\boldsymbol{r}'|}\boldsymbol{J}\left(\boldsymbol{r}',t-\frac{|\boldsymbol{r}-\boldsymbol{r}'|}{v}\right)\mathrm{d}V' \\ &= \frac{\mu_0}{4\pi}\iiint_V \frac{\boldsymbol{J}(\boldsymbol{r}')}{|\boldsymbol{r}-\boldsymbol{r}'|}\exp\left[\mathrm{j}\omega\left(t-\frac{|\boldsymbol{r}-\boldsymbol{r}'|}{v}\right)\right] \\ &= \mathrm{e}^{\mathrm{j}\omega t}\frac{\mu_0}{4\pi}\iiint_V \frac{\boldsymbol{J}(\boldsymbol{r}')}{|\boldsymbol{r}-\boldsymbol{r}'|}\exp[-\mathrm{j}k|\boldsymbol{r}-\boldsymbol{r}'|]\mathrm{d}V' \\ &= \boldsymbol{A}(\boldsymbol{r})\mathrm{e}^{\mathrm{j}\omega t}\end{aligned}$$

得到磁矢势的复数形式为

$$\boldsymbol{A}(\boldsymbol{r}) = \frac{\mu_0}{4\pi}\iiint_V \frac{\boldsymbol{J}(\boldsymbol{r}')}{|\boldsymbol{r}-\boldsymbol{r}'|}\exp(-\mathrm{j}k|\boldsymbol{r}-\boldsymbol{r}'|)\mathrm{d}V' \tag{8-1-1}$$

体积分为天线体电流分布区域。利用电磁场与势函数的联系,得到空间电磁场为

$$\begin{cases}\boldsymbol{B}(\boldsymbol{r}) = \nabla\times\boldsymbol{A}(\boldsymbol{r}) \\ \boldsymbol{E}(\boldsymbol{r}) = -\mathrm{j}\omega\left[\boldsymbol{A}+\dfrac{\nabla(\nabla\cdot\boldsymbol{A})}{k^2}\right]\end{cases} \tag{8-1-2}$$

式(8-1-2)在导出电场计算公式时应用了洛伦兹规范

$$\nabla\phi=-\varepsilon_0\mu_0\frac{\partial \boldsymbol{A}}{\partial t}=\mathrm{j}\frac{\nabla(\nabla\cdot\boldsymbol{A})}{\omega\varepsilon_0\mu_0}$$

对于天线体外部区域，电场也可利用其与磁场的关系计算。采用球坐标表示源区外部空间电磁场，其计算公式为

$$\begin{cases}\boldsymbol{H}(\boldsymbol{r})=\dfrac{1}{\mu_0}\nabla\times\boldsymbol{A}(\boldsymbol{r})=\dfrac{1}{\mu_0 r^2\sin\theta}\begin{bmatrix}\hat{e}_r & r\hat{e}_\theta & r\sin\theta\hat{e}_\varphi\\ \dfrac{\partial}{\partial r} & \dfrac{\partial}{\partial\theta} & \dfrac{\partial}{\partial\varphi}\\ A_r & rA_\theta & r\sin\theta A_\varphi\end{bmatrix}\\ \boldsymbol{E}(\boldsymbol{r})=\dfrac{1}{\mathrm{j}\omega\varepsilon_0}\nabla\times\boldsymbol{H}(\boldsymbol{r})\end{cases}\tag{8-1-3}$$

此为天线体外部空间时谐电磁场计算的一般公式。

8.1.2 天线辐射场的结构特点

在讨论天线辐射场的计算之前，首先分析天线外部空间的电磁场结构特点，这对于理解和分析天线的辐射特性十分重要。从电磁场产生的原因出发，我们不难得到，天线体外部空间的电磁场包含由电流或电荷直接激发的电磁场和时谐电磁场相互激发的电磁场两部分。下面分别对这两部分电磁场作简要讨论。

天线体上的电荷与电流直接激发的电磁场，与天线体上的电荷和电流相依存，遵循静态电场和磁场相关定律，与静态电磁场的特点相同，其强度与场点至天线体电荷或电流的距离的平方成反比，坡印廷矢量则与距离的四次方成反比，该部分电磁场弥散分布于空间，但不传播。当天线体内电流或电荷随时间作简谐变化时，这种依附于电流或电荷存在的电磁场及其能量也随时间而变，由于其不携带能量传播，故而只能通过与信号源之间的能量交换实现能量守恒。对于天线，这部分电磁场将影响天线辐射电磁波的特性。从天线设计角度而言，应该尽可能减少或降低该部分的影响。

时谐电场和磁场相互激发产生的电磁场，不依附于电流或电荷而存在于空间，以电磁波动形式在空间传播，确保天线能将无线电信号或能量以电磁波形式辐射并送达目的地。根据能量守恒原理，辐射场的能流密度矢量对以天线为中心的任意球面积分

$$P=\oiint_{\text{球面1}}(\boldsymbol{E}\times\boldsymbol{H})\cdot\boldsymbol{r}^2\mathrm{d}\Omega=\oiint_{\text{球面2}}(\boldsymbol{E}\times\boldsymbol{H})\cdot\boldsymbol{r}^2\mathrm{d}\Omega=C$$

必为常数。所以具有辐射特性的电磁场的强度应与距离成反比，即 $\boldsymbol{E}(\boldsymbol{H})\sim\dfrac{\boldsymbol{A}}{r}$。因此，根据上述分析，可以预见天线外部空间电磁场由两部分组成：其中一部分来源于电荷、电流的直接激发，具有静态电磁场特点，弥散分布于天线周围空间不具有电磁波特点；另一部分来源于电场、磁场的相互激发，具有波动特点，为天线向外部空间辐射场的电磁波。

天线外部空间电磁场结构必然体现在场的计算公式之中，而天线外部的电磁场直接由磁矢势（见式(8-1-1)）获得，因此天线外部电磁场的特性可以通过对磁矢势的分析得到。磁矢势为天线体中不同体元处电流元 $\boldsymbol{J}(\boldsymbol{r}')\mathrm{d}V'$ 激发的磁矢势相干叠加，对干涉叠加起关键作用的是表示式中的相位项，对该部分作必要分析，存在着三个空间尺度的概念，如图 8-2 所示，现予以简单说明。

(1) $\dfrac{|\boldsymbol{r}-\boldsymbol{r}'|}{\lambda}\ll 1$，观测点位于天线体的附近，称为近场区。此时 $\mathrm{e}^{-\mathrm{j}k|\boldsymbol{r}-\boldsymbol{r}'|}\approx\mathrm{e}^{-\mathrm{j}0}\approx$

1,式(8-1-1)蜕变为静态电磁场的磁矢势,由其计算得到的电磁场具有静态电磁场的特点。因此,在近场区中,天线体电流或电荷直接产生的电磁场远大于电磁场相互激发所产生的电磁场,故而近场区可以采取静态场进行分析计算。

(2) $\dfrac{|\boldsymbol{r}-\boldsymbol{r}'|}{\lambda}\to 1$,观测点位于与天线体的距离约在波长的数量级的范围内,称为感应区。式(8-1-1)中相位干涉影响不能忽略,由磁矢势计算得到的电磁场既包括源直接产生的场,也包含由时变电磁场相互激发产生的电磁场;两者量级上相当,同时并存。感应区电磁场的分析与计算比较复杂。

(3) $\dfrac{|\boldsymbol{r}-\boldsymbol{r}'|}{\lambda}\gg 1$,观测点远离源区,称为远场区或辐射区域。在该区域中,天线体电流或电荷直接产生的电磁场随距离增加而迅速衰减,时变电磁场相互激发具有波动特点的电磁场占主要成分,即天线的辐射场。

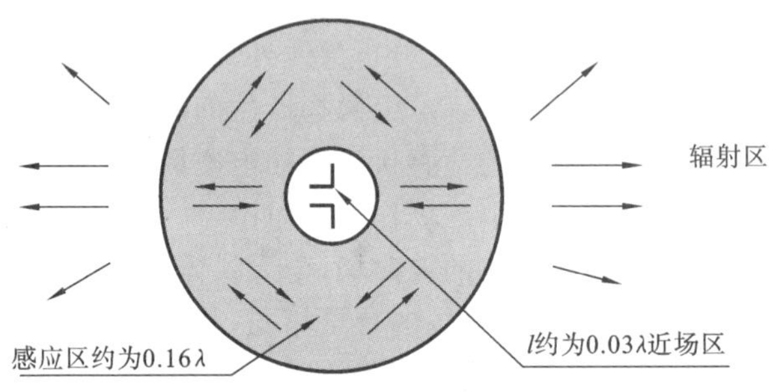

图 8-2 辐射场的三个区域

8.1.3* 磁矢势的多极矩展开

首先分析磁矢势(见式(8-1-1))被积函数中振幅项 $\dfrac{1}{|\boldsymbol{r}-\boldsymbol{r}'|}$、相位项 $\exp[-\mathrm{j}k|\boldsymbol{r}-\boldsymbol{r}'|]$ 对场的影响。为此将两个表示式作近似展开,得

$$\begin{cases}\dfrac{1}{x+\delta x}\exp(-\mathrm{j}kx)=\dfrac{1}{x}\exp(-\mathrm{j}kx)\left(1-\dfrac{1}{x}\delta x\right)\\ \dfrac{1}{x}\exp[-\mathrm{j}k(x+\delta x)]=\dfrac{1}{x}\exp(-\mathrm{j}kx)(1-\mathrm{j}k\delta x)\end{cases}\tag{8-1-4}$$

展开式表明,振幅项微小变化带来的是 $\dfrac{\delta x}{x}$ 量级变化;当 x 很大时,振幅项的微小改变,对场的影响为二阶无穷小量。相位项微小变化对场的影响为 $k\delta x$ 量级变化,即一阶无穷小量。因此,对于远场区(x 很大),磁矢势中被积函数振幅的微小变化对最后结果影响小,而相位项的微小变化对结果影响大。因此,对于天线辐射问题,在式(8-1-1)中,对振幅因子取零级的近似,对相位因子保留一级近似,即

$$\begin{cases}\dfrac{1}{|\boldsymbol{r}-\boldsymbol{r}'|}\approx\dfrac{1}{r}\\ \exp(-\mathrm{j}k|\boldsymbol{r}-\boldsymbol{r}'|)=\exp(-\mathrm{j}k\sqrt{r^2+r'^2-2\boldsymbol{r}\cdot\boldsymbol{r}'\cos\theta})\approx\exp[\mathrm{j}(k\hat{e}_r\cdot\boldsymbol{r}'-kr)]\end{cases}\tag{8-1-5}$$

于是磁矢势可展开表示为

$$\begin{aligned}\boldsymbol{A}(\boldsymbol{r}) &= \frac{\mu_0}{4\pi r}\mathrm{e}^{-\mathrm{j}kr}\iiint_V \boldsymbol{J}(\boldsymbol{r}')\mathrm{e}^{\mathrm{j}k\hat{e}_r\cdot\boldsymbol{r}'}\mathrm{d}V' \\ &= \frac{\mu_0}{4\pi r}\mathrm{e}^{-\mathrm{j}kr}\iiint_V \boldsymbol{J}(\boldsymbol{r}')\left[1+\mathrm{j}k\hat{e}_r\cdot\boldsymbol{r}'+\frac{1}{2!}(\mathrm{j}k\hat{e}_r\cdot\boldsymbol{r}')^2+\cdots\right]\mathrm{d}V' \\ &= \boldsymbol{A}^{(0)}(\boldsymbol{r})+\boldsymbol{A}^{(1)}(\boldsymbol{r})+\boldsymbol{A}^{(2)}(\boldsymbol{r})+\cdots\end{aligned} \tag{8-1-6}$$

首先考虑磁矢势零级展开项，利用电流密度矢量的定义得

$$\iiint_V \boldsymbol{J}(\boldsymbol{r}')\mathrm{d}V' = \iiint_V \frac{\mathrm{d}\boldsymbol{r}'}{\mathrm{d}t}\rho(\boldsymbol{r}')\mathrm{d}V' = \frac{\mathrm{d}\boldsymbol{P}}{\mathrm{d}t} = \mathrm{j}\omega\boldsymbol{P} \tag{8-1-7}$$

注意式(8-1-7)中 $\rho(\boldsymbol{r}')$ 为天线体中 $\boldsymbol{r}'$ 点运动电荷密度，即导体中电子体密度，由导体的材料决定，不随时间变化，但其运动的速度随信号源强加的电场而变。由此得到展开式的零级项

$$\boldsymbol{A}^{(0)}(\boldsymbol{r}) = \frac{\mathrm{j}\omega\mu_0\boldsymbol{P}}{4\pi r}\exp(-\mathrm{j}kr) \tag{8-1-8}$$

为天线体中电偶极矩对磁矢势的贡献。

为了分析一级近似展开项的物理意义，对其进行适当的变形，得

$$\boldsymbol{J}(\hat{e}_r\cdot\boldsymbol{r}') = (\hat{e}_r\cdot\boldsymbol{r}')\boldsymbol{J} = \frac{1}{2}\hat{e}_r\cdot[(\boldsymbol{r}'\boldsymbol{J}+\boldsymbol{J}\boldsymbol{r}')+(\boldsymbol{r}'\boldsymbol{J}-\boldsymbol{J}\boldsymbol{r}')] \tag{8-1-9}$$

等式右边的第二部分可以变为

$$\frac{1}{2}\hat{e}_r\cdot(\boldsymbol{r}'\boldsymbol{J}-\boldsymbol{J}\boldsymbol{r}') = -\frac{1}{2}\hat{\boldsymbol{e}}_r\times(\boldsymbol{r}'\times\boldsymbol{J})$$

将其代入式(8-1-6)，并引用式(4-5-25)的磁偶极矩定义，得

$$-\mathrm{j}k\hat{e}_r\times\iiint_V \frac{1}{2}\boldsymbol{r}'\times\boldsymbol{J}(\boldsymbol{r}')\mathrm{d}V' = -\mathrm{j}k\hat{e}_r\times\boldsymbol{m} \tag{8-1-10}$$

因此，这一部分为天线体的磁偶极矩对磁矢势的贡献。对第二项的另外一部分进行类似的处理，得

$$\begin{aligned}-\mathrm{j}k\iiint_V \frac{1}{2}\hat{e}_r\cdot(\boldsymbol{r}'\boldsymbol{J}+\boldsymbol{J}\boldsymbol{r}')\mathrm{d}V' &= -\mathrm{j}k\frac{\hat{e}_r}{2}\cdot\iiint_V \rho(\boldsymbol{r}')\left(\boldsymbol{r}\frac{\mathrm{d}\boldsymbol{r}'}{\mathrm{d}t}+\frac{\mathrm{d}\boldsymbol{r}'}{\mathrm{d}t}\boldsymbol{r}'\right)\mathrm{d}V' \\ &= \frac{1}{6}\hat{e}_r\cdot\frac{\mathrm{d}}{\mathrm{d}t}\iiint_V 3\rho(\boldsymbol{r}')\boldsymbol{r}'\boldsymbol{r}'\mathrm{d}V \\ &= -\mathrm{j}k\frac{\hat{e}_r}{6}\cdot\frac{\mathrm{d}\overleftrightarrow{\boldsymbol{D}}}{\mathrm{d}t}\end{aligned} \tag{8-1-11}$$

其中，$\overleftrightarrow{\boldsymbol{D}}$ 为电四极矩的定义。这一部分来自天线体的电四极矩对磁矢势的贡献。综合两个部分的贡献，得到磁矢势展开的一级项为

$$\boldsymbol{A}^{(1)}(\boldsymbol{r}) = \frac{\mathrm{j}k}{4\pi r}\mathrm{e}^{-\mathrm{j}kr}\left[-\hat{e}_r\times\boldsymbol{m}+\mathrm{j}\omega\mu_0\frac{1}{6}\boldsymbol{r}\cdot\overleftrightarrow{\boldsymbol{D}}\right] \tag{8-1-12}$$

采用类似的方法，可得到其他展开项的物理意义。上述结果说明，天线外部区域的电磁场为天线体中电多极矩和磁多极矩所激发的电磁场的叠加。此外，展开式还说明同级电多极矩激发电磁场能力比磁多极矩高一量级。如电四极矩激发电磁场能力与磁偶极矩同量级。

利用求得的磁矢势和式(8-1-2)，即可求得天线辐射的电磁波。但在计算过程中必须把其中的具有静态电磁场特性部分分离出来。

8.2 偶极子辐射场

8.2.1 电偶极子的结构

本节讨论偶极子的辐射特性。偶极子包括两种基本类型，即电偶极子和磁偶极子。首先讨论电偶极子的辐射特性。所谓电偶极子，其物理模型为一短的载流导线段，又称为电流元，即电流振子，这些名称经常混用，并不加以区别。这里的“短”不是振子长度 L 的绝对短，而是振子的长度远小于波长(即 $L\ll\lambda$)，并且假设导线段的半径 $a\ll L$，其上只有轴向电流，幅度为恒定值。

理想电流振子并不真正存在，这是因为现实中不存在恒定电流幅度的导线段。但它可用真实天线上的某一小段微元逼近。在该一小段中，电流幅度可视为恒定，如图 8-3 所示。基于这一模型，设图 8-3(b)中振子轴向为 z 轴，振子上的电流表示为

$$\boldsymbol{J}(\boldsymbol{r},t)=\begin{cases}\hat{e}_z I_0\exp(\mathrm{j}\omega t), & |z|\leqslant\dfrac{L}{2}\\ 0, & |z|\geqslant\dfrac{L}{2}\end{cases} \tag{8-2-1}$$

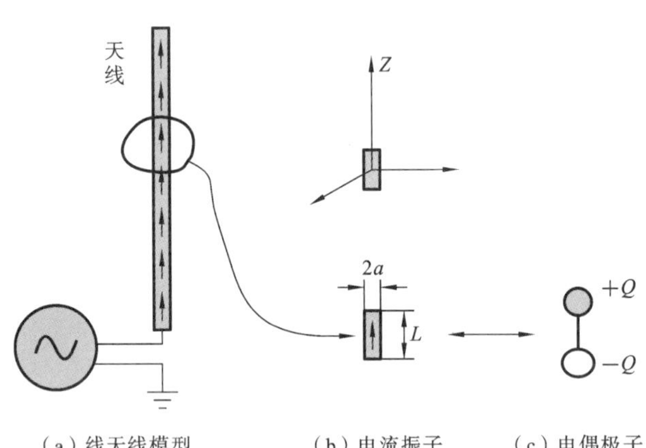

(a) 线天线模型　(b) 电流振子　(c) 电偶极子

图 8-3　电偶极子模型

由于 $L\ll\lambda$，为了方便计算，用 δ 函数

$$\boldsymbol{J}(\boldsymbol{r})=\hat{e}_z\delta(z)LI_0 \tag{8-2-2}$$

近似表示电流密度函数。

根据电流连续性原理，在电流振子的两个端点，必将同时积累大小相等、符号相反的时变电荷，利用电荷与电流之间的关系得

$$\begin{cases}I(t)=\dfrac{\mathrm{d}}{\mathrm{d}t}Q(t)=\dfrac{\mathrm{d}}{\mathrm{d}t}Q_0\mathrm{e}^{\mathrm{j}\omega t}=I_0\mathrm{e}^{\mathrm{j}\omega t}\Rightarrow Q_0=-\mathrm{j}\dfrac{I_0}{\omega}\\ \hat{e}_zI(t)L=\dfrac{\mathrm{d}}{\mathrm{d}t}\hat{e}_zQ(t)L=\dfrac{\mathrm{d}}{\mathrm{d}t}\boldsymbol{P}_e(t)\Rightarrow\boldsymbol{P}_{e0}=\hat{e}_zQ_0L\end{cases} \tag{8-2-3}$$

导线段上的电流可等效为相距为 L、电荷量相等、符号相反的电荷系统，如图 8-3(c)所示，这正是电流振子也被称为电偶极子的缘由。

8.2.2 电偶极子激发的电磁场

在上述近似处理下，以振子中心为坐标原点，将式(8-2-2)代入式(8-1-1)，得到自由空间中的磁矢势为

$$\boldsymbol{A}(\boldsymbol{r})=\hat{e}_z\frac{\mu_0 I_0 L}{4\pi r}\exp(-\mathrm{j}kr) \tag{8-2-4}$$

利用天线外部空间电磁场与磁矢势的关系，求得振子外部的电磁场为

$$\begin{cases}\boldsymbol{H}(\boldsymbol{r})=\dfrac{1}{\mu_0}\nabla\times\boldsymbol{A}(\boldsymbol{r})=\hat{e}_\varphi\dfrac{I_0 Lk^2\sin\theta}{4\pi}\left[\dfrac{\mathrm{j}}{kr}+\dfrac{1}{(kr)^2}\right]\mathrm{e}^{-\mathrm{j}kr}\\ \boldsymbol{E}(\boldsymbol{r})=\dfrac{1}{\mathrm{j}\omega\varepsilon_0}\nabla\times\boldsymbol{H}(\boldsymbol{r})\\ \quad=\hat{e}_r\dfrac{2I_0 Lk^3\cos\theta}{4\pi\omega\varepsilon_0}\left[\dfrac{1}{(kr)^2}-\dfrac{\mathrm{j}}{(kr)^3}\right]\mathrm{e}^{-\mathrm{j}kr}\\ \quad+\hat{e}_\theta\dfrac{2I_0 Lk^3\cos\theta}{4\pi\omega\varepsilon_0}\left[\dfrac{\mathrm{j}}{kr}+\dfrac{1}{(kr)^2}-\dfrac{\mathrm{j}}{(kr)^3}\right]\mathrm{e}^{-\mathrm{j}kr}\end{cases} \tag{8-2-5}$$

下面分析电偶极子激发的外部空间电磁场的特性。当观测点或场点(以下统称为场点)位于近场区，此时 $kr\ll 1$，$\exp(-\mathrm{j}kr)\approx 1$。利用式(8-2-3)的等效结果，式(8-2-5)近似为

$$\begin{cases}E_r\approx\dfrac{2P_{e0}\cos\theta}{4\pi\varepsilon_0 r^3}\\ E_\theta\approx\dfrac{P_{e0}\sin\theta}{4\pi\varepsilon_0 r^3}\\ H_\varphi\approx\dfrac{I_0 L\sin\theta}{4\pi r^2}\end{cases} \tag{8-2-6}$$

其中，$P_{e0}=Q_0 L=-\mathrm{j}\dfrac{I_0}{\omega}L$。这正是第 3 章求电偶极子的电场、恒定电流元激发磁场所得到的结果，其强度的确与距离的平方成反比。说明在天线近场区，电场与磁场相互激发的电磁场比电荷和电流直接激发的电磁场要小得多，电磁场具有静态电磁场的特点。此外，从式(8-2-6)可知，近场区电场与磁场始终保持 0.5π 的相位差，其能流密度矢量在一个周期内的平均值为

$$\boldsymbol{S}_{\mathrm{av}}=\frac{1}{2}\mathrm{Re}[\boldsymbol{E}\times\boldsymbol{H}^*]\approx\boldsymbol{0}$$

但瞬时值不为零。这说明，在一个周期的一半时间内，信号源向振子附近具有静态特点的电磁场提供能量，另一半时间内近场区电磁场又将能量返回信号源，该部分电磁场不向空间辐射电磁能量。

当场点位于远场区，$kr=\dfrac{2\pi}{\lambda}r\gg 1$，式(8-2-5)的近似结果为

$$\begin{cases}H_\varphi\approx\mathrm{j}\dfrac{I_0}{2}\dfrac{L}{\lambda}\dfrac{\sin\theta}{r}\exp(-\mathrm{j}kr)\\ E_\theta\approx\mathrm{j}\dfrac{I_0}{2}\dfrac{L}{\lambda}\dfrac{\sin\theta}{r}\sqrt{\dfrac{\mu_0}{\varepsilon_0}}\exp(-\mathrm{j}kr)\end{cases} \tag{8-2-7}$$

这是一个与式(8-2-6)具有完全不同特点的电磁场。首先，式(8-2-7)表示沿径向发散

传播的电磁波动;其次,电场、磁场的强度与距离成反比;其三,电场与磁场相位相同、比值恒定;其四,周期内平均能流密度矢量

$$\begin{aligned}\boldsymbol{S}_{\mathrm{av}}&=\frac{1}{2}\mathrm{Re}[\hat{e}_\theta E_\theta\times\hat{e}_\varphi H_\varphi^*]=\frac{\hat{e}_r}{2}\mathrm{Re}[E_\theta H_\varphi^*]=\frac{\hat{e}_r}{2}\mathrm{Re}\left[\frac{1}{\eta_0}E_\theta^2\right]\\&=\frac{1}{2}\left(\frac{I_0}{2}\right)^2\left(\frac{L}{\lambda}\right)^2\eta_0\sin^2\theta\,\frac{1}{r^2}\hat{e}_r\end{aligned}\tag{8-2-8}$$

不为零,为沿球面积径向辐射的能流密度。这与前面对于远场区电磁场的分析完全一致,称该部分电磁场为天线的辐射场或远场区的电磁场。

8.2.3 电偶极子辐射场特性

对电偶极子远场区辐射场式(8-2-7)进行分析,得到其远场区辐射场有如下特性。

(1) 辐射场为球面电磁波。将时谐因子 $\mathrm{e}^{\mathrm{j}\omega t}$ 代入式(8-2-7),电磁场的瞬时表示式为

$$\begin{cases}H_\varphi=\dfrac{I_0}{2}\dfrac{L}{\lambda}\dfrac{\sin\theta}{r}\cos\left(\omega t-kr+\dfrac{\pi}{2}\right)\\E_\theta=\dfrac{I_0}{2}\dfrac{L}{\lambda}\dfrac{\sin\theta}{r}\sqrt{\dfrac{\mu_0}{\varepsilon_0}}\cos\left(\omega t-kr+\dfrac{\pi}{2}\right)\end{cases}\tag{8-2-9}$$

其等相位面由方程

$$\omega t-kr=C\tag{8-2-10}$$

确定,即等相位面为以振子为中心、半径 $r=k^{-1}(\omega t_0-C)$ 的球面。因此,电偶极子的辐射场是以电偶极子为中心的球面电磁波,其等相位面的传播速度由方程

$$\omega(t+\Delta t)-k(r+\Delta r)=C\Rightarrow\omega\Delta t-k\Delta r=0$$

确定,求解得

$$v_p=\lim_{\Delta t\to 0}\frac{\Delta r}{\Delta t}=\frac{\omega}{k}=\frac{1}{\sqrt{\varepsilon_0\mu_0}}=c\tag{8-2-11}$$

即光在自由空间传播的速度。由此可见,电偶极子的辐射场是以振子为中心,向四周发散传播的球面电磁波。

(2) 辐射场为球面横电磁(TEM)波。式(8-2-7)表明,辐射场在传播方向(球面径向)上既没有电场分量,也没有磁场分量,并且电场、磁场和传播方向相互垂直,如图 8-4 所示,为横电磁波(TEM)。

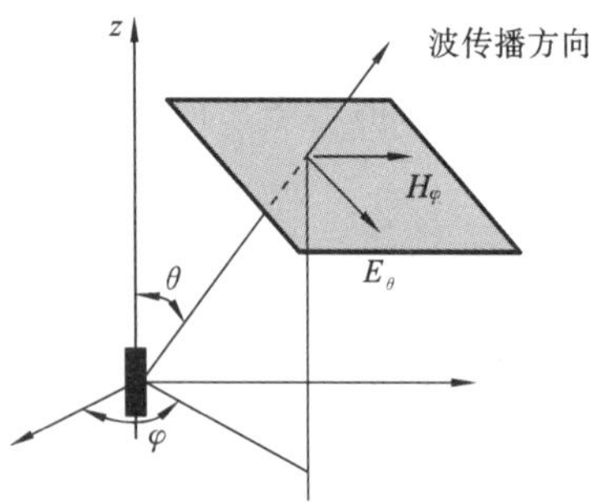

图 8-4 电偶极子辐射的 TEM 波

(3) 辐射场为线极化球面波。式(8-2-7)表明,电场在由振子轴向(z 轴)与波传播方向构成的平面内有平行分量,没有垂直分量;磁场只有垂直分量,没有平行分量。在与传播方向相垂直的平面内,电场或磁场矢量末端的轨迹为直线,为线极化(偏振)电磁波。

(4) 辐射场的电场与磁场同相位,其比值为空间电磁特性参数决定的实常数,称为波阻抗,其数值为

$$\eta=\frac{E_\theta}{H_\varphi}=\sqrt{\frac{\mu_0}{\varepsilon_0}}=\eta_0\approx 120\pi\ (\Omega)\tag{8-2-12}$$

且为实数，这说明电场与磁场相位相同。

(5) 辐射场有方向性。辐射场(电场和磁场)式(8-2-7)中均含有方向性函数 $\sin\theta$，在 $\theta=0°$ 的方向，辐射场振幅为零，在 $\theta=90°$，辐射场振幅达到最大。能流密度矢量式(8-2-8)同样含有方向性函数 $\sin^2\theta$，这意味着空间的某些方向上能流密度大，另一些方向上能流密度小，甚至某些方向上能流密度为零。说明电流振子在不同的方向上电磁波的辐射能力不同，具有方向性。

应用上常用方向性图直观地表示天线辐射场的方向特性。以电场为例，在某个确定半径 $r=C$ 的球面上，将电场幅度最大值对不同 θ 角辐射电场归一化，得到归一化电场随 θ 变化的曲线图，角度表示辐射场的方向，径向表示归一化场强的相对大小，其中图 8-5(a)为子午面电场(又称 $\boldsymbol{E}$ 面)方向图，此时 φ 为常数。图 8-5(b)为赤道面电场(又称 $\boldsymbol{H}$ 面)方向图，$\theta=90°$。磁场也有相同的方向性分布图。采用同样的方法，还可以绘制出能流密度的方向性图。

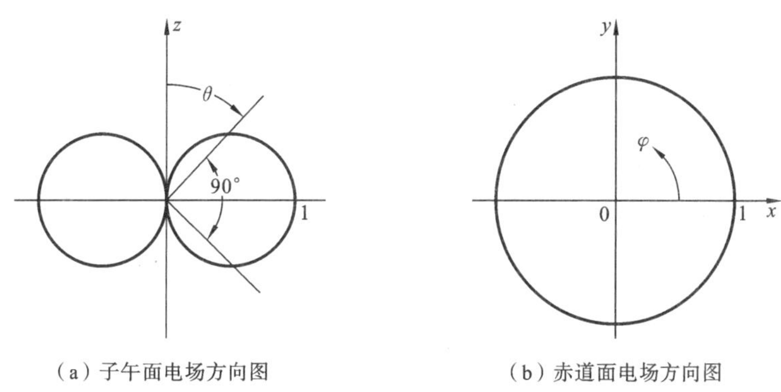

(a) 子午面电场方向图　　(b) 赤道面电场方向图

图 8-5　电偶极子辐射场方向性剖面图

8.2.4　辐射功率与辐射电阻

电流偶极子能够将信号源的部分能量向周围空间辐射，其向外部空间辐射的总功率应该是能量流密度矢量对于某球面的通量。对式(8-2-8)求某个半径为 $\boldsymbol{r}$ 球面的通量，得

$$\begin{aligned}P &= \oint\!\!\!\oint_S \boldsymbol{S}(r,\theta,\varphi)\cdot \mathrm{d}\boldsymbol{\sigma} = \oint\!\!\!\oint_S \frac{1}{2}\mathrm{Re}[\hat{e}_\theta E_\theta \times \hat{e}_\varphi H_\varphi^*]\cdot \mathrm{d}\boldsymbol{\sigma} \\ &= \frac{1}{2}\oint\!\!\!\oint_S \left(\frac{I_0}{2}\right)^2 \left(\frac{L}{\lambda}\right)^2 \eta_0 \sin^2\theta \frac{1}{r^2}\hat{e}_r \cdot \mathrm{d}\boldsymbol{\sigma} = 40\pi^2 I_0^2 \left(\frac{L}{\lambda}\right)^2 \end{aligned} \quad (8\text{-}2\text{-}13)$$

P 是一个与球面半径无关的实常数。这说明单位时间通过任意半径球面向外传送的能量(功率)相同。根据能量守恒定律，这部分能量的确是天线通过辐射场所辐射的电磁能量。

实际应用中，不同天线辐射电磁波的能力也不同，为了定量评估天线辐射电磁波的能力，引入天线的辐射电阻概念。即将天线辐射电磁波功率等效为二端电路网络系统中负载电阻消耗功率，称等效二端网络负载电阻 R_r 为天线的辐射电阻，如图 8-6 所示。辐射电阻是天线设计中的一个重要参量，根据电路理论，在信号源与天线完全匹配的前提下，其值为理想状态下天线(信号源供给的能量全部被天线辐射，即忽略天线近场区的影响)馈电端电压与电流幅度之比。电偶极子的辐射电阻为

$$Z_{\text{in}}=R_{\text{r}}|_{\text{理想}}=\frac{U_{\text{in}}}{I_{\text{in}}}=\frac{2P}{I_0^2}=80\pi^2\left(\frac{L}{\lambda}\right)^2(\Omega) \tag{8-2-14}$$

上述结果表明,电偶极子辐射能力与频率和天线尺度的比值有关。

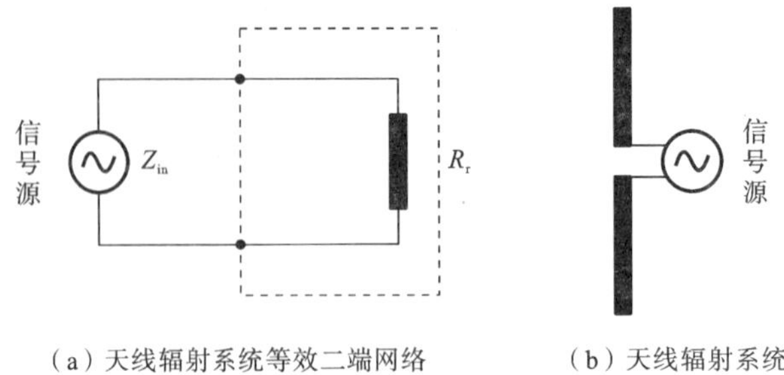

(a) 天线辐射系统等效二端网络　　(b) 天线辐射系统

图 8-6　天线等效的二端网络

需要注意的是,实际天线馈电端的输入阻抗并不等于辐射电阻,因为辐射电阻所等效的只是天线辐射电磁波能量部分,输入天线的能量还包括天线导体电流的热损耗、信号源与天线近场之间的无用能量交换,使得输入阻抗并非是纯电阻,而是呈现复阻抗特性。

【例 8.1】 计算 $L=0.25\lambda$ 和 $L=0.025\lambda$ 两个不同长度电流振子的辐射电阻。

解 利用辐射电阻的定义,将参数代入辐射电阻公式,计算得

$$L=0.25\lambda,\quad R_{\text{r}}=80\pi^2\left(\frac{L}{\lambda}\right)^2\approx 50\ \Omega$$

$$L=0.025\lambda,\quad R_r=80\pi^2\left(\frac{L}{\lambda}\right)^2\approx 50\times 10^{-2}\ \Omega$$

比较两个不同长度的电流振子,其辐射能力相差甚远。必须指出的是,上述结果是理想电流振子的辐射特性,即忽略振子长度以及振子上真实电流幅度分布不均匀的差异。第 8.5 节将讨论真实半波长电流振子的辐射特性。

8.2.5　磁偶极子辐射场及其特性

另一类广泛应用的是磁偶极子天线,即小电流圆环天线,如图 8-7 所示。关于小电流环天线的辐射特性,可以参照电偶极子的方法进行分析,将圆环天线分割成首尾相互连接的电流振子的叠加,磁矢势为

$$\begin{aligned}\boldsymbol{A}(\boldsymbol{r},\theta,\varphi)&=\frac{I_0 a\mu_0}{4\pi}\int_0^{2\pi}\frac{\mathrm{e}^{-\mathrm{j}kR}}{R}(\hat{e}_r\sin\theta\sin(\varphi-\varphi')+\hat{e}_\theta\cos\theta\sin(\varphi-\varphi')+\hat{e}_\phi\cos(\varphi-\varphi'))\mathrm{d}\varphi'\\&=\frac{I_0 a\mu_0}{4\pi}\int_0^{2\pi}\hat{e}_\varphi[\cos(\varphi-\varphi')]\frac{\mathrm{e}^{-\mathrm{j}kR}}{R}\mathrm{d}\varphi'\\&\approx\frac{I_0\pi a^2\mu_0}{4\pi}\hat{e}_\varphi\mathrm{e}^{-\mathrm{j}kr}\left(\frac{\mathrm{j}k}{r}+\frac{1}{r^2}\right)\sin\theta\end{aligned} \tag{8-2-15}$$

其中,I_0 为电流幅度,a 为圆环半径,$R=\sqrt{r^2+a^2-2ra\sin\theta\cos(\varphi-\varphi')}$。磁矢势的最后结果应用了对小电流环的如下近似关系

$$\frac{\mathrm{e}^{-\mathrm{j}kR}}{R}\approx\frac{\mathrm{e}^{-\mathrm{j}kr}}{r}+a\left(\frac{\mathrm{j}k}{r}+\frac{1}{r^2}\right)\mathrm{e}^{-\mathrm{j}kr}\sin\theta\cos\varphi',\quad r\gg\lambda\gg a$$

直接将小电流圆环磁矢势代入式(8-1-3),并记 $m=\mu_0 I_0\pi a^2=\mu_0 I_0\Delta S$($\Delta S$ 为圆环

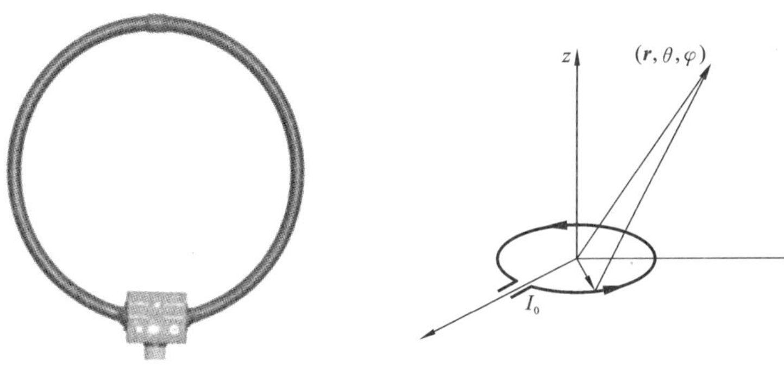

(a) 圆环天线实物　　(b) 圆环天线分析模型

图 8-7 小电流圆环(磁偶极子)天线

面积),求得小电流圆环外部空间的电磁场为

$$\begin{cases} E_\varphi = \dfrac{\mathrm{j}m\omega}{4\pi}k^2\sin\theta\left[\dfrac{1}{\mathrm{j}kr}+\left(\dfrac{1}{\mathrm{j}kr}\right)^2\right]\mathrm{e}^{-\mathrm{j}kr} \\ H_r = -\dfrac{\mathrm{j}m\omega}{4\pi\eta_0}k^2\sin\theta\left[\left(\dfrac{1}{\mathrm{j}kr}\right)^2+\left(\dfrac{1}{\mathrm{j}kr}\right)^3\right]\mathrm{e}^{-\mathrm{j}kr} \\ H_\theta = -\dfrac{\mathrm{j}m\omega}{4\pi\eta_0}k^2\sin\theta\left[\dfrac{1}{\mathrm{j}kr}+\left(\dfrac{1}{\mathrm{j}kr}\right)^2+\left(\dfrac{1}{\mathrm{j}kr}\right)^3\right]\mathrm{e}^{-\mathrm{j}kr} \end{cases} \tag{8-2-16}$$

对上式取远场近似,得到远场区的辐射场为

$$\begin{cases} E_\varphi = \dfrac{mk^2}{4\pi r}\sqrt{\dfrac{1}{\mu_0\varepsilon_0}}\sin\theta\mathrm{e}^{-\mathrm{j}kr} = \dfrac{m\omega}{2\lambda r}\sin\theta\mathrm{e}^{-\mathrm{j}kr} \\ H_\theta = -\dfrac{mk^2}{4\pi\mu_0 r}\sin\theta\mathrm{e}^{-\mathrm{j}kr} = -\dfrac{m\omega}{2\lambda r}\sqrt{\dfrac{\varepsilon_0}{\mu_0}}\sin\theta\mathrm{e}^{-\mathrm{j}kr} \end{cases} \tag{8-2-17}$$

其坡印廷矢量为

$$\boldsymbol{S}_{\mathrm{av}} = \frac{1}{2}\mathrm{Re}[\hat{e}_\varphi E_\varphi \times \hat{e}_\theta H_\theta^*] = \hat{e}_r\ \frac{1}{2}\pi^2 I_0^2\ \left(\frac{\Delta S}{\lambda^2}\right)^2\ \frac{\eta_0}{r^2}\sin^2\theta \tag{8-2-18}$$

分析式(8-2-17)不难得到,小电流圆环辐射场与电偶极子辐射场有相同的特性。这些特性包括:① 辐射场为球面电磁波,空间等相位面为球面;② 辐射场为横电磁(TEM)波;③ 辐射场为线极化球面波;④ 辐射场的电场与磁场之比为空间特性阻抗;⑤ 辐射场强度、能流密度均具有方向性。

8.3 广义麦克斯韦方程组

8.3.1 麦克斯韦方程组的对偶性

麦克斯韦方程组的求解既困难又烦琐。人们总是通过各种不同的方法简化方程的求解,如把矢量方程简化为标量方程,通过势函数方法减少待求变量的个数,或利用电磁场的有关定理和定律简化源和方程的处理等。利用麦克斯韦方程组的对偶特性简化问题求解是其中的方法之一。

首先分析无源区域中的麦克斯韦方程组,如果将麦克斯韦方程组写成如下形式

$$\begin{cases}\nabla\cdot\boldsymbol{E}=0\\ \nabla\times\boldsymbol{E}=-\mu\dfrac{\partial\boldsymbol{H}}{\partial t}\end{cases},\quad \begin{cases}\nabla\cdot\boldsymbol{H}=0\\ \nabla\times\boldsymbol{H}=\varepsilon\dfrac{\partial\boldsymbol{E}}{\partial t}\end{cases}\tag{8-3-1}$$

得到两组完全对称的方程组,它们关于 $\boldsymbol{E}$ 和 $\boldsymbol{H}$(除有一负号外)互为对称。这种对称性使得对其中的一组作 $\boldsymbol{E}\to\boldsymbol{H}$、$\boldsymbol{H}\to-\boldsymbol{E}$、$\varepsilon\to\mu$,$\mu\to\varepsilon$ 代换,就得到另一组方程,通过如下变换

$$\begin{cases}\nabla\cdot\boldsymbol{E}=0\\ \nabla\times\boldsymbol{E}=-\mu\dfrac{\partial H}{\partial t}\end{cases}\begin{matrix}\to\\ \leftarrow\end{matrix}\begin{pmatrix}\boldsymbol{E}\to\boldsymbol{H},\boldsymbol{H}\to-\boldsymbol{E}\\ \varepsilon\to\mu,\mu\to\varepsilon\end{pmatrix}\begin{matrix}\to\\ \leftarrow\end{matrix}\begin{cases}\nabla\cdot\boldsymbol{H}=0\\ \nabla\times\boldsymbol{H}=\varepsilon\dfrac{\partial\boldsymbol{E}}{\partial t}\end{cases}\tag{8-3-2}$$

得到的仍然是麦克斯韦方程组,并与原方程相同。数学上称这种具有相同形式的两组方程为对偶性(或二重性)方程。容易证明两组互为对偶的方程,其解也具有对偶性。即求得其中的一组方程的解,另一组方程的解可通过对偶量的替换来获得,从而简化问题的求解。

8.3.2 广义麦克斯韦方程组

无源区麦克斯韦方程组具有对偶特性。在有源区,很容易证明麦克斯韦方程组不具有对偶性,其原因在于自然界还没有发现与电荷对称的磁荷,也没有发现与电流对称的磁流。考虑到时变电场与磁场相互激发的对称性,如果引入假想的"磁荷"和"磁流",使其激发的电磁场与电荷和电流激发的电磁场具有对偶特性,则引入磁荷和磁流后所得到的麦克斯韦方程组就具有对偶性。为了以示区别,称引入磁荷和磁流后所得到的麦克斯韦方程组为广义麦克斯韦方程组。

为了使得引入假想磁荷和磁流与电荷和电流激发的电磁场具有对偶性,假设磁荷激发磁场与电荷激发电场、磁流产生电场与电流激发磁场满足相同的规律,且具有对偶性。此外,与电荷守恒定律一样,假想的磁荷满足守恒定律,即

$$\nabla\cdot\boldsymbol{J}_{\mathrm{m}}(\boldsymbol{r},t)+\frac{\partial}{\partial t}\rho_{\mathrm{m}}(\boldsymbol{r},t)=0\tag{8-3-3}$$

其中,ρ_{m} 为磁荷体密度,$\boldsymbol{J}_{\mathrm{m}}$ 为磁流密度矢量。根据上述假设,应用下标"e"和"m"分别标记来自电荷(流)和磁荷(流)产生的电磁场,其麦克斯韦方程组的微分形式和边界条件分别是

方程组:
$$\begin{cases}\nabla\cdot\boldsymbol{E}_{\mathrm{e}}=\dfrac{\rho_{\mathrm{e}}}{\varepsilon},\quad \nabla\times\boldsymbol{E}_{\mathrm{e}}=-\mu\dfrac{\partial\boldsymbol{H}_{\mathrm{e}}}{\partial t}\\ \nabla\cdot\boldsymbol{H}_{\mathrm{e}}=0,\quad \nabla\times\boldsymbol{H}_{\mathrm{e}}=\boldsymbol{J}_{\mathrm{e}}+\varepsilon\dfrac{\partial\boldsymbol{E}_{\mathrm{e}}}{\partial t}\end{cases}\tag{8-3-4a}$$

边界条件:
$$\begin{cases}\hat{n}\cdot(\boldsymbol{D}_{\mathrm{e}2}-\boldsymbol{D}_{\mathrm{e}1})=\rho_{\mathrm{es}},\quad \hat{n}\cdot(\boldsymbol{B}_{\mathrm{e}2}-\boldsymbol{B}_{\mathrm{e}1})=0\\ \hat{n}\times(\boldsymbol{E}_{\mathrm{e}2}-\boldsymbol{E}_{\mathrm{e}1})=\boldsymbol{0},\quad \hat{n}\times(\boldsymbol{H}_{\mathrm{e}2}-\boldsymbol{H}_{\mathrm{e}1})=\boldsymbol{J}_{\mathrm{es}}\end{cases}\tag{8-3-4b}$$

方程组:
$$\begin{cases}\nabla\cdot\boldsymbol{E}_{\mathrm{m}}=0,\quad \nabla\times\boldsymbol{E}_{\mathrm{m}}=-\boldsymbol{J}_{\mathrm{m}}-\mu\dfrac{\partial\boldsymbol{H}_{\mathrm{m}}}{\partial t}\\ \nabla\cdot\boldsymbol{H}_{\mathrm{m}}=\dfrac{\rho_{\mathrm{m}}}{\mu},\quad \nabla\times\boldsymbol{H}_{\mathrm{m}}=\varepsilon\dfrac{\partial\boldsymbol{E}_{\mathrm{m}}}{\partial t}\end{cases}\tag{8-3-5a}$$

边界条件:
$$\begin{cases}\hat{n}\cdot(\boldsymbol{D}_{\mathrm{m}2}-\boldsymbol{D}_{\mathrm{m}1})=0,\quad \hat{n}\cdot(\boldsymbol{B}_{\mathrm{m}2}-\boldsymbol{B}_{\mathrm{m}1})=\rho_{\mathrm{ms}}\\ \hat{n}\times[\boldsymbol{E}_{\mathrm{m}2}-\boldsymbol{E}_{\mathrm{m}1}]=-\boldsymbol{J}_{\mathrm{ms}},\quad \hat{n}\times(\boldsymbol{H}_{\mathrm{m}2}-\boldsymbol{H}_{\mathrm{m}1})=\boldsymbol{0}\end{cases}\tag{8-3-5b}$$

比较两组方程,容易证明它们互为对偶方程。如对方程(8-3-4)作

$$\boldsymbol{E}_e \to \boldsymbol{H}_m, \quad \boldsymbol{H}_e \to -\boldsymbol{E}_m, \quad \boldsymbol{J}_e \to \boldsymbol{J}_m, \quad \rho_e \to \rho_m, \quad \varepsilon \to \mu, \quad \mu \to \varepsilon$$

替换,即得方程(8-3-5)。反之对方程(8-3-5)作

$$\boldsymbol{E}_e \leftarrow \boldsymbol{H}_m, \quad \boldsymbol{H}_e \leftarrow -\boldsymbol{E}_m, \quad \boldsymbol{J}_e \leftarrow \boldsymbol{J}_m, \quad \rho_e \leftarrow \rho_m, \quad \varepsilon \leftarrow \mu, \quad \mu \leftarrow \varepsilon$$

替换,得到方程(8-3-4)。同理也可以写出相应的积分形式的麦克斯方程组,并证明其具有对偶性。

根据对偶方程的解也具有对偶性原理,容易得到如下结论:空间中有如方程(8-3-4)描述的电磁场,其解为 $\boldsymbol{E}_e$、$\boldsymbol{H}_e$,那么该空间中方程(8-3-5)描述的电磁场存在,其解为 $\boldsymbol{E}_m$、$\boldsymbol{H}_m$,且与 $\boldsymbol{E}_e$、$\boldsymbol{H}_e$ 对偶。因此,不必进行复杂演算即可求出 $\boldsymbol{E}_m$、$\boldsymbol{H}_m$,即通过对偶变换

$$\boldsymbol{E}_e \leftrightarrow \boldsymbol{H}_m, \quad \boldsymbol{H}_e \leftrightarrow -\boldsymbol{E}_m, \quad \boldsymbol{J}_e \leftrightarrow \boldsymbol{J}_m, \quad \rho_e \leftrightarrow \rho_m, \quad \varepsilon \leftrightarrow \mu, \quad \mu \leftrightarrow \varepsilon$$

获得,反之亦然。

在引入假想的"磁荷"和"磁流"的情况下,总的电磁场是电荷、电流、磁荷和磁流各自独立激发的电磁场的叠加,总的电磁场为

$$\begin{cases} \boldsymbol{E}(\boldsymbol{r},t) = \boldsymbol{E}_e(\boldsymbol{r},t) + \boldsymbol{E}_m(\boldsymbol{r},t) \\ \boldsymbol{H}(\boldsymbol{r},t) = \boldsymbol{H}_e(\boldsymbol{r},t) + \boldsymbol{H}_m(\boldsymbol{r},t) \end{cases} \tag{8-3-6}$$

从而得到广义麦克斯韦方程组的微分形式为

$$\begin{cases} \nabla \cdot \boldsymbol{E} = \dfrac{\rho_e}{\varepsilon}, \quad \nabla \times \boldsymbol{E} = -\boldsymbol{J}_m - \mu \dfrac{\partial \boldsymbol{H}}{\partial t} \\ \nabla \cdot \boldsymbol{H} = \dfrac{\rho_m}{\mu}, \quad \nabla \times \boldsymbol{H} = \boldsymbol{J}_e + \varepsilon \dfrac{\partial \boldsymbol{E}}{\partial t} \end{cases} \tag{8-3-7a}$$

同样也有相应的积分形式的方程组

$$\begin{cases} \oiint\limits_S \boldsymbol{E} \cdot \mathrm{d}\boldsymbol{S} = \dfrac{1}{\varepsilon} \iiint\limits_V \rho_e \mathrm{d}V, \quad \oint\limits_L \boldsymbol{E} \cdot \mathrm{d}\boldsymbol{L} = -\iint\limits_S \left(\boldsymbol{J}_m + \mu \dfrac{\partial \boldsymbol{H}}{\partial t}\right) \cdot \mathrm{d}\boldsymbol{S} \\ \oiint\limits_S \boldsymbol{H} \cdot \mathrm{d}\boldsymbol{S} = \dfrac{1}{\mu} \iiint\limits_V \rho_m \mathrm{d}V, \quad \oint\limits_L \boldsymbol{H} \cdot \mathrm{d}\boldsymbol{L} = \iint\limits_S \left[\boldsymbol{J}_e + \varepsilon \dfrac{\partial \boldsymbol{E}}{\partial t}\right] \cdot \mathrm{d}\boldsymbol{S} \end{cases} \tag{8-3-7b}$$

以及在不同媒质的分界面,应用广义麦克斯韦方程组积分式,得到边界条件

$$\begin{cases} \hat{n} \cdot (\boldsymbol{D}_2 - \boldsymbol{D}_1) = \rho_{es}, \quad \hat{n} \times (\boldsymbol{E}_2 - \boldsymbol{E}_1) = -\boldsymbol{J}_{ms} \\ \hat{n} \cdot (\boldsymbol{B}_2 - \boldsymbol{B}_1) = \rho_{ms}, \quad \hat{n} \times (\boldsymbol{H}_2 - \boldsymbol{H}_1) = \boldsymbol{J}_{es} \end{cases} \tag{8-3-7c}$$

上述方程组称为广义麦克斯韦方程组和边界条件。

必须指出的是,自然界尚未发现磁荷和磁流存在,磁荷和磁流的引入完全基于假设。广义麦克斯韦方程组也是在这一假设前提下的结果,要使广义麦克斯韦方程组有理论意义和实际的应用价值,必须赋予假想磁荷和磁流真实的物理含义,以及研究如何等效引入假想磁荷和磁流的方法。

8.3.3 电磁偶极子的对偶特性

为了说明上述对偶原理的应用,我们来看磁偶极子与电偶极子的对偶特性,并以此讨论假想磁荷和磁流的引入依据和方法,同时利用对偶原理讨论小电流圆环的辐射特性。

在静态电场中,位于坐标原点的电偶极子激发的静电场为

$$\boldsymbol{E} = \hat{e}_r \frac{2P_e \cos\theta}{4\pi\varepsilon r^3} + \hat{e}_\theta \frac{P_e \sin\theta}{4\pi\varepsilon r^3} \tag{8-3-8}$$

其中，$\boldsymbol{P}_{\mathrm{e}}=\hat{e}_z QL$。

通过对偶量的替换，容易得到磁偶极子激发的磁场为

$$\boldsymbol{H}=\hat{e}_r\frac{2P_{\mathrm{m}}\cos\theta}{4\pi\mu r^3}+\hat{e}_\theta\frac{P_{\mathrm{m}}\sin\theta}{4\pi\mu r^3} \tag{8-3-9a}$$

其中，$\boldsymbol{P}_{\mathrm{m}}=\hat{e}_z P_{\mathrm{m}}$。

将式(8-3-9a)与第2章求得的小电流圆环激发的磁场式(2-3-21)比较，除前者在真空中，后者为特性参数 ε、μ 的介质空间外，发现小电流圆环与假想磁偶极矩激发的磁场具有完全相同的特性。由此可见，小电流圆环可以作为磁偶极矩的物理模型。基于两者在空间激发相同磁场这一条件，得到磁偶极矩的等效结果为

$$\boldsymbol{P}_{\mathrm{m}}=\hat{e}_z\mu I\pi a^2 \tag{8-3-9b}$$

这说明，只要假想的“磁荷”或“磁流”合理，对偶原理所得结果正确。

如果将电偶极子辐射场(8-2-7)应用电偶极矩 $\boldsymbol{P}_{\mathrm{e}}=\hat{e}_z QL$ 表示，考虑到 $Q_0=-\mathrm{j}\dfrac{I_0}{\omega}$，得

$$\begin{cases} H_\varphi\approx \mathrm{j}\dfrac{I_0}{2}\dfrac{L}{\lambda}\dfrac{\sin\theta}{r}\exp(-\mathrm{j}kr)=-\dfrac{P_{\mathrm{e}}}{2}\dfrac{\omega}{\lambda}\dfrac{\sin\theta}{r}\exp(-\mathrm{j}kr) \\ E_\theta\approx\dfrac{I_0}{2}\dfrac{L}{\lambda}\dfrac{\sin\theta}{r}\sqrt{\dfrac{\mu_0}{\varepsilon_0}}\exp(-\mathrm{j}kr)=-\dfrac{P_{\mathrm{e}}}{2}\dfrac{\omega}{\lambda}\dfrac{\sin\theta}{r}\sqrt{\dfrac{\mu_0}{\varepsilon_0}}\exp(-\mathrm{j}kr)\end{cases} \tag{8-3-10}$$

根据对偶原理，通过对偶量的替换，得到磁偶极子的辐射场为

$$\begin{cases} E_\varphi\approx\dfrac{P_{\mathrm{m}}}{2}\dfrac{\omega}{\lambda}\dfrac{\sin\theta}{r}\exp(-\mathrm{j}kr) \\ H_\theta\approx-\dfrac{P_{\mathrm{m}}}{2}\dfrac{\omega}{\lambda}\dfrac{\sin\theta}{r}\sqrt{\dfrac{\varepsilon_0}{\mu_0}}\exp(-\mathrm{j}kr)\end{cases} \tag{8-3-11a}$$

将磁偶极矩 $\boldsymbol{P}_{\mathrm{m}}=\hat{e}_z\mu_0 I\pi a^2$ 代入方程(8-3-11a)得到

$$\begin{cases} E_\varphi\approx\dfrac{\mu_0 I\pi a^2}{2}\dfrac{\omega}{\lambda}\dfrac{\sin\theta}{r}\exp(-\mathrm{j}kr) \\ H_\theta\approx-\dfrac{\mu_0 I\pi a^2}{2}\dfrac{\omega}{\lambda}\dfrac{\sin\theta}{r}\sqrt{\dfrac{\varepsilon_0}{\mu_0}}\exp(-\mathrm{j}kr)\end{cases} \tag{8-3-11b}$$

这正好是小电流圆环辐射场(见式(8-2-17))的结果，请读者导出。同样，小电流圆环的辐射场也可以表示为磁流振子的辐射场，直接利用方程(8-3-10)右边第一等式的对偶量替换得到，即

$$\begin{cases} E_\varphi\approx-\mathrm{j}\dfrac{I_{\mathrm{m0}}}{2}\dfrac{L}{\lambda}\dfrac{\sin\theta}{r}\exp(-\mathrm{j}kr) \\ H_\theta\approx \mathrm{j}\dfrac{I_{\mathrm{m0}}}{2}\dfrac{L}{\lambda}\dfrac{\sin\theta}{r}\sqrt{\dfrac{\varepsilon_0}{\mu_0}}\exp(-\mathrm{j}kr)\end{cases} \tag{8-3-11c}$$

基于辐射场的等效原则，以及磁偶极矩原定义 $\boldsymbol{P}_{\mathrm{m}}=\hat{e}_z Q_m L$，比较方程(8-3-11b)与方程(8-3-11c)，得

$$I_{\mathrm{m0}}L=\frac{\mathrm{d}Q_m}{\mathrm{d}t}L=\mathrm{j}\omega\mu_0 I_0\pi a^2 \tag{8-3-12}$$

将磁偶极子与电偶极子辐射场对比，除辐射场的极化方向正好互为置换外，两者有类似特性。读者可以仿照电流振子辐射场特性分析方法进行总结。图8-8展示了电偶

极子与磁偶极子的对偶关系。

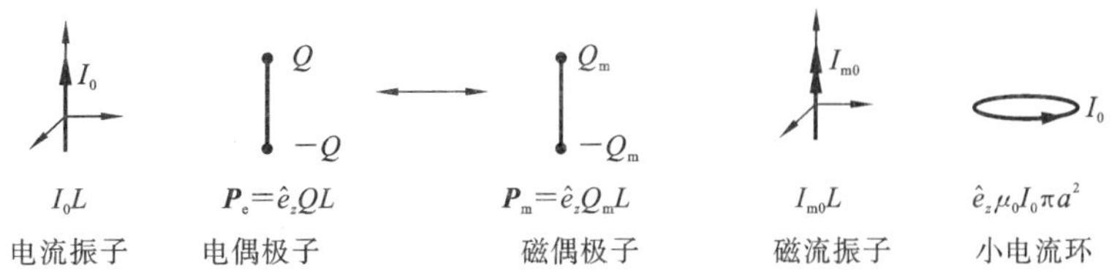

I_0 Q $-Q$ Q_m $-Q_m$ I_{m0} I_0

I_0L $\boldsymbol{P}_e=\hat{e}_zQL$ $\boldsymbol{P}_m=\hat{e}_zQ_mL$ $I_{m0}L$ $\hat{e}_z\mu_0I_0\pi a^2$

电流振子 电偶极子 磁偶极子 磁流振子 小电流环

图 8-8 电磁偶极子的模型与对偶关系

【例 8.2】 计算同样长度的导线制作成小电流圆环和电流振子的辐射电阻，设导体线的长度为 1 m，电磁波辐射频率为 1 MHz。

解 直接利用式(8-2-14)，1 m 导线制作成电流振子的辐射电阻为

$$R_r=80\pi^2\left(\frac{L}{\lambda}\right)^2=0.88\times10^{-2}\ \Omega$$

小电流环的辐射电阻为

$$\begin{aligned}R_r&=\left.\frac{2P}{I_0^2}\right|_{\text{理想}}=\frac{2}{I_0^2}\oiint_S\boldsymbol{S}(r,\theta,\varphi)\mathrm{d}\boldsymbol{\sigma}=\frac{1}{I_0^2}\int_0^{\pi}\mathrm{Re}[-E_\varphi H_\theta^*]2\pi r^2\sin\theta\mathrm{d}\theta\\&=320\pi^4\left(\frac{\Delta S}{\lambda^2}\right)^2\quad(\Omega)\end{aligned}\tag{8-3-13}$$

将导线长度代入求得

$$R_r=\left.\frac{2P}{I_0^2}\right|_{\text{理想}}=320\pi^6\left(\frac{a}{\lambda}\right)^4=2.44\times10^{-8}\ \Omega$$

计算结果表明，同样频率、同样长度的导线，制作成小电流环天线的辐射电阻远小于制作电流振子的辐射电阻，这说明小电流环天线辐射电磁波的能力远小于电流振子的辐射能力。请读者分析其物理原因。

8.3.4 口径天线辐射场

前面例子中利用小电流圆环与磁偶极子等效，得到磁偶极子概念。在等效过程中，根本原则是等效的两者在空间产生的结果(电磁场)相同。这既是假想磁荷与磁流的基本原则，也是广义麦克斯韦方程组应用的前提。下面以缝隙天线为例，介绍磁荷与磁流的等效方法及其应用。

所谓波导口径天线是利用口径面上电磁场产生电磁辐射的天线，如利用馈源辐射形成天线口径的电磁场、波导(见第 9 章)横截面的电磁场、波导壁开口上的电磁场等。口径上电磁场获得方式如图 8-9(a)、(b)和(c)所示。口径天线在现代航天和航空技术中有广泛应用。为了适应空气动力学的需要，尽可能避免飞行器的突出部位所带来的空气阻力，通信及雷达的收发天线尽可能与飞行器外表面几何形状一致，一种有效的方法是在飞行器金属外壳切开缝隙，通过缝隙口径上的电磁场分布实现电磁波的辐射，从而实现天线与飞行器的形体共形。

尽管获得口径面上电磁场的方式不同，但它们都是利用馈源在口径面形成的电磁场的再辐射。下面以无穷大导体平面缝隙天线为例，讨论波导口径天线辐射特性的分析方法。设无穷大导体平板面有一缝隙，长度为 L，宽度为 d，且 $L\gg d$。缝隙间馈入时谐电压信号 $U=U_0\exp(\mathrm{j}\omega t)$，忽略边缘效应，缝隙面上电场切向分量为 $\boldsymbol{E}=\hat{e}_xE_0\exp(\mathrm{j}\omega t)$，

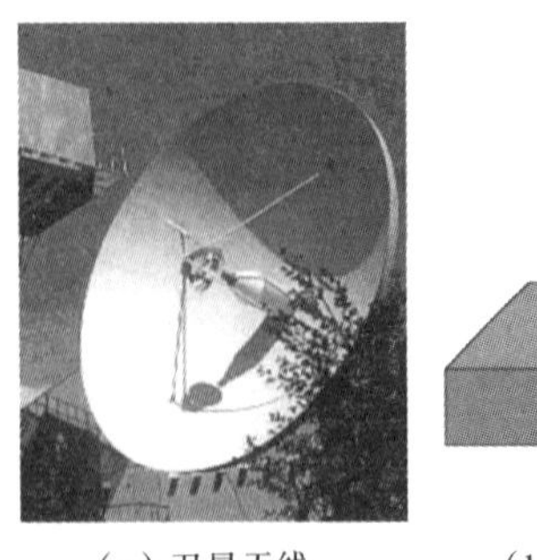
(a) 卫星天线

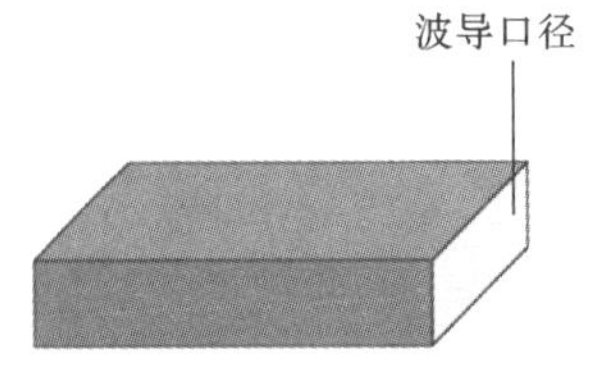

(b) 波导口径天线

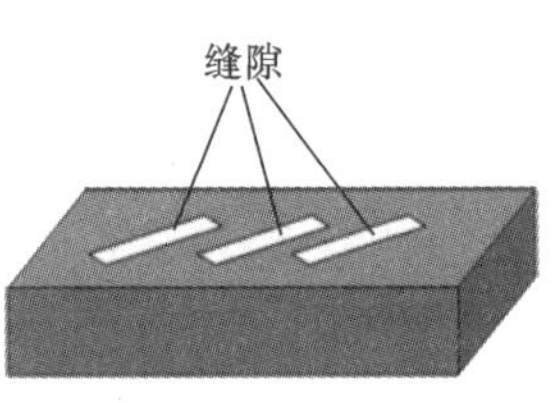

(c) 波导缝隙天线

图 8-9 口径上电磁场获得方式

$E_0 d=U_0$,如图 8-10(a)所示。显然,缝隙天线在上半空间辐射电磁场的麦克斯韦方程组为

$$\begin{cases}\nabla\cdot\boldsymbol{E}=0, & \nabla\times\boldsymbol{E}=-\mathrm{j}\omega\mu_0\boldsymbol{H}\\ \nabla\cdot\boldsymbol{H}=0, & \nabla\times\boldsymbol{H}=\mathrm{j}\omega\varepsilon_0\boldsymbol{E}\end{cases},\quad y>0 \tag{8-3-14a}$$

在边界(导体平面)上,除缝隙以外,电场的切向分量为零,在缝隙处电场的切向分量近似为 E_0。根据广义麦克斯韦方程组及其边界条件(8-3-7b),缝隙处的电场可用面磁流等效,如图 8-10(b)所示。缝隙在上半空间的辐射等效为导体表面的面磁流(位于缝隙口径面)在上半空间的辐射。而缝隙口径面上的等效面磁流由边界条件获得,即

$$\hat{n}\times\boldsymbol{E}=-\boldsymbol{J}_{\mathrm{ms}}=\begin{cases}\boldsymbol{0}, & |x|>\dfrac{d}{2},\quad |y|>\dfrac{L}{2}\\ -\hat{e}_z\dfrac{U_0}{d}, & |x|\leqslant\dfrac{d}{2},\quad |y|\leqslant\dfrac{L}{2}\end{cases} \tag{8-3-14b}$$

因此,导体平面缝隙口径面上电场在半空间的辐射问题,等效为面磁流在半空间的辐射问题,而面磁流是导体平板缝隙上的电场切向分量等效的结果。由于缝隙很窄,忽略边缘效应,缝隙口径等效面磁流可用磁流振子 $I_{\mathrm{m0}}L$ 表示。由广义边界条件(8-3-7b),求得等效磁流振子的幅度为

$$\hat{e}_l I_{\mathrm{m0}}=-\hat{e}_y\times\hat{e}_x E_x d=\hat{e}_z U_0 \tag{8-3-14c}$$

为了求得导体平面缝隙处等效磁流振子在上半空间的辐射场,先将等效磁流振子沿导体平面法向(y 轴)向上平移 h,如图 8-10(c)所示。求出导体平面上半空间 h 处磁流振子的辐射场,然后令 $h\to 0$ 即为所求问题的解。导体平面上半空间 h 处的磁流振子在半空间($y>0$)的辐射场有两个部分,即 h 处的磁流振子在半空间($y>0$)的辐射场和导体平面感应面磁流在半空间($y>0$)辐射场的叠加。根据时变电磁场的镜像原理(下节讨论),导体面感应面磁流在上半空间的辐射场,等效为磁偶极子的像在上半空间的辐射场。当 $h\to 0$ 时,源和像磁偶极子重合,相当于原来磁偶极子的 2 倍,如图8-10(d)所示。直接应用式(8-3-11),得到缝隙天线在上半空间的辐射场为

$$\begin{cases}E_\varphi\approx-\mathrm{j}U_0\dfrac{L}{\lambda}\dfrac{\sin\theta}{r}\exp(-\mathrm{j}kr)\\ H_\theta\approx\mathrm{j}U_0\dfrac{L}{\lambda}\dfrac{\sin\theta}{r}\sqrt{\dfrac{\varepsilon_0}{\mu_0}}\exp(-\mathrm{j}kr)\end{cases} \tag{8-3-15}$$

其中,λ 为电磁波信号在自由空间传播的波长。

需要注意的是,在上述缝隙天线辐射特性的讨论中,缝隙面上仅有电场,没有磁场,

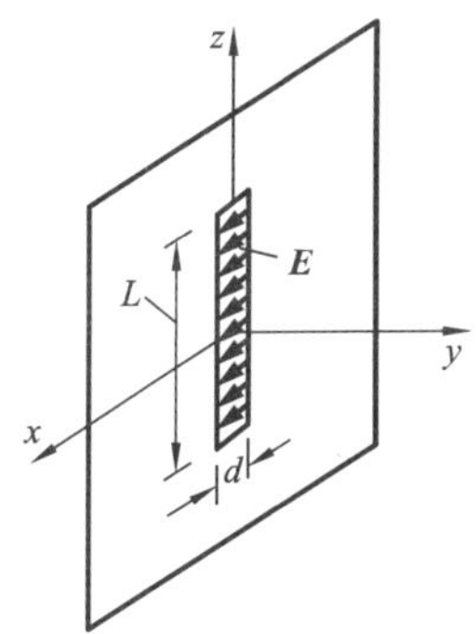

（a）导体面缝隙天线半空间（$y>0$）的电磁辐射

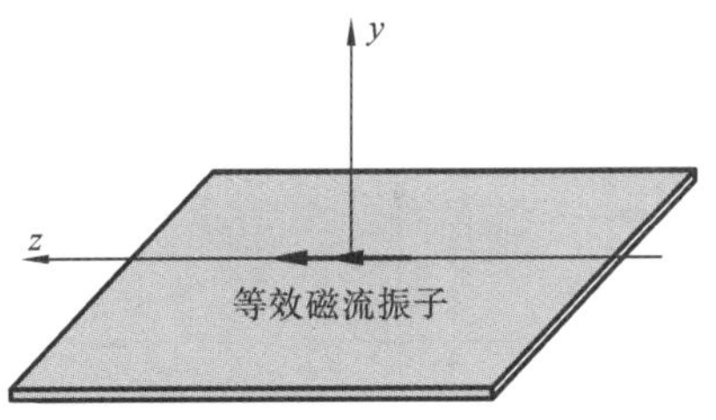

（b）（a）的等效模型——导体面等效磁流半空间（$y>0$）的辐射

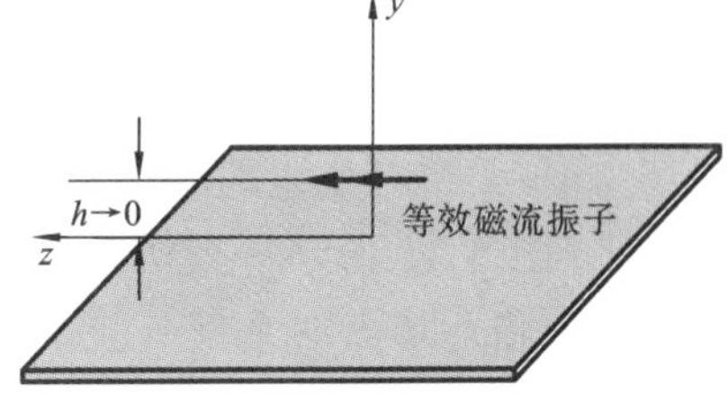

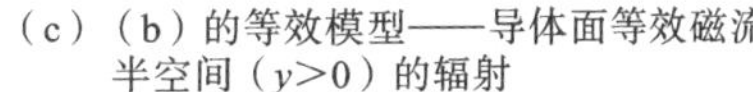
（c）（b）的等效模型——导体面等效磁流半空间（$y>0$）的辐射

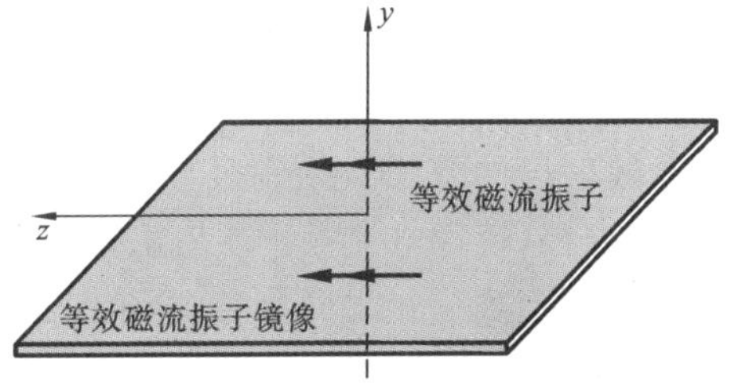

（d）（c）的等效模型——导体面半空间（$y>0$）磁流振子辐射的镜像原理

图 8-10 缝隙天线

所以仅用磁流元等效。当缝隙面上同时存在电场和磁场时，缝隙口径的辐射场为等效电流元和磁流元辐射场的叠加。如果缝隙面上的电场和磁场是口径面坐标的函数，还需将口径分割为多个小口径面元的组合。每个小面元上的辐射场可等效为相应的电流元和磁流元辐射场的叠加。因此，波导口径天线的辐射场是所有面元等效的电流元和磁流元辐射场的叠加积分。

关于波导口径天线的辐射问题，还可以利用第 7 章介绍的惠更斯-菲涅耳原理进行分析。应用基尔霍夫积分公式，将空间的辐射场表示为口径面上次波源辐射场的叠加，而次波源可以通过缝隙或口径面上电磁场等效得到。

8.4 时变电磁场镜像原理

8.4.1 时变电磁场镜像原理

第 4 章讨论了镜像原理及其在静态电磁场问题中的应用。该原理能否应用于时变电磁场呢？从等效角度看，不论是静态电磁场，还是时变电磁场，只要能够寻找到镜像源，并与界面感应电荷或电流在定义区域产生相同效果，镜像原理均可以应用。因此，时变电磁场是否能够应用镜像原理，关键在于能否准确描述界面感应电荷或电流分布，并找到等效界面感应电荷和电流的镜像源。

由于时变场和激励源可分解为不同频率的时谐场和激励源的叠加，每个时谐频率分量的源激发相应时谐频率的电磁场，满足时谐电磁场方程及边界条件。对于时谐电磁场而言，只要介质(含导体)的极化、磁化、传导对外加电磁场能够即时响应，介质界面的边界条件与静态电磁场的相同，时谐激励源与静态源在界面上感应面电荷和面电流服从相同的机理。因此，静态电磁场镜像原理完全可以适用于时谐电磁场，所不同的是源和镜像产生的电磁场在满足电磁场方程的边界条件时必须考虑波动带来的相位影响。

下面以无穷大导体平面上半空间电流振子辐射场为例，介绍时变电磁场的镜像原理及其应用，如图 8-11 所示。很明显，导体平面上半空间的辐射场由两个部分叠加而成，其中一部分为电流振子产生的辐射场，已在第 8.2 节中求出，即

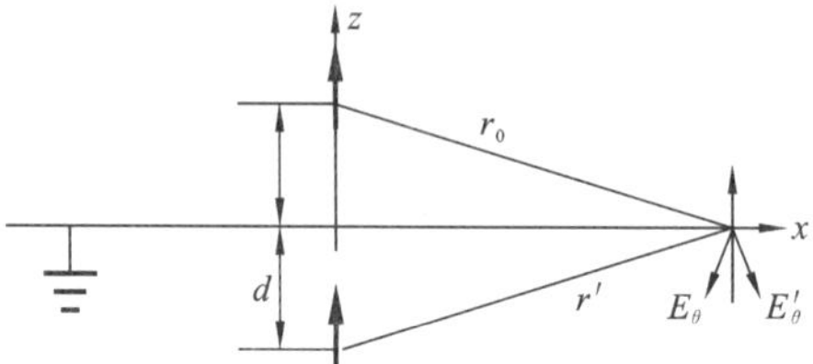

图 8-11 导体平面上的电流振子

$$E_\theta \approx \mathrm{j}\frac{I_{e0}}{2}\frac{L}{\lambda}\frac{\sin\theta}{r_0}\sqrt{\frac{\mu_0}{\varepsilon_0}}\exp(-\mathrm{j}kr_0)$$

另一部分是导体平面感应面电流在上半空间的辐射场。假设能用镜像电流振子的辐射场代替，则电流振子及其镜像辐射场的叠加必须满足导体边界条件和方程。为使电流振子及其镜像辐射场叠加满足方程，镜像电流振子不能出现在上半空间，即不能出现在定解问题定义的区域，否则方程得不到满足。叠加场必须满足的边界条件也就成为确定像电流振子各参数的条件。对于本问题，根据已有的知识，设像电流振子的大小和方向与原电流振子的相同，位置与原电流振子位置对于导体平面互为共轭点。原电流振子与像电流振子在上半空间的辐射为

$$E \approx \mathrm{j}\frac{I_{e0}}{2}\frac{L}{\lambda}\sqrt{\frac{\mu_0}{\varepsilon_0}}\left[\hat{e}_{\theta_0}\frac{\sin\theta_0}{r_0}\exp(-\mathrm{j}kr_0)+\hat{e}_{\theta}{}'\frac{\sin\theta'}{}\exp(-\mathrm{j}kr')\right] \tag{8-4-1}$$

利用图 8-11 得到如下关系：

$$r_0=r',\quad \theta_0=\pi-\theta',\quad \hat{e}_{\theta_0}=-\hat{e}_x\cos\theta'-\hat{e}_z\sin\theta',\quad \hat{e}_{\theta'}=\hat{e}_x\cos\theta'-\hat{e}_z\sin\theta'$$

所以在 $z=0$ 的平面上，

$$\hat{n}\times\boldsymbol{E}\big|_{z=0}=\boldsymbol{0}$$

可见解不仅满足原方程，同时满足边界条件。根据唯一性定理，其解即为所求。

需要提醒的是，在上述讨论时变电磁场镜像原理的适用性时，只讨论了天线远场区辐射场镜像原理的适用性问题，而没有讨论天线近场区镜像原理的适用性。由于天线近场区电磁场除随时间作简谐变化外，与静态电磁场具有完全相同的空间性态，显见镜像原理对天线近场区电磁场是适用的，请读者自己证明。简而言之，只要电磁系统界面(无论是导体，还是介质)对原电荷(或原电流)的感应能够即时响应，镜像原理即可适用。同时请读者分析，一旦界面(无论是导体，还是介质)对原电荷(或原电流)的感应不能即时响应，镜像原理将不再能够应用。

8.4.2 电(磁)振子镜像方法

上例说明镜像原理可以应用于时变电磁场。另一问题是如何确定任意电、磁流源的镜像。为此，设无穷大导体平面上半空间有任意取向的电流振子和磁流振子，该电流振子和磁流振子可以分解为与导体平面平行和垂直的两个分量，如图 8-12(a)所示。电流振子、磁流振子的物理模型分别与电偶极子和小电流环对应，而小的电流环实质上是首尾相连的电流元，它们的镜像就非常容易得到。以导体边界为例，其基本方法如图 8-12(b)、(c)所示。

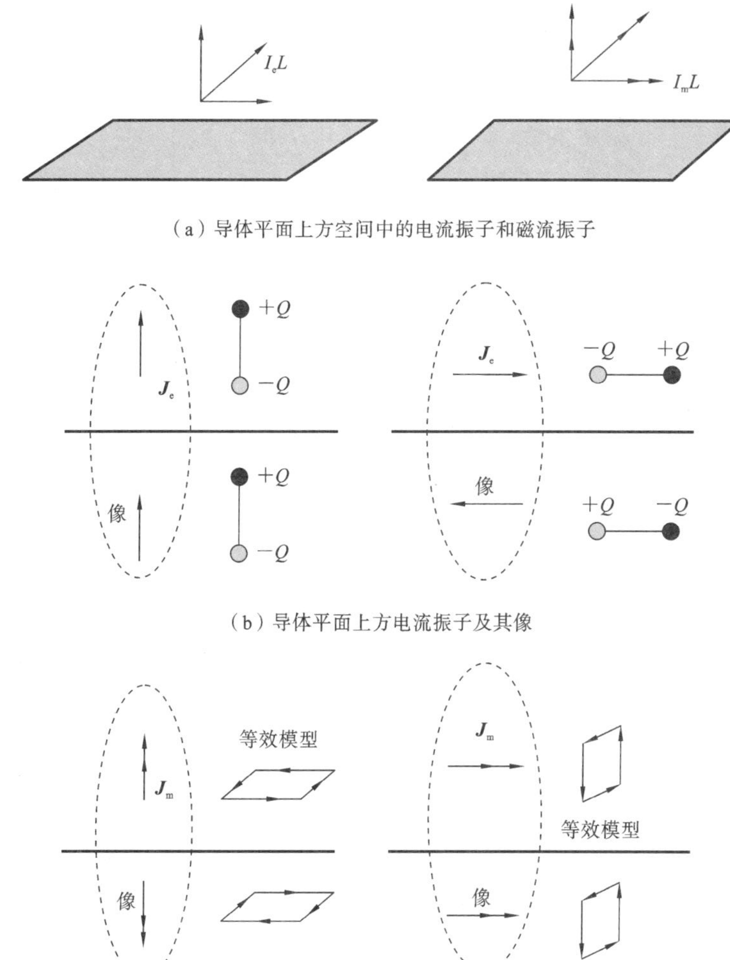

图 8-12 时变电磁场镜像原理

8.5* 天线的一般概念

8.5.1 半波振子天线

为了进一步分析真实天线辐射电磁波的特性，以半波振子天线为例，讨论实际天线的若干概念。所谓半波振子天线是长度为半个波长的天线,其馈电点在天线的中心位置,几何结构如图 8-13 所示。需要指出的是,即使天线体为理想导体,其电流分布的精确解并不存在,直到 20 世纪 80 年代后期,随着高速数字计算机技术的发展,才求出天线体电流的精确分布。由于其求解过程比较复杂,这里不作介绍。好在只要理解天线电磁辐射特性,并非要精确知道天线体电流分布。当天线的中点由平衡的双导线传输线对称馈电时,两端点为电流的节点,实验和数值计算结果表明天线上的电流近似正弦规律分布,即

$$I(z)=I_0\sin\left[k\left(\frac{L}{2}-|z|\right)\right]=I_0\cos(kz),\quad L=\frac{\lambda}{2} \tag{8-5-1}$$

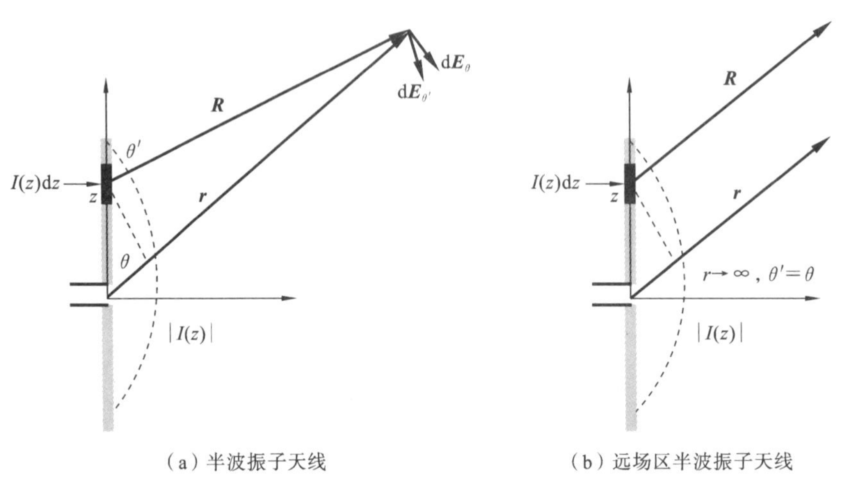

(a) 半波振子天线　　(b) 远场区半波振子天线

图 8-13　半波振子天线

由于电流是空间位置的函数,所以不能简单地把它当作电流振子天线来看待。但天线上任一点 z 处小微元 dz 上的电流 $I(z)$ 可视为常量,该微元即可视为理想电流振子。因此,整个半波振子天线可以分割为多个首尾相连的电流振子。利用电流振子天线空间辐射场公式,电流微元 $I(z)dz$ 在空间的辐射场为

$$d\boldsymbol{E}_{\theta'}=\mathrm{j}\frac{I_0}{2\lambda}\sqrt{\frac{\mu_0}{\varepsilon_0}}\cos(kz)dz\,\frac{1}{R}\sin\theta'\exp(-\mathrm{j}kR) \tag{8-5-2}$$

半波振子天线的辐射场等于天线上所有电流微元在该点辐射场的叠加。由于天线上各电流微元到场点的距离不同,各电流元辐射波传播至场点的相位延迟不同,它们在场点干涉叠加。对远场区,$r\to\infty$,$\theta'=\theta$,其辐射场为

$$E_\theta=\mathrm{j}\frac{I_0}{2\lambda}\eta_0\int_{\frac{\lambda}{4}}^{\frac{\lambda}{4}}\cos kz\,\frac{1}{R}\sin\theta\exp(-\mathrm{j}kR)dz \tag{8-5-3}$$

在干涉叠加中,相位的影响远大于幅度影响。对式(8-5-3)右边积分号内的被积函数取近似,其中相位项中的 R 近似为 $R=\sqrt{r^2-2zr\cos\theta+z^2}\approx r-z\cos\theta$,而振幅项中的 R 近似为 $R=\sqrt{r^2-2zr\cos\theta+z^2}\approx r$。近似后对式(8-5-3)式求积分得

$$E_\theta=\mathrm{j}\frac{I_0\eta_0}{2\lambda r}e^{-\mathrm{j}kr}\int_{-\frac{\lambda}{4}}^{\frac{\lambda}{4}}\cos(kz)\sin\theta e^{\mathrm{j}kz\cos\theta}dz=\mathrm{j}\eta_0 I_0\frac{\cos\left(\frac{\pi\cos\theta}{2}\right)}{2\pi r\sin\theta}e^{-\mathrm{j}kr} \tag{8-5-4a}$$

采用同样的方法,求得磁场也有类似的结果:

$$H_\varphi=\mathrm{j}I_0\frac{\cos\left(\frac{\pi\cos\theta}{2}\right)}{2\pi r\sin\theta}\exp(-\mathrm{j}kr) \tag{8-5-4b}$$

辐射场结果表明，半波振子辐射场同样也具有电流振子辐射场的基本特性，如辐射场为线极化球面横电磁波，电场振幅与磁场振幅之比为介质波阻抗，辐射场具有方向性等。

利用半波振子天线辐射场公式，求得能流密度矢量、功率和辐射电阻分别为

$$\begin{aligned}\boldsymbol{S}&=\frac{1}{2}\mathrm{Re}[\hat{e}_\theta E_\theta\times\hat{e}_\varphi H_\varphi^*]=\frac{\hat{e}_r}{2}\mathrm{Re}[E_\theta H_\varphi^*]\\&=\frac{1}{2}\left(\frac{I_0}{2\pi}\right)^2\frac{\eta_0}{\sin^2\theta}\cos^2\left(\frac{\pi\cos\theta}{2}\right)\frac{1}{r^2}\hat{e}_r\end{aligned} \tag{8-5-5}$$

$$P=\frac{\eta_0 I_0^2}{8\pi^2}\int_0^{2\pi}\int_0^{\pi}\frac{\cos^2\left(\frac{\pi\cos\theta}{2}\right)}{\sin^2\theta}\mathrm{d}\Omega=\eta_0\frac{I_0^2}{8\pi}\int_0^{2\pi}\left(\frac{1-\cos y}{y}\right)\mathrm{d}y=1.22\eta_0\frac{I_0^2}{4\pi} \tag{8-5-6}$$

$$R_r=\frac{2P}{I_0^2}=\frac{\eta_0}{4\pi}\approx 30\times 2.44\ \Omega=73\ \Omega \tag{8-5-7}$$

计算结果表明，半波振子天线是一种辐射能力较强的天线。由于该天线模型考虑了振子上电流的实际近似分布，是一种接近实际的天线模型，且具有结构简单、制作容易、性能稳定、维护方便、价格低廉等优点，特别是易于与信息源等电子信息系统实现阻抗匹配，因而被广泛应用于广播电视、无线通信、雷达、导航和电子对抗等领域。

8.5.2 天线基本参数

在无线电科学与技术领域，天线是辐射和接收电磁波的装置，是无线电设备的一个重要部件。自从赫兹在1886年建立第一个天线系统以来，已形成一个巨大的家族，主要包括电偶极子天线、环形天线、缝隙天线、微带（或贴片）天线、口径（或面）天线，以及这些基本天线单元的变异形式和由基本单元组合而成的相控阵天线等。如果从应用角度上看，天线可分为全向天线和定向天线两大类。所谓全向天线是指能够在空间各个方向上辐射和接收电磁波的天线，而定向天线则恰好与全向天线相反，是指那些只能在某些空间方位角度范围内辐射或接收电磁波的天线。如何设计满足各种不同要求的最佳电磁波辐射和接收天线，是无线电科学技术的重要研究领域之一，称为天线理论与设计。

比较电流振子、小电流圆环和缝隙天线辐射场的特性，尽管具体表示式存在差异，但它们都具有共同的基本特性。对于一般的天线，无论其结构如何复杂，它们都有与电流振子（或小电流圆环）相类似的辐射场结构，即

电流振子天线 $\boldsymbol{E}=$	$\hat{\theta}$	$\frac{1}{2}\sqrt{\frac{\mu_0}{\varepsilon_0}}$	I_0	$\frac{L}{\lambda}$	$\frac{1}{r}$	$\sin\theta$	$\mathrm{j}\exp(-\mathrm{j}kr)$
天线辐射场＝	极化	·幅度	·电流	·结构	·距离	·方向性	·相位

上述结构实际已包括了天线辐射特性的基本参数，其中极化因子表示天线辐射场的偏振特性；幅度表示辐射场的常数因子；电流为馈电点的电流幅度，与发射功率联系；结构因子为与天线空间几何结构（有时称为电尺度）相关的因子；距离因子是指天线相位中心点到场点的距离，表征球面波能量的扩散；方向性因子表示天线辐射场的方向特

性;相位因子表示天线与场点之间波传播的相位。

影响天线辐射或接收电磁波特性的因素很多,如电流源的强度、电流随时间变化快慢的频率、电流或电荷的空间分布等。而这些影响天线性能的参数通常又相互关联,必须根据实际应用的需要,进行合理的分配和设计。本节不准备对天线特性参数作全面介绍,仅就若干重要特性参数予以讨论。

1. 方向性函数、方向图与波瓣宽度

天线在空间辐射的电磁波具有方向性,在某些方向上辐射能力强,而在另外一些方向上辐射能力弱。为了形象地描述辐射场强随方位的变化,通常采用某个远场区距离上归一化场强随方位变化的函数

$$F(\theta,\varphi)=\left|\frac{\boldsymbol{E}(\theta,\varphi)}{\boldsymbol{E}_{\max}}\right|_{r=c} \tag{8-5-8a}$$

及其对应的空间图形来描述天线辐射场的方向性。其中,$F(\theta,\varphi)$称为天线辐射场强度方向性函数;其对应的空间图形称为天线辐射场强方向性图,如图8-14(a)所示的是某个剖面上(即φ为常量)天线方向性图。天线辐射场的方向性也可用归一化能流密度随方位变化的函数

$$P(\theta,\varphi)=\left.\frac{\boldsymbol{S}(\theta,\varphi)}{\boldsymbol{S}_{\max}}\right|_{r=c} \tag{8-5-8b}$$

及其对应空间图形描述。$P(\theta,\varphi)$称为天线功率方向性函数;其对应的空间图形为天线功率的方向图,如图8-14(b)所示。无论是场强方向性图,还是能流方向性图,天线方向性图一般由一个最大波瓣(简称主瓣)和若干次瓣(简称副瓣)组成。图中$(\theta_{\max},\varphi_{\max})$为最大辐射场的空间方位角度。工程应用上,经常应用分贝

$$P(\mathrm{dB})=10\lg P(\theta,\varphi) \tag{8-5-8c}$$

表示功率的方向性函数及其方向性图。

天线方向性图本应是立体曲面图,但由于立体图显示困难,工程上经常使用两个相互正交的平面上的方向图来描述,其中一个是以电场矢量所在平面上归一化的电场强度随方位变化的曲线图,称为 $\boldsymbol{E}$ 面的方向性图;另外一个是以磁场矢量所在平面上归一化的电场强度随方位变化的平面图,称为 $\boldsymbol{H}$ 面的方向性图。天线的方向性图一般呈现如图8-14(a)所示的多花瓣形状,由主波束和若干副波束组成。

天线辐射场或功率的方向性是天线重要的特性之一,特别是在应用中,有时希望天线能够全方位辐射电磁波(如通信),有时又希望天线能够将其能量集中在很窄的某个立体角范围内辐射(如目标探测雷达)等。主波束的宽度是描述这一特性的重要参数,定义主波束两侧的半功率(或最大场强的$\frac{1}{\sqrt{2}}$)点之间的夹角为半功率波束宽度$\Theta_{0.5}$(HPBW),半功率波束宽度$\Theta_{0.5}$越小,表明天线辐射能量越集中于主波束方向。

2. 方向性系数与天线增益

天线方向性函数及方向图仅描述了辐射场强度或能流密度的方向特性,为了表征天线空间聚集辐射电磁能量的强弱程度,引入天线方向性系数D,定义为天线在空间单位立体角最大辐射功率与平均辐射功率之比,即

$$D=\frac{S_{\max}}{S_{平均}}=\frac{4\pi S_{\max}}{\oint\!\!\oint_{S} S(\theta,\varphi)r^2\sin\theta\mathrm{d}\theta\mathrm{d}\varphi}=\frac{4\pi}{\oint\!\!\oint_{S} F^2(\theta,\varphi)\sin\theta\mathrm{d}\theta\mathrm{d}\varphi} \tag{8-5-9a}$$

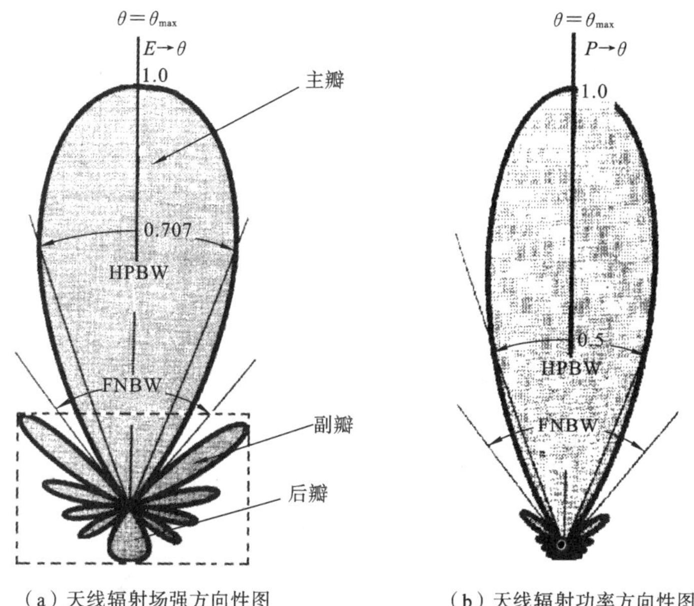

（a）天线辐射场强方向性图　　（b）天线辐射功率方向性图

图 8-14　天线方向图的主波束与副波束

或利用功率方向性函数表示

$$D=\frac{4\pi}{\oint\!\!\oint_S P(\theta,\varphi)\sin\theta\mathrm{d}\theta\mathrm{d}\varphi} \tag{8-5-9b}$$

或应用分贝表示

$$D(\mathrm{dB})=10\lg D \tag{8-5-9c}$$

对于理想天线，其输入功率等于天线的辐射功率。但是在实际工程应用上，输入天线的能量并不完全被天线辐射：一部分能量因天线与信号源阻抗不匹配而被反射；一部分能量成为天线近场区的能量而不被辐射；一部分能量因天线体为非理想导体而被热耗散。因此，真正用于电磁波辐射的功率是输入功率 P_{in} 的一部分。如果天线的效率为 η（辐射能量与输入能量之比），则天线辐射功率 $P=\eta P_{\text{in}}$。定义天线的增益 G 为

$$G=\eta D \tag{8-5-10a}$$

或应用分贝表示

$$G(\mathrm{dB})=10\lg G=10\lg(\eta D) \tag{8-5-10b}$$

【例 8.3】 分别求出电振子和半波振子天线方向性函数与方向性系数，绘制其 $\boldsymbol{E}$ 面的方向性图，求出其半功率波束宽度，并比较两者天线方向性系数。

解　利用电振子和半波振子天线辐射场公式，得到场的方向性函数是

$$F(\theta,\varphi)=\left|\frac{\boldsymbol{E}(\theta,\varphi)}{\boldsymbol{E}(\theta,\varphi)|_{\max}}\right|_{r=c}=\begin{cases}|\sin\theta|, & \text{电振子}\\ \left|\dfrac{1}{\sin\theta}\right|\left|\cos\left(\dfrac{\pi\cos\theta}{2}\right)\right|, & \text{半波振子}\end{cases}$$

$\boldsymbol{E}$ 面的方向图如图 8-14 所示。

电振子方向性系数和半功率波束宽度分别为

$$D=\frac{4\pi}{\oint\!\!\oint_S \sin^3\theta\mathrm{d}\theta\mathrm{d}\varphi}=1.5,\quad \Theta_{0.5}=90^\circ$$

半波振子天线方向性系数和半功率波束宽度为

$$D=\frac{4\pi}{\oint_S \frac{\cos^2\left(\frac{\pi\cos\theta}{2}\right)}{\sin^2\theta}\mathrm{d}\Omega}=1.64,\quad \Theta_{0.5}=78^\circ$$

图 8-15 表明,半波振子天线的辐射场更向赤道面集中。这是容易理解的,由于天线不同位置处的电流元所产生的辐射场传播至场点的相位不同,在有些方向上干涉叠加得到加强,另外一些方向上干涉叠加减弱,使得半波振子辐射场的能量更为集中。

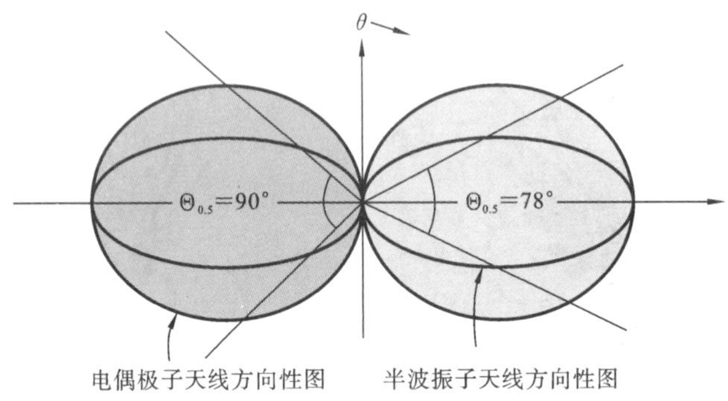

图 8-15 电偶极子与半波振子天线 *E* 面的方向性图

3. 天线的输入阻抗

天线的输入阻抗定义为天线输入端电压与电流的比值,其一般的表示式为

$$Z_A=\frac{V}{I}\bigg|_{\text{输入端}}=R_A+\mathrm{j}X_A$$

天线的输入阻抗一般为复数,其实部称为输入电阻,与天线辐射电阻和热耗散相关,如果忽略天线体电流的热损耗,阻抗的实部与天线辐射电阻对应;虚部称为输入电抗,与天线近场区中电磁场的能量有关。对于理想天线,即近场区不具有辐射特性的电磁场趋于零,其数值为天线的辐射电阻。

输入阻抗是天线一个重要的参数,特别是当天线用作发射时需要准确知道其具体数值,只有这样才可能实现天线与发射机的阻抗匹配,并使发射机电磁信号的能量得到最佳传输,否则会因阻抗不匹配而返回反射机,导致发射系统损坏。但天线输入阻抗是输入端电流的敏感函数,而天线体电流又是天线的结构、环境和频率极复杂的函数,理论上准确的解析计算相当困难。应用中通常采用数值计算和实验相结合的方法得到天线的输入阻抗。

8.5.3 接收天线的概念

天线是专门用于发射或接收电磁波的设备。一副天线既可以用作电磁波的发射器,也可以用作电磁波的接收器。以电流振子为例,天线用作发射器时,信号通过连接电缆馈入振子,振子导体中电子在输入信号电场力的作用下定向运动而形成电流,该电流向空间激发出电磁场。天线用作接收器时,设入射波电场极化方向与振子轴线平行或有平行分量,入射波电场作用于导线中的自由电子产生定向运动,从而形成随外加电磁波变化的电流(或电压)信号,该电流通过电缆送入接收系统,实现电磁波信号的接收,如图 8-16 所示。天线的发射和接收电磁波的过程正好表现了两者的互易特性,即发射为，信号电压(流)馈入天线→天线体内建立电磁场→电磁场驱使天线体内电荷加速运动→辐射电磁波；而接收则为，外加电磁波入射→天线体内建立电磁场→电磁场驱使天线体内电荷加速运动→生成信号电流(压)。理论证明，同一副天线，其发射和接收具有相同的方向特性。

天线用作接收器时，最重要的指标是其能够从来波中截取多大的电磁波能量。如果将电磁波接收系统比作太阳能电站，太阳能电池板就好比接收天线，在转换效率一定的前提下，电池板面积越大，电站获取太阳能也越多。因此，天线截取来波电磁能的有效面积是接收天线的重要参数。设天线从来波中截取电磁波能量的功率为 P_r，来波的能流密度为 $S(\theta,\varphi)$，如图 8-17 所示，比值

$$A(\theta,\varphi)=\frac{P_r}{S(\theta,\varphi)}$$

有面积量纲，称为天线截面积。由于天线接收电磁波具有方向性，对于不同方向来的电磁波，天线截取来波能量的截面积也不同，天线截面积是空间方位的函数。

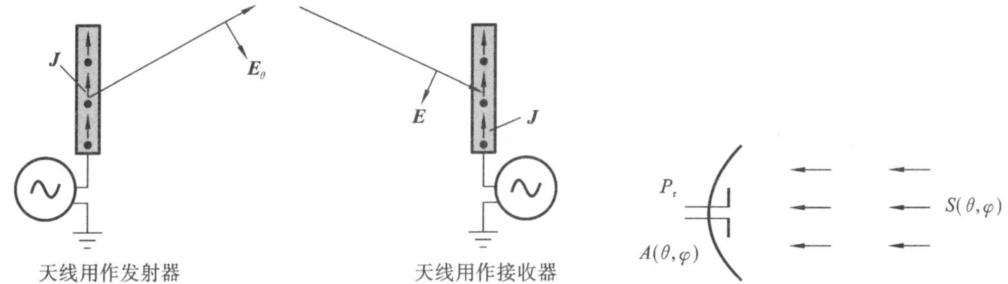

图 8-16 天线的互易性　　图 8-17 天线截面积概念

既然天线截面积是空间方位的函数，必然存在一个方位，其接收功率 P_r 达到最大，$P_{r,\max}$ 与入射波最大能流密度之比描述了天线截获能量的能力，是天线另一重要参数，称为天线的有效面积，定义为

$$A_e=\frac{P_{r,\max}}{S_{\max}} \tag{8-5-11}$$

可以预言，天线的有效面积与天线方向性系数成正比。因为，天线获得最大功率必然出现在天线方向性图主瓣最大方向与来波方向一致时。此时，天线获得的最大功率与方向性系数成正比。根据上述分析，式(8-5-11)可以表示为

$$A_e=\frac{P_{r,\max}}{S_{\max}}=\frac{\kappa D S_{\max}}{S_{\max}}=\kappa D \tag{8-5-12}$$

下面通过电振子天线的计算，求出 κ。

【例 8.4】 求电振子天线的有效截面积。

解 将电振子天线等效为如图 8-18 所示的电路网络，假设天线的极化特性与来波极化特性相同，接收的能量全部被接收机接收，即接收机的内阻与天线阻抗匹配，均为电阻，所以有

$$Z_L=Z_{\text{in}}=R_r=80\pi^2\left(\frac{L}{\lambda}\right)^2$$

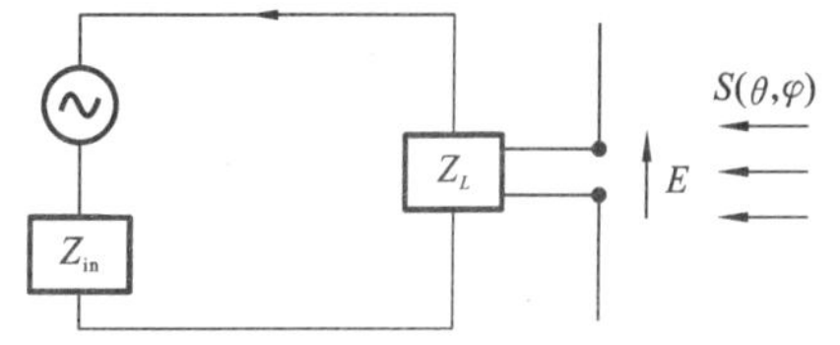

图 8-18 电振子天线的等效网络

回路中的电压为天线两端的电压，其值为振子

长度与入射波电场强度之积,即

$$V=E_iL \quad (L\ 为振子天线的长度)$$

接收机得到的最大功率为

$$P_{max}=\frac{1}{2}I_{in}^2Z_{in}=\frac{1}{2}I_{in}^2Z_L=\frac{1}{2}\left(\frac{V}{Z_L+Z_{in}}\right)^2Z_L=\frac{1}{2}\frac{V^2}{4R_r}=\frac{V^2}{8R_r}$$

另一方面,在电振子处入射波的能流密度与入射波电场强度有如下关系:

$$S_{max}=\frac{E_i^2}{2\eta_0}$$

将 P_{max} 和 S_{max} 代入式(8-5-12),从而得到电振子天线的有效截面积为

$$A_e=\frac{V^2\eta_0}{4R_rE_i^2}=\frac{E_i^2L^2120\pi}{4\times 80\pi^2E_i^2}\left(\frac{\lambda}{L}\right)^2=\frac{3}{8\pi}\lambda^2=\frac{\lambda^2}{4\pi}\cdot\frac{3}{2}=\frac{\lambda^2}{4\pi}\cdot D,\quad \kappa=\frac{\lambda^2}{4\pi}$$

在导出上述结论时,我们应用了电振子方向性系数 $D=\dfrac{3}{2}$ 的结果。理论上可以证明 κ 不因天线形式不同而变化,故任意天线的有效截面积的表示式为

$$A_e=\frac{P_{r,max}}{S_{max}}=\frac{\kappa DS_{max}}{S_{max}}=\frac{\lambda^2}{4\pi}D \tag{8-5-13}$$

8.6 电磁波散射

8.6.1 电磁波散射的概念

空间不均匀体(或称散射体)对入射电磁波(场)感应的电流或电荷的再辐射,称为散射(场)。严格意义上讲,电磁波的反射、衍射(绕射)现象均与散射相联系,或者说其中的全部或部分为散射场。如不同介质的界面对入射电磁波的反射即为散射,小孔衍射中剔除入射波即为散射波。

设均匀介质空间中的入射波为 $\boldsymbol{E}^i$、$\boldsymbol{H}^i$,当均匀介质空间有散射体存在时的电磁场为 $\boldsymbol{E}$、$\boldsymbol{H}$(或称为总场);定义散射电场和磁场分别为

$$\begin{cases}\boldsymbol{E}^s=\boldsymbol{E}-\boldsymbol{E}^i\\ \boldsymbol{H}^s=\boldsymbol{H}-\boldsymbol{H}^i\end{cases} \tag{8-6-1}$$

上述定义式说明,散射波是散射体对入射波的扰动或调制,其本质是不均匀物体感应电流或电荷的次级辐射,如图 8-19 所示。

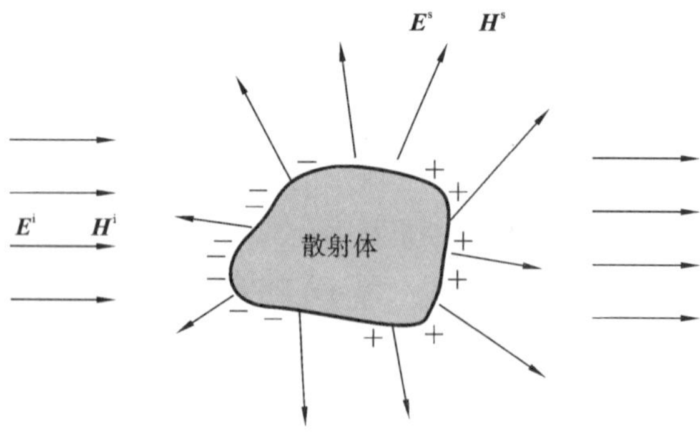

图 8-19 电磁散射概念

由于散射物体的结构与形状千差万别，其散射波特性各不相同。根据散射体的电(以波长为度量单位)尺度，宏观上可以分为低频散射、谐振散射和高频散射三种散射方式。所谓低频散射，又称瑞利(Baron Rayleigh，1842—1919 年，英国物理学家)散射，是指入射电磁波的波长远大于散射体尺寸的散射，散射波主要来源于散射体极化和磁化出现的电偶极矩和磁偶极矩，其最显著的特点是散射波强度与入射波频率的平方成正比。谐振散射是指入射电磁波的波长与散射体尺寸在同一数量级的散射，散射波随散射体尺寸的变化而剧烈变化。高频散射是指散射体尺寸远大于波长的散射。对于高频散射，散射体局部细节对散射十分重要，各个局部可以独立成为散射中心。

8.6.2* 散射场的计算

散射场是分析散射体电磁散射特性的重要环节。特别是在军事领域，散射体的散射特性不仅是雷达设计的基础，同时也是雷达探测和识别散射体的理论基础。关于散射波的计算沿着两种思路发展：其一是求解总电磁场满足的定解问题，从中分离出散射场；其二是利用边界约束条件求出散射体感应电流，计算感应电流的次辐射(即散射)场。分析方法包括精确解析方法、近似方法和数值分析方法。下面以圆柱导体和矩形导体平板对平面电磁波散射为例讨论散射波的求解。

首先讨论无穷长圆柱导体的散射问题。设单位振幅平面电磁波入射到无穷长圆柱导体，电场极化方向与圆柱轴线平行，圆柱半径为 a，如图 8-20 所示。由于入射波电场沿圆柱导体轴均匀分布，柱面上感应面电流密度与 z 无关，方向与 z 轴平行，其产生的散射波与 z 无关，散射电场极化与入射波电场相同，为二维散射问题。在导体外部空间，既无电流分布，也无电荷存在，总场满足(齐次)亥姆霍兹方程；圆柱导体边界面上总电场的切向分量为零；在无穷远处，散射场趋于零，总场趋近于入射场。因此，总的电场满足的方程及边界条件为

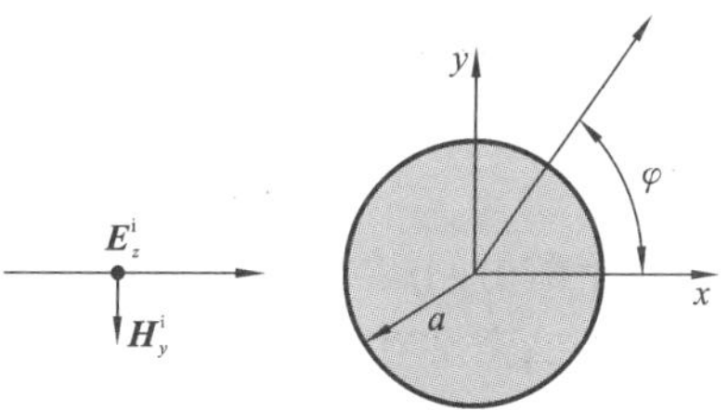

图 8-20 圆柱导体的电磁散射

$$\begin{cases}\nabla^2 \boldsymbol{E}+k^2 E=0\\ \hat{n}\times\boldsymbol{E}|_{\rho=a}=\boldsymbol{0}\\ \boldsymbol{E}|_{\rho\to\infty}=\boldsymbol{E}^{\mathrm{i}}\end{cases}\Rightarrow\begin{cases}\nabla^2 E_z+k^2 E_z=0\\ E_z(a,\varphi)=0\\ \lim\limits_{\rho\to\infty}E_z=E_z^{\mathrm{i}}\end{cases}\tag{8-6-2}$$

将 $E_z(\rho,\varphi)=E_z^{\mathrm{s}}+E_z^{\mathrm{i}}$ 代入式(8-6-2)，得到散射波的方程和边界条件为

$$\begin{cases}\nabla^2 E_z^{\mathrm{s}}+k^2 E_z^{\mathrm{s}}=0\\ E_z^{\mathrm{s}}(a,\varphi)=-E_z^{\mathrm{i}}\\ \lim\limits_{\rho\to\infty}E_z^{\mathrm{s}}=0\end{cases}\tag{8-6-3}$$

在圆柱坐标系中，令 $E_z^{\mathrm{s}}(\rho,\varphi)=R(\rho)\phi(\varphi)$，并进行变量分离，得

$$\begin{cases}\phi''(\varphi)+n^2\phi(\varphi)=0\\ \dfrac{1}{\rho}\dfrac{\partial}{\partial\rho}\left[\rho\dfrac{\partial}{\partial\rho}B(\rho)\right]+\left(k^2-\dfrac{n^2}{\rho^2}\right)B(\rho)=0\end{cases}\tag{8-6-4}$$

其基本解为

$$\begin{Bmatrix} H_n^{(1)}(k\rho) \\ H_n^{(2)}(k\rho) \end{Bmatrix} \exp(\mathrm{j}n\phi) \tag{8-6-5}$$

所以定解问题方程(8-6-3)的通解为

$$E_z^{\mathrm{s}}(\rho,\varphi) = \sum_{n=-\infty}^{\infty} \left[a_n H_n^{(1)}(k\rho) + b_n H_n^{(2)}(k\rho) \right] \mathrm{e}^{\mathrm{j}n\phi} \tag{8-6-6}$$

对于散射场，应为外向行波，只保留第二类汉克尔(Hermann Hankel，1839—1873年，德国数学家)函数项，即令 $a_n=0$。因此，散射电场可以表示为

$$E_z^{\mathrm{s}}(\rho,\varphi) = \sum_{n=-\infty}^{\infty} b_n H_n^{(2)}(k\rho) \mathrm{e}^{\mathrm{j}n\phi} \tag{8-6-7}$$

其中，b_n 为待定系数，必须由散射波与入射波在圆柱导体界面上满足的条件确定。

为了获得待定系数，利用贝塞尔(Bessel，Friedrich Wilhelm，1784—1846 年，德国天文学家、数学家)函数的母函数，入射电磁波的电场可以展开为

$$E_z^{\mathrm{i}} = \exp(-\mathrm{j}kx) = \exp(-\mathrm{j}k\rho\cos\varphi) = \sum_{n=-\infty}^{\infty} \mathrm{j}^{-n} J_n(k\rho) \mathrm{e}^{\mathrm{j}n\varphi} \tag{8-6-8}$$

利用定解问题方程(8-6-3)中的边界条件，从而求得系数

$$b_n = -\frac{\mathrm{j}^{-n} J_n(ka)}{H_n^{(2)}(ka)} \tag{8-6-9}$$

将其代入式(8-6-7)得圆柱导体散射电场

$$E_z^{\mathrm{s}}(\rho,\varphi) = -\sum_{n=-\infty}^{\infty} \frac{\mathrm{j}^{-n} J_n(ka)}{H_n^{(2)}(ka)} H_n^{(2)}(k\rho) \mathrm{e}^{\mathrm{j}n\varphi} \tag{8-6-10}$$

对于散射问题，远离散射体的散射波具有重要的应用背景，如应用于雷达目标的探测。对第二类汉克尔函数取 $k\rho \gg ka$ 的渐近公式为

$$H_n^{(2)}(k\rho) \xrightarrow[k\rho\gg 1]{} \sqrt{\frac{2}{\pi k\rho}} \mathrm{j}^{n+\frac{1}{2}} \exp(-\mathrm{j}k\rho) \tag{8-6-11}$$

将其代入式(8-6-8)，得到远离散射体的散射波为

$$E_z^{\mathrm{s}}(\rho,\varphi) \approx -\sqrt{\frac{2\mathrm{j}}{\pi k\rho}} \exp(-\mathrm{j}k\rho) \sum_{n=-\infty}^{\infty} \frac{\mathrm{j}^{-n} J_n(ka)}{H_n^{(2)}(ka)} \mathrm{e}^{\mathrm{j}n\varphi} \tag{8-6-12}$$

图 8-21 为导体圆柱散射电场强度归一化分布图(以分贝表示)。

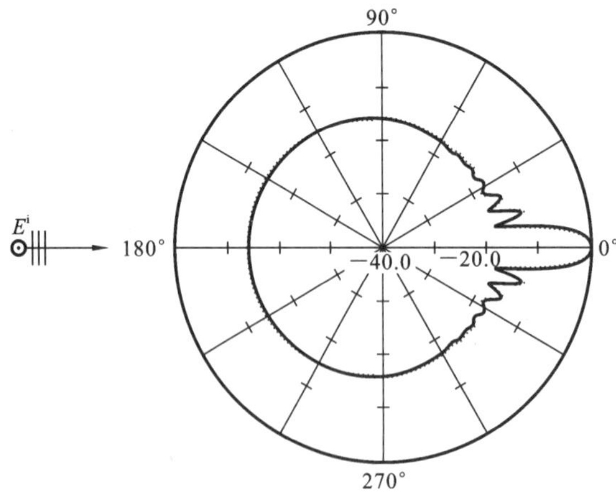

图 8-21　导体圆柱散射电场归一化分布图($a=3\lambda$)

利用无源区域空间电场与磁场的关系，很容易求得散射磁场，这里不再给出。关于入射波磁场与圆柱轴线平行的平面波的散射问题，可以仿照上述方法求得散射场，请读者自己完成。

8.6.3* 雷达散射截面积

雷达是应用电磁波探测未知散射体的专门系统。对于雷达而言，未知散射体通常又称为目标。散射体或目标散射电磁波的能力常用雷达截面积(radar cross section, RCS)来表征。它是一个等效面积，如图 8-22 所示。当这个面积截获雷达入射波能量各向同性地向周围散射，恰好等于目标向雷达接收天线方向单位立体角内所散射的功率，即

$$\sigma=4\pi\frac{\text{目标向接收天线方向单位立体角内散射的功率}}{\text{雷达在目标处单位面积上投射的功率}}$$
$$=4\pi r^2\frac{\text{目标向接收天线方向单位面积上散射的功率}}{\text{雷达在目标处单位面积上投射的功率}} \tag{8-6-13a}$$

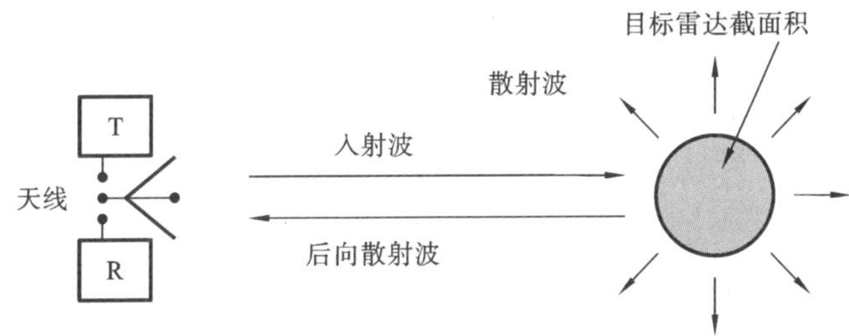

图 8-22 雷达截面积(RCS)概念

雷达天线在接收方向上的单位面积上散射的功率(即功率密度)是 $\varepsilon\left|\boldsymbol{E}^{s}\right|^{2}$ 或 $\mu\left|\boldsymbol{H}^{s}\right|^{2}$；而投射到目标上功率密度是 $\varepsilon\left|\boldsymbol{E}^{i}\right|^{2}$ 或 $\mu\left|\boldsymbol{H}^{i}\right|^{2}$。雷达截面积表示为

$$\sigma(\theta,\varphi|\theta_i,\varphi_i)=4\pi\lim_{r\to\infty}r^2\frac{\left|\boldsymbol{E}^{s}(\theta,\varphi)\right|^2}{\left|\boldsymbol{E}^{i}(\theta_i,\varphi_i)\right|^2} \tag{8-6-13b}$$

其中，$\boldsymbol{E}^{s}$、$\boldsymbol{H}^{s}$ 和 $\boldsymbol{E}^{i}$、$\boldsymbol{H}^{i}$ 分别表示散射和入射的电磁场，r 为目标到接收点的距离，(θ_i,φ_i)、(θ,φ)分别为入射波和散射波方位角。$\lim\limits_{r\to\infty}$的确切含义是目标到接收点的距离应满足远场条件。

雷达截面积定义式(8-6-13b)又称双站雷达散射截面积。这里双站是指入射波(雷达发射)与散射波(雷达接收)不在同一方位，即收发不同雷达站，故而得名。另外一个经常用到的概念是单站雷达散射截面积。顾名思义，此时散射波方向正好为入射波反向(雷达发射与接收在同一雷达站)，其定义为

$$\sigma=4\pi\lim_{r\to\infty}r^2\frac{\left|\boldsymbol{E}^{s}\right|^2}{\left|\boldsymbol{E}^{i}\right|^2} \tag{8-6-13c}$$

单站雷达散射截面积测量的是目标对入射波的后向散射。

【例 8.5】 求无穷长圆柱导体 TM(电场矢量平行柱轴)波的雷达散射截面积。

解 无穷长圆柱导体的散射是二维散射问题，参考图 8-20，其散射截面为截获入射波的宽度，但如果将其理解为单位长度圆柱导体的散射截面积，则有面积量纲。定义二维物体的散射截面积为

$$\sigma=2\pi\lim_{\rho\to\infty}\rho\frac{|\boldsymbol{E}^{s}(\varphi)|^{2}}{|\boldsymbol{E}^{i}(\varphi_{i})|^{2}} \tag{8-6-14}$$

将式(8-6-12)代入式(8-6-14),并考虑到入射波为单位电场幅度,得

$$\sigma=2\pi\lim_{\rho\to\infty}\rho\sum_{n=1}^{\infty}|\boldsymbol{E}^{s}(\rho,\varphi)|^{2}=\frac{2\lambda}{\pi}\left|\sum_{n=-\infty}^{\infty}\frac{J_{n}(ka)}{H_{n}^{(2)}(ka)}e^{jn\varphi}\right|^{2} \tag{8-6-15a}$$

或以分贝给出

$$\sigma(\text{dB})=10\lg\sigma=10\lg\left\{\frac{2\lambda}{\pi}\left|\sum_{n=-\infty}^{\infty}\frac{J_{n}(ka)}{H_{n}^{(2)}(ka)}e^{jn\varphi}\right|^{2}\right\} \tag{8-6-15b}$$

图 8-23 为单位长度理想圆柱导体雷达截面积随散射角度变化的曲线图,圆柱导体半径 $a=10\lambda$,$\lambda=3$ cm。当 $\varphi=0$ 时为前向散射,$\varphi=\pi$ 为后向散射。

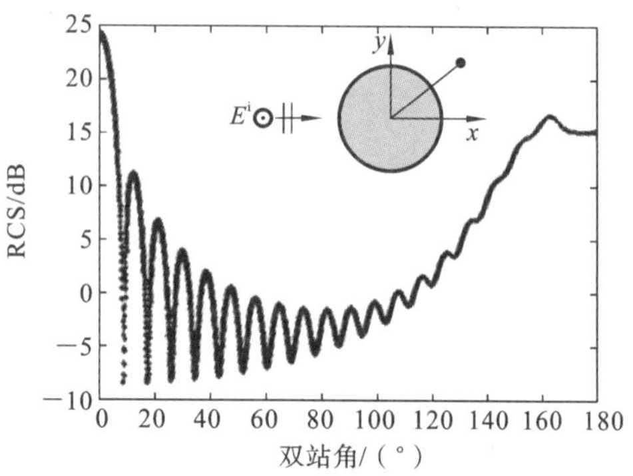

图 8-23 理想圆柱导体雷达散射截面

上述圆柱导体雷达截面积是基于精确解获得的。然而能够精确求解的散射问题十分有限,应用最广泛的是数值分析方法、近似分析方法,以及由各种不同分析方法组成的混合方法。从前面关于散射场形成机理的讨论中可知,散射场的本质是不均匀体在入射电磁波作用下的感应电流或电荷的再辐射。从这个意义上讲,只要求出散射体感应电流分布的辐射场,即求出了散射场。下面以矩形导体平板的散射问题介绍一种近似分析方法。

设导体平板的长度为 a,宽度为 b,置于 xz 平面内,中心位于坐标原点。平面电磁波以水平极化、$\theta_{i}(90°-\theta)$ 入射角入射到矩形导体平板,入射面为 yz 平面,如图 8-24(a)所示。以坐标原点为参考点,入射电磁波可以表示为

$$\begin{cases}\boldsymbol{H}^{i}=\hat{e}_{x}H_{0}e^{jk(y\sin\theta+z\cos\theta)}\\ \boldsymbol{E}^{i}=(\hat{e}_{y}k\cos\theta-\hat{e}_{z}k\sin\theta)\eta_{0}H_{0}e^{jk(y\sin\theta+z\cos\theta)}\end{cases} \tag{8-6-16}$$

导体平面在入射波作用下,将产生感应面电流,感应面电流的再辐射形成的场即散射场。如何获得感应面电流是求得矩形导体平面散射场的关键。在现代计算机数值分析技术发展之前,不可能获得矩形导体板面电流的精确解。一种近似的处理方法是忽略导体平面边缘效应和电磁波的衍射影响,将其视为无穷大导体平面的一部分,求出矩形导体板表面电流,称为物理光学近似方法。理论和实验证明,只要导体平面的尺度与波长相比足够大,除了掠入射情形,可以获得很好的近似结果。

基于上述思路,根据理想导体边界条件,导体表面感应电流近似为

$$\boldsymbol{J}_{S}=(2\hat{n}\times\boldsymbol{H}^{i})_{y=0}=2\hat{e}_{y}\times\hat{e}_{x}H_{0}e^{jk(y\sin\theta+z\cos\theta)}=-2\hat{e}_{z}H_{0}e^{jkz\cos\theta} \tag{8-6-17}$$

将矩形导体平板分割为若干面电流元组合,位于平面 x、z 处的电流元为

$$\hat{e}_{z}I\mathrm{d}z=(\boldsymbol{J}_{S}\mathrm{d}x)\mathrm{d}z=-2\hat{e}_{z}H_{0}e^{jkz\cos\theta}\mathrm{d}x\mathrm{d}z \tag{8-6-18}$$

如图 8-24(b)所示。式(8-6-18)所示的电流元在空间的辐射场已在第 8.2 节获得,直接应用式(8-2-7),获得其在后向散射方向的辐射(即散射)场为

$$\mathrm{d}H_{\varphi}=j\frac{\mathrm{d}z}{\lambda}\frac{\sin\theta}{r}H_{0}e^{jkz\cos\theta}e^{-j\boldsymbol{k}\cdot(\boldsymbol{r}-\boldsymbol{r}')}\mathrm{d}x \tag{8-6-19}$$

总的后向(辐射)散射场为矩形平面所有面电流元辐射之叠加,即

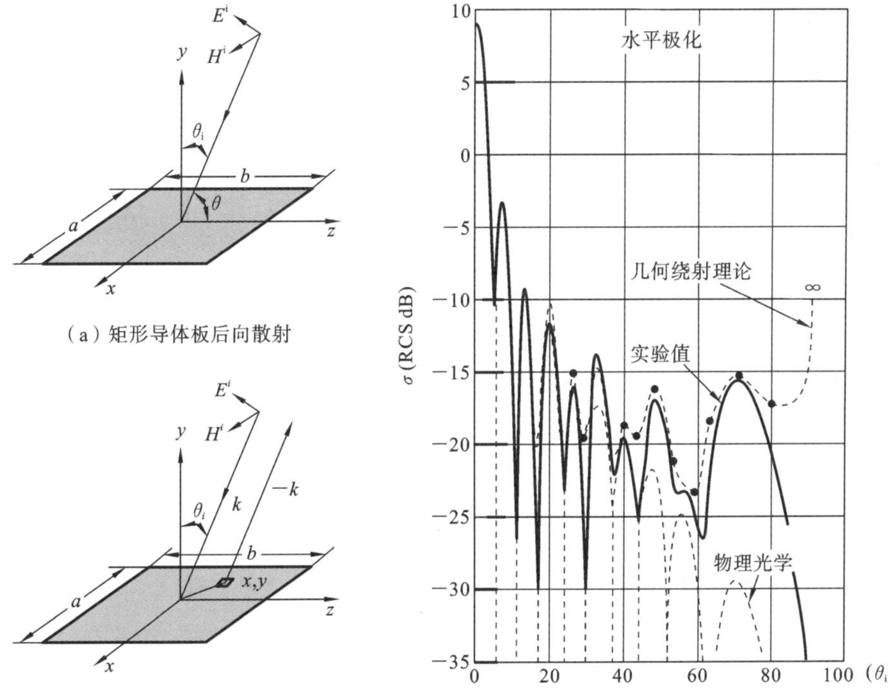

图 8-24　矩形导体平板的散射

$$H_{\varphi}^{s}=-\mathrm{j}H_0\frac{\sin\theta}{\lambda}\frac{1}{r}\int_{-\frac{a}{2}}^{\frac{a}{2}}\mathrm{d}x\int_{-\frac{b}{2}}^{\frac{b}{2}}\mathrm{e}^{\mathrm{j}kz\cos\theta}\mathrm{e}^{-\mathrm{j}\boldsymbol{k}\cdot(\boldsymbol{r}-\boldsymbol{r}')}\mathrm{d}z=-\mathrm{j}H_0\frac{\sin\theta}{\lambda}\frac{1}{r}\mathrm{e}^{-\mathrm{j}kr}\int_{-\frac{a}{2}}^{\frac{a}{2}}\mathrm{d}x\int_{-\frac{b}{2}}^{\frac{b}{2}}\mathrm{e}^{\mathrm{j}2kz\cos\theta}\mathrm{d}z$$

$$=-\mathrm{j}H_0 ab\frac{\sin\theta}{\lambda}\frac{1}{r}\mathrm{e}^{-\mathrm{j}kr}\frac{\sin(kb\cos\theta)}{kb\cos\theta}\tag{8-6-20}$$

将 $\boldsymbol{H}^i$、$\boldsymbol{H}^s$ 代入雷达散射截面式(8-6-15c)，得到后向雷达散射截面

$$\sigma=\frac{4\pi}{\lambda^2}ab\sin^2\theta\left[\frac{\sin(kb\cos\theta)}{kb\cos\theta}\right]^2\tag{8-6-21a}$$

其后向散射截面也可以以入射角的表示方式给出，将 $\theta_i=90°-\theta$ 代入式(8-6-21a)，得

$$\sigma=\frac{4\pi}{\lambda^2}ab\cos^2\theta_i\left[\frac{\sin(kb\sin\theta_i)}{kb\sin\theta_i}\right]^2\tag{8-6-21b}$$

图 8-24(c)所示的为正方形($a=b=5\lambda$)导体平板后向散射截面采用不同方法计算与测量结果的比较。从图中数据可以看出，当入射角大于60°后，物理光学近似计算结果与实验结果差距较大。

雷达散射截面，无论是双站，还是单站，都是目标对入射电磁波的散射。它不仅与入射波频率、极化、方向有关，同时也与散射波方向、极化，以及目标几何结构与媒质电磁特性等因素有关。雷达散射截面实质是从入射波中截获能量的一个面积，是在给定方向上返回或散射入射电磁波功率的一种度量。如果把雷达(目标探测系统)视为空间某个方位特定频率电磁波的检测装置，目标的雷达散射截面越大，对入射电磁波的电磁能量散射也越多，也越容易被雷达所检测，雷达对目标检测的作用距离也越远。正因为如此，缩小飞机、导弹、军舰等军用武器系统的雷达散射截面，是提高其在战场环境中不被敌方雷达发现和打击的重要措施。

8.6.4 多普勒效应

散射电磁波在很多方面揭示了散射体或目标的某些特性,这些特性包括目标体媒质的电磁特性、几何结构、空间位置,以及目标的运动状态信息等。当目标处于运动状态时,散射电磁波将出现多普勒频移现象;目标与观测者相互靠近时,散射电磁波频率增加;远离时,散射电磁波频率减小。这一现象称为多普勒(Christian Johann Doppler,1803—1853 年,奥地利物理学家、数学家和天文学家)效应。

下面以脉冲电磁信号目标探测为例介绍多普勒效应原理。在讨论电磁信号多普勒效应之前,简单回顾信号频率与周期的关系。我们知道,所谓频率即波动物理量单位时间内的重复次数,而周期则是波动重复的时间间隔,周期的倒数即频率。当雷达用脉冲电磁波探测静止目标时,雷达自发射到接收相邻两个脉冲串的时延分别是 $\Delta t=\frac{2R}{c}$ 和 $\Delta t'=\frac{2R}{c}+T$,其中 T 为信号重复周期。接收机得到的频率应为相邻脉冲串重复周期的倒数,即

$$f=\frac{1}{\Delta t'-\Delta t}=\frac{1}{T}=f_0 \tag{8-6-22}$$

即雷达发射电磁脉冲信号的频率。

当探测的目标以速度 v_r(目标与雷达连线方向上速度分量)朝向(或背离)雷达运动时,如图 8-25 所示,雷达自发射到接收相邻两个脉冲串之间时延分别是 $\Delta t=\frac{2R}{c}$、$\Delta t'=\frac{2(R\mp v_rT)}{c}+T$。雷达接收机测得的频率为

图 8-25 运动目标的多普勒效应

$$f=\frac{1}{\Delta t'-\Delta t}=\frac{1}{T'}=\frac{1}{T\left(1\mp\frac{2v_r}{c}\right)}=\frac{f_0}{1\mp\frac{2v_r}{c}}\approx f_0\left(1\pm\frac{2v_r}{c}\right) \tag{8-6-23}$$

式(8-6-23)为 v_r 远小于光速的近似结果,f_0 为雷达工作频率。将其与式(8-6-22)比较,得到雷达测量运动目标时回波信号的多普勒频移量为

$$\Delta f=\pm\frac{2v_r}{\lambda} \tag{8-6-24}$$

式中:“+”表示与目标朝向雷达运动对应;“−”表示与目标背向雷达运动对应。

8.7※ 雷达工作原理简介

8.7.1 雷达的基本概念

雷达是电磁波除通信以外的另一重要应用领域。1922 年,意大利科学家马可尼发表了无线电波能检测物体的论文,是雷达最早的概念。雷达作为一种探测目标的电子设备,产生于第二次世界大战。雷达的英文 RADAR 是 radio detection and ranging 的缩写,意为“无线电探测和测距”。其基本的工作原理如图 8-26 所示。

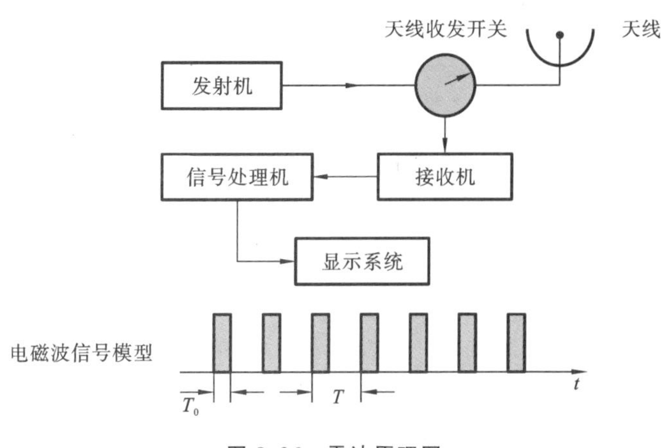

图 8-26 雷达原理图

雷达系统主要由五个基本部分组成，分别是发射机、天线、接收机、信号处理机和显示系统。雷达天线把发射机按照一定目的要求产生电磁波信号射向空间某一方向，空间目标被雷达波照射并产生反射或散射电磁波。这些载有该目标的信息(如距离、方位角、运动速度等)反射或散射回波被雷达天线接收，送至雷达接收机进行处理，提取人们所需要的有用信息并消除无用的信息。

按雷达发射的电磁波方式，雷达可分为连续波雷达和脉冲雷达两大类。顾名思义，连续波雷达在其工作期间，雷达天线发射连续的电磁波。为了接收目标的散射波，必须单独装备接收电磁波的接收天线。因此，收发天线分开。脉冲雷达在工作期间，雷达发射的是脉冲串，雷达接收的回波是在发射脉冲休止期间，因此雷达的发射和接收可以是同一副天线。

下面以脉冲雷达为例，介绍几个常用目标参数测量的原理。当雷达开始工作时，一个定时器去触发发射机并同时打开显示器的距离门。天线开关与发射机连接，使发射机产生的脉冲信号通过天线发射，并使电磁波在空间传播。当 $T\geqslant\Delta t\geqslant T_0$ 时，发射脉冲休止，天线开关使天线与接收机连接并接收目标散射的回波，通过对接收的回波进行处理，获得与目标相关的信息。当 $\Delta t\geqslant T$ 时，新的循环开始。当脉冲电磁波抵达目标，目标对电磁波产生散射，一部分能量回到雷达并被天线接收，经过检测、处理获得目标有关信息，并通过显示系统进行显示。

8.7.2 电磁能量的传输与雷达方程

雷达接收机除了接收到雷达回波信号外，同时也接收了系统外部的噪声(总是存在)。对于一个理想接收机(假设接收机系统内部没有噪声)，能够分辨雷达回波信号的能力取决于信号与噪声之比。设回波信号功率为 P，噪声功率为 P_0。理想雷达能够检测信号的极限是 $P\geqslant P_0$。为了保证在有效检测距离内雷达能够正常工作，必须要求目标散射的回波信号的功率大于或者等于噪声功率。

下面以电磁波能量传输与守恒为基础介绍雷达方程，它是雷达设计中的一个重要方程。图 8-27 为雷达目标探测原理示意图。雷达发射机将功率为 P_{in} 的雷达信号输入增益为 G 的发射天线，并向空间辐射雷达波，入射到目标方向上单位立体角的电磁波功率密度为

$$P_{\text{int}}=\frac{P_{\text{in}}}{4\pi r^2}\cdot G \tag{8-7-1}$$

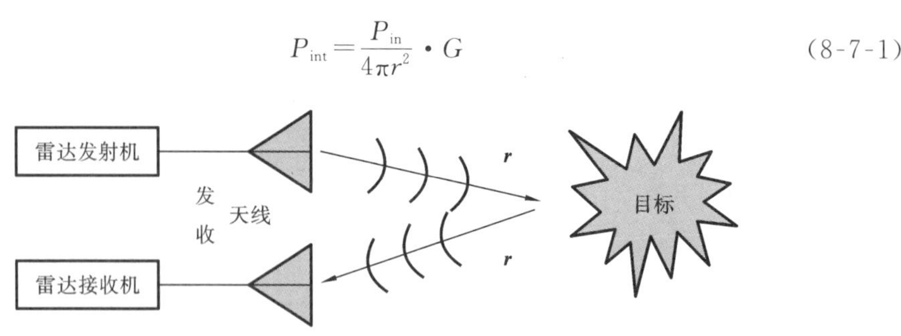

图 8-27 雷达目标探测原理图

目标截获雷达波信号的能量并散射电磁波。散射电磁波的功率为 $P_{\text{int}}\sigma$。雷达接收天线截获到目标散射的功率,等于天线处散射功率密度乘以天线截获能量的有效面积:

$$P_{\text{r}}=\frac{P_{\text{in}}G}{4\pi r^2}\cdot\sigma\cdot\frac{A_{\text{re}}}{4\pi r^2} \tag{8-7-2}$$

将天线有效面积与增益的关系式(8-5-11)代入式(8-7-2),当收发为同一副天线时,天线接收功率为

$$P_r=\frac{P_{\text{in}}G^2\lambda^2\sigma}{(4\pi)^3r^4} \tag{8-7-3}$$

式(8-7-3)称为雷达方程,是电磁波辐射、传播、接收过程中能量守恒的具体表示。雷达接收到的回波功率与发射功率的大小、发射天线的方向函数、目标距离、目标反射或散射电磁波的能力、接收天线截获电磁波的能力等因素有关。

为了估计雷达探测距离,我们将雷达方程进行适当变换。对于目标检测问题,回波信号功率必须大于噪声功率。一般来说,噪声功率视为接收信号的最小功率 $P_{\min}$(也称雷达接收机灵敏度),并考虑系统损耗的影响,最大探测距离按如下方程估计

$$R_{\max}=\sqrt[4]{\frac{P_{\text{in}}G^2\lambda^2\sigma}{(4\pi)^3P_{\min}L}} \tag{8-7-4}$$

其中,L 为系统总损耗因子。对于超高频及更高频段(如微波雷达),系统外部噪声(大气噪声、宇宙噪声等)小于内部(元器件及其芯片内部电子热运辐射形成)噪声,接收机噪声主要来源于系统内部的热噪声。此时,最小可识别信号功率 $P_{\min}$ 由雷达接收机带宽(接收机滤波器频带宽度)、噪声系数(接收机输入端与输出端信噪比)、最小可检测因子(接收机输出端最小可检测的信噪比)等因素确定。

尽管式(8-7-4)非常简单,但它是雷达设计中一个极其重要的估算公式,也是在雷达设计过程中进行性价比平衡的重要参考依据。由式(8-7-4)可知,雷达最大探测距离(作用距离)与雷达发射功率 $\sqrt[4]{P_{\text{in}}}$ 成正比,而与天线增益 $\sqrt{G}$ 成正比,即天线增益增加一倍相当于功率增加 4 倍。

【例 8.7】 雷达工作波长为 10 cm,发射功率为 10^7 W,天线增益为 23 dB,目标雷达散射截面 $\sigma=10\ \text{m}^2$,接收机带宽为 1.5 MHz,最小可检测信号功率为 105 dB,系统损耗因子为 13 dB。求探测目标的最大距离。

解 首先将 dB 进行换算。考虑收发天线共用,天线增益共为 46 dB。

天线增益(收发共用)46 dB,$10\lg(G_tG_r)=46 \Rightarrow G_tG_r=10^{4.6}$。

损耗因子 13 dB,$10\lg L=13 \Rightarrow L=10^{1.3}$。

最小可检测信号功率为 105 dB，$10\lg P_{\min}=105 \Rightarrow P_{\min}=10^{-10.5}\approx 3.16\times 10^{-14}$ W。最大探测距离为

$$R_{\max}=\left[\frac{P_t G_t G_r \lambda^2 \sigma}{(4\pi)^3 P_{\min} L}\right]^{\frac{1}{4}}=\left[\frac{10^7\times 10^{4.6}\times(0.1)^2\times 10}{(4\pi)^3 3.16\times 10^{-14}\times 10^{1.3}}\right]^{\frac{1}{4}}\approx 75 \text{ km}$$

8.7.3 目标参数测量

1. 目标速度与距离测量

目标速度可以通过测量回波多普勒频移，实现目标运动速度的测量，其原理已在上一节中介绍。目标距离则通过发射与接收目标回波的时延 Δt 确定，即

$$R=\frac{1}{2}c\Delta t \tag{8-7-5}$$

当 $\Delta t\geqslant T$ 时，脉冲串的后续脉冲又被触发，天线处于发射状态。因此，目标能够被探测的距离，必须是发射脉冲休止期间天线接收到的目标回波。雷达最大探测距离是脉冲发射到休止期间电磁波传播距离的一半，即

$$R_{\max}=\frac{1}{2}cT \tag{8-7-6}$$

2. 目标方位测量

目标在空间的方位由雷达天线接收空间电磁波的方位或通过天线阵列信号处理方法确定。要想准确测量目标的方位，方法之一是使雷达接收天线具有很窄的波束，它只能接收空间某个方向上很小立体角内的散射回波，而在该立体角范围以外的回波，雷达天线接收能力很弱或不能接收。通过雷达接收天线波束在空间的扫描，目标散射的回波被雷达接收，接收天线波束的空间方位即为目标的方位，如图 8-28(a)所示。

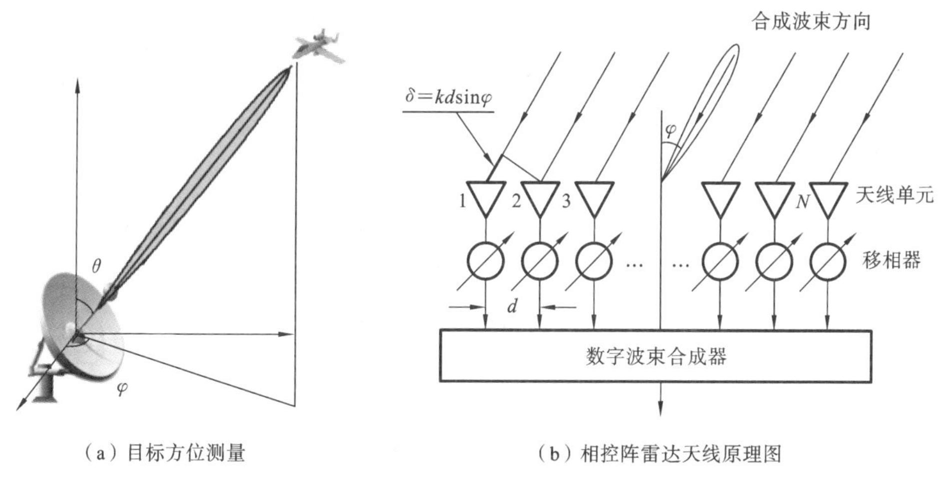

(a) 目标方位测量　　(b) 相控阵雷达天线原理图

图 8-28　目标方位测量与相控阵雷达天线原理图

3. 相控阵雷达原理

相控阵天线是获得窄波束的关键因素。所谓相控阵天线是由多个天线单元(如半波振子天线)组成，通过控制不同天线单元的初始相位和幅度，实现多单元天线在某个特定方位上电磁波干涉加强而获得窄波束的天线，其原理与光栅类似。

为了突出相控阵天线的工作原理，这里以 N 元等间距直线接收阵为例，讨论相控

阵波束形成的方法,如图 8-20(b)所示。设单元天线接收到电场为 $\boldsymbol{E}_0(\boldsymbol{r})$。相邻两个天线之间的距离为 d,相邻天线接收来自 φ 方向电磁波的相位差为

$$\delta = kd\sin\varphi \tag{8-7-7}$$

雷达接收 φ 方向散射电磁波的电场是所有单元天线接收电场的干涉叠加:

$$\boldsymbol{E}(\boldsymbol{r}) = \boldsymbol{E}_1(\boldsymbol{r}) + \boldsymbol{E}_2(\boldsymbol{r})\mathrm{e}^{-\mathrm{j}\delta} + \boldsymbol{E}_3(\boldsymbol{r})\mathrm{e}^{-\mathrm{j}2\delta} + \cdots + \boldsymbol{E}_N(\boldsymbol{r})\mathrm{e}^{-\mathrm{j}(N-1)\delta} \tag{8-7-8}$$

其中,$\boldsymbol{E}_n(\boldsymbol{r})$为单元天线 n 经相控后输出的电场信号,可以表示为

$$\boldsymbol{E}_n(\boldsymbol{r}) = \boldsymbol{E}_0(\boldsymbol{r})\exp(\mathrm{j}\Delta_n), \quad n = 1,2,3,\cdots,N \tag{8-7-9}$$

式中:$\boldsymbol{E}_0(\boldsymbol{r})$为天线阵中单元天线直接从回波中接收到的电场;$\Delta_n$ 为相控阵系统对单元天线 n 产生的控制相位(由移相器或计算机控制实现),根据相控阵雷达预期最大波束方向确定。如预期波束指向为 φ_0,通过移相器或电缆的长度控制相移为

$$\Delta_n = (n-1)kd\sin\varphi_0 = (n-1)\Delta \tag{8-7-10}$$

则天线阵接收电场信号式(8-7-8)变为

$$\begin{aligned}\boldsymbol{E}(\boldsymbol{r}) &= \boldsymbol{E}_0(\boldsymbol{r})\left[1 + \mathrm{e}^{\mathrm{j}(\Delta-\delta)} + \mathrm{e}^{\mathrm{j}2(\Delta-\delta)} + \cdots + \mathrm{e}^{\mathrm{j}(N-1)(\Delta-\delta)}\right] \\ &= N\boldsymbol{E}_0(\boldsymbol{r})\frac{\sin\left(N\dfrac{X}{2}\right)}{N\sin\left(\dfrac{X}{2}\right)}\mathrm{e}^{\mathrm{j}\left(\frac{N-1}{2}X\right)}\end{aligned} \tag{8-7-11}$$

其中,$X = \dfrac{2\pi}{\lambda}d(\sin\varphi_0 - \sin\varphi)$。采用同样的方法,可以得到磁场也有完全类似的结果。利用式(8-7-11),天线阵输出总场的归一化值可以表示为

$$f(\varphi) = \frac{\sin\left(N\dfrac{X}{2}\right)}{N\sin\left(\dfrac{X}{2}\right)} \tag{8-7-12}$$

称为阵因子。当 $\varphi = \varphi_0$ 时,即 $X = 0$,为波束最大方向。利用极限方法得到 $f(\varphi_0) = 1$,天线在 $\varphi = \varphi_0$ 方向接收电磁波能流密度为

$$\boldsymbol{S}(\boldsymbol{r}) = \left|\frac{1}{2}\mathrm{Re}[\boldsymbol{E}(\boldsymbol{r}) \times \boldsymbol{H}^*(\boldsymbol{r})]\right|_{\max} = N^2\boldsymbol{S}_0(\boldsymbol{r}) \tag{8-7-13}$$

其中,$\boldsymbol{S}_0(\boldsymbol{r})$为单元天线的能流密度矢量。

如果不考虑单元天线的波束宽度,天线阵形成的波束宽度由阵因子确定。根据波束宽度的定义,令 $f(\varphi) = 0.707$,求得 $0.5NX = 1.39$,波束宽度由方程

$$\sin\varphi_0 - \sin\varphi_{0.5} = \frac{1.39}{N\pi}\frac{\lambda}{d}$$

确定。当阵元数 N 较大时,波束较窄,$\varphi_{0.5}$ 与 φ_0 接近,利用近似关系

$$\sin\varphi_{0.5} = \sin\left(\varphi_0 \pm \frac{1}{2}\Theta_{0.5}\right) = \sin\varphi_0 \pm \frac{1}{2}\Theta_{0.5}\cos\varphi_0$$

得 N 元天线阵波束半功率点角宽度 $\Theta_{0.5}$ 为

$$\Theta_{0.5} = \frac{1.39}{\cos\varphi_0 2\pi}\frac{\lambda}{Nd} = \frac{1.39}{\cos\varphi_0 2\pi}\frac{\lambda}{L} \tag{8-7-14}$$

其中,L 为相控阵天线的长度,或称为相控阵天线的口径。式(8-7-14)说明,天线口径越大,波束越窄。如果 φ_0 不接近 $90°$,$L \gg \lambda$,波束宽度可近似表示为

$$\Theta_{0.5} \approx \frac{\lambda}{L} \quad (\text{弧度}) \tag{8-7-15}$$

例如，波长 $\lambda=0.05\ \mathrm{m}$，$L=2.5\ \mathrm{m}$，$\Theta_{0.5}\approx1^{\circ}$。如果波长为 50 m，要想实现波束宽度为 2°，其天线的口径需要 1250 m。假如天线阵单元之间的距离为 25 m，需要 50 个单元天线。

上述讨论表明，通过控制相邻天线之间的相位差 $\Delta=kd\sin\varphi_0$，就能够改变天线阵波束最大值的指向。相控阵天线正是通过对阵中相邻单元天线的初相位差的控制，实现天线阵波束在空间扫描。由于天线的空间波束（电磁波能量集中的方位）不可能做到无限的窄，因此如何准确地确定目标的空间方位是当今雷达信号处理的重要研究内容之一。

本章主要内容要点

1. 天线外部空间电磁场的基本特点

天线外部空间的电磁场既包含天线体中电流与电荷激发的电磁场，也包含电场与磁场相互激发的电磁场。前者与静态电磁场相同，不参与电磁场的传播；后者交替激发以波动形式向四周辐射传播，即天线的辐射场。根据天线外部空间电磁场的特点，可以分为三个区域，即

近场区：具有静态特点的电磁场占主要地位；

感应区：具有静态电磁场和波动的辐射电磁场同时并存，量级上相当；

远场区：具有波动特点的辐射电磁场占主要地位。

天线辐射场基本特性：幅度随距离增加反比减小的球面电磁波。

2. 天线辐射场的计算公式

(1) 基于磁矢势的计算公式

$$\begin{cases}\boldsymbol{H}(\boldsymbol{r})=\dfrac{1}{\mu_0}\nabla\times\boldsymbol{A}(\boldsymbol{r})=\dfrac{1}{\mu_0 r^2\sin\theta}\begin{bmatrix}\hat{e}_r & r\hat{e}_\theta & r\sin\theta\hat{e}_\varphi\\ \dfrac{\partial}{\partial r} & \dfrac{\partial}{\partial\theta} & \dfrac{\partial}{\partial\varphi}\\ A_r & rA_\theta & r\sin\theta A_\varphi\end{bmatrix}\\ \boldsymbol{E}(\boldsymbol{r})=\dfrac{1}{\mathrm{j}\omega\varepsilon_0}\nabla\times\boldsymbol{H}(\boldsymbol{r})\end{cases}$$

(2) 磁矢势的多极矩展开表示。对磁矢势被积函数取零级近似，相位取一级近似，应用泰勒展开，可以表示为多极矩矢势的展开。

$$\begin{aligned}\boldsymbol{A}(\boldsymbol{r})&=\frac{\mu_0}{4\pi r}\mathrm{e}^{-\mathrm{j}kr}\iiint_V\boldsymbol{J}(\boldsymbol{r}')\left[1+\mathrm{j}k\hat{e}_r\cdot\boldsymbol{r}'+\frac{1}{2!}(\mathrm{j}\hat{e}_r\cdot\boldsymbol{r}')^2+\cdots\right]\mathrm{d}V'\\&=\boldsymbol{A}^{(0)}(\boldsymbol{r})+\boldsymbol{A}^{(1)}(\boldsymbol{r})+\boldsymbol{A}^{(2)}(\boldsymbol{r})+\cdots\end{aligned}$$

其中，$\boldsymbol{A}^{(0)}(\boldsymbol{r})$ 为天线体内电偶极矩对磁矢势贡献，$\boldsymbol{A}^{(1)}(\boldsymbol{r})$ 为天线体内磁偶极矩和电四极矩对磁矢势贡献。

3. 基本天线单元——偶极子的辐射

(1) 辐射场表达式为

电偶极子：
$$\begin{cases}E_\theta\approx\mathrm{j}\dfrac{I_0}{2}\dfrac{L}{\lambda}\dfrac{\sin\theta}{r}\sqrt{\dfrac{\mu_0}{\varepsilon_0}}\exp(-\mathrm{j}kr)\\ H_\varphi\approx\mathrm{j}\dfrac{I_0}{2}\dfrac{L}{\lambda}\dfrac{\sin\theta}{r}\exp(-\mathrm{j}kr)\end{cases}$$

磁偶极子：
$$\begin{cases} E_\varphi=\dfrac{mk^2}{4\pi r}\sqrt{\dfrac{1}{\mu_0\varepsilon_0}}\sin\theta \mathrm{e}^{-\mathrm{j}kr}=\dfrac{m\omega}{2\lambda r}\sin\theta \mathrm{e}^{-\mathrm{j}kr} \\ H_\theta=-\dfrac{m\omega}{2\lambda r}\sqrt{\dfrac{\varepsilon_0}{\mu_0}}\sin\theta \mathrm{e}^{-\mathrm{j}kr} \end{cases}$$

(2) 辐射场主要特性：① 线极化球面波；② 横电磁波(TEM)；③ 电场与磁场之比为自由空间特性阻抗 $\eta_0\approx 120\pi$；④ 辐射场与能流密度有方向性。

(3) 辐射电阻：用二端网络电阻等效天线辐射功率，称其为天线辐射电阻。

电偶极子：$R_r|_{理想}=\dfrac{2P}{I_0^2}=80\pi^2\left(\dfrac{L}{\lambda}\right)^2$，$L$ 为电流振子长度。

磁偶极子：$R_r|_{理想}=\dfrac{2P}{I_0^2}=320\pi^4\left(\dfrac{S}{\lambda^2}\right)^2$，$S$ 为电流环面积。

4. 天线辐射场主要参数

辐射场包含参数＝极化・幅度・电流・结构・距离・方向性・相位

主要特性参数有方向图与波瓣宽度、方向性系数与天线增益、天线输入阻抗、天线有效面积等。

5. 广义麦克斯韦方程组

(1) 对偶方程特点。无源区域中的麦克斯韦方程组为对偶性(或二重性)方程。

(2) 应用等效方法引入假想的“磁荷”和“磁流”，磁荷满足守恒定律，“磁荷”和“磁流”激发的电磁场与电荷和电流激发的电磁场互为对偶。等效原则是假想磁流、磁荷所产生的电磁场完全等效区域内的原有电磁场。

(3) 广义麦克斯韦方程组为对偶性(或二重性)方程。通过对偶变量的互换

$$\boldsymbol{E}_\mathrm{e}\leftrightarrow\boldsymbol{H}_\mathrm{m},\quad \boldsymbol{H}_\mathrm{e}\leftrightarrow-\boldsymbol{E}_\mathrm{m},\quad \boldsymbol{J}_\mathrm{e}\leftrightarrow\boldsymbol{J}_\mathrm{m},\quad \rho_\mathrm{e}\leftrightarrow\rho_\mathrm{m},\quad \varepsilon\leftrightarrow\mu,\quad \mu\leftrightarrow\varepsilon$$

从一组可以得到另一组。

$$\begin{cases} \nabla\cdot\boldsymbol{E}_\mathrm{e}=\dfrac{\rho_\mathrm{e}}{\varepsilon},\nabla\times\boldsymbol{E}_\mathrm{e}=-\mu\dfrac{\partial\boldsymbol{H}_\mathrm{e}}{\partial t} \\ \nabla\cdot\boldsymbol{H}_\mathrm{e}=0,\nabla\times\boldsymbol{H}_\mathrm{e}=\boldsymbol{J}_\mathrm{e}+\varepsilon\dfrac{\partial\boldsymbol{E}_\mathrm{e}}{\partial t} \end{cases}\Leftrightarrow\begin{cases} \nabla\cdot\boldsymbol{E}_\mathrm{m}=0,\nabla\times\boldsymbol{E}_\mathrm{m}=-\boldsymbol{J}_\mathrm{m}-\mu\dfrac{\partial\boldsymbol{H}_\mathrm{m}}{\partial t} \\ \nabla\cdot\boldsymbol{H}_\mathrm{m}=\dfrac{\rho_\mathrm{m}}{\mu},\nabla\times\boldsymbol{H}_\mathrm{m}=\varepsilon\dfrac{\partial\boldsymbol{E}_\mathrm{m}}{\partial t} \end{cases}$$

为对偶性(或二重性)方程。

(4) 磁偶极子与电偶极子互为对偶。利用对偶变量替换可以从电振子辐射场得到磁偶极子辐射场；反之亦然。

$$\begin{cases} E_\theta\approx\mathrm{j}\dfrac{I_0}{2}\dfrac{L}{\lambda}\dfrac{\sin\theta}{r}\sqrt{\dfrac{\mu_0}{\varepsilon_0}}\exp(-\mathrm{j}kr) \\ H_\varphi\approx\mathrm{j}\dfrac{I_0}{2}\dfrac{L}{\lambda}\dfrac{\sin\theta}{r}\exp(-\mathrm{j}kr) \end{cases}\begin{pmatrix} E_e\leftrightarrow H_m \\ H_e\leftrightarrow -E_m \\ \varepsilon\leftrightarrow\mu \end{pmatrix}\begin{cases} H_\theta\approx\mathrm{j}\dfrac{I_{0m}}{2}\dfrac{L}{\lambda}\dfrac{\sin\theta}{r}\sqrt{\dfrac{\varepsilon_0}{\mu_0}}\exp(-\mathrm{j}kr) \\ E_\varphi\approx-\mathrm{j}\dfrac{I_{0m}}{2}\dfrac{L}{\lambda}\dfrac{\sin\theta}{r}\exp(-\mathrm{j}kr) \end{cases}$$

(5) 缝隙天线。缝隙天线可以等效为电、磁振子天线的辐射。口径上的电场等效为磁流，口径上的磁场等效为电流。

6. 时变电磁场的镜像原理

时变激励源及时变电磁场均可分解为不同频率的时谐源和场的叠加。时谐电磁场与静态电磁场有相同形式的边界条件，界面上感应面电荷和面电流服从相同的物理机理。镜像原理完全可以适用时谐电磁场。电、磁振子的镜像如图 8-29 所示。

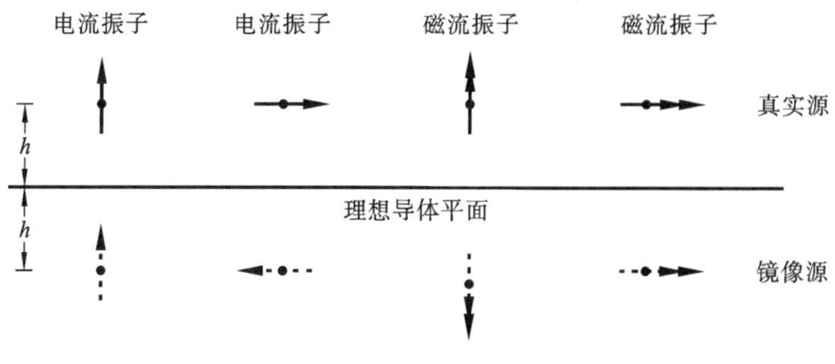

图 8-29 电磁振子的镜像

7. 电磁波的散射

(1) 散射电磁场本质：不均匀体对入射波感应电流与电荷的再辐射，散射场可以通过求解散射物体的定解方程获得。

(2) 雷达散射截面积：目标截获雷达波的等效面积。

$$\sigma = 4\pi \frac{\text{目标向接收天线方向单位立体角内散射的功率}}{\text{雷达在目标处单位面积上投射的功率}}$$

$$= 4\pi r^2 \frac{\text{目标向接收天线方向单位面积上散射的功率}}{\text{雷达在目标处单位面积上投射的功率}}$$

(3) 多普勒效应。运动目标向观测者靠近时，观测者测量频率增加；远离时，频率减小，这一现象称为多普勒效应。

$$\Delta f = \pm \frac{2v_r}{\lambda}$$

8. 雷达原理简介

(1) 雷达工作原理，距离、方位、速度的测量；雷达方程。

(2) 相控阵概念与相控阵天线工作原理。

思考与练习题 8

1. 简述天线辐射和接收电磁波的工作原理，该原理对天线的实际应用有哪些指导意义？

2. 天线应用于电磁波信号接收时，极化如何影响接收性能与效果？

3. 从雷达与通信功能出发，分析电磁波在其中的作用，雷达与通信的功能又如何通过电磁波来实现？

4. 天线外部电磁场有哪些特点？天线外部的电磁场是否全为辐射场？辐射电阻度量哪一部分电磁场？

5. 天线近区电磁场的主要贡献者是什么？远区电磁场的主要贡献者是什么？它们随距离变化有何特点？它们为什么有这样的特点？

6. 简述辐射、反射、绕射、散射的物理本质，它们之间是否有联系？

7. 描述天线特性有哪些参数？天线辐射场是否有方向特性，是什么原因导致天线辐射场的方向性？

8. 同样长度的导线制作成电振子和圆环天线，工作于同样频率和输入功率，为什么圆环天线辐射能流密度小？计算长度为 $L\ll\lambda$ 的导线制成电流振子和磁偶极子天线对同一频率电磁波的辐射电阻之比值。

9. 设有电流振子天线和磁偶极子天线，它们之间满足 $I_1L=\frac{2\pi}{\lambda}I_2S$。其中 I_1 和 I_2 分别是电流振子和磁偶极子上的电流幅度，L 为电流振子长度，S 为小电流环(磁偶极子)的面积。请问用这两个天线如何实现圆极化电磁波的辐射。

10. 简述镜像原理能用于时变电磁场的原因，分析总结时变电磁场镜像方法。分析时变电磁场中镜像原理的应用是否存在条件？如果存在，它们又是什么？

11. 简述假想磁荷和磁流引入的原则。在磁荷满足守恒定律，磁荷和磁流激发的电磁场与电荷和电流激发的电磁场互为对偶的前提下，导出磁荷和磁流激发电磁场的麦克斯韦方程组。

12. 求相距为 d 的两电流振子天线(见图 8-30)在自由空间辐射的电磁场的分布。已知两电流振子天线上的电流强度和初相位完全相同，电流振子的长度均为 $L\ll\lambda$。分别计算 $d=\lambda$ 和 $d=0.5\lambda$ 时，辐射的方向图。从该题中，你能够得到同类型多元天线辐射的什么特性？

13. 设有一球对称的电荷分布，沿径向以频率 ω 作简谐振动，求辐射场，并对结果给以物理解释。

14. 导出在天线阵长度 $L\gg\lambda$(波长)时，相控阵天线波束宽度的近似表示式。将相控阵天线与光栅衍射特性进行比较，讨论两者之间的相同点。

15. 何谓天线的阻抗，天线阻抗与哪些因素有关？当天线用作发射时，如果天线的阻抗与发射机的内阻抗不匹配，严重时将导致什么结果，为什么？

16. 应用等效原理，求导体平面上(见图 8-31)的圆环缝隙在上半径空间的辐射场。圆环缝隙为同轴线的断口，内外半径分别为 a 和 b。同轴线与时谐电压源连接，外导体与导体平面连接。

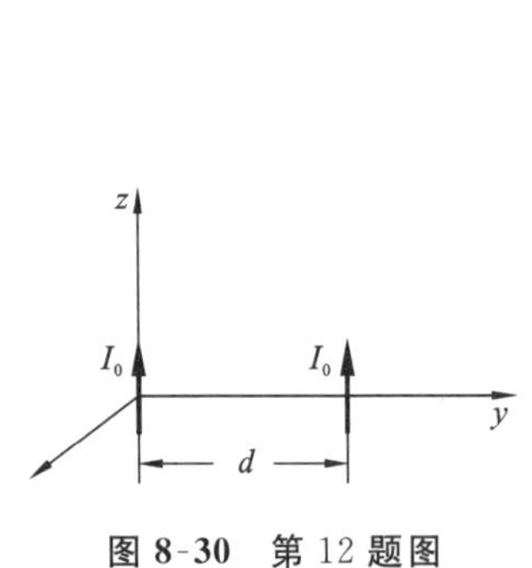

图 8-30　第 12 题图

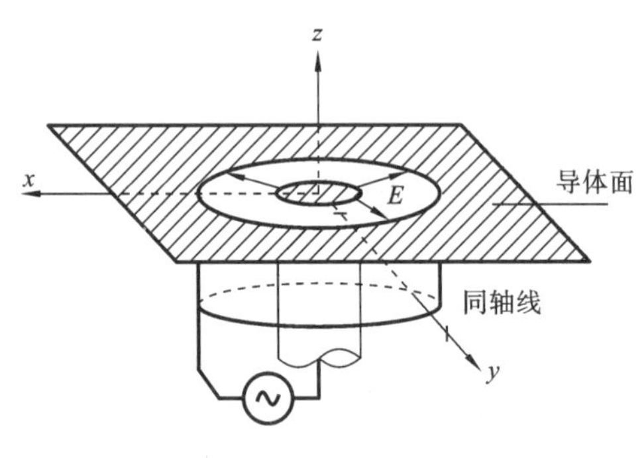

图 8-31　第 16 题图

17. 为测试天线的性能，将天线放置在如图 8-32 所示的地表面上(可视为接地的理想导体平面)，请问此时测量的结果与真空中电流振子天线的辐射特性有何不同？在测试过程中，由于不小心，将垂直地表面的天线倒放在地面上，结果导致发射机毁坏，请解释导致发射机毁坏的原因。

18. 设某地有雷达站天线塔辐射电场与地球表面垂直的线极化电磁波。为测定天线塔方位，可用测向仪(由接收机与天线组成)在两个不同地点测出来波的方向并使其相交，即测得天线塔方位(见图 8-33)。现有一台接收机、一副电偶极子天线和一副圆环形磁偶极子天线，求解如下问题：

（1）选择哪种天线作为测向仪的接收天线，说明你选择的理由；

（2）如何使用所选天线才能正确测出雷达站天线塔的位置；

（3）分析并说明天线辐射（或接收）具有方向性的原因。

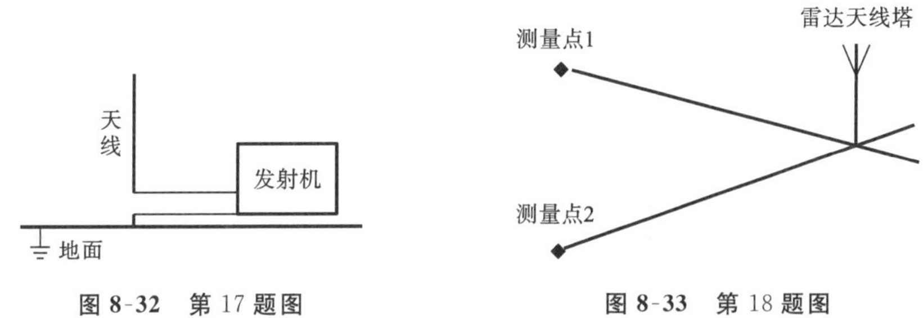

图 8-32 第 17 题图　　**图 8-33** 第 18 题图

19. 设平面电磁波垂直入射无穷长圆柱导体，电场与圆柱导体轴垂直，求圆柱导体对该平面电磁波的散射波。

20. 以导体边界为例，当导体界面对原电荷的感应不能即时响应，试分析镜像原理是否能够应用于时变情形。

21. 求无穷长时谐电流丝（无穷长载流导线）的辐射场，并将其与电流元辐射场进行比较，分析并归纳二维辐射场的基本特点。

22. 用物理光学近似方法，求矩形导体平面对垂直极化平面波入射的后向雷达散射截面。

9

导行电磁波

在第 6、7 两章中，我们讨论了空间电磁波基本解及其传播问题。实际应用中，经常需要将全部或绝大部分电磁波能量约束在有限截面内实现定向传输，如光纤、Internet、闭路电视网、有线电话、各种电子测量仪器信号连接线等。即使是通过空间传播的电磁波，也需要特定传输系统将待发射的电磁波信号送入天线，或将天线接收的信号送入接收机等应用系统，如雷达信号发射(或接收)机与天线的连接线。本章主要讨论导行电磁波的基本原理、性质及其传播问题。首先讨论不同频谱电磁波对传输系统的要求；然后讨论导行电磁波传输的原理和分析方法；最后介绍三种应用广泛的电磁波传输系统，即同轴线、金属波导和介质波导(光纤)的概念及其应用。

9.1 导波系统的基本原理

9.1.1 导波系统的基本要求

能将电磁波约束在有限截面内定向传输的系统称为导波系统，导波系统中传播的电磁波称为导行电磁波。从理论上讲，为了实现电磁波的导行传输，必须解决两个问题：一是从理论上解决如何将电磁波约束在有限空间区域并可导行传播；二是从技术上找到能将电磁波能量约束在一定横截面内的导波系统，且制造工艺不至于太复杂。因此，导波系统须满足如下基本要求：① 导波系统内必须允许电磁波存在，并且具有行波状态或者以行波为主的状态，以实现波的导行传播；② 导波系统必须具有将电磁波能量的全部或绝大部分约束在系统内部，辐射和传输的损耗小；③ 导波系统必须有一定的频带宽度，以满足实际电磁波信号传输的需要；④ 导波系统与产生(或接收)电磁波信号系统易于实现阻抗匹配。

根据电磁波在导电媒质、介质以及介质分界面传播的基本特性，我们知道导体和介质的边界面都有反射电磁波的特性，如两平行导体板、不同电磁特性参数介质组合的介质棒、封闭的理想导体管、不同介质的接触面等都具有约束电磁场能量的基本性质，只要设计合理，就有可能将电磁波能量的全部或绝大部分约束在系统内部传输。目前常用传输导行电磁波的系统有双导线、同轴线、金属波导、微带线、光纤等，如图 9-1 所示。

9.1.2 导波系统内电磁波的方程

尽管导波系统的结构各不相同，电磁波在其中传输的机理也可以各异，但作为电磁

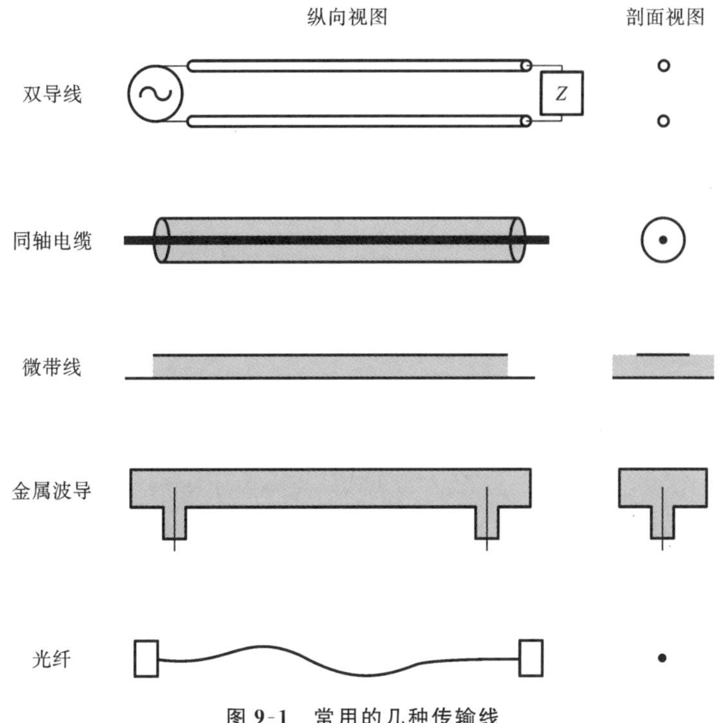

图 9-1 常用的几种传输线

波的导行系统，理论上可以归纳为不同边界条件下电磁波的定向传输问题，物理模型如图 9-2 所示。为了便于分析并突出问题的本质，设导行电磁波传输系统内部为线性、均匀、各向同性介质。导波系统内的电磁波满足无源区电磁场方程，即

$$\begin{cases}\nabla^2 \boldsymbol{E}(\boldsymbol{r})+k^2\boldsymbol{E}(\boldsymbol{r})=0\\ \nabla^2 \boldsymbol{H}(\boldsymbol{r})+k^2\boldsymbol{H}(\boldsymbol{r})=0\end{cases} \tag{9-1-1}$$

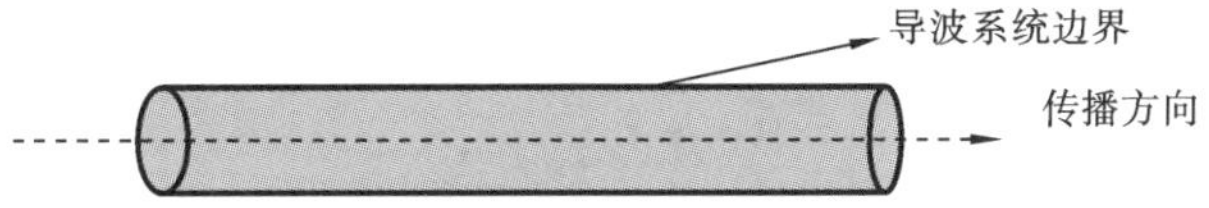

导波系统边界
传播方向

图 9-2 导波系统的物理模型

其中，$k=\omega\sqrt{\mu\varepsilon}$ 为波数，ε，μ 为导波系统内填充介质的特性参数。现在的问题是如何使得在导波系统内存在可传播的电磁波，而在导波系统外部电磁波没有泄漏或泄漏很小。

为简化分析，设电磁波的传播方向为 z 轴，导波系统的横截面在 z 向保持不变。要使电磁波沿 z 轴传播，电磁波必须是 z 向行波，应具有行波因子 $e^{-jk_z z}$ $(k_z>0)$。因此，导波系统内最简单的解应为

$$\begin{cases}\boldsymbol{E}(\boldsymbol{r})=\boldsymbol{E}(x,y)e^{-jk_z z}\\ \boldsymbol{H}(\boldsymbol{r})=\boldsymbol{H}(x,y)e^{-jk_z z}\end{cases} \tag{9-1-2}$$

将方程(9-1-2)代入方程(9-1-1)，得

$$\begin{cases}\nabla_T^2 \boldsymbol{E}(x,y)+k_c^2\boldsymbol{E}(x,y)=0\\ \nabla_T^2 \boldsymbol{H}(x,y)+k_c^2\boldsymbol{H}(x,y)=0\end{cases} \tag{9-1-3}$$

式中：$k_c=\sqrt{k^2-k_z^2}$；$\nabla_T^2=\dfrac{\partial^2}{\partial x^2}+\dfrac{\partial^2}{\partial y^2}$，为二维拉普拉斯算符。

方程(9-1-3)可以进一步通过分量式来表示，即

$$\begin{cases}\nabla_T^2 E_z(x,y)+k_c^2 E_z(x,y)=0\\ \nabla_T^2 H_z(x,y)+k_c^2 H_z(x,y)=0\end{cases}\tag{9-1-4}$$

E_x、E_y、H_x、H_y 也有类似的方程。但由于导波系统内部没有电流和电荷分布，利用无源空间电磁场各分量之间的关系，E_x、E_y、H_x、H_y 通过 E_z、H_z 表示为

$$\begin{cases}E_x(x,y)=-\mathrm{j}\dfrac{1}{k_c^2}\left(k_z\dfrac{\partial E_z}{\partial x}+k\eta\dfrac{\partial H_z}{\partial y}\right)\\ E_y(x,y)=-\mathrm{j}\dfrac{1}{k_c^2}\left(k_z\dfrac{\partial E_z}{\partial y}-k\eta\dfrac{\partial H_z}{\partial x}\right)\\ H_x(x,y)=-\mathrm{j}\dfrac{1}{k_c^2}\left(k_z\dfrac{\partial H_z}{\partial x}-\dfrac{k}{\eta}\dfrac{\partial E_z}{\partial y}\right)\\ H_y(x,y)=-\mathrm{j}\dfrac{1}{k_c^2}\left(k_z\dfrac{\partial H_z}{\partial y}+\dfrac{k}{\eta}\dfrac{\partial E_z}{\partial x}\right)\end{cases}\tag{9-1-5}$$

因此，导行电磁波方程(9-1-1)的求解转变为方程(9-1-4)的求解。

方程(9-1-4)与导波系统的边界一起，构成导波系统的本征值问题。本征值 $k_c=\sqrt{k^2-k_z^2}$的每一个可允许值及其所对应的解为导波系统内可存在的解，称为导波系统可传输的一种模式。

9.1.3 导波系统的横电磁波模式

首先讨论导波系统中横电磁波模式传播的可能性。所谓横电磁波模式是指没有导波系统轴向电磁场分量的模式，即 $E_z=H_z=0$。从方程(9-1-5)可知，要使横电磁波能够在导波系统中存在，除非 $k_c=\sqrt{k^2-k_z^2}=0$，否则将导致($E_x=E_y=H_x=H_y=0$)导行波恒为零。因此，横电磁波模式能够存在的必要条件是 $k=k_z=\omega\sqrt{\mu\varepsilon}$。在这一条件下，电磁场在导波系统的横截面上满足的方程为

$$\begin{cases}\nabla_T^2\boldsymbol{E}(x,y)=0\\ \nabla_T^2\boldsymbol{H}(x,y)=0\end{cases}\tag{9-1-6}$$

这是一组二维拉普拉斯方程，意味着横电磁波的电场和磁场在导波系统的横截面上有静态电磁场结构。因此，横电磁波模式只能存在于那些能够允许二维静态电磁场存在的导波系统中。这是容易理解的，唯有这样才能保证导波系统的横截面上不辐射电磁场能量，而能量沿导波系统的轴线方向传播。

假设导波系统横截面保持不变，要想在该系统横截面上存在二维静态电磁场，该系统至少由两个不同电位的分立导体柱组成，通常取两个分立导体柱，其横截面的结构应该具有图 9-3 所示的几何结构形式。其中图 9-3(a)所示的为常见的双导线或两分离的金属柱；图 9-3(b)所示的为两个同轴的金属柱体，一般内导体为实心，外导体为柱体壳，两金属柱体之间充满绝缘介质，称为同轴线；图 9-3(c)所示的为在介质板上下表面嵌入两平行金属条带的结构，称为微带线。

在横电磁波的模式下，导波系统横截面的电磁场具有静态电磁场分布，设$\phi(x,y)$为导波系统横截面上二维拉普拉斯方程

$$\nabla^2\phi(x,y)=0\tag{9-1-7a}$$

的解，利用静态电磁场与位函数的关系，导行电磁波的电场可表示为

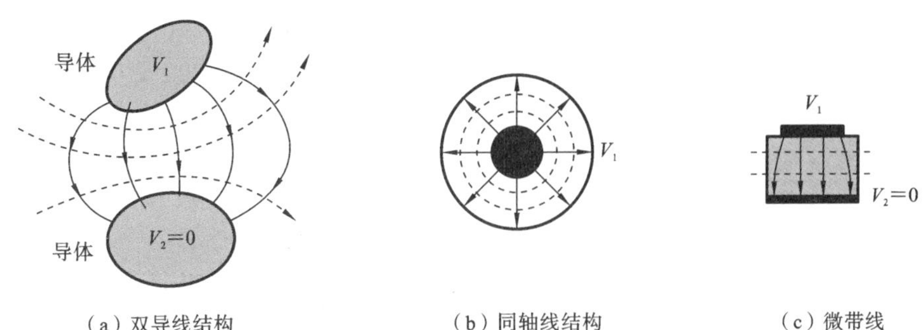

(a) 双导线结构　　(b) 同轴线结构　　(c) 微带线

图 9-3　二维静态电场的平面几何结构

$$\begin{cases}\boldsymbol{E}(x,y)=-\nabla\phi(x,y)\\ \boldsymbol{E}(x,y,z)=\boldsymbol{E}(x,y)\mathrm{e}^{-\mathrm{j}kz}=-\nabla\phi(x,y)\mathrm{e}^{-\mathrm{j}kz}\end{cases}\tag{9-1-7b}$$

其相应的磁场可通过 $\boldsymbol{H}(x,y,z)=-\dfrac{1}{\mathrm{j}\omega\mu}\nabla\times\boldsymbol{E}(x,y,z)$ 获得，即

$$\begin{cases}\boldsymbol{H}(x,y,z)=-\dfrac{1}{\mathrm{j}\omega\mu}\left(\nabla_T+\hat{e}_z\dfrac{\partial}{\partial z}\right)\times\boldsymbol{E}(x,y,z)\\ \qquad=\dfrac{1}{\mathrm{j}\omega\mu}\left(\nabla_T+\hat{e}_z\dfrac{\partial}{\partial z}\right)\times\nabla\phi(x,y)\mathrm{e}^{-\mathrm{j}kz}\\ \qquad=-\dfrac{1}{\eta}\hat{e}_z\times\nabla\phi(x,y)\mathrm{e}^{-\mathrm{j}kz}=\boldsymbol{H}(x,y)\mathrm{e}^{-\mathrm{j}kz}\\ \boldsymbol{H}(x,y)=-\dfrac{1}{\eta}\hat{e}_z\times\nabla\phi(x,y)\end{cases}\tag{9-1-7c}$$

容易证明 $\boldsymbol{E}(x,y)$、$\boldsymbol{H}(x,y)$ 满足方程(9-1-6)。这说明方程(9-1-7)给出的横电磁波模式能够在图 9-3 所示的导波系统中存在。因此，在两分立导体柱组成的导波系统中，可以传输任意频率的横电磁波模式的电磁波，且电场、磁场和传播方向相互垂直。电场和磁场之比为导波系统介质的波阻抗。

对于由横电磁波模式导行的电磁波，沿传播方向的相位为

$$\phi(t)=\omega t-kz\tag{9-1-8}$$

其等相位面传播速度为

$$v_p=\frac{\omega}{k}=\frac{\omega}{\omega\sqrt{\varepsilon\mu}}=\frac{1}{\sqrt{\varepsilon\mu}}\tag{9-1-9}$$

其中，ε、μ 为导波系统中的介质的电磁特性参数。显然，横电磁波模式的导行电磁波的色散特性由导波系统内填充的介质决定，导波系统本身不具有色散特性。如果导波系统内填充的是非色散介质，则任何频率的电磁波在导波系统内传播具有相同的相速度，被调制的电磁信号在其中传播也不发生失真。

9.1.4　导波系统的横电(磁)波模式

前面讨论了导波系统中横电磁波模式传输的可能性。如果导行电磁波在导波系统的轴线方向(传输方向)上没有电场分量，即 $E_z=0$，$H_z\neq0$，则称为横电波(TE)模式。对于横电波模式，导波系统内电磁场为

$$\begin{cases}\boldsymbol{H}(x,y,z)=[\hat{e}_xH_x(x,y)+\hat{e}_yH_y(x,y)+\hat{e}_zH_z(x,y)]\mathrm{e}^{-\mathrm{j}k_zz}\\ \boldsymbol{E}(x,y,z)=[\hat{e}_xE_x(x,y)+\hat{e}_yE_y(x,y)]\mathrm{e}^{-\mathrm{j}k_zz}\end{cases}\tag{9-1-10a}$$

其中,$H_z(x,y)$满足方程:

$$\nabla_T^2 H_z(x,y)+k_c^2 H_z(x,y)=0 \tag{9-1-10b}$$

场的其他分量可以通过如下关系式:

$$\begin{cases} H_x(x,y)=-\mathrm{j}\dfrac{k_z}{k_c^2}\left[\dfrac{\partial H_z}{\partial x}\right], H_y(x,y)=-\mathrm{j}\dfrac{k_z}{k_c^2}\left[\dfrac{\partial H_z}{\partial y}\right] \\ E_x(x,y)=-\mathrm{j}\dfrac{k\eta}{k_c^2}\left[\dfrac{\partial H_z}{\partial y}\right], E_y(x,y)=\mathrm{j}\dfrac{k\eta}{k_c^2}\left[\dfrac{\partial H_z}{\partial x}\right] \end{cases} \tag{9-1-11}$$

求得。

类似的,如果在传输方向上 $E_z\neq 0, H_z=0$,称为横磁波(TM)模式。对于横磁波模式,导波系统内电磁场应为

$$\begin{cases} \boldsymbol{E}(x,y,z)=[\hat{e}_x E_x(x,y)+\hat{e}_y E_y(x,y)+\hat{e}_z E_z(x,y)]\mathrm{e}^{-\mathrm{j}k_z z} \\ \boldsymbol{H}(x,y,z)=[\hat{e}_x H_x(x,y)+\hat{e}_y H_y(x,y)]\mathrm{e}^{-\mathrm{j}k_z z} \end{cases} \tag{9-1-12a}$$

其中,$E_z(x,y)$满足方程:

$$\nabla_T^2 E_z(x,y)+k_c^2 E_z(x,y)=0 \tag{9-1-12b}$$

场的其他分量可以通过如下关系式:

$$\begin{cases} E_x(x,y)=-\mathrm{j}\dfrac{k_z}{k_c^2}\left[\dfrac{\partial E_z}{\partial x}\right], H_x(x,y)=\mathrm{j}\dfrac{1}{k_c^2}\left[\dfrac{k}{\eta}\dfrac{\partial E_z}{\partial y}\right] \\ E_y(x,y)=-\mathrm{j}\dfrac{k_z}{k_c^2}\left[\dfrac{\partial E_z}{\partial y}\right], H_y(x,y)=-\mathrm{j}\dfrac{1}{k_c^2}\left[\dfrac{k}{\eta}\dfrac{\partial E_z}{\partial x}\right] \end{cases} \tag{9-1-13}$$

求得。

因此只要方程(9-1-10)和方程(9-1-12)在导波系统内存在不为零的解,且

$$k^2-k_c^2\geqslant 0 \tag{9-1-14}$$

成立,则横电波和横磁波模式存在。典型的传输系统有金属波导,其横截面如图 9-4 所示。

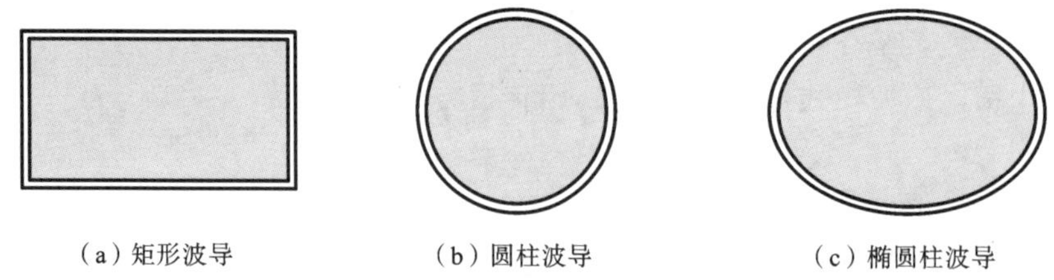

(a) 矩形波导　　(b) 圆柱波导　　(c) 椭圆柱波导

图 9-4　横电波和横磁波的导波系统横截面

在讨论横电波和横磁波模式存在的可能性时,要求 $k^2-k_c^2>0$,它是保证导行电磁波存在并沿导波系统轴向传输的必要条件。很明显,如果 $k^2-k_c^2<0$,$k_z=\sqrt{k^2-k_c^2}$ 为虚数,将其代入方程(9-1-10a)和方程(9-1-12a),得到导波系统中电磁波为指数衰减形式,因而不能在导波系统中传播。对于确定的导波系统,k_c 由方程(9-1-10b)或方程(9-1-12b)及相应的边界条件确定。这一条件意味着不是所有频率的电磁波都能够在其中存在。如果令 $k_c=\dfrac{2\pi}{\lambda_c}$,由式(9-1-14)可知,只有那些波长(或频率)满足如下关系式:

$$k^2\geqslant k_c^2\Rightarrow\frac{2\pi}{\lambda}\geqslant\frac{2\pi}{\lambda_c}\Rightarrow\lambda\leqslant\lambda_c\quad 或\quad f\geqslant f_c \tag{9-1-15}$$

的电磁波才能在导波系统中存在。称 $\lambda_c(f_c)$为导波系统的截止波长(频率)。

对于可在导波系统中传输的横电波或横磁波模式,波的相位为

$$\phi(t)=\omega t-k_z z \tag{9-1-16}$$

应用第5章的结果，其等相位面传播速度为

$$v_p=\frac{\omega}{k_z}=\frac{\omega}{\sqrt{k^2-k_c^2}}=\frac{1}{\sqrt{\varepsilon\mu}}\left[1-\left(\frac{f_c}{f}\right)^2\right]^{-\frac{1}{2}} \tag{9-1-17}$$

式(9-1-17)表明，即使导波系统中的介质是非色散的(ε、μ 与频率无关)，但横电波或横磁波模式传播的相速度仍然是频率的函数，具有色散性。这一色散是导波系统附加的，严重的色散效应将导致电磁波信号的畸变，这在导波系统设计中应尽可能避免。

如果导波系统内部为真空，对于可传输的横电波或横磁波，$f>f_c$，利用式(9-1-17)得到一个很有趣的现象，即

$$v_p=\frac{\omega}{k_z}=\frac{\omega}{\sqrt{k^2-k_c^2}}=\frac{c}{\sqrt{1-\left(\frac{f_c}{f}\right)^2}}>c\ (\text{光速}) \tag{9-1-18}$$

我们知道，光速是一切运动物体可能达到的极限速度。那么式(9-1-18)的结论是否违反了这一基本的物理事实呢？回答是否定的。事实上，相位是一个多值而没有确切的物理意义的量，如 $\exp(\mathrm{j}\phi)=\exp[\mathrm{j}(\phi+2n\pi)]$，因此相位传播速度并不代表某个可测量物理量(如能量)的传播速度。这一现象可以通过图9-5所示的传播过程予以说明。设一束电磁波通过两块无穷大平行导体平面 P_1 和 P_2 之间反射传播，电磁波对于导体平面 P_1 法向夹角为 θ，电磁波信号从 $\boldsymbol{A}_1$ 传播至 $\boldsymbol{A}_2$，其(脉冲中心)传播的速度是光速，所需时间为：$\Delta t=\dfrac{A_1A_2}{c}$，在 Δt 时间内，等相位面传播的距离是 $B_1B_2=\dfrac{A_1A_2}{\sin\theta}$，相位传播的速度 $v_P=\dfrac{B_1B_2}{\Delta t}=\dfrac{c}{\sin\theta}\geqslant c$。

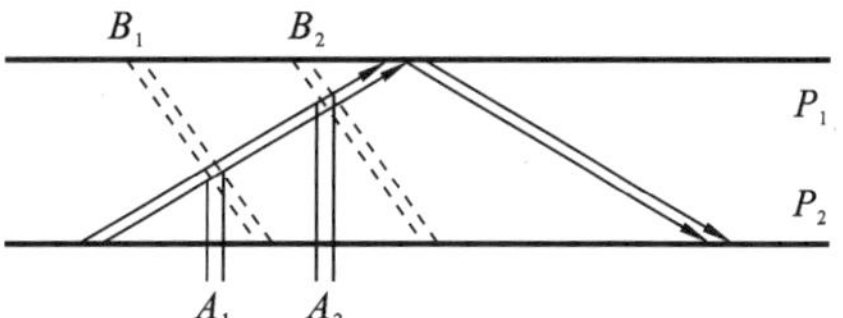

图9-5 导波系统中电磁波的相速度

导波系统能够传播横电波或横磁波的必要条件是方程(9-1-10)和方程(9-1-12)有解，它是关于 k_c 的本征值方程，其解由方程和导波系统的边界条件共同确定。因此，只要导波系统的边界条件能够保证本征值方程(9-1-10)和方程(9-1-12)有解，原则上该系统就能够传输横电波或横磁波模式的导行电磁波。

对于一般的情形，导波系统传输的电磁波在传播方向上既有电场分量，同时也有磁场分量，称为混合模式。根据电磁场的叠加原理，导波系统混合模式的传输可以分解为横电波模式和横磁波模式传输的叠加，总场为方程(9-1-10)和方程(9-1-12)解的叠加。事实上从方程(9-1-4)和方程(9-1-5)出发，导波系统中导行电磁波的总电场可以表示为

$$\begin{aligned}\boldsymbol{E}(x,y)&=\hat{e}_xE_x(x,y)+\hat{e}_yE_y(x,y)+\hat{e}_zE_z(x,y)\\&=-\mathrm{j}\frac{\hat{e}_x}{k_c^2}\left(k_z\frac{\partial E_z}{\partial x}+k\eta\frac{\partial H_z}{\partial y}\right)-\mathrm{j}\frac{\hat{e}_y}{k_c^2}\left(k_z\frac{\partial E_z}{\partial y}-k\eta\frac{\partial H_z}{\partial x}\right)+\hat{e}_zE_z(x,y)\\&=-\mathrm{j}\frac{k_z}{k_c^2}\left(\hat{e}_x\frac{\partial}{\partial x}+\hat{e}_y\frac{\partial}{\partial y}+\hat{e}_z\mathrm{j}\frac{k_c^2}{k_z}\right)E_z(x,y)-\mathrm{j}\frac{k\eta}{k_c^2}\left(\hat{e}_x\frac{\partial}{\partial y}-\hat{e}_y\frac{\partial}{\partial x}\right)H_z(x,y)\end{aligned} \tag{9-1-19}$$

总磁场也有类似的表示式，它分别为横磁波($E_z(x,y)\neq0$，$H_z=0$)和横电波($H_z(x,y)\neq0$，$E_z=0$)两个模式电磁场的叠加。

9.2 同轴线导波系统

9.2.1 横电磁波模式的传输问题

双导线、同轴线和微带线由两分立的导体柱构成,可以传播横电磁波。从两分立的导体柱结构传输横电磁波的可能性来看,它们没有截止频率,理论上对被传输的电磁波的频率限制。然而实际应用中并非如此,不同的结构适用于不同频段电磁波信号的传输,如双导线广泛用于传输电力、低频信号(有线电话等);同轴线常用于传输频率较高的电磁波信号,如语音、图像混合的电视信号等;微带线则用于传输频率更高的宽频带信号,如毫米波等。

下面对传输横电磁波的导波系统存在结构差异的主要原因作必要分析说明。在实际应用中,导波系统由两分立的良导体柱构成,当导波系统对横电磁波实现定向传输时,两分立的良导体柱中必然存在随传输电磁波而变的时变电流,此时有两个重要因素的影响必须考虑:

(1) 趋肤效应引起的热损耗:当导波系统传输横电磁波,两导体柱中必然有相应的电流存在。一方面,随着传输电磁波信号频率的增加,由于实际导体的有限电导率和高频电信号的趋肤效应,导体的有效载流横截面变小,电阻增大,热损耗正比于$\sqrt{f}$。另一方面,随着传播距离的增加,损耗以指数形式增加。因此,对于频率较高的电磁波信号,横截面较小的双导线传输系统的热损耗很大。例如,直径 $\phi=4.0$ mm 铜质双导线,当频率为 3 MHz 左右时,传输损耗大约为 8.8 dB* /1 km,而频率为 30 MHz 左右时,传输损耗大约在 28 dB/1 km。

(2) 导体柱电磁辐射损耗:将两分立导线用横电磁波模式传输时,一方面,它作为电磁波的定向传输系统传输电磁能;另一方面,在横电磁波的传输过程中,两分立的导体柱上方向相反的时变电流必然导致电磁波的辐射。因此,导体柱相当于两个辐射电磁波的天线,如图 9-6 所示。在忽略导线 1 和导线 2 在 P 点辐射场的幅度微小差别时,P 点的总场为

$$\begin{cases}\boldsymbol{E}=\boldsymbol{E}_1+\boldsymbol{E}_2=\boldsymbol{E}_2[1-\exp(-\mathrm{j}kL(P))]\\ \boldsymbol{H}=\boldsymbol{H}_1+\boldsymbol{H}_2=\boldsymbol{H}_2[1-\exp(-\mathrm{j}kL(P))]\\ kL(P)=2\pi\dfrac{D}{\lambda}\cos\theta_P\end{cases}\tag{9-2-1}$$

式中:下标 1 和 2 分别表示导线 1 和 2 的辐射场。当频率较低(波长较长)时,两导体柱的间距小,$\lambda\gg D$,两导体柱的间距引起辐射电磁波的相位差可以忽略不计,两导体柱向空间辐射的电磁场相互抵消,整个导波系统不向空间辐射能量,或辐射的能量可以忽略不计。当频率增加到导线之间的间距与波长相比忽略时,导线向空间辐射的电磁场不再相互抵消,整个系统向空间辐射能量,从而导致辐射损耗。

---

* dB 是工程中经常用于描述系统对信号放大或缩小的术语,其定义为一个系统的输出与输入的比,即

$$\mathrm{dB}=10\lg\frac{\text{output power}}{\text{input power}}\quad 或\quad \mathrm{dB}=20\lg\frac{\text{output signal}}{\text{input signal}}$$

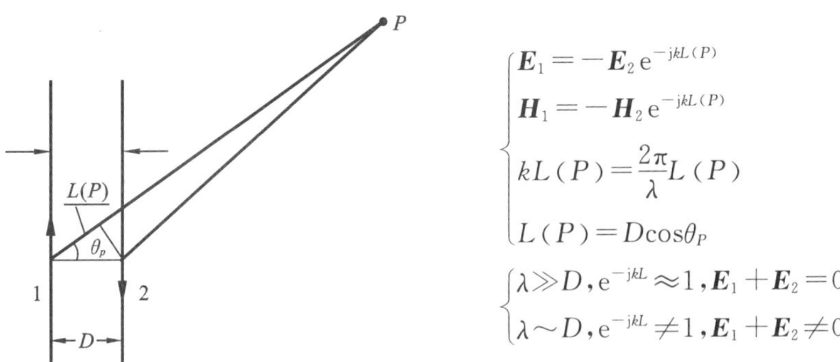

图 9-6　导体柱相当于两个电磁波的辐射天线

基于上述两个原因，两分立的导体柱构成的导波系统只能用于低频电磁波信号的传输，如应用这种结构传输电能和语音信号（有线电话）等。随着频率的增加，传输过程中的热损耗和辐射损耗增大，信号能量的衰减增加。两分立的导体柱构成的导波系统不仅不能很好地传输信号，严重时还会导致系统的烧毁和损坏。

9.2.2　横电磁波模式的传输

为了传输频率较高的横电磁波信号，必须减小因趋肤效应而增加的热损耗和因辐射而增加的辐射损耗。减小导体的热损耗必须增加导体柱的有效载流横截面积；减小辐射损耗有效的方法是不使电磁波向空间辐射。双导线演变为同轴线。同轴线不仅增加了有效载流横截面积，还由于外导体的横截面封闭，避免了电磁波的辐射损耗，其横截面如图 9-7 所示。

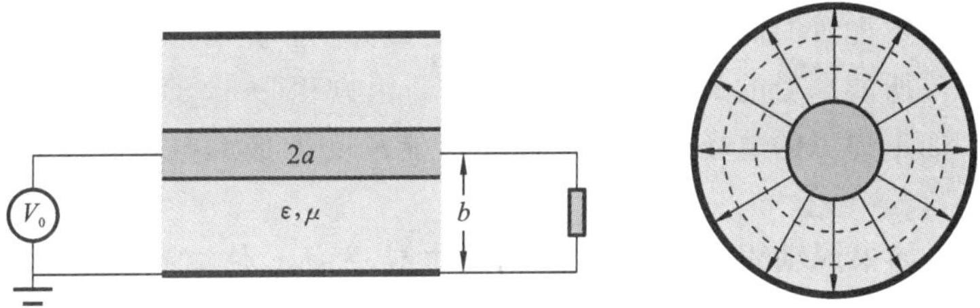

图 9-7　同轴线传输线 TEM 波

当同轴线传输横电磁波信号时，外导体接地，内导体电压幅值为 V_0，其横截面上电磁场与二维平面静态电磁场满足的方程相同，考虑到系统的对称性并利用边界电位数值，容易求得同轴线横截面上电位函数为

$$\phi(\rho,\varphi) = \frac{V_0}{\ln \dfrac{a}{b}} \ln \frac{\rho}{b} \tag{9-2-2}$$

应用式(9-1-7)求得同轴线内 TEM 波的电场和磁场为

$$\begin{cases} \boldsymbol{E}(\rho,\varphi,z) = -\hat{e}_\rho \dfrac{\partial}{\partial \rho}\phi(\rho,\varphi)\mathrm{e}^{-\mathrm{j}kz} = \hat{e}_\rho \dfrac{V_0}{\ln \dfrac{b}{a}} \dfrac{1}{\rho} \mathrm{e}^{-\mathrm{j}kz} \\ H(\rho,\varphi,z) = \dfrac{1}{\eta}\hat{e}_z \times \hat{e}_\rho \dfrac{\partial}{\partial \rho}\phi(\rho,\varphi)\mathrm{e}^{-\mathrm{j}kz} = \hat{e}_\varphi \dfrac{V_0}{\eta \ln \dfrac{b}{a}} \dfrac{1}{\rho} \mathrm{e}^{-\mathrm{j}kz} \end{cases} \tag{9-2-3}$$

如果同轴线内导体传导的总电流的幅值为 I_0，在同轴线的任意横截面上应用广义安培定律

$$\oint_L \boldsymbol{H}(x,y)\cdot \mathrm{d}\boldsymbol{l} = I_0 + \mathrm{j}\omega\varepsilon \iint_S \boldsymbol{E}(x,y)\cdot \mathrm{d}\boldsymbol{S}$$

其中，L 为包含内导体的任意闭合曲线，S 为 L 包围的面积。为了计算方便，取 L 为包含内导体的同心圆周，并考虑到电场没有 z 分量，面积分因电场与面元法向正交而为零，得到

$$I_0 = \frac{2\pi V_0}{\eta \ln \dfrac{b}{a}} \tag{9-2-4}$$

与电路分析方法一样，工程上定义同轴线横电磁波传输的特性阻抗为

$$Z_c = \frac{V_0}{I_0} = \frac{\eta}{2\pi}\ln\frac{b}{a} = \sqrt{\frac{\mu}{\varepsilon}}\frac{1}{2\pi}\ln\frac{b}{a} \tag{9-2-5}$$

它是同轴线内外半径和填充介质电磁特性参数的函数。通过不同参数的配置，可以得到不同的特性阻抗。需要特别说明的是，同轴线特性阻抗是在负载完全吸收所传输的电磁波而无反射时的完全行波状态下定义的。

利用方程(9-2-3)还可以得到同轴线传输横电磁波的功率为

$$\begin{aligned} P &= \frac{1}{2}\mathrm{Re}\left[\iint_S \boldsymbol{E}^* \times \boldsymbol{H}\cdot \mathrm{d}\boldsymbol{S}\right] = \frac{1}{2\eta}\frac{V_0^2}{\left(\ln\dfrac{b}{a}\right)^2}\int_0^{2\pi}\mathrm{d}\varphi\int_a^b \frac{1}{\rho}\mathrm{d}\rho \\ &= \frac{2\pi}{2\eta}\frac{V_0^2}{\ln\dfrac{b}{a}} = \frac{1}{2}V_0\frac{2\pi V_0}{\eta\ln\dfrac{b}{a}} = \frac{1}{2}V_0 I_0 \end{aligned} \tag{9-2-6}$$

对于一定参数配置的同轴线，它所能传输的最大功率是有一定限制的，其值由横截面填充绝缘介质所能承受的最大电场强度决定。由方程(9-2-3)可知，在内导体的表面处，电场最强，如果那里的电场强度等于介质所能承受的最大电场强度，传输的功率达到极限。

【例 9.1】 如果同轴线为金属良导体，其电导率为 σ，估算同轴线横电磁波模式传输的状态下，单位长度的损耗与传输功率之比。

解 单位长度同轴线的电阻(含内外导体)近似为

$$R = \frac{1}{2\pi\sigma\delta}\left(\frac{1}{a}+\frac{1}{b}\right)$$

其中，δ 为趋肤深度，单位长度同轴线的热损耗为

$$P_L = \frac{1}{2}RI_0^2 = \frac{1}{4\pi\sigma\delta}\left(\frac{1}{a}+\frac{1}{b}\right)I_0^2 = \frac{\pi}{\sigma\delta b}\left(\frac{b}{a}+1\right)\frac{V_0^2}{\left(\eta\ln\dfrac{b}{a}\right)^2} \tag{9-2-7}$$

同轴线单位长度的损耗与传输功率之比为

$$\frac{P_L}{P} = \frac{1}{b\sigma\delta\eta\ln\dfrac{b}{a}}\left(1+\frac{b}{a}\right) = \sqrt{\frac{\omega\mu}{2\sigma}}\frac{1}{\eta\ln\dfrac{b}{a}}\left(\frac{1}{b}+\frac{1}{a}\right) \tag{9-2-8}$$

上述简单分析还说明，对于传输横电磁波的同轴线而言，在电磁波传播方向的任意横截面上，其电磁场只有横向分量，且由两导体柱间的电压和其上的传导电流唯一确定。因此，同轴线传播方向过某点的横截面上的电磁场分布由该点处电压和电流完全

确定。此外,同轴线上不同点处电压和电流一般不为恒定值,其原因在于同轴线本身是具有电容、电感、电阻分布式参数特点的导波系统。据此,可以将同轴线导波系统等效为分布参数的电路系统进行分析处理。读者可以通过建立同轴线等效电路,根据基尔霍夫定律导出相关结果。

9.2.3 横电波和横磁波模式的传输

根据上一节的分析讨论可知,同轴线不仅能够应用于横电磁波模式的传输,如果本征值方程(9-1-10b)和方程(9-1-12b)在同轴线边界条件下有解,且 $k^2-k_c^2\geqslant 0$,则同轴线还能够应用于横电波(TE)和横磁波(TM)模式的传输。

1. 横电波和横磁波模式的本征值问题

将横电波模式下场的其他分量表示式(9-1-11)用圆柱坐标系表示,得

$$\begin{cases}H_\rho(\rho,\varphi)=-\mathrm{j}\dfrac{k_z}{k_c^2}\left[\dfrac{\partial H_z}{\partial\rho}\right],H_\varphi(\rho,\varphi)=-\mathrm{j}\dfrac{k_z}{k_c^2}\left[\dfrac{\partial H_z}{\rho\partial\varphi}\right]\\ E_\rho(\rho,\varphi)=-\mathrm{j}\dfrac{1}{k_c^2}\left[\dfrac{k}{\eta}\dfrac{\partial H_z}{\rho\partial\varphi}\right],E_\varphi(\rho,\varphi)=\mathrm{j}\dfrac{1}{k_c^2}\left[\dfrac{k}{\eta}\dfrac{\partial H_z}{\partial\rho}\right]\end{cases}\tag{9-2-9}$$

$E_\varphi(\rho,\varphi)$ 对于同轴线内外导体表面为切向分量,必须为零。该条件与方程(9-1-10b)一起构成横电波模式的本征值问题,即

$$\begin{cases}\nabla_T^2H_z(\rho,\varphi)+k_c^2H_z(\rho,\varphi)=0\\ \left[\dfrac{\partial H_z}{\partial\rho}\right]_{\rho=a,b}=0\end{cases}\tag{9-2-10}$$

类似的,利用电场 $E_z(\rho,\varphi)$ 在同轴线内外导体表面为零,得到横磁波模式的本征值问题为

$$\begin{cases}\nabla_T^2E_z(\rho,\varphi)+k_c^2E_z(\rho,\varphi)=0\\ E_z(\rho,\varphi)\big|_{\rho=a,b}=0\end{cases}\tag{9-2-11}$$

场的其他分量可以通过如下关系式:

$$\begin{cases}E_\rho(\rho,\varphi)=-\mathrm{j}\dfrac{k_z}{k_c^2}\left[\dfrac{\partial E_z}{\partial\rho}\right],H_\rho(\rho,\varphi)=\mathrm{j}\dfrac{1}{k_c^2}\left[\dfrac{k}{\eta}\dfrac{\partial E_z}{\rho\partial\varphi}\right]\\ E_\varphi(\rho,\varphi)=-\mathrm{j}\dfrac{k_z}{k_c^2}\left[\dfrac{\partial E_z}{\rho\partial\varphi}\right],H_\varphi(\rho,\varphi)=-\mathrm{j}\dfrac{1}{k_c^2}\left[\dfrac{k}{\eta}\dfrac{\partial E_z}{\partial x}\right]\end{cases}\tag{9-2-12}$$

获得。

本征值问题方程(9-2-10)和方程(9-2-11)有相同形式的本征值方程,具有相同形式的通解。应用分离变量方法,求得其通解为

$$\psi_n(k_c\rho,\varphi)=[A_nJ_n(k_c\rho)+B_nN_n(k_c\rho)]\begin{Bmatrix}\cos(n\varphi)\\ \sin(n\varphi)\end{Bmatrix}\tag{9-2-13}$$

式中:n 的取值为 0 和正整数;$J_n(k_c\rho)$ 为贝塞尔函数;$N_n(k_c\rho)$ 为诺伊曼函数。

2. 横磁波模式的传播

将通解(9-2-13)代入方程(9-2-11),利用边界条件,得

$$\begin{cases}A_nJ_n(k_ca)+B_nN_n(k_ca)=0\\ A_nJ_n(k_cb)+B_nN_n(k_cb)=0\end{cases}\tag{9-2-14}$$

A_n 和 B_n 不能同时为零,必有行列式

$$\begin{vmatrix} J_n(k_c a) & N_n(k_c a) \\ J_n(k_c b) & N_n(k_c b) \end{vmatrix} = 0 \tag{9-2-15}$$

从而得到本征值 k_c 的代数方程,其解记为 k_{cnm}^{TM},下标 n 表示柱函数的阶数,m 表示方程(9-2-15)零点序号(从小至大排列)。n、m 的每一组取值代表同轴线中横磁波传播的一种可能模式,记为TM_{nm}。

利用贝塞尔函数和诺伊曼(Neumann Carl Gottfried,1832—1925 年,德国数学家)函数的渐近关系式求超越方程(9-2-15),得到第 m 零点的近似值为

$$k_{cnm}^{TM} = \frac{2\pi}{\lambda_{cnm}^{TM}} = \frac{m\pi}{b-a} \quad 或 \quad \lambda_{cnm}^{TM} = \frac{2(b-a)}{m} \tag{9-2-16}$$

式(9-2-16)中最低横磁波模式的(最大)截止波长为

$$\lambda_{cn1}^{TM} = 2(b-a) \tag{9-2-17}$$

根据截止波长概念,当电磁波的波长小于最低横磁波模式的截止波长时,同轴线中存在该模式的横磁波传播。此外,式(9-2-17)表明同轴线中横磁波模式的近似截止波长与 n 无关。这意味着,只要同轴线中存在TM_{01}模式的横磁波传播,则可能同时出现TM_{n1} $(n=1,2,3,\cdots)$模式的横磁波在同轴线中传播。这一现象称为模式的简并。

3. 横电波模式的传播

将通解(9-2-13)代入方程(9-2-10),利用边界条件,得

$$\begin{cases} A_n J'_n(k_c a) + B_n N'_n(k_c a) = 0 \\ A_n J'_n(k_c b) + B_n N'_n(k_c b) = 0 \end{cases} \tag{9-2-18}$$

A_n 和 B_n 同样不能同时为零,必有行列式

$$\begin{vmatrix} J'_n(k_c a) & N'_n(k_c a) \\ J'_n(k_c b) & N'_n(k_c b) \end{vmatrix} = 0 \tag{9-2-19}$$

从而得到确定横电波模式本征值 k_c 的代数方程。将其解记为 k_{cnm}^{TE},n、m 的每一组取值代表同轴线中横磁波传播的一种可能模式,记为TE_{nm}。

特别地,当 $n=0$ 时,利用贝塞尔函数的递推关系,式(9-2-19)变为

$$\begin{vmatrix} J'_0(k_c a) & N'_0(k_c a) \\ J'_0(k_c b) & N'_0(k_c b) \end{vmatrix} = \begin{vmatrix} J_1(k_c a) & N_1(k_c a) \\ J_1(k_c b) & N_1(k_c b) \end{vmatrix} = 0 \tag{9-2-20}$$

此式与TM_{1m} $(m=1,2,3,\cdots)$模式的本征值方程(9-2-15)相同,因此TE_{01}模式的截止波长与TM_{11}模式截止波长相同,即

$$\lambda_{c01}^{TE} = \lambda_{c11}^{TM} = 2(b-a) \tag{9-2-21}$$

当 $n\neq 0$ 时,采取近似或数值方法求超越方程(9-2-19),得到第一个零点的近似值为

$$k_{cn1}^{TE} = \frac{2\pi}{\lambda_{cn1}^{TE}} = \frac{2n}{(a+b)} \quad 或 \quad \lambda_{cn1}^{TE} = \frac{\pi(a+b)}{n} \tag{9-2-22}$$

最低横电波模式的(最大)截止波长为

$$\lambda_{c11}^{TE} = \pi(a+b) \tag{9-2-23}$$

因此,当电磁波的波长小于最低横电波模式的截止波长时,同轴线中存在TE_{11}模式横电波的传输。

综合上述分析,由于 $\lambda_{c11}^{TE} > \lambda_{c11}^{TM}$,横电波的最低模式同样也是同轴线的最低模式,其截止波长为同轴线横电波和横磁波模式中最低模式的截止波长。当电磁波的波长小于

λ_{c11}^{TE}时，同轴线中传输横电波或横磁波模式的电磁波，如图 9-8 所示。

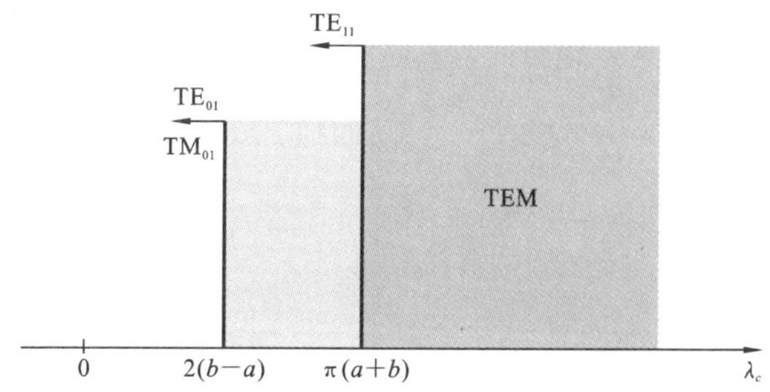

图 9-8 同轴线传输模式截止波长分布

9.2.4 同轴线的工程设计

在实际应用中，同轴线主要用于横电磁波(TEM)的传输，或称为主模传输；而横电波(TE)或横磁波(TM)模式(又称为高次模)一般不利用同轴线传输。一方面是因为高次模的频率较高，同轴线内外导体热损耗大；另一方面是因为横电波或横磁波模式存在简并态，信号在传播过程中极化和波阻抗发生改变，波形因色散而变形。

由于同轴线在电磁波信号的传输上有前面讨论的特性，因此，工程设计上应合理选择内外导体的尺寸和填充介质，保证其工作于横电磁波传输模式，并尽可能使得传输功率大而损耗最小。为了保证横电磁波传输模式，电磁波的最小波长应大于λ_{c11}^{TE}，即传输信号的频率波长满足：

$$\lambda_{\min} > \lambda_{c11}^{TE} = \pi(a+b) \Rightarrow (a+b) \leqslant \frac{\lambda_{\min}}{\pi} \tag{9-2-24}$$

所谓功率容量最大设计，是指横电磁波模式传播和能承受最大击穿电压的前提下，合理配置同轴线内外导体的半径，使传输功率达到最大。设同轴线内介质的击穿电场强度为E_{br}(与填充介质有关)，而同轴线内最强电场在内导体表面处，利用式(9-2-3)求得击穿电压为

$$V_{0br} = E_{br} a \ln \frac{b}{a} \tag{9-2-25a}$$

相对应的功率容量为

$$P_{br} = \frac{\pi}{\eta} V_{0br}^2 \left(\ln \frac{b}{a}\right)^{-1} = \frac{\pi}{\eta} (E_{br} a)^2 \ln \frac{b}{a} \tag{9-2-25b}$$

当同轴线内外导体达到最佳配置时，式(9-2-25b)满足：

$$\frac{\mathrm{d}}{\mathrm{d}a} P_{br}(a) = \frac{\pi}{\eta} E_{br}^2 \frac{\mathrm{d}}{\mathrm{d}a}\left(a^2 \ln \frac{b}{a}\right) = 0 \Rightarrow \frac{b}{a} \approx 1.65 \tag{9-2-26}$$

在这一比例下，无介质填充的同轴线的特性阻抗为

$$Z_c = \frac{V_0}{I_0} = \frac{\eta_0}{2\pi} \ln \frac{b}{a} = 60\ln 1.65\ \Omega = 30\ \Omega \tag{9-2-27}$$

从传输能量损耗最低要求出发，即要求损耗与传输功率之比(见式(9-2-8))满足：

$$\frac{\mathrm{d}}{\mathrm{d}a}\left(\frac{P_L}{P}\right) = \frac{\mathrm{d}}{\mathrm{d}a}\left[\sqrt{\frac{\omega\mu}{2\sigma}} \frac{1}{\eta(\ln b - \ln a)} \left(\frac{1}{b} + \frac{1}{a}\right)\right] = 0 \Rightarrow \frac{b}{a} \approx 3.59 \tag{9-2-28}$$

对应的无介质填充的同轴线的特性阻抗为

$$Z_c=\frac{V_0}{I_0}=\frac{\eta_0}{2\pi}\ln\frac{b}{a}=60\ln3.6\ \Omega\approx77\ \Omega \tag{9-2-29}$$

为兼顾功率容量最大和损耗最低两方面的要求，工程设计上取外内半径比为上述两个比值的折中，即$\frac{b}{a}=2.3$。无介质填充时，同轴线的特性阻抗为

$$Z_c=\frac{V_0}{I_0}=\frac{\eta_0}{2\pi}\ln\frac{b}{a}=60\ln2.3\ \Omega\approx50\ \Omega \tag{9-2-30}$$

9.3 矩形金属波导

9.3.1 波导的产生

在电磁波信号频率较低的情况下，辐射和热损耗相对较小，双导线是应用广泛的导波系统。因场随时间变化慢，导波系统的长度远小于电磁波的波长，如 1 kHz 的电磁波，波长为 300 km，千米量级的导波系统范围内，场随时间变化可以忽略不计，可以借用电路理论中电压、电流等电路理论的概念分析长波系统，如城市的有线电话是其大型应用。

随着频率的增加，如高频波段，场随时间变化显著，辐射和热损耗增大，通过增加传输导线的载流横截面积和屏蔽辐射的方式减少损耗，出现了同轴线。此时电路理论不再适用，必须用场的分析方法。当频率进一步增加，同轴线内导体热损耗变得非常严重，一种解决方法是把内导体去掉，这就是波导，其演变过程如图 9-9 所示。矩形波导是金属波导最简单的一种结构，其横截面为矩形。下面以矩形波导为例，讨论波导系统中电磁波信号的传输。

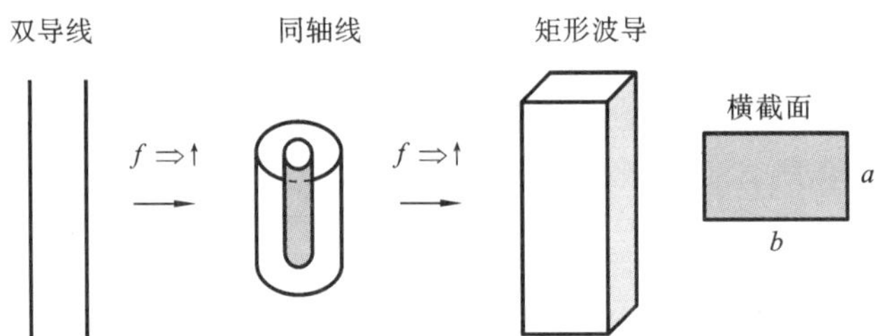

图 9-9 随频率变化的导波系统

9.3.2 矩形波导中场的分布

设矩形波导的轴线为 z 轴，横截面的长为 a，宽度为 b，如图 9-10 所示。根据第 9.2 节的讨论，波导内不能存在横电磁波传输模式，只可能存在横电波或横磁波传输模式。考虑到波导内电场和磁场中的 6 个分量只有 2 个独立分量，设为 E_z、H_z，即波导中任意的电磁波可以分解为横电波($E_z\neq0, H_z=0$)和横磁波($E_z=0, H_z\neq0$)两个传输模式的叠加。因此，可先求出 E_z、H_z，再通过式(9-1-5)得到其他分量。

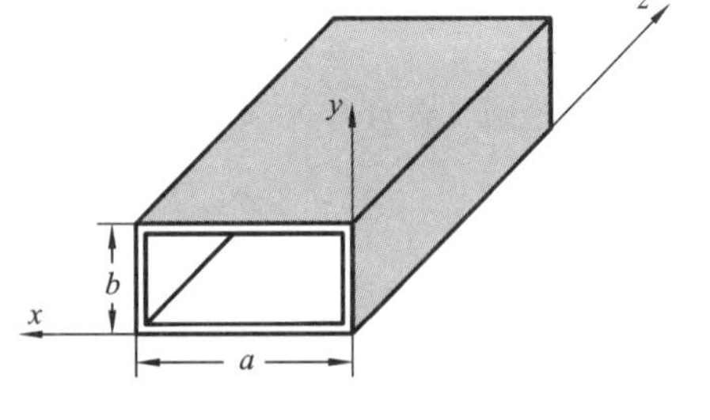

图 9-10 矩形波导

直接应用第 9.2 节讨论的结果，E_z、H_z 有如下形式的通解：

$$\begin{cases} E_z(x,y,z)=E_z(x,y)\mathrm{e}^{-\mathrm{j}k_z z} \\ H_z(x,y,z)=H_z(x,y)\mathrm{e}^{-\mathrm{j}k_z z} \end{cases} \tag{9-3-1}$$

其中，$E_z(x,y)$、$H_z(x,y)$ 分别为本征值问题方程

$$\begin{cases} \nabla_T^2 E_z(x,y)+k_c^2 E_z(x,y)=0 \\ \hat{n}\times\hat{e}_z E_z(x,y)|_\Gamma=\mathbf{0} \end{cases} \tag{9-3-2a}$$

$$\begin{cases} \nabla_T^2 H_z(x,y)+k_c^2 H_z(x,y)=0 \\ \hat{n}\times\nabla\times\hat{e}_z H_z(x,y)|_\Gamma=\mathbf{0} \end{cases} \tag{9-3-2b}$$

的解。根据本征值问题方程解的理论，其本征值为一实数序列，本征值对应的本征函数构成完备函数系。每一本征值及其对应的本征函数表示波导内可存在一种导行波模式。由方程(9-3-2a)确定的模式记为横磁波(TM)模式，而由方程(9-3-2b)确定的模式记为横电波(TE)模式。

应用分离变量方法，求得方程(9-3-2a)的一般解为

$$\begin{cases} E_z(x,y)=A\cos(k_x x)+B\sin(k_x x) \\ k_c^2=k_x^2+k_y^2 \end{cases} \tag{9-3-3}$$

利用 $E_z(x,y)$ 在波导边界上满足条件，得

$$\begin{cases} E_z(0,y)=0 \Rightarrow A=0, E_z(a,y)=0 \Rightarrow k_x=\dfrac{m\pi}{a}, m=1,2,3,\cdots \\ E_z(x,0)=0 \Rightarrow C=0, E_z(x,b)=0 \Rightarrow k_y=\dfrac{n\pi}{b}, n=1,2,3,\cdots \end{cases} \tag{9-3-4}$$

于是得到本征值及其对应的解为

$$\begin{cases} E_z(x,y)=E_{mn}\sin\left(\dfrac{m\pi}{a}x\right)\sin\left(\dfrac{n\pi}{b}y\right) \\ k_c=\sqrt{k_x^2+k_y^2}=\pi\sqrt{\left(\dfrac{m}{a}\right)^2+\left(\dfrac{n}{b}\right)^2} \end{cases},\quad m,n=1,2,3,\cdots \tag{9-3-5a}$$

每一组 m、n 及其所对应的解记为TM_{mn}模式。式(9-3-5a)表明，在波导的横截面上，电磁场为驻波分布，m、n 分别为宽边 a 和窄边 b 上驻波的半波数。该模式的其他电磁场分量为

$$\begin{cases} E_x(x,y)=-\mathrm{j}\dfrac{k_z}{k_c^2}\left[\dfrac{\partial E_z}{\partial x}\right]=-\mathrm{j}\dfrac{k_z}{k_c^2}\left(\dfrac{m\pi}{a}\right)E_{mn}\cos\left(\dfrac{m\pi}{a}x\right)\sin\left(\dfrac{n\pi}{b}y\right) \\ E_y(x,y)=-\mathrm{j}\dfrac{k_z}{k_c^2}\left[\dfrac{\partial E_z}{\partial y}\right]=-\mathrm{j}\dfrac{k_z}{k_c^2}\left(\dfrac{n\pi}{b}\right)E_{mn}\sin\left(\dfrac{m\pi}{a}x\right)\cos\left(\dfrac{n\pi}{b}y\right) \\ H_x(x,y)=\mathrm{j}\dfrac{k}{\eta k_c^2}\left[\dfrac{\partial E_z}{\partial y}\right]=\mathrm{j}\dfrac{k}{\eta k_c^2}\left(\dfrac{n\pi}{b}\right)E_{mn}\sin\left(\dfrac{m\pi}{a}x\right)\cos\left(\dfrac{n\pi}{b}y\right) \\ H_y(x,y)=-\mathrm{j}\dfrac{k}{\eta k_c^2}\left[\dfrac{\partial E_z}{\partial x}\right]=-\mathrm{j}\dfrac{k}{\eta k_c^2}\left(\dfrac{m\pi}{a}\right)E_{mn}\cos\left(\dfrac{m\pi}{a}\right)x\sin\left(\dfrac{n\pi}{b}y\right) \end{cases} \tag{9-3-5b}$$

采用同样的方法，求解方程(9-3-2)得到磁场 H_z 的本征解为

$$\begin{cases} H_z(x,y)=H_{mn}\cos\left(\dfrac{m\pi}{a}x\right)\cos\left(\dfrac{n\pi}{b}y\right) \\ k_c=\sqrt{k_x^2+k_y^2}=\pi\sqrt{\left(\dfrac{m}{a}\right)^2+\left(\dfrac{n}{b}\right)^2} \end{cases}\quad m,n=0,1,2,\cdots \tag{9-3-6a}$$

式中:m、n 不能同时为零,每一组 m、n 所对应的解记为TE_{mn}模式。该模式的其他电磁场分量为

$$\begin{cases} H_x(x,y)=-\mathrm{j}\dfrac{k_z}{k_c^2}\left[\dfrac{\partial H_z}{\partial x}\right]=\mathrm{j}\dfrac{k_z}{k_c^2}\left(\dfrac{m\pi}{a}\right)H_{mn}\sin\left(\dfrac{m\pi}{a}x\right)\cos\left(\dfrac{n\pi}{b}y\right) \\ H_y(x,y)=-\mathrm{j}\dfrac{k_z}{k_c^2}\left[\dfrac{\partial H_z}{\partial y}\right]=\mathrm{j}\dfrac{k_z}{k_c^2}\left(\dfrac{n\pi}{b}\right)H_{mn}\cos\left(\dfrac{m\pi}{a}x\right)\sin\left(\dfrac{n\pi}{b}y\right) \\ E_x(x,y)=-\mathrm{j}\dfrac{k\eta}{k_c^2}\left[\dfrac{\partial H_z}{\partial y}\right]=\mathrm{j}\dfrac{k\eta}{k_c^2}\left(\dfrac{n\pi}{b}\right)H_{mn}\cos\left(\dfrac{m\pi}{a}x\right)\sin\left(\dfrac{n\pi}{b}y\right) \\ E_y(x,y)=\mathrm{j}\dfrac{k\eta}{k_c^2}\left[\dfrac{\partial H_z}{\partial x}\right]=-\mathrm{j}\dfrac{k\eta}{k_c^2}\left(\dfrac{m\pi}{a}\right)H_{mn}\sin\left(\dfrac{m\pi}{a}\right)x\cos\left(\dfrac{n\pi}{b}y\right) \end{cases} \tag{9-3-6b}$$

波导中电磁波的瞬时表示式可表示为

$$\begin{cases} \boldsymbol{E}(x,y,z,t)=\sum\limits_{m,n}\left[\boldsymbol{E}_{mn}^{\mathrm{TE}}(x,y)+\boldsymbol{E}_{mn}^{\mathrm{TM}}(x,y)\right]\mathrm{e}^{-\mathrm{j}(k_z z-\omega t)} \\ \boldsymbol{H}(x,y,z,t)=\sum\limits_{m,n}\left[\boldsymbol{H}_{mn}^{\mathrm{TE}}(x,y)+\boldsymbol{H}_{mn}^{\mathrm{TM}}(x,y)\right]\mathrm{e}^{-\mathrm{j}(k_z z-\omega t)} \end{cases} \tag{9-3-7}$$

其中,$\boldsymbol{E}_{mn}^{\mathrm{TM}}(x,y)$、$\boldsymbol{H}_{mn}^{\mathrm{TM}}(x,y)$由方程(9-3-5)给出,$\boldsymbol{E}_{mn}^{\mathrm{TE}}(x,y)$、$\boldsymbol{H}_{mn}^{\mathrm{TE}}(x,y)$由方程(9-3-6)给出。

9.3.3 矩形波导中电磁波传播特性

通过上述波导中场的讨论,无论是TM_{mn}模式,还是TE_{mn}模式,要使其能在波导中传播,本征值 k_c 的取值必须保证 $k_z=\sqrt{k^2-k_c^2}\geqslant 0$,否则沿传播方向传播的电磁波为指数衰减。利用这一关系求得能在波导中传播的电磁波的截止波长为

$$\lambda_c=\frac{2}{\sqrt{\left(\dfrac{m}{a}\right)^2+\left(\dfrac{n}{b}\right)^2}} \tag{9-3-8a}$$

相对应的截止频率为

$$f_c=\frac{1}{\lambda_c\sqrt{\varepsilon\mu}}=\frac{1}{2\sqrt{\varepsilon\mu}}\sqrt{\left(\frac{m}{a}\right)^2+\left(\frac{n}{b}\right)^2} \tag{9-3-8b}$$

其中,ε、μ 为矩形波导内介质的电磁特性参数。因此,只有 $\lambda\leqslant\lambda_c$(或 $f\geqslant f_c$)的电磁波才能在波导中传播。

当波长小于截止波长,该电磁波能在波导中传播,波的相位传播速度为

$$v_p=\frac{\omega}{k_z}=\frac{\omega}{\sqrt{k^2-k_c^2}}=\frac{\omega}{\sqrt{k^2-\pi^2\left[\left(\dfrac{m}{a}\right)^2+\left(\dfrac{n}{b}\right)^2\right]}}=\frac{v}{\sqrt{1-\left(\dfrac{f_c}{f}\right)^2}} \tag{9-3-9a}$$

波导中相位变化 2π 对应的距离具有波长概念,称波导波长,记为 λ_g,其值为

$$\lambda_g=\frac{2\pi}{k_z}=\frac{2\pi}{\sqrt{k^2-k_c^2}}=\frac{2\pi}{\sqrt{k^2-\pi^2\left[\left(\dfrac{m}{a}\right)^2+\left(\dfrac{n}{b}\right)^2\right]}}=\frac{\lambda}{\sqrt{1-\left(\dfrac{f_c}{f}\right)^2}} \tag{9-3-9b}$$

式中:v 和 λ 分别为无界均匀介质(与波导内填充介质相同)空间中的电磁波传播的速度和波长。

为了讨论不同模式电磁波传输的阻抗特性,取同一模式的横电场与横磁场复振幅之比(电场、磁场与波传播方向构成右手螺旋关系)为波阻抗定义,求得TM_{mn}和TE_{mn}模

式的波阻抗为

$$\begin{cases} Z_{\mathrm{TM}}=\left(\dfrac{E_x}{H_y}\right)_{\mathrm{TM}}=\left(-\dfrac{E_y}{H_x}\right)_{\mathrm{TM}}=\eta\dfrac{k_z}{k}=\eta\sqrt{1-\left(\dfrac{k_c}{k}\right)^2}=\eta\sqrt{1-\left(\dfrac{f_c}{f}\right)^2} \\ Z_{\mathrm{TE}}=\left(\dfrac{E_x}{H_y}\right)_{\mathrm{TE}}=\left(-\dfrac{E_y}{H_x}\right)_{\mathrm{TE}}=\eta\dfrac{k}{k_z}=\dfrac{\eta}{\sqrt{1-\left(\dfrac{k_c}{k}\right)^2}}=\dfrac{\eta}{\sqrt{1-\left(\dfrac{f_c}{f}\right)^2}} \end{cases} \tag{9-3-10}$$

其中，$\eta=\sqrt{\dfrac{\mu}{\varepsilon}}$为波导填充介质的特性阻抗。

归纳上述讨论结果，得到波导中传播的电磁波具有如下特点：

(1) 能在波导中传播的电磁波，必须满足 $\lambda\leqslant\lambda_c$（或 $f\geqslant f_c$）。因此，波导传播电磁波具有频率或波长的选择性。

(2) 截止波长（频率）不仅与波导的尺寸有关，同时还与模式有关，同一组 (m,n) 的取值，TM_{mn} 和 TE_{mn} 模有相同的截止波长（或频率），称为波导模式的简并。对于尺寸一定的矩形波导，存在最大的截止波长，由 TM_{mn} 和 TE_{mn} 模中最大截止波长确定。

(3) 波导中传播的电磁波是一非均匀平面波，等相位面为与波导轴线垂直的平面。相速度与波的频率有关，波导是一类具有色散特性的传输结构。

(4) $v_p>v$，如果波导没有介质填充，则 $v_p>c$；出现相速大于光速的原因已在第 9.2 节通过波在波导中反射传播的图像予以分析讨论。

(5) 不同模式的电磁波，具有不同的波阻抗；TM_{mn} 模式的波阻抗小于波导填充介质的特性阻抗，而 TE_{mn} 模式的波阻抗大于波导填充介质的特性阻抗。

【例 9.2】 已知矩形波导的 $a=5$ cm，$b=3$ cm，波导内部为真空，求最大截止波长和最小截止频率。

解 由于 TM_{mn} 模式中 m 和 n 不能为零，最大截止波长由最小的 m 和 n 组合得到，即 TM_{11} 模式的截止波长，根据式(9-3-7)，其值为

$$\lambda_{c\mathrm{TM}_{11}}=\frac{2ab}{\sqrt{a^2+b^2}}=\frac{2\times5\times3}{\sqrt{5^2+3^2}}\ \mathrm{cm}=5.145\ \mathrm{cm}$$

而对于 TE_{mn} 模式，m 和 n 不能同时为零，最大截止波长由 $m=1$ 和 $n=0$ 组合得到，即 TE_{10} 模式的截止波长，其值为

$$\lambda_{c\mathrm{TE}_{10}}=2a=10\ \mathrm{cm}$$

所以 $\lambda_{c\mathrm{TE}_{10}}$ 为该波导最大截止波长，对应的最小截止频率为

$$f_{c\mathrm{TE}_{10}}=3\times10^9\ \mathrm{Hz}$$

9.3.4 矩形波导的主模及场的分布

波导传输的电磁波可以是 TE_{mn} 和 TM_{mn} 模式的线性组合。但不同模式传输的电磁波信号的色散、波阻抗、极化和衰减各不相同，导致电磁波信号在多模传输过程中发生畸变，发射和接收匹配困难，极化也发生旋转。

为了减少波在传播过程中的色散畸变、阻抗匹配的困难，工程设计和应用上一般使波导工作在单模区。所谓单模工作区是指只允许单一模式存在的频率分布范围或波长分布范围。多模式工作区是指允许多个模式存在的频率分布范围或波长分布范围。图 9-11 所示的是宽边为 a、窄边为 b 的矩形波导工作区分布。当电磁波的波长 $\lambda\geqslant\lambda_{c\mathrm{TE}_{10}}$，

该电磁波不能在波导中传播，为截止区；当电磁波的波长为 $\lambda_{c\mathrm{TE}_{20}} \leqslant \lambda \leqslant \lambda_{c\mathrm{TE}_{10}}$（注意 $a>2b$），波导只能传播TE_{10}模式的电磁波，其他模式不能传播，这一区域称为单模工作区域。因此，单模式工作区为最大截止波长至次大截止波长所对应的区间。通常工作在单模区的传播模式称为主模。

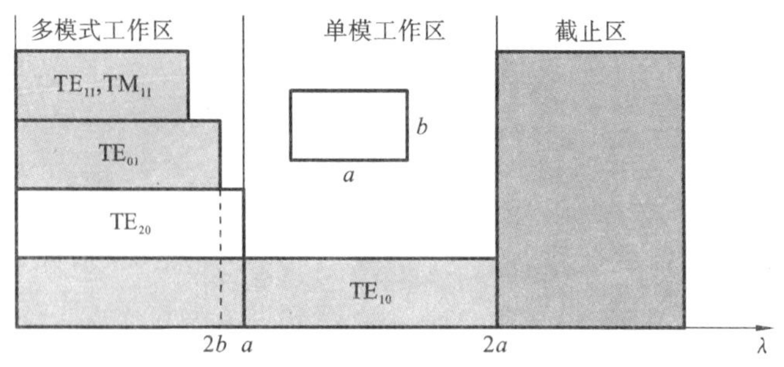

图 9-11　矩形波导中的模式谱

实际应用中，根据传输电磁波信号波长或频率，设计适当的波导尺寸，即可实现对电磁波的单模传输。如矩形波导的 TE_{10} 模，是应用中常用的工作模式，称为主模。将 $m=1$，$n=0$ 代入式(9-3-6)，得到该模式的电磁场为

$$\begin{cases} H_z = H_0 \cos\left(\dfrac{\pi}{a}x\right) \mathrm{e}^{-\mathrm{j}k_z z} \\ E_z = E_x = H_y = 0 \\ E_y = -\mathrm{j}\,\dfrac{\omega\mu}{k_c^2}\dfrac{\pi}{a} H_0 \sin\left(\dfrac{\pi}{a}x\right) \mathrm{e}^{-\mathrm{j}k_z z} \\ H_x = \mathrm{j}\,\dfrac{k_z}{k_c^2}\dfrac{\pi}{a} H_0 \sin\left(\dfrac{\pi}{a}x\right) \mathrm{e}^{-\mathrm{j}k_z z} \end{cases} \tag{9-3-11}$$

其中，$k_c = \dfrac{\pi}{a}$，对应的截止波长 $\lambda_c|_{\mathrm{TE}_{10}} = 2a$ 为最长的波长。当所传输电磁波的工作波长小于 $2a$，且又在单模工作区，就可以使波导只传输 TE_{10} 模。其电磁场的分布如图 9-12 所示。

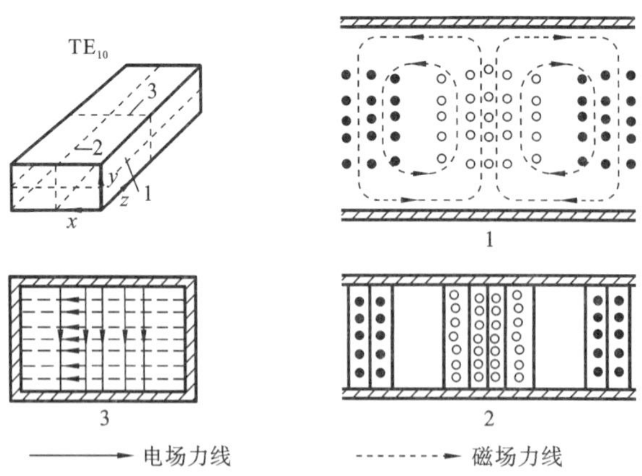

图 9-12　波导内电磁场分布

TE_{10} 模式传播的电磁波的相位传播速度、波导波长、波阻抗分别为

$$\begin{cases} v_{p\mathrm{TE}_{10}}=\dfrac{\omega}{k_z}=\dfrac{\omega}{\sqrt{k^2-k_c^2}}=\dfrac{v}{\sqrt{1-\left(\dfrac{\lambda}{2a}\right)^2}} \\ \lambda_{g\mathrm{TE}_{10}}=\dfrac{v_p}{f}=\dfrac{v}{f\sqrt{1-\left(\dfrac{\lambda}{2a}\right)^2}}=\dfrac{\lambda}{\sqrt{1-\left(\dfrac{\lambda}{2a}\right)^2}} \\ Z_{\mathrm{TE}_{10}}=\dfrac{-E_y}{H_x}=\dfrac{\omega\mu}{k_z}=\dfrac{\eta}{\sqrt{1-\left(\dfrac{\lambda}{2a}\right)^2}} \end{cases} \tag{9-3-12}$$

其中，v 和 λ 分别是将波导中的介质充满无界空间后电磁波传播的速度和波长。利用电磁场的分量表示式，还可求得 TE_{10} 模式的传输功率等。

利用边界条件 $\hat{n}\cdot\boldsymbol{D}|_\Sigma=\rho_S$ 和 $\hat{n}\times\boldsymbol{H}|_\Sigma=\boldsymbol{J}_S$，可以求出 TE_{10} 模式传播时波导壁上面电荷和面电流的分布。由于电场只有 y 分量，面电荷分布在波导的两个宽边上，其值分别为

$$\begin{cases} \rho_S|_{y=0}=-\mathrm{j}\omega\mu\varepsilon\dfrac{a}{\pi}H_0\sin\left(\dfrac{\pi}{a}x\right)\mathrm{e}^{-\mathrm{j}k_z z} \\ \rho_S|_{y=b}=\mathrm{j}\omega\mu\varepsilon\dfrac{a}{\pi}H_0\sin\left(\dfrac{\pi}{a}x\right)\mathrm{e}^{-\mathrm{j}k_z z} \end{cases} \tag{9-3-13}$$

它们大小相等、符号相反，是使电场力线从一个宽边的电荷发出，终止于另一宽边上的电荷。在波导的四壁上均有面电流分布，其值为

$$\begin{cases} \boldsymbol{J}_s|_{x=0}=\hat{e}_x\times(\hat{e}_xH_x+\hat{e}_zH_z)|_{x=0}=-\hat{e}_yH_0\mathrm{e}^{-\mathrm{j}k_z z} \\ \boldsymbol{J}_S|_{x=a}=-\hat{e}_x\times(\hat{e}_xH_x+\hat{e}_zH_z)|_{x=a}=-\hat{e}_yH_0\mathrm{e}^{-\mathrm{j}k_z z} \\ \boldsymbol{J}_S|_{y=0}=\hat{e}_y\times(\hat{e}_xH_x+\hat{e}_zH_z)|_{y=0}=\left[\hat{e}_x\cos\left(\dfrac{\pi}{a}x\right)-\hat{e}_z\mathrm{j}k_z\dfrac{a}{\pi}\sin\dfrac{\pi}{a}x\right]H_0\mathrm{e}^{-\mathrm{j}k_z z} \\ \boldsymbol{J}_S|_{y=b}=\hat{e}_y\times(\hat{e}_xH_x+\hat{e}_zH_z)|_{y=b}=-\left[\hat{e}_x\cos\left(\dfrac{\pi}{a}x\right)-\hat{e}_z\mathrm{j}k_z\dfrac{a}{\pi}\sin\dfrac{\pi}{a}x\right]H_0\mathrm{e}^{-\mathrm{j}k_z z} \end{cases} \tag{9-3-14}$$

图 9-13 所示的是某个时刻波导四壁上的面电流分布。

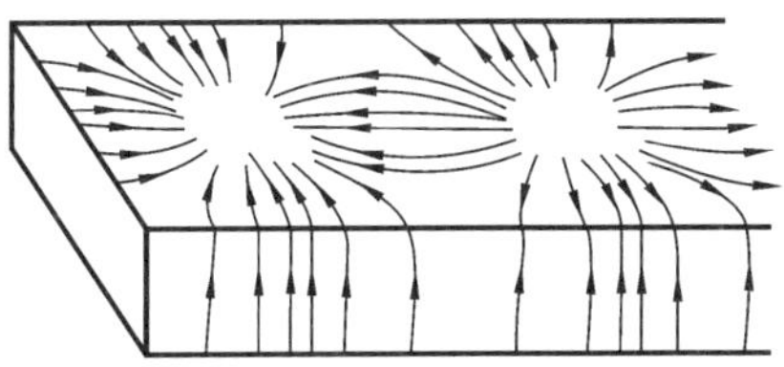

图 9-13 波导四壁上的面电流分布

需要指出的是，金属波导不可能是理想导体，传导的面电流必然导致热损耗，使电磁波在传输过程中不断衰减。

9.4* 圆柱形介质波导——光纤

9.4.1 圆柱状介质波导

同轴线、金属波导称为常规波导体，它们在无线电波频段获得了广泛的应用。但当

所传输电磁波的频率进一步提高，如光波段，就面临许多问题。如要实现光波的单模(TE_{10})传输，矩形波导的尺寸与光波长相当，这在制作工艺上面临着巨大的困难。此外，热损耗也随频率的增加而急剧增大，使得常规波导不用于波长比毫米波更短的电磁波的传输。

从理论上分析，凡具有约束电磁能量并能引导电磁波传播特性的结构，都可以设计制作成导波系统。常规波导利用的是导体界面对电磁波的反射特性，实现电磁波能量约束并引导传播。在电磁波传播理论中，不同介质的交界面也有约束电磁波能量的性质，利用这一性质设计的导波系统称为介质波导，它广泛应用于毫米波传输。不同介质界面的全反射特性同样具有约束电磁波能量并能引导其传播的性质，这正是介质柱波导即光纤所依据的基本原理。

光纤实际上是一种圆柱形介质波导，它在现代信息传输中具有容量大、中继距离远、保密性好、抗干扰强和成本低等优点。典型光纤是由折射率相近的两种介质组成，磁导率常数相同；其中一种介质的折射率为 n_1（相对于自由空间，以下相同），作为圆柱芯（或称纤芯）；另一种介质的折射率为 n_2，作为外加涂敷层（或称包层），并且 $n_1>n_2$，如图 9-14 所示。其结构与同轴线的相似。

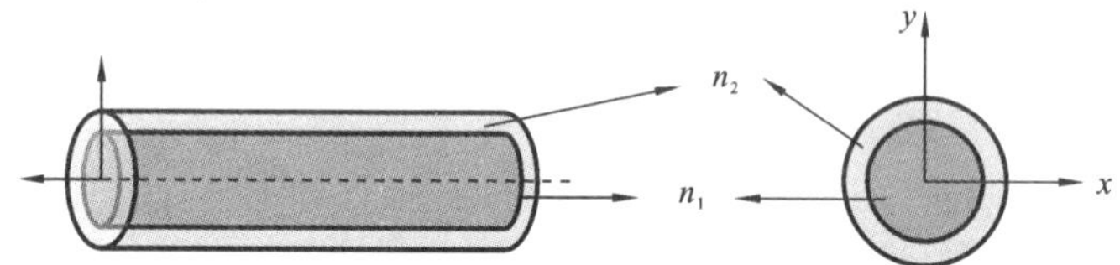

图 9-14　圆柱介质波导——光纤

9.4.2　射线分析方法

作为光纤中电磁波传播的一种近似，可采用射线追踪的方法来进行初步分析。由于介质柱的几何尺寸远大于光波的波长，电磁波在介质中传播的轨迹满足射线光学的基本定律。如图 9-15 所示，当一射线自外部空间以 θ_e 入射到纤芯，射线在纤芯与外部介质的界面经折射进入纤芯，按 Snell 折射定律

$$\sin\theta_t=\frac{n_0}{n_1}\sin\theta_e \tag{9-4-1}$$

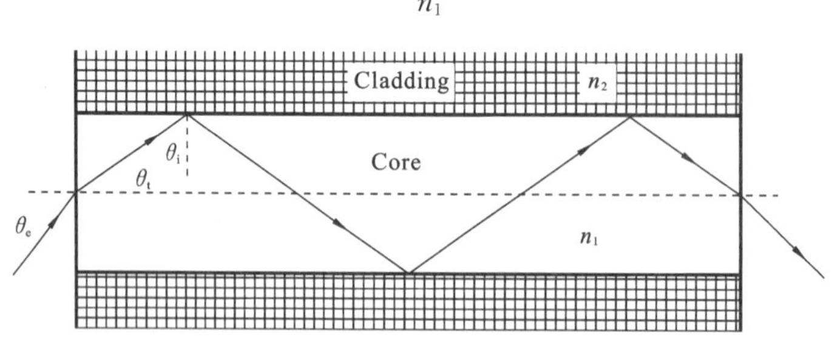

图 9-15　光纤中光信号的传输

并以折射角 θ_t 在纤芯中传播。其中，n_0 为外部空间介质的折射率。当进入纤芯的光到达纤芯与包层的界面时，如果入射角大于全反射的临界角

$$\theta_c=\arcsin\frac{n_2}{n_1} \tag{9-4-2}$$

时,将发生全反射而无光能量透出纤芯。入射光就能够在纤芯与包层的界面经过无数次的全反射向前传输。

从式(9-4-1)和式(9-4-2)得到如下的基本关系:

$$\sin\theta_e=\frac{n_1}{n_0}\sin\theta_t=\frac{n_1}{n_0}\sin(90°-\theta_c)=\frac{n_1}{n_0}\cos\theta_c \tag{9-4-3a}$$

或

$$\sin\theta_e=\frac{1}{n_0}\sqrt{n_1^2-n_2^2} \tag{9-4-3b}$$

如果光纤外部为自由空间,$n_0=1$,式(9-4-3)还可以进一步简化为

$$\sin\theta_e=\sqrt{n_1^2-n_2^2} \tag{9-4-4}$$

这一关系式表明,对于确定的光纤介质和一定频率的光波,$\sqrt{n_1^2-n_2^2}$为常数,该常数决定了能在光纤中传输的临界入射角 θ_e。即只有那些入射角度小于 θ_e 的光波才能在光纤中传输,称$\sqrt{n_1^2-n_2^2}$为光纤的数值孔径。

由于纤芯和包层的折射率 n_1、n_2 一般是频率的函数,不同频率的光波全反射角也不相同,使同一角度入射而不同频率的射线在光纤中的传播路径不同,或者说不同频率的光信号在光纤中传播的相速度不同,即光纤为色散导波系统。

9.4.3 光纤中场的方程

光纤中波传播的严格求解必须建立在场方程求解的基础之上,但非常复杂。为此首先对光纤系统进行必要的简化。理论和实验都证明,当光纤包层厚度足够大时,包层中的场微弱到可以忽略不计。作为一种近似处理,认为光纤包层厚度为无穷大。因此,光纤中电磁波传输问题变为无穷大空间中介质柱中电磁波的传输问题,设介质柱的半径为 a,如图 9-16 所示。

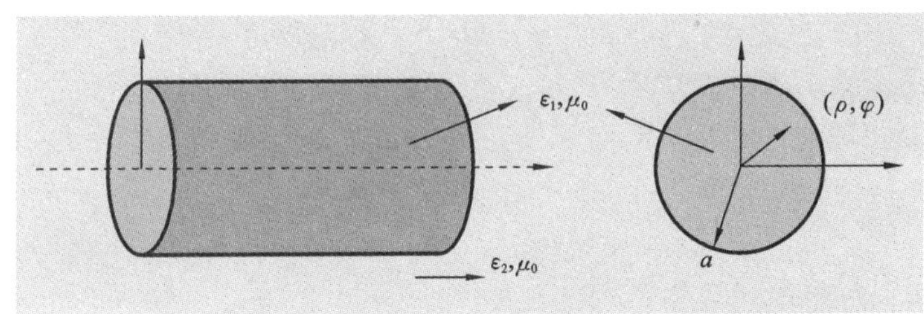

图 9-16 光纤模型

根据第 9.2 节导行波的基本理论,一般情况下,光纤中同时存 TE 模式和 TM 模式。采用圆柱坐标系,TE 模式和 TM 模的本征值方程为

TE 模式:

$$\begin{cases}\nabla_T^2 H_{z1}(\rho,\varphi)+k_{c1}^2 H_{z1}(\rho,\varphi)=0, & 0\leqslant\rho<a\\ \nabla_T^2 H_{z2}(\rho,\varphi)+k_{c2}^2 H_{z2}(\rho,\varphi)=0, & a<\rho<\infty\\ \hat{e}_\rho\times(\boldsymbol{H}_1-\boldsymbol{H}_2)|_{\rho=a}=\boldsymbol{0}\Rightarrow(H_{z1}-H_{z2})|_{\rho=a}=0\\ \rho\to 0\Rightarrow H_{z1}\to\text{有界}\\ \rho\to\infty\Rightarrow H_{z2}\to 0\end{cases} \tag{9-4-5}$$

TM 模式:

$$
\begin{cases}
\nabla_T^2 E_{z1}(\rho,\varphi)+k_{c1}^2 E_{z1}(\rho,\varphi)=0, & 0\leqslant\rho<a\\
\nabla_T^2 E_{z2}(\rho,\varphi)+k_{c2}^2 E_{z2}(\rho,\varphi)=0, & a<\rho<\infty\\
\hat{e}_\rho\times(\boldsymbol{E}_1-\boldsymbol{E}_2)|_{\rho=a}=\boldsymbol{0}\Rightarrow(E_{z1}-E_{z2})|_{\rho=a}=0\\
\rho\to 0\Rightarrow E_{z1}\to \text{有界}\\
\rho\to\infty\Rightarrow E_{z2}\to 0
\end{cases}
\tag{9-4-6}
$$

方程(9-4-5)和方程(9-4-6)中的边界条件由电磁场在介质分界面上的条件、纤芯内电磁场的有限性条件和辐射条件获得。其中本征值为

$$
\begin{cases}
k_{1c}=\sqrt{k_1^2-k_z^2}=\sqrt{\omega^2\varepsilon_1\mu_0-k_z^2}\\
k_{2c}=\sqrt{k_2^2-k_z^2}=\sqrt{\omega^2\varepsilon_2\mu_0-k_z^2}
\end{cases}
\tag{9-4-7}
$$

为了保证电磁波沿介质柱传输,介质柱外部空间不能有沿圆柱径向传输的电磁能,所以介质柱外部的径向应是衰减的电磁波。要使这一条件得到满足,必须有:

$$
k_1^2>k_z^2>k_2^2 \tag{9-4-8}
$$

在这一约束条件下,把式(9-4-7)重新改写成

$$
\begin{cases}
k_{1c}=\sqrt{k_1^2-k_z^2}=\sqrt{\omega^2\varepsilon_1\mu_0-k_z^2}\\
\kappa=\sqrt{k_z^2-k_2^2}=\sqrt{k_z^2-\omega^2\varepsilon_2\mu_0}
\end{cases}
$$

9.4.4 本征值问题及解

求解上述方程并利用边界条件得

$$
\begin{cases}
E_{z1}(\rho,\varphi)=A_nJ_n(k_{1c}\rho)\mathrm{e}^{\mathrm{j}n\varphi}\\
H_{z1}(\rho,\varphi)=B_nJ_n(k_{1c}\rho)\mathrm{e}^{\mathrm{j}n\varphi}\\
E_{z2}(\rho,\varphi)=C_nK_n(\kappa\rho)\mathrm{e}^{\mathrm{j}n\varphi}\\
H_{z2}(\rho,\varphi)=D_nK_n(\kappa\rho)\mathrm{e}^{\mathrm{j}n\varphi}
\end{cases}
\tag{9-4-9}
$$

其中,$J_n(k_{1c}\rho)$为第一类贝塞尔函数,$K_n(\kappa\rho)$第二类虚变量贝塞尔函数。A_n、B_n、C_n、D_n为待定系数,由场在介质分界面满足的条件确定。利用$(E_{z1}-E_{z2})|_{\rho=a}=0$和$(H_{z1}-H_{z2})|_{\rho=a}=0$条件得

$$
A_n=C_n,\quad B_n=D_n \tag{9-4-10}
$$

然后再利用周向分量的边界条件$(E_{\varphi1}-E_{\varphi2})|_{\rho=a}=0$和$(H_{\varphi1}-H_{\varphi2})|_{\rho=a}=0$,得到关于系数$A_n$、$B_n$的齐次代数方程组。此方程有解的充要条件是其系数行列式等于零。记$u=k_{1c}a$、$w=\kappa a$经过整理得到关于光纤中传导模式应满足的方程为

$$
\left[\frac{J'_n(u)}{uJ_n(u)}+\frac{K'_n(w)}{wJ_n(w)}\right]\left[\frac{k_1^2J'_n(u)}{uJ_n(u)}+\frac{k_2^2K'_n(w)}{wJ_n(w)}\right]=(nk_z)^2\left(\frac{1}{u^2}+\frac{1}{w^2}\right) \tag{9-4-11}
$$

这是一个超越方程,一般需用数值方法求解,其解还满足如下等式:

$$
u^2+w^2=v^2=(k_1^2-k_2^2)a^2=\left(\frac{2\pi a}{\lambda_0}\right)^2(n_1^2-n_2^2) \tag{9-4-12}
$$

式中:λ_0为光纤中所传导的光信号在真空中的波长。定义v为光纤归一化频率,因此光纤中存在的传导模式取决于光纤归一化频率值。

当介质的折射率n_1、n_2给定,求解本征值方程(9-4-11),对每一个$n(0,\pm1,\pm2,\cdots)$的取值,均得到一组离散的k_z,为了以示区别,记为k_{zni}。与金属波导一样,光纤中也存在截止频率问题,这是容易理解的。事实上,对于模式k_{zni},如果入射光信号的频率

使 $\kappa=\sqrt{k_{zni}^2-k_2^2}<0$,介质柱失去了引导电磁波信号传播的能力,沿介质柱径向存在电磁波辐射。因此,截止的条件是 $w=0$,利用式(9-4-12)得到截止频率为

$$f_c=\left.\frac{u}{2\pi\sqrt{\varepsilon_0\mu_0(n_1^2-n_1^2)}}\right|_{w=0} \tag{9-4-13}$$

进一步的讨论可以证明,当 $n=0$ 时,光纤中同时存在 TE 模式和 TM 模式传输;当 $n\neq0$ 时,只存在单模传输。当光纤的归一化频率 $\nu<2.41$ 时,光纤中只能允许单一模式传输。

与金属波导一样,光纤也存在强烈的损耗和色散,克服色散和损耗是光纤通信中面临的重要问题。此外,光纤中光波强度和相位随温度、环境物理量等的改变而变化,这一特点使得光纤被广泛用于高灵敏传感器的设计和制作。进一步的讨论读者可参考相关教材。

9.5* 电磁波的激发——谐振腔

9.5.1 从 LC 回路到谐振腔

1887 年,德国物理学家赫兹通过设计的振荡器证明了电磁波的存在,也开创了产生电磁波的先河。应用上电磁波是通过具有特定谐振频率的电路或元件产生的。在低频情况下,无线电波采用 LC 回路产生,如图 9-17(a)所示。集中分布于电容和电感内部的电磁场交替激发,并以频率 $f=\frac{1}{2\pi\sqrt{LC}}$ 振荡。随着频率的增高,用集中参数的元件构成振荡回路产生电磁波面临许多问题。如频率增大一定数值时,集中参数的电容和电感元件变得没有意义,而成为电磁波的辐射器(电容的两板极成为天线),使损耗增加。其次是元件结构变得很小而增加加工的难度。谐振腔正是针对 LC 回路在高频情况下面临的困难设计出的高频回路振荡器,如图 9-17(d)所示,可以用于高频电磁波(特别是微波)的激发。

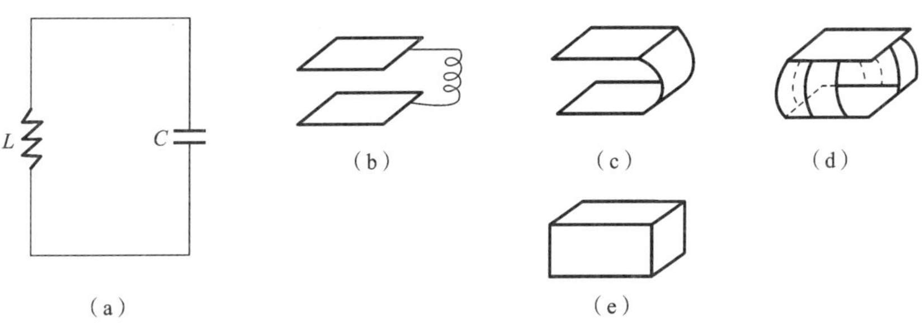

图 9-17 从 LC 回路到谐振腔

谐振腔是一个完全用金属板封闭的空腔,它是 LC 谐振回路的变形。实际上,LC 回路相当于在两平行导体板(电容)与导线绕成的线圈(电感)相连接,如图 9-17(b)所示。随着电磁波频率的升高,要求电容和电感的乘积值减小,如使电感线圈数减小,直至为一条金属片。频率继续升高,采用多条金属片并联来减小回路的总电感和电容,如图 9-17(c)所示。当频率进一步增加,整个回路变成一个封闭的空腔,即形成空腔谐振

器。它不仅避免了能量的辐射,同时因增大了载流表面积而减小了热损耗,且制作简单。

谐振腔有很多不同的结构形式,常见的有矩形、圆柱形。腔内电磁振荡的激发,以及将激发的电磁场引到外部,可以通过深入腔内的探针、小环或在腔壁上开的小孔耦合来实现,如图 9-18 所示。

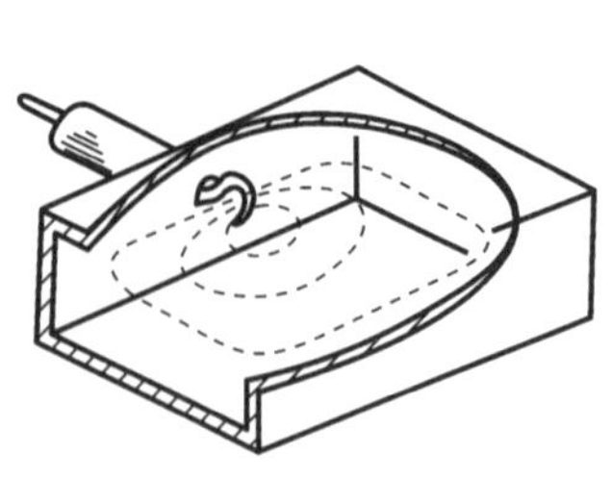
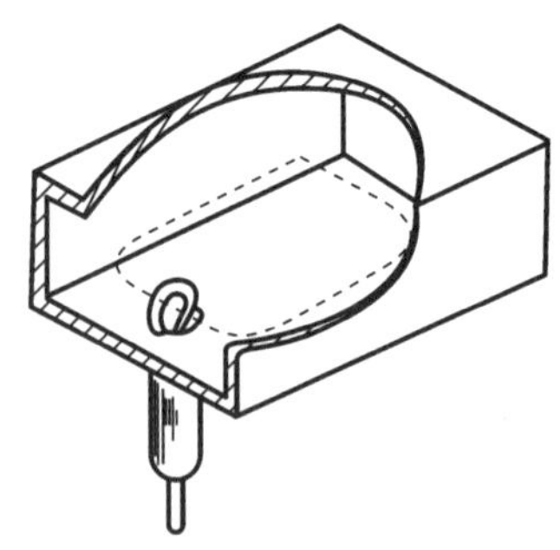

图 9-18　谐振腔的激发

9.5.2　谐振腔内场的方程

下面以矩形谐振腔为例,讨论腔内电磁振荡。设腔内填充了线性、均匀、各向同性的理想介质,其电磁特性参数为 ε、μ。金属壁的内表面分别为 $x=0$ 和 L_1、$y=0$ 和 L_2、$z=0$ 和 L_3 的面,如图 9-19 所示。首先要讨论的问题是腔内哪些电磁场的振荡能存在,即腔内哪些振荡的频率被允许。由于腔内电磁场的任意直角分量满足齐次亥姆霍兹方程,用 $\phi(x,y,z)$ 表示 $E_x(x,y,z)$,有

$$\nabla^2\phi(x,y,z)+k^2\phi(x,y,z)=0 \tag{9-5-1}$$

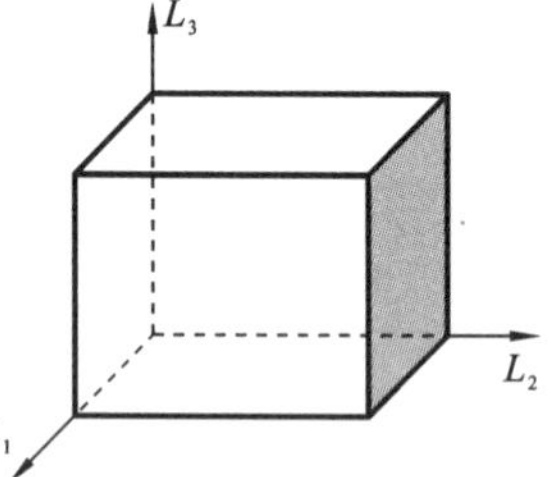

图 9-19　谐振腔

其中,$k=\omega\sqrt{\varepsilon\mu}$ 为方程的本征值,相应的边界条件为

$$\begin{cases}\dfrac{\partial}{\partial x}\phi(0,y,z)=\dfrac{\partial}{\partial x}\phi(L_1,y,z)\\ \phi(x,y,0)=\phi(x,y,L_3)=0\\ \phi(x,0,z)=\phi(x,L_2,z)=0\end{cases} \tag{9-5-2}$$

方程中第二式和第三式为直接由导体表面电场的切向分量为零而得,第一式由 $\nabla\cdot\boldsymbol{E}(x,y,z)=0$ 导出。对于 $x=0$ 和 L_1 平面而言,电场的 y 分量和 z 分量为切向分量并且必为零,所以

$$\begin{aligned}\nabla\cdot\boldsymbol{E}(x,y,z)\big|_{x=0,L_1}&=\left[\frac{\partial}{\partial x}\phi(x,y,z)+\frac{\partial}{\partial y}E_y(x,y,z)+\frac{\partial}{\partial z}E_z(x,y,z)\right]\Bigg|_{x=0,L_1}\\&=\frac{\partial}{\partial x}\phi(x,y,z)\big|_{x=0,L_1}=0\end{aligned} \tag{9-5-3}$$

方程(9-5-1)和方程(9-5-2)一起构成本征值的定解问题,其解决定腔内电磁振荡被允许的频率 ω。

9.5.3　电磁振荡的本征频率

应用分离变量方法求解本征值的定解问题,得

$$E_x(x,y,z)=\phi(x,y,z)=A\cos(k_x x)\sin(k_y y)\sin(k_z z) \tag{9-5-4a}$$

采用同样的方法也可得到电场的另外两个分量有类似的表示式，即

$$\begin{cases} E_y(x,y,z)=B\cos(k_y y)\sin(k_x x)\sin(k_z z) \\ E_y(x,y,z)=C\cos(k_z z)\sin(k_x x)\sin(k_y y) \end{cases} \tag{9-5-4b}$$

本征值 $k=\omega\sqrt{\varepsilon\mu}$ 的允许取值为

$$\begin{cases} k_x=\dfrac{m\pi}{L_1},k_y=\dfrac{n\pi}{L_2},k_z=\dfrac{p\pi}{L_3} \\ k=\pi\sqrt{\left(\dfrac{m}{L_1}\right)^2+\left(\dfrac{n}{L_2}\right)^2+\left(\dfrac{p}{L_3}\right)^2} \end{cases},\quad m,n,p=0,1,2,\cdots \tag{9-5-5}$$

上式中，A、B、C 为任意常数，由无源条件 $\nabla\cdot\boldsymbol{E}(x,y,z)=0$ 可得到它们之间应满足如下关系：

$$Ak_x+Bk_y+Ck_z=0 \tag{9-5-6}$$

这意味着 A、B、C 中只有 2 个是独立的。

腔内的磁场可利用电磁感应定律 $\boldsymbol{H}=\mathrm{j}(\omega\mu)^{-1}\nabla\times\boldsymbol{E}$ 获得。方程(9-5-4)在式(9-5-5)和式(9-5-6)得以满足的条件下，每一组(m,n,p)表示谐振腔内一种可以存在的电磁振荡模式(或称为波型)。腔内电磁场为驻波分布，(m,n,p)的值表示场量沿 x、y、z 方向变化的半波数。其振荡频率由方程(9-5-5)推出，即

$$\omega_{mnp}=\frac{\pi}{\sqrt{\varepsilon\mu}}\sqrt{\left(\frac{m}{L_1}\right)^2+\left(\frac{n}{L_2}\right)^2+\left(\frac{p}{L_3}\right)^2} \tag{9-5-7}$$

从上述结果不难得到，一定尺寸结构的谐振腔内电磁振荡的可允许频率是分立的，且有无限多个。对于确定的(m,n,p)取值，尺寸越大，频率越低。此外，谐振腔内电磁振荡也可以表示为 TE 模式和 TM 模式的叠加。而 TE 模式和 TM 模式的本征频率表示式同为式(9-5-7)，对于同一组(m,n,p)取值，TE 模式和 TM 模式具有相同的振荡频率。这种具有同一本征频率所对应的不同模式称为简并模式。如果 $L_1=L_2=L_3=L$，则式(9-5-7)简化为

$$\omega_{mnp}=\frac{\pi}{L\sqrt{\varepsilon\mu}}\sqrt{m^2+n^2+p^2}$$

一个明显的事实是，确定的 $m^2+n^2+p^2$ 值，(m,n,p)可以有多于一组的取值，这些不同的(m,n,p)取值也对应同一振荡频率，出现简并模式。

9.5.4 谐振腔的品质因数

由于构成谐振腔的金属面并非理想导体，电磁振荡必然在腔壁上产生感应面电流，导致电磁振荡能量的损耗。通常用品质因数来描述，其有载品质因数定义为

$$Q_L=2\pi\,\frac{\text{谐振腔内储存的能量}}{\text{每一振荡周期耗损的能量}} \tag{9-5-8}$$

谐振腔的损耗包括内部损耗和外部损耗两部分，内部损耗为腔壁导体和腔内介质的损耗；外部损耗取决于通过耦合探针(或开孔)反映的外部电路的负载情况，并且有如下关系：

$$\frac{1}{Q_L}=\frac{1}{Q_0}+\frac{1}{Q_e} \tag{9-5-9}$$

本章主要内容要点

1. 导波系统及其工作原理

(1) 能将电磁波约束在一定横截面内传输的系统称为导波系统。① 导波系统内必须允许电磁波存在,且工作在行波为主的状态;② 导波系统有将电磁波能量的全部或绝大部分约束在系统内部;③ 导波系统必须有一定的频带宽度;④ 易于与其他收发系统实现阻抗匹配。

(2) 导波系统内电磁波方程。导波系统内最简单的解应为

$$\begin{cases}\boldsymbol{E}(\boldsymbol{r})=\boldsymbol{E}(x,y)\mathrm{e}^{-\mathrm{j}k_z z}\\ \boldsymbol{H}(\boldsymbol{r})=\boldsymbol{H}(x,y)\mathrm{e}^{-\mathrm{j}k_z z}\end{cases}\qquad \begin{cases}\nabla_T^2 E_z(x,y)+k_c^2 E_z(x,y)=0\\ \nabla_T^2 H_z(x,y)+k_c^2 H_z(x,y)=0\end{cases}$$

其中,$k_c=\sqrt{k^2-k_z^2}$, E_x、E_y、H_x、H_y 通过 E_z、H_z 表示为

$$E_x(x,y)=-\mathrm{j}\,\frac{1}{k_c^2}\left(k_z\frac{\partial E_z}{\partial x}+k\eta\frac{\partial H_z}{\partial y}\right),\quad E_y(x,y)=-\mathrm{j}\,\frac{1}{k_c^2}\left(k_z\frac{\partial E_z}{\partial y}-k\eta\frac{\partial H_z}{\partial x}\right)$$

$$H_x(x,y)=-\mathrm{j}\,\frac{1}{k_c^2}\left(k_z\frac{\partial H_z}{\partial x}-\frac{k}{\eta}\frac{\partial E_z}{\partial y}\right),\quad H_y(x,y)=-\mathrm{j}\,\frac{1}{k_c^2}\left(k_z\frac{\partial H_z}{\partial y}+\frac{k}{\eta}\frac{\partial E_z}{\partial x}\right)$$

(3) 横电磁波传播模式,即 $E_z=H_z=0$。横电磁波模式只能存在于那些能够允许二维静态电磁场存在的导波系统中。导行电磁波的电场可表示为

$$\begin{cases}\boldsymbol{E}(x,y)=-\nabla\phi(x,y)\\ \boldsymbol{E}(x,y,z)=-\nabla\phi(x,y)\mathrm{e}^{-\mathrm{j}kz}\end{cases}\qquad \begin{cases}\boldsymbol{H}(x,y,z)=-\dfrac{1}{\eta}\hat{e}_z\times\nabla\phi(x,y)\mathrm{e}^{-\mathrm{j}kz}\\ \boldsymbol{H}(x,y)=-\dfrac{1}{\eta}\hat{e}_z\times\nabla\phi(x,y)\end{cases}$$

(4) 横电波(TE)模式,即 $E_z=0,H_z\neq0$。

$$\begin{cases}\boldsymbol{H}(x,y,z)=\boldsymbol{H}(x,y)\mathrm{e}^{-\mathrm{j}k_z z}\\ \nabla_T^2 H_z(x,y)+k_c^2 H_z(x,y)=0\end{cases}\qquad \begin{cases}H_x(x,y)=-\mathrm{j}\,\dfrac{k_z}{k_c^2}\dfrac{\partial H_z}{\partial x},H_y(x,y)=-\mathrm{j}\,\dfrac{k_z}{k_c^2}\dfrac{\partial H_z}{\partial y}\\ E_x(x,y)=-\mathrm{j}\,\dfrac{k\eta}{k_c^2}\dfrac{\partial H_z}{\partial y},E_y(x,y)=\mathrm{j}\,\dfrac{k\eta}{k_c^2}\dfrac{\partial H_z}{\partial x}\end{cases}$$

(5) 横磁波(TM)模式,$E_z\neq0,H_z=0$。

$$\begin{cases}\boldsymbol{E}(x,y,z)=\boldsymbol{E}(x,y)\mathrm{e}^{-\mathrm{j}k_z z}\\ \nabla_T^2 E_z(x,y)+k_c^2 E_z(x,y)=0\end{cases}\qquad \begin{cases}E_x(x,y)=-\mathrm{j}\,\dfrac{k_z}{k_c^2}\dfrac{\partial E_z}{\partial x},H_x(x,y)=\mathrm{j}\,\dfrac{1}{k_c^2}\dfrac{k}{\eta}\dfrac{\partial E_z}{\partial y}\\ E_y(x,y)=-\mathrm{j}\,\dfrac{k_z}{k_c^2}\dfrac{\partial E_z}{\partial y},H_y(x,y)=-\mathrm{j}\,\dfrac{1}{k_c^2}\dfrac{k}{\eta}\dfrac{\partial E_z}{\partial x}\end{cases}$$

(6) 截止频率。导波系统内横电波和横磁波传播模式的条件为 $k^2-k_c^2\geqslant0$。只有那些波长(或频率)满足如下关系式

$$k^2\geqslant k_c^2\Rightarrow\frac{2\pi}{\lambda}\geqslant\frac{2\pi}{\lambda_c}\Rightarrow\lambda\leqslant\lambda_c\ f\geqslant f_c$$

的电磁波才能在导波系统中存在。称 $\lambda_c(f_c)$ 为导波系统的截止波长(频率)。

2. 同轴线导波系统

(1) 同轴线的横电磁波传输模式。

横电波(TE)模式,即 $E_z=0,H_z\neq0$。

$$\begin{cases}\boldsymbol{H}(\rho,\varphi,z)=\boldsymbol{H}(\rho,\varphi)\mathrm{e}^{-\mathrm{j}k_z z}\\ \nabla_T^2 H_z(\rho,\varphi)+k_c^2 H_z(\rho,\varphi)=0\end{cases}\qquad \begin{cases}H_\rho(\rho,\varphi)=-\mathrm{j}\dfrac{k_z}{k_c^2}\dfrac{\partial H_z}{\partial\rho},H_\varphi(\rho,\varphi)=-\mathrm{j}\dfrac{k_z}{k_c^2}\dfrac{\partial H_z}{\rho\partial\varphi}\\ E_\rho(\rho,\varphi)=-\mathrm{j}\dfrac{1}{k_c^2}\dfrac{k}{\eta}\dfrac{\partial H_z}{\rho\partial\varphi},E_\varphi(\rho,\varphi)=\mathrm{j}\dfrac{1}{k_c^2}\dfrac{k}{\eta}\dfrac{\partial H_z}{\partial\rho}\end{cases}$$

本征值 k_c 由方程 $\begin{vmatrix}J'_n(k_ca) & N'_n(k_ca)\\ J'_n(k_cb) & N'_n(k_cb)\end{vmatrix}=0$ 确定,记为 k_{cnm}^{TE},n、m 的每一组取值代表同轴线中横磁波传播的一种可能模式,记为TE_{nm}。

横磁波模式,即 $E_z\neq0,H_z=0$。

$$\begin{cases}\boldsymbol{E}(\rho,\varphi,z)=\boldsymbol{E}(\rho,\varphi)\mathrm{e}^{-\mathrm{j}k_z z}\\ \nabla_T^2 E_z(\rho,\varphi)+k_c^2 E_z(\rho,\varphi)=0\end{cases}\qquad \begin{cases}E_\rho(\rho,\varphi)=-\mathrm{j}\dfrac{k_z}{k_c^2}\dfrac{\partial E_z}{\partial\rho},H_\rho(\rho,\varphi)=\mathrm{j}\dfrac{1}{k_c^2}\dfrac{k}{\eta}\dfrac{\partial E_z}{\rho\partial\varphi}\\ E_\varphi(\rho,\varphi)=-\mathrm{j}\dfrac{k_z}{k_c^2}\dfrac{\partial E_z}{\rho\partial\varphi},H_\varphi(\rho,\varphi)=-\mathrm{j}\dfrac{1}{k_c^2}\dfrac{k}{\eta}\dfrac{\partial E_z}{\partial x}\end{cases}$$

本征值 k_c 由 $\begin{vmatrix}J_n(k_ca) & N_n(k_ca)\\ J_n(k_cb) & N_n(k_cb)\end{vmatrix}=0$ 确定,记为 k_{cnm}^{TM},下标 n 表示柱函数的阶数,m 表示方程(9-2-15)零点序号(从小至大排列)。n、m 的每一组取值代表同轴线中横磁波传播的一种可能模式,记为TM_{nm}。

(2) 同轴线中各个模式截止频率(或波长)分布图,如图 9-20 所示。

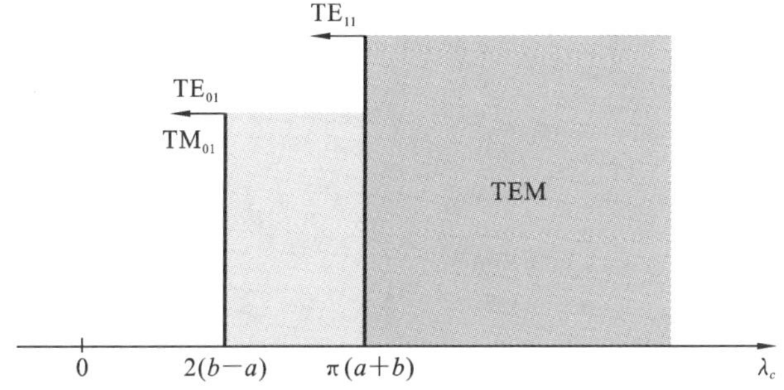

图 9-20 同轴线中各个模式截止频率(或波长)分布图

(3) 同轴线工程设计包括保证其工作于横电磁波传输模式,并尽可能使得传输功率大而损耗最小。同轴线主要用于横电磁波的传输,称为主模传输。即传输信号的频率对应的波长满足:

$$\lambda_{\min}>\lambda_{c11}^{\mathrm{TE}}=\pi(a+b)\ \Rightarrow\ (a+b)\leqslant\frac{\lambda_{\min}}{\pi}$$

功率容量最大设计,是指横电磁波模式传播和能承受最大击穿电压的前提下,合理配置同轴线内外导体的半径,使传输功率达到最大。从传输能量损耗最低要求出发,即要求损耗与传输功率之比最小。工程设计上取外内半径比为上述两个比值的折中,即 $\dfrac{b}{a}=2.3$。无介质填充时,同轴线的特性阻抗为

$$Z_c=\frac{V_0}{I_0}=\frac{\eta_0}{2\pi}\ln\frac{b}{a}=60\ln2.3\ \Omega\approx50\ \Omega$$

3. 矩形金属波导

1) 波导中场方程

$$\begin{cases}E_z(x,y,z)=E_z(x,y)\mathrm{e}^{-\mathrm{j}k_z z}\\ H_z(x,y,z)=H_z(x,y)\mathrm{e}^{-\mathrm{j}k_z z}\end{cases}$$

其中,$E_z(x,y)$、$H_z(x,y)$分别为本征值问题

$$\begin{cases}\nabla_T^2 E_z(x,y)+k_c^2 E_z(x,y)=0\\ \hat{n}\times\hat{e}_z E_z(x,y)|_\Gamma=0\end{cases}\quad \begin{cases}\nabla_T^2 H_z(x,y)+k_c^2 H_z(x,y)=0\\ \hat{n}\times\nabla\times\hat{e}_z H_z(x,y)|_\Gamma=0\end{cases}$$

的解,分别与横磁波(TM)和横电波(TE)模式对应。

2) 横磁波(TM)模式

$$\begin{cases}E_z(x,y)=E_{mn}\sin\left(\dfrac{m\pi}{a}x\right)\sin\left(\dfrac{n\pi}{b}y\right)\\ k_c=\sqrt{k_x^2+k_y^2}=\pi\sqrt{\left(\dfrac{m}{a}\right)^2+\left(\dfrac{n}{b}\right)^2}\end{cases},\quad m,n=1,2,3,\cdots$$

该模式的其他电磁场分量为

$$\begin{cases}E_x(x,y)=-\mathrm{j}\dfrac{k_z}{k_c^2}\dfrac{\partial E_z}{\partial x}=-\mathrm{j}\dfrac{k_z}{k_c^2}\dfrac{m\pi}{a}E_{mn}\cos\left(\dfrac{m\pi}{a}x\right)\sin\left(\dfrac{n\pi}{b}y\right)\\ E_y(x,y)=-\mathrm{j}\dfrac{k_z}{k_c^2}\dfrac{\partial E_z}{\partial y}=-\mathrm{j}\dfrac{k_z}{k_c^2}\dfrac{n\pi}{b}E_{mn}\sin\left(\dfrac{m\pi}{a}x\right)\cos\left(\dfrac{n\pi}{b}y\right)\\ H_x(x,y)=\mathrm{j}\dfrac{k}{\eta k_c^2}\dfrac{\partial E_z}{\partial y}=\mathrm{j}\dfrac{k}{\eta k_c^2}\dfrac{n\pi}{b}E_{mn}\sin\left(\dfrac{m\pi}{a}x\right)\cos\left(\dfrac{n\pi}{b}y\right)\\ H_y(x,y)=-\mathrm{j}\dfrac{k}{\eta k_c^2}\dfrac{\partial E_z}{\partial x}=-\mathrm{j}\dfrac{k}{\eta k_c^2}\left(\dfrac{m\pi}{a}\right)E_{mn}\cos\left(\dfrac{m\pi}{a}x\right)\sin\left(\dfrac{n\pi}{b}y\right)\end{cases}$$

3) 横电波(TE)模式

$$\begin{cases}H_z(x,y)=H_{mn}\cos\left(\dfrac{m\pi}{a}x\right)\cos\left(\dfrac{n\pi}{b}y\right)\\ k_c=\sqrt{k_x^2+k_y^2}=\pi\sqrt{\left(\dfrac{m}{a}\right)^2+\left(\dfrac{n}{b}\right)^2}\end{cases},\quad m,n=0,1,2,3\cdots$$

该模式的其他电磁场分量为

$$\begin{cases}H_x(x,y)=-\mathrm{j}\dfrac{k_z}{k_c^2}\dfrac{\partial H_z}{\partial x}=\mathrm{j}\dfrac{k_z}{k_c^2}\left(\dfrac{m\pi}{a}\right)H_{mn}\sin\left(\dfrac{m\pi}{a}x\right)\cos\left(\dfrac{n\pi}{b}y\right)\\ H_y(x,y)=-\mathrm{j}\dfrac{k_z}{k_c^2}\dfrac{\partial H_z}{\partial y}=\mathrm{j}\dfrac{k_z}{k_c^2}\left(\dfrac{n\pi}{b}\right)H_{mn}\cos\left(\dfrac{m\pi}{a}x\right)\sin\left(\dfrac{n\pi}{b}y\right)\\ E_x(x,y)=-\mathrm{j}\dfrac{k\eta}{k_c^2}\dfrac{\partial H_z}{\partial y}=\mathrm{j}\dfrac{k\eta}{k_c^2}\left(\dfrac{n\pi}{b}\right)H_{mn}\cos\left(\dfrac{m\pi}{a}x\right)\sin\left(\dfrac{n\pi}{b}y\right)\\ E_y(x,y)=\mathrm{j}\dfrac{k\eta}{k_c^2}\dfrac{\partial H_z}{\partial x}=-\mathrm{j}\dfrac{k\eta}{k_c^2}\left(\dfrac{m\pi}{a}\right)H_{mn}\sin\left(\dfrac{m\pi}{a}x\right)\cos\left(\dfrac{n\pi}{b}y\right)\end{cases}$$

4) 截止频率或波长

无论是TM_{mn}模式,还是TE_{mn}模式,要使其能在波导中传播,必须满足$k_z=\sqrt{k^2-k_c^2}\geqslant 0$,在波导中传播的电磁波的截止波长为

$$\lambda_c=2\left(\sqrt{\left(\frac{m}{a}\right)^2+\left(\frac{n}{b}\right)^2}\right)^{-1},\quad f_c=\frac{1}{\lambda_c\sqrt{\varepsilon\mu}}=\frac{1}{2\sqrt{\varepsilon\mu}}\sqrt{\left(\frac{m}{a}\right)^2+\left(\frac{n}{b}\right)^2}$$

5) 传播参数

$$v_p=\frac{\omega}{k_z}=\frac{\omega}{\sqrt{k^2-k_c^2}}=\frac{\omega}{\sqrt{k^2-\pi^2\left[\left(\dfrac{m}{a}\right)^2+\left(\dfrac{n}{b}\right)^2\right]}}=\frac{v}{\sqrt{1-\left(\dfrac{f_c}{f}\right)^2}}$$

TM_{mn}和TE_{mn}模式的波阻抗为

$$\begin{cases} Z_{TM}=\left(\dfrac{E_x}{H_y}\right)_{TM}=\left(-\dfrac{E_y}{H_x}\right)_{TM}=\eta\dfrac{k_z}{k}=\eta\sqrt{1-\left(\dfrac{k_c}{k}\right)^2}=\eta\sqrt{1-\left(\dfrac{f_c}{f}\right)^2} \\ Z_{TE}=\left(\dfrac{E_x}{H_y}\right)_{TE}=\left(-\dfrac{E_y}{H_x}\right)_{TE}=\eta\dfrac{k}{k_z}=\dfrac{\eta}{\sqrt{1-\left(\dfrac{k_c}{k}\right)^2}}=\dfrac{\eta}{\sqrt{1-\left(\dfrac{f_c}{f}\right)^2}} \end{cases}$$

4. 光纤

(1) 光纤是由折射率相近的两种介质组成，磁导率常数相同。其中一种介质的折射率为 n_1，作为圆柱芯(或称纤芯)；另一种介质的折射率为 n_2，作为外加涂敷层(或称包层)，且 $n_1>n_2$。

(2) 光迁中电磁场方程。光纤中同时存在 TE 模式和 TM 模式。采用圆柱坐标系，TE 模式和 TM 模式的本征值方程为

TE 模式：

$$\begin{cases} \nabla_T^2 H_{z1}(\rho,\varphi)+k_{c1}^2 H_{z1}(\rho,\varphi)=0, & 0\leqslant\rho<a \\ \nabla_T^2 H_{z2}(\rho,\varphi)+k_{c2}^2 H_{z2}(\rho,\varphi)=0, & a<\rho<\infty \\ \hat{e}_\rho\times(\boldsymbol{H}_1-\boldsymbol{H}_2)\big|_{\rho=a}=\boldsymbol{0}\Rightarrow(H_{z1}-H_{z2})\big|_{\rho=a}=0 \\ \rho\to 0\Rightarrow H_{z1}\to\text{有界} \\ \rho\to\infty\Rightarrow H_{z2}\to 0 \end{cases}$$

TM 模式：

$$\begin{cases} \nabla_T^2 E_{z1}(\rho,\varphi)+k_{c1}^2 E_{z1}(\rho,\varphi)=0, & 0\leqslant\rho<a \\ \nabla_T^2 E_{z2}(\rho,\varphi)+k_{c2}^2 E_{z2}(\rho,\varphi)=0, & a<\rho<\infty \\ \hat{e}_\rho\times(\boldsymbol{E}_1-\boldsymbol{E}_2)\big|_{\rho=a}=\boldsymbol{0}\Rightarrow(E_{z1}-E_{z2})\big|_{\rho=a}=0 \\ \rho\to 0\Rightarrow E_{z1}\to\text{有界} \\ \rho\to\infty\Rightarrow E_{z2}\to 0 \end{cases}$$

其中本征值为

$$\begin{cases} k_{1c}=\sqrt{k_1^2-k_z^2}=\sqrt{\omega^2\varepsilon_1\mu_0-k_z^2} \\ k_{2c}=\sqrt{k_2^2-k_z^2}=\sqrt{\omega^2\varepsilon_2\mu_0-k_z^2} \end{cases}$$

记 $u=k_{1c}a$，$w=\kappa a$，经过整理得到关于光纤中传导模式应满足的方程为

$$\left[\frac{J'_n(u)}{uJ_n(u)}+\frac{K'_n(w)}{wJ_n(w)}\right]\left[\frac{k_1^2 J'_n(u)}{uJ_n(u)}+\frac{k_2^2 K'_n(w)}{wJ_n(w)}\right]=(nk_z)^2\left(\frac{1}{u^2}+\frac{1}{w^2}\right)$$

截止频率为

$$f_c=\frac{u}{2\pi\sqrt{\varepsilon_0\mu_0(n_1^2-n_1^2)}}\Bigg|_{w=0}$$

5. 谐振腔

谐振腔是一个完全用金属板封闭的空腔，由 LC 谐振回路的变形而来，用于产生电磁振荡。其振荡频率为

$$\omega_{mnp}=\frac{\pi}{\sqrt{\varepsilon\mu}}\sqrt{\left(\frac{m}{L_1}\right)^2+\left(\frac{n}{L_2}\right)^2+\left(\frac{p}{L_3}\right)^2}$$

思考与练习题 9

1. 简述各频段电磁波产生、辐射、传播特点，这些特点对其应用有何影响？

2. 不同频段的电磁波有不同的导波系统，产生这些差异的原因是什么？

3. 简述导波系统理论设计的基本原则，这些原则提出的依据是什么？

4. 分析均匀导波系统可能传输电磁波的类型，归纳它们各自的特点。

5. 解释为什么空心或介质填充的单导体导波系统不能传输横电磁波。

6. 何谓工作波长、波导波长、截止波长？为什么导波系统有截止波长？

7. 何谓导波系统的主模、高阶模？如何使导波系统工作在主模传输？

8. 为什么传输横电磁波模式的导波系统没有截止频率？这是否意味着传输横电磁波模式的导波系统可以传输任何频率的电磁波？为什么？

9. 何谓波导的色散特性？波导为什么存在色散特性？

10. 论证矩形波导管内不存在TM_{m0}或TM_{0n}波。

11. 无限长的矩形波导管，在 $z=0$ 处被一块垂直插入的理想导体平板完全封闭，求在 $z=-\infty$到 $z=0$ 这段管内可能存在的波模。

12. 频率为 30×10^9 Hz 的波，在 0.7 cm×0.4 cm 的矩形波导管中能以什么波模传播？在 0.7 cm×0.6 cm 的矩形波导管中能以什么波模传播？

13. 定性说明光纤或介质波导传输电磁波的原理。

14. 为什么应用中希望导波系统工作在主模？

10

电磁场的数值方法导论

磁场理论与应用的各种问题，可归结为麦克斯韦方程组在各种条件下的求解。高效精确的计算和逼真准确的仿真成为电磁场理论和应用的重要组成部分。为了求解各种电磁场理论和应用问题，人们先后发展了各种分析和计算的方法，这些方法包括解析方法、近似方法和数值方法三大类。本章结合实际电磁场问题，简要介绍数值分析方法的基本概念、原理、方法及其应用举例，内容包括计算电磁学简介、有限差分法及应用举例、矩量法及其在电磁场问题中的应用举例。

10.1 计算电磁学简介

自从麦克斯韦建立电磁场理论以来，求解的理论、方法伴随着电磁场理论的研究、应用不断发展。在前面几章讨论电磁场理论及应用的同时，分别介绍了电磁场(包括时变和静态电磁场)及应用问题求解的分离变量方法、傅里叶变换方法、格林函数方法、镜像方法等。这些方法有一个共同的特点：通过对理论和应用问题的理想化模型处理，或基于某些基本原理(如镜像原理)，或基于线性空间理论(如分离变量方法)，求得以解析函数表示的解，故统称为解析方法。解析方法以其简洁的表示式、清晰的物理图像、结果的普适与通用性为特点，成为电磁场理论和应用研究的重要组成部分。

然而，电磁场理论和实际应用问题往往是非常复杂的，这种复杂性不仅包括系统工作环境、系统几何结构、系统介质组成，同时还包括系统理想化模型处理过程中的准确程度。例如，分离变量方法仅能用于那些能够进行变量分离的电磁场系统；镜像方法只能应用于那些边界规则、结构简单的电磁场问题；因而使得解析方法应用十分局限，对于复杂问题几乎无能为力。

在计算机技术发展和广泛应用之前，为了解决实际应用中的电磁场问题，人们发展了多种电磁场问题求解的近似方法。近似方法是利用电磁场与电磁波系统表现出的主要物理特性，忽略次要影响而建立的一种分析方法。例如，在几何光学中，由于光的波长非常短，电磁波动方程在波长趋于零的极限下，即得到光的射线理论，称为几何光学法；在静电磁场中，利用电多极矩展开方法计算体电荷的电位，称为多极矩展开方法。很明显，近似方法是一类准解析方法，其解仍然是解析函数。由于近似解析方法受模型近似条件和系统精度要求的限制，只能用于近似条件能成立、近似程度达到精度要求的问题研究，应用领域也有限。

在解析和近似方法发展的同时，基于电磁场连续量离散化的数值分析方法也被应用于电磁场问题。但在计算机技术发展之前，其应用十分有限。计算机技术的发展和广泛应用，不仅使得极复杂的电磁场问题的数值计算分析成为可能，同时还带来了科学研究方式的转变，即实验与理论相结合的研究过渡到目前实验、理论和仿真相结合的研究方式。正是在这一背景下，以前无法处理的复杂问题，借助数值分析与仿真技术得以解决，促使计算电磁学的诞生。

计算电磁学的形成以电子计算机的应用为主要标志，是电磁场理论、数学方法、计算机技术、软件技术、仿真技术相结合的产物。其基本思想是连续电磁场量的离散化，关键技术是麦克斯韦方程组的离散化、复杂边界与复杂介质的建模。经过四十余年，先后发展了基于麦克斯韦积分方程组的矩量法(method of moments，MOM)、边界元法(boundary element method，BEM)、基于微分方程组的有限差分法(finite difference method，FDM)、有限元法(finite element method，FEM)、时域有限差方法(finite difference time domain method，FDTD)，以及不同数值方法之间或数值分析方法与解析方法相结合的混合方法。这些方法被广泛应用于通信、雷达、勘探、电磁防护、电磁兼容、遥感、医疗诊断及工农业生产与日常生活的各个领域，能够解决各种电磁波的传输、辐射、散射和透入等电磁问题。

10.2 有限差分方法

10.2.1 有限差分法的基本原理

有限差分法是一种基于微分方程离散化的数值方法。早在 20 世纪 50 年代，该方法就以方法简单、概念清晰等特点被用于各种电磁场问题的数值分析，尤其是有限差分对连续方程离散化处理的思想，成为后来各种数值方法的发展基础。

有限差分法的基本思想是：把空间区域连续分布的电磁场用离散网格节点上的离散数值代替，用离散网格节点的差分方程近似代替连续偏微分方程，该方法的步骤大致可归纳为：

(1) 将解的空间区域划分为若干网格，用节点上待求量的离散值近似代替其连续分布；

(2) 用节点上待求量的差分表示式近似代替微分表示式，将求解的微分方程转化为有限差分方程；

(3) 结合给定的边界条件或初始条件求解差分方程。

10.2.2 二维泊松方程的差分格式

下面以二维静态电场的定解问题为例，介绍如何通过有限差分法求解泊松方程边值问题。设静态电场电位函数满足的泊松方程和边值条件为

$$\begin{cases}\nabla^2\varphi(x,y)=-\dfrac{\rho(x,y)}{\varepsilon}=g(x,y)\\ \varphi|_C=f(s)\end{cases}\tag{10-2-1}$$

其中，D 为电场定义区域，C 为 D 的边界，S 为边界 C 上的变量，如图 10-1 所示。

差分法求解问题的第一步是区域 D 的网格划分。可以分别应用平行于 x 轴和 y 轴的平行线将区域 D 划分成足够小的正方形网格，网格之间的距离为 h，即相邻两平行线之间的距离称为网格步长。网格线的交点称为节点，用编号 0,1,2,…标记，其上的电位值分别用 $\varphi_0,\varphi_1,\varphi_2,\cdots$表示，如图 10-1 所示。

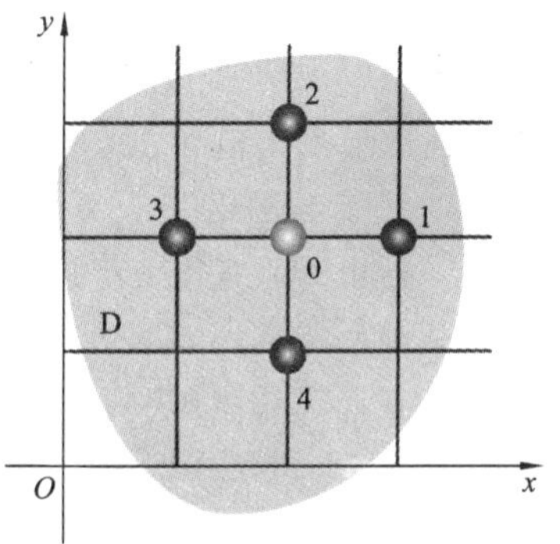

图 10-1 有限差分法的网格划分

区域网格建立后，将待求偏微分方程用节点上待求值的差分方程代替，并将其转化为有限差分方程。为此，将通过节点 0 且平行 x 轴的直线上的任意点的电位 φ 在场定义区域内以 x_0 为中心展开为泰勒级数，即

$$\varphi_x=\sum_{n=0}^{N}\frac{\varphi^{(n)}}{n!}(x-x_0)^n+o((x-x_0)^N) \tag{10-2-2}$$

节点 1，$x=x_1=x_0+h$，得到电位

$$\varphi_1=\varphi_0+\frac{\partial\varphi}{\partial x}\bigg|_{x_0}h+\frac{1}{2!}\frac{\partial^2\varphi}{\partial x^2}\bigg|_{x_0}h^2+\frac{1}{3!}\frac{\partial^3\varphi}{\partial x^3}\bigg|_{x_0}h^3+\cdots \tag{10-2-3}$$

节点 3，$x_3=x_0-h$，得到电位

$$\varphi_3=\varphi_0-\frac{\partial\varphi}{\partial x}\bigg|_{x_0}h+\frac{1}{2!}\frac{\partial^2\varphi}{\partial x^2}\bigg|_{x_0}h^2-\frac{1}{3!}\frac{\partial^3\varphi}{\partial x^3}\bigg|_{x_0}h^3+\cdots \tag{10-2-4}$$

利用式(10-2-3)和式(10-2-4)，忽略高于 h^3 的高阶项，求得

$$\begin{cases}\dfrac{\partial\varphi}{\partial x}\bigg|_{x=x_0}\approx\dfrac{\varphi_1-\varphi_3}{2h}\\[2ex]\dfrac{\partial^2\varphi}{\partial x^2}\bigg|_{x=x_0}\approx\dfrac{\varphi_1-2\varphi_0+\varphi_3}{h^2}\end{cases} \tag{10-2-5}$$

同理，将电位函数 φ 以 y_0 中心展开为泰勒级数，求得

$$\begin{cases}\dfrac{\partial\varphi}{\partial y}\bigg|_{y=y_0}\approx\dfrac{\varphi_2-\varphi_4}{2h}\\[2ex]\dfrac{\partial^2\varphi}{\partial y^2}\bigg|_{y=y_0}\approx\dfrac{\varphi_2-2\varphi_0+\varphi_4}{h^2}\end{cases} \tag{10-2-6}$$

将式(10-2-5)、式(10-2-6)代入式(10-2-1)，得到泊松方程的五点差分格式

$$\left(\frac{\partial^2\varphi}{\partial x^2}+\frac{\partial^2\varphi}{\partial y^2}\right)_{\substack{x=x_0\\y=y_0}}\approx\frac{\varphi_1-2\varphi_0+\varphi_3}{h^2}+\frac{\varphi_2-2\varphi_0+\varphi_4}{h^2}=f_0$$

$$\varphi_1+\varphi_2+\varphi_3+\varphi_4-4\varphi_0=f_0h^2\Rightarrow\varphi_0=\frac{1}{4}(\varphi_1+\varphi_2+\varphi_3+\varphi_4-f_0h^2) \tag{10-2-7}$$

当场域中电荷密度分布 $\rho=0$，得到拉普拉斯方程的五点差分格式或差分方程为

$$\varphi_1+\varphi_2+\varphi_3+\varphi_4-4\varphi_0=0\Rightarrow\varphi_0=\frac{1}{4}(\varphi_1+\varphi_2+\varphi_3+\varphi_4) \tag{10-2-8}$$

式(10-2-8)正好是调和场的必然结果，这是因为 P 点调和场的值等于 P 点邻域调和场值的平均。

从上述差分方程的建立过程中不难看到，对于电位函数定义区域内的每个节点上都有一个与式(10-2-7)相同的差分方程。当区域边界上电位数值为已知的情况下，定义区域内的节点(称内节点)个数也即差分方程的个数。区域内电位函数的泊松(或拉普拉斯)方程求解转变为离散节点上电位值的代数方程求解。数值计算的精度直接与网格步长 h 相关,从式(10-2-3)和式(10-2-4)不难证明,拉普拉斯微分算符五点差分格式与微分形式的误差为 h^2 量级。

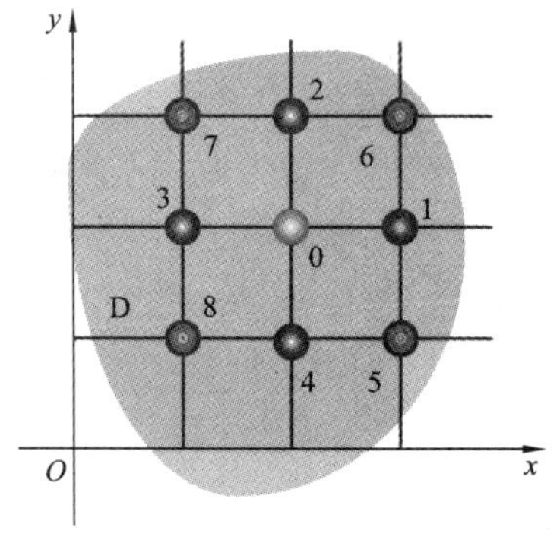

图 10-2　九点差分格式

为提高计算精度,还可以采取如图 10-2 所示的九点差分格式,其差分方程为

$$\varphi_5+\varphi_6+\varphi_7+\varphi_8+4(\varphi_1+\varphi_2+\varphi_3+\varphi_4)-20\varphi_0=6f_0h^2 \tag{10-2-9}$$

拉普拉斯微分算符九点差分格式与微分形式的误差为 h^6 量级,精度大大提高。

10.2.3　边界条件的离散化处理

边界条件离散化处理是差分方法求电磁场问题的重要组成部分。一旦定义区域内部差分格式确定,边界离散处理直接影响问题求解的精度。泊松方程的边界条件分为三类,即在边界上电位函数已知为第一类;电位函数在边界上法向微分已知为第二类;电位函数及其法向微分的线性叠加已知为第三类。

1. 第一类边界条件的离散化处理

设在如图 10-3 所示的边界 C 上,电位函数 φ 为给定的已知值。在场的定义区域及边界建立差分格式,边界上的变点有两种可能情况出现:第一种是边界上的点正好落在网格节点上,如图中的 P 点,该节点上的电位值即为边界 C 过该点的值,在差分方程建立过程中不需要近似处理;第二种情况是边界 C 不通过网格节点,如图中 a 点,该点附近的差分方程在建立过程中必须进行合理的近似处理。下面以五点差分格式讨论该点附近差分方程的建立方法。应用五点差分格式在 a 点附近建立差分方程,其中 φ_0、φ_3、φ_4 为待求未知量,而边界以外的点 1 和 2 的电位需进行近似处理。

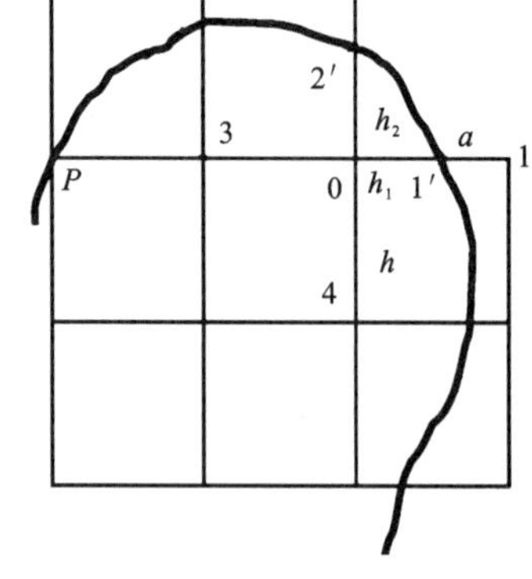

图 10-3　边界离散近似处理

第一种近似处理:给边界外部的离散节点直接赋予离它最近边界点上的数值,如节点 1 和 2 直接赋予边界 1′、2′点数值,即

$$\varphi_1=\varphi_{1'},\quad \varphi_2=\varphi_{2'} \tag{10-2-10}$$

其中,$\varphi_{1'}$,$\varphi_{2'}$ 为已知数值,这种近似处理又称为零次插值。

第二种近似处理:这是一次插值,即从 0 沿 x 轴或 y 轴向边界外的节点延伸,并设电位随距离的变化为线性关系,由图 10-3 可以写出

$$\frac{\varphi_1-\varphi_0}{h}=\frac{\varphi_{1'}-\varphi_0}{h_1},\quad \frac{\varphi_2-\varphi_0}{h}=\frac{\varphi_{2'}-\varphi_0}{h_2} \tag{10-2-11}$$

其中,h_1、h_2 分别为 0 点到 1′、2′点的距离,从而得到边界外部离散节点 1 和 2 的值为

$$\begin{cases} \varphi_1 = \varphi_0 + \dfrac{h}{h_1}(\varphi_{1'} - \varphi_0) \\ \varphi_2 = \varphi_0 + \dfrac{h}{h_2}(\varphi_{2'} - \varphi_0) \end{cases} \tag{10-2-12}$$

可以证明,这种处理方式导致的局部误差为 h^2 量级。当然还可以采用二次插值近似。

2. 第二类和第三类边界条件的离散化处理

泊松方程的第二类和第三类边界条件可以统一表示为

$$\left[\frac{\partial \varphi}{\partial n} + \alpha\varphi\right]\bigg|_G = g \tag{10-2-13}$$

当 $\alpha=0$ 时,即为第二类边界条件;当 $\alpha\neq 0$ 时,即为第三类边界条件,如图 10-4 所示。

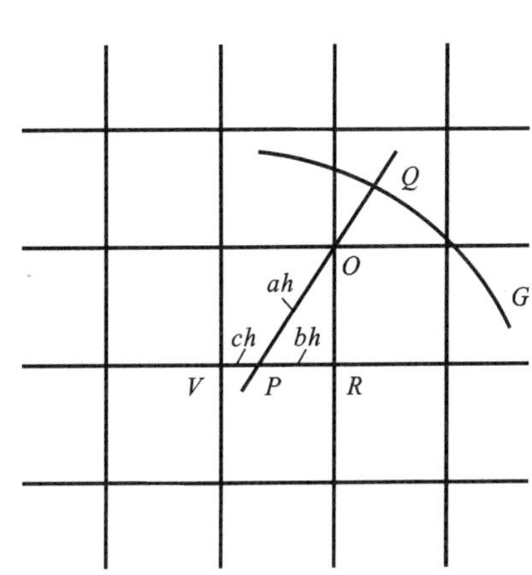

图 10-4 第二类与第三类边界条件

一种比较简单的处理方法是,过 O 点向边界 G 作垂线,该垂线在 O 点的领域与网格线交于 P 点和 Q 点,假定 OP、PR 和 VP 的长度分别为 ah、bh、ch,则对 O 点有

$$\frac{\varphi_O - \varphi_p}{ah} = \left(\frac{\partial \varphi}{\partial h}\right)_O + o(h) \tag{10-2-14}$$

因为 P 点一般不是节点,其值可以用 V 点和 R 点的插值表示,即

$$\varphi_p = b\varphi_V + c\varphi_R + o(h^2) \tag{10-2-15}$$

将其代入式(10-2-14),得

$$\frac{\varphi_O - b\varphi_V - c\varphi_R}{ah} = \left(\frac{\partial \varphi}{\partial n}\right)_O + o(h) \tag{10-2-16}$$

同时注意到 $\left(\dfrac{\partial \varphi}{\partial n}\right)_O = \left(\dfrac{\partial \varphi}{\partial n}\right)_Q + o(h)$,则上式可变为

$$\frac{\varphi_O - b\varphi_V - c\varphi_R}{ah} = \left(\frac{\partial \varphi}{\partial n}\right)_Q + o(h) \tag{10-2-17}$$

由边界条件式(10-2-13),可得到

$$\left(\frac{\partial \varphi}{\partial n}\right)_Q = -\alpha(Q)\varphi_Q + g(Q) \tag{10-2-18}$$

将式(10-2-17)代入式(10-2-18),并利用 $\varphi_O \approx \varphi_Q$,可得到 O 点的差分计算公式

$$\frac{\varphi_O - b\varphi_V - c\varphi_R}{ah} + \alpha(Q)\varphi_O = g(Q) \tag{10-2-19}$$

若$\dfrac{\partial \varphi}{\partial n}$的方向与网格线平行,具体可分为以下两种情况:

(1) 与 x 方向平行,设图 10-4 中 O 点与 R 点重合,则有

$$\left(\frac{\partial \varphi}{\partial n}\right)_O = \left(\frac{\partial \varphi}{\partial x}\right)_O \approx \frac{\varphi_O - \varphi_V}{h} \tag{10-2-20}$$

得到边界 O 点的差分格式为

$$\frac{(\varphi_O - \varphi_V)}{h} + \alpha(Q)\varphi_O = g(Q) \tag{10-2-21}$$

(2) 与 y 方向平行,设图 10-4 中 V 点与 R 点重合,则有

$$\left(\frac{\partial\varphi}{\partial n}\right)_O=\left(\frac{\partial\varphi}{\partial y}\right)_O\approx\frac{\varphi_O-\varphi_R}{h} \tag{10-2-22}$$

得到边界 O 点的差分格式为

$$\frac{\varphi_O-\varphi_R}{h}+\alpha(Q)\varphi_O=g(Q) \tag{10-2-23}$$

3. 几种常见衔接边界的离散化处理

1) 介质分界面衔接条件的差分格式

在电磁场问题中,经常会遇到两种不同介质交界面的情况,如图 10-5 所示,左半空间充满介电常数为 ε_a 的介质 a,右半空间充满介电常数为 ε_b 的介质 b,这种情况分界面上,O 点满足的差分方程为

$$\varphi_0=\frac{1}{4}\left(\frac{2\varphi_1}{1+K}+\varphi_2+\frac{2K\varphi_3}{1+K}+\varphi_4\right) \tag{10-2-24}$$

其中,$K=\dfrac{\varepsilon_a}{\varepsilon_b}$。

2) 直角分界面衔接条件的差分格式

在处理直角劈的问题时,经常会遇到如图 10-6 所示的介质交界面的情况,左$\dfrac{1}{4}$空间充满介电常数为 ε_a 的介质 a,其余$\dfrac{3}{4}$空间充满介电常数为 ε_b 的介质 b,交界面为直角形状。这种情况下,第 3 点与第 4 点的差分方程仍可采用式(10-2-24),而直角顶点 O 满足如下的差分方程

$$\varphi_0=\frac{2}{3+K}(\varphi_1+\varphi_2)+\frac{K+1}{2(3+K)}(\varphi_3+\varphi_4), \tag{10-2-25}$$

其中,$K=\varepsilon_a/\varepsilon_b$。

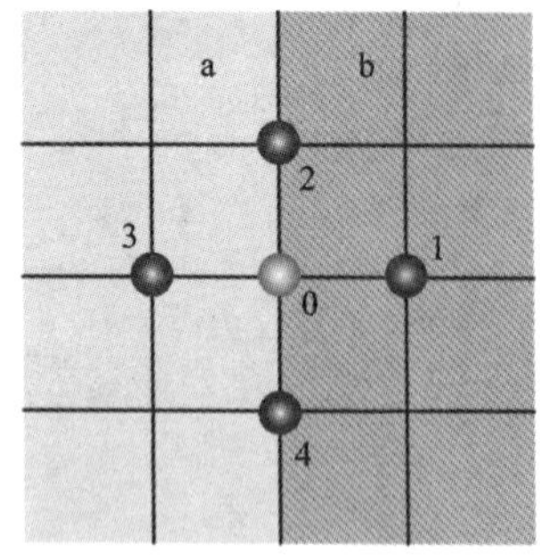

图 10-5 两半空间分界面衔接条件

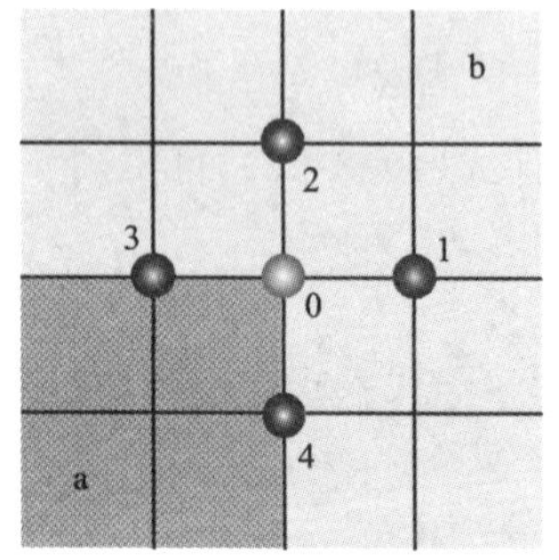

图 10-6 直角分界面衔接条件

3) 三介质分界面衔接条件的差分格式

对于多种介质交界的情况,如图 10-7 所示的三种介质交界面,左半空间充满介电常数为 ε_a 的介质 a,右上$\dfrac{1}{4}$空间充满介电常数为 ε_b 的介质 b,右下$\dfrac{1}{4}$空间充满介电常数为 ε_c 的介质 c,三种介质交于中心点 0。

这种情况下,第 1、2、4 点的差分方程仍可采用式(10-2-24),而三种介质交界点 O

满足如下的差分方程：

$$\varphi_0=\frac{1}{4}\frac{[(2\varepsilon_b+2\varepsilon_c)\varphi_1+(2\varepsilon_a+2\varepsilon_b)\varphi_2+4\varepsilon_a\varphi_3+(2\varepsilon_a+2\varepsilon_c)\varphi_4]}{2\varepsilon_a+\varepsilon_b+\varepsilon_c} \tag{10-2-26}$$

4）对称分界面衔接条件的差分格式

对于一些具有对称结构的电磁场问题，可以通过设置对称边界来减小计算机的存储单元，提高计算效率。如图 10-8 所示，场以边界 AA' 对称，即边界 AA' 左侧场与其右侧场具有完全相同的结构形式，这时只需要求出左侧场就可以知道整个空间内场的结构与特性。合理利用此边界条件，能够有效减小计算量，对称边界的差分格式为

$$\varphi_0=\frac{1}{4}(2\varphi_1+\varphi_2+\varphi_4-h^2F) \tag{10-2-27}$$

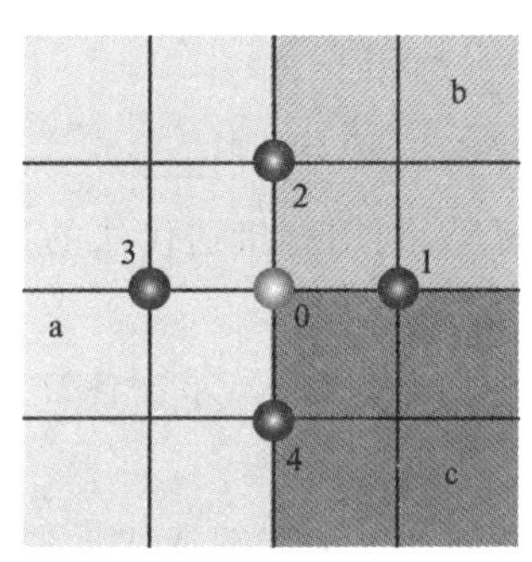

图 10-7 三种介质衔接收边界

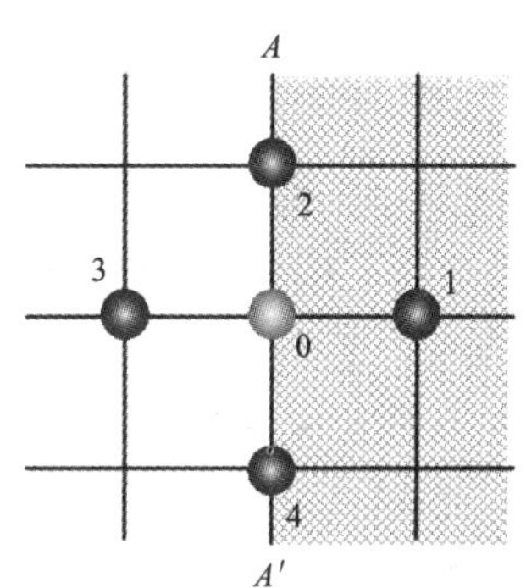

图 10-8 对称边界

10.2.4 差分方程组的求解方法

通过网格划分，静态电场定义区域 D 离散为许许多多的小单元，并按一定的规律对每一个网格节点进行编号，如图 10-9 所示。设区域 D 离散后共有 N 个网格节点，对每一个网格节点，运用五点差分方程或边界差分方程，共有 N 个代数方程，并可以整理为如下的矩阵形式：

$$\boldsymbol{K\Phi}=\boldsymbol{B} \tag{10-2-28}$$

式中：$\boldsymbol{K}$ 表示系数矩阵，根据差分方程的特性可知，$\boldsymbol{K}$ 为 $N\times N$ 的稀疏矩阵；$\boldsymbol{\Phi}$ 表示电位函数 φ 的矩阵，大小为 $N\times 1$；$\boldsymbol{B}$ 为由区域 D 内源分布、网格划分步长及边界条件共同决定的矩阵，大小为 $N\times 1$。

方程(10-2-28)的求解方法主要分直接法和迭代法两类，其中直接法是通过求系数矩阵 $\boldsymbol{K}$ 的逆矩阵来得到方程的解。但在实际电磁场问题中，网格划分要求足够细，以保证数值解的精度，故矩阵 $\boldsymbol{K}$ 的维数通常都比较大，导致矩阵求逆运算困难。此外，在计算机数值计算过程中的舍入误差也可能引起数值结果的不稳定，故直接法很少应用，常用迭代法求解方程(10-2-28)。根据迭代过程中采取的规则不同，迭代法又分为以下三类。

1. 直接迭代法

将泊松方程的五点差分格式(10-2-7)应用于区域 D 中网格节点 (i,j)，如图 10-9

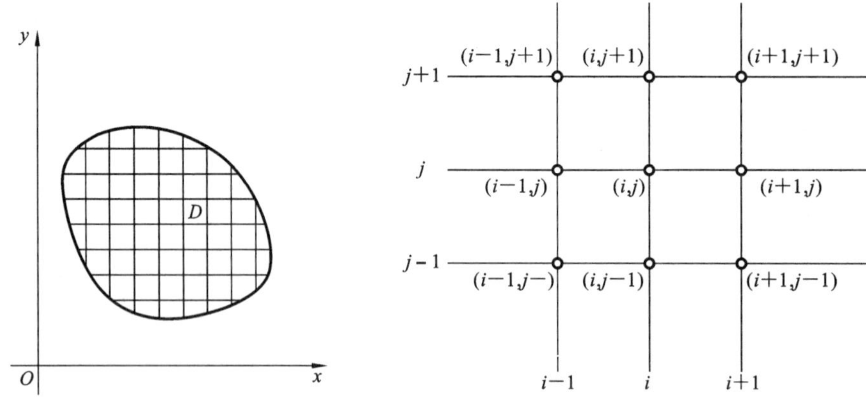

图 10-9 离散网格与编号

所示,其差分格式如下:

$$\varphi_{i,j}^{(k+1)}=\frac{1}{4}\left[\varphi_{i-1,j}^{(k)}+\varphi_{i,j-1}^{(k)}+\varphi_{i+1,j}^{(k)}+\varphi_{i,j+1}^{(k)}-h^2 f_{i,j}\right] \tag{10-2-29}$$

其中,函数 φ 的上标表示迭代次数,下标表示网格点编号,利用直接迭代法的主要步骤如下。

(1) 先任意给出各节点处的初始值 $\varphi_{i,j}^{(0)}$,然后代入式(10-2-29),求出各节点上电位函数的第一次迭代近似值 $\varphi_{i,j}^{(1)}$。

(2) 依次循环下去,由第 k 次迭代法的近似值求出第 $k+1$ 次的迭代近似值,直至达到预设精度要求。理论上可以证明,不论初始值 $\varphi_{i,j}^{(0)}$ 如何选取,当 $k\to\infty$ 时,$\varphi_{i,j}^{(k)}$ 必然收敛于所要求的差分问题的解。

直接迭代法使用起来较为直接简单,其主要缺点是需要用两套存储单元分别存放相邻两次(如第 k 和 $k+1$ 次)迭代过程中各个节点的近似值,占用内存较大,且收敛速度较慢,实际中常常采用改进后的迭代法。

2. 高斯-赛德尔迭代法

高斯-赛德尔迭代法是直接迭代法的改进算法,它实际上是在第 $k+1$ 次迭代时,将已经得到的某些相关节点上的第 $k+1$ 次迭代近似值代入式(10-2-29)进行运算。以图 10-10 为例,将网格节点按自左向右、自下而上顺序排列并逐个迭代,在计算 $\varphi_{i,j}^{(k+1)}$ 时,其周围四个相邻节点中,$\varphi_{i-1,j}^{(k+1)}$、$\varphi_{i-1,j-1}^{(k+1)}$ 的 $k+1$ 次迭代数值已经获得,可直接代入式(10-2-29),从而获得相应的迭代式:

$$\varphi_{i,j}^{(k+1)}=\frac{1}{4}\left[\varphi_{i-1,j}^{(k+1)}+\varphi_{i,j-1}^{(k+1)}+\varphi_{i+1,j}^{(k)}+\varphi_{i,j+1}^{(k)}-h^2 f_{i,j}\right] \tag{10-2-30}$$

即为高斯-赛德尔迭代法的运算公式。

不难看出,高斯-赛德尔迭代法只需一套存储单元存放各节点的数值即可,有效节省了计算机内存,同时还可证明其收敛速度比直接迭代法的快,故实际中常常采用改进后的迭代法。

3. 超松弛迭代法

高斯-赛德尔迭代法在起始阶段的收敛速度可能比直接迭代法的快,但仍然不理

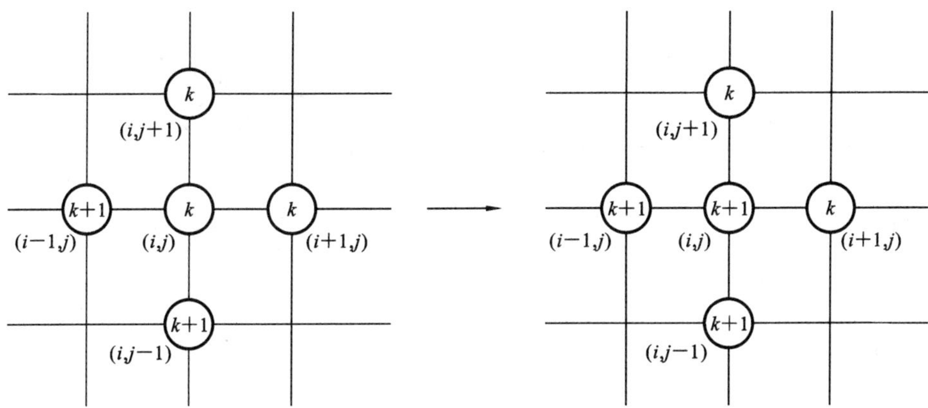

图 10-10 高斯-赛德尔迭代法示意图

想。为了进一步加快收敛速度，人们在高斯-赛德尔迭代法基础上提出了超松弛迭代法的思想，将式(10-2-30)的计算结果表示为一个中间值，记为

$$\tilde{\varphi}_{i,j}^{(k+1)}=\frac{1}{4}\left[\varphi_{i-1,j}^{(k+1)}+\varphi_{i,j-1}^{(k+1)}+\varphi_{i+1,j}^{(k)}+\varphi_{i,j+1}^{(k)}-h^2 f_{i,j}\right] \tag{10-2-31}$$

而第 $k+1$ 次的最终结果表示为 $\tilde{\varphi}_{i,j}^{(k+1)}$ 与 $\varphi_{i,j}^{(k)}$ 的加权平均值，即

$$\begin{aligned}\varphi_{i,j}^{(k+1)}&=\alpha\tilde{\varphi}_{i,j}^{(k+1)}+(1-\alpha)\varphi_{i,j}^{(k)}=\varphi_{i,j}^{(k)}+\alpha\left[\tilde{\varphi}_{i,j}^{(k+1)}-\varphi_{i,j}^{(k)}\right]\\&=\varphi_{i,j}^{(k)}+\frac{\alpha}{4}\left[\varphi_{i-1,j}^{(k+1)}+\varphi_{i,j-1}^{(k+1)}+\varphi_{i+1,j}^{(k)}+\varphi_{i,j+1}^{(k)}-h^2 f_{i,j}-4\varphi_{i,j}^{(k)}\right]\end{aligned} \tag{10-2-32}$$

其中，α 为加速收敛因子。当 $\alpha=1$ 时，即为高斯-赛德尔迭代法。α 的经验取值一般为 $1\leqslant\alpha\leqslant 2$。对于正方形区域的第一类边值问题，$\alpha$ 的最佳取值由如下经验公式确定：

$$\alpha=\frac{1}{2+\sin\dfrac{\pi}{l}} \tag{10-2-33}$$

$l+1$ 表示每一边的节点数。对于长方形区域，采用正方形网格划分，每边的节点数分别为 $l+1$ 和 $m+1$，α 的取值一般为

$$\alpha=2-\pi\sqrt{2\left(\frac{1}{l^2}+\frac{1}{m^2}\right)} \tag{10-2-34}$$

表 10-1 所示的为求解某正方形区域内电位分布问题，采用不同的 α 值时，对收敛速度的影响。由此可见，采用合适的收敛因子能够有效加快速度，提高运行效率。

表 10-1 迭代收敛速度与 α 的关系

收敛因子(α)	1.0	1.7	1.8	1.83	1.85	1.87	1.90	2.0
迭代次数(N)	>1000	269	174	143	122	133	171	发散

【例 10.1】 图 10-11 所示的为无限长矩形导体槽的横截面，导体槽的长度为 600 mm，高度为 400 mm，上板电位为 100 V，底板与侧板电位为 0 V；导体槽内充满着三种均匀介质，其介电常数分别为 ε_{r1}、ε_{r2}、ε_{r3}。用有限差分法计算该区域内的电位、电场强度，并绘制电位分布图。

解 导体槽内的电场为第一类边界条件下拉普拉斯方程的解。由于在区域中存在三种类型的电介质，故在介质交界面处还需要满足交界面的边界条件。用超松弛迭代

法求解差分方程组,步骤如下。

(1) 采用正方形网格划分求解区域,并使介质分界面与网格节点重合。

(2) 将网格节点按 x、y 轴的方向编号,建立电位差分方程或边界条件。

(3) 设定最佳收敛因子 α 和迭代误差控制小量 ε,求解并表征数据图形。

以 Matlab 2006 为运行环境,其计算机求解程序如下。

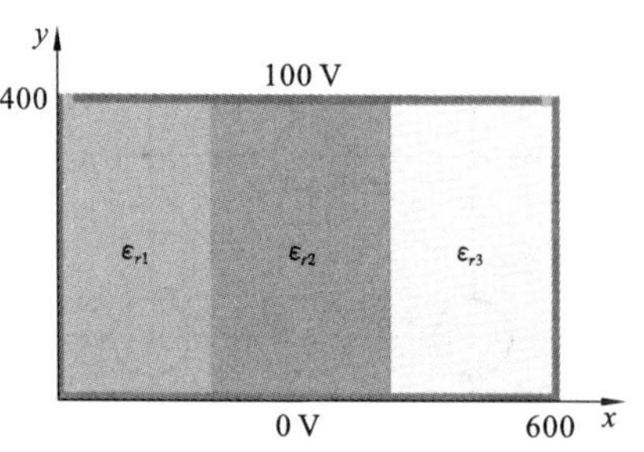

图 10-11 无限长导体槽

```
clc;
close all;
clear all;
hx1= 200;                    % 用以确定基本网格划分精度,分界面位置,hx1, 2×hx1
hx= hx1* 3;                  % 水平方向格数
hy= hx1* 2;                  % 垂直方向格数
a0= 2-pi* sqrt(2)* sqrt(1/(hx^2)+ 1/(hy^2));  % 最佳收敛因子

v1= ones(hy,hx);
v1(hy,:)= ones(1,hx)* 100;   % 顶边界条件
v1(1,:)= zeros(1,hx);        % 底边界条件
for i= 1:hy
    v1(i,1)= 0;              % 左侧边界
    v1(i,hx)= 0;             % 右侧边界
end

maxt= 1;                     % 相邻两次迭代误差
k= 0;                        % 迭代次数

eps1= 1;                     % 相对介电常数 1
eps2= 1;                     % 相对介电常数 2
eps3= 1;                     % 相对介电常数 3

K1= eps1/eps2;               % 分界面 1 两侧介电常数比值
K2= eps2/eps3;               % 分界面 2 两侧介电常数比值
W11= 2/(1+ K1);
W12= 1;
W13= 2* K1/(1+ K1);
W14= 1;
W21= 2/(1+ K2);
W22= 1;
W23= 2* K2/(1+ K2);
W24= 1;
```

```
while(maxt> 1e-6)
    k= k+ 1;
    maxt= 0;
    for i= 2:hy-1;
        for j= 2:hx-1
            if j= hx1
v2= v1(i,j)+ a0* 0.25* (W11* v1(i,j+ 1)+ W12* v1(i+ 1,j)+ W13* v1(i,j-1)+ W14
* v1(i-1,j)-4* v1(i,j));
        elseif j= hx1* 2
v2= v1(i,j)+ a0* 0.25* (W21* v1(i,j+ 1)+ W22* v1(i+ 1,j)+ W23* v1(i,j-1)+ W24
* v1(i-1,j)-4* v1(i,j));
        else
            v2= v1(i,j)+ a0* 0.25* (v1(i,j+ 1)+ v1(i+ 1,j)+ v1(i-1,j)+ v1(i,
j-1)-4* v1(i,j));
        end

        maxt= max(maxt,abs(v2-v1(i,j)));
        v1(i,j)= v2;
      end
  end

end

figure
surf(v1)
shading interp
title('电势分布');
view(0,90)

figure
contourf(v1,25)
grid off
hold on
x= 1:1:hx;
y= 1:1:hy;
[xx,yy]= meshgrid(x,y);
[Gx,Gy]= gradient(v1,-1,-1);

% quiver(xx,yy,Gx,Gy,-0.3,'k');
title('等势线分布');
figure
[sx,sy] = meshgrid(1:hx,hy);
streamslice(xx,yy,Gx,Gy,5)
title('电场流线图');
```

```
axis equal
axis([1 hx 1 hy])
box on
```

当相对介电常数分别为 $\varepsilon_{r1}=\varepsilon_{r2}=\varepsilon_{r3}=1$ 和 $\varepsilon_{r1}=2,\varepsilon_{r2}=1,\varepsilon_{r3}=3$ 时,电场力线和等势线分别如图 10-12 和图 10-13 所示。对图示结果的简单分析,从一个侧面证明了计算结果的正确性。例如,当 $\varepsilon_{r1}=\varepsilon_{r2}=\varepsilon_{r3}=1$ 时,导体槽内为均匀介质填充,边界条件(形状和数值)以直线 $x=300$ 为对称轴,导体槽内的电场和电势也应以 $x=300$ 为对称轴,矩形槽边界为导体,电场力线应与矩形槽边界垂直等,这些特点均在图示结果中得到验证。

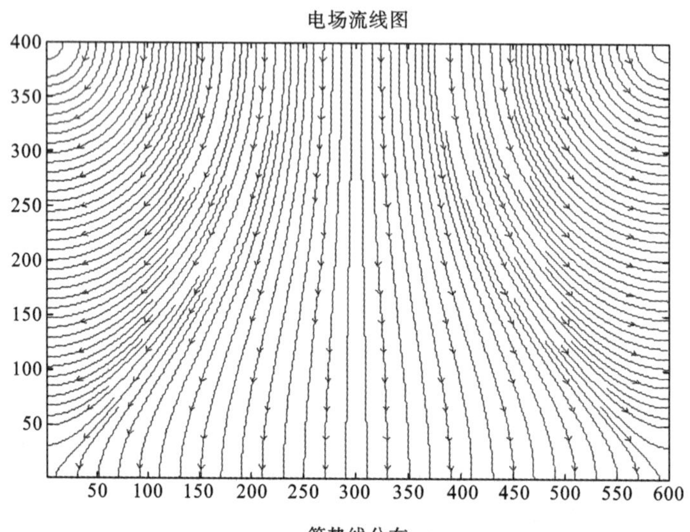

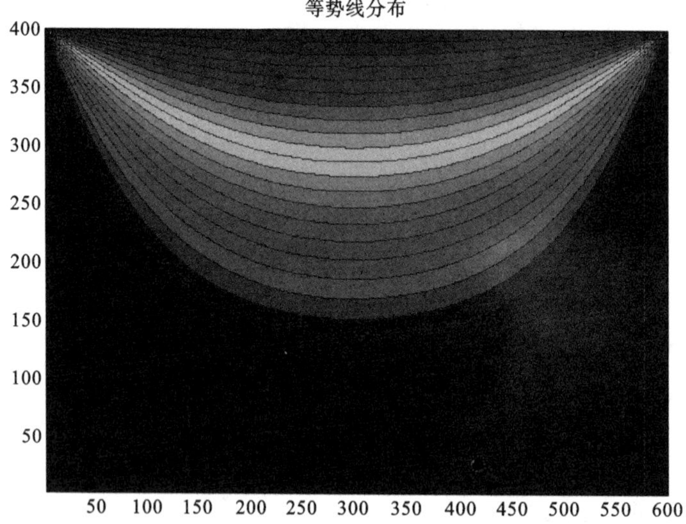

图 10-12　结果表征(相对介电常数分别为 1、1、1)

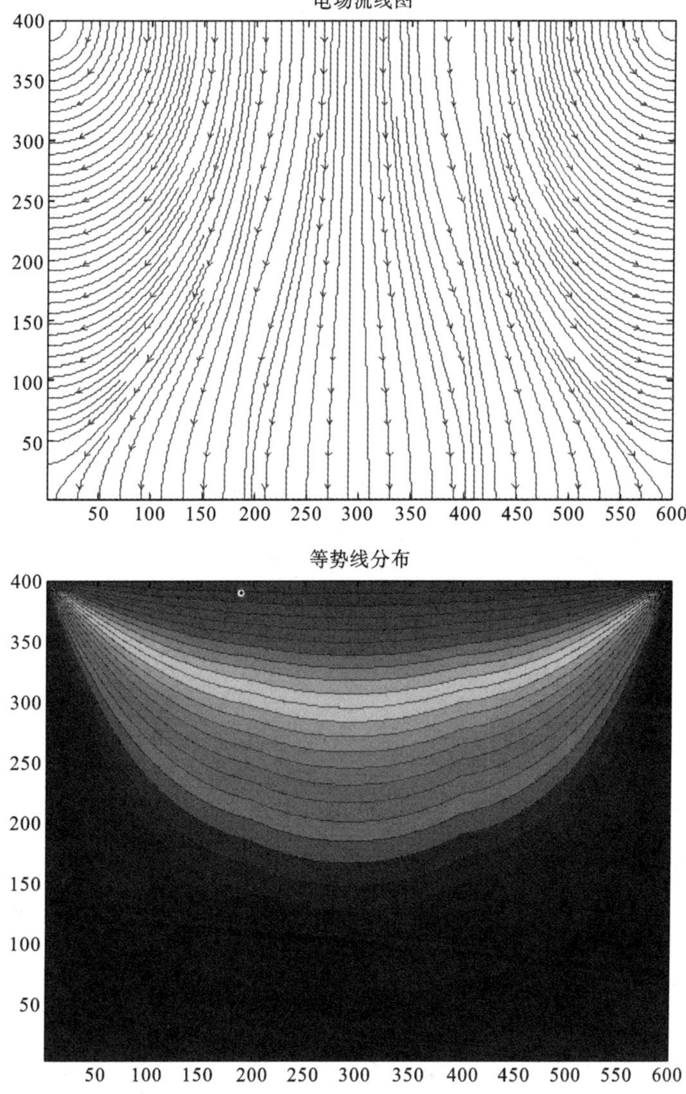

图 10-13　结果表征(相对介电常数分别为 2、1、3)

10.3　矩量法

10.3.1 矩量法的基本思想

矩量法最早由哈林顿(R. F. Harrington,1925—,美国电磁工程科学家)于 1968 年提出,并被广泛应用于电磁场问题求解,成为电磁场领域最常用的数值分析方法之一。本节简单介绍矩量法的基本原理和应用。设有一个非齐次线性算子方程

$$L(f)=g \tag{10-3-1}$$

其中,L 为线性算子,可以是线性微分算子,也可以是线性积分算子,或其他线性算子。对于电磁场理论和应用问题,可以证明线性算子 L 在相应的边界条件下为自伴算子。g 为已知函数,代表激励源;f 为未知函数,表示待求量。以无界空间中的波动方程

为例

$$(\nabla^2+k^2)G(\boldsymbol{r},\boldsymbol{r}')=-\delta(r-r') \tag{10-3-2}$$

令 $L=\nabla^2+k^2$ 为线性算子，$g=\delta(\boldsymbol{r},\boldsymbol{r}')$ 为激励源，$f=G(\boldsymbol{r},\boldsymbol{r}')$ 为待求函数，则波动方程可以表示为

$$L(f)=-\delta(r-r') \tag{10-3-3}$$

矩量法求解上述算子方程的第一步是将式(10-3-1)中未知函数 f 在 L 的定义域中展开为 $f_1,f_2,f_3,\cdots$ 的组合，即

$$f=\sum_{n=1}^{N}a_nf_n \tag{10-3-4}$$

式中：a_n 为展开系数；f_n 为展开函数或基函数。很明显，如果 f_n 为线性算子 L 在定义区域中相应边界条件下的完备基函数，且 $N\to\infty$，则式(10-3-4)给出的是基于广义傅里叶级数表示的精确解。当 N 为有限数时，式(10-3-4)通常给出近似解。将式(10-3-4)代入式(10-3-1)，再应用线性算子 L 的特性便可以得

$$\sum_n a_nL(f_n)=g \tag{10-3-5}$$

矩量法的第二步是在 L 的值域内选择一组权函数或检验函数 $w_1,w_2,w_3,\cdots$ 的集合，对每个 w_m 取式(10-3-5)的内积，即有

$$\sum_n a_n<w_m,\quad Lf_n>=<w_m,g> \tag{10-3-6}$$

其中，$m=1,2,3\cdots$。内积 $<u,v>$ 的一般定义是 $<u,v>=\int_\Omega uv^*\,\mathrm{d}\Omega$，其具体内涵视 u 和 v 的具体定义形式而定，这将在后续内容中结合具体问题予以讨论。将式(10-3-6)用矩阵形式表示如下：

$$[l_{mn}][a_n]=[g_m] \tag{10-3-7}$$

其中，

$$[l_{mn}]=\begin{bmatrix}<w_1,Lf_1> & <w_1,Lf_2>\cdots<w_1,Lf_n>\\ <w_2,Lf_1> & <w_2,Lf_2>\cdots<w_2,Lf_n>\\ \vdots & \vdots \qquad\qquad \vdots\\ <w_m,Lf_1> & <w_m,Lf_2>\cdots<w_m,Lf_n>\end{bmatrix} \tag{10-3-8}$$

$$[a_n]=\begin{bmatrix}a_1\\a_2\\\vdots\\a_n\end{bmatrix},\quad [g_m]=\begin{bmatrix}<w_1,g>\\<w_2,g>\\\vdots\\<w_m,g>\end{bmatrix} \tag{10-3-9}$$

矩量法的第三步是求矩阵方程(10-3-7)的解。如果矩阵 $[l]$ 是非奇异性的，其逆矩阵 $[l^{-1}]$ 存在，则 a_n 由下式给出：

$$[a_n]=[l_{mn}^{-1}][g_m] \tag{10-3-10}$$

f 的解由式(10-3-4)得出。为了简明地表示此结果，规定基函数的向量矩阵为

$$[\tilde{f}_n]=[f_1,f_2,f_3,\cdots] \tag{10-3-11}$$

于是解 f 可以表示为

$$f=[\tilde{f}_n][a_n]=[\tilde{f}_n][l_{mn}^{-1}][g_m] \tag{10-3-12}$$

式(10-3-12)给出的结果是精确解，还是近似解，以及近似解的精度，不仅取决于 f_n 和

w_n 的选择，同时还与展开项 N 有关。

上述求解方程(10-3-1)的方法即为矩量法。矩量法的核心是如何选择展开基函数 f_n 和权函数 w_m 序列：基函数 f_n 必须线性无关，并且其线性叠加式(10-3-4)能够很好地逼近 f；权函数 w_n 也应该是线性无关的，并且要求满足内积 $<w_n, g>$ 对于 g 具有相对独立性。影响 f_n 和 w_n 选择的其他因素包括精度要求、矩阵单元计算的难易程度、能够求逆矩阵的大小、良态矩阵 $[l]$ 的可实现性等。当基函数与权函数相同，即 $w_n = f_n$ 时，通常称这种情况为伽略金法。

如果矩阵 $[l]$ 是无限阶的，那么它只在特殊情况下才能求逆，譬如是对角线矩阵。由经典的本征函数得到的对角线矩阵可以认为是矩量法的特殊情况。假如 f_n 和 w_n 的集合为有限的，那么这个矩阵将是有限阶，就可以使用许多成熟的数值算法进行求逆运算。

【例 10.2】 在区间 $0 \leqslant x \leqslant 1$ 内，求解定解问题

$$\begin{cases} -\dfrac{d^2 u}{dx^2} = Lu(x) = 1 + 4x^2 \\ u(0) = u(1) = 0 \end{cases} \tag{10-3-13}$$

解 应用矩量法求解的第一步是选取展开基函数。展开基函数应线性无关，且满足 $u(x)$ 的边界条件，故可选择幂函数作为展开基函数，权函数与基函数相同。即选择

$$f_n(x) = w_n(x) = x(1 - x^n), \quad n = 1, 2, 3, \cdots \tag{10-3-14}$$

则待求函数可展开为

$$u(x) = \sum_{n=1}^{N} a_n f_n(x) = \sum_{n=1}^{N} a_n x(1 - x^n), \quad n = 1, 2, 3, \cdots \tag{10-3-15}$$

内积的具体形式为

$$< u, v > = \int_0^1 u(x) v^*(x) dx \tag{10-3-16}$$

容易求得

$$l_{mn} = \langle w_m, Lf_n \rangle = \int_0^1 x(1 - x^m) \left[-\frac{d^2}{dx^2} x(1 - x^n) \right] dx = \frac{mn}{m + n + 1} \tag{10-3-17}$$

$$g_m = \langle w_m, g \rangle = \int_0^1 x(1 - x^m)(1 + 4x^2) dx = \frac{m(3m + 8)}{2(m + 2)(m + 4)} \tag{10-3-18}$$

从算子方程可以预测解的最高幂次为 4。如果选择 $N=2$，矩阵方程的解为

$$\begin{bmatrix} \frac{1}{3} & \frac{1}{2} \\ \frac{1}{2} & \frac{4}{5} \end{bmatrix} \begin{bmatrix} a_1 \\ a_2 \end{bmatrix} = \begin{bmatrix} \frac{11}{30} \\ \frac{7}{12} \end{bmatrix} \Rightarrow \begin{bmatrix} a_1 \\ a_2 \end{bmatrix} = \begin{bmatrix} \frac{1}{10} \\ \frac{2}{3} \end{bmatrix} \tag{10-3-19}$$

从而求得 $N=2$ 时的近似解为

$$u_2(x) = \frac{23}{30} x - \frac{1}{10} x^2 - \frac{2}{3} x^3 \tag{10-3-20}$$

如果选择 $N=3$，矩阵方程的解为

$$\begin{bmatrix} \frac{1}{3} & \frac{1}{2} & \frac{2}{5} \\ \frac{1}{2} & \frac{4}{5} & 1 \\ \frac{3}{5} & 1 & \frac{9}{7} \end{bmatrix} \begin{bmatrix} a_1 \\ a_2 \\ a_3 \end{bmatrix} = \begin{bmatrix} \frac{11}{30} \\ \frac{7}{12} \\ \frac{51}{70} \end{bmatrix} \Rightarrow \begin{bmatrix} a_1 \\ a_2 \\ a_3 \end{bmatrix} = \begin{bmatrix} \frac{1}{2} \\ 0 \\ \frac{1}{3} \end{bmatrix} \tag{10-3-21}$$

从而求得 $N=3$ 时的近似解为

$$u_3(x)=\frac{5}{6}x-\frac{1}{2}x^2-\frac{1}{3}x^4 \tag{10-3-22}$$

此解即为精确解。对于 $N>3$ 得到的结果同样为精确解。

10.3.2 基函数与权函数的选择

从例题求解过程中不难看出,一旦展开基函数和权函数确定后,大量的时间花费在阵元 $l_{mn}=\langle w_m,Lf_n\rangle$,$g_m=\langle w_m,g\rangle$的计算中,而且这种计算通常比较烦琐。数值方法的初衷是利用空间离散点的数值量表征连续量,那么能否用离散的分域基函数来替代全域基函数呢?为此,一种近似处理方法被运用于矩量法,即利用满足离散条件的算子方程代替全域的算子方程。

1. 分域基函数

算子方程中 f 为定义区域中的待求函数,按照广义傅里叶变换理论,它可以利用基函数 $f_1,f_2,f_3,\cdots$展开。另一方面,按照连续量离散化表示的处理方式,f 也可以表示为离散量的组合

$$f=\sum_{n=1}^{N}a_nf_n \tag{10-3-23}$$

其中,a_n 表示待求解 f 在第 n 个分区域中心点的取值,f_n 为定义在该分区域上的函数,当坐标变量在分区域中 $f_n\neq0$,离开该分区域 $f_n=0$。一维情形的分区域为分段;二维情形的分区域为分片;三维情形的分区域即为分块。这种方法选取的基函数称为分域基函数,通过选择合适的权,可以大大简化矩阵元素的计算,以及简化矩阵求逆运算。

如例 10-2 的一维问题,将区间 $0\leqslant x\leqslant1$ 等分为 $N+1$ 个分区间,每个分区间的宽度为$\frac{1}{N+1}$,分区间中心点在

$$x_n=\frac{n}{N+1},\quad n=1,2,3,\cdots \tag{10-3-24}$$

如图 10-14(a) 所示。分域基函数有多种选择方法,如选择脉冲函数

$$f_n=P(x-x_n)=\begin{cases}1, & |x-x_n|<\dfrac{1}{2(N+1)}\\[2ex] 0, & |x-x_n|>\dfrac{1}{2(N+1)}\end{cases} \tag{10-3-25a}$$

作为分域基函数,如图 10-14(b)所示。应用脉冲函数线性组合展开表示 $f(x)$

$$f=\sum_{n=1}^{N}a_nf_n=\sum_{n=1}^{N}a_nP_n(x-x_n) \tag{10-3-25b}$$

给出的是解 $f(x)$的阶梯近似,如图 10-14(c)所示。

2. 权函数的选择

为进一步简化矩阵单元的数值计算过程,除选取理想的分域基函数以外,还可以对权函数进行精心设计。最便捷的近似方法莫过于由原全域内求解方程(10-3-5)变为若干离散点上求解,而这一简化的实质相当于用 δ 函数作为权函数。如例 10-2 中的一维问题,可以选择

$$w_m(x)=\delta(x)=\delta(x-x_m) \tag{10-3-26}$$

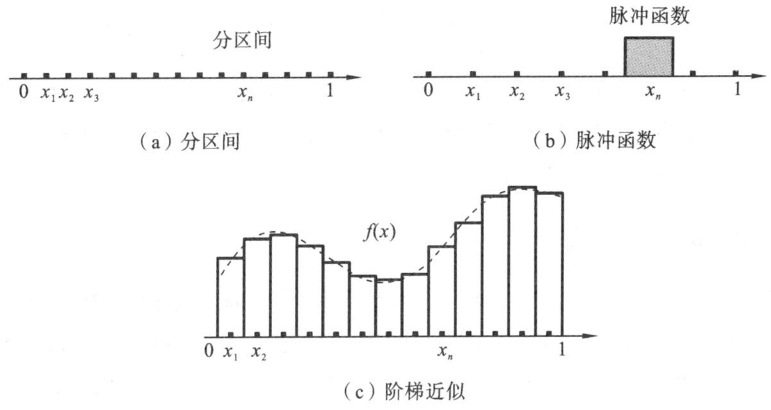

图 10-14 基函数的选择

作为权函数,可极大简化矩阵单元的计算。这种权函数称为点选配权函数。

基函数和权函数的形式有许多种选择,某些合适的选择不仅可以简化矩阵元和矩阵方程的求解,还使数值计算结果收敛快,精度高;而某些不合适的选择除了导致计算复杂外,还可能导致结果错误。因此,选择与问题相适应的基函数和权函数对矩量法来说非常重要。

10.3.3 算子方程的建立

原则上,矩量法可用于求解微分算子和积分算子问题。然而在实际应用中,由于微分算子对基函数要求苛刻,容易造成系数矩阵[l]病态。比如在上例中,选取在定义区间[0,1]的幂函数为基函数,$L(f_n)=-\dfrac{\mathrm{d}^2}{\mathrm{d}x^2}x(1-x^n)$不出现奇异性,内积求得矩阵系数也没有奇异性;但如果选取的基函数为分段脉冲函数,算子作用

$$L(f_n)=-\frac{\mathrm{d}^2}{\mathrm{d}x^2}P(x-x_n) \tag{10-3-27}$$

上出现奇异性值,从而导致矩阵系数也出现奇异性,这时的矩阵方程为奇异矩阵方程。因此,将矩量法应用于电磁场问题,最好将算子方程转化为积分方程形式。

以静电场为例,电场强度 $\boldsymbol{E}$ 可由下式求得

$$\boldsymbol{E}=-\nabla\phi \tag{10-3-28}$$

式中:ϕ 为电位函数;∇为梯度算子。

在均匀介质和体电荷密度 ρ 的区域内,静电位满足泊松方程

$$-\varepsilon\nabla^2\phi=\rho=L(\phi)=\rho \tag{10-3-29}$$

式中:$L=-\varepsilon\nabla^2$。为得到唯一解,还必须加上 ϕ 满足的边界条件,即规定算子的定义区域。如无界区域,电位函数需满足

$$\lim_{r\to\infty} r\phi(\boldsymbol{r})\to\text{有界} \tag{10-3-30}$$

在这一条件约束下,式(10-3-29)的解是

$$\phi(x,y,z)=\iiint_V\frac{\rho(x',y',z')\mathrm{d}x'\mathrm{d}y'\mathrm{d}z'}{4\pi\varepsilon\sqrt{(x-x')^2+(y-y')^2+(z-z')^2}} \tag{10-3-31}$$

算子 L 的逆算子为

$$L^{-1} = \iiint_V \frac{\mathrm{d}x'\mathrm{d}y'\mathrm{d}z'}{4\pi\varepsilon\sqrt{(x-x')^2+(y-y')^2+(z-z')^2}} \tag{10-3-32}$$

但必须注意,只有在式(10-3-30)的条件下,算子 L^{-1}(见式(10-3-32))才是算子 L(见式(10-3-29))的逆算子,如果条件改变,L^{-1} 也会改变。此外,算子 L 和其逆算子 L^{-1} 是任意的,根据需要,可以将符号互换。

10.3.4 矩量法的应用实例

作为矩量法的应用举例,首先介绍正方形导体平板面上电荷分布问题。尽管其结构非常简单,但解析方法并不能得到准确的解。设导体平板边长为 $2a$,位于 $z=0$ 的平面上,中心位于坐标原点,如图 10-15 所示。设 $\sigma(x,y)$ 表示导体板上的面电荷密度,板厚为零,则空间任意一点的电位为

$$\phi(x,y,z) = \int_{-a}^{a}\int_{-a}^{a} \frac{\sigma(x',y')\mathrm{d}x'\mathrm{d}y'}{4\pi\varepsilon\sqrt{(x-x')^2+(y-y')^2+z^2}} \tag{10-3-33}$$

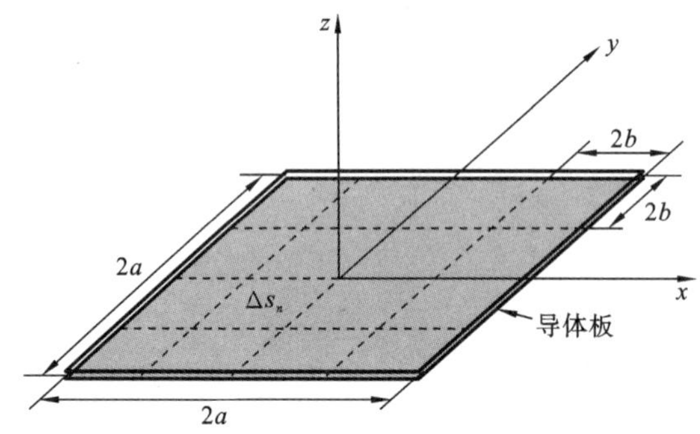

图 10-15 正方形导体板及其分块

导体板上的边界条件是 $\phi(x,y,0)=V_0(|x|\leqslant a,|y|\leqslant a)$,积分方程为

$$V_0 = \int_{-a}^{a}\int_{-a}^{a} \frac{\sigma(x',y')\mathrm{d}x'\mathrm{d}y'}{4\pi\varepsilon\sqrt{(x-x')^2+(y-y')^2}} \tag{10-3-34}$$

待求未知函数是电荷面密度 $\sigma(x,y)$。另一个有意义的参数是导体板的电容:

$$C = \frac{q}{V_0} = \frac{1}{V_0}\int_{-a}^{a}\int_{-a}^{a}\sigma(x,y)\mathrm{d}x\mathrm{d}y \tag{10-3-35}$$

它是电荷面密度 $\sigma(x,y)$ 的泛函。

下面采取矩量法求解上述问题。首先将导体平板分为 N 个方形小面元,如图10-15所示。选取简单的脉冲基函数

$$f_n(x,y) = \begin{cases} 1, & x,y\in\Delta S_n \\ 0, & x,y\notin\Delta S_n \end{cases} \tag{10-3-36}$$

导体板电荷密度则可近似表示为

$$\sigma(x,y) \approx \sum_{n=1}^{N} a_n f_n(x,y) \tag{10-3-37}$$

将式(10-3-36)代入式(10-3-34),得到

$$V_0 = \sum_{n=1}^{N} a_n \int_{-a}^{a}\int_{-a}^{a} \frac{f_n(x,y)\mathrm{d}x'\mathrm{d}y'}{4\pi\varepsilon\sqrt{(x-x')^2+(y-y')^2}} \tag{10-3-38}$$

定义内积

$$< f(x,y), g(x,y) >= \int_{-a}^{a}\int_{-a}^{a} f(x,y)g(x,y)\mathrm{d}x\mathrm{d}y \tag{10-3-39}$$

并选取

$$w_m(x,y)=\delta(x-x_m)(y-y_m) \tag{10-3-40}$$

为权函数。对方程(10-3-38)两边求内积运算，得

$$[l_{mn}][a_n]=[g_m] \tag{10-3-41}$$

其中，

$$l_{mn} = \int_{-a}^{a}\int_{-a}^{a} w_m(x,y)\mathrm{d}x\mathrm{d}y \iint_{\Delta S_n} \frac{\mathrm{d}x'\mathrm{d}y'}{4\pi\varepsilon\sqrt{(x-x')^2+(y-y')^2}} \tag{10-3-42}$$

$$g_m = \int_{-a}^{a}\int_{-a}^{a} V_0\delta(x-x_m)(y-y_m)\mathrm{d}x\mathrm{d}y = V_0$$

$$[g_m]=\begin{bmatrix} V_0 \\ \vdots \\ V_0 \end{bmatrix} \tag{10-3-43}$$

矩阵元 l_{mn} 表示的物理意义是 ΔS_n 上均匀单位面电荷在 ΔS_m 的中心处产生的电位。求解式(10-3-41)得到 a_n，电荷密度由式(10-3-37)逼近求得。相应地，平板电容近似值为

$$C = \frac{q}{V_0} \approx \frac{1}{V_0}\sum_{n=1}^{N} a_n \Delta S_n \tag{10-3-44}$$

为了得到数值结果，必须计算 l_{mn}。令 $2b=2a/\sqrt{N}$ 表示每个 ΔS_n 的边长，ΔS_n 上单位面电荷在其中心处产生的电位为

$$l_{nn} \approx \iint_{\Delta S_n} \frac{\mathrm{d}x\mathrm{d}y}{4\pi\varepsilon\sqrt{x^2+y^2}} = \frac{2b}{\pi\varepsilon}\ln(1+\sqrt{2}) \tag{10-3-45}$$

ΔS_n 上单位面电荷在 ΔS_m 中心处产生的电位可用同样方法计算，但计算复杂。若将 ΔS_n 上的电荷视为点电荷，求得 l_{mn} 的近似值为

$$l_{mn} = \frac{\Delta S_n}{4\pi\varepsilon R_{mn}} = \frac{b^2}{\pi\varepsilon\sqrt{(x_m-x_n)^2+(y_m-_n)^2}}, \quad m\neq n \tag{10-3-46}$$

其产生误差对相邻分块大约为 3.8%，对非相邻分块误差更小，能够满足一般问题的求解。

将所求得的矩阵元代入式(10-3-41)，求出 $[a_n]$，通过式(10-3-37)即得面电荷密度近似解。图 10-16 所示的是当 $N=100$ 个分块小面积时，导体板电位为 1 V 时其中心线 $y=0$ 上的面电荷密度随 x 变化的曲线。可见，越靠近导体板的边缘，面电荷密度越大。当导体板厚度趋于零时，导体板边缘面电荷密度趋于无穷大。

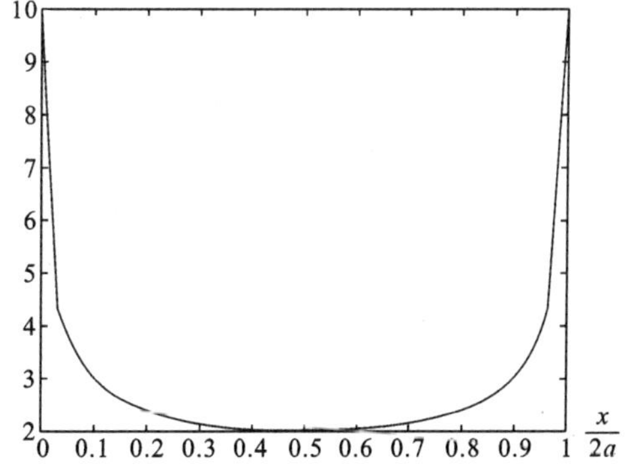

图 10-16　导体板中心线上面电荷密度数值

表 10-2 所示的是利用式(10-3-44)计算的电容。由表 10-2 可知，随着分块数量的增加，计算结果逐渐收敛，尤其是当分块数为 100 时，其近似解已经是真实

电容值 40 μF 的一个良好估值。

表 10-2　不同分块数计算所得电容值

分块数	1	9	16	36	100
$C/\mu\mathrm{F}$	31.5	36.8	37.7	38.7	39.5

矩量法也被广泛应用于时变电磁场领域，如天线辐射特性、目标雷达散射截面(RCS)的仿真计算等。第 8 章介绍了半波振子天线的辐射特性，分析过程中曾假设天线体上电流为沿轴线方向，且幅度满足正弦分布规律。本节将通过矩量法对半波振子天线的理论计算结果进行验证。

对于任意由导电体构成的系统，当存在外加场 $\boldsymbol{E}^{\mathrm{i}}$ 的作用时，在导体表面上将会有感应电荷密度 σ 与电流密度 $\boldsymbol{J}$，并激励向外辐射的场 $\boldsymbol{E}^{\mathrm{s}}$。根据边界条件约束，在导体边界面上 $\hat{n}\times(\boldsymbol{E}^{\mathrm{i}}+\boldsymbol{E}^{\mathrm{s}})=\boldsymbol{0}$，通过推迟势函数，得如下方程式：

$$\begin{cases}\boldsymbol{A}=\mu\iiint\limits_V\boldsymbol{J}\,\dfrac{\mathrm{e}^{-\mathrm{j}kR}}{4\pi R}\mathrm{d}v\\ \phi=\dfrac{1}{\varepsilon}\iiint\limits_V\sigma\,\dfrac{\mathrm{e}^{-\mathrm{j}kR}}{4\pi R}\mathrm{d}v\\ \sigma=\dfrac{-1}{\mathrm{j}\omega}\boldsymbol{\nabla}\cdot\boldsymbol{J}\\ \boldsymbol{E}^{s}=-\mathrm{j}\omega\boldsymbol{A}-\boldsymbol{\nabla}\phi\end{cases}\tag{10-3-47}$$

对于线天线的辐射，导线半径远小于导线长度与波长。为此假设电流只沿导线轴向流动，即电流只有轴向分量；电流和电荷密度可以近似地认为是线电流 $\boldsymbol{I}$ 及在导线轴上的线电荷密度 σ。基于上述假设，将方程(10-3-47)简化为

$$\begin{cases}\boldsymbol{A}=\mu\int\limits_l\boldsymbol{I}(l)\dfrac{\mathrm{e}^{-\mathrm{j}kR}}{4\pi R}\mathrm{d}l\\ \phi=\dfrac{1}{\varepsilon}\int\limits_l\sigma(l)\dfrac{\mathrm{e}^{-\mathrm{j}kR}}{4\pi R}\mathrm{d}l\\ \sigma=\dfrac{-1}{\mathrm{j}\omega}\dfrac{\partial I}{\partial l}\\ -E_l^{\mathrm{i}}=-\mathrm{j}\omega A_l-\dfrac{\partial\phi}{\partial l}\quad(\text{在 } S \text{ 上})\end{cases}\tag{10-3-48}$$

式中：l 表示沿轴的长度变量；R 表示轴上源点指向场点的距离。

对于式(10-3-48)，可采用近似方法求解。将沿 l 的积分看作 N 个小段积分的总和，并且将每小段上的电流 I 与电荷 q 看作常数，在积分所处的相同区间上，求导可用有限差分来近似。另外，图 10-17 对细线模型中各小段的划分规则做了说明：第 n 段的初始点为 $\bar{n}$，终点为 $\overset{+}{n}$，中心点为 n，增量 Δl_n 与 $\Delta l_{\overset{+}{n}}$ 的含义也可参考图中标示，其他各段的表示方法可以此为规律进行拓展。

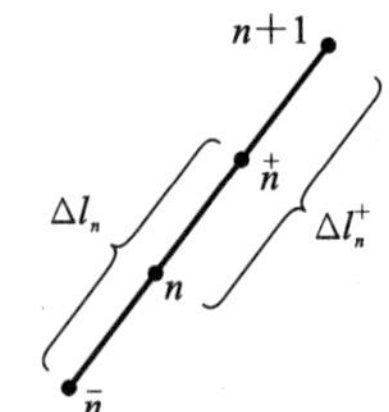

图 10-17　细线结构分段说明

将上述分段离散过程应用于式(10-3-48)，经过处理后可得

$$\begin{cases} A(m) \approx \mu \sum_n I(n) \int_{\Delta l_n} \dfrac{e^{-jkR}}{4\pi R} dl \\ \phi(\overset{+}{m}) \approx \dfrac{1}{\varepsilon} \sum_n \sigma(\overset{+}{n}) \int_{\Delta l_n^+} \dfrac{e^{-jkR}}{4\pi R} dl \\ \sigma(\overset{+}{n}) \approx \dfrac{-1}{j\omega} \dfrac{I(n+1) - I(n)}{\Delta l_n^+} \\ -E_l^i(m) \approx -j\omega A l(m) - \dfrac{\phi(\overset{+}{m}) - \phi(\overset{-}{m})}{\Delta l_m} \end{cases} \tag{10-3-49}$$

方程(10-3-49)中,利用了电流系数来表示各段的电荷密度,故方程中最后一式可以表示为只包含电流系数 $I(n)$ 的形式。考虑到每一小段 n 两端的外加电压可表示为 $E^i \cdot \Delta l_n$,引入电流矩阵 $[I]$ 与电压矩阵 $[V]$,定义式如下:

$$[I] = \begin{bmatrix} I(1) \\ I(2) \\ \vdots \\ I(N) \end{bmatrix}, [V] = \begin{bmatrix} E^i(1) \cdot \Delta l_1 \\ E^i(2) \cdot \Delta l_2 \\ \vdots \\ E^i(N) \cdot \Delta l_N \end{bmatrix} \tag{10-3-50}$$

可将方程(10-3-49)改写成如下矩阵形式:

$$[V] = [Z][I] \tag{10-3-51}$$

矩阵 $[Z]$ 为广义阻抗矩阵。

为了获得广义阻抗矩阵元素 Z_{mn},先定义函数

$$\psi(n,m) = \frac{1}{\Delta l_n} \int_{\Delta l_n} \frac{e^{-jkR_m}}{4\pi R_m} dl$$

其意义如图 10-18 所示。根据式中第 n 段与第 m 段的几何结构关系,不难推导出 $\psi(\overset{\pm}{n}, \overset{\pm}{m})$ 各函数的定义。其次考虑 $I(n)$ 在 m 点产生的矢位为

$$\mathbf{A} = \mu \mathbf{I}(n) \Delta l_n \psi(n,m) \tag{10-3-52}$$

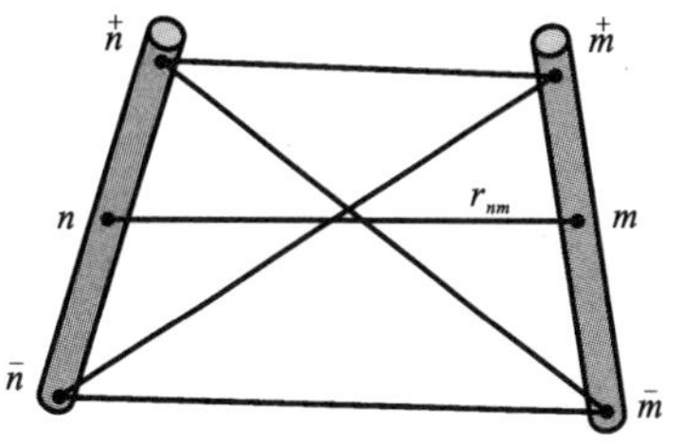

图 10-18 函数 ψ 定义

最后考虑在第 n 段上电流均匀,而根据方程(10-3-49)中第三式,可以得到各段的电荷密度,经整理,得到电流 $I(n)$ 对于标量位函数 $\varphi(\overset{+}{m})$ 与 $\varphi(\overset{-}{m})$ 的贡献如下:

$$\begin{cases} \varphi(\overset{+}{m}) = \dfrac{1}{j\omega\varepsilon} [I(n)\psi(\overset{+}{n}, \overset{+}{m}) - I(n)\psi(\overset{-}{n}, \overset{+}{m})] \\ \phi(\overset{-}{m}) = \dfrac{1}{j\omega\varepsilon} [I(n)\psi(\overset{+}{n}, \overset{-}{m}) - I(n)\psi(\overset{-}{n}, \overset{-}{m})] \end{cases} \tag{10-3-53}$$

将式(10-3-52)与式(10-3-53)代入方程(10-3-49),得到 Z_{mn} 的表示式为

$$\begin{aligned} Z_{mn} &= \frac{E^i(m) \cdot \Delta l_m}{I(n)} \\ &= j\omega\mu \Delta l_n \cdot \Delta l_m \psi(n,m) + \frac{1}{j\omega\varepsilon} [\psi(\overset{+}{n}, \overset{+}{m}) - \psi(\overset{-}{n}, \overset{+}{m}) - \psi(\overset{+}{n}, \overset{-}{m}) + \psi(\overset{-}{n}, \overset{-}{m})] \end{aligned} \tag{10-3-54}$$

以上的求解方法相当于是利用脉冲基函数同时作为电流与电荷的展开基函数,以点配作为检验函数。

【例 10.3】 利用矩量法计算半波振子天线的电流分布与输入阻抗。

解 利用前述得到的广义阻抗矩阵,写出计算机程序,计算得到输入阻抗为

$$Z_{in}=74.8+j44.6$$

此值随天线长度与半径的变化而变化。电流幅相分布如图 10-19 所示，与第 8 章中半波振子天线电流幅度近似表示式(8-5-1)非常接近。

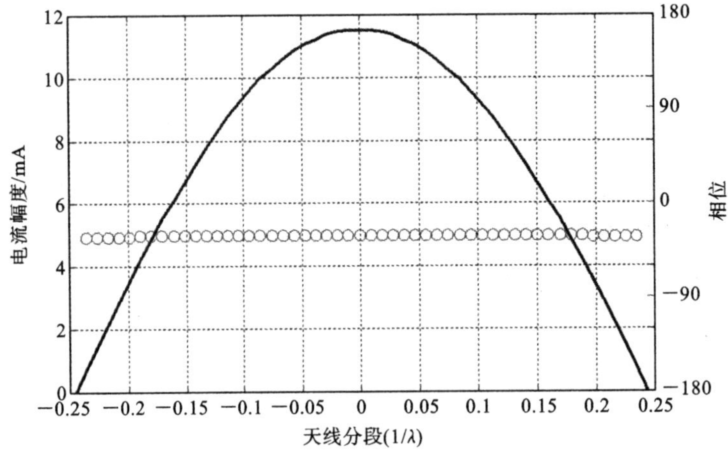

图 10-19 半波长天线电流幅度(线)与相位(圆圈)沿天线体的分布

附件:计算机求解程序

```
clear all
close all
% 导线半径越细,则沿导线方向电流越均匀,计算过程中由于误差的影响,当分段数过大或半径过大时,将引起电流抖动

lamda= 1;                       % 波长
ntimes= 0.5;                    % 导线长度
l= ntimes* lamda;               % 天线长度
a= 1/74.2/2/1e9;                % 天线半径
n= 51;                          % 段数,奇数

type= 1;                        % 1 表示天线问题,其余表示散射问题
position= 1/2;                  % 馈电点位置,1/2 为中间馈电
angle_i= 30;                    % 电磁波入射角度
freq= 3e8/lamda;                % 频率
omega= 2* pi* freq;             % 角速度
e= 8.85e-12;                    % 介电常数
u= 4e-7* pi;                    % 磁导率
delta= l/(n+ 1);                % 单位长度
k= 2* pi/lamda;                 % 波数
eta= 120* pi;

for mm= 1:n
    psi_table(mm)= quadl(@(x)psi0(x,delta* mm,k,a,delta),-delta/2,delta/2);
end
psi_table0= quadl(@(x)psi0(x,0,k,a,delta),-delta/2,delta/2);
```

```
for mm= 1:n
    for nn= 1:n
        R1_mn(mm,nn)= abs(mm-nn+ 1); % m+ ,n-之间的距离
        R0_mn(mm,nn)= abs(mm-nn-1); % m-,n+ 之间的距离
        R_mn(mm,nn)= abs(mm-nn);% m,n 之间的距离
    end;
end;

for mm= 1:n % 计算 psi(m+ ,n-)矩阵
    for nn= 1:n
        if mm= = nn-1
            psi1_mn(mm,nn)= psi_table0;
        else
            psi1_mn(mm,nn)= psi_table(R1_mn(mm,nn));  % 计算 psi(m+ ,n-)矩阵
        end

        if mm= = nn+ 1
            psi0_mn(mm,nn)= psi_table0;
        else
            psi0_mn(mm,nn)= psi_table(R0_mn(mm,nn));  % 计算 psi(m-,n+ )矩阵
        end

        if mm= = nn
            psi_mn(mm,nn)= psi_table0;
        else
          psi_mn(mm,nn)= psi_table(R_mn(mm,nn));  % 计算 psi(m,n)矩阵
        end;
Z_mn(mm,nn)= j* omega* u* delta* delta* psi_mn(mm,nn)+ (2* psi_mn(mm,nn)-
psi1_mn(mm,nn)-psi0_mn(mm,nn))/(j* omega* e);
    end;
end;

voltage= zeros(n,1);            % 对电压矩阵进行赋值,
if type= = 1
    % 天线激励
    voltage(round((n+ 1)* position),1)= 1;
% 通过对不同的点置 1,可以得出不同馈电情况下的电流分布、输入阻抗等,或者将电压分布改
成一定入射场时的感应势,则转化成散射问题
else
    % 散射体上电压分布矩阵,假设入射场为单位振幅平面波
    factor= exp(j* k* delta* cos(angle_i* pi/180));
    for mm= 1:n
        voltage(mm)= delta* factor^(mm-(n+ 1)/2)* sin(angle_i* pi/180);
% 修正入射波与天线体夹角的影响 sin(angle_i* pi/180),原教材中的图没有考虑到此问题
    end
end
```

```
Y= inv(Z_mn);
current= Y* voltage;            % 计算电流分布
I_draw= [0; current ;0];        % 补充端点电流值

phase= angle(I_draw)* 180/pi;
mm= -(n+ 1)/2:(n+ 1)/2;
mm= mm/length(mm)* 1/lamda;

figure;
[AX,H1,H2] = plotyy(mm,abs(I_draw)* 1000,mm(2:n+ 1),phase(2:n+ 1));
set(AX(1),'YLim',[0 12],'ytick',[0 2 4 6 8 10 12]);
set(AX(2),'YLim',[-180 180],'ytick',[-180 -90 0 90 180]);
set(get(AX(2),'Ylabel'),'String','相位') ;
set(H2,'linestyle','o','color','r');
set(H1,'linewidth',2);
grid on;
xlabel('天线分段(1^1ambda)');
ylabel('电流幅度(mA)');

Z_in= 1/current((n+ 1)/2,1)% 输入阻抗

for mm= 1:n% 计算各点到原点的距离
    Length_Matrix(mm,1)= ((n+ 1)/2-mm)* delta;
end;

for theta= 1:360
    for nn= 1:n
Vr(theta,nn)= delta* sin(theta* pi/180)* exp(j* k* Length_Matrix(nn,1)*
cos(theta* pi/180));
    end
      G(theta)= eta* k^2* (abs(Vr(theta,:)* current)).^2/(4* pi);% 散射截面
end

if type= = 1
    str1= '天线功率方向图';
else
    str1= '散射截面方向图';
end
figure;
H= polar([1:360]* pi/180,G);
set(H,'linewidth',2)
title(str1);

% psi0.m 文件内容
function y = psi0( x,Zm,k,a,delta )
y= exp(-j* k.* ((x-Zm).^2+ a.^2).^0.5)./(4* pi* delta.* ((x-Zm).^2+ a.^2).^0.5);
```

10.4 电磁场仿真软件简介

随着电磁场理论的发展和计算机性能的不断提高,计算电磁学在最近几年迅速发展。目前基于计算电磁学的各种电磁仿真软件也已发展到较成熟阶段,并得到了越来越广泛的应用。本节将简要介绍几种常用电磁场仿真软件的功能、特点和应用范围。

10.4.1 CST 工作室

CST 工作室套装是面向 3D 电磁场、微波电路和温度场设计工程师的专业仿真软件包,包含七个工作室子软件,集成在同一平台上,能够提供完整的系统级和部件级的数值仿真分析。软件覆盖整个电磁频段,采用了完备的时域和频域全波算法。典型应用包含各类天线/RCS、EMC/EMI、场路协同、电磁温度协同和高低频协同仿真等,覆盖通信、国防、电子、电气、汽车、医疗等领域。下面简要介绍各子模块的特点与应用。

(1) CST 设计环境/CST DESIGN ENVIRONMENT:是进入 CST 工作室套装的主界面,包含建模工具,支持 CAD /EDA/CAE 软件接口,支持工作室套装中各子模块间的协同,具有丰富的后处理功能。

(2) CST 印制板工作室/CST PCB STUDIO:可以对含有各种器件的印制板及周边环境进行 SI/PI/ EMC/EMI 分析,解决 PCB 板辐照和辐射双向问题(MWS/MS)。

(3) CST 电缆工作室/CST CABLE STUDIO:可以对单线、排线、双绞线、屏蔽线等各种电缆线束及周边环境进行 SI/EMC/EMI 分析,解决电缆辐照和辐射双向问题(MWS/MS)。

(4) CST MS 工作室/CST MICROSTRIPES:机箱机柜级电磁兼容仿真软件,可以快速精确地仿真缝隙、搭接、通风孔、螺钉等细小结构对 EMC/EMI 的影响及雷达罩多层 FSS 薄膜辐射和散射。

(5) CST 微波工作室/CST MICROWAVE STUDIO:系统级电磁兼容及通用高频无源器件仿真软件,应用领域包括雷击 Lightning、强电磁脉冲(EMP)、静电放电(ESD)、信号完整性(SI)/电源完整性(PI)、天线、RCS、滤波器、平面多层结构、EMC/EMI 仿真分析等,可以计算任意结构、任意材料电大尺寸的电磁问题。

(6) CST 电磁工作室/CST EM STUDIO:(准)静电、(准)静磁、稳恒电流、低频电磁场及温度场仿真软件,主要用于传感器、驱动装置、变压器、测试仪器、感应加热、无损探伤和电磁屏蔽等。

(7) CST 粒子工作室/CST PARTICLE STUDIO:主要应用于电子枪、电真空器件、粒子加速器、聚焦线圈、磁束缚、等离子体等自由带电粒子与电磁场的自洽相互作用的仿真分析。

(8) CST 设计工作室/CST DESIGN STUDIO:有源及无源高频网络及系统仿真,可进行 3D 电磁场和电路的瞬态与频域协同仿真,可用于微波电路设计仿真。

CST 工作室套装 2016 版的新功能提供了更多、更高效的仿真设计方法。例如,积分方程求解器(I-solver)加入了特征模式分析(CMA),一项以计算在导电面上的电流分布模式来分析天线物理行为的技术。特征模式分析可以帮助工程师们更好地理解物理现象,进行天线设计优化及开发新的天线。在新的瞬态场路同步仿真特性中,三维场全波求解和电路仿真之间的联合仿真达到了一个新的集成程度,它允许用户查看三维模型连接电路后所产生的场和电流,甚至可以考虑到电路原理图中的非线性和开关元件。工程上,在电力电子产业中,这个特性对于开关器件的电磁兼容仿真有很大帮助。新的移动网格技术使得当参数发生变化需要调整四面体网格时,不再需要根据新的结构重新生成网格。这样可以节约网格划分的时间,减少了全新划分网格所带来的数值噪声,使得仿真像滤波器这种对结构变化敏感的设备的精度大幅提高。

10.4.2 Ansoft HFSS

Ansoft HFSS 软件是 Ansoft 公司推出的三维电磁仿真软件。HFSS 基于有限元算法与积分方程理论及高级混合算法,能够计算任意形状、三维无源结构的 S 参数和全波电磁场分布,可以用于解决基本电磁场数值仿真和开边界问题、近远场辐射问题、端口特征阻抗和传输常数计算、S 参数和相应端口阻抗的归一化 S 参数、结构的本征模或谐振问题。HFSS 被广泛地应用在以下方面。

(1) 射频和微波器件设计。HFSS 能够快速精确地计算各种射频/微波部件的电磁特性,得到 S 参数、传播特性、高功率击穿特性,优化部件的性能指标,并进行容差分析,帮助工程师们快速完成设计并掌握各类器件的电磁特性,包括波导器件、滤波器、转换器、耦合器、功率分配/合成器、铁氧体环行器、隔离器及腔体等。

(2) 电真空器件设计:在电真空器件如行波管、速调管、回旋管设计中,HFSS 本征模式求解器结合周期性边界条件,能够准确地仿真器件的色散特性,得到归一化相速与频率关系,以及结构中的电磁场分布,包括磁场和电场,为这类器件提供了强有力的设计手段。

(3) 天线及天线阵设计仿真:HFSS 可以为天线及其系统设计提供全面的仿真功能,精确计算天线的各种性能参数,包括二维和三维远场/近场辐射方向图、天线增益、轴比、半功率波瓣宽度、天线阻抗、电压驻波比、S 参数等。

(4) 目标特性研究和 RCS 仿真:HFSS 可以精确仿真目标的电磁散射特性,并计算目标雷达散射截面积(RCS),为实验测量与预估提供可靠依据。

(5) 高速互联结构设计:随着频率的不断提高和信息传输速度的不断提高,互联结构的寄生效应对整个系统的性能影响已经成为制约设计的关键因素。MMIC、RFIC 或高速数字系统需要精确的互联结构特性分析参数抽取,HFSS 能够自动和精确地提取高速互联结构、片上无源部件及板图寄生效应。

(6) 光电器件仿真设计:HFSS 的应用频率能够达到光波波段,精确仿真光电器件的特性。

10.4.3 FEKO

FEKO 是德语 Feldb erechnung bei Korpern mit beliebiger Oberflache(任意复杂电磁场计算)首字母的缩写,是针对天线设计、天线布局与电磁相容性分析而开发的专业电磁场分析软件。该软件从电磁场积分方程出发,以经典的矩量法(method of moment,MOM)为基础,采用了多层快速多极子(multi-level fast multi-pole method,MLFMM)算法,在保持精度的前提下大大提高了计算效率,并将矩量法与经典的高频分析方法(物理光学 PO:physical optics,一致性绕射理论 UTD:uniform theory of diffraction)结合,从而非常适合于分析天线设计、雷达散射截面(RCS)、电磁兼容等各类电磁场问题。

新版本的 FEKO 引入了有限元法(finite element method,FEM),能更精确地处理多层电介质(如多层介质雷达罩)、生物体吸收率的问题。FEKO 通常处理问题的方法是:对于电小结构天线的电磁场问题,FEKO 采用完全的矩量法进行分析,保证了结果的高精度。对于具有电小与电大尺度混合的结构,FEKO 既可以采用高效的基于矩量法的多层快速多极子法,又可以将问题分解后选用合适的混合方法(如用矩量法、多层快速多极子分析电小结构部分,而用高频方法分析电大结构部分),从而保证了高精度和高效率,因此在处理电大尺寸问题如天线设计、RCS 计算等方面,其速度和精度很高。采用以上的技术路线,FEKO 可以针对不同的具体问题选取不同的方法来进行快速精确的仿真分析,使得应用更加灵活,适用范围更广泛,突破了单一数值计算方法只能局限于某一类电磁问题的限制。由于 FEKO 基于严格的积分方程,因此它不需要建立吸收边界条件,没有数值色散误差,在计算电大尺寸问题时不会因尺寸增加而误差增大。而且,FEKO 支持工程中的各种激励模式,可以构建任意结构、材料的模型,根据用户要求可以考虑多种不同层面的问题。除了计算内核的高效率和强大的功能外,FEKO 还具有友好的用户界面、完善的前后处理功能以及良好的界面相容性。FEKO 的后处理模块可以得出所有关心的物理量,包括 S 参数、阻抗、方向图、增益、极化、场分布、电流、电荷、RCS、SAR 等,并可以用非常直观、灵活的二维、三维、动画、图表及文件等方式输出。此外,除了常规分析外,FEKO 还具备自适应频率采样的宽频智能化扫频技术、时域分析功能和优化设计功能,满足不同用户的需求,节省了设计时间。其中尤为值得说明的是,自适应扫频技术的应用显著提高了扫频分析的速度,多参数优化大大减少了优化的工作量,增强了优化效果。更新后的 FEKO 集成了特征模式分析技术,通过分析模型的特征模式,有助于分析其辐射机理,为设计者提供理论指导。

本章主要内容要点

1. 计算电磁学的基本思想

计算电磁学的基本思想是连续电磁场量的离散化,关键技术问题是麦克斯韦方程组的离散化和复杂边界与复杂介质的建模,以及快速计算方法。

2. 有限差分法

(1) 有限差分法的基本思想:把空间区域连续分布的电磁场用离散网格节点上的离散数值代替,用离散网格节点的差分方程近似代替连续偏微分方程,将空间区域上电磁场连续分布的偏微分方程及其边界条件转化为差分方程的求解。

(2) 有限差分法的步骤大致可归纳为:将解的空间区域划分为若干网格,用节点上待求量的离散值近似代替其连续分布;用节点上待求量的差分表示式代替微分表示式,将求解的微分方程转化为有限差分方程;结合给定的边界条件或初始条件求解差分方程。

(3) 二维泊松方程的差分格式。泊松方程五点差分格式为

$$\frac{\partial^2 \varphi}{\partial x^2}+\frac{\partial^2 \varphi}{\partial y^2}\approx\frac{\varphi_1-2\varphi_0+\varphi_3}{h^2}+\frac{\varphi_2-2\varphi_0+\varphi_4}{h^2}=f_0$$

(4) 边界条件与边界衔接条件的离散化处理。

(5) 差分方程组的求解方法。通过网格划分,按一定规律对每一网格节点编号,运用五点差分方程或边界差分方程,得到矩阵方程:

$$\boldsymbol{K\Phi}=\boldsymbol{B}$$

常用迭代法求解上述矩阵方程。根据迭代过程中采取的规则不同,迭代法又分为直接迭代法、高斯-赛德尔迭代法和超松弛迭代法等。

3. 矩量法

(1) 矩量法的基本思想:在线性算子 L 定义域,寻求一组有定义并满足边界条件的基函数 $\{f_n\}$,展开算子方程 $L(f)=g$;在 L 的值域内,选择一组权函数或检验函数 $\{w_m\}$,对算子方程展开式求内积,将算子方程转化为代数方程求解。

(2) 矩量法的步骤如下。

① 将算子方程用 $\{f_n\}$ 展开

$$\sum_n a_n L(f_n)=g$$

② 在 L 的值域内选择 $\{w_m\}$,对每个 w_m 取算子方程展开式的内积

$$\sum_n a_n < w_m, Lf_n > = < w_m, g >$$

应用矩阵形式表示如下:

$$[l_{mn}][a_n]=[g_m]$$

③ 求矩阵方程的解

$$f=[\tilde{f}_n][a_n]=[\tilde{f}_n][l_{mn}^{-1}][g_m]$$

(4) 基函数和权函数的选择方法。

思考与练习题 10

1. 简述差分法和矩量法的基本思想,比较两种方法的差异。

2. 证明:拉普拉斯方程五点差分式为 $\varphi_0=\frac{1}{4}(\varphi_1+\varphi_2+\varphi_3+\varphi_4)$。

3. 为什么矩量法用于电磁场问题时,最好将算子方程转化为积分方程?

4. 如图 10-20 所示的无限长导体槽中长方形区域,导体槽的宽度为 600 mm,高度 400 mm,上板电位为 100 V,底板与侧板电位为 0 V;导体槽内充满着四种均匀介质,其介电常数分别为 ε_{r1}、ε_{r2}、ε_{r3}、ε_{r4}。用有限差分法计算该区域内的电位、电场强度,并绘制电位分布图。

5. 用矩量法计算如图 10-21 所示平板电容器的电容值,并与忽略边缘效应后的理想导体平板理论公式计算结果相比较。

6. 用 CST、HFSS 或 FEKO 中的任意一种软件,仿真并分析半波长偶极子天线的辐射特性,包括电流分布、输入阻抗、天线周围场的结构及远场方向图。

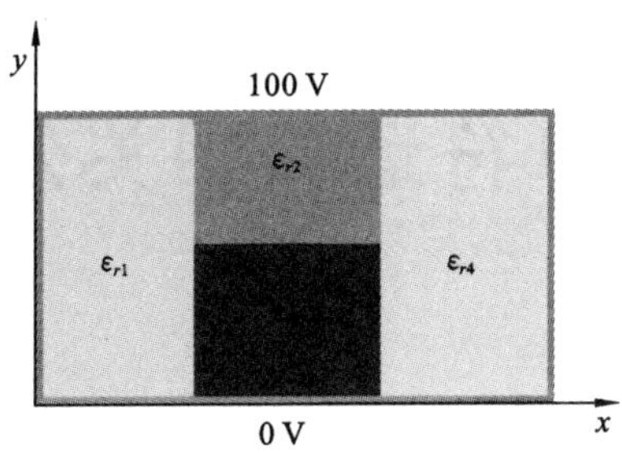

图 10-20　第 4 题图

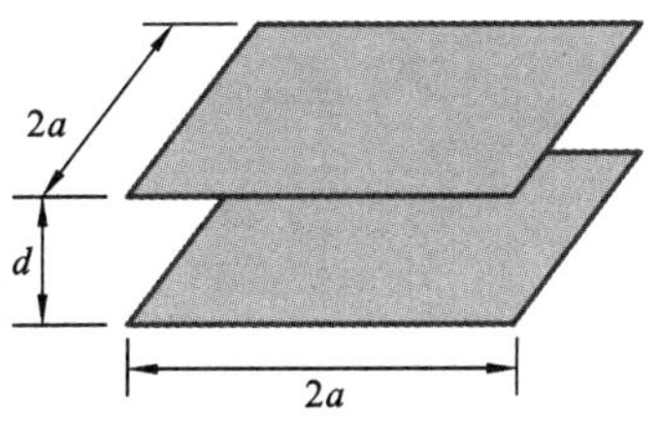

图 10-21　第 5 题图

附录　矢量及矢量微分算符运算相关公式

一、矢量运算恒等式

$$\boldsymbol{A}\cdot(\boldsymbol{B}\times\boldsymbol{C})=\boldsymbol{B}\cdot(\boldsymbol{C}\times\boldsymbol{A})=\boldsymbol{C}\cdot(\boldsymbol{A}\times\boldsymbol{B})$$

$$\boldsymbol{A}\times(\boldsymbol{B}\times\boldsymbol{C})=(\boldsymbol{A}\cdot\boldsymbol{C})\boldsymbol{B}-(\boldsymbol{A}\cdot\boldsymbol{B})\boldsymbol{C}$$

$$\nabla(\phi\psi)=\psi\nabla\phi+\phi\nabla\psi$$

$$\nabla\cdot(\phi\boldsymbol{A})=\boldsymbol{A}\cdot\nabla\phi+\phi\nabla\cdot\boldsymbol{A}$$

$$\nabla\times\nabla\times\boldsymbol{A}=\nabla(\nabla\cdot\boldsymbol{A})-\nabla^2\boldsymbol{A}$$

$$\nabla\times(\phi\boldsymbol{A})=\nabla\phi\times\boldsymbol{A}+\phi\nabla\times\boldsymbol{A}$$

$$\nabla(\boldsymbol{A}\cdot\boldsymbol{B})=(\boldsymbol{A}\cdot\nabla)\boldsymbol{B}+(\boldsymbol{B}\cdot\nabla)\boldsymbol{A}+\boldsymbol{A}\times(\nabla\times\boldsymbol{B})+\boldsymbol{B}\times(\nabla\times\boldsymbol{A})$$

$$\nabla\cdot(\boldsymbol{A}\times\boldsymbol{B})=\boldsymbol{B}\cdot(\nabla\times\boldsymbol{A})-\boldsymbol{A}\cdot(\nabla\times\boldsymbol{B})$$

$$\nabla\times(\boldsymbol{A}\times\boldsymbol{B})=\boldsymbol{A}(\nabla\cdot\boldsymbol{B})-\boldsymbol{B}(\nabla\cdot\boldsymbol{A})+(\boldsymbol{B}\cdot\nabla)\boldsymbol{A}-(\boldsymbol{A}\cdot\nabla)\boldsymbol{B}$$

$$\iiint_V \nabla\cdot\boldsymbol{A}\mathrm{d}V=\oiint_S \boldsymbol{A}\cdot\mathrm{d}\boldsymbol{S}$$

$$\iint_S(\nabla\times\boldsymbol{A})\cdot\mathrm{d}\boldsymbol{S}=\oint_C\boldsymbol{A}\cdot\mathrm{d}\boldsymbol{l}$$

$$\iiint_V \nabla\times\boldsymbol{A}\mathrm{d}V=\oiint_S(\hat{n}\times\boldsymbol{A})\mathrm{d}\boldsymbol{S}$$

$$\iiint_V \nabla\phi\mathrm{d}V=\oiint_S\hat{n}\phi\mathrm{d}\boldsymbol{S}$$

$$\iiint_V\hat{n}\times\nabla\phi\mathrm{d}V=\oint_C\phi\mathrm{d}\boldsymbol{l}$$

二、正交曲线坐标系中矢量算符的表达式

(1) 直角坐标系

$$\nabla\phi(x,y,z)=\left[\hat{e}_x\frac{\partial}{\partial x}+\hat{e}_y\frac{\partial}{\partial y}+\hat{e}_z\frac{\partial}{\partial z}\right]\phi(x,y,z)$$

$$\nabla^2\phi(x,y,z)=\left[\frac{\partial^2}{\partial x^2}+\frac{\partial^2}{\partial y^2}+\frac{\partial^2}{\partial z^2}\right]\phi(x,y,z)$$

$$\nabla\cdot\boldsymbol{A}(x,y,z)=\frac{\partial A_x(x,y,z)}{\partial x}+\frac{\partial A_y(x,y,z)}{\partial y}+\frac{\partial A_z(x,y,z)}{\partial z}$$

$$\nabla\times\boldsymbol{A}(x,y,z)=\begin{bmatrix}\hat{e}_x & \hat{e}_y & \hat{e}_z\\ \dfrac{\partial}{\partial x} & \dfrac{\partial}{\partial y} & \dfrac{\partial}{\partial z}\\ A_x & A_y & A_z\end{bmatrix}=\hat{e}_x\left(\frac{\partial A_z}{\partial y}-\frac{\partial A_y}{\partial z}\right)+\hat{e}_y\left(\frac{\partial A_x}{\partial z}-\frac{\partial A_z}{\partial x}\right)+\hat{e}_z\left(\frac{\partial A_y}{\partial x}-\frac{\partial A_x}{\partial y}\right)$$

(2) 圆柱坐标系

$$\nabla\phi(\rho,\varphi,z)=\hat{e}_\rho\frac{\partial\phi}{\partial\rho}+\hat{e}_\varphi\frac{\partial\phi}{\rho\partial\varphi}+\hat{e}_z\frac{\partial\phi}{\partial z}$$

$$\nabla^2\phi(\rho,\varphi,z)=\frac{1}{\rho}\frac{\partial}{\partial\rho}\left(\rho\frac{\partial\phi}{\partial\rho}\right)+\frac{\partial^2\phi}{\rho^2\partial\varphi^2}+\frac{\partial^2\phi}{\partial z^2}$$

$$\nabla\cdot\boldsymbol{A}(\rho,\varphi,z)=\frac{1}{\rho}\frac{\partial}{\partial\rho}(\rho A_\rho)+\frac{1}{\rho}\frac{\partial A_\varphi}{\partial\varphi}+\frac{\partial A_z}{\partial z}$$

$$\nabla\times A(\rho,\varphi,z)=\frac{1}{\rho}\begin{bmatrix}\hat{e}_\rho & \rho\hat{e}_\varphi & \hat{e}_z\\ \dfrac{\partial}{\partial\rho} & \dfrac{\partial}{\partial\varphi} & \dfrac{\partial}{\partial z}\\ A_\rho & \rho A_\varphi & A_z\end{bmatrix}$$

$$=\hat{e}_\rho\left(\frac{1}{\rho}\frac{\partial A_z}{\partial\varphi}-\frac{\partial A_\varphi}{\partial z}\right)+\hat{e}_\varphi\left(\frac{\partial A_\rho}{\partial\rho}-\frac{\partial A_z}{\partial\rho}\right)+\frac{\hat{e}_z}{\rho}\left(\frac{\partial}{\partial\rho}(\rho A_\varphi)-\frac{\partial A_\rho}{\partial\varphi}\right)$$

(3) 球坐标系

$$\nabla\phi(r,\theta,\varphi)=\hat{e}_r\frac{\partial\varphi}{\partial r}+\hat{e}_\theta\frac{\partial\varphi}{r\partial\theta}+\frac{\hat{e}_\varphi}{r\sin\theta}\frac{\partial\varphi}{\partial\varphi}$$

$$\nabla^2\phi(r,\theta,\varphi)=\frac{1}{r^2}\frac{\partial}{\partial r}\left(r^2\frac{\partial\varphi}{\partial r}\right)+\frac{1}{r^2\sin\theta}\frac{\partial}{\partial\theta}\left(\sin\theta\frac{\partial\varphi}{\partial\theta}\right)+\frac{1}{r^2\sin^2\theta}\frac{\partial^2\varphi}{\partial\varphi^2}$$

$$\nabla\cdot\boldsymbol{A}(r,\theta,\varphi)=\frac{1}{r^2}\frac{\partial}{\partial r}(r^2A_r)+\frac{1}{r\sin\theta}\frac{\partial}{\partial\theta}(\sin\theta A_\theta)+\frac{1}{r\sin\theta}\frac{\partial A_\varphi}{\partial\varphi}$$

$$\nabla\times\boldsymbol{A}(r,\theta,\varphi)=\frac{1}{r^2\sin\theta}\begin{bmatrix}\hat{e}_r & r\hat{e}_\theta & r\sin\theta\hat{e}_\varphi\\ \dfrac{\partial}{\partial r} & \dfrac{\partial}{\partial\theta} & \dfrac{\partial}{\partial\varphi}\\ A_r & rA_\theta & r\sin\theta A_\varphi\end{bmatrix}$$

$$=\hat{e}_r\frac{1}{r\sin\theta}\left[\frac{\partial}{\partial\theta}(\sin\theta A_\varphi)-\frac{\partial A_\theta}{\partial\varphi}\right]+\hat{e}_\theta\frac{1}{r}\left[\frac{1}{\sin\theta}\frac{\partial A_r}{\partial\varphi}-\frac{\partial}{\partial r}(rA_\varphi)\right]$$

$$+\hat{e}_\varphi\frac{1}{r}\left[\frac{\partial}{\partial r}(rA_\theta)-\frac{\partial A_r}{\partial\theta}\right]$$

参 考 文 献

[1] Kraus J D,Fleisch D A. Electromagnetics with Application(5th)[M]. McGraw-Hill Companies,1999.

[2] 赵凯华,陈熙谋. 电磁学[M]. 北京:人民教育出版社,1978.

[3] 毕德显. 电磁场理论[M]. 北京:电子工业出版社,1985.

[4] 葛德彪,魏兵. 电磁波理论[M]. 北京:科学出版社,2011.

[5] 谢处方,饶克谨. 电磁场与电磁波[M]. 4 版. 北京:高等教育出版社,2006.

[6] (美)David K. Cheng. 电磁场与电磁波[M]. 2 版. 何业军,桂良启,译. 北京:清华大学出版社,2013.

[7] Someda C G. Electromagnetic Waves[M]. Chapman & Hall,1998.

[8] Donald C. Stinson. Intermediate Mathematics of Electromagnetics[M]. Prentice-Hall Inc., Englewood Cliffs, New Jersey,1976.

[9] Wait J R. Electromagnetic Wave Theory. Harper & Row,1985.

[10] 郭硕鸿. 电动力学[M]. 2 版. 北京:高等教育出版社,1995.

[11] Born M, Wolf E. Principles of Optics (7th) [M]. Cambridge University Press,1999.

[12] Knott E F,Sheaffer J F,Tuley M T. 雷达散射截面[M]. 祁颖铮,陈海,译. 北京:电子工业出版社,1988.

[13] 王蔷,李定国,龚克. 电磁场理论基础[M]. 北京:清华大学出版社,2001.

[14] (美)柯林 R E. 微波工程基础[M]. 北京:人民邮电出版社,1981.

[15] 中国大百科全书编辑委员会. 中国大百科全书——物理学[M]. 北京:中国大百科全书出版社,1986.

[16] 中国大百科全书编辑委员会. 中国大百科全书——电子学与计算机[M]. 北京:中国大百科全书出版社,1986.

[17] 路宏敏,赵永久,朱满座. 电磁场与电磁波基础[M]. 北京:科学出版社,2006.

[18] 张守信. GPS 卫星测量定位理论与应用[M]. 北京:国防科技大学出版社,1996.

[19] 郭敦仁. 数学物理方法[M]. 北京:人民教育出版社,1978.

[20] Harrington R F. 计算电磁场的矩量法[M]. 王尔杰,肖良勇,林炽森,等,译. 北京:国防工业出版社,1981.